Die Spaltung des Weltbildes

Biologische Grundlagen des Erklärens
und Verstehens

Von Prof. Dr. Rupert Riedl

1985 · Mit 54 Abbildungen

Verlag Paul Parey · Berlin und Hamburg

Anschrift des Autors:
Prof. Dr. RUPERT RIEDL
Biozentrum der Universität Wien
Althanstraße 14
A-1190 Wien

CIP-Kurztitelaufnahme der Deutschen
Bibliothek

Riedl, Rupert:
Die Spaltung des Weltbildes : biolog. Grundlagen d. Erklärens u. Verstehens /
von Rupert Riedl. –
Berlin ; Hamburg : Parey, 1985.
    ISBN 3-489-62234-0

Einband: Christian Honig, BDB/BDG,
D-5450 Neuwied 1 unter Verwendung
einer Zeichnung des Autors.

© 1985 Verlag Paul Parey, Berlin und Hamburg
Anschriften: Lindenstr. 44–47, D-1000 Berlin
61 Spitalerstraße 12, D-2000 Hamburg 1

Gesetzt aus der Korpus Sabon-Antiqua (Licht-
satz Linotron 202/System 3)

Satz und Druck: Saladruck Steinkopf & Sohn,
D-1000 Berlin 36

Bindung: Verlagsbuchbinderei Dieter Mikolai,
D-1000 Berlin 10

ISBN 3-489-62234-0 · Printed in Germany

Inhalt

Vorwort des Herausgebers   4

Vorwort   5

Meine Eltern   6

Karlsruhe   18

München   22

Wien   27

Berlin   29

Elise Bock   34

Wieder Daheim   37

Baden-Baden   47

West End Acadamy   57

Stuttgart   60

Klein-Paris   69

Phönix aus der Asche   75

Paris   85

Mein Schwarzwaldhäusle   92

Die USA   104

Im Tusculum   120

Die Molkenkur   129

Nachwort   139
von Dominic Schüler

Vorwort

Die Evolutionäre Erkenntnistheorie vermag die stammesgeschichtlichen Grundlagen unserer Vernunft aufzuklären. Diese angeborenen Fähigkeiten, unsere Welt zu deuten, sind von KONRAD LORENZ 1941 aufgeschlossen, 1973 begründet und von mir 1980 systematisch dargestellt worden. Dabei wurde aber nicht nur die Treffsicherheit dieser Anschauungsformen aufgedeckt, sondern auch ihre Grenzen und jene Mängel, die unsere reflektierende Vernunft völlig in die Irre leiten können.

Die Hypothesen von den Ur-Sachen und Zwecken stehen am Ende jenes Systems angeborener Erwartungen; nach den Hypothesen von Raum und Zeit, von Wahrscheinlichkeit und Vergleichbarkeit. Wie diese stehen auch sie einander diametral gegenüber und machen uns mit dem Erleben scheinbar unvereinbarer Verstandesqualitäten diese Welt nur ausschnittsweise deutbar. So besitzen wir auch keine Anschauungsform für das Erleben des Zusammenhangs von Kraft und Sinn. Zusammen sind es eben nur Sinnesfenster, die, wie die Achsen eines Wetterhahns, nach sechs Richtungen in die Strukturen dieser Welt sehen.

Ein Janusgesicht der kausalen Weltdeutung ist uns damit vorgegeben indem wir meinen, diese Welt entweder materialistisch auf ihre ersten Ursachen oder aber idealistisch auf ihre letzten Zwecke zurückführen zu müssen. Denn soweit wir die Geschichte unserer Welterklärungen zurückverfolgen können, hat diese Spaltung unsere Kultur begleitet. Sie entspricht dem Dilemma, mit jenen einfachen Werkzeugen der Kompliziertheit einer Welt, wie sie uns unserer arbeitsteiligen, technischen Zivilisation unterlaufen ist, nicht mehr zu genügen.

Eine Spaltung in zwei Kulturen ist die Folge geworden. Eine materialistisch-szientistische Subkultur der Naturwissenschaften verändert die Welt und wird zum Schrecken, weil sie diese Welt nur halb versteht. Eine idealistisch-hermeneutische Subkultur der Geisteswissenschaften hat ihren Methodenbegriff in der Philosophie verwirrt und vermag das Unheil, das sie sieht, nicht zu steuern. Und aufgrund fehlender Einsicht verfechten nun Ideologien jene einander ausschließenden halben Wahrheiten, so unsere Vernunft einer ganzen bedürfte, um den Problemen unserer Zivilisation Herr zu werden.

Mit der Systemtheorie begannen wir diese Spaltung zu ahnen, die Zwecke, etwa wie es noch ARISTOTELES sah, als eine der Formen der Ursachen zu betrachten, den Schichtenbau der Dinge dieser Welt zu begreifen und die Zweiseitigkeit der Bedingungen alles Werdens. Diese Ahnung, daß der Wechselkausalität dieser Welt unser alternatives, lineares Kausalitätsdenken nicht gerecht wird, kann die evolutionäre Theorie nun begründen. Wir können am Scheitern der Vorbedingungen unserer Vernunft erkennen, wo diesen nicht mehr zu trauen ist.

Eine, Selbst-Transzendenz ist vorzunehmen. Worin wir zwar nicht die Kräfte unseres Verstandes, wohl aber die unserer erblichen Anschauungsformen übersteigen können. Und wir werden dies müssen; weil sie zwar für die Problemlösung in

der Welt eines Raubaffen noch für das Überleben sorgten, weil sie uns aber
gegenüber den Problemen unserer Tage so ratlos machen, wie in die Teufelskreise
vermeintlicher Zugzwänge eskalieren. Diese Selbst-Transzendenz wird zur Überlebensfrage unserer Art werden, wenn auch nur als ein weiterer Schritt der Evol-
tuion.

Die Verantwortung, dieses Umdenken anzuleiten, muß die schiere Unmöglichkeit meines Unterfangens rechtfertigen. Denn bei dem allgemeinen Kultur-Lamenta
darf es nicht bleiben. Wir brauchen, um die Zeit zu wenden, definierte Theorien,
die an der praktischen Erfahrung erhärtet werden, oder aber scheitern können.
Den Erfolg meiner Theorie mehrseitiger Kausalität muß ich darum allen Natur-
wie Geisteswissenschaften in Aussicht stellen. Und das ist dem Einzelnen heute
schon fast unmöglich.

Das Glück, sehr gescheite Freunde zu haben, hat mich über jene Unmöglichkeit
beruhigt; und wenigstens zu Andeutungen der Lösungen bewogen, gefördert noch
durch den Umstand, daß, entgegen der Skepsis und Ablehnung bedeutender,
philosophischer Schulen, die Evolutionäre Erkenntnislehre in nur vier Jahren schon
in jeder Wissenschaft ihre Vertreter gefunden hat; von der Pädagogik der Physik
bis zur Kultur-Anthropologie, und von Denkpsychologie bis zur Rechtssoziologie.
Ihnen allen danke ich, wo immer das in den Anmerkungen zu den Einzelthemen
des Textes möglich werden wird.

Hier gilt mein Dank aber bereits der noch größeren Zahl von Denkern, in deren
Tradition ich stehe, einer Kultur, die es sich nur in ihrer Breite zu leicht gemacht
hat; die aber in allen Wissenschaften Persönlichkeiten zum mindesten geduldet hat,
die zu zweifeln und zu suchen nicht verzagt haben; die die Verantwortung getragen
haben, gegen den Unfug und für den Menschen zu wirken. Sollte ich verstanden
werden, so ist dies ihnen zu danken. So, wie dem Verlagshause Paul Parey, das
dieses Umdenken fördert. Manche dachten, das Pulver der Evolutionären Theorie
wäre nun verschossen. Aber es war erst, darf ich versichern, die Spitze eines
Gebirges von Konsequenzen, die wir nun beginnen aufzurollen.

Wien, im Sommer 1984   RUPERT RIEDL

Inhalt

Vorwort   5
Einführung   11
Eine Träumerei   11
Eine Privat-Methodologie   12
Die Aufklärung kommt zu spät   13
Die Segnungen der Weisheit   15
Ein Sickervorgang   16
Wem das nützen sollte   17

Teil 1: Die Spaltung des Weltbilds; unvermeidliches Dilemma?   19
Die Anlage des Dilemmas   19
Die Ambivalenz der Errungenschaften   19
Die Folgen des Bewußtseins   20
Die angeborenen Lehrmeister   21
Anpassungen für gestern   22
Kannibalismus und Metaphysik   24

Die Scheidung der Geister   25
Das Janus-Gesicht   25
Alles ist Verstand   27
Alles ist Erfahrung   28
Die Perspektive des Janus-Kopfs   29
Alles kommt von letzten Zwecken   31
Alles kommt von ersten Antrieben   32
Versuchte Synthesen   33
Die Behinderung durch die Sprache   35
Geist versus Materie   36
Nochmals versuchte Synthesen   37
Die Scheidung bleibt erhalten   39

Teil 2: Die evolutionistische Lösung; die Kluft zu schließen?   43
Der Prozeß des Kenntnisgewinns   44
Der Kenntnisgewinn der Gene   45
Das assoziative Lernen   46
Das Problem der Induktion   47
Für und wider das Bewußtsein   50
Der Kenntnisgewinn in der Wissenschaft   52
Ein universeller Schrauben-Prozeß   55

Die angeborenen Lehrmeister   56
Die Entscheidungshilfen   57
Die Schichten der Entscheidungshilfen   58
Ein System angeborener Hypothesen   62
Ein System von Lösungen   64
Ein System von Mängeln   65

Der hierarchische Bau der Welt   66
Schichten, Zeiten und Symmetrien   67
Vorbedingungen und Ursachen   71

Zwei Hierarchien von Bedingungen und Folgen 72
Systeme mit Geschichte 74
Das Wachsen der Geschichtlichkeit 75
Zwei Bedingungen der Geschichtlichkeit 76
Der Teil und das Ganze 77

Die Anschauungsformen von den Ursachen 80
Erwartung und bestätigte Prognose 81
Vier Formen der Ursachen-Vorstellung 82
Symmetrien in unserer Anschauung 83
Die Antriebs-Ursache 85
Die Material-Ursachen 86
Die Form-Ursachen 88
Die Zweck-Ursache 90
Kausalität versus Finalität 92
Die Lager bleiben geteilt 94
Rückblick auf unsere Lehrmeister 95

Vom Wahrnehmen zum Erklären 98
Wahrnehmen und Erkennen 98
Das Beschreiben 101
Die Hypothesen im Beschreibungsprozeß 102
Das Erklären 105
Zu den Grenzen des Erklärens 106
Die Hierarchie der Erklärungen 108
Die Psychologie des Erklärens 109

Vom Erklären zum Verstehen 111
Erklären aus Antriebs- und Materialgesetzen 112
Mängel im Material-Konzept 115
Erklären aus Zweck- und Formgesetzen 117
Mängel im Form-Konzept 120
Materialistischer und idealistischer Reduktionismus 123
Das Verstehen 125
Ein Wechsel von Gesetz und Fällen 127
Eine Symmetrie der Hierachien 129
Ausgangspunkt und Richtung des Verstehens 131
Über den Ort der Gewißheit 134
Eine Isomorphie von Entstehen und Verstehen 135

Teil 3: Die Szientistik; Welt der Naturwissenschaft? 139
Das Problem der Struktur 141
Qualität und Quantität 141
Die Extrapolierbarkeit 142
Geschichtlichkeit und Information 143
Die Schicht-Qualitäten im Anorganischen 145
Die Schicht-Qualitäten im Organischen 147

Das Problem der Subsumption 148
Der Reduktionismus 148
Die Diskussion der Ursachen 151
Kybernetik und Systemtheorie 153
Kausalismus oder Finalismus 155

Teleonomie oder Teleologie 156
Herkunft und Grade der Gewißheit 159
Bildung und Tradition 161

Der Teil und das Ganze 162

Eine methodische Präambel 163
Physik und Kosmogonie 165
Chemie und Evolution 170
Geowissenschaften 174
Das molekulare Gedächtnis 176
Molekularbiologie und Physiologie 179
Systematik und das Natürliche System 181
Vergleichende Anatomie 187
Die Verhaltenslehre 190
Die Ökosystem-Forschung 193
Biologische Anthropologie 196
Die Medizin 200
Rückblick auf das Kapitel 204

Das Problem der Abgrenzung 206

Geist und Materie 206
Natur und Artefakt 207
Programm und Intention 208
Rückblick auf die Szientistik 209

Teil 4: Die Hermeneutik; Welt der Geisteswissenschaft? 211
Das Problem der Begründung 213

Pathos oder Verantwortung 213
Kunst oder Wissenschaft 215
Urteile im Voraus 216
Zerebrale Hermeneutik 217
Die Lösungs-Ansätze bisher 219

Das Problem des Zirkels 221

Die verkehrten Ansätze 221
Die Kritik am hermeneutischen Zirkel 222
Schwierigkeiten versus Dilemma 224
Die Methode im hermeneutischen Zirkel 226
Die Lösungs-Ansätze bisher 228

Der Teil und das Ganze 230

Wieder eine methodische Präambel 231
Die Psychologie 232
Soziologie und Sozialpsychologie 237
Archäologie und Urgeschichte 241
Philologie und Literaturwissenschaft 247
Geschichtswissenschaft 253
Kunstwissenschaft und Kunstgeschichte 260
Wirtschaftswissenschaften 263
Rechtstheorie und Rechtssoziologie 272
Rückblick auf das Kapitel 278

Das Problem der Abgrenzung 280
Natur und Geist 281
Die Unterstellung von Interessen 282
Der kritische Ansatz 283
Die evolutionäre Lösung 284
Rückblick auf die Hermeneutik 286

Schluß 287
Über den Methoden-Monismus 287
Über die Einheit der Welt und der Geisteskräfte 289
Über Selbst-Transzendenz und Verantwortung 290

Glossar 292
Literaturverzeichnis 302
Personenregister 314
Sachregister 318

Einführung

Der Gewinn mancher Einsicht muß wohl Naivität zur Voraussetzung haben; oder doch die Unkenntnis jener behindernden Selbstverständlichkeiten, welche so manche Wissenschaft in die Bahnen ihres gewohnten Trottes zwingen. Als Lebenswert schwebte mir die Welt des Entdeckens vor. Schon angesichts solcher Träumereien wäre der Kluge um Nachsicht eingekommen. Aber Klugheit hätte jene Blütenträume wohl ausgeschlossen. Und so studierte ich, wo immer ich meinte, dem Pulsschlag der Entdecker nahe und ihnen auf der Spur zu sein.

Eine Träumerei

Da war zunächst die Entstehung des Menschen; das Fach der Anthropologie. Konnte man da den Vorgang der Entdeckung nicht geradezu mit Händen greifen? Wie, klopfenden Herzens, die Schädelkalotte allmählich aus dem Lehm der Höhle gelöst wird, wie mit Erwartung und Hoffnung der Ausgräber das Stirnbein freigelegt und wie dann die mächtigen Überaugenbrauen-Bögen keinen Zweifel mehr lassen über die Bedeutung des Fundes: ›Ein prächtig erhaltener Neandertaler!‹

Und mußte nicht die Vorgeschichte dieses vorgeschichtlichen Wesens die Ungereimtheiten unseres eigenen Bauplanes erklären; die Zoologie? Mußte deren Spur nicht bis unter die Oberfläche des Meeres verfolgbar sein? War nicht zu erwarten, daß dort, am Meeresgrund, mit dem Atemgerät am Rücken, fortgesetzt Zusammenhänge sichtbar würden, die noch keines Menschen Auge gesehen? Gewiß war das so. Und das Erlebnis hat es bestätigt. Ebenso gewiß aber rationalisiere ich nun in der Retrospektive mehr, als die Absicht damals Rationales enthalten konnte.

Nun gab es aber noch ganz andere Verlockungen. Beispielsweise den ›urgeschichtlichen Arbeitskreis‹. Und hatte ich meine Lebenspläne dort wohl einmal mit jenen EUGÈNE DUBOIS', dann mit jenen WILLIAM BEEBES identifiziert (was ich wohl nicht zugegeben hätte), wäre dann da der Vergleich mit dem Lebensstil HEINRICH SCHLIEMANNS oder jenem des JEAN FRANCOIS CHAMPOLLIONS schlechter ausgefallen? Man urteile selbst. Die Folge war, was ein verbummeltes Studium zu nennen gewesen wäre, hätte es um mich etwas gegeben, was man ein nüchternes Urteil nennt.[1]

---

[1] Wie man sich erinnert, hat EUGÈNE DUBOIS (1858–1940) in Java 1890 das damals bedeutendste ›missing link‹, den *Pithecanthropus*, ausgegraben. WILLIAM BEEBE (1877–1962) ist 1934 fast einen Kilometer tief in die Bermudasee abgestiegen. HEINRICH SCHLIEMANN (1822–1890) hat ab 1870 Troja freigelegt und JEAN FRANCOIS CHAMPOLLION (1790–1832) aus dem ›Stein von Rosette‹ die Hieroglyphen entziffert.

Ein solches aber war gar nicht zur Hand. Denn selbst mein Vater lebte mit der Ansicht, man müsse stets jene Gebiete unserer Kultur am meisten achten, von welchen man am wenigsten verstünde. Und, wie man verstehen wird, ich konnte nicht ahnen, daß schon dies ein Relikt in unserer Zeit war; das zur Träumerei gewordene HUMBOLDT'sche Bildungsideal.

Kurzum, unangefochten von besserer Einsicht studierte ich, als wäre das nebenbei möglich, noch Ägyptologie. Denn war die Entdeckung in der Archäologie geradezu nach Spatenstichen greifbar, die Entzifferung von Schriften ließ den Gang der Entdeckung in einer noch höheren Form mitvollziehen; nun gewissermaßen Vergleich für Vergleich und Schluß für Schluß. Ich war dabei nicht beunruhigt ob meiner ›Kenntnis‹ der antiken Sprachen mit der erst jüngsten Einsicht, daß sich für die Art meiner Ausstattung bereits ›*De bello gallico*‹ als eine kaum zu nehmende Hürde erwiesen hatte. Mit solcherlei Bildung war es, wie man voraussieht, freilich nicht weit zu bringen. Aber, beflügelt von liebenswürdiger Gesellschaft, namentlich weiblichen Geschlechts, vermochte ich es gerade, den Vorgang der Entzifferung der Hieroglyphen mitzuvollziehen, um zuletzt einfache Texte des Alten Reiches interpretieren zu können. Und damit komme ich endlich zur Sache.

Eine Privat-Methodologie

Aus diesem Ausflug ins Autobiographische wird man, neben dem Dilettantischen meines Bildungsweges, entnommen haben, daß ich mit nachgerade unvereinbarer Methodologie konfrontiert war; der naturwissenschaftlichen und der geisteswissenschaftlichen. Dies aber konnte ich damals nicht bemerken. Und sollte ich überhaupt von der Differenz jener Weltbeurteilungen gewußt haben, was ich ehrlich bezweifle, so war sie gewiß nicht achtungsvoll, vielmehr unbesorgt hingenommen. Die Philosophische Fakultät war ja noch lange nicht zerteilt, und mein Studienbuch ertrug nicht minder die Aufsummierung zoologischer, anthropologischer wie ägyptologischer Kolloquien und Testate.

Und was ich noch weniger wissen konnte, das war der Umstand, daß mit diesem liebhaberischen Bildungs-Ansatz mein Weg zum Außenseiter in meinen Wissenschaften besiegelt war. Eine Unkenntnis, die ich heute mit Dankbarkeit quittiere. Denn was ich damals für selbstverständlich nahm, hätte man mir sogleich als methodischen Unfug ausgetrieben. Aber da ich für selbstverständlich hielt, was meine Lehrer in Wahrheit nicht wußten, konnten auch diese nicht wissen, was mir auszutreiben gewesen wäre.

Jenes heimliche Licht ging mir bei der Entzifferungs-Geschichte des ›Steines von Rosette‹ auf; etwas, was mir als eine wechselseitige Erschließung erschien. Jedenfalls zeigte es sich, daß man nur vorankam, wenn man, von der vermuteten Wortbedeutung ausgehend, diese sowohl in Richtung auf die Zeichen prüfte, welche das Wort enthielt, als auch in Richtung auf die Sätze, in welchen das Wort vorkam. Und daß man umgekehrt den vermuteten Sinn des Satzes wie des Zeichens stets in Richtung auf die Worte zu kontrollieren hatte, welche in dem Satz stehen beziehungsweise das Zeichen enthalten. Diese Einsicht hatte (und hat noch immer) etwas Verwirrendes wie etwas Triviales. Damals nicht mehr als ein unbestimmtes

Schlüssel-Erlebnis. Heute durchschaubar, wird es uns noch im Detail beschäftigen.[2]

Damals muß ich mich offenbar mit der trivialen Komponente des Vorganges zufriedengegeben haben. Ich kam nicht auf den Gedanken, es könne sich um einen verbotenen ›Logischen Zirkelschluß‹ handeln. Auch der Begriff des ›Hermeneutischen Zirkels‹, um den es sich hier handelt, war mir zum Glück in meiner ganzen, auch der folgenden Studienzeit, nie untergekommen. Nichts von jenen Skrupeln, welche dieser irreführende Begriff schon nach sich gezogen hatte, konnte mich erreichen. Die Fachwissenschaften hatten nämlich damals schon längst die Gewohnheit angenommen, auf erkenntnis- oder wissenschaftstheoretische Präambeln zu verzichten. Der Erfolg der Praxis schien den Mangel an Bedenklichkeit (oder Kenntnis?) unserer Lehrer schon seinerzeit zu rechtfertigen. Und gab mir nicht dieselbe Praxis recht? Wie sonst hätte ich die alten Texte zu interpretieren vermocht?

Drüben im Seziersaal der Zoologie folgte die nächste Bestätigung. Ein Organ konnte ich aus den Teilen, die es zusammensetzen, als Muskel erkennen; als Flugmuskel aber erst, wenn ich zudem seiner Lage, ihm selbst als Teil der übergeordneten Bauteile, Brust und Flügel, nachgegangen war. Drüben in der Urgeschichte wiederum mußte ein Artefakt, das die Schaufel in den Siebkasten warf, erst auf sein Material geprüft und anderseits als Teil der ganzen Grabung betrachtet werden, um als Bruchstück einer Bronzezeit-Fibel erkannt werden zu können. Und hüben in der Anatomie-Vorlesung für Mediziner machte mich das stundenlange Aufklären der Muskelfunktionen aus Lagebeziehungen nach ›Ansatz-Ursprung-Wirkung‹ vollends davon überzeugt, daß dieser Wechsel von Blickrichtung und Urteil aller Lösungsfindung Anfang wäre.

Die Aufklärung kommt zu spät

Und nun halte man sich vor Augen, daß ich mit dieser Ansicht bislang unangefochten durch meine wissenschaftliche Welt gezogen bin. Alles schien sich über diesen Zugang gleichermaßen verstehen zu lassen. Die Problematik der zoologischen Systematik wie die zeichnerischen Kompositionen im Vaterhaus, die Phänomene der Meeresökologie wie der Selbstbau unserer Tauchgeräte, die Probleme der Evolution wie die Praxis beim Erlernen lebendiger Fremdsprachen. Und wo der Ansatz nicht recht paßte, wie in der Physik und der Chemie, hatte ich guten Grund zur Annahme, daß ich die Sache jener Fächer selbst noch nicht verstanden hätte. So einfach war das alles. Und von alledem wird noch ausführlich die Rede sein. Die Auseinandersetzung kam erst dreißig Jahre später.

Der Umstand, daß ich so lange in den Naturwissenschaften ungestraft geisteswissenschaftlich denken konnte und gegenüber geisteswissenschaftlichen Dingen

---

[2] Was ich nicht wußte, war, daß meine Art, in einer ›wechselseitigen Erklärung‹ zu denken, jenem ›hermeneutischen Zirkel‹ entsprach, der, namentlich durch WILHELM DILTHEY (1833–1911) in den 80er Jahren und in Opposition gegen den Boom der Naturwissenschaften, die Methode der Geisteswissenschaften neu begründete (man vergleiche W. DILTHEY 1883).

nachgerade naturwissenschaftlich, jedenfalls völlig unteleologisch, unmetaphysisch, un-transzendental und nicht-idealistisch, ist wieder auf jene Naivität zurückzuführen, von der wir ausgegangen sind. Denn die wenigen Kollegs über Erkenntnislehre, die ich z. B. bei Viktor Kraft hörte und das Wenige, das mir Freunde rieten, bei Bernhard Bavink nachzulesen, enthielt von meiner Methode freilich nichts. Um so mehr hielt ich sie für eine selbstverständliche Voraussetzung alles Entschlüsselns. Dies war so naiv, wie es sich heute als richtig erweist; nämlich als erbliche, an der Natur selegierte Ausstattung der menschlichen Kreatur. Kurz, ich war, was Konrad Lorenz einen philosophisch völlig unverbogenen Menschen nennt.[3]

In meiner Forschungspraxis hielt ich es freilich wie meine Lehrer. Ich ignorierte die Wissenschaftstheorie. Ich gewann aber eine ganze Lebensfülle von Material, das nach meiner Sicht aufbereitet war, fand Lösungen, die ich ansonsten nicht gefunden hätte. Erst, als im Weiterwerden meiner Themen diese an die Grenzen des Faches der Biologie gerieten, mußte ich beginnen, nach ihren methodischen Grundlagen zu suchen und da ich dort unten nun keine fand, hatte ich mich daran zu machen, das, was mir selbstverständliche Forschungspraxis schien, zu formulieren; und da erst begann es sich herauszustellen, daß uns Wissenschaftler, wie man zu sagen pflegt: Welten trennen.[4]

Etwas wie ein geistiger Zweifrontenkrieg war die Folge, wie ihn, so wie die Kommentkämpfe in den Wissenschaften eben ausgetragen werden, der Eingekreiste mit seiner Karriere nie überlebt hätte. Meine Karriere war aber schon gelaufen. Meine Berufung zu jenem oder diesem Lehrstuhl hatte ich trotz Außenseitertum mit Werken erworben, die offenbar meiner Sozietät ganz vernünftig erschienen; denn das Konzept dahinter war noch nicht sichtbar. Nun aber, da die Katze aus dem Sack war, mußte ich exakten Naturwissenschaftlern als Obskurantist erscheinen, Geisteswissenschaftlern als materialistischer Frevler (Säkularist). Im Westen machte ich mich als Dialektiker verdächtig, im Osten als Molekular-Idealist. Und wenn Nicht-Philosophen meinten, nun erst die rechte Philosophie zur Hand zu haben (worin sie sich irren), meinen Philosophen, ich wüßte nicht, wovon ich rede (worin sie sich auch irren).

Natürlich ist es kein Krieg. Es ist bestenfalls ein kalter. Denn wir befinden uns noch vorwiegend in der üblichen ersten Phase solcher Auseinandersetzungen, die, wie uns Konrad Lorenz lehrt, darauf beruht, den akademischen Gegner totzuschweigen. Mit der internen Begründung: man könne sich nicht mit jedermann auf eine Stufe stellen. Erst in der zweiten Phase wird die neue Ansicht bis aufs Messer bekämpft; dies hat erst begonnen; in der dritten wird sie dann für selbstverständlich genommen. Allerdings von der Folgegeneration. Denn schon Max Plancks

---

[3] Meine Zugänge waren damals die Werke von V. Kraft (1950) und B. Bavink (1930). Heute ist es mir kennzeichnend, daß beide nicht das geringste vom ›Zirkel‹, von Hermeneutik oder von Dilthey enthalten. Goethes Morphologie war mir (gesprächsweise) etwas bekannt. Ihr hätte ich den Ansatz zu einer ›wechselseitigen Erklärung‹ entnehmen können. Heute sehe ich, daß dies niemand entnommen hat. Auch Dilthey nicht.

[4] In meinen Arbeiten über vergleichende Anatomie wie in meinen Büchern über Systematik und Meeresökologie (erste Auflagen R. Riedl 1963 und 1966) ignorierte ich, wie meine gelehrten Vorbilder, jede erkenntnistheoretische Explikation. Erst in meinem Buch über Evolutionstheorie (R. Riedl 1975) fand ich mich zu einer ersten Stellungnahme gezwungen.

Weisheit belehrt uns in derselben Weise über das Fortschreiten der Wissenschaft, die nach ihm darin besteht, daß die Alten abtreten und die Jungen, die mit der neuen Ansicht aufgewachsen sind, diese eben für selbstverständlich nehmen.

Die Segnungen der Weisheit

Nun ist auch ›kalter Krieg‹ ein noch zu großes Wort; wie einem ein solches eben zu leicht in die Feder kommt, wo immer man meint, Aussicht zu haben, selbst Federn lassen zu müssen. In Wahrheit sind es nicht mehr als soziale Strafen, die man hinzunehmen hat. Und man kann sich fragen, weswegen man wohl bereit ist, sie in Kauf zu nehmen; warum man lieber den Frieden stört, anstelle sich konform in den warmen Nestgeruch der etablierten Lehrmeinung zu fügen. Ich glaube, daß auch dies aus dem Wesen der menschlichen Kreatur zu verstehen sein muß. Man verspürt einen unwiderstehlichen Drang, alle an den Segnungen der eigenen Weisheit teilhaben zu lassen. So einfach scheint auch dies.

Ich finde mich mit dieser Lebensart allerdings in der allerbesten Gesellschaft (was auch ein guter Grund sein mag). Und außerdem wird man einsehen, daß die ganze Evolution als ein physisches Abenteuer begonnen hat, um als ein geistiges zu enden. Warum also sollte derselbe Ablauf entlang eines Lebensweges schlechter sein? Außerdem hatten sich in jenen drei Jahrzehnten zwei Theoreme ausentwickelt, die um soviel mehr in dieser Welt verstehen ließen, als daß sie einfach hätten über Bord geworfen werden können.

Dies ist die Systemtheorie und die evolutionäre Theorie von der Erkenntnis (genauer: vom Kenntnisgewinn). Sie waren beide schon in den 40er Jahren entworfen, und zwar von Lehrern meiner ersten Semester, von LUDWIG VON BERTALANFFY und von KONRAD LORENZ. Nun aber zu meinen, daß die beiden damals von uns (ja überhaupt) verstanden worden wären, das wäre wiederum ein Irrtum. Wir Jungen konnten keine Vorstellung davon haben, wen wir da vor uns hatten. Und, zu unserer Ehrenrettung sei's gesagt: was wir eben verstehen konnten, BERTALANFFY's Fließgleichgewicht des Lebendigen und LORENZ' Verhalten der Graugänse, gaben zu wenig Ausblick auf die Tragweite ihrer Konzepte.[5]

Auch wird der Kenner der Wissenschaftsgeschichte nicht überrascht sein zu finden, daß es Zeit braucht, bis eine Idee Vertreter findet, welchen es nachgerade als eine moralische Pflicht erscheint, sich mit den Irrtümern des konventionellen Weltbildes ernsthaft anzulegen. Man erinnert sich, daß es DARWIN nicht eingefallen wäre, kämpferisch des Straußes wegen aufzutreten, den er gefochten hat. Erst der um eine Generation jüngere ERNST HAECKEL hat ihn ausgefochten. KOPERNIKUS war still über seinem heliozentrischen Wandel des Weltbildes verstorben und erst drei Generationen später haben ihn KEPLER und GALILEI durchgekämpft.

---

[5] Was meine Lehrer damals beschäftigte, kann der historisch Interessierte in den Arbeiten von L. v. BERTALANFFY (1928, 1932–42 und 1937) und K. LORENZ (z. B. 1937 und 1939) nachschlagen. Systemtheorie und Erkenntnisfragen spielen in diesen noch kaum eine Rolle. Daß die beiden aber je ihren entscheidenden theoretischen Ansatz und ohne Bezug aufeinander in denselben »Blättern für deutsche Philosophie« veröffentlichten (K. LORENZ 1941, L. v. BERTALANFFY 1945), das wußten wir Ungebildeten nicht; und hätten wir's gewußt, schon als ›Philosophie‹ mochte es nichts mit Tierkunde zu tun haben.

Ein Sickervorgang

Zu allem erscheint ein solches Erstarken einer Idee weniger als ein rationaler, sondern vielmehr als eine Art geistesgeschichtlicher Sickervorgang, dessen Komponenten wir noch lange nicht verstehen. In meinem systemtheoretischen Ansatz habe ich kaum an BERTALANFFY gedacht, eher an PAUL WEISS, meinen väterlichen Freund (der allerdings der Ansicht war, BERTALANFFY hätte das Systemkonzept von PAULS Doktorarbeit entnommen; welche die Wiener Fakultät seinerzeit nicht akzeptieren wollte). Es war auch mehr die hartnäckige Redeweise der beiden, die meine Haltung bestimmte, dem einseitigen Physikalismus in den Biowissenschaften nicht mehr auf den Leim zu gehen.[6]

Und die Entwicklung der evolutionären Lehre vom Kenntnisgewinn ist uns ein Lehrstück dieses Sickervorganges geworden. Als ich sie (als Letzter) in einer Konsequenz meiner ›Systemtheorie der Evolution‹ entwickelte, kam es mir nicht in den Sinn, daß sie schon aus der Verhaltenslehre hätte entwickelt sein können. Als KONRAD LORENZ sie abgeschlossen hatte, stellte sich nun für ihn heraus, daß sie vordem schon KARL POPPER formulierte. Und allen war uns entgangen, daß sie bereits bei LUDWIG BOLTZMANN konzipiert war. Und all das in (oder aus?) dem geistigen Klima einer Stadt, in der die Lehre viermal und unabhängig voneinander entwickelt wurde; aus der Physik, aus der Philosophie, aus dem Verhalten und der Evolution von Organismen.[7]

Die heutige Systemtheorie lehrt uns nun, daß der Wechselbezug im Vorgang des Erkenntnisgewinns völlig zu Recht besteht; daß es sich keineswegs um einen logischen Zirkel, sondern vielmehr um eine Notwendigkeit handelt; und daß jede Vereinfachung desselben Verzichte leistet, die, werden sie nicht wahrgenommen, zu Mängeln, Fehlern, sogar groben Irrtümern Anlaß geben. Die evolutionäre Erkenntnislehre wiederum läßt uns das Vorgehen in einem Wechselbezug der Erklärung als ein Anpassungsprodukt unserer erblichen Anschauungsformen an die Strukturen dieser Welt verstehen: Die Denkordnung als ein Selektionsprodukt an der Naturordnung. Sogar in jener höheren Form der Übereinstimmung, in welcher der Wechselbezug dessen, was wir als zweierlei Erklärungen erleben, jenem Wechselbezug entspricht, nach dessen Bedingungen die Systeme dieser Welt selbst entstanden sind. Eine Entstehungsweise, welche wieder die Systemtheorie begründet. All das zu belegen, wird die Aufgabe dieses Bandes sein.[8]

---

[6] Die Rolle, die PAUL WEISS in diesem Zusammenhang spielte, ist nicht leicht zu durchschauen. Gewiß ist, daß er und BERTALANFFY einander in ihrer gemeinsamen Wiener Zeit gut kannten. Jedenfalls enthält die erste von PAUL WEISS (1925) publizierte Arbeit bereits den Begriff der »Systemreaktionen«. Die politischen Wirren aber hatten die beiden bald auseinandergeführt: WEISS vor dem 2. Weltkrieg in die USA, BERTALANFFY nach demselben nach Kanada.

[7] Die Reihenfolge dieser Beiträge zum evolutionären Konzept: L. BOLTZMANN (1905, siehe 1979, Neuausgabe von ENGELBERT BRODA), K. POPPER (1939, hier ist die 5. Auflage verwendet), K. LORENZ (1941 und 1973), R. RIEDL (1975, imprimatur 1973). Zu diesem Thema auch FRANZ KREUZER (1981) und R. RIEDL (1982, p. 14 und 1983 c).

[8] Sollte der Leser mit meiner »Biologie der Erkenntnis« (R. RIEDL 1980) vertraut sein, so kann er die Kapitel 1 und 2 des Teil 2 überschlagen. Ich gebe in diesen eine Zusammenfassung jenes Gegenstandes, soweit er für das uns vorliegende Thema einschlägig ist. Ich tue dies trotz der unvermeidlichen Wiederholung, weil es mir wichtig ist, daß auch der hier vorliegende Band in sich schlüssig ist.

Wem das nützen sollte

Bleibt freilich die Frage, wozu das oder wem diese Lösung nützen soll. Eine Frage, mit der wir hätten ebenso beginnen können, wie wir hier mit ihr schließen. Natur- und Geisteswissenschaften haben unser Weltbild gespalten. Heute sind sie längst als Fakultäten geschieden. Und Übertretungen werden bestraft. Wobei es keinen Schaden täte, zweierlei Methoden der Welterklärung zu akzeptieren, brächen uns diese nicht gerade dort auseinander, wo es das Wesen unseres Menschseins selbst in Frage stellt; da, wo Leib und Seele, Geist und Materie widersprüchlich zu werden scheinen.

Dabei erweist es sich, daß diese Spaltung so alt ist wie unsere Kultur. Sie hat längst ihre Wurzeln in der Geschichte der Philosophie und jenem fransigen Bruch, der sich zwischen Materialismus und Idealismus, Kausalität und Finalität aufgetan hat, zwischen Monismus und Dualismus, Empirismus und Rationalismus. Wobei sich die Naturwissenschaft materialistisch, kausalistisch, monistisch und empiristisch verhält, mit allen Spielformen, welche die Folge dieser Spaltung sind, die Geisteswissenschaft aber idealistisch, finalistisch, dualistisch und rationalistisch. Alledem werden wir noch begegnen. Diese Spaltung aber werden wir noch über die Vorsokratiker hinaus in die ältesten Mythen, selbst in die frühesten der noch rekonstruierbaren geistigen Regungen des Menschen verfolgen können. Ihr Wesen beruht letztlich auf der Einseitigkeit unserer erblichen Anschauungsformen. Dieses Dilemma ist das der menschlichen Natur. Und diese läßt sich nicht durch bloße Spekulation, sondern nur durch neue Erkenntnis übersteigen; und eben das verlangt ein fortgesetztes Lernen aus dem Scheitern an der Erfahrung.

In diesem Sinne ist unsere Geistesgeschichte zwar von Anfang an an der Erfahrung gescheitert, ohne daraus zu lernen; jahrhundertelang. Ein großes Wort, gewiß. Tatsächlich aber haben sich die Fronten nur verhärtet. Und was als intellektuelles Spiel begonnen haben mag, ist heute bitterer Ernst, selbst zur Bedrohung unserer eigenen Species geworden. Die Naturwissenschaften können den Geist der Natur nicht finden und die Geisteswissenschaften nicht die Natur des Geistes. Die eine verliert den Menschen, die andere seinen Boden. Die unverträglichen philosophischen Systeme sind zum Nährboden und selbst zur Rechtfertigung unverträglicher Ideologien geworden. Und wir schufen zusammen das Schlamassel einer Welt, die ihren Menschen und einen Menschen, der seine Welt nicht mehr versteht. Wir finden uns aufgestört und suchen nach einer Lösung. Und eben um diese geht es.

Da nun dieses Dilemma letztlich in der sinnlichen Ausstattung der menschlichen Natur zu suchen ist, die selbst nur aus der Geschichte seines Stammes und den Gesetzen der Evolution verstanden werden kann, fühle ich mich als Biologe berufen, das Thema jedenfalls einmal aufzurollen. Und weil die spekulative Vernunft des Menschen, wie unsere Geistesgeschichte lehrt, sich aus sich selbst nicht zu begründen vermag, wähle ich den Lösungsweg der Erfahrungs-Wissenschaft. Es folgt also keineswegs ein philosophischer Traktat, sondern eine wissenschaftliche Methodenlehre, also eine einfache, praktische und überschaubare Sache; eine Wissenstheorie oder eine Wissenschaft vom Erkenntnisgewinn. Soviel, um nochmals darzulegen, daß wir sehr wohl wissen, wovon wir reden.

Teil 1: Die Spaltung des Weltbildes; unvermeidliches Dilemma?

Den meisten komplizierten Strukturen dieser Welt ist der Grund ihrer Formen nicht sogleich anzusehen. Je mehr Geschichte sie enthalten, um so mehr wird diese Aufklärung schaffen. Vergleicht man z. B. den Stadtplan von Chicago mit jenem von Wien, so wird man zum Verständnis des Letzteren (obgleich kaum ein Zehntel der Fläche) weit mehr Wechselfälle des Schicksals anzunehmen haben. Alleine die Türkenbelagerungen sind Chicago bislang erspart geblieben. Ähnlich ist es mit der Bruchlinie durch unser Weltbild. Und obwohl das Verständnis ihrer Grundzüge für unsere Untersuchung genügte, wir bedürfen dazu seiner Geschichte.

Die Anlage des Dilemmas

Der Kenner mag im folgenden Ähnlichkeiten mit einer Geschichte der Philosophien erwarten; die Aufbreitung jenes im Großen zweiästigen Stammbaumes der Entwicklung unserer Weltbetrachtungen sowie das Bild der Wiederverflechtung seiner Zweige, weil im Zuge unserer geistigen Erb-Bahnen wieder die unwahrscheinlichsten Ehen und Zwitter-Geschlechter zu entstehen vermögen. Aber ich bin Biologe, nicht Philosoph; und da wir weniger beschreiben, sondern vielmehr die Gründe der Spaltung aufsuchen wollen, wird jene Ähnlichkeit gering sein. Es muß ja so etwas wie eine Psychologie und, tiefer noch: eine Biologie der Spaltung aufgestöbert werden. Denn meine Theorie der Lösung, wie wir sie ja schon in der Tasche haben, läßt erwarten, die Ausgangs-Bedingungen des Schismas in der erblichen Ausstattung der menschlichen Kreatur finden zu können.

Die Ambivalenz der Errungenschaften

Bevor ich aber versuchen darf, das biologisch Eigentümliche unserer Species auszumalen, muß ich auf eine Eigentümlichkeit der Evolution aufmerksam machen, welche man leicht vergißt. Alle Errungenschaften der Evolution erweisen sich als ambivalent. Für jeglichen Gewinn in den Entwicklungs-Chancen muß mit einem Verlust bezahlt werden. So ist erst mit der Vielzelligkeit der Tod als Notwendigkeit in diese Welt gekommen. Die große Wende zur Differenzierung des Zellenstaates mußte den Körper von den Keimzellen trennen. Erstere müssen dann Generation für Generation zugrunde gehen. Nur letztere behalten die potentielle Unsterblichkeit der Einzeller. Nun vermögen die Konstrukteure der Evolution (Variation und Selektion) die kommenden Errungenschaften nie vorherzusehen. Und so kam es, daß unser Bewußtsein im Körper entstand, der zugrunde gehen muß. Wäre es in unseren Keimzellen entstanden, unser Bewußtsein wäre potentiell unsterblich geblieben und der physische Tod der Körper nicht dramatischer als das Schneiden der Haare oder der Fingernägel.

Aber nicht nur brachte die Vielzelligkeit den Tod in die Welt, das Nervensystem hat den Schmerz, das Bewußtsein die Angst in diese Welt gebracht und der Besitz die Sorge. Und nicht minder wird man vor Augen haben, daß uns diese Evolution hätte Unglück und Hoffnungslosigkeit, Lüge und Haß ersparen können, hätte sie uns das Erleben von Glück, Hoffnung, Wahrheit und Liebe nicht geboten.[1]

Dem Wesen des Bewußtseins will ich nun weiter nachgehen, denn dieses ist wichtig für unseren Gegenstand. Dabei brauche ich wohl gar nicht aufzuzählen, in wie vielem sich der Mensch über das Tier erhoben (von ihm abgehoben) hat. Daß aber fast alle seine Errungenschaften wie seine selbstgeschaffenen Schwierigkeiten mit seinem Bewußtsein zusammenhängen, liegt auf der Hand.

Wann das Bewußtsein entstanden ist, läßt sich nicht genau angeben. Und zwar deshalb, weil in der Evolution alles gleitend geschieht. Gewisse Frühformen von Bewußtsein wird es schon bei den verschiedenen Vögeln und Säugern geben. Wir sprechen auch vorsichtiger statt von Bewußtsein von einer ›zentralen Repräsentation des Raumes‹: Also der Fähigkeit eines Organismus, Gedächtnisinhalte abrufen (sich vor-stellen) zu können, um mit ihnen gewissermaßen gedanklich zu handeln. Versuch-und-Irrtum-Handeln, Lösungs-Suche wird dabei aus dem ›Körper‹ in den Kopf verlegt. Viele Experimente mit Menschenaffen machen gewiß, daß jedenfalls in dieser Stufe der Evolution die zentrale Repräsentation schon wohl ausgebildet ist.

Der enorme evolutive Vorteil des Handelns im gedachten Raum liegt natürlich darin, wie KARL POPPER sagt, daß nun die Hypothese stellvertretend für ihren Träger sterben kann. Es muß nicht mehr mit jedem Versuch die eigene Haut riskiert werden. Man versteht darum, daß die Selektion, wo Bewußtsein physisch möglich wurde und zu lebenserhaltender Bedeutung aufrückte, dieses durchgesetzt hat. So ist es am Weg zum Menschen hell und für unsere Maßstäbe geradezu universell verwendbar (funktionell) geworden.

Dabei kann man erwarten, daß die neuen Fährnisse am Weg in die offene Savanne, das Freiwerden der Hände, die Notwendigkeit des Kooperierens der Gruppen, die Sprachentwicklung, das Schaffen von Waffe und Werkzeug, wechselweise ihren Beitrag geleistet haben; zuletzt noch das Bewältigen der Eiszeit. Das sind alles Dinge, von welchen wir schon eine gediegene Vorstellung besitzen.

Die Folgen des Bewußtseins

Wir aber müssen nun den Konsequenzen, den Folgen des hell gewordenen Bewußtseins, nachgehen. Es muß wohl ähnlich dem unseren darin bestanden haben, eine ganze Welt, so wie sie von außen erfahren und gedeutet wurde, nun

---

[1] Jener Gedanke einer Ambivalenz aller Errungenschaften der Evolution geht auf Gespräche mit LUDWIG VON BERTALANFFY zurück, die Einsicht in die speziellen Fallstricke als Konsequenz des Bewußtseins auf KONRAD LORENZ (z. B. 1973). An ihnen ist hier fortzusetzen.

unabhängig vom Außen im Inneren nochmals repräsentiert zu haben. Ich sage nicht: ›Zur Verfügung zu haben‹.

Denn es zählt ja zu den sonderlichen Eigenschaften des Bewußtseins, daß es nicht minder über uns verfügt als wir über es. Man denke nur daran, welche Mühe es machen kann, sich eines Zusammenhanges zu erinnern, der aber ungerufen ohne weiteres aufzutauchen vermag. Man erinnere sich arger Zahnschmerzen und der Frage, warum dieses Bewußtsein wohl darauf besteht, uns diese Pein miterleben zu lassen. Warum es andererseits unter Streß, etwa bei Prüfungsangst, Gedächtnisinhalte gerade dann nicht freigibt, wenn man sie besonders nötig hat; warum, und noch einmal hingegen, Erinnerungen an Peinlichkeiten gerade in solchen Augenblicken ins Bewußtsein springen, wenn sie uns besonders im Wege sind.

Nun soll das nicht heißen, wir wüßten mit unserem Bewußtsein nicht umzugehen. Aber es geht eben auch um mit uns. Und unser Umgehen mit ihm setzt selbst wieder Praxis, Disziplin und kritische Haltung voraus, was alles selbst wieder individuelle wie kulturelle (kollektive) Lebenserfahrung voraussetzt. Dann erst vermögen wir, mit jenem immer schmalen Lichtkegel absichtsvollen Bewußtmachens, schon einigermaßen systematisch durch die lichtlose Bilder-Galerie (das Gespensterschloß) unserer Gedächtnisinhalte zu wandern. Wir dürfen aber nicht vergessen, daß Kinder und Naturvölker, Menschen also mit noch geringen individuellen und kollektiven Korrektiven, noch in ganz anderer Weise von der Autonomie der Vorstellungen und Deutungen aus ihrem Bewußtsein beherrscht, traktiert und geängstigt werden. Dies kann als überzeugend belegt gelten.

Als ein Erlebnis von besonderer Eindringlichkeit muß dabei der Umstand gelten, daß mit geringerer Erfahrung auch immer weniger zwischen Vorgestelltem und Realem unterschieden werden kann. Es kann, vor allem gestützt auf den sozialen Konsens (kollektive ›Wahrheit‹), das Gedachte, Denkbare für Realität, für Gewißheit gehalten werden. Zumal es sich ja schließlich durch alle Mitglieder der Gruppe bestätigt. Und dies sehr bald, weil der mit seiner Vorstellung Einsame seine Isolation als Verunsicherung erleben und den Mangel an Rat und Halt nicht lange ertragen wird.[2]

Hinzu kommt noch die Unmittelbarkeit des gedachten Erlebnisses. Ungetrübt von den Unschärfen, Täuschungen und Zweifel der Sinne kann es einem vor Augen stehen; mit einer Evidenz und Eindringlichkeit, als wäre das Vorgestellte realer als die Realität und gewisser; und unabhängig von der Erfahrung an der äußeren Welt; unzerstörbar und sogar unkorrigierbar von der Wahrnehmung, unbeirrbar selbst gegenüber den Widersprüchen mit unseren Sinnen.

Die angeborenen Lehrmeister

Nun erweisen sich gerade die grundsätzlichsten unserer Vorstellungen von dieser Welt tatsächlich als unabhängig von der individuellen Erfahrung; denn sie sind die

---

[2] Dies sind Erfahrungen aus den Gebieten der Sozial-Psychologie und Ethnologie, die einander gut bestätigen. Sie finden Synthesen in einer heute erweitert verstandenen Anthropologie: in einer ›Archäologie des Geistes‹ (E. WINKLER u. J. SCHWEIKHART 1982). Man vergleiche dazu »Das wilde Denken« (C. LÉVI-STRAUSS 1962) und C. G. JUNGS ›Tiefenschichten‹ (1968).

Voraussetzung, daß überhaupt Erfahrung gemacht werden kann. Sie sind den Philosophen als die ›Kategorien‹ seit der Antike bekannt. Am genauesten hat sie IMMANUEL KANT analysiert. Und die evolutionäre Erkenntnislehre hat sie als genetische Produkte der Anpassung unseres Stammes an die Grundstrukturen oder Grundgesetzlichkeiten dieser Welt erkannt; zweifelsohne als *a priori*-Anschauungsformen jedes Individuums, aber gleichzeitig als *a posteriori*-Lernprodukte uns eingebaut, als eine Erfahrung der Evolution. Ich werde das (in Teil 2) noch im einzelnen belegen.[3]

Es kann also gar nicht wundernehmen, daß man das, was wir als unsere Vernunft empfinden, gleichzeitig als uns vorgegeben erlebt. Und da man von der Herkunft dieser Vorgabe nichts ahnen konnte, mußte man es wohl als dieser Welt als Ganzes vorgegeben denken. Und auch dies ist gar nicht so verkehrt, weil es sich ja tatsächlich um Weltgesetzlichkeit handelt, welche selektiv dieser Welt extrahiert wurde. Diesem Phänomen werden wir bald im Rationalismus-Problem wiederbegegnen.

In unserem Gegenstand sind wir aber erst bis zum Hellwerden des menschlichen Bewußtseins vorangekommen. Dies wird sich über 6 bis 40 Jahrmillionen (von den Australopithecinen, teils schon von den ersten Menschenaffen her) vorbereitet haben und muß vor 1 bis 2 Jahrmillionen, in der frühesten Altsteinzeit, mit dem *Homo erectus* seine urtümlichste menschliche Ausprägung gewonnen haben. Von da an muß das Handeln nach Vollzügen im Bewußtsein die alterprobten Lebensanweisungen und Entscheidungshilfen durch die angeborenen Instinkte allmählich erreicht und später überwogen haben.[4]

Der Fortgang der Evolution wird nunmehr, von der Langsamkeit des Lernens des Erbmaterials fort, dem ungleich schnelleren assoziativen Erfahrungsgewinn des Individuums und seines Kollektivs überantwortet und schließlich von diesem völlig überrannt. In diesem Sinne werden dem Menschen, in einem fundamentalen Unterschied zu aller übrigen Kreatur, die Entscheidungen über sein Schicksal selbst in die Hand gegeben. Und wenn im Instinktverhalten wohl auch Unsinn im Sinne von Anpassungsmängeln zu beobachten war, nebst einer wie weise wirkenden Lenkung, nun erst tritt die Möglichkeit zur echten Weisheit wie zum baren Unsinn ans Licht dieser Welt.[5]

Der Mensch wird damit seinen ererbten Handlungs-Anleitungen allmählich entfremdet, gegenüber den altbewährten Lehrmeistern seines Stammes verunsichert, auf die schwachen Beine seines Bewußtseins, seiner sogenannten Vernunft, gestellt; er wird zum Zauberlehrling der Evolution. So, wie KONRAD LORENZ sagt, als ob der Schöpfer den Menschen noch mit schützender Hand auf jene neuen

---

[3] Der Ausdruck geht auf ARISTOTELES' Rechtslehre zurück und beinhaltet Begriffe wie ›Wo‹ (Raum), ›Wann‹ (Zeit), ›Was‹, ›Wesen‹ (Qualität), ›Relation‹, eben das, was man auf der Agora, dem Richtplatz, vorbringt. Für IMMANUEL KANT sind es schließlich ›logische Vorbedingungen der Erfahrung‹, *Apriori* unserer Vernunft und Urteilskraft.

[4] Man kann diesen Wandel schon allein aus der Differenzierung der entwickelten Werkzeuge erschließen, welche ohne eine Vorstellung von der angestrebten Form und ihren speziellen Zwecken nicht herzustellen wären. Allein die Anzahl der gezielt zu führenden Schläge zur Formung des Faustkeils stieg von 25 auf etwa 70 Schläge, beim Neandertaler auf 100, beim Cro-Magnon-Menschen auf 200, wie dies die Nachahmung gezeigt hat (JAQUES TIXIER, ›Institut de Paleontologie Humaine‹, Paris; vgl. T. PRIDEAUX 1973).

[5] Eine solche Sicht des Menschen hat KONRAD LORENZ schon 1973 gegeben; aber im ›Altenberger Kreis‹ ist uns diese immer wieder entwickelt worden (Reportagen über diesen in der Juli-Ausgabe der Zeitschrift »Morgen«, Wien).

Beine gestellt und dann die Hand von ihm genommen hätte, um zu sehen, ob er nun alleine steht. Und er schwankt. Und er hat seither immer geschwankt; mehr oder weniger. Und heute befürchten wir bereits, endgültig zu stürzen.

Anpassungen für gestern

Es erweist sich nämlich jene uns vorgegebene Vernunft, jenes Ensemble angeborener Anschauungsformen, zwar als eine Extraktion der allgemeinsten Ordnungsmuster dieser Welt, aber in beträchtlicher Vereinfachung. Diese Formen unserer Anschauung, mit deren Hilfe uns unsere Welt deutbar wird, erweisen sich nur als schmale Fenster in die Weltordnung, wobei sie aus dieser zwar lebenswichtige Ausschnitte, den Zusammenhang zwischen diesen aber keineswegs wiedergeben.

Und noch eines. Früher haben wir uns die Sinne in ihrer Entwicklung wie Öffnungen in der Haut vorgestellt, durch welche, gewissermaßen mit verbesserter Optik, immer mehr Details in unser Bewußtsein projiziert würden. Heute beginnen wir zu verstehen, daß von unseren Sinnen überhaupt nur jene Reize das Gehirn erreichen (befassen), welche durch geeignete Verschaltung zu geeigneten Reaktionen führen, also bereits längst interpretiert sind, Deutung erfahren oder, wie wir uns ausdrücken, einen Sinn haben. Alles Anschauen und Wahrnehmen ist also schon Interpretation.

Was aber von der Langsamkeit genetischen Kenntnisgewinnes uns als erbliche Interpretations- oder Entscheidungshilfe appliziert wurde, das stammt spätestens aus jenem 4 Jahrmillionen zurückliegenden früh- und vormenschlichen Übergangsfeld und vielfach noch aus den 100 Jahrmillionen der frühen Säuger, ja der Wirbeltiere im Ganzen. Es sind Interpretationshilfen, die für die Lösung der Lebensprobleme des Säugetiers, des Raubaffen, spätestens des Frühmenschen, adaptiert wurden. Sie wurden, wie HOIMAR VON DITFURTH sagt, nicht zum Denken, sondern zum Überleben selegiert. Und freilich lange, bevor unser Bewußtsein hell geworden war.[6]

Was nun von diesen vereinfachten Entscheidungshilfen unser Bewußtsein erreicht, das sind jene *Apriori* unserer Vernunft, von welchen schon die Rede war. Sie lassen uns die Zeit als eindimensional anschauen und den Raum, als eine damit unvereinbare Qualität, in drei Dimensionen. Sie lassen uns aus dem Netzwerk der Bedingungen und Folgen in dieser Welt je einen Ausschnitt als Kraft miterleben, einen anderen als Absicht. Den einen bestätigt uns unmittelbar die Brachialgewalt des eigenen *Bizeps,* den anderen das Miterleben der eigenen Intentionen, unser fortgesetztes Wünschen und Trachten nach der Befriedigung irgendeines Lebensbedürfnisses. Somit erscheinen uns Kräfte und Zwecke als unvereinbare Qualitäten. Und noch dazu suggerieren sie uns die Erwartung, daß das schon alles wäre. Diesem Umstand werden wir in der Finalismus-Debatte wiederbegegnen.

Jene Schematik, die Welt zu deuten, hat sich selbst in den zweieinhalb Jahrtausenden unserer Kulturgeschichte nicht gelockert. Wie selbstverständlich muß sie

---

[6] Diese Perspektive eines Psychiaters und Neurologen ist uns hier in Ergänzung und Bestätigung unseres ethologisch-biologischen Standpunktes besonders wertvoll (man vergleiche H. v. DITFURTH 1976, 1981 und 1983).

erst dem Frühmenschen gewesen sein. Die frühesten Dokumente um die geistigen Regungen in unserem Stamme sprechen darin eine beredte Sprache. Wir begegnen ihnen am Wege jenes *Homo erectus,* der schon das Feuer verwendete, in die Zeit der Neandertaler, der mittleren Steinzeit, was 700 bis 60 Jahrtausende zurückliegt.

Kannibalismus und Metaphysik

Hier finden wir uns vor einer Kreatur mit kannibalischen Zügen, vielleicht zum rituellen Kannibalismus verfeinert, welche diesen mit Begräbnissen und schließlich Begräbnisriten zu verbinden wußte. Vor 40 Jahrtausenden kommt ein Kult um den Höhlenbären hinzu. Und wenn man Vergleiche mit heute fast noch steinzeitlich lebenden Naturvölkern heranziehen darf, so kann daraus auf das Entstehen der Jenseits-Vorstellungen geschlossen werden, auf ein Aufkeimen der Metaphysik. Aus den erweiterten Hinterhauptslöchern hat die Sippe wohl das Gehirn des Verstorbenen (Getöteten?) verzehrt; um mit dieser Speise Eigenschaften seines Trägers zu gewinnen. Blumenbeigaben ins Grab mochten als Heilkräuter (Schmuck?) gedacht sein. Steinkisten mit Bärenschädeln deuten auf einen Kult, in welchem der Bär, von dem alles Lebensnotwendige kam wie auch der Tod, als Mittler zwischen Menschen und Göttern mit allerlei Zauber umgeben wurde. Diese verfeinerten Kannibalen schufen sich zuerst schauerliche Götter und trachteten daraufhin, sie zu beschwichtigen.[7]

Jenen frühen Menschen, mit schon wachem Bewußtsein, mußte die Frage um das Woher und Wohin ihres Existierens aufgegangen sein; das Wunder wie die Ratlosigkeit um ihr Werden und Vergehen. Hier, mit Metaphysik, Transzendenz, Re-Ligio (wie man will), beginnt auch schon das Dilemma der menschlichen Kreatur. Für mich ist dies einer der Drehpunkte in dem nicht endenden Prozeß des Menschwerdens. Man muß sich ja vor Augen halten, in welch vereinfachter Weise die Deutung der Kräfte wie auch die der Zwecke in uns strukturiert ist. Weder ist uns die Symmetrie dieser Qualitäten anschaulich, noch ihre Interdependenz und Vernetzung; auch heute noch nicht. Vielmehr erleben wir beide getrennt in Kettenform; und die letzten Kettenglieder der wie auch immer zusammengereimten Vorbedingungen der Vorbedingungen mußten stets aus dem Bereich des Erfahrbaren hinauslaufen in eine an der Erfahrung längst nicht mehr prüfbare Geisterwelt höchst urtümlicher Hoffnungen und Ängste. Und von der Verunsicherung der Vernunft selbst ist noch gar nicht die Rede. Auch bei dieser Art der Welträtsel ist unsere Kulturgeschichte im wesentlichen geblieben.

Die ersten Götter, die der Mensch figürlich hinterlassen hat, sind Fruchtbarkeitsgöttinnen, die ersten Malereien haben mit Jagdzauber zu tun. Auch dies liegt 30 Jahrtausende zurück. Ocker, Schmuck und Waffen statten Tote für ihre Zwecke im Jenseits aus. Dies alles noch in der letzten Eiszeit, bei meist in Höhlen zaubernden, verstreut lebenden kleinen Sippen.

---

[7] Eine vorzügliche Übersicht und Quellenangaben findet man in Band 1 von WILL DURANT 1960. Eine populäre, moderne Darstellung der Anthropologie dieses Abschnittes in G. CONSTABLE 1973 und T. PRIDEAUX 1973. Im besonderen ist aber noch auf die »Entwicklungsgeschichte der menschlichen Intelligenz« von FRIEDHART KLIX (1983) aufmerksam zu machen (einiges auch in R. RIEDL 1975).

Als mit dem Ende der Eiszeit die verstärkte Kommunikation des dörflichen Lebens der Jungsteinzeit beginnt und mit der sogenannten Neolithischen Revolution die Arbeitsteilung, werden aus den eiszeitlichen Schamanen die ersten Priester. Und in den ersten Städten, auch dies schon vor 10 Jahrtausenden, werden als Folge des allgemeinen Palavers die Kulte, die Heiligtümer und das Volk der Götter so kompliziert, wie es die Vorstellungskraft der Gemeinschaft eben zuließ. Und es bedurfte darum bereits des ›Eingeweihten‹, um mit jener Vielfalt sachkundig umzugehen.

Nur um wenige Jahrtausende jünger sind die Wurzeln der ältesten uns überlieferten Mythen. Sie alle drehen sich um Kosmogonie, um das Werden der Dinge dieses Kosmos und seiner Schöpfer. Nun bevölkert bereits eine phantastische Welt grausamer und absichtsvoller Demiurgen die Geister, die sich fragten, wer wohl die Welt erschaffen, Himmel und Erde getrennt habe, und zu welchen Zwecken oder Listen sie wohl das Schicksal steuerten. Nichts blieb dem Zufall überlassen. Vielmehr hatten bereits unübersehbare Ketten von Ursachen und Absichten alle Ereignisse und Zustände dieser Welt zu regieren begonnen. All das wird man vor Augen haben. Das Erleben des eigenen Lebens belebte die Himmel, und deren Götter belebten alles übrige Leben; so auch das eigene.

Die Scheidung der Geister

Die Entdeckung dessen, was wir heute Vernunft nennen, liegt dagegen drei Jahrtausende zurück. Die Schrift war entstanden und eine kulturelle Aristokratie konnte sich deshalb Gedankenfreiheit leisten, weil ohnedies nur wenige des Lesens und Schreibens mächtig waren. Städte, wie Milet, förderten dazu den Wohlstand wie den Müßiggang. Der Handel vermengte mit seinen Gütern auch die Weltansichten; und so wurde ein jeder Aberglauben dem anderen zum Verhängnis. Im 6. Jahrhundert v. Chr. entsteht die *historiai*, die Forschung, zu neuer Einheit; ob nun als Wissenschaft, Philosophie oder Geschichtsschreibung; in Ionien bereits mit skeptischer Ansicht. »Ich schreibe«, sagt HEKATAIOS, »was meines Erachtens die Wahrheit ist; denn die Überlieferungen der Griechen scheinen mir zu zahlreich und zu lächerlich.«[8]

Das Janus-Gesicht

Von nun an trennten sich die Quellen der Wahrheit. Was zunächst nur eine einzige soziale Wahrheit war, ein Konsens zur Beruhigung der allgemeinen Ratlosigkeit, das trennte sich auf in die Gewißheit aus einer Art Offenbarung und in die Gewißheit aus der Erfahrung; in eine Sicht nach innen und eine solche nach außen. Diese ›Lösung‹ jedoch erwies sich im Handumdrehen als der Kern des menschlichen Dilemmas; denn von keiner der beiden Ansichten konnte man wissen, woraus

---

[8] HEKATAIOS VON MILET (6.–5. Jahrh.), Historiker und Geograph. Übernimmt zwar noch Sagen von HOMER, bemüht sich aber bereits um deren rationale Umdeutung. Von seinen in ionischem Dialekt geschriebenen Büchern sind nur Fragmente erhalten (K. v. FRITZ 1968; das Zitat aus W. DURANT 1960, Band 4, Seite 239).

sich diese begründete. Und daraus haben die folgenden zweieinhalb Jahrtausende unserer Geistesgeschichte zweierlei soziale Wahrheiten gemacht. Denn noch heute behauptet man, daß nur eine Seite dieses Janusgesichtes die Wahrheit zu sehen vermöchte. Bleibt bloß die Frage: welche?

Wissen, davon überzeugten einander zunächst die Sophisten, kommt nur von den Sinnen. Woher sonst könnte es kommen, wenn nicht von der sinnlichen Erfahrung? Aber schon im Sinne PARMENIDES' hätten die meisten Sterblichen nichts in ihrem irrenden Verstand, was nicht durch ihre irrenden Sinne hineingekommen wäre. Wie aber sollte das sein? Dort »der lärmende Haufen der Sinne«, hier jedoch die klaren Gesetze meines Verstandes. Von wessen Sinnen, fragte PLATON, wäre hier die Rede; von den Sinnen des Weisen oder jenen des Pavians? Wissen also kommt von der Vernunft. Wie aber, setzte PYRRHON entgegen, könntest du wissen, daß der Weise weise ist? Also, folgert EPIKUR, zurück zu den Sophisten. Was aber, fragten die Skeptiker, kann das nützen? Die Herkunft des Wissens bleibt immer ungewiß.[9]

Die wahre Dramatik der Scheidung der Geister beruht eben auf einer Scheidung des Geistes selbst; also auf jenem Januskopf, dem nach innen und nach außen schauenden Doppelgesicht, dem Gott der Eingangspforte. Denn was immer sich schon im Denken des klassischen Altertums zu philosophischen Schulen und einander ausschließenden Lehrmeinungen trennte, es blieb bei einer Auftrennung im Herzen der Philosophen. Die Neigung und Parteinahme zu einer der alternativen Möglichkeiten ist als jenes soziale Produkt zu verstehen, welches wir Zeitgeist oder Kultur nennen. Denn wo könnte der Mensch im Dilemma des Widerstreites der nach innen und der nach außen erblickten ›Wahrheiten‹ eher Halt und Ruhe finden als in jener Meinung aller Nachbarn, welche nun wieder kulturelle Tradition genannt wird.

So ist alle Genealogie der alternativen Schulen, von welchen die Rede sein wird, des Rationalismus und Empirismus, des Idealismus und Materialismus, letztlich nur eine Genealogie alternativer Ankerplätze. Es sind keine Genealogien lupenreiner Überzeugungen, wie man es verkürzten Philosophiegeschichten entnehmen möchte. Wie mir ihre Kenner, wie mein Freund ERHARD OESER, vorstellbar machen, ist das geistige Schiff noch jeglichen Denkers, hat er sich in jenen Ozean der Ungewißheit gewagt, in den Sturm seiner Doppelansicht geraten und war im Dahintreiben gezwungen, eine der vermeintlichen Sicherheiten aufzusuchen.

Folglich war kein Empirist so empirisch, daß er das (reflektierende) Denken geleugnet hätte; und kein Rationalist so rationalistisch, um an der (sinnlichen) Wahrnehmung zu zweifeln. Das gilt, wie OESER (1969, ab Seite 102) gezeigt hat, schon für ARISTOTELES und PLATON, es gilt für LOCKE und DESCARTES und bis in unsere Moderne.

Unsere menschliche Ausstattung ist universell dieselbe. Das Dilemma ist im Dualismus unserer Erkenntnisfenster begründet; die Wahl einer der alternativen

---

[9] Von PARMENIDES VON ELEA (etwa 540–470), Begründer der Eleatischen Schule, ist nur das Bruchstück eines Lehrgedichtes erhalten. PLATON (427?–347), PYRRHON (365–275) und EPIKUROS (342?–270). Die Sophisten oder ›Wahrheitslehrer‹ gehören davor, in die Zeit des PERIKLES, die Skeptiker danach, ins dritte vorchristliche Jahrhundert. — Die Passage ist W. DURANT (1953, Seite 16) entnommen.

›Lösungen‹ auf unserer Sehnsucht nach Gewißheit, und war es auch immer nur eine halbe.

Alles ist Verstand

Die zerzankten Griechen wurden, wie man weiß, von Rom verdrängt und das korrumpierte Rom vom Christentum. Die Sophisten, so wie PARMENIDES, EPIKUR und viele andere, waren bald vergessen, und die Scholastik vertraute PLATON (und, wie man meinte, ARISTOTELES); und man glaubte mit AUGUSTINUS und THOMAS VON AQUIN an eine Übereinstimmung der Vernunft mit der Welt. Man begründete den Rationalismus.[10]

Der erkenntnistheoretische Rationalismus, der uns hier interessiert, behauptet, daß es Vernunftswahrheiten geben muß, die *a priori,* also vor jeder Erfahrung bestehen, und daß sie sogar einen höheren Rang besitzen müßten als jene. DESCARTES, SPINOZA, BERKELEY, LEIBNIZ schufen große rationale Systeme.[11]

Nun haben die Rationalisten völlig recht, daß jede vernünftige Betrachtung schon der Vernunft im voraus bedarf; daß jeder Erfahrungsgewinn Vorauserfahrung benötigt. Schon PLATON erkannte, daß die innere Sicht der Seele vor unserem Körper bestanden haben mußte, wie eine Erinnerung aus früheren Inkarnationen; und daß man sie nicht für neues Wissen halten durfte. Damit war bereits individuelle Erfahrung von der stammesgeschichtlichen (genetisch gespeicherten) unterschieden. Aber man konnte nicht wissen, daß jenes Vorwissen, die *Apriori* allen assoziativen (individuellen) Lernens, gleichzeitig *a posteriori*-Lernprodukte aus der genetischen Erfahrung unseres Stammes sind. Man konnte damit auch keine irdische Begründung für die Herkunft unserer individuell vorgegebenen Vernunft finden. Und man mußte sie darum höher rangen, ja die individuelle Erfahrung mißachten. Und eben da beginnen die Fehler, sogar die Gefahren des Rationalismus, der aus dieser Ansicht entstehen sollte.

Tatsächlich aber ist die genetische Erfahrung lediglich älter und allgemeiner. Und das, was sie uns als Anschauungsformen suggeriert, hat keinen Anspruch auf unverbrüchliche Gewißheit. Sie enthält, wie wir wissen, Entscheidungshilfen als Anpassungen an relevante Ausschnitte aus der Realität zur Lösung von Lebensproblemen unserer weit zurückliegenden Vorfahren. Von ihnen aus beliebig zu extrapolieren, kann deren Mängel nur vergrößern. Sie nicht fortgesetzt an der Erfahrung zu kontrollieren, öffnet dem baren Unsinn die Pforten. Was, wenn Vernunft und faktische Erfahrung widerstreiten? »Um so schlimmer für die Fakten«, hat HEGEL geantwortet. Heute fügen wir hinzu: ›Um so schlimmer für die

---

[10] ARISTOTELES (384–322), Philosoph, erster wissenschaftlicher Biologe und Begründer der Peripatetischen Schule, wurde bekanntlich ab dem Mittelalter reichlich interpretiert, in entscheidenden Dingen aber bis in unsere Tage mißverstanden (zurechtgedeutet); besonders hinsichtlich seines Teleologie-Begriffes, der uns im folgenden wichtig werden wird. Man vergleiche WOLFGANG KULLMANNS (1979) wohlbegründete Lösung. — AUGUSTINUS (354–430), größter lateinischer Kirchenlehrer des christlichen Altertums. THOMAS AQUINUS (1225–1274), bedeutendster Philosoph und Theologe des Mittelalters.

[11] Die Zeit der großen philosophischen Systeme ist zunächst das 17. und der Beginn des 18. Jahrhunderts. Beginnend mit RENÉ DESCARTES (1596–1650) und ihm gegenüber BARUCH SPINOZA (1632–1677) bis GOTTFRIED WILHELM VON LEIBNIZ (1646–1716) und GEORGE BERKELEY (1685–1753), in der Spanne von nur zwei bis drei Generationen.

Vernunft‹. Hier wird das Zeitalter der Ideologien vorbereitet, eine Welt der Konflikte, in welcher keine Instanz der Vernunft mehr existiert, um zwischen wahr und falsch zu entscheiden. Es sei denn mit Pech und Schwefel.[12]

Dies aber glauben die Rationalisten dem Biologen heute noch nicht. Und wenn sich auch derzeit nur mehr wenige zum lupenreinen Rationalismus bekennen, beherrscht er doch die geisteswissenschaftliche und religiöse Hälfte unserer Kultur, hält die Spaltung aufrecht; nur, was uns hier wichtiger werden wird: er macht die Finalismus-Kausalismus-Debatte unlösbar, wie sie bald zum Vorschein kommen wird.

Alles ist Erfahrung

Zuvor aber noch zur zweiten Hälfte der Spaltung; zum Empirismus. Im Mittelalter hatte man den griechischen Empirismus vergessen (seine Sicht verdrängt). Aber schon mit der Renaissance taucht das alles wieder auf. Mit GALILEI in der Naturwissenschaft, mit LOCKE und HUME in der Erkenntnistheorie. Beflügelt dann durch die Aufklärung und den Positivismus, namentlich seiner späten Formen, wie den Wiener Kreis mit CARNAP, REICHENBACH und SCHLICK, wird er zum Rüstzeug der modernen Naturwissenschaft schlechthin. Im Empirismus wird behauptet, daß jede Erkenntnis auf Erfahrung beruhe und nur auf Erfahrung. Es gäbe keine angeborenen Ideen (wir sagen: Formen der Anschauung). JOHN STUART MILL trachtete sogar, die Sätze der Mathematik auf die Erfahrung zurückzuführen.[13]

Nun haben die Empiristen völlig recht, daß alles Wissen über diese Welt nur aus der Erfahrung (zunächst sogar nur aus den Sinnen) stammen kann. Schon ARISTO-TELES waren die Sinne die Wissensquelle und die universellen Ideen nicht *a priori* gegeben, sondern aus der häufigen Wahrnehmung gleichartiger Objekte dieser Welt abstrahiert. Nur, wie alt diese Abstraktionen aus der Erfahrung waren, konnte man nicht ahnen. Denn man kannte die Phylogenie und mit ihr die erblichen Lehrmeister unserer Vernunft noch nicht. Noch VIKTOR KRAFT, dessen Kollegs ich mit Staunen hörte, leugnete die Existenz der KANTschen *Apriori*. Das *Apriori* der Kausalität beispielsweise deshalb, weil es sich im Mikrobereich der Physik als nicht mehr anwendbar erwies. In der Folge wurde jede angeborene Ausstattung des Menschen geringgeschätzt, sein Hang zur Metaphysik und die

---

[12] GEORG WILHELM FRIEDRICH HEGEL (1770–1831), Theologe, erst in der Aufklärung wurzelnd, dann romantisch irrationalistischer Philosoph des deutschen Idealismus, mit starker Wirkung auf den theologischen Radikalismus und in seiner Umgebung auf den dialektischen Materialismus; endend in einer Überschätzung des Verstandes.
»Die HEGELsche Thermodynamik«, zum Beispiel, zitiert ARTHUR MARCH (1948, Seite 233), »sieht so aus: ›Die Wärme ist das Sichwiederherstellen der Materie in ihrer Formlosigkeit, ihre Flüssigkeit der Triumph ihrer abstrakten Homogenität über die spezifischen Bestimmtheiten, ihre abstrakte, nur an sich seiende Kontinuität als Negation der Negation ist hier als Aktivität gesetzt! Was«, spottet MARCH, »den Lernbegierigen von damals eingeleuchtet zu haben scheint«.
[13] Der Empirismus der Neuzeit beginnt mit tief gläubigen Astronomen: JOHANNES KEPLER (1571–1630) und GALILEO GALILEI (1564–1642). Ein Jahr nach GALILEIS Tod wird ISAAK NEWTON geboren. Sein Zeitgenosse JOHN LOCKE (1632–1704) wird zum eigentlichen Begründer der Aufklärung, die sich dann mit VOLTAIRE, LAMETTRIE und HOLBACH in Frankreich, mit DAVID HUME (1711–1776) in England entwickelt (JOHN STUART MILL 1806–1873.) Und mit der Aufklärung entsteht die Philosophie des Positivismus, der Anfang des 20. Jahrhunderts im Wiener Kreis mit RUDOLF CARNAP, HANS REICHENBACH (Berlin) und MORITZ SCHLICK einen Höhepunkt erreicht.

Universalität der Re-Ligio verteufelt. Erwies es sich doch, daß man dort, wo die Wissenschaften exakt wurden (im Ideal die Physik), selbst des *Apriori* der Kausalität gar nicht mehr bedurfte. Da nun beginnen die Fehler des reinen Empirismus und völlig gegensätzliche Gefahren.[14]

Denn die Erfahrung, welche ein Individuum, eine Weltanschauung, eine Kultur macht, ist ja zunächst nur der Vollzug oder die Konsequenz jener Erwartungen, welche wir mit unserer erblichen Ausstattung an einen (scheinbar) relevanten Ausschnitt unserer Welt herantragen. Die Folge des Empirismus ist es dann, nicht nur seinen Erfolgen zu trauen, sondern zu meinen, daß jener kleine Ausschnitt, in welchem man durch Vereinfachungen Erfolg hatte, fürs Ganze zu stehen vermöchte. Die Praxis der Reduktion der Wissenschaft auf das Meßbare (der pragmatische Reduktionismus) konnte den Irrtum einleiten, darauf zu bestehen, daß das auch schon alles sein müßte (den ontologischen Reduktionismus). Dies führte zum Glauben, daß alles Nötige machbar wäre, zu einem Weltbild ohne Zwecke und Geschichtlichkeit, zum Glauben, daß wir das, was wir in dieser Welt zerstören, auch wieder zu reparieren vermöchten. Wieder öffnen sich dem baren Unsinn die Pforten. Denn, wenn nun die Vernunft mit einer Welt aus Fakten widerstreitet, scheint es schlecht um die Vernunft zu stehen. Wir fügen hinzu, es steht auch schlecht um unser Beschränktsein auf solche Fakten.[15]

Dies aber glauben wieder die Reduktionisten dem Biologen nicht. Und wenn sich der ontologische Reduktionismus auch nun bereits als verunsichert erweist und schon vielfach gefragt wird, ob wir nicht längst einer anderen Wissenschaft bedürfen, es bleibt doch die wesentlichste Verunsicherung unserer Zeit, daß wir aus dem Schlamassel unserer technomorphen ›Erfolge‹ sichtlich nicht herauszufinden vermögen.[16]

Die Perspektive des Janus-Kopfes

Nun ist aber diese Rationalismus-Empirismus-Spaltung unserer Kultur erst der, wenn auch so notwendig gewordene, Hintergrund der Szene, vor welchem die wahre Handlung unserer Irrungen bis ins gegenwärtige Tagesgeschehen spielt. Denn, geben wir es zu: so prinzipiell die Auseinandersetzung auch erkenntnistheoretisch sein mag, unsere Tage hat sie nicht bewegt. Und so grundsätzlich der Irrtum, wie seine biologische Aufdeckung auch sein mögen, die Einsicht in die

---

[14] In jenen frühen 50er Jahren hätte der Kenner ein Ende des Positivismus prognostiziert. Dieser hat aber über einen Seitenzweig des Neopositivismus, in der Analytischen Philosophie WOLFGANG STEGMÜLLERS, neuen Einfluß genommen, namentlich auf die Soziologie (z. B. ERNST TOPITSCH 1950 und HANS ALBERT 1968) und neuerlich auf das ›positive Recht‹ (zurückgehend auf HANS KELSEN).

[15] Dies ist nicht bloß eine pessimistische Redewendung. Der Glaube an das Machbare hat die Zerstörung unserer Umwelt legitimiert, durch das ›environmental ingeneering‹, die Umerziehbarkeit der Menschen (B. SKINNER 1973) und die Manipulierbarkeit seiner Erbausstattung (J. LEDERBERG in CIBA-Foundation Symposia 1963). Allein die Absicht, den Übermenschen zu züchten, könnte wohl den Über-Untermenschen produzieren.

[16] Um diese Frage ist bereits eine neue Literaturgattung entstanden; selbst von Naturwissenschaftlern verfaßt, wie ERWIN CHARGAFF (1980) und HERBERT PIETSCHMANN (1980). Und, wie erinnerlich, befaßten sich schon ganze Symposien mit der Frage: Brauchen wir eine neue (Natur-)Wissenschaft? (OSKAR SCHATZ 1981.) Doch dachte man, vor allem Geistes-Wissenschaftler darüber entscheiden zu lassen.

Teilung in kulturelles und stammesgeschichtliches Wissen wirkt nicht bis in unser Tagesereignis.

Ungleich unmittelbarer spaltet eine zweite Kontroverse in zwei Kulturen. Diese ist zwar durch die besprochene gestützt und angeführt, aber von fast demselben ehrwürdigen Alter. Es ist dies die Materialismus-Idealismus-Spaltung. Diese beiden Brüche, die durch unsere Kultur verlaufen, sind zwar nicht identisch. Wir sagten schon: es ist kein glatter Bruch. Aber der Empirismus hat die Haltung der Materialisten gefördert und der Rationalismus überwiegend jene der Idealisten. Und wenn sich die Empirismus-Rationalismus-Auseinandersetzung noch in den kühlen Höhen der Erkenntnistheorie abspielen mochte, die Materialismus-Idealismus-Auseinandersetzung ist bis in die Legitimation der Christenverfolgung, dann der Scheiterhaufen, daraufhin wieder des Schafotts, die der Revolutionen, der großen und der kalten Kriege hineingeführt worden. Eine blutvolle Debatte.

Die Frage, was an Mühseligkeiten in unserer Geschichte als Folge solchen Deutungs- und Machtwandels hätte vermieden werden können, und zwar durch eine zeitgerechte Einsicht in die angeborene Janus-Gesichtigkeit unserer Vernunft, ist so müßig wie interessant. Denn freilich ruht alle Auseinandersetzung auf der Begehrlichkeit, Possessivität und Aggressivität der menschlichen Kreatur. Aber in demselben Wesen finden wir nicht minder Moral, Rechtsempfinden und Schamgefühl. Und man wird sich erinnern, daß der Scheiterhaufen wie das Schafott, Kriege wie Revolutionen, immer noch als gerechte Sache, mit der Moral ideeller, religiöser oder vaterländischer Pflichten, legitimiert worden sind. Sei es, weil die Volksseele nur auf diese Weise zu mobilisieren ist, sei es, daß die Rädelsführer unserer machtgeschichtlichen Wenden zudem selbst an ihr Legitimiertsein geglaubt haben mögen. Der Entzug der Legitimierbarkeit, so würde ich erwarten, hätte wohl manchem Unheil der Entwicklung vorzubeugen vermocht.

Diese scheinbaren Legitimationen sind aber nur die mittelbaren Folgen des Rationalismus-Empirismus-Dilemmas. Sie sind die Konsequenzen jener Konsequenzen. Die unmittelbaren Folgen sind die scheinbar unvereinbaren Welt- und Menschenbilder, welche aus jenem Dilemma folgen. Es gipfeln dieselben in der scheinbar ebenso unvereinbaren Alternative, wie die Gründe dieser Welt und unserer Existenzen zu deuten wären. Dies mag zunächst wundernehmen.

Wir wissen aber heute, daß die angeborenen Lehrmeister unseres Verstandes, jene *a priori*-Vorbedingungen unserer Vernunft, diese Welt nicht abbilden, wie sie ist. Sie entnehmen ihr vielmehr, und in sehr vereinfachter Form, gewisse Ausschnitte, welche wahrzunehmen für die Kreaturen unserer Stammesgeschichte von lebenserhaltender Bedeutung waren. So kommt es, daß wir Farbe und Wärme oder Raum und Zeit nicht als Teile einer Kontinuität, sondern als völlig getrennte Qualitäten erleben. Und daß wir selbst in das Kontinuum der ursächlichen Bedingungen, sei es der Welt oder unserer Existenz, wie gesagt, nur schmale Fenster der Vorstellung besitzen und folglich auch Kräfte und Zwecke für unvereinbare Qualitäten halten. Verstärkt ist diese Vereinfachung (wie in Teil 2 auszuführen sein wird) noch von der erblichen Erwartung, Kräfte und Zwecke würden sich jeweils nur in Kettenform (wenn A dann B, wenn B dann C) verlängern. Selbst für deren natürliche Vernetzung besitzen wir keine angeborene Anleitung der Anschauung.

Alles kommt von letzten Zwecken

Es nimmt darum nicht wunder, daß das Erlebnis der uns vorgegebenen Kategorien des Verstandes schon mit der frühesten philosophischen oder existentiellen Reflexion die Welt und unsere Existenz allein aus den Zweckursachen verstehen wollte, welche späterhin die Philosophen-Konstruktion des Idealismus anführen werden.

Gewiß wird manches dieser Entwicklung für immer im Dunkel unserer Früh- und Vorgeschichte verbleiben. Denn wir erinnern uns an Zeugnisse früher existentieller Reaktionen, die tief in die Eiszeiten gehören. Und soweit schriftliche Dokumente unserer Kultur zurückreichen, liegt eben auch das rätselhafte Problem des *numenon* und des *phänomenon* vor; der Gegensatz zwischen dem unsichtbaren Wirklichen und dem unwirklichen Sichtbaren; nämlich bereits bei den Vorsokratikern. Aber schon damals war den frühen indischen Existentialisten, den Upanischaden, das Problem seit 400 Jahren bekannt, und es ist möglich, daß ihre Gegnerschaft gegen die Erfahrungswelt, bei der sie geblieben sind, über Ionien oder PYTHAGORAS zu PARMENIDES gelangte.[17]

In Unkenntnis der Ursachen der uns vorgegebenen Kategorien des Verstandes, jedoch aus der Unmittelbarkeit und Eindringlichkeit ihres Erlebens, ihrer Unwandelbarkeit, ja Unabhängigkeit von der Erfahrung der Gegenstände, mußten sie wie Ideen (*ideai* oder *eida*) erscheinen. Also, fand PLATON, mußten sie der Welt vorgegeben sein, immateriell und unzerstörbar. Die Vielfalt der Gegenstandswelt und der Handlungen konnte dann nur deren mehr oder minder geglückte nachahmende Materialisation sein. Die Fälle haben dann bloß teil am Allgemeinen. So, wie Tugendhandlungen vergänglich und unverläßlich bleiben, die Tugenden selbst aber ewige Realität der Seele. Und diese Menschenseele selbst hat dann teil an Gott, der Weltseele, die alles ordnet: nach ewigen Gesetzen. Dort muß dann die erste Ursache sein oder der letzte Grund der Welt. Die Materie dagegen ist selbst nicht wirklich, sondern eine Möglichkeit, die durch jene selbstbewegende Kraft der Welt- und Menschenseele im Wirklichen eine Form finden kann. So formen sich alle Fälle um des Allgemeinen willen und die Menschenseele um der Gesetze des Ur- und Vorbildes der Weltseele.

Diese, aus ihrem Ansatz zwingende und suggestive Deutung des Weltengrundes, setzt sich über KLEANTHES, PAULUS und PLOTINUS in die Scholastik des Mittelalters fort und in die großen Systeme im deutschen Idealismus.[18]

Und was trotz allen Wandels gleich bleibt, ist die Erwartung, mit nur einer der beiden angeborenen Anschauungsformen ursächlicher Erklärung die Welt verstehen zu können. Wenn die Idee als das Allgemeine vor der Materialisation der Fälle

---

[17] Altindisch: Upanisad, eine ›esoterische Lehre‹, die um 800 bis 600 entstanden sein dürfte; sie enthält die frühesten philosophischen Überlieferungen der Inder, in denen Makro- und Mikrokosmos gleichgesetzt und die erlösende Erkenntnis gesucht wird. PYTHAGORAS (570–496), nur eine Generation vor PARMENIDES, stammt aus Samos und ist erst als fast 40jähriger nach Unteritalien ausgewandert.

[18] KLEANTHES (etwa 300–220), stoischer Philosoph, so wie der Apostel PAULUS (10–64?) in Kleinasien geboren; PLOTINOS (etwa 205–270), griechischer Philosoph aus Alexandrien; beide, PAULUS wie PLOTIN, kamen bekanntlich nach Rom und starben in Italien. Die Tradition strömte ungebrochen und durch viele, weniger bedeutende Geister aus dem Ostmediterran über Italien nach Mitteleuropa.

steht, dann regiert im Sinne des Schichtenbaus der Welt das übergeordnete System, das Ganze, als die Ursache seine Teile. Dies sind eben die Formgesetze; wir werden sie auch als Gesetze der Selektion, Zuchtwahl, Wahl und Entscheidung kennenlernen; es sind das jene Ursachen, die, soweit wir Menschen uns in ihnen zu spiegeln vermeinen, wir als Zwecke erleben. In der Scholastik sind es dann die *causae exemplares,* die letzten Zwecke Gottes. Auch für Kant sind die Dinge primär Gegenstände für den Verstand. Und für Hegel ist die Materie zum Zweck des Lebens und das Leben zum Zweck des Geistes geschaffen.

Kurzum: Glaubt man im Dilemma unserer Vernunft an ein Primat des Verstandes (Rationalismus), dann regiert das Allgemeine der Kategorien der Anschauung seine Fälle (Idealismus) und dann wird das Obersystem zur Ursache seiner Teile (Finalismus). Es entsteht eine Teleologie, eine ziel- oder zweckgerichtete Weltordnung; ein Weltbild prästabilisierter Harmonie.

Alles kommt von ersten Antrieben

Demgegenüber war das Sinneserlebnis nicht minder elementar für die Ausstattung der menschlichen Kreatur. Es ist so alt wie das Lebendige überhaupt und wurzelt in dessen Sinnesorganen, letztlich in der Reizbarkeit des Protoplasmas. Und erst mit dem Bewußtsein bildet es als Erfahrung, konfrontiert mit der Wahrnehmung des Verstandes, das Dilemma der menschlichen Vernunft. So nimmt es nicht wunder, daß man schon die Konstruktion der Upanischaden als eine philosophierende Reaktion auf die unreflektierte Sinnesgläubigkeit, auf den naiven Realismus ihrer Zeitgenossen, zu verstehen hat. Und wieder finden wir die nun empiristisch-materialistische Paarung schon bei den Vorsokratikern formuliert; nun bei Thales von Milet (wie Aristoteles berichtet). Eine Tradition, die sich über Anaximander und andere zunächst zu Leukippos und Demokritos fortsetzt[19].

»Nach der gebräuchlichen Redeweise«, stellt Demokrit fest, »gibt es Farbe, Süßes und Bitteres, in Wahrheit gibt es nur Atome und das Leere«. Auch alle Empfindung kommt von jenen Atomen. Aber keine Liebe und kein Haß leitet sie, sondern nur Notwendigkeit, die natürliche Wirkung inhärenter Ursachen. Auch gibt es keinen Zufall, dieser ist eine Erfindung unseres Unwissens. Materie entsteht und vergeht zudem nicht. Nur ihre Kombinationen erlauben eine beliebig große Zahl von Dingen und Welten. So setzt sich auch der Mensch aus Atomen zusammen; sein Körper wie seine Seele (diese aus ganz runden).

Dieser Materialismus hat sich namentlich über Epikur und Lucretius fortgesetzt. Die Kräfte und Materialien bleiben die wahre Ursache der Welt. Eine Lehre, die nach Galilei und, beflügelt durch die Aufklärung und den Positivismus, längst zum Paradigma der exakten Naturwissenschaften von heute wurde. Der Materie-

---

[19] Von Thales' (etwa 650–560) Naturphilosophie, die einen Panpsychismus mit Kausalität verband, wissen wir vorwiegend durch den fast drei Jahrhunderte späteren Aristoteles. Auf Anaximander (um 610–546) folgt dem Kausalismus im 5. Jahrh. Leukippos von Milet und Demokrit (etwa ab 460 v. Chr.), der bedeutendste Philosoph vor dem drei Generationen jüngeren Aristoteles.

Begriff hat sich freilich seit DEMOKRIT und LUKREZ gewandelt. Doch keineswegs so dramatisch, wie man vielleicht denken möchte.[20]

DEMOKRITS Ösen und Haken der Atome werden heute chemische Bindungen genannt. Der Grundgedanke blieb unverändert. Und zwar in einem Maße, daß anläßlich der ersten Auseinandersetzung um DARWINS Theorie, der Gefechte zwischen Bischof WILBERFORCE und THOMAS HUXLEY, ein englischer Stoiker, MATTHEW ARNOLD, zu einem Freund sagen konnte: »Ich kann nicht verstehen, warum ihr Leute der Wissenschaft (dieser Theorie wegen) solch ein Getue macht. Das steht doch schon alles bei LUKREZ.«[21]

Somit sind nun die Gesetze der Chemie aus jenen der Physik zu verstehen, die der Biologie aus der Biochemie und die der Psychologie aus der Neurologie; genau umgekehrt wie bei HEGEL.

Kurzum: Glaubt man im Dilemma unserer Vernunft an ein Primat der Erfahrung (Empirismus), dann regiert das Allgemeine der Materie seine Fälle (Materialismus) und dann wird das Untersystem zur Ursache seiner synthetischen Ensembles (Kausalismus). Es entsteht eine physikalische, zweckfremde Weltordnung, ein Weltbild, in dem der Harmonie-Begriff keinen Inhalt hat.

Versuchte Synthesen

In der Weise, wie ich hier die Spaltung unseres Weltbildes vereinfache, wird die Symmetrie der widersprüchlichen Ergebnisse deutlich. Und es könnte wundernehmen, daß dies nicht schon längst aufgefallen wäre. Natürlich ist das bemerkt worden. Und es hat nicht an Versuchen gefehlt, zu einer geschlossenen Auffassung zu gelangen. Mein erster Gewährsmann ist auch schon ARISTOTELES. Er anerkennt die Existenz der Kategorien des Verstandes, wie sie sein Lehrer PLATON vertrat. Doch betrachtet er ihren Besitz nicht als vorgegeben, sondern als erworben. Ein *nus poeticos,* der schöpferische Geist des Menschen, sei so ausgestattet, das Allgemeine aus den Fällen der Wahrnehmung zu abstrahieren; den kosmischen *logos,* die Weltgesetze, aus der Natur zu extrahieren. Schon diese Auffassung kommt unserer evolutionären Lehre vom Kenntnisgewinn sehr nahe.

Und doch ist ARISTOTELES darin nicht der erste. Zum mindesten geht jene Dialektik auf SOKRATES zurück, wenn es auch zu dessen Zeit noch nicht um die Beziehung der Weltgesetze, sondern um die der Götter zur Erfahrung ging. Zuviel Planmäßigkeit, stellt er fest, gäbe es in der Welt, als daß man sie dem Zufall oder irgendeiner Unvernünftigkeit zuschreiben könnte. Aber wie KONFUZIUS in Schan-

---

[20] In der Folgetradition (EPIKUR 342?–270) stammt das bedeutendste Lehrgedicht des Altertums von LUKREZ (etwa 97–55) aus dem ersten vorchristlichen Jahrhundert, in dem er den Menschen von Götterfurcht und Aberglauben zu befreien trachtet. Bis ins Mittelalter hat es wenig gewirkt, um so mehr in der Renaissance und auf die französischen Materialisten des 17. Jahrhunderts.

[21] Bei der ersten ernsten Auseinandersetzung um C. DARWINS ›Origin of species‹ (1859) attackierte Bischof SAMUEL WILBERFORCE den Aristokraten THOMAS HUXLEY mit der Frage, ob er seine Affenabstammung eher auf die väterliche oder die mütterliche Linie zurückführte. Dieser soll geantwortet haben, daß er, vor der Wahl, von einem perfiden Bischof oder von einem Affen abzustammen, dem Letzteren den Vorzug geben würde. (Vorzüglich recherchiert, ebenso wie das Zitat aus A. BRACKMANN 1980, Seite 250.) Tatsächlich ist bei LUKREZ die Selektions-Theorie antizipiert.

tung, fragt SOKRATES die Athener Bürger, ob sie sich denn in den Angelegenheiten der Menschen so sicher wären, um sich in die der Götter einzumischen. Denn es sei das Gute wohl nicht deshalb gut, weil es die Götter billigten, sondern die Götter billigten es, weil es gut sei.[22]

Noch gründlicher aber wird der Hiatus von ARISTOTELES durch die Erkenntnis der viererlei Formen der Ursachen verbunden. Dies wird zur Grundlage meines eigenen Lösungsversuches überhaupt werden und (in Teil 2) noch eingehend zu begründen sein. Aber unsere Geistesgeschichte ist diesem ersten großen Biologen auch in dieser Weitsicht nicht gefolgt.

Auch den Synthesen der späteren folgte sie nicht. Die meisten hat die Geschichte vergessen, einmal ihrer Wirkungslosigkeit wegen. Ein andermal aber deshalb, weil jene Spaltung dem gesunden (unreflektierten) Hausverstand der Menschen ohnedies nicht vorgegeben ist; sondern als Philosophen-Konstruktion, oder doch als jenes Dilemma zu verstehen ist, das sich erst aus der bewußten Reflexion, da aber notwendigerweise, ergibt. Es treten darum nur jene Gestalten hervor, die in weiterer Beziehung Geistesgeschichte gemacht haben. Und nur um daran zu erinnern, daß zu allen Zeitaltern und aus jeder Perspektive unserer Kultur an der Berechtigung dieser Spaltung gezweifelt worden ist, erwähne ich vier von ihnen: MARCUS AURELIUS, THOMAS VON AQUINO, GOETHE und KONRAD LORENZ.[23]

Um LORENZ sind sogleich zwei Fronten entstanden, die reduktionistischen Naturwissenschaften auf der einen, die geisteswissenschaftlichen (philosophischen) Anthropologen auf der anderen. Hier ist noch vieles in Bewegung. Zu vertrackter Geschichte (ein Pleonasmus) wurde aber bereits GOETHES Naturwissenschaft. Sogleich war er von den deutschen Idealisten und zu deren Zwecken fehlgedeutet und sodann für deren Irrtum aus den Naturwissenschaften ausgeschlossen. THOMAS' Werk hielt die Kirche, und zu ihrem vermeintlichen Schaden, für eine monströse Anhäufung heidnischer Gedanken. MARK AURELS Konzilianz schwand dahin, wie bald die Macht des Römischen Reiches. Aus ARISTOTELES' vielerlei Ursachen wurde die Finalursache zur Ur-Ursache zurechtgemacht und von der Scholastik bis zum heutigen Tag seine Finalität irrtümlich zum Gegensatz der Kausalität. Und was SOKRATES betrifft, so ist sein Ende bekannt.

Die Lehrmeinung der akademischen Schulen aber blieb über jene zweieinhalb Jahrtausende gespalten, also durch unsere ganze Kulturgeschichte. Und das, obwohl der gesunde Menschenverstand, wie erwähnt, gleichermaßen mit dem Herrschen von Kräften wie mit dem von Zwecken rechnet. Aber beide erscheinen als unvereinbare Qualitäten und so, als bildeten die Vorbedingungen ihrer Vorbedingungen jeweils nur auseinanderlaufende Ketten. Für unsere vormenschlichen Vorfahren mochte diese einfache erbliche Anleitung genügen, um sie sicher im Sattel ihrer Lebensaufgaben zu halten. Erst die reflektierende Vernunft begann mit deren Extrapolation, und da sie die Mängel des Ansatzes nicht kannte, aber ihrer

---

[22] Wie erinnerlich, hätte ARISTOTELES ein jüngerer Sohn PLATONS sein können, SOKRATES (469–399) und K'UNG-FU-TSE (551–479) dagegen lebten ein und zwei Jahrhunderte vor demselben.

[23] MARK AUREL (121–180), bekanntlich römischer Kaiser (ab 161), war ein von der Stoa beeinflußter Philosoph; der Hl. THOMAS (1225–1274) dagegen trachtete nach einer Synthese der von AUGUSTINUS überkommenen Lehre mit jener des ARISTOTELES, die erst zu seiner Zeit vollständiger bekannt wurde.

Logik vertraute, gleitet sie aus dem Sattel. Entweder rechts herunter idealistisch oder materialistisch links. Aber man hat nicht aufgehört, darüber zu streiten, wer nun wohl im Sattel säße.

Die Behinderung durch die Sprache

Eine gespaltene Welterklärung geht natürlich auch mit einer Spaltung der Gegenstände dieser Welt einher. Dies ist das ehrwürdige Problem des Dualismus, das ebenso lange wie unsere Kulturgeschichte mit den Gegenpositionen der Monisten konfrontiert war. Überblicken wir also die Szene nochmals von dieser Seite, um unseren Standpunkt zu überprüfen.

Meine evolutionäre Perspektive läßt, wie man sich erinnert, erwarten, daß, wie ja HOIMAR VON DITFURTH (1976) so schön feststellte, die erblichen Grundlagen unserer Vernunft uns nicht zum Gewinn von Erkenntnis, sondern zum bloßen Überleben appliziert worden sind. Es kann von diesen Anschauungsfenstern in die Lebensprobleme unserer vormenschlichen Vorfahren also gar kein repräsentatives Abbild der Welt nach den Ansprüchen unserer heutigen Kultur erwartet werden.

So zeigt es sich, daß wir für Vorgänge und Gegenstände jeweils einen so verschiedenen Begriff haben, als handle es sich um unvereinbare Qualitäten, die wieder nicht vermengt werden dürften. Und zwar in einer so drastischen Weise, daß mir keine menschliche Sprache bekannt ist, die nicht Gegenstände und Vorgänge als *Substantiva* und *Verba* notwendigerweise trennen muß. Selbst wenn sie sich wechselweise wandeln, werden keine Übergänge gestattet, und, was das Merkwürdigste ist, nie entsteht ein Begriff aus beiden. Da wir aber gleichzeitig vor Augen haben, daß noch keine Beine ohne zu laufen entstanden sind und niemand ohne Beine liefe, aber keinen Kombinationsbegriff zu bilden vermögen (›Laufbein‹ ist wieder ein Substantiv), muß die Sache eine tiefe Wurzel haben. — Eine der Konsequenzen für alle Sprachen ist ihre Überflutung mit Analogien. So reden wir unbedenklich von den Beinen der Tische oder der Lügen und lassen die Zeit laufen wie unsere Gedanken.

ADOLF REMANE hatte bereits festgestellt: »Die gesamte Biologie befindet sich terminologisch auf einem unglaublich primitiven Stadium«; und zwar deshalb, weil sie voll Analogien steckt (›Augen‹ am Pflanzensproß, wie am Schmetterlingsflügel), hingegen aber für den Wandel desselben (Schwimmblase und Lunge, Haifisch-Kiefergelenk und Gehörknöchel) keinen Begriff hat.[24]

Das kommt aber daher, weil unsere ganzen Sprachen dafür nicht gemacht sind, und dies, weil letztlich unsere angeborene Anleitung, Dinge zu begreifen, nicht so funktioniert. Darum ist es nicht verwunderlich, daß wir überall dort, wo wir jenseits unserer Denk- und Sprechweise einen Zusammenhang entdecken, auch sogleich von beiden verunsichert, im Stich gelassen, ja scheinbar der Irrtümer überführt werden.

---

[24] Das Werk meines ›Fern-Lehrers‹ ADOLF REMANE (1971) war lange vergriffen (1. Auflage 1952), ist nie ins Englische übersetzt worden und in seiner Bedeutung für die Biologie noch immer unterschätzt. Er hat jedoch auch in diesem Zusammenhang mit Recht von der Biologie aus über die Sprache geurteilt. Denn mit zwei Millionen Arten mal deren morphologischen Begriffen besitzt die Biologie einen Schatz an Erfahrung in der Begriffsbildung, der selbst den einer großen Kultursprache, mit einer halben Million Worte, bei weitem übertrifft (das Zitat von Seite 59).

Geist versus Materie

Nun zurück zum Leib-Seele- oder Materie-und-Geist-Problem. »Auch der Naive«, sagt KONRAD LORENZ zu Recht, »meint mit der Aussage, sein Freund X sei eben ins Zimmer getreten, gewiß nicht nur dessen erlebendes Subjekt, noch eine objektiv erforschbare Körperlichkeit, sondern ganz eindeutig die Einheit beider.« Und ERWIN SCHRÖDINGER stellt am Beginn seiner ›Gründe für das Aufgeben des Dualismus‹ fest: »Wahrscheinlich aus historischen Gründen — Sprache, Schule — liegt dem natürlichen Denken eines einfachen Menschen von heute die dualistische Auffassung der Relation von Geist und Materie (engl. mind and matter) am nächsten«.[25]

Das meine ich ebenso. Nur daß für mich Biologen unsere Sprachstruktur selbst wieder eine Konsequenz unserer Denkstruktur ist, und die ›Schule‹, durch welche jenes Denken gegangen ist, eben nach Jahrmillionen zu messen ist. Ich meine, daß uns die Dualität der Begriffe von Strukturzuständen versus Vorgängen oder Funktionen ebenso auf getrennten erblichen Anschauungsformen beruht wie die Erwartung, daß sie dennoch miteinander auftreten werden.

Die rationalisierende Extrapolation aber fand sich vor dem neuen Dilemma, den Zusammenhang dieser zweierlei Qualitäten der Anschauung nur mit Hilfe jener simplen, ebenso gespaltenen Vorstellbarkeit von den Bedingungen begründen zu sollen. Denn wieder stellt man fest: »Die ursprüngliche Erfahrung kennt die Trennung der Wirklichkeit in einen materiellen und geistigen Bereich nicht.« Das gilt sogar noch für die Vorsokratiker. Weder wären die Urelemente oder DEMOKRITS Atome und ANAXIMANDERS ›Unbestimmtes‹ als ungeistig anzusehen, noch das ›Sein‹ des PARMENIDES, der ›Logos‹ des HERAKLIT oder der ›Geist‹ im Sinne ANAXAGORAS als unmateriell.[26]

Aber bald beginnt die rationalisierende Verunsicherung, und es wird Rat gesucht in der Unsicherheit der eigenen Erfahrungen; man erinnere sich der Mythen von der Scheidung des Himmels von der Erde, das Innere, prägende Männliche und das Äußere, empfangende Weibliche. Und in all ihrer Bescheidenheit haben die folgenden (männlichen) Philosophen daraus die Dualität des geistig Göttlichen und des ungeistig Erdhaften fabriziert. Man denke nur an den frühen Zusammenhang von *mater* und *materia*.

Aber auch nach dieser Trennung kennt man noch die Möglichkeit des Wechselbezugs in diesem Form-Materie-Problem. Namentlich die Schulen des ARISTOTELES und des THOMAS VON AQUINO stehen für dieses Wechselverhältnis. Sie wurden aber von den alternativen ›Lösungen‹ verdrängt.

Die eine Alternative (wieder rechts vom Sattel) besteht mit der Tradition, die vor allem von PLATON über AUGUSTINUS zu LUTHER führt. In ihr wird das

---

[25] Das Zitat von K. LORENZ (1973) ist von Seite 13; jenes aus E. SCHRÖDINGER (1961) von Seite 105, dessen darin geäußerte ›Weltansichten‹ umso aufschlußreicher sind, als er die eine vor seiner Karriere, die andere nach derselben geschrieben hat.

[26] Zitiert aus dem Stichwort ›Materialismus‹, Seite 156, in A. DIEMER und I. FRENZEL (1977). — DEMOKRIT sind wir schon im 5. vorchristlichen Jahrhundert, PARMENIDES im 5. bis 6., zwei Generationen vor ihm begegnet, ANAXIMANDER im 6.–7., nochmals zwei Generationen früher. HERAKLIT (550–480) und ANAXAGORAS (etwa 500–428) sind ionische Philosophen.

Materielle vom Unselbständigen zum Sterblichen, ›Nichtseienden‹ und zum Bösen; zum ›Gefängnis der Seele‹. Und DESCARTES unterscheidet die denkende, immaterielle, unausgedehnte und zweckhafte Substanz, die *res cogitans* von der dominierten und ausgedehnten *res extensa*. Aber auch dieser, wohl schwächste Dualismus ist noch nicht phantastisch genug, als daß nicht heute noch bedeutende Neurophysiologen, wie JOHN ECCLES, im Gehirn des Menschen nach der Natur des Übernatürlichen, nach dem Örtchen der unausgedehnten Substanz auf der Suche wären.[27]

Als die andere Alternative entsteht der materialistische Monismus. (Auf den idealistischen Monismus z. B. SPINOZAS brauche ich hier nicht einzugehen.) Der klassische Materialismus entsteht erst nach dem Mittelalter; etwa aus DEMOKRITS Atomen und DESCARTES *res extensa* mit PIERRE GASSENDI und THOMAS HOBBES. Er wird durch DENISE DIDEROTS ›Enzyclopaedie‹ populär, führt zum Maschinenmenschen von JULIEN LAMETTRIE und PAUL VON HOLBACHS Ansicht, Geistiges oder Göttliches könne nicht existieren, nach JOSEPH PRIESTLEY zu einer Physik des Nervensystems.[28]

Der naturwissenschaftliche Monismus entsteht daraus mit dem Zusammenbruch des Deutschen Idealismus, HEGELS Tod und den Werken DARWINS. Zunächst von der Physik dominiert, versteht er sich mechanisch, dann mit der Biologie dynamisch-energetisch, führt zum Monistenbund, zu WILHELM OSTWALDS »Monistischen Sonntagspredigten«. Und auch hier wird nichts absurd genug. Im September 1904 ruft der Monistenbund in Rom: »ecco il grande tedesco!« ERNST HAECKEL zum Gegenpapst aus.[29]

Nochmals versuchte Synthesen

In der Weise, wie ich hier die Spaltung der Welterklärung wieder vereinfache, wird man wohl nochmals fragen, ob man denn nicht auch hier nach einer Synthese trachtete. Gewiß, man hat getrachtet. Aber nun erwiesen sich die Behinderungen als besonders unübersichtlich. Nicht nur ist die Sprache im Wege und die Art unserer geteilten Denk-Kategorien. Hier bieten noch eine Reihe von Konsequenzen dieser Anschauungsformen fast unübersteigbare Hindernisse; drei von diesen im besonderen: Unsere Weise, das Unvergängliche anzuschauen, den Wandel der Dinge, und unsere Begriffe von diesem.

---

[27] Dies ist um so merkwürdiger, als in den dreieinhalb Jahrhunderten seit DESCARTES nicht nur die Entwicklung der ganzen Hirnforschung liegt, sondern weil sich in ihr jüngst gerade J. ECCLES hoch verdient gemacht hat. Man vergleiche z. B. J. ECCLES und H. ZEIER 1980; in einer seltsamen Fortsetzung auch K. POPPER und J. ECCLES 1979.

[28] Wie erinnerlich, wirkte DEMOKRIT im 5. vorchristlichen, DESCARTES und SPINOZA im 17. nachchristlichen Jahrhundert. GASSENDI (GASSEND 1592–1655) vertritt eine mechanistisch-atomistische Physik, HOBBES (1588–1679) einen bis in die Staatslehre geführten Mechanizismus. Ein Jahrhundert später wird DIDEROT (1713–1784) im Kreise HOLBACHS (1723–1789), der einen atheistisch-materialistischen Utilitarismus vertritt, zum Führer der französischen Enzyklopädisten. LAMETTRIE (1709–1751) mußte noch 1745 wegen seiner »Histoire naturelle de l'âme (›Naturgeschichte der Seele‹) flüchten, wird bei FRIEDRICH II. aufgenommen und veröffentlicht 1748 »L'homme machine«. PRIESTLEY (1733–1804) dagegen führt den Materialismus nach Amerika.

[29] OSTWALD (1853–1932), deutscher Chemiker und Naturphilosoph, mit seinem Landsmann HAECKEL (1834–1919) Hauptvertreter des 1906 gegründeten Monistenbundes. Zum Hintergrund der Auseinandersetzung mit der Kirche: R. RIEDL 1981 b.

Das Problem der Unvergänglichkeit ist das geläufigste; es ist das der Unsterblichkeit. Alles Irdische, sagt schon die Volksweisheit, ist vergänglich. So müßte das Unvergängliche dahinter liegen. Und der suchende Menschengeist fand dort zuerst die unsterblichen Götter, dann die unwandelbaren Ideen, die unsterbliche Seele und die Erhaltung der Materie. Für den Schichtenbau des Wandels in Jahren und Jahrhunderten haben wir noch Formen der Anschauung. Für jenen in Jahrmilliarden aber keine.

So ist es auch mit dem Wandel und dem Werden neuer Qualitäten. Nur ist uns die Sache weniger geläufig. Daß jene 10^{11} (Hundert Milliarden) kleinen grauen Zellen unseres Gehirns die Leistung des Denkens erlauben, das haben wir vor Augen; auch den Umstand, daß eine einzige dieser Zellen nicht denkt, sondern nur Reize leitet. Wie aber der Übergang zu denken wäre, das überfordert das Vermögen unserer Vorstellung. Sollte jede dieser hundert Milliarden Zellen ein Hundert-Milliardstel unserer Seele beinhalten und jedes Molekül in diesen davon (10^{-24}) ein Quadrillionstel? Selbst diese Lösung ist versucht worden. Wir besitzen kein Organ für die Anschauung der Tatsache, daß beim Zusammentreten von Systemen neue Qualitäten und Gesetze entstehen, wie sie in ihren Bauteilen auch in Spuren nicht vorhanden sein konnten. Schon die einfachste solcher Denk-Aufgaben: ›Wieviel Körner machen einen Haufen?‹ nimmt uns wunder.[30]

Am ungeläufigsten aber ist uns unser Unvermögen, uns die Gesetzlichkeit sich wandelnder Begriffe vorzustellen. Und daß ein und dasselbe Ding in zweierlei Qualitäten in unserer Vorstellung wiederkehrt, erfüllt uns mit Staunen, als wär's Gespensterei. Das kommt von unserem Glauben, Dinge umso schärfer gefaßt zu haben, je präziser wir sie definieren; von dem Aberglauben, mit der Schärfe der Trennung unserer Begriffe uns der Realität genähert zu haben; mit scharfer Definition mehr als mit Beschreibungen zu erreichen und für jene nicht nur relative, sondern absolute Koordinaten zu benötigen. Dieser Glaube ist durch den Wandel unserer Logik zur Logistik und zur Sprachlogik verstärkt, die, sobald sie erfunden waren, einander immer größeres Vertrauen einflößten, wobei niemand zu sagen vermag, wie sich dieses Vertrauen begründete. Vertraut man aber, dann läßt sich's beweisen, daß zu den versuchten Lösungen des Leib-Seele-Problems »Nicht einmal Ansätze existieren«. Aber, fügt WOLFGANG STEGMÜLLER dieser Behauptung hinzu, vielleicht wird man »von unserer Ära als der des *philosophischen Lingualismus* sprechen«. Dieser Weisheit schließe ich mich an. Denn hier ist ›aus Worten ein System bereitet‹, das an der Erfahrung nicht scheitern kann; unwandelbare Ideen wiederum, die den Wandel der Dinge, die Erfahrung selbst widerlegen. Sieht man denn nicht die Beschränktheit unserer Anschauungsformen, nun aus evolutionistischer Sicht? »Wie wird es jetzt um das stehen, was man in der Logik *Denkgesetze* nennt? Nun, diese Denkgesetze werden im Sinne DARWINS nichts anderes sein als

---

[30] Kein geringerer als der bedeutende Biologe BERNHARD RENSCH (z. B. 1968) hat mit einem ›Panpsychistischen Identitismus‹ jenen Versuch unternommen. Mit dem Begriffswandel dagegen befaßt sich BERNHARD HASSENSTEIN (1977).

ererbte Denkgewohnheiten«. Das aber hat schon LUDWIG BOLTZMANN vorhergesehen, im Jahre 1905.[31]

So sind auch die Lösungsansätze nicht zu übersehen. Unter den dualistischen Versuchen hat der DESCARTESsche ›Parallelismus‹ die tatsächliche Trennung unseres Anschauens erkannt, der ›Interaktionalismus‹ den Wechselbezug von Struktur und Funktion und der ›Epiphänomenalismus‹ die Bedingungen des Schichtenbaues. Die monistischen Positionen, wie bei HOBBES, nur das Körperliche oder, wie bei BERKELEY, nur die Ideen für real zu betrachten, sind allerdings nicht zu halten. Vielmehr hat schon WILLIAM JAMES einen ›Neutralen Monismus‹ entwickelt, in welchem von gleichwertigen Erscheinungsformen ausgegangen wird, ohne vorgegebene Wahrheiten annehmen zu müssen.

Dieser Standpunkt wird durch den ›Kognitiven Dualismus‹ begründet, in welchem die evolutionäre Betrachtung zwei Anschauungsformen gegenüber einer einheitlichen Welt annimmt, da sich die scheinbare Dualität wie in Leib und Seele, Gestalt und Funktion, Struktur und Reaktion bis zu den chemischen Verbindungen verfolgen läßt; letztlich bis zu Korpuskel und Welle (Information und Kraft) der Quanten, was man als physikalisches Paradoxon betrachtet hat. Aber »eine Paradoxie liegt nur für solche Leute vor, die meinen, die alltäglichen Vorstellungen von Dingen müßten ausreichen, um sich Elementarteilchen *anschaulich* [sic!] vorstellen zu können. Für eine solche Forderung besteht jedoch kein Grund. Aus evolutionistischen Gründen ist es sogar vollkommen einleuchtend, daß eine derartige anschauliche Vorstellbarkeit nicht besteht«. Dies mag wie eine Wiederholung meines Standpunktes klingen. Das Zitat stammt jedoch aus WOLFGANG STEGMÜLLER, der im gleichen Bande die Lösbarkeit des Dualismus-Problems leugnete. Die Standpunkte also nähern sich vielleicht an.[32]

Aber im ganzen hat die Leib-Seele-Spaltung die Kausalismus-Finalismus-Spaltung angeführt und umgekehrt. In einer Art ›selbsterfüllender Prophezeiung‹ hat die eine die andere begründet. Setzten nicht die jenseitigen Zwecke und der immaterielle Geist einander ebenso wechselweise voraus wie die Kräfte wechselweise das Materielle? Wie also wäre solch ein Kreisel zu unterbrechen?

Die Scheidung bleibt erhalten

Bei einer Spaltung unserer Kultur ist es also trotz aller Versuche zur Einigung geblieben. Und wohl deshalb, weil die uns angeborenen Formen der Anschauung in

---

[31] Die Logik hat im Altertum als eine Wissenschaft vom richtigen Denken begonnen. Noch I. KANT (1781) verlangt, daß sie »die formalen Regeln alles Denkens ausführlich darleget und Strenge beweiset« (Seite 8) und nicht überschreitet, was schon ARISTOTELES begründete. Dies erhält sich bis in die Jahrhundertwende (z. B. F. ÜBERWEG 1882, J. KEYNES 1906). Während noch JOHN STUART MILL (1843) eine deduktiv-induktive Logik begründete, entsteht mit GOTTLOB FREGES ›Begriffsschrift‹ (1879) die Logistik, eine Reduktion auf die formal behandelbare Deduktion; eine Wissenschaft vom richtigen Ableiten, eine Beschränkung auf die ›logische Wahrheit‹ und ein Verzicht auf die empirische. Seither aber wird gerade versucht, die empirischen Wissenschaften mit ›logischen Wahrheiten‹ zu begründen. — Die Zitate aus W. STEGMÜLLER (1975, II Seite 252, ›Koordinaten‹ vgl. Seite 246) und L. BOLTZMANN (Neudruck 1979, Seite 252).

[32] GEORGE BERKELEY (1685–1753), englischer Theologe und Philosoph. W. JAMES (1842–1910), amerikanischer Philosoph und Psychologe (vgl. z. B. 1911; dazu R. RIEDL 1983 a). Das Zitat aus W. STEGMÜLLER (1975, II Seite 253).

eben derselben Weise gespalten sind. Das eine schmale Fensterpaar schneidet uns
aus der Kontinuität der Bedingungen die Vorstellbarkeit der Kräfte heraus, das
andere, gewissermaßen an der Wand gegenüber, die Vorstellbarkeit der Zwecke.
Ein zweites Fensterpaar macht uns da ein Bild der Strukturen, dort eines der
Vorgänge und nimmt nochmals die Einheit dieser Welt auseinander. Konrad
Lorenz nennt sie unsere unbelehrbaren Lehrmeister und im doppelten Sinn trifft
dies zu. Denn als Erbprogramme unseres Nervensystems kann ihre Änderung in
unseren kurzen historischen Zeitmaßen unmöglich erwartet werden. Und wenn es
unserer Erkenntnis gelingt, sie zu übersteigen, so, wie Einstein im Konflikt seiner
kreatürlichen Ausstattung mit der Erfahrung sich der Erfahrung beugte, dann wird
auch keineswegs die Anschauungsform selbst verändert. Es wird die Vernunft
belehrt. Das vierdimensionale Raum-Zeit-Kontinuum vermag sich dennoch niemand vorzustellen. Auch Einstein nicht. Die Formen unserer Anschauung bleiben
unberührt.

Wie aber sollte man einer Anschauung trauen, wenn anzuschauen sie nicht ist?
Zumal bislang kein Hinweis darauf bestand, daß diese Anschauungsformen der
Komplexität dieser Welt, wie sie sich unserer bewußten Reflexion allmählich
öffnet, nicht gerecht werden können.

So hält man einmal die Zwecke für einen anthropomorphen Irrtum, eine Art
naturwissenschaftlichen Obskurantismus von Leuten, mit welchen man sich nicht
auf eine Stufe stellen kann; und behauptet, die Seele, selbst das erlebende Subjekt
im Mitmenschen, sei unseren Erkenntnismöglichkeiten grundsätzlich entzogen.
Und das, obwohl man vor Augen hat, daß kein Organismus überlebt hätte,
entspräche er nicht den Gesetzmäßigkeiten, wozu etwas gut ist und wie auf den
Nachbarn zu reagieren wäre. Und ein Mensch, der Zwecke nicht versteht und
keinen Mitmenschen, überlebte nur unter Hospitalisierung. — Ein andermal hält
man die Zwecke für vorgegeben und auch die Seele. Und weil derlei der Prüfung an
der Erfahrung nicht zugänglich ist, verzichtet man auf Erfahrung, schließt sich in
das Gehäuse seiner ererbten Denkstrukturen und extrapoliert deren Mängel zu den
unglaublichsten Systemen selbst untereinander unverträglicher Phantasiegebilde.
— Und je weiter man sich da oder dort von der Erfahrung entfernt, umso
insistenter werden diese Systeme hinsichtlich ihrer Wahrheitsansprüche und hinsichtlich ihrer ehernen, unverbrüchlichen oder heiligen Rechte, im Besitz der
einzigen wahren Wahrheit über alle anderen Wahrheiten richten zu dürfen.
Äußerlich manchmal noch in der Form akademischer Disputation. Doch geht es
zuletzt um Macht und Existenz.

Was also wunder, daß man sich vor dieser Schizophrenie zu fürchten beginnt:
daß man da ›das Ende aller Metaphysik‹, dort ›das Ende des wissenschaftlichen
Zeitalters‹ ankündigt, daß ganze Symposien fragen: »Brauchen wir eine andere
Wissenschaft?«

Das Schisma unserer Kultur findet in der Spaltung der Fakultäten nur einen
bescheidenen Ausdruck. Es setzt sich quer bis zwischen die Ideologien fort und für
jeden denkenden Menschen quer durch ihn selbst. Dies ist das Dilemma des
Menschenverstandes. Und heute, wo wir mit ihm beginnen, unsere Welt zu
ruinieren und unsere Sippenhaftung für diesen kollektiven Unsinn ahnen, mögen
wir bereit werden, aus diesen Symmetrien unserer Fehler zu lernen. Doch rede ich

vielleicht zu den Lüften. Denn an die Anschauung kann ich mich nicht mehr wenden; nur mehr an den Verstand.

Ich will zunächst meine Theorie formulieren. Genauer: ich will darlegen, wie die Systemtheorie und die evolutionäre Lehre vom Kenntnisgewinn die Spaltung schließen läßt.

Teil 2: Die evolutionistische Lösung; die Kluft zu schließen?

Diese Welt kann nicht so sein, wie sie uns erscheint. Aber sie kann auch nicht völlig anders sein. Denn hätten wir, das Leben seit dreieinhalb Jahrmilliarden, nicht in diese Welt gepaßt, wir würden nicht mehr existieren; und wir hätten uns damit das Lesen dieses Kapitels erspart (und offensichtlich auch einiges andere).

Wenn es nun richtig sein sollte (wie in Teil 1 behauptet), daß die Spaltung unseres Weltbildes letztendes auf Anpassungs-Mängel unserer angeborenen Anschauungsformen zurückgeht, wie vermöchten wir uns dann selbst zu übersteigen? Uns selbst am Schopf aus der Verwirrung zu ziehen? Höchst einfach: indem wir uns im Falle eines Konfliktes zwischen unserer kreatürlichen Ausstattung und der Erfahrung, eben der Erfahrung beugen. So, wie ALBERT EINSTEIN, entgegen seiner Unfähigkeit, sich das vierdimensionale Raum-Zeit-Kontinuum selbst vorstellen zu können, es erst aus der Hypothese und dann aus deren Bestätigung fordern mußte.

Mir geht es nun nicht um Raum und Zeit. Hier geht es um die Korrektur unserer gespaltenen Anschauung von den Bedingungen der Zustände in unserer Welt; um eine Synthese der Zustands-Formen und Zustands-Änderungen, wie wir sie als Struktur und Funktion erleben oder als Materie und Geist; und letztlich um die Formen ihrer ursächlichen Bedingungen, die uns, wie Kräfte und Zwecke, Materialien und Selektion, als unvereinbare Qualitäten erscheinen. Denn wenn uns auch die EINSTEINsche Lösung nicht als Problem unseres Alltags erscheinen mag, jene Zustände und ihre Bedingungen gespalten zu erleben, war von Anbeginn ein Dilemma unserer Vernunft.

Müßten wir nämlich hinsichtlich jener Spaltung von Raum und Zeit fast mit Lichtgeschwindigkeit reisen, um den Irrtum unserer Sinne sinnlich wahrzunehmen, die Konflikte um Leib und Seele dagegen, von Kausalität und Finalität, von Kräften und Zwecken, haben uns durch unsere ganze Kulturgeschichte begleitet. Es sind dies dimensionslose Größen und sie wirken daher im Kosmos ebenso wie auf Erden, im Lebendigen wie im Unbelebten. Wir müssen darum nicht nach fernen, kosmischen Widersprüchen suchen. Die Widersprüche sind um uns und ohne Zahl. Dies mag ein Vorteil unserer Untersuchung sein. Sie sind aber schon längst zu kulturbedingten Selbstverständlichkeiten geworden. Dies ist unser Nachteil. Es gilt darum nicht nur, die erblichen Widersprüche unserer Anschauung zu übersteigen, sondern, was noch schwerer sein wird, die tradierten Widersprüche unserer Kultur.

Mein Ansatz zur Lösung baut auf einer Theorie, die heute noch keinen Namen hat; oder uns doch noch wie ein Nebeneinander zweier Theorien erscheint. Es ist dies die ›biologische Theorie von den Systemen‹ und die ›evolutionäre Theorie vom Kenntnisgewinn‹. Beide sind nun eine Generation alt geworden und stammen von LUDWIG VON BERTALANFFY und von KONRAD LORENZ; wie (aus der Einführung) erinnerlich, meinen ersten Lehrern. Den Zusammenhang zwischen den beiden werde ich entwickeln. Er besteht, kurz gesagt, in folgendem. Die Systemtheorie sagt: alles in der Welt entsteht aus Wechselbezügen. Das überfordert unsere Anschauungsformen. Die evolutionäre Erkenntnistheorie sagt: unsere Anschauungsformen sind vereinfachte Anpassungen an die Struktur der Welt. Sie enthalten keine Anschauung der Wechselbezüge. Diese Erkenntnistheorie rechtfertigt die Systemtheorie. Jene Systemtheorie rechtfertigt die Anwendung der Erkenntnistheorie.[1]

Im ganzen enthält meine Lösung einen erweiterten Zusammenhang zwischen unserem Bewerten der Welt und dem Werten unserer Erkenntnis von derselben; ein vertieftes Isomorphie-Prinzip des Zusammenhangs von Welt und Erkenntnis.

Wie aber, und an wen kann ich mich wenden? Nur an jenen Zeitgenossen, der frei ist von philosophischen und weltanschaulichen Vorurteilen; LORENZ würde sagen: ›an den philosophisch unverbogenen Menschen‹. »Nicht die Logik, nicht die Philosophie, nicht die Metaphysik entscheidet in letzter Instanz, ob etwas wahr oder falsch ist, sondern die Tat.« Und, so setzte schon LUDWIG BOLTZMANN vor 80 Jahren fort: »Nur solche Schlüsse, welche praktischen Erfolg haben, sind richtig.« (Dabei wird keinem Utilitarismus, sondern einem Falsifikationismus das Wort geredet.)[2]

Der Prozeß des Kenntnisgewinns

Unsere Kulturgeschichte lehrt: wir Menschen vermögen unsere Vernunft aus ihr selbst nicht zu begründen. Denn jede vernünftige Frage setzt die Kategorien der Vernunft bereits voraus; einmal die ›Kategorien‹ am Athener Richtplatz, heute die *Apriori* der ›Kritischen Schriften‹ KANTS. Auch ein Ort absoluter Gewißheit hat sich nicht finden lassen. Und nichts spricht in unserer Vernunft dagegen, daß diese Welt nur ein Traum wäre; allerdings, sagt BERTRAND RUSSELL, es spricht auch nichts dafür. Nur das ›Trilemma der Erkenntnis‹ bleibt ihr: die Anerkennung zirkulären Schließens, eines unauflösbaren Regresses, oder der Abbruch der Verhandlung.

Viele Denker sind darüber verzweifelt, daß nicht einmal der Sonnenaufgang von morgen gewiß sein kann. Und dennoch sind sie alt geworden, vermehrten sich und bestanden die unzähligen Prüfungen ihres Alltags. Warum also meistert unser unreflektierter Hausverstand die Aufgaben unserer Tage so, daß wir stets noch vorhanden sind, wo doch die höchsten Künste absichtsvoller Reflexion in Ratlosigkeit enden?

[1] Beide Theorien stammen aus den 40er Jahren und standen lange Zeit nebeneinander (L. v. BERTALANFFY 1947 und 1968; K. LORENZ 1941 und 1973). In den 70er Jahren erst waren mir Zusammenhänge aufgefallen (R. RIEDL 1976 und 1980), die sich mehr und mehr als Beziehungen zwischen jenen Theorien erwiesen (R. RIEDL 1978/79, 1982, 1983).

[2] Aus einem Vortrag vor der Philosophischen Gesellschaft in Wien (am 21. Jänner 1905). Es ist herzerwärmend, mit welcher Standfestigkeit er gerade vor dieser Gesellschaft seine Position vertritt. Da er auf einen philosophischen Lehrstuhl nach Wien berufen wurde, meint er: »Eine andere Frage ist die, ob diejenigen, welche mich dazu empfohlen haben, auch mit mir zufrieden sind. Nun, wenn sie erwartet haben, daß ich in das alte Geleise eintreten und darin mitlaufen werde, haben sie sich freilich getäuscht.« (aus L. BOLTZMANN; E. BRODAS Neuausgabe 1979, Seite 249 und 250).

Die Lösung bietet die Erforschung der stammesgeschichtlichen Grundlagen unserer Vernunft und eine Methode der Erfahrungswissenschaft (der vergleichenden Anatomie)[3], die uns jenem Zirkel entzieht, Vernunft aus ihr selbst begründen zu sollen. Wir betrachten Evolution selbst als einen kenntnisgewinnenden Prozeß. Die Ketten der Generationen überleben dabei unter der Voraussetzung, daß sie auf die Bedingungen ihres Milieus richtig reagieren. Und dies setzt, weit vor jedem bewußten Handeln, Programme voraus, die etwas wie Kenntnis von den relevanten Gesetzen der Umgebung enthalten.

Wir ordnen also nun, wie der vergleichende Anatom, die kenntnisgewinnenden Mechanismen und ihre Produkte nach ihren Ähnlichkeiten zu einem Stammbaum, so, wie jener die Embryonen oder die Fossilien ordnet. Wir betrachten damit als bescheidene Beobachter diesen Prozeß von außen, unbeschadet des Umstandes, selbst eines seiner Produkte zu sein. So unbeschadet, wie wir selbst aus einem Embryo entstanden sind und uns zum Fossil für die Folgegenerationen gewiß als disponiert erweisen.

Der Kenntnisgewinn der Gene

steht am Anfang. Er beruht bekanntlich darauf, daß in allen Zellen, so auch in den Keimzellen, zunächst für äußerst präzise Duplizierung aller in den Desoxyribonukleinsäure-Sequenzen kodierten Aufbau- und Betriebsanleitungen des herzustellenden Organismus gesorgt ist. Nur in höchstens jedem millionsten Reproduktions-Schritt kommt in der einzelnen genetischen Nachricht eine Zufallsänderung, ein Abschreibe-Fehler, vor[4].

Die alternativen Produkte (Abb. 1) nennt man Wildform und Mutante. Und nun entscheidet über den Erfolg oder Mißerfolg dieser Produkte die Selektion. Die identische Replikation der Wildform entspricht dem konservativen Prinzip einer Re-Etablierung des Etablierten. Wir würden sagen: mit der Erwartung, das Bewährte würde sich in einer konservativen Welt wiederbewähren. Die Mutante dagegen entspricht dem blinden schöpferischen Versuch. Auf diese Weise wird auf den Vitalitätsgrad und die Vermehrungschance eingewirkt und alles, was Erfolg hat durch Reproduktion, in der Population konserviert.

Bildlich kann man sagen, daß durch diese notwendige Konservierung der bisherigen Erfolge und die Hinzunahme aller zufällig neuen dem Milieu seine einschlägigen Gesetze schrittweise extrahiert werden. Man halte sich vor Augen, mit welcher Sicherheit die Pflanzen die Gesetze der Photosynthese, die Bäume die der Gravitation, unser eigenes Genom alle für uns relevanten Gesetze der Optik der Welt extrahierten, um sie in Aufbau- und Betriebs-Anleitungen dem Organismus einzubauen.

---

[3] Die Methodenlehre der vergleichenden Anatomie wie der Systematik und der vergleichenden Verhaltenslehre enthält die Morphologie. Die fachlichen Begründungen finden sich zuletzt in A. REMANE 1971 (ein Neudruck der Auflage von 1952), in R. RIEDL 1975 und 1980 c, sowie in K. LORENZ 1978; die logischen in G. WAGNER 1983. In meinen Vorlesungen über die »Biologie der Begriffsbildung« erkannte ich die Morphologie auch als deren Grundlage (zur Veröffentlichung in Vorbereitung von R. RIEDL für 1986).

[4] Die besten Lehrbuchdarstellungen dieses Gegenstandes der molekularen Genetik findet man in C. BRESCH und R. HAUSMANN 1972 und J. WATSON 1977.

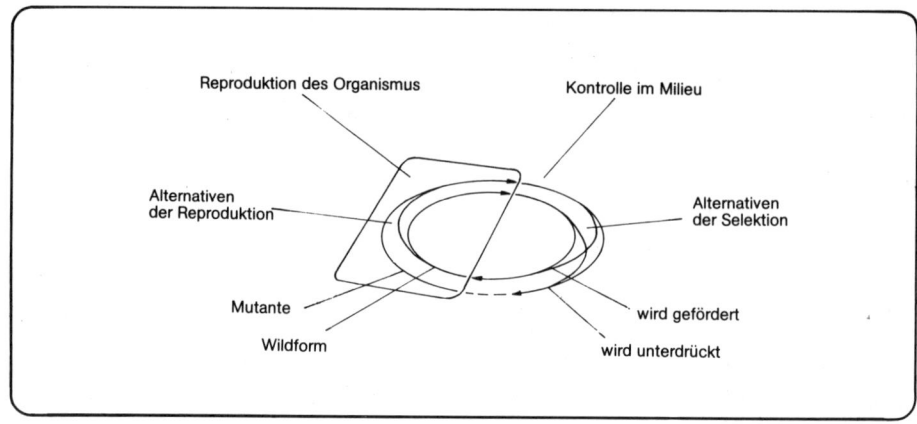

Abb. 1. *Kreislauf des genetischen Kenntnisgewinns.* Die Alternativen der Reproduktion und der Selektion, liegen einander im Organismus und im Milieu gegenüber.

In diesem Sinne ist das ›Lernen‹ der Gene ein durchaus schöpferischer, (er-)kenntnisgewinnender Prozeß, indem er Kenntnis schafft, wo vordem niemand eine solche besessen hat. Unsere Physiker haben die Gesetze der Optik nur wiederentdeckt. Sie waren in ihren Augen schon vorhanden.[5]

Ferner baut jeder Kenntnisgewinn auf Vorkenntnissen. Auf der Entwicklung der Reizleitung beispielsweise bauen die Nervenzellen, weiters deren Schaltungen, die Regelkreise, die Triebe und ganze Hierarchien von Instinktverhalten. Und komplexe Gehirne mit einer Fülle solcher Regelschaltungen erlauben die Entwicklung eines neuen, nun ungleich schnelleren Lernvorganges.[6]

Das assoziative Lernen

Dieses beginnt mit der Verknüpfung von unbedingten Reaktionen zum ›bedingten Reflex‹. Es besteht im Wahrnehmen von Koinzidenzen. Ein scharfer Luftstrahl auf die *Cornea* läßt das Lid zum Schutz reflektorisch schließen. Läßt man vor dem Luftstrahl stets einen Ton erklingen, so wird nach einigen Wiederholungen schon beim Klang das Lid geschlossen. Er wird als Vorwarnung der Störung assoziiert (als bedingter Reiz nervös mit dem unbedingten, dem Luftstrahl, verknüpft). Dieses assoziative Prinzip ist uns Menschen bis in die komplexesten Schichten der

[5] Hier wird ›Lernen‹ in einem weiteren Sinne gebraucht, als auch der genetische ›Wissenserwerb‹ und Speicher darunter verstanden wird; aber auch in einem verengten Sinne, als nur vom schöpferischen Lernen die Rede ist, also vom Entdecken und Erfinden, vom Erwerb eines Wissens, wo es vordem nicht existierte oder bekannt werden konnte. Der Begriff des Kenntniserwerbes mag für solches genetisches Lernen am passendsten sein. Kenntnis ist spezieller als Information, da diese nichts mit Richtigkeit und Bedeutung zu tun haben muß, aber allgemeiner als Erkenntnis, wenn man diesen Begriff für bewußt reflektierten Kenntnisgewinn reservieren will (dazu die Diskussion mit CARL FRIEDRICH V. WEIZSÄCKER in R. RIEDL 1981, Seite 21–26; auch R. RIEDL 1982 a).

[6] Man wird sich hier an das ›Order on order-Prinzip‹ erinnern, das schon ERWIN SCHRÖDINGER 1944 erkannt hatte (siehe 1951) und das heute bei der Erforschung aller selbstorganisierenden Prozesse eine so bedeutende Rolle spielt (allgemeinverständliche Darstellungen bei M. EIGEN und R. WINKLER 1975, R. RIEDL 1976, E. JANTSCH 1979, H. MATURANA u. F. VARELA 1981, I. PRIGOGINE u. I. STENGERS 1980, H. HAKEN 1981).

Wahrnehmung fest eingebaut. Und es führt dazu, die nachgerade unwahrscheinlichsten Koinzidenzen, zunächst ganz unreflektiert, für notwendige Zusammenhänge zu halten. Reflektiert leitet dies unsere Erwartung an, angesichts einer wachsenden Reihe sich bestätigender Prognosen, die Bestätigung der Folge-Prognose für immer wahrscheinlicher zu halten. Wir sagen dann: uns der Wahrheit zu nähern.[7]

Dies ist bereits ein bemerkenswerter Umstand. Denn er beläßt uns in der Lage des RUSSELLschen Huhnes, das mit jedem Tag seinen Fütterer mehr für seinen Wohltäter halten muß, ohne zu ahnen, daß es eben dies jenem Tage nahebringt, an welchem ihm dieser Wohltäter den Kragen umdrehen wird. Dies mag man als eine Warnung nehmen, unsere Fütterer sorglich im Auge zu behalten, aber auch als einen allgemeinen Hinweis auf die ersten Grenzen dieses Lernmechanismus.

Daß er in uns fest verankert blieb, trotz der außerordentlichen Irrtümer, zu welchen er unsere Erwartung lenken kann, ist darauf zurückzuführen, daß die meisten Koinzidenzen in dieser Welt tatsächlich nicht zufälliger Natur sind. Selbst in zufallserfüllten Prozessen, wie unseren Wetterprognosen, ist die Erwartung gerechtfertigt, daß mit der Zahl der Regentage die Prognose, es werde morgen wieder die Sonne scheinen, wahrscheinlicher wird. Wäre dies nicht so, wir gewännen keinerlei Sicherheit in unserem Alltag. Erwarteten wir dies nicht, wir könnten nur in Hospitalisierung überleben. Wir würden auch nicht experimentieren, denn wir tun auch dies nur mit der uns selbstverständlich erscheinenden Erwartung, daß uns die fortgesetzte Bestätigung der Prognosen der Wahrheit näher brächte. Wir reden von ›Proben aufs Exempel‹, ohne dafür irgendeine logische Notwendigkeit angeben zu können.

Fällt beispielsweise bei unserem Gegenspieler fortgesetzt die gewinnbringende Sechs, so werden wir schon nach wenigen Würfen dem Zufall nicht mehr trauen, mit dem Herrschen von Absicht rechnen. Koinzidieren bei gewissen Vögeln fortgesetzt die Merkmale von Beinen, Schnabel, Hals und Farbe, welche Koinzidenz wir z. B. ›Schwäne‹ nennen, so werden wir nicht zögern, den nächsten Schwan mit denselben Merkmalen zu erwarten.[8]

Philosophen sind einfallsreich auch auf dem Gebiete solch ornithologischer Rätsel. Kurz: wir finden uns bereits vor dem ehrwürdigen

Problem der Induktion

Man hat es hier mit einer Aussage zu tun, die von einigen Fällen zu einer Gesamtheit von Fällen führt. Man kann auch sagen: von den beobachteten Fällen zu den erwarteten, oder: vom Speziellen zum Allgemeinen. Und man hat erwartet, daß es sich um einen logischen Schluß handeln könnte. Denn der Vorgang verläuft

---

[7] Ich habe früher das genetische vom ›individuellen‹ Lernen unterschieden (R. RIEDL 1976, 1980). Es ist aber zutreffender, das genetische dem ›assoziativen‹ Lernen gegenüberzustellen. Denn aller schöpferische Kenntnisgewinn ist die Chance wie das Risiko eines Individuums, sei es einer genetischen oder ›kulturellen Mutante‹. Die Population ist nur das selegierende oder tragende Prinzip.

[8] Hierher gehört auch das ›Raben-Paradoxon‹, nach welchem ein weißes Papier bestätigte, daß alle Raben schwarz sind (nachzulesen in C. HEMPEL 1945).

dem deduktiven Schluß, welcher vom Allgemeinen, vom Gesetz oder Satz, zu den Fällen führt, gerade entgegen[9].

Wenn aber gefragt wird, wieviele Schwäne man als weiß gesehen haben muß, damit der nächste Schwan notwendigerweise weiß sein muß, dann wird man erkennen, daß hier ein logischer Schluß nicht vorliegen kann. Der ›wahrheitserweiternde Schluß‹ ist nicht möglich. Wenn aber behauptet wird, wie das KARL POPPER tut und seine Schule, daß es deshalb keine Induktion geben könne, dann kann es sich wohl nur um eine terminologische Differenz handeln. Denn die Existenz des Vorganges kann jedermann empirisch nachweisen.

Wieviel der Vorgang mit Logik zu tun hat, das hängt davon ab, was man von der Logik hält. Sicher handelt es sich um eine Generalisierung, um die Erwartung, in dieser Welt mit Gesetzlichkeit und möglicher Voraussicht rechnen zu können; um ein Urteil im voraus, wiewohl es sich als irrig, als närrisches Vorurteil erweisen kann. Dies ist ja schon eine der Vorbedingungen des genetischen Kenntniserwerbs gewesen, der über dreieinhalb Jahrmilliarden auf dieser Erde Erfolg hatte.

Was also kann die Logik anderes sein als eine in uns festgesetzte Anschauungsform, eine Anleitung oder Entscheidungshilfe, die uns deshalb als selbstevident erscheint, weil wieder ein erblicher Lehrmeister dahintersteht. Es wird eine der uns möglichen Formen der Abstraktion sein, die deshalb in uns durchgesetzt wurde, weil sie unser Urteil in einer Mehrzahl der Fälle richtig lenkt. Unsere Logik ist wohl die Konsequenz einer großteils determinierten Natur; hingegen keine wie auch immer uns oder gar dieser Welt vorausgegebene Gewißheit. Derlei scheinen aber viele moderne Philosophen der Logik zu unterlegen, daß es nämlich schlechthin allgemeingültige, notwendig exakte Sätze geben könne; ›zeitlose, ideale Bedeutungseinheiten‹; was uns wieder in die Reviere der platonischen Ideenlehre zurückführt, die einen Markstein im Dilemma des menschlichen Denkens darstellt.[10]

Daß aber hinter der Induktion keine Vernunft stünde, wenn man will, keine Art von Logik, das kann auch nicht sein. Vielmehr haben wir allen Grund zur Annahme, daß die Erwartung oder Entscheidungshilfe, die sie uns vorgibt, uns

---

[9] Auch das ›Wissenschaftstheoretische Lexikon‹ stellt die Induktion als Erweiterungs-Schlüsse vor, »als eine Schlußweise, die zu einer Konklusion führt, deren logischer Gehalt über den der zugrundegelegten Prämissen hinausgeht« (R. HEGSELMANN, Seite 265, in: E. BRAUN u. H. RADERMACHER 1978). Doch hat bekanntlich DAVID HUME schon 1739/40 dargelegt, daß es sich wohl lediglich um eine Erwartung des Menschen aus Gewohnheit handle, wobei die Natur trachte »einen so notwendigen Geistesakt durch einen Instinkt [!] oder eine mechanische Tendenz sicherzustellen«. Und auch ALBERT EINSTEIN hält ihr Ergebnis für eine »freie Schöpfung des menschlichen (oder tierischen[!]) Geistes«. Soweit zu meinen Gewährsmännern. Erst im Zuge des ›logischen Empirismus‹ suchte R. CARNAP eine induktive Logik zu begründen, K. POPPER sie zu widerlegen; und W. STEGMÜLLER hat die Auseinandersetzung in die sogenannten Nachfolgeprobleme differenziert (man vergleiche D. HUME 1739/40, das Zitat aus 1748, A. EINSTEIN 1972, R. CARNAP 1972, K. POPPER 1973 und W. STEGMÜLLER 1973).

[10] Die Logik begann, wie man sich erinnert, als eine Lehre vom richtigen Denken und ist, seit 100 Jahren, zu einer Lehre vom richtigen Ableiten geworden, zur Logistik oder formalen Logik. Man trachtete, um exakt formulieren zu können, sie aus der ›Gefangenschaft der Psychologie‹ zu befreien und erkaufte das teuer durch die ›Gefangenschaft in der Metaphysik‹. Sie enthält schon deshalb eine »metaphysische These der Existenz von idealen Bedeutungsinhalten, die die strikte Notwendigkeit, Erfahrungsunabhängigkeit und Allgemeingültigkeit der logischen Sätze eben deshalb ungetastet läßt, weil sie ja eigens eingeführt wurde, um diese Eigenschaften logischer Gesetze zu erklären«. Weshalb auch wir nicht verpflichtet sind, »eine solche über alle Erfahrungsmöglichkeit hinweggreifende platonische Existenzbehauptung anzunehmen« (zitiert aus G. PATZIG in A. DIEMER u. I. FRENZEL 1977). Deshalb ist es auffallend, daß der jeder Metaphysik feindliche Positivismus und die modernen Vertreter der analytischen Philosophie (z. B. W. STEGMÜLLER 1983, Teil A, F. v. KUTSCHERA 1972, aber auch K. POPPER 1973) ihre Systeme unbedenklich auf diese Konstruktion gründen, da sie doch beabsichtigen, die empirischen Wissenschaften zu begründen.

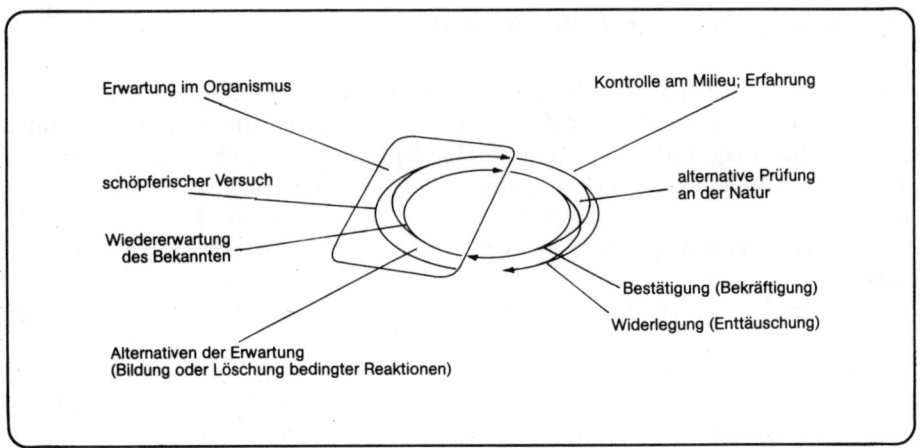

Abb. 2. *Kreislauf des individuellen Kenntnisgewinns.* Derselbe Ablauf wie im genetischen Kenntniserwerb (Abb. 1) gilt auch für den Bereich von der bedingten Reaktion (Bezeichnungen in Klammern), über
die unbewußte Assoziation bis zur bewußten Suche einer Lösung.

durch jenen selektiven Erfolg eingebaut wurde. Und der Grund dieses Selektionser-
folges ist die relative Konstanz der Natur. Denn was anderes als die bisherige
Erfahrung sollten wir in dieser Welt erwarten? Sollte deshalb, weil alle Schwäne
bislang weiß gewesen, der zu erwartende Schwan rot gefärbt sein? Gibt es einen
Grund für Rot? Und wenn der nächste Schwan schwarz ist, so stürzt darum nicht
das System der Ornithologie zusammen, sondern wir haben aus dem Gleichen,
doch nie Identischen in dieser Natur, dazugelernt und bilden nun einen zutreffen-
deren Begriff der Schwäne.[11]

Kurzum, wie beim genetischen Lernen liegt auch im assoziativen ein Kreisprozeß vor (Abb. 2), eine Iteration, in welcher wenige Operationen in beliebiger
Wiederholung zu einer Optimierung des Resultates, zur Anpassung, zur Annäherung an die sogenannte ›Wahrheit‹ führen[12].

Die Wiedererwartung des Bekannten, wie der schöpferische Versuch, stecken
wieder im Organismus und werden eben als Erwartung erlebt. Die Prüfung der
Alternativen am Milieu erleben wir als Gewinn an Erfahrung. Dabei läßt jede neue
Erfahrung die Erwartung verbessern und jede neue Erwartung erweiterte Erfahrung machen. Dann kehrt der Kreis nicht in sich zurück, sondern erhebt sich mit
besonderer Deutlichkeit zur Schraube, deren Steigung Umgang für Umgang dem
Kenntnisgewinn entspricht.

---

[11] Das ›Schwäne-Rätsel‹ spielt auf den Umstand an, daß alle Schwäne der Nordhemisphäre weiß sind. Erst mit der
Erforschung der Südhemisphäre wurde in Australien und in Feuerland der Trauerschwan und der Schwarzhalsschwan entdeckt (Details und Abbildung in R. RIEDL 1980).

[12] Eine Iteration in dem Sinne, wie sich beim Rechenvorgang des Dividierens Dezimale für Dezimale, hier Umlauf für
Umlauf, dieselben wenigen Operationen wiederholen, um das Ergebnis schrittweise zu verbessern. Die Schätzung
der Teilbarkeit entspricht etwa der Erwartung, die rechnerische Kontrolle der Erfahrung je Umlauf, der jeweilige
Rest dem verbliebenen Abstand von der Lösung.

Für und wider das Bewußtsein

Das meiste von einem Tier assoziativ Gelernte mag für das Individuum von Bedeutung sein, kaum aber für die Evolution; was immer unser gelehriger Hund gelernt haben mag, zerfällt mit ihm im Hundegrab. Zwar reichen die Systeme der Weitergabe von assoziativ Erlerntem weit ins Tierreich zurück. Aber der entscheidende Fortschritt ist wohl mit dem Hellwerden des Bewußtseins korreliert und mit einem neuen Wissensspeicher, mit der Sprache, zuletzt mit Schrift und Bibliotheken.[13]

Zwar reichten auch die Vorstufen des Bewußtseins tief in den Stamm der Säugetiere; und daß Primaten bereits erfolgreich im gedachten Raum (gedanklich) experimentieren, das steht außer Frage. Aber der entscheidende Schritt hängt mit dem Menschwerden zusammen. Und ab nun kann auch eine lebenswichtige Erfindung mitgeteilt und weitergegeben werden, wie der Faustkeil, Pfeil und Bogen oder das Rad, wie ein lebenswichtiges Organ, wieder durch die Selektion, unverlierbar an der Population haften bleiben. Und gegenüber der Langsamkeit des genetischen Lernfortschrittes, der bei Säugern bereits Jahrmillionen zur Etablierung eines neuen Artmerkmales benötigt, kann sich ab nun jede Errungenschaft wie ein Lauffeuer verbreiten.

Dies ist bereits ein entscheidender Vorteil: die Geschwindigkeit der neuen Adaptierung. Allerdings mit der Gefahr geringerer Kontrollzeiten am Milieu. Aber ein noch entscheidenderer Vorteil ist damit verbunden, mit einer entscheidenden Gefahr im Gefolge.

Dieser entscheidende Selektionsvorteil des Bewußtseins besteht, wie POPPER eben so treffend sagt, darin, daß nun die Hypothese stellvertretend für den Besitzer sterben kann. Es muß nicht mehr bei jeglichem explorativen Versuch die eigene Haut riskiert werden. Man versteht, in welchem Maße eine Kreatur mit Bewußtsein gegenüber einer solchen ohne dasselbe im Vorteil sein muß. Die Evolution hat es also, sobald es physisch möglich wurde, durchgesetzt.

Der entscheidende Nachteil im Gefolge war anfangs bedeutungslos und in einem Maße von den Vorteilen überwogen, daß keinerlei selektive Gegenwirkung einsetzen konnte. Er besteht ja zunächst in nichts Gravierenderem als darin, einen Teil der Kontrolle der Erwartung nun vom Milieu in das Innere des Organismus zu verlegen (Abb. 3). De facto ist ja auch keine der zahllosen konstruktiven Sackgassen der Evolution rechtzeitig spürbar geworden. Sie wären ansonsten nicht entstanden[14].

Was ins Innere verlegt wurde, das war zunächst auch nicht mehr als ganz konkreter, bislang bewährter Erfahrungsinhalt. Wir kennen dies von den heutigen Primaten; aus Käfig-Experimenten wie aus der freien Wildbahn. Was hier im

---

[13] Eine gute Übersicht findet man bei J. BONNER 1983, welcher die Kommunikation bis weit in die wirbellosen Tiere verfolgt. Den von ihm verwendeten Begriff der Kultur würde ich jedoch auf jene Artefakte einschränken, die jenseits der zum Überleben notwendigen liegen. Ferner verwende man zu diesem Thema: B. HASSENSTEIN 1969 und 1973, K. LORENZ 1973, R. RIEDL 1976 und 1980, K. IMMELMANN 1982.

[14] Als ein Beispiel bedenke man, daß unsere Geburt, so schmerzhaft wie gefährlich sie ist, durch den einzigen, nicht erweiterbaren Knochenring unseres Bauplanes erfolgen muß. Aber noch zu Zeiten, als unsere Stammesvorfahren große Zahlen kleiner Eier absetzten, war es konstruktiv die naheliegendste und beste Lösung, die Geburtsöffnung an dem sicheren Knochenring, am Becken, aufzuhängen.

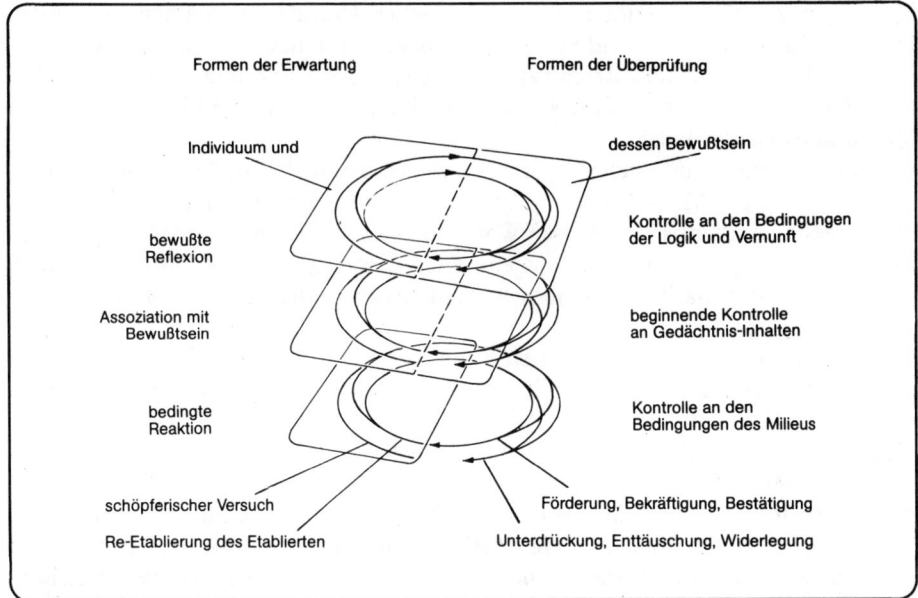

Abb. 3. *Ersatz der Kontrolle am Milieu durch das Bewußtsein.* Mit der Entwicklung der Reflexion von Gedächtnisinhalten, der Repräsentation des Milieus im Gehirn, kann die Erwartung des Organismus schließlich dem Zirkel unterliegen wieder nur im Organismus geprüft zu werden (vgl. Abb. 2).

gedachten Raum experimentiert wird, das besteht im Kombinieren von einfachen Behelfen, wie Objekten zum Erklettern, zur Verlängerung des Armes. Die daraus möglichen Irrtümer haben wenig Gewicht.[15]

Das ändert sich aber in dem Maße, als die Inhalte der Vorstellung zahlreicher und abstrakter werden und das Bewußtsein so hell wird wie die Außenwelt. Nun kann der tote Ahne, der wütend im Traum erscheint, eine von der Realität nicht mehr unterscheidbare Eindringlichkeit gewinnen. Und man versteht die ausgeklügelten Beschwichtigungs-Zeremonien der Naturvölker. Sie sind von dem Wunsche beherrscht, sich dem Entsetzen solcher Erlebnisse zu entziehen. Auch das Begraben unter schweren Steinplatten ist weniger von Pietät diktiert, sondern von dem Wunsch, den Toten an der ständigen Rückkehr zu hindern.

Aber nicht nur die Verwechselbarkeit von Gedachtem und Realem wird unserer Vorstellung von dieser Welt zum Fallstrick. Noch mehr ist es die Unmittelbarkeit und Unzerstörbarkeit des bloß Vorgestellten. Denn selbstverständlich, so bestätigte unlängst KONRAD LORENZ, ist der gedachte Tisch gegenüber dem realen unvergänglich und fehlerfrei. Kein Astloch, kein durchgeschlagener Nagel ist in ihm vorgesehen. Und wenn der alte Tisch, allmählich zu niedrigeren Diensten degradiert, zugrundegeht, ist unzerstört die Vorstellung des neuen und längst vor dessen Fertigung zur Hand. Was also wunder, daß schon die frühe, methodische Refle-

---

[15] Eine vorzügliche Übersicht über solches ›Planhandeln‹ findet man in B. RENSCH 1973, Freilandbeobachtungen z. B. bei A. RIOPELLE 1972 und J. VAN LAVICK-GOODALL 1971.

xion das unzerstörbar Reine der Ideen entdeckte. Und da sie unabhängig von den Dingen scheinen mußten und vor deren Existenz bestehend, nimmt es auch nicht wunder, daß man sich das Reich der Ideen jenseits der Erfahrungswelt dachte. Und bestätigte es sich nicht fortgesetzt, daß die Phantasie stets weit hinausreicht, weit über unsere kleine Welt?[16]

Und noch eins mußte sich zum Staunen zeigen. Ist die Vorstellung von der Kraft, vom Dreieck, vom Menschen, vom Zweck, vom Guten nicht in uns allen enthalten, und offenbar in identischer Weise? Was also PLATON als die unzerstörbaren Ideen beschreibt, entspricht unserem angeborenen Vermögen der Anschauung. Auch sieht er zu Recht, daß sie der menschlichen Kreatur vorgegeben sind und daß sie sich als unveränderbar erweisen. Aber er konnte nicht wissen, daß es erbfest gemachte Produkte der Selektion sind, daß sie nicht dieser Welt vorausgebildet sind, sondern vereinfachte Nachbildungen und Deutungshilfen ihrer grundsätzlichsten Bedingungen.

Kennt man aber diesen Zusammenhang nicht, und er konnte bis in die jüngste Zeit nicht erkannt werden, dann versteht man, daß das spekulative Denken aus diesem Irrtum zu Konstruktionen einer nahezu verkehrten Welt gelangen mußte. Und zwar bis in das Philosophieren der Neuzeit. Denn gerade dieses beginnt mit DESCARTES' Satz: *cogito ergo sum*, den wir in ein: *sum ergo cogito* umkehren können. Und er gipfelt in KANTS sogenannter ›kopernikanischen Wende‹: der Geist richte sich nicht nach den Dingen, vielmehr sind diese primär Gegenstände für den Verstand.[17]

Diesen Satz müssen wir ganz umkehren, indem wir feststellen: unser Verstand ist primär ein Gegenstand für die Dinge. Er ist zum Erkennen der Dinge und an ihnen geschaffen worden.

Der Kenntnisgewinn in der Wissenschaft

In derselben Weise, wie die Philosophen inmitten des Dilemmas der Erkenntnis ihre Tagesprobleme meisterten und alt wurden, sind die empirischen Wissenschaften Meister ihrer Probleme und alt geworden. Und unbeeinflußt vom Streit um das Ideen- und Induktions-Problem haben sie den alten, assoziativen Prozeß des Kenntnisgewinns übernommen und zum Erkenntnisgewinn ausgebaut und verlängert.

Das erkannt zu haben, ist das Verdienst meines Freundes ERHARD OESER, der unabhängig und zeitgleich mit KONRAD LORENZ und mir, denselben alternierenden Schrauben-Prozeß in der Dynamik der Wissenschaften nachgewiesen hat. Was im vorwissenschaftlichen Erleben als eine Erwartung zu bezeichnen war, ist nun als

---

[16] Ich beziehe mich hier auf die Seminarien und Plauderabende des ›Altenberger-Kreises‹, den schon fast seit 10 Jahren um KONRAD LORENZ die Beziehungen von Biologie, Erkenntnis und Gesellschaft beschäftigen. Aufsätze darüber in der Zeitschrift »Morgen« (Juli 1980) und in R. RIEDL 1982. Man vergleiche auch K. LORENZ u. F. WUKETITS 1983.

[17] Zur Umkehrung des DESCARTES'schen Satzes: »Ich bin mir meiner bewußt, also bin ich« in: »so bin ich gemacht, daher denke ich« vergleiche man ein Gespräch mit FRANZ KREUZER (in F. KREUZER 1981). Eine knappe Übersicht über den historischen Wandel der philosophischen Standpunkte gegen die Neuzeit von ALWIN DIEMER (in A. DIEMER u. I. FRENZEL 1977, p. 254).

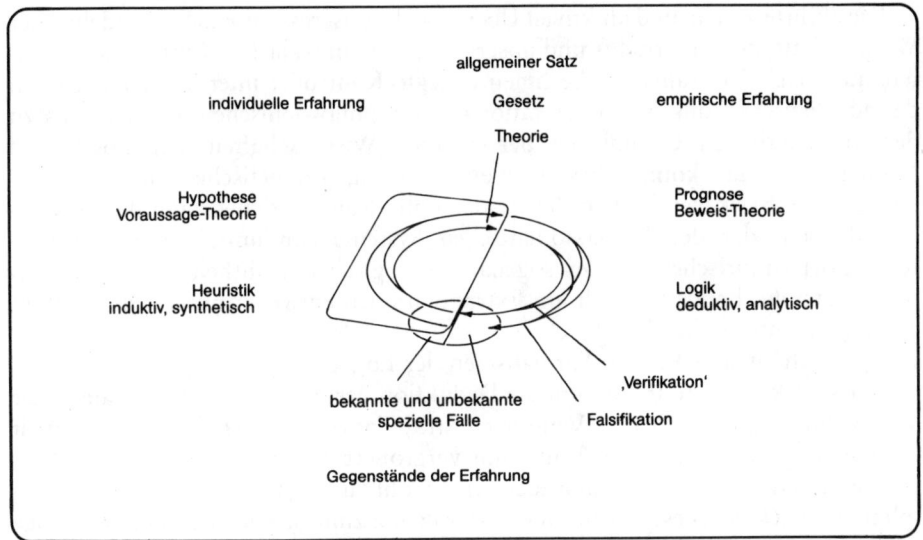

allgemeiner Satz

individuelle Erfahrung   Gesetz   empirische Erfahrung

Theorie

Hypothese
Voraussage-Theorie

Prognose
Beweis-Theorie

Heuristik
induktiv, synthetisch

Logik
deduktiv, analytisch

,Verifikation'

bekannte und unbekannte
spezielle Fälle

Falsifikation

Gegenstände der Erfahrung

Abb. 4. *Kreislauf des wissenschaftlichen Erkenntnisgewinns;* als Wechselbezug zwischen Hypothese und Prognose, Heuristik und Logik oder Induktion und Deduktion; sowie der Theorie und ihren Fällen (vgl. Abb. 1 und 2).

Hypothese bekannt, als Voraussage-Theorie, ein synthetischer, heuristisch abstrahierender Vorgang der Induktion (Abb. 4). Was Erfahrung zu nennen war, das kennt man als Prognose, als Beweis-Theorie, als einen analytischen, logisch formalisierbaren Vorgang der Deduktion. Als Inhalt der Erwartung steht nun die formulierte Theorie, das Gesetz oder der allgemeine Satz. Als Inhalt der Erfahrung, wie der Prognose, stehen wieder die bekannten wie die erwarteten speziellen Fälle.[18]

Den beiden Seiten des Wechselbezuges war erkenntnisgeschichtlich ein sehr verschiedenes Schicksal beschert; nämlich in dem Maße, wie die beiden unserer angeborenen Anschauung zugänglich sind. Dies hängt wieder mit der Spezialisierung der Hemisphären unseres Gehirns zusammen und mit der Hineinverlegung der Kontrolle aus dem Milieu in unsere Vorstellung.

Die deduktive Kontrolle spielt sich, wie die moderne Neuropsychologie zeigt, in unserer linken Hemisphäre ab. Es sind dies die analytischen, arithmetischen, in Sequenzreihen computerartig verlaufenden Leistungen. Und diese haben vollen Zugang zum Bewußtsein und zu unserem Sprachzentrum, welche in derselben Hemisphäre lokalisiert sind. Darum vermögen wir alle deduktiven Prozesse bewußt zu verfolgen und zu formulieren.[19]

---

[18] In diesem Zusammenhang ist aus E. Oesers »Wissenschaft und Information« (1976) der Band 3 »Struktur und Dynamik erfahrungswissenschaftlicher Systeme« von Bedeutung; im besonderen Kapitel 6 »Theoriendynamik: Der interne Mechanismus der Wissenschaftsentwicklung«.

[19] Diese Einsicht ist sehr jungen Datums und aus der Hirn-Teilungs-Chirurgie gewonnen, die es erlaubt, schwere neuropsychologische Leiden zu behandeln. Dabei wird z. B. das *Corpus callosum,* die Brücke zwischen den Hemisphären durchtrennt, was es ermöglicht, deren Leistungen getrennt zu untersuchen; wesentliche Arbeiten und Übersichten von J. Eccles 1975, M. Gazzaninga 1970, J. Levi-Agresti u. R. Sperry 1968, R. Sperry 1970 und K. Walsh 1978.

Dies führte zu einem deduktiven Übergewicht unseres rationalen Handelns, der Wissenschaft, des Unterrichts und unserer ganzen aufgeklärten Kultur. Dies verleitete auch zum Vertrauen in die hineinverlegte Kontrolle; interessanterweise von den idealistisch-deduktiven oder rationalistisch-philosophischen Systemen bis zu den vermeintlichen Grundlagen der exakten Wissenschaften, der Logik und Mathematik. Man könnte dies einer emotionalen, prophetischen und axiomatischen Metaphysik vergleichen. So ist der hohe Rang, welchen man der Wissenschaftlichkeit der deduktiv-axiomatischen Systeme einräumt, auf eine Vermischung der empirischen mit den sogenannten logischen Wahrheiten zurückzuführen. Letztendes handelt es sich um Extrapolationen entweder unserer dieser Welt nicht ganz entsprechenden Anschauungsformen oder unserer der Welt auch nur vermeintlich entsprechenden Formalismen der Logik.[20]

Der schicksalshafte Irrtum um die Deduktion beruht also auf dem Mangel der Wahrnehmung, daß mit der Weite der Extrapolation aus nicht ganz dieser Welt entsprechenden Ansätzen der Fehler nur vergrößert wird.[20a]

Die induktive Erwartung hingegen wird wohl zur Gänze in der rechten Hemisphäre entwickelt. Diese hat nur indirekt Zugang zum Bewußtsein und hieß lange — man beachte! — die ›leere Hemisphäre‹. Heute: die ›stumme Hemisphäre‹, was besser trifft, denn sie hat ja auch zum Sprachzentrum keine direkte Verbindung. Sie enthält die synthetisch-holistischen, raumzeitliche Ganzheiten entwerfenden Leistungen. Dies sind zuvorderst die heuristischen Lösungsvorschläge, also der Erfindungs- und Entdeckungs-Kunst, selbst der kleinsten Problemlösungen des Alltags. Ihre Entwicklungen sind bewußt nicht verfolgbar. Sie tauchen daher als die bekannten BÜHLERschen ›Aha!-Erlebnisse‹ fertig, und wie von fremder Hand, in der linken Hemisphäre auf.

Dies führte über unsere Unkenntnis ihrer Existenz zu einer Unterschätzung, Abwertung, ja Diskriminierung von Induktion und Heuristik; wieder zunächst unseres Handelns, dann in der Wissenschaft, im Unterricht und in unserer ganzen, eben nur halbaufgeklärten Kultur. Und es verleitete zur Annahme, es handle sich um unexakte, wissenschaftlich unvertretbare Prozesse, zuletzt zur Leugnung der Bedeutung und der Existenz derselben überhaupt. Ab der Mitte des 19. Jahrhunderts begann man diese erst geahnte induktive Seite aus der Logik auszuschließen und zuletzt noch aus den empirischen Wissenschaften, die zu Recht die induktiven

---

[20] Bekanntlich war man über zwei Jahrtausende unserer Kulturgeschichte der Ansicht, daß die Axiome (als die Grundvoraussetzungen der aus ihnen ableitbaren — auf sie zurückführbaren — Sätze und Gesetze der Wissenschaften) aus unmittelbar einleuchtenden Vorstellungen evident wären. In diesen erkennen wir nun unsere erblichen Anschauungsformen. Jene Zeit reicht von EUKLID VON MEGARA, einem Schüler SOKRATES' (4. u. 5. Jahrh. v. Chr.), bis FRIEDRICH FREGE, DAVID HILBERT (Ende des 19. Jahrh., vgl. D. HILBERT 1965), ERNST ZERMELO und anderen. Man erkannte, daß die Axiome der Erfahrungs-Wissenschaften hypothetische Verallgemeinerungen darstellen, die keinen Anspruch auf Selbst-Gewißheit erheben können. So kehrte man das Verhältnis von Begriff und Aussage um, indem nicht die Erfahrung vorausgesetzt wird. Solche formalen logischen Axiomen-Modelle würden erst nachträglich zu realen, wenn ihre Ausdrücke einem Erfahrungsbereich entsprechen. So, wie die Gerade dem Lichtstrahl entsprechen sollte. Doch nun erweist sich selbst dieser im Gravitationsraum als gekrümmt.

[20a] Heute liegen darum drei Theorien vor. 1. Die formalistische Lösung (ab HILBERT) gäbe sich mit dem Nachweis innerer Widerspruchsfreiheit zufrieden. Er ist für die Zahlentheorie nicht gelungen (K. GÖDEL 1931). 2. Die logizistische Lösung (ab FREGE und BERTRAND RUSSELL) versucht eine Begründung auf logischen Wahrheiten. Diese aber haben mit den empirischen nichts zu tun. 3. Die intuitionistische Lösung (seit LUITZEN BROUWER und HERMANN WEYL). Mit ihr kehren wir in die unsichere Ausgangshypothese zurück. Heute folgt man man meist einer formal-intuitionistischen Misch-Methode.

Wissenschaften heißen; mit der Absicht, durch die Abschaffung der Induktion den induktiven Wissenschaften ihre Grundlage zu sichern.[21]

Der ebenso schicksalshafte Irrtum um die Induktion beruht also auf dem Mangel der Wahrnehmung der Realität und Unersetzbarkeit der rechtshemisphärischen Prozesse und auf der Annahme ihrer Unexaktheit, Unverläßlichkeit und Ersetzbarkeit, wieder durch deduktive Konstruktionen.

Diese Schicksale der beiden Hälften unseres Erkenntnisapparates müssen uns in unterschiedlicher Weise interessieren. Während aus der deduktiven Hälfte ein mächtiger Apparat aus Mathematik, Logistik und Linguistik entstand, liegt die induktive Hälfte noch im Schatten unserer biologischen Geschichte. Ich werde darum eine Reihe der folgenden Kapitel diesen angeborenen Lehrmeistern unserer induktiven Vernunft zu widmen haben. Abschließend nur noch ein Blick auf den Zusammenhang der beiden Hälften. Es ist

ein universeller Schrauben-Prozeß

der hier vorliegt. Er reicht, seiner Methode nach, ungebrochen von der Lebensentstehung über den genetischen und den assoziativen Kenntnisgewinn über die Erkenntnisprozesse in den induktiven oder Erfahrungswissenschaften bis in die Prozesse der Wissenschaftsdynamik.

Es ist kein zirkulärer oder Kreisprozeß, wie das bislang (und graphisch vereinfacht) scheinen mochte, sondern ein Schraubenprozeß. Und zwar eben in dem Sinne, als jede gewandelte Erfahrung die Erwartung verändert und jede gewandelte Erwartung neue Erfahrung machen läßt (Abb. 5). Die Steigung der Schraube wird für den Kenntnisgewinn genommen. Im Prinzip wird Umlauf für Umlauf gar kein Totgang herrschen, weil selbst die bescheidenste Bestätigung einer auch wiederholt gemachten Erfahrung, bewußt oder nicht, einen Einfluß haben muß auf das, was wir in dieser Welt erwarten.

Zudem baut jeder kenntnisgewinnende Prozeß auf allen bisherigen auf, setzt diese und deren Kenntnisgewinn voraus. Und wir müssen hier hinzulernen, da ein solcher Wandel unseren Anschauungsformen und folglich auch der Art unserer Begriffe nicht entspricht; daß nämlich durch Kumulation der alten Funktionen qualitativ völlig neue entstehen, die eben auch in Spuren in den alten nicht enthalten sind. So hat sich die Dynamik der Wissenschaften auch über das Rationalisieren des einzelnen Forschers erhoben, dieses über dessen nicht bewußte Assoziationen, die bedingten Reaktionen, die Reflexe, die Reizleitung und die

---

[21] Wie (in Anmerkung 10) schon festgestellt, hat sich die Wissenschaft vom richtigen Denken zunächst als Logik verstanden, sich aber seit GOTTLOB FREGES ›Begriffsschrift‹ (von 1879) ganz von der Psychologie der Induktion entfernt und auf die Logistik des formalisierbaren Arbeitens zurückgezogen. Dies wurde zum Schicksal des Induktionsproblems, das, wie E. OESER zeigt, »in der modernen Wissenschaftstheorie an einer fundamentalen Verwechslung leidet, nämlich an der Verwechslung des Induktionsverfahrens mit erkenntniserweiternden Schlüssen der Aussagenlogik« (1976, Band 3, Seite 68).

Daneben aber besteht eine Tradition, die vom *Organon* des ARISTOTELES über das *Novum Organon* des FRANCIS BACON zum *Novum Organon Renovatum* von WILLIAM WHEWELL (1858) führt. An dieser hat sich die moderne Logik und das Induktionsproblem nicht orientiert. Diese Entwicklung und die weitere Literatur findet man in E. OESER (1976, Band 3, Kapitel 4).

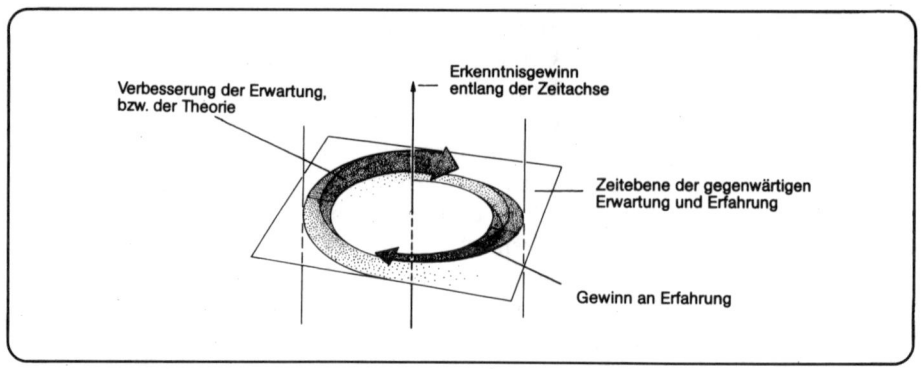

Abb. 5. *Der Kreislauf als Schraubenprozeß;* aus der Ebene der Erwartung und Erfahrung des Augenblicks verändert jede neue Erfahrung die Erwartung und jede neue Erwartung erschließt neue Quellen der Erfahrung (vgl. Abb. 4).

Reizbarkeit seines Protoplasmas. Und so bauen auf den Erfahrungen aus den plasmatischen Strukturen (Abb. 6) die aus den Schaltungen, aus den Assoziationen, Kombinationen und bewußten Prognosen.

Aber stets ist das Ergebnis eine Extraktion der Gesetzlichkeit aus dem jeweils relevanten Milieu; zunächst der chemo-physikalischen, dann der organischen und sozialen Gesetze, konserviert in den genetischen Anleitungen der Organismen; bis das assoziativ kulturelle Lernen wiederum, aus Neugierde und zum Gewinn von Lebensvorteilen im wesentlich erweiterten Milieu, wieder die chemo-physikalischen, biologischen, psychologischen und sozial-kulturellen Gesetzlichkeiten seiner Umwelt zu extrahieren trachtet und durch Tradierung konserviert.

Wo immer nun die Serien der Prognosen fortgesetzt am Milieu bestätigt werden und zur Erhaltung des kenntnisgewinnenden Systems beitragen, muß mit einer, wenn auch noch so bescheidenen, Übereinstimmung zwischen hypothetischer Erwartung und realer Welt gerechnet werden. Erst an den Grenzen des Selektionsbereichs, der Kontrolle am Milieu, beginnt der relative Unsinn. Der reine Unsinn hingegen beginnt erst mit dem Verzicht auf diese äußere Kontrolle durch deren Hineinverlegung in die Vorstellung; er ist daher, wie KONRAD LORENZ sagt, das Privileg des Menschen.

Die angeborenen Lehrmeister

Kein Kenntnisgewinn wäre ohne Vorkenntnis möglich. Damit hätten die Rationalisten recht. Diese Vorkenntnis ist aber nur dem Individuum vorgegeben, sein Stamm hat sie empirisch erworben. Das wußten die Rationalisten nicht. Aber auch die Empiristen wissen das nicht, denn immer noch (immer mehr) behindert ein ›Tabula rasa‹-Standpunkt den Gewinn tieferer Einsicht in die Struktur des Lebendigen und in die Biologie des Menschen. Der Behaviourismus, die Numerische Taxonomie, die Dogmatische Genetik, die Soziobiologie entwerfen alle Modelle des Kenntniserwerbs des Organismus wie des Menschen, als wäre dies ohne

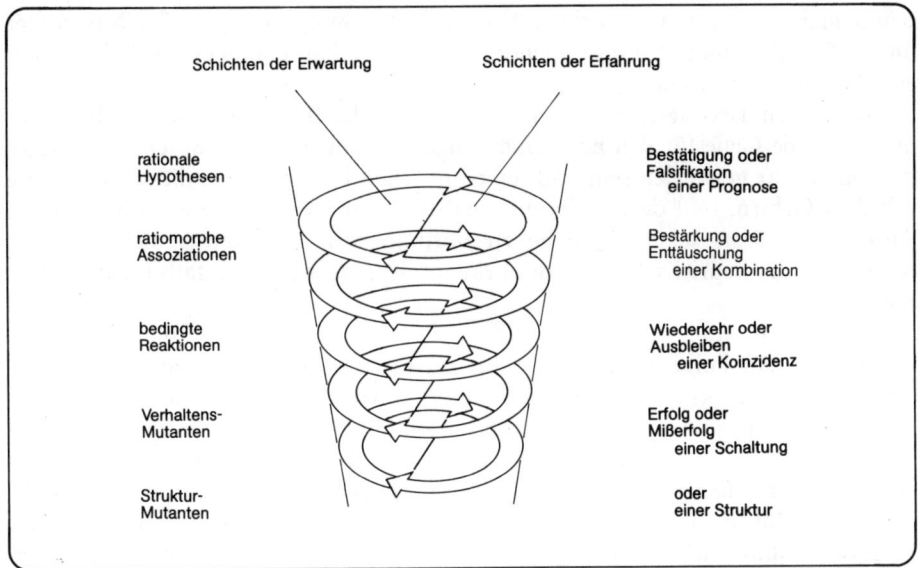

Abb. 6. *Schichten des kenntnisgewinnenden Algorithmus;* die Begriffe für die Inhalte der Erwartung und Erfahrung wechseln, der Ablauf bleibt aber im Prinzip derselbe (vgl. diesen in den Abb. 1, 2 und 4). Dabei setzt die Entstehung jeder Schichte die jeweils tieferen voraus.

Vorkenntnis möglich. Man verhält sich so, als ob das Auto vor der Erfindung der Metallschmelze entwickelt worden wäre und vor der Beherrschung des Feuers.[22]

Dieser Standpunkt ist nicht nur völlig verfehlt, er ist gefährlich. Denn er rechtfertigt immer noch (immer mehr) jene Ideologien, die uns Menschen unsere geschichtsgewordenen, tiefmenschlichen Ansprüche absprechen und uns zum Spielball ihrer Umerziehungstheorien machen. In Wahrheit ist alles Lebendige Geschichte, irreversible Geschichte, auf höchst speziellen Wegen gewonnenen Wissens.

Die Entscheidungshilfen

Wie kein Wissen ohne Vorwissen möglich ist, enthält auch jedes vorzusehende Urteil ein Vorurteil. Schon in unserem Alltag bedarf es des Vorurteils der sogenannten Einstellungen. Ein Mensch ohne diese, sagt HUBERT ROHRACHER, wäre ansonsten »ständig der Ratlosigkeit und Unsicherheit preisgegeben, er müßte sich ununterbrochen in lange, mühsame und schwierige Überlegungen einlassen, er

---

[22] Der Behaviorismus betrachtet die Organismen als Reiz-Reaktions-Maschinen ohne vorgegebene Antriebe und Entscheidungshilfen (B. SKINNER 1973, Widerlegung von K. LORENZ 1973). Das Dogma der Genetik erlaubt keinen Informations-Erwerb der Gene aus den Körperfunktionen (J. WATSON, zitiert aus 1977, Widerlegung von R. RIEDL 1976). Die Soziobiologie behauptet, daß die Selektion nur an einfachen Genen und keinen höheren Einheiten angriffe (R. DAWKINS 1976, Widerlegung von G. STENT 1982/83). Und die numerische Taxonomie meint, Verwandtschaft nur mit Messungen ohne vergleichende Vorkenntnisse bestimmen zu können. (P. SNEATH u. R. SOKAL 1973, Widerlegung von R. RIEDL 1975; man beachte auch die jeweils referierte Literatur).

wüßte nicht, wo er in der geistigen Wirklichkeit steht« (1965, Seite 7). Was immer uns an Entscheidungsfindung abgenommen werden kann, muß eine Erleichterung, eine Lebenshilfe, bedeuten.

Wer diesen Text liest, dem sollte die Deutung der Buchstaben schon abgenommen sein, die Gene für den Bau seiner Augen sollten sich hinsichtlich der Gesetze der Optik klar geworden sein und seine optischen Fasern sollten die Verschaltung mit dem Gehirn, und deren Protoplasma die Reizbarkeit schon erfunden haben. Ansonsten wären seine Versuche zu hoffnungslos. Dies umso mehr, als die induktive oder heuristische Seite des Erkenntnisprozesses des Zufalls nicht entbehren kann.

Von der Mutante, von welcher niemand vorhersehen kann, wann sie eintreten und was sie zur Folge haben werde, bis zur rationalen Entdeckung der Naturgesetze durch die ›kulturelle Mutante‹ eines revolutionären Geistes, bleibt der Suchmechanismus neuer Lösungen auf den Zufall angewiesen. Denn keine Lösung ist zur Gänze in ihren Prämissen enthalten. Denn da wir letztere besitzen, könnten wir ansonsten alle noch wünschenswerten Entdeckungen heute noch machen.[23]

Eine Evolution des Wissenserwerbes aber, die darauf angewiesen bleibt, mit Hilfe des Zufalles schöpferisch zu sein, kann es sich nicht leisten, die Möglichkeiten des Zufalls ausufern zu lassen. Denn stets sinkt die Chance des Haupttreffers mit der Zahl der Lose. Es ist darum eine Grundbedingung dieses Evolutions-Mechanismus', das Suchfeld des Zufalls stets wieder einzuengen, da es mit der wachsenden Komplexität der Systeme und deren Möglichkeiten ins Uferlose wachsen würde; einzuengen durch das Gegenteil des Zufalls, also durch das Festhalten relevanter Gesetzlichkeit. Man kann auch sagen: durch Ausschluß allen bereits als solchen erkannten Unsinns.[24]

Die Schichten der Entscheidungshilfen

Schon im genetischen Code liegen Entscheidungshilfen. Wären die Übersetzungs- oder Transfer-Moleküle nicht darauf festgelegt, an ihrem einen Ende jeweils drei Basenpaare, an ihrem anderen Ende jeweils eine von 20 Aminosäuren zu ›erkennen‹, keine Nachricht könnte weitergegeben, geschweige denn verbessert werden. In nächster Schichtenserie sind es die Wechselwirkungen zwischen den Genen, das ›epigenetische System‹, welche verknüpfen, was funktionell sinnvoll zusammenge-

[23] Daß das auch im Lernen der Gene so ist, sieht man daran, daß jene lebenserhaltende Nachricht der Hinfälligkeit eines molekularen Faden anvertraut wird. Daß dies hätte vermieden werden können, sieht man an den Riesenchromosomen (mancher Drüsenzellen). Dort liegen jeweils 200 bis 300 solcher Fäden aneinander. Bei einem Abschreibfehler in einem könnten 299 für die richtige Abschrift stehen. Dieser Weg aber hätte unter Konkurrenzbedingungen keinen Erfolg gebracht. Er hätte die schöpferische Chance des Zufalls unterdrückt.
[24] Dies ist das Grundthema meines Buches ›Die Strategie der Genesis‹, in welchem ich versuchte, diese fortgesetzte Einschränkung des Zufalls durch die kosmische und chemische Evolution über die biologische, bis in die der Sozialstrukturen und der Kultur zu verfolgen. Als ein Wechselspiel zwischen der Notwendigkeit des Zufalls und der Zufälligkeit der entstehenden Notwendigkeiten (von Gesetzen, Strukturen und Entwicklungs-Richtungen) (R. RIEDL 1976).

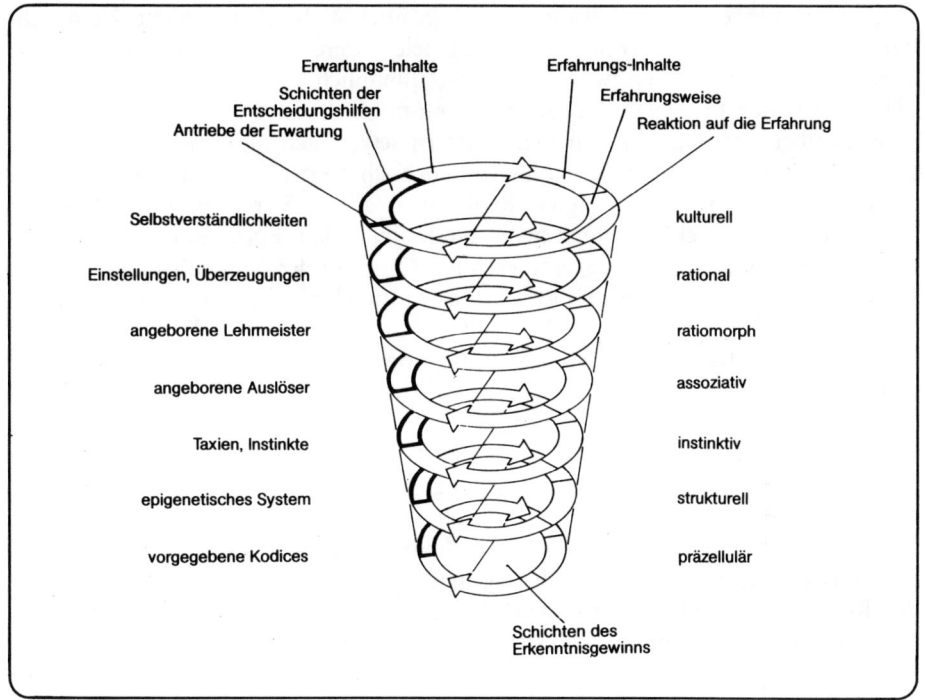

Abb. 7. *Schichtenbau der Entscheidungshilfen* im Kreislauf der Formen der Erwartung (ihrer Antriebe, Entscheidungen, Inhalte) und der Erfahrung (ihrer Inhalte, Erfahrungsweisen und der Reaktion auf diese); von den präzellulär vorgegebenen Codices bis zu den kulturellen Selbstverständlichkeiten.

hört (Abb. 7); was wir funktionell Organisation, strukturell Ordnung der organismischen Baupläne nennen, ist darauf zurückzuführen.[25]

Als eine folgende Schichtengruppe kann man die Evolution erblich geordneter Reaktionen nennen, Phobien, Taxien, Instinkte. Mit der Effizienz namentlich der Fern-Sinnesorgane folgt der Schichten-Überbau der AAM, der angeborenen Auslösemechanismen. Sie schalten neuerlich Möglichkeiten des sich nochmals erweiternden Repertoirs an Fehlverhalten, Mißdeutung und lebensgefährlichem Unsinn aus, indem sie die richtige Wahrnehmung automatisch mit der richtigen Reaktion verbinden. All das erreicht das Bewußtsein noch nicht.

Entscheidend für unser rationales Verhalten, und damit zur miterlebbaren Entscheidungshilfe, wird besonders die sogenannte ›ratiomorphe‹ oder vernunftsähnliche Schichtserie. Sie ist dadurch ausgezeichnet, daß ihre Interpretationen noch immer genetisch erlernt und verankert sind, sie aber gleichzeitig die Grundlage unseres rationalen Urteilens lenkt, welches sich von der genetischen Determination abzuheben beginnt. Es enthält, was die Philosophen ›Urteile *apriori*‹ nennen. Unser

---

[25] Der Mechanismus der genetischen Übersetzung ist aufgeklärt. Man kann ihn bei C. BRESCH und R. HAUSMANN (1972) nachschlagen. Die Existenz des ›epigenetischen Systems‹ ist seit C. WADDINGTON (1957) anerkannt. Nur die molekularen Mechanismen seiner Struktur, die ich aus der Evidenz der Morphologie und Makro-Evolution voraussehe (R. RIEDL 1975 und 1977), ist erst in Ansätzen sichtbar und daher umstritten.

Urteil über die Formen von Raum und Zeit, über Wahrscheinlichkeit, Vergleichbarkeit, Ursachen und Zwecke. Aber noch viele andere ›menschliche Universalien‹, Hemmungs-Mechanismen, wie sie sich erst allmählich aufklären. Es sind das alles die angeborenen Lehrmeister unserer Vernunft.[26]

Aber über den angeborenen Lehrmeistern setzen sich die Schichtenfolgen der assoziativ gewonnenen Entscheidungshilfen noch weiter fort. Sie beginnen, wie erinnerlich, tief in den bedingten Reaktionen aller komplexen Kreaturen und reichen mit ihrem Schichtgefüge bis in die individuellen Einstellungen, Ansichten und Überzeugungen; sei es gegenüber Alltagsdingen oder dem ganzen Paradigma einer Wissenschaft und dem Weltbild einer Kultur. Und über diesen baut letztlich noch die Schichtenfolge der kollektiven Paradigmen und Weltbilder, jener sozialen Selbstverständlichkeiten, an deren Zustandekommen der einzelne praktisch kaum mehr beteiligt ist.[27]

Die Erwartungs-Seite des kenntnisgewinnenden Algorithmus, also das induktive, heuristische Prinzip, enthält aber nicht nur Entscheidungshilfen, eine Hilfe auch für den steten Antrieb der Lösungs-Suche ist im ganzen Schichtenbau vorgesehen (Abb. 8).

In der Tiefe der Schichtengruppe erscheinen uns diese Antriebe lediglich als energetische und physiologische Bedingungen. Aber sie sind unter dem herrschenden Konkurrenz- und Selektionsdruck längst auf Optimierungs- und Ökonomisierungs-Tendenzen getrimmt; auf effiziente Evolutions-Schritte. Unserem Erlebensbereich kommen diese Antriebe erst in der Schicht des Verhaltens entgegen. Die sogenannten Appetenzen, ein Begehr- oder Erfüllungs-Streben, sind bereits tief im Tierreich genetisch vorgesehen. Sie lassen den Organismus nicht darauf warten, was sich wohl zufällig in seinem Milieu ergäbe; vielmehr halten sie ihn ständig in Trab. Er befindet sich stets auf der Suche nach einer Reizbefriedigung, sei es über Nahrung, Unterschlupf oder einen Partner, selbst nach der Befriedigung einer Neugierde, über Exploration.[28]

Dies ist nicht nur den Behavioristen entgangen. Naturgemäß ist die Appetenz auch von der erkenntnistheoretischen Induktions-Diskussion nicht wahrgenommen worden. Denn in der Tiefe unseres Stammes wurzeln längst unsere eigenen Antriebe und Neugierden. Ein wacher, gesunder Mensch, namentlich in seiner Jugend, ist gar nicht in der Lage, Ungereimtes in seiner Wirklichkeit auf sich beruhen zu lassen. Er wird, wie wir uns ausdrücken, der Sache sofort nachgehen,

---

[26] Die Evolution von den Phobien und Taxien (Vermeide- und Zuwendungsreaktionen) bis zu den angeborenen Lehrmeistern unserer Vernunft wurde von K. LORENZ (schon 1941) entdeckt und 1973 zusammenfassend dargelegt. Ihre Beziehung zu den KANTschen *Apriori* (I. KANTS Kritische Schriften von 1781 u. 1790; Nachdruck 1977) habe ich systematisch untersucht (R. RIEDL 1980). Der Begriff des ›Ratiomorphen‹ geht auf den Wiener Psychologen EGON BRUNSWIK zurück (1934, 1955).

[27] Dies ist nun vorwiegend ein Gebiet der Individual- und Sozialpsychologie (z.B. in P. HOFSTÄTTER 1959) und des Konstruktivismus (P. BERGER u. TH. LUCKMANN 1970, P. WATZLAWICK 1981). Eine Zusammenfassung unter dem hier vorliegenden Gesichtspunkt in R. RIEDL 1976. Die spezielle Einstellungsforschung beginnt etwa mit G. ALLPORT 1935, jüngere Zusammenfassungen von M. FISHBEIN und von C. INSKO, beide 1967.

[28] Zu den erstaunlichsten genetischen Programmen zählt nach meiner Ansicht, daß sogar die Reihenfolge, in der explorative Verhaltensweisen ablaufen, genetisch programmiert sein kann. LORENZ hat beobachtet, daß beim Neugierverhalten der Dohle eine feste Sequenz von Erwartungen abläuft. Ein unbekannter Gegenstand, z.B. ein Diwanpolster im Revier, wird zunächst als Feind attackiert. Erweist sich diese ›Theorie‹ als falsifiziert, wird der Gegenstand als mögliches Futter geprüft. Mußte auch dies als Irrtum erkannt werden, so wird versucht, die Teile als Nistmaterial einzutragen. Man erkennt eine Skalierung nach der Gefahr-Nutzen-Relation (K. LORENZ 1973).

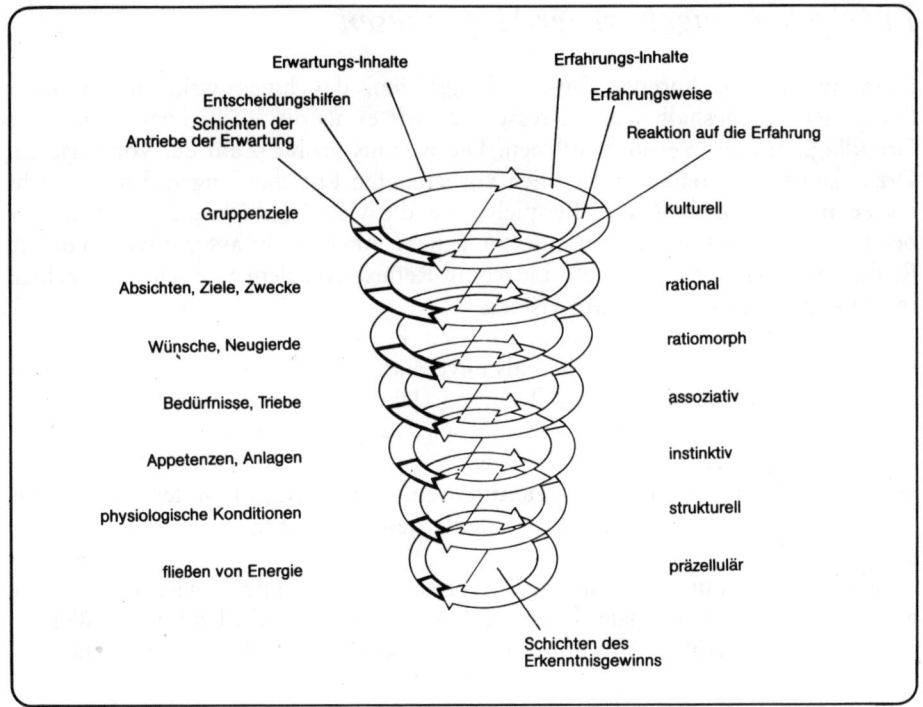

Abb. 8. *Schichtenbau der Antriebe der Erwartung,* im Kreislauf des kenntnisgewinnenden Algorithmus zwischen Erwartung und Erfahrung; von den präzellulären Bedingungen des Energieflusses bis zu den Gruppenzielen der kulturellen Gemeinschaften.

sie wird, wie wir sagen, ihn nicht ruhen lassen. Er wird im gleichen, alten Sinne die entsprechende Situation aufsuchen, um zu einem Urteil zu gelangen.

Das mag noch durchaus vorbewußt, ratiomorph angeleitet sein, um ihm erst in der Folge bewußt zu werden. Schon unsere Kleinkinder können nicht anders, als sich für die Klassen der Gegenstände ihrer Kinderwelt induktiv abstrahierend allgemeine Begriffe zu bilden, wir selbst werden jeder Überraschung, jedem unseren Erwartungen widersprechenden Ereignis sofort nachgehen. Man beobachte sich nur selbst.[29]

Es steht also ganz außer Frage, daß wir gar nicht gefragt werden, ob wir induktiv vorzugehen wünschen. Unsere menschliche Ausstattung ist es, die mit uns induktiv vorgeht. Und wenn KARL POPPER darauf besteht, daß es Induktion nicht geben kann, dann hat er als ›Moralist der Forschung‹ vielleicht vor Augen, wie logisch es im Denken zugehen sollte, aber wohl weniger, wie es tatsächlich mit uns verfährt.

---

[29] Lehrstücke für solch empfohlene Selbstbeobachtung sind die Dokumentationen ›Mit versteckter Kamera‹, welche Menschen in ganz unerwarteten Problem-Situationen zeigen. Beispielsweise die Wirkung einer unter einem parkenden Auto versteckten Hupe, die man immer wieder tönen läßt, wenn der Fahrer einsitzt und die Türe schließt (dieses Beispiel, u. a. in R. RIEDL 1981 a).

Ein System angeborener Hypothesen

Jenes System angeborener Entscheidungshilfen, das hineinwirkt bis in unser Bewußtsein, ist deshalb von Interesse, weil wir es als die Vorbedingung oder die Grundlage unserer Vernunft erleben. Die weitaus größte Zahl der von unserem Organismus getroffenen und erblich vorbereiteten Entscheidungen dringen nicht bis zu unserem Bewußtsein. Beispielsweise die vielen unbedingten Reflexe, die bereits erforderlich sind, um nur zu gehen. Aber auch assoziative, bedingte Reaktionen, wie jener bedingte Lidschluß-Reflex, von dem wir schon sprachen, regeln sich jenseits unseres Mitwissens.

Gegenüber unseren bewußt getroffenen Entscheidungen erweisen sich jene ratiomorphen Entscheidungshilfen als unveränderbar. Sie bleiben, trotz rationaler Widerlegung, bei ihrer falschen Deutung. Die bekanntesten Beispiele sind die perspektivischen Täuschungen. Obwohl wir etwa auch das ›unmögliche Dreieck‹ selbst aufs Papier zeichnen, uns also sowohl von der Zweidimensionalität der Figur als auch von der Möglichkeit ihrer Anfertigung überzeugen konnten, belehrt uns unser optischer Apparat, indem er feststellt: diese Figur ist räumlich und so, wie sie ist, unmöglich.[30]

Warum also ist uns so unsinnige Interpretation eingebaut? Zunächst einmal: sie ist gegenüber Raumgebilden nicht unsinnig, sondern kritisch. Und in der Welt, in welcher unseren frühen Vorfahren dieses Programm eingebaut wurde und sich bislang bewährte, sind Figuren eben immer räumlich gewesen. Die Perspektive-Tricks zweidimensionaler Art sind nicht vorgekommen. Hätten vielmehr diese die lebensentscheidenden Aufgaben gestellt, wir wären heute, so bin ich überzeugt, mit völlig anderen angeborenen Lehrmeistern ausgestattet. Kurz: das Problem war nicht da, war nicht gestellt und keine Lösungen wurden darum vorgesehen.

Vielmehr war es noch für unsere biologisch jüngsten Ahnen von lebenserhaltender Bedeutung, durch's dreidimensionale Astwerk flüchten zu können; behender und sicherer als der Verfolger; also ohne sich auf Grübeleien über die Axiome der euklidischen Geometrie einzulassen. Kurz: ein Affe ohne das fertige Programm war ein toter Affe und zählte darum auch nicht zu unseren Vorfahren, hat GEORGE GAYLORD SIMPSON bemerkt (1963 a, Seite 84). Was also wunder, daß es in uns unverbrüchlich erhalten ist. Und das ist nun auch der Grund, warum wir das vierdimensionale Raum-Zeit-Gefüge zwar mit EINSTEIN als der Realität näher nachweisen, es uns aber dennoch nicht vorstellen können.[31]

Von diesen uns angeborenen, hypothesenbildenden Entscheidungshilfen gewinnen vier ein spezielles Interesse, weil sie den Kern unserer Interpretation dieser Welt bilden. In der Reihenfolge, wie sie entstanden sind und einander vorausset-

---

[30] Hervorragende Graphik zu diesem Thema wird man von M. ESCHER (z. B. 1975) kennen. Eine Übersicht von Wahrnehmungs-Phänomenen und Wahrnehmungs-Täuschungen in S. COREN und Mitarbeiter 1979. Theorien und Ansätze zur neurologisch-systemtheoretischen Lösung der Phänomene von H. MATURANA 1982. Der Interessierte mag auch die einander ausschließenden, theorienbildenden Täuschungen am Beispiel des ›Drahtkantenwürfels‹ (in R. RIEDL 1976, Seite 233 und 250) nachschlagen.

[31] Es bleibt bei einer eindimensionalen Vorstellung der Zeit und einer dreidimensional-euklidischen des Raumes. Was zur Folge hat, daß wir uns weder den Anfang der Zeit noch das Ende des Raumes vorzustellen vermögen. Denkt man sich beispielsweise den Raum des Kosmos (hinter welchem Raum es keinen mehr gibt), so wird man ihn dennoch in einem weiteren Raum schwebend denken müssen und so fort.

zen, seien sie hier nur einmal näher bezeichnet. Denn nur zweien von ihnen werden wir im vorliegenden Thema noch weiter nachzugehen haben.[32]

Die ›Hypothese vom anscheinend Wahren‹ ist die Vorbedingung aller folgenden. Sie läßt erwarten, daß sich gemachte Erfahrung wiederholen würde, daher unter Bedingungen prognostizieren und durch ihr Wiedereintreten bestätigen ließe. Sie ist ein Widerbild der Redundanz, das heißt der sich wiederholenden Zustände und Ereignisse in dieser Welt. Und sie stellt die Voraussetzung dar für alle Kreaturen, sich zu orientieren, sich überhaupt etwas zuzuwenden. Sie wird nur vom reinen Zufall getäuscht, weil dieser eben in reiner Form in unserer Mesowelt fast nicht vorkommt.

Die ›Hypothese vom Ver-gleichbaren‹ schließt an. Sie läßt erwarten, das Ungleiche im Gleichen ausgleichen zu dürfen, sowie in ähnlichen Wahrnehmungen auch das zugehörig nicht Wahrgenommene als ähnlich voraussetzen zu können. Sie bildet die Grundlage allen Generalisierens, der Abstraktion, des Begreifens und endlich des Begriffbildens, und ist eng mit der Bewegungs- und Gestaltwahrnehmung verknüpft. Sie ist ein Widerbild der meist nicht beliebigen Kombinierbarkeit der Merkmale in den Ereignissen und Zuständen dieser Welt, der Konstanz der Natur im allgemeinen; und damit die Voraussetzung, diese wiederzuerkennen und mit Bedeutung zu versehen. Sie wird getäuscht, wo Bewegung nur scheinbar ist und Strukturen keine Gestalt oder Bedeutung besitzen.[33]

Die ›Hypothese von den Ur-Sachen‹ baut auf den vorigen auf. Sie nun läßt erwarten, daß gleiche Dinge dieselbe Ursache sowie dieselben Zustandsfolgen haben werden. Sie bildet die Grundlage unseres Kausal-Denkens, daß alles, was besteht oder geschieht, seine Gründe hätte; und zwar, wie noch zu zeigen sein wird, Ur-Gründe im Sinne jeweils derselben Kräfte und Materialien, die dahinterstünden. Sie ist ein Widerbild der meist nicht beliebigen Herkunft der gleichen Dinge und Zustände dieser Welt, der Konstanz der Natur hinsichtlich der Dynamik ihres ›Zusammengesetztwerdens‹ (ich werde das noch ausführen). Sie wird getäuscht, wo gleiche Dinge und Zustandsfolgen von zufälliger Art sind.

Die ›Hypothese von den Zwecken‹ ist die letzte und setzt alle vorigen voraus. Sie läßt uns erwarten, daß gleiche Dinge denselben Zweck haben, für dasselbe, wie wir uns ausdrücken, gut sein werden. Sie bildet die Grundlage unseres finalen oder teleologischen Denkens, mit der Erwartung von Ur-Gründen, im Sinne nunmehr der Ziele, auf welche etwas zuläuft, der Selektion, Wahl oder Entscheidung, welche dies veranlassen. Sie ist ein Widerbild der meist nicht beliebigen Vorkommens- oder Rahmenbedingungen, der Konstanz der Auswahlbedingungen in dieser Natur. Auch sie wird getäuscht, wo die Rahmenbedingungen gleicher Dinge ganz zufällig sind.

---

[32] Es werden dies die Hypothesen von den Ur-Sachen und von den Zwecken sein. Den vier Hypothesen im Ganzen habe ich den Band »Biologie der Erkenntnis« gewidmet (R. RIEDL 1980), mit dem ich die Reihe dieser Untersuchungen über »Die stammesgeschichtlichen Grundlagen der Vernunft« eingeleitet habe.

[33] Diesem Thema wird der Band »Biologie des Erkennens und Begreifens« gewidmet (R. RIEDL 1986; in Vorbereitung für dieselbe Serie). Es geht dem hier vorliegenden Thema so voraus, wie die Hypothese vom Ver-Gleichen den Hypothesen von den Ur-Sachen und den Zwecken. Hier wird unsere ratiomorphe Anleitung der Begriffsbildung zwar nicht aufgeklärt, aber vorausgesetzt; was deshalb nicht schadet, weil sie eben ratiomorph beim gesunden Menschen gut funktioniert.

Die hohe Treffsicherheit dieser Vorausurteile erkennt man daran, daß ein Organismus, würde er nur eine dieser Hypothesen in Umkehrung anwenden, nicht zu überleben vermöchte. Ein Mensch, der erwartete, nichts vorhersehen oder wiedererkennen zu können, oder der von gleichen Ereignissen stets auf unterschiedliche Ursachen oder Absichten schließt, wäre geistig schwer behindert. Er könnte eben nur unter Hospitalisierung überleben.

Im ganzen leistet dieser ratiomorphe Apparat das, was wir unserem gesunden, unreflektierten Hausverstand zuschreiben. Wie weise scheint er uns durch die zahllosen, wie selbstverständlichen Handlungen und Urteile unserer Tage zu lenken. In diesem Sinne enthält er einen Extrakt der Grundbedingungen dieser Welt. Und damit bietet er auch noch

ein System von Lösungen.

Zunächst lassen sich die Vorbedingungen unserer Vernunft als ein Selektionsprodukt unserer Stammesentwicklung auf natürliche Weise erklären. Es handelt sich gewiß um *Aprioris* jeder individuellen Vernunft, aber gleichzeitig um a *posteriori*-Erfahrung unseres Stammes. Was an Kategorien unseres Denkens schon dem Athener Richtplatz hinsichtlich ihrer Herkunft und Begründung ein Problem war, hat unsere ganze Geistesgeschichte begleitet. Und es hat in den KANTschen *Apriori* seine präzise Formulierung gefunden. Nun finden wir sie Stück für Stück, sogar in derselben Reihenfolge, wieder, in der geschilderten Serie angeborener Hypothesen.[34]

Damit löst sich eine weitere Kontroverse, die, wie man sich (aus Teil 1) erinnert, ebenfalls so alt ist wie unsere Kulturgeschichte; der Widerstreit von Empirismus und Rationalismus. Wir bestätigen nun die Ansicht der Empiristen, daß Wissen nur aus der Erfahrung stammen kann; und ebenso die der Rationalisten, daß Wissen nur aufgrund von Vorwissen zu gewinnen ist. Beide aber konnten nicht wissen, daß unser kultureller Kenntnisgewinn nur eine Fortsetzung des Kenntnisgewinns der organischen Evolution darstellt. Und hier stehen wenige Jahrtausende gegen drei Jahrmilliarden des Lernens zu Buch.

Dieses ererbte Wissen ist stets unterschätzt worden. Das aber wußte schon Sir KARL POPPER. »Wäre eine Schätzung nicht absurd«, stellte er (1974, Seite 85) fest, »so würde ich sagen, 99,9 % des Wissens eines Organismus sei vererbt oder angeboren, und nur 0,1 % bestünden in Veränderungen des angeborenen Wissens; und ich glaube auch noch, daß die dazu nötige Anpassungsfähigkeit angeboren ist.« Es muß also gerechtfertigt sein, diesen weiten Hintergrund anzuleuchten und zu erwarten, daß unsere rationale Vernunft von ihm bestimmt sein wird.

---

[34] Dabei hatte ich nicht versucht, Äquivalente der KANTschen *Apriori* aufzusuchen. KANT lag mir reichlich fern und ist mir noch immer eine Aufgabe der Entzifferung. Ich versuchte vielmehr, den angeborenen Entscheidungshilfen der Organismen auf den Grund zu gehen. Und als ich diese in unserem wissenschaftstheoretischen Seminar vortrug, machte mich ERHARD OESER auf die erstaunliche Übereinstimmung aufmerksam. Man findet unser Vorausurteil zu Raum und Zeit in der ›Transzendentalen Ästhetik‹, sowie Wahrscheinlichkeit, Vergleichbarkeit und Ursache im Hauptteil der ›Kritik der reinen Vernunft‹; die Zwecke in der ›Kritik der Urteilskraft‹ (I. KANT 1781 und 1790).

Zum Dritten finden wir eine Lösung des Realitätsproblems, welches den Möglichkeiten der reinen Vernunft merkwürdigerweise tatsächlich nicht lösbar ist. Leben aber, sagt DONALD CAMPBELL, ist in seinem erkenntnistheoretischen Verhalten ›hypothetischer Realist‹. Die Bedingungen des Überlebens haben dazu geführt, daß diejenigen erhalten geblieben sind, die sich so verhielten, als ob diese Welt existierte; diejenigen, welche diese Welt wahr-genommen haben. Und wem sein Denken als die gewisseste Realität erscheint, wie es die Rationalisten mit DESCARTES halten, dem kann nun versichert werden, daß das Lernprodukt, sein Denken, nicht realer sein kann als dessen Lehrmeister, diese Welt.[35]

Soweit gewissermaßen das Vorspiel um die Lösungen des Schismas unserer Kultur. Wir werden aber auch noch die Monismus-Dualismus-Debatte behandeln und die Kausalismus-Finalismus-Auseinandersetzung, auf die es mir besonders ankommt. Vor diesen Lösungen muß aber noch vom ›Bau der Welt‹ die Rede sein. Aber davor nochmals zurück zum Thema.

Ein System von Mängeln

Bislang waren die Vorbedingungen unserer Vernunft von ihrer besten Seite zu zeigen; als ein System dieser Welt abgeschauter Adaptierung. Es darf aber nicht vergessen werden, daß es sich um recht generalisierende Rezepte, um starke Vereinfachungen handelt, die uns nur ungefähre Deutungen vermitteln. Und noch dazu um Deutungen jenes schmalen Ausschnitts dieser Welt, wie er für unsere weit zurückliegenden Vorfahren von lebenswichtiger Bedeutung gewesen sein muß. Die ›genetische Erfinderkunst‹ hat in einem vom Zufall betriebenen Erkenntnisprozeß stets an den Grenzen der Selektion auch ihre absoluten Grenzen.

Es mochte auch so aussehen, als ob unsere angeborenen Anschauungsformen uns auf die Lösung unserer heutigen Aufgaben vorbereiteten. Das aber wäre ein grober Irrtum. Die genetische Evolution verläuft, wie man sich erinnert, millionenfach langsamer als die kulturelle. Und was wir aus dem Säuger-, spätestens aus dem Großaffen-Erbe mitbekommen haben, das ist längst überrannt von den völlig neuen Problemen, welche uns mit Technik, Kapital und Ideologien passiert sind; für die wir gar nicht adaptiert waren; in die wir, wie FRIEDRICH VON HAYEK (1979 a) so treffend sagt, nur hineingestolpert sind.

Nun ist auch mit einer Adaptierung unserer erblichen Anschauungsformen an unsere technisierte Welt nicht mehr zu rechnen. Nicht nur, weil wir aus Gründen der Humanität endlich auf die innerartliche Selektion zu verzichten beginnen. Mehr noch, weil solche Adaptierungen Jahrmillionen beanspruchen, unsere kulturellen Überlebens-Sorgen sich aber kaum mehr nach Jahrhunderten sondern schon nach Jahrzehnten wandeln und häufen. Nichts hat sich bekanntlich an unserer Vorstellbarkeit von Raum und Zeit durch den Nachweis des Raum-Zeit-Kontinuums geändert. Man hat sich ob dieses Widerspruchs nicht einmal beunruhigt. Und

---

[35] Diese Unfähigkeit, die Realität zu beweisen, hat schon I. KANT (1781) einen »Skandal der Philosophie« genannt und K. POPPER sagt (1974, Seite 44) »Es ist der größte Skandal der Philosophie, daß, während um uns herum die Natur — und nicht nur sie — zugrunde geht, die Philosophen weiter darüber streiten ... ob diese Welt existiert«. — Zur Position des Lebendigen vergleiche man D. CAMPBELL 1974 a und G. VOLLMER 1975.

vielleicht auch das noch zu Recht. Denn gegenüber jenen intergalaktischen Dimensionen, in welchen unser Anpassungsmangel erst fühlbar würde, ist unser Sonnensystem eine Mesowelt, in welcher jener Irrtum gar keine Rolle spielt. Das aber ist bei unseren übrigen erblichen Entscheidungshilfen oder *Aprioris* anders. Sie betreffen, wie erinnerlich, dimensionslose Eigenschaften dieser Welt. Und so bekommen wir ihre Mängel auch längst schon auf unserer kleinen Erde zu fühlen. Aber wir wußten nicht, woher sie kommen.

Nun aber stellt es sich heraus, unsere Anschauungen gerade von den Ursachen und Zwecken sind nicht nur vereinfachte Bilder aus zu schmalen Sinnesfenstern in diese Welt, sondern unsere Lebensproblematik hat auch längst die Felder zwischen ihnen ausgefüllt, für welche unsere Sinne blind sind. Und schlimmer noch: unser Bewußtsein, mit seiner suggestiven Anschaulichkeit, und unsere deduktive Vernunft in ihrem logischen Galopp haben uns dazu verleitet, jene bescheidenen Hilfeleistungen für aller Gewißheit Anfang zu nehmen. Wir haben unbesorgt von ihnen fortextrapoliert. Wir haben nicht bemerkt, daß die kleinen Mängel im Ansatz, zu umgehenden Weltsystemen extrapoliert, nur zu einem ebenso umgehenden System von Irrungen führen müssen.

Diesen Mängeln müssen wir nachgehen, sowie ihren Konsequenzen. Daher ist zunächst darzustellen, was über den Bau dieser Welt heute gewußt werden kann und wie sich demgegenüber unsere Anschauungsformen von ihren Ursachen ausnahmen, um zum Ende unsere Irrungen freizulegen.

Der hierarchische Bau der Welt

Hierarchie ist ein Schachtel-System; in dem Sinne, daß jede Schachtel nicht nur Schachteln enthält, sondern selbst, mit anderen Schachteln, Inhalt einer weiteren Schachtel ist. In dieser Weise sind die Strukturen unserer Welt organisiert. Aber nicht nur diese: auch das System unserer Begriffe.

So, wie der Begriff eines Apfels nur dann das enthält, wo wir hineinbeißen würden, wenn er in einer ganzen Serie sehr bestimmter ›Überschachteln‹ steht, nämlich in den Baumfrüchten, Früchten, pflanzlichen Fortpflanzungsorganen und Vegetabilien, so geht's auch mit den Unterbegriffen. Vom Begriff einer Stadt, in die wir einziehen würden, erwarten wir, daß sie Häuser, darin Zimmer und in diesen Möbel enthält. Stimmten die Serien nicht, dann wär's ein Adams- oder Reichsapfel, welche wir nicht essen, eine Walstatt oder Richtstatt, in die wir nicht einziehen würden. Die Oberbegriffe enthalten die Zugehörigkeit, die Funktion oder den Sinn jedes Begriffs. Die Unterbegriffe seine Zusammensetzung, Struktur oder seinen Inhalt.[36]

---

[36] In der Klassifikation von Begriffen ist man noch nicht ganz einig. Was ich hier im Auge habe, nennt man meist ›Klassenbegriffe‹ oder ›Allgemeinbegriffe‹, weil sie stets für ein Kollektiv oder eine Menge Geltung haben. Aber auch die ›Individualbegriffe‹ (Caesar, Wien, Saturn) stehen in Klassen. Und nicht minder tun dies die ›Kollektivbegriffe‹ (Seegang, Wald, Bibliothek). Im Sinne RUDOLF CARNAPS (1974, ab Seite 59), dem die positivistische Wissenschaftstheorie folgt, sind es ›klassifikatorische Begriffe‹, welchen er die komparativen und quantitativen gegenüberstellt. Letztere wären das Ziel aller Wissenschaftlichkeit. Die evolutionäre Theorie dagegen hält die Klassenbegriffe für das erkenntnistheoretische Zentrum. Diesem umfänglichen Thema ist ein anderer Band gewidmet (R. RIEDL, für 1986 in Vorbereitung).

So ist es auch mit der Hierarchie der Dinge. Darum ist Umsicht am Platze. Um nämlich nicht nur unsere Denkhierarchie in die Welt zu projizieren und sie nur deshalb hierarchisch zu interpretieren, weil wir sie anders nicht denken können. Tatsächlich ist diese Übereinstimmung zwischen Denk- und Naturordnung so groß, daß der Zufall als Erklärung ausschließt. Eine muß die Ursache der anderen sein. Da wir aber objektive Gründe für die Naturordnung angeben können, die außerhalb unserer Denkhierarchie liegen, wird sie real sein. Dann muß das Ältere, die Natur, die Ursache des Jüngeren, unseres Denkens, sein.

Und an dieser Stelle unserer Einsicht ist der Schritt zur Lösung für den Biologen nur mehr klein: die Denkordnung muß als ein Selektionsprodukt an der Naturordnung verstanden werden. Unter allen Versuchen der Datenverarbeitung zur Abbildung dieser Welt mußten stets jene am erfolgreichsten sein, die deren Struktur oder Ordnung selbst am nächsten kamen.[37]

Wir wollen uns darum zunächst unbesorgt unseren Begriffen (ohne welche es nicht geht) anvertrauen. Denn erst später wird es meine Aufgabe sein zu zeigen, zu welchem noch ungeahnten Grade die erbliche Anleitung unseres Denkens die Muster und Symmetrien der Naturordnung nachgebildet hat.

Schichten, Zeiten und Symmetrien

Blickt man von dieser Seite auf, so wird unser Auge wenig Hierarchisches abbilden. Halten wir uns dagegen vor Augen, was wir von dieser Welt wissen, dann wird niemand mehr daran zweifeln, daß sich unser Körper aus Organen zusammensetzt, diese aus Geweben, und Schicht für Schicht weiter aus Zellen, Zellstrukturen, Biomolekülen, Molekülen, Atomen und Quanten; und daß es, hinaufzu, der Individuen bedarf, um Gruppen, Gesellschaften und Zivilisationen zusammenzusetzen. Fast ist's eine Trivialität. Dabei, und auch darin sind wir einig, ist schon der Schicht-Begriff eine Vereinfachung (Abb. 9), denn sie liegen nicht aufeinander, sondern in Wahrheit ineinander.

Nun sind es auch stets mehrere bis sehr viele Substrukturen, die eine Oberstruktur zusammensetzen. Rechnet man mit einem Zuwachs von 2 bis 4 Größenordnungen in unserem vereinfachten Schichtmodell, so erreicht die Komposition eines Systems aus 10 Schichten einen Komplexitätsgrad von 20 bis 30 Größenordnungen. Ein Würmchen setzte sich aus 10^{20}, wir setzten uns aus 10^{30} (also hundert Billiarden, beziehungsweise einer Quintillion) wohlorganisierter Quanten zusammen; was gut der Realität entspricht. In derselben Weise setzten sich auch unsere Artefakte zusammen, Häuser, Städte, Nationen, wie Worte, Sätze, Schriftwerke und die Literatur.

Aber noch eines kann angegeben werden. Die Zeit, entlang deren Achse Schritt für Schritt die Schichten übereinander entstanden sind. Es kann als gewiß gelten,

---

[37] Ich hatte jenen Ordnungs-Zusammenhang anfangs der 70er Jahre bemerkt (R. RIEDL 1975, 1976). Mein Freund BERNHARD HASSENSTEIN machte mich auf die Gefahr einer Projektion unserer Denkordnung aufmerksam. Und unter diesem Druck wurde die adaptive Lösung gefunden (R. RIEDL 1980). Heute sehen wir darin auch die Lösung des Isomorphie-Problems der Philosophen, wie es kommt, daß diese Welt mit unserem Verstand zu verstehen ist.

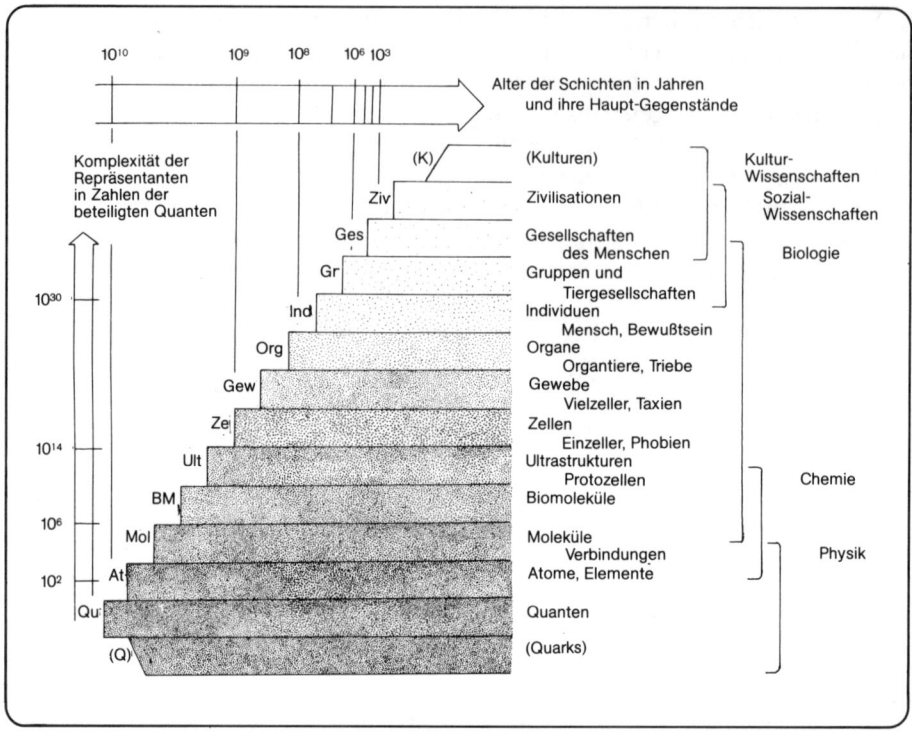

Abb. 9. *Der hierarchische Aufbau der Natur*. Gegliedert nach den Schichten bekannter Sachgebiete. Die Stufen entsprechen einer annähernd vergleichbaren Potenzierung der Komplexität. Man beachte die Beschleunigung der Folge der Entstehung der Schichten (die Kurzbezeichnung der Schichten wird in den folgenden Abbildungen beibehalten. Nach R. RIEDL 78/79).

daß erst auf die Quanten die Atome folgen, die Moleküle, die Biomoleküle und das Leben. Und daß erst auf die Einzeller die Vielzeller, Primaten, Menschen, Sozietäten und Kulturen folgten, das ist Allgemeingut geworden.[38]

Nur in einem Sinne vereinfachte ich noch einmal: das Ganze war auch stets schon vor seinen Teilen da. Nur um den Faden nicht zu verwirren und den Leser, müssen die Dinge, unserer linearen Sprache wegen, nacheinander gesagt werden. Vorerst genügt dies einfache Modell. Um die Abbildung 13 werden wir es vervollständigen.

Will man den Gesamtprozeß jener kosmischen, chemischen, biologischen und kulturellen Evolution verstehen, so bedarf es einer Theorie über den Evolutions-Theorien. Einige wesentliche Funktionen derselben sind bereits verstanden worden. Im ganzen geht es darum, daß Systeme unter Störungs- und Konkurrenz-Bedingungen durch Differenzierungen ihre Erhaltungschancen vergrößern und

---

[38] Die fachlichen Belege, in allgemeinverständlicher Form, findet man für den Übergang Quanten-Materie in S. WEINBERG 1977, für Moleküle-Biomoleküle in H. UREY 1952 und für Biomoleküle-Leben in M. EIGEN u. R. WINKLER 1975; eine Übersicht über den ganzen Verlauf der Übergänge in R. RIEDL 1980.

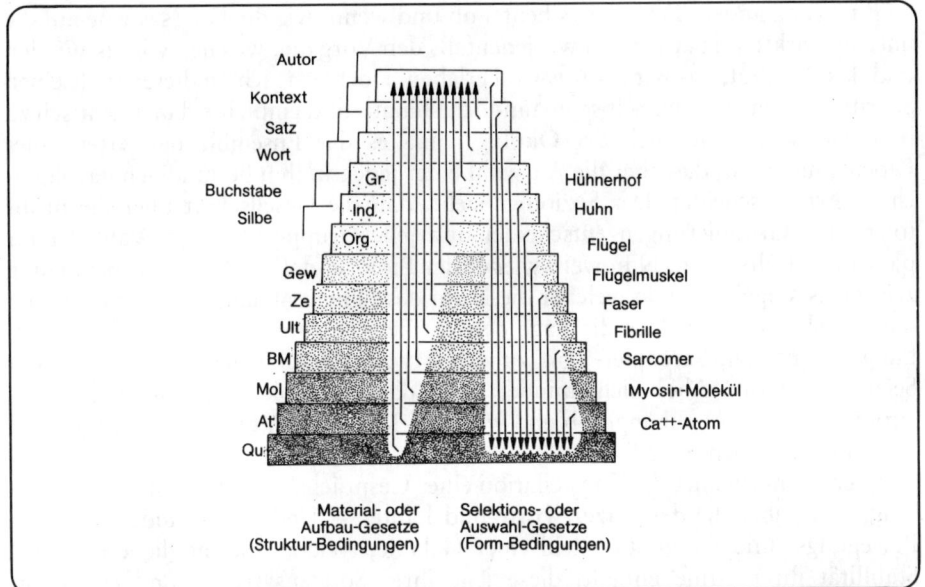

Abb. 10. *Die zweiseitige Wechsel-Abhängigkeit der Schichten.* So, wie die Struktur-Gesetzlichkeit jeder Schichte in allen übergeordneten zu erwarten ist, welche sich aus ihr zusammensetzt, so wirken auch die Auswahl-Bedingungen jeder Schichte auf alle untergeordneten, aus welchen sie ihre Bauteile selektiert (an zwei einfachen Beispielen).

daher übrigbleiben. Dies ist zwar eines der interessanten Themen der heutigen Wissenschaft, aber nicht unser Gegenstand.[39]

Wir müssen vielmehr zu der Frage weitergehen, ob und wenn, in welcher Weise diese Schichten wohl aufeinander wirkten. Da gilt es nun als unbezweifelt, daß die Gesetze einer jeden Schichte durch alle darübergelagerten hindurchreichen (Abb. 10). Daß beispielsweise die Kräfte der chemischen Bindung den Gesetzen der Atmung ebenso unterlegt sind wie beide den Gesetzen einer Sozietät, gilt als ausgemacht. Zudem enthält aber jede neue Oberschichte Eigengesetze, die nicht zur Gänze aus jenen ihrer Unterschichten folgen. Und gleichzeitig enthält sie Einschränkungen hinsichtlich dessen, was weiter aus ihr synthetisiert werden kann. Nur, daß die Vorgänge in sämtlichen Schichten nach Kräften beschrieben werden können, das haben wir vor Augen. Ich komme darauf zurück.[40]

---

[39] Es liegt bereits eine Reihe von Werken vor, die versuchten, das Gesamtphänomen anzufassen. Ihre unterschiedlichen Perspektiven deuten aber darauf hin, daß in jedem nur bestimmte Funktionen (Terme) jener Übertheorie aufgegriffen wurden. Die Bedeutung des Zufalls (M. EIGEN u. R. WINKLER 1975), die seiner Eingrenzung (R. Riedl 1976), der Hierarchie (H. SIMON 1965, R. RIEDL 1975), der Fluktuation (E. JANTSCH 1979), des Netzcharakters (H. MATURANA 1982). Entscheidend ist auch, daß nun die Physik den komplexen (biotischen) Systemen entgegenkommt (E. SCHRÖDINGER 1951, I. PRIGOGINE u. I. STENGERS 1980, H. HAKEN 1981).

[40] Schichte und Eigengesetzlichkeit des Überbaues ist eine Sicht, die man explizit schon bei NICOLAI HARTMANN (1964) findet, KONRAD LORENZ (1973) ist, wie er oft betonte, davon ebenso angeregt worden wie ich selbst (R. RIEDL 1975, 1978/79, 1980). Wir sind darin einig, daß das Neue in den Systemeigenschaften des Überbaues keineswegs auf die Vorbedingungen zurückführbar (reduzierbar) ist. Es ist verständlich, daß uns solch ein Übergang überrascht, ja unwahrscheinlich vorkommt, weil wir für ihn kein ›Sinnesorgan‹, keinen Begriff und noch nicht einmal ein Wort haben (ich verwendete die LORENZsche Wortschöpfung ›Fulguration‹; aber auch sie trifft die Sache nicht genau).

Eine ganz andere Frage ist es heute, ob und wenn, wie die Obersysteme auf die unteren wirkten. Hier kennen wir jedenfalls den Vorgang, welchen wir als Wählen und das Resultat, das wir als Auswahl erleben. Doch gehe ich an dieser Stelle einen Schritt über das bislang Selbstverständliche hinaus und empfehle daher, kritisch zu sein. Deutlich sieht noch der Ökologe, daß es das Ensemble der Arten eines Lebensraumes ist, das über die Auswahl einer jeden in ihm beständigen (erfolgreichen) Art entscheidet. Der Soziologe sieht, daß die Gesellschaft über die in ihr tolerierten Gruppierungen entscheidet und jede Gruppe über die Wahl der ihr passenden Individuen. Nun weiß wieder der Biologe, daß es die Lebensbedingung z. B. eines Vogels ist, von welcher die Form des Flügels abhängt, daß es weiterhin die Flügelform ist, welche die Lage der Muskeln bestimmt und diese die Anordnung der Fasern, Sarcomere, bis zu den Myosin-Molekülen. Das hat alles mit Selektion zu tun. Aber nicht minder ist es das Ensemble eines Moleküls, eines Atoms, von dem es abhängt, ob und wenn, welches Atom, welches Quant noch in ihm aufgenommen wird.[41]

Ebenso entscheidet die Konstellation eines Gesprächs über die Wahl der Mitteilung, diese über die der Sätze, Worte und Laute. — Und nicht minder ist es das Bewegungs- und Gravitationsfeld einer Galaxie, welches die mögliche (relative) Stabilität ihrer Arme enthält, diese jene ihrer Sonnensysteme; und es ist das Sonnensystem, von dem es abhängt, in welcher Entfernung, mit welcher Masse und Geschwindigkeit ein Planet Bestand haben kann.

Kurz: Wahl, Auswahl, Selektion, Zuchtwahl, Entscheidung, selbst Vernunft haben alle eines gemeinsam. Sie wählen die möglichen Bestandteile nach den Gesetzen des Ensembles. Sie enthalten die Bestimmung von Zahl, Art und Lage (Anordnung) deren möglicher Beständigkeit. Sie selbst aber hängen ab von der Disponibilität (der Verfügbarkeit) jener Bauteile.

Wenn auch in der Sicht ungeläufig, wir müssen anerkennen, daß alle Obersysteme auf ihre Untersysteme wirken; in einer selektiven Weise. Und wir werden sehen, daß das Ergebnis nicht aus Kräften zu verstehen ist, sondern als etwas, das wir als Information, Organisation, Kenntnis, ja als Erkenntnis erleben; in einer weiteren Hinsicht als die Funktion, den Zweck, ja den Sinn einer Sache.

Allein hinsichtlich der Selektion sind wir Biologen an eine ungenaue Vorstellung gewöhnt. Es ist zwar richtig, daß es letztlich der Lebenserfolg im Milieu ist, der von der Flügelform bis zum Myosin-Molekül alle erfolgreicheren Lösungen auswählt. Aber wie diese Erfolge, Schicht für Schicht, nach Art, Lage und Zahl der Bauteile aussehen müssen, das bestimmt eben Schicht für Schicht und in ganz spezieller Weise nur die Konstellation des jeweils unmittelbar übergeordneten Systems. In derselben Weise wie der Wunsch einer Mitteilung noch keineswegs die Anordnung

---

[41] Sarcomere sind die sich in der Muskelfaser zahlreich wiederholenden kontraktilen Zellstrukturen (od. Organellen). Die Bewegung der Myosinmoleküle gegeneinander ist es, auf welcher die Verkürzung des Muskels beruht. — Im Anorganischen ist es nur ungewohnt, von Auswahl zu reden. Aber selbstredend entscheiden die Bindungs-Bedingungen eines Moleküls darüber, ob, wo und welches Atom, sofern vorhanden, sich anschließen kann. Und ebenso entscheidet die Besetzung der Elektronenhüllen eines Atoms und das ›PAULI-Prinzip‹ (Pauliverbot), ob ein Elektron und welches aufgenommen wird.

der Vokale bestimmt, sondern diese primär aus der der Worte und erst die Wortwahl aus den Sätzen und dem Kontext folgt.[42]

Jede der Schichten im hierarchischen Bau wird also zweifellos von zwei Seiten bestimmt. Es liegt eine Symmetrie von Gründen vor. Die Material- und Strukturgesetze reichen von den Unterschichten durch die Systeme hindurch, die Form- und Selektionsgesetze von den Oberschichten.

Vorbedingungen und Ursachen

Die Bedingungen, aus welchen wir die Struktur einer Schichte verstehen können, stammen also aus allen über- und untergeordneten; aus den ganzen, sich verzweigenden Ketten der Materialbedingungen von ›unten‹ und den Formbedingungen von ›oben‹. Und wo wir die Folgen derselben prognostizieren können, werden wir auch von Material- und von Formgesetzen sprechen dürfen (darauf ist zurückzukommen).

Unserer Vorstellungswelt entspricht es jedoch, die unmittelbaren von den nur mittelbaren Bedingungen zu trennen. Wohl deshalb, weil wir uns nur die unmittelbaren als variabel denken. Derlei empfinden wir als eine Ursache. Dahingegen erwarten oder betrachten wir die mittelbaren Bedingungen meist so, als wären es invariable Voraussetzungen. Nennen wir sie Vorbedingungen. Oft mag diese Erwartung nicht gerechtfertigt sein. Und zwar dann, wenn sich eine, wie auch immer ferne, Vorbedingung ändert. Dann wird sie zur Ursache, die durch die Kette der Bedingungen bis auf das von uns betrachtete System zuläuft. Mit dieser Unterscheidung entsprechen wir dem Bau der Welt nur in einem statischen Sinne, aber wir machen eine empfehlenswerte Konzession, da unsere Vorstellungskraft darauf eingestellt ist, möglichst nur eine der vielen Variablen in Veränderung zu betrachten.[43]

Betrachten wir beispielsweise die Ursache des Lidos von Venedig (Abb. 11), so erkennen wir in der Sedimentsortierung durch den Seegang die Ursache seiner Form, die Materialursache im Sedimentgeschiebe der Flüsse aus der Po-Ebene. Die borealen Windmuster sowie die Krustenbildung des Kontinentes sind uns ferne Vorbedingungen. Ebenso ist die Formursache des Flugmuskels aus dem Flügel, seine Materialursache aus dem verfügbaren Fasertyp zu verstehen. Die Evolution der Vögel, wie die der Myosin-Moleküle, sind uns wieder ferne Voraussetzungen. Und nicht anders ist es mit unseren Artefakten. Die Formursache etwa des Stephansdoms in Wien liegt im Stilgefühl der Dombaumeister WENZEL PARLER,

---

[42] Es ist wichtig, sich dies immer vor Augen zu halten. Die Gesetze der Ärodynamik, welche die Flügelform des Seglers bestimmen, haben keinen Einfluß auf die Form des Flugmuskels. Diese wird vom Skelett bestimmt. Und die Muskelform bestimmt keinesfalls die Anordnung der Myosin-Moleküle. Diese hängt von den Sarcomeren ab. — Freilich bestimmen den Erfolg Ihres ökonomischen Wagens Markt und Straße. Aber der Erfolg des Keilriemens kann nicht an der Straße Maß nehmen und die Zylinderkopf-Dichtung nicht am Markt.

[43] Während also der Wort-Stamm ›Ur-Sache‹ auf ursprünglichste, letzte oder fernste Bedingung abzielt, enthält der Wort-Sinn das Gegenteil, die unmittelbarste. Die übliche Definition einer Ursache als ›jedes Geschehen, das notwendig als der reale Grund eines anderen anerkannt werden muß‹, entspricht der Sache, aber nicht unserer Vorstellung. Denn die Schwerkraft erscheint uns nicht als die Ursache der Akropolis; wiewohl diese zerfiele, verließe die Gravitation unsere Erde.

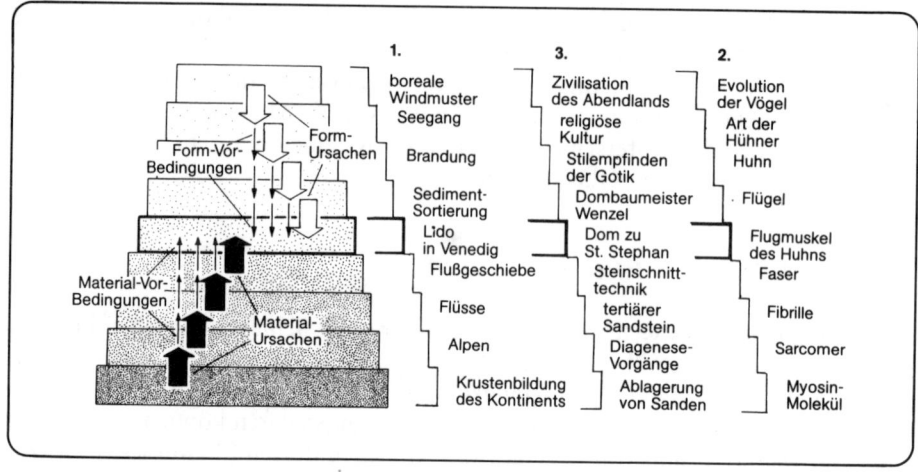

Abb. 11. *Die Unterscheidung von Ursachen und Vorbedingungen.* Unter den zweiseitigen Bedingungen jedes Ereignisses oder Zustandes nennen wir die unmittelbare, variable Bedingung aus den Nachbar-schichten ›Ursache‹, die entfernteren, mittelbaren, die ›Vorbedingungen‹ (drei Beispiele, bezogen auf die jeweilige Mittelschichte).

PETER und HANS VON PRACHATITZ, die Materialursache in der Praxis des gotischen Steinschnitts, wiewohl dieser Dom ohne die Vorbedingungen einer Zivilisation und verfestigter Sande des Tertiärmeeres gewiß nicht zustandegekommen wäre.

Zwei Hierarchien von Bedingungen und Folgen

Aber noch einer Differenzierung unserer Vorstellung müssen wir entsprechen. Nachdem uns Netz-Zusammenhänge verwirrend erscheinen, sind wir auf eine Vereinfachung eingestellt, indem wir immerhin anerkennen, daß jede Ursache viele Folgen und selbst wieder viele Vorbedingungen zur Voraussetzung haben kann.

Als die Ursache der Form des Parthenon beispielsweise (Abb. 12) gelten die Künstler IKTINOS und KALLIKRATES, als Materialursache die Handhabung penteli-schen Marmors im 5. vorchristlichen Jahrhundert. Aber wie zahlreich werden die sich verzweigenden Vorbedingungen, welche zum einen Auftrag und Stilgefühl des IKTINOS, zum anderen die Verfügbarkeit von Marmor zur Voraussetzung haben. Diese Formbedingungen verbreiten sich vom Werkzeug- und Spracherwerb bis zum Entstehen mythologischen Denkens in der Schichte jener Kultur. Die Mate-rialbedingungen dagegen reichen in der Schichte der Gesteinsbildung von der Kalkabscheidung der Meerestiere über die Schwerkraft bis zur Tektonik. — Jede dieser vielen Vorbedingungen ist zwar eine notwendige und unentbehrliche Vor-aussetzung der Entwicklung des Parthenon, keineswegs aber eine ausschließliche oder ausreichende.[44]

---

[44] In der philosophischen Sprechweise unterscheidet man darum schon lange zwischen notwendigen und hinreichen-den Bedingungen eines Sachverhaltes oder einer Erklärung; wobei die hinreichenden zusammen alle notwendig sind, eine notwendige aber noch lange nicht hinreichend sein muß. Ebenso nennt man die Voraussetzungen Antezedenz-Daten.

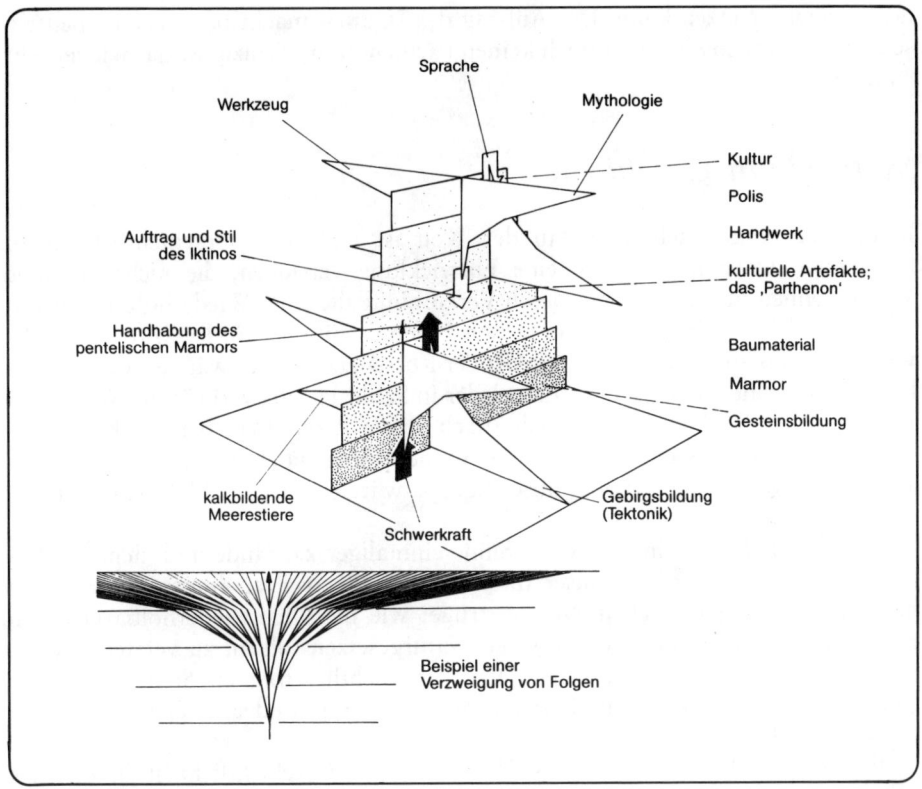

Abb. 12. *Die Zweiseitigkeit der Bedingungen und Folgen,* bezogen auf eine Schichte im Schichtenbau. So reichen die Vorbedingungen der Handhabung des Marmors von der Kalkabscheidung bis zur Gebirgsbildung, die des Baumeisters IKTINOS vom Werkzeug bis zur Mythologie seiner Kultur. Umgekehrt sind Sprache und Schwerkraft Vorbedingungen des ›Parthenon‹ aber auch Vorbedingung für viele weitere Folgen (Symbole wie in Abb. 11).

Umgekehrt hat aber jede der Vorbedingungen des Parthenon nicht nur das Parthenon zur Folge. Die Sprache beispielsweise als eine der Vorbedingungen hat Folgen, die vom Zank der Fischweiber bis zu den großen Epen führen. Und die Schwerkraft hielt nicht nur den Parthenon auf der Akropolis fest, sondern auch die Meere und selbst die Griechen in ihren Betten. — Beide nun, Vorbedingungen wie Folgen, werden für unsere Begriffe leicht unübersehbar, denn sie wachsen von Schicht zu Schichte der Zusammenhänge exponentiell. Dementgegen erwarten wir von dieser Welt, daß sich alle diese Verzweigungen verfolgen ließen. Das mag, wo immer Gesetzlichkeit besteht, richtig sein.

Wichtig aber ist, daß wir nicht in den Irrtum verfallen, zu meinen, daß das zufällig Aufgeklärte auch schon alles wäre; und daß wir nicht vergessen, daß sich selbst die ›hinreichenden Bedingungen‹ nur auf eine der nachgeordneten Schichten beziehen können; und weiter, daß selbst die Aufklärung der hinreichenden Bedingungen aller Schichten aus der einen Richtung keineswegs die Aufklärung jener aus der anderen ersetzen kann. Der Auftrag des IKTINOS macht noch keinen pentelischen Marmor, sowie dieser noch keinen Parthenon. Im Prinzip ist das wieder sehr einfach.

Systeme mit Geschichte

In unserer Frage nach dem Bau der Welt ist nun seine Geschichtlichkeit zu betrachten. Darunter will ich eine Entwicklung verstehen, die nicht nur eine Vergangenheit besitzt, sondern deren Verlauf im Falle einer Wiederholung nur mit geringer Wahrscheinlichkeit zum selben Ergebnis führen würde. Wäre beispielsweise den Franzosen nochmals ihr ›Großer Korse‹ geboren, es wäre unwahrscheinlich, daß er seine alten Tage gerade wieder in Sankt Helena verbrächte. Würde die Evolution der Wirbeltiere nochmals (nach einem Atomkrieg) bei den Knorpelfischen beginnen müssen, oder gar das Sonnensystem nochmals mit einer Protosonne, die Gattung *Homo* oder unser Europa wäre ein zweites Mal nicht mehr zu erwarten.

Geschichtlichkeit nun, in diesem Sinne einmaliger Zustände und nicht wiederholbarer Abläufe, verdient unser Interesse deshalb, weil zu fragen ist, wie sich derlei mit einer gesetzlichen Welt vertrüge; wie die Nichtwiederholbarkeit von Abläufen, die doch alle irgendwelchen Naturgesetzen folgen, zu verstehen wäre und wo der Gesetze Grenzen lägen. Denn offensichtlich folgt ein Steinwurf immer einer Parabel, aus Säuren und Basen immer ein Salz und alle Vielzeller folgen einander in den Tod.

Wie man sieht, führt uns das Phänomen der Geschichtlichkeit in das des Indeterminismus, zunächst in Erscheinungen der Mikro- oder Quantenphysik. Seit WERNER HEISENBERGS ›Unschärfe-Relation‹ ist bekannt, daß auch die sprunghafte Veränderung von Quanten-Zuständen prinzipiell nicht vorhersehbar ist. Wann ein Uran-Atom zerfällt, wann irgendein angeregtes Atom ein Elektron oder Photon abgibt, das folgt nur einer Zufallsverteilung. In einem theoretischen Sinne ist schon diese Nichtwiederholbarkeit eines zeitlichen Ablaufes mit Geschichtlichkeit verwandt. Auch die selbständige Vermischung schneller (heißer) und langsamer (kalter) Wassermoleküle (zu warmem Wasser) ist nicht mehr umkehrbar. Die Bahnen des Einzel-Moleküls sind nicht wiederholbar, geschichtlich. Wodurch aber wirkte dies in unsere Makrowelt? Auf zwei solche Transmissionen ins Makroskopische will ich aufmerksam machen.

Die eine beruht auf einem ›Parlament der Teile‹; zuunterst der Moleküle. So, sagt HERMANN HAKEN (1981) so plastisch, wie zu viele Schwimmer in einem runden Becken so lange kollidieren, bis sich ein einheitlicher Rundkurs durchgesetzt hat. Zu den einfachsten Beispielen gehört das Strahlen des Lasers. Wird ein Rubidiumkristall mit einer Xenon-Lampe stark bestrahlt, so treten die Moleküle fortschreitend in ein höheres Energieniveau. Bei Rückkehr in den Grundzustand geben sie den Anregungszustand in Form von Lichtquanten ab. In welcher Richtung dies das einzelne Molekül tut, das ist nicht vorherzusehen. Nun stören einander diese Strahlungen gewissermaßen gegenseitig, so lange, bis jenes ›Parlament der Moleküle‹ sich auf eine gemeinsame, der Energieabfuhr förderlichste

Richtung geeinigt haben. Daß der Laser strahlen wird, ist damit gewiß; in welcher Richtung er dies (unbespiegelt) tun wird, aber eben nicht.

Schon komplexer ist das Phänomen der BÉNARD-Zellen. Hier ordnen die Moleküle eine erhitzte dünne Wasserschichte zu Bienenwabenmustern zu ihrer Energie-Abgabe. Oder die BELOUSOV-ZHABOTINSKY-Reaktion, die konzentrische Kreise und Spiralen entstehen läßt.[45]

In einer Vielzahl von Fällen hebt sich dagegen das Gegeneinanderwirken der Bewegungen derart auf, so daß nicht nur ein Planet seine Bahn regelmäßig wiederholt, sondern auch ein Stein immer wieder in derselben Weise fällt.

In solcher Weise mischt sich determiniert Vorhersehbares und statistisch Geschichtliches, im einzelnen Nichtvorhersehbares. Schon die Gravitationsfelder dieses Kosmos führten zu einer Zufallsverteilung vorhersehbarer Galaxien-Entwicklung, in diesen zu einer Zufallsgeschichte notwendig vorhersehbarer Sonnensysteme und in diesen zu geschichtlichen Formen notwendiger Planeten. Sehr anschaulich hat das Indeterminismus-Problem Sir KARL POPPER (schon 1966) dargestellt.

Das Wachsen der Geschichtlichkeit

Ein zweiter Weg, der den mikrophysikalischen Zufall in den Makrobereich hineinvergrößert, führt über lange Ursachen-Ketten. Selbst in einem mathematisch idealen Billard, sofern es aus Materie besteht, muß die siebente Kugel die achte nicht mehr mit Sicherheit treffen. Denn die Unbestimmtheit der Lage der Oberflächen-Moleküle, siebenmal mit sich selbst multipliziert, wäre schon größer als eine Billardkugel.[46]

Schon in einem solchen, physikalisch einfachsten System, bleibt die Entscheidung: trifft oder trifft nicht, offen. Handelte es sich um die Kugel eines Mörders, dann wird man vor Augen haben, daß solch eine Alternative die Auslösung eines Weltkrieges entscheiden mag, gewiß also eine geschichtliche Entscheidung darstellt. Im physikalischen Bereich nennt man solche Gabelungen der möglichen Wege noch nüchtern ›Bifurkationen‹.

In der Entwicklung komplexerer Systeme und längerer Perioden häufen sich diese Gabelungen und mit ihnen steigt noch steiler die Geschichtlichkeit, wir können auch sagen, die Unwahrscheinlichkeit der Wiederholbarkeit; und zwar, nach irdischen Dimensionen, rasch in die praktische Unmöglichkeit.[47]

Selbstredend gilt dies bereits für die meisten Evolutionsschritte schon der einfachsten Lebewesen. Es gilt noch mehr für unsere Geschichte und die unserer

---

[45] Schon hier ist darauf aufmerksam zu machen, daß sich die Physik heute solchen ordnenden Vorgängen sehr zugewandt hat. Damit löst sie nicht nur ihre Fixierung auf ahistorische Prozesse auf, sie kommt auch dem Weltbild des Biologen, wie im vorliegenden, deutlich entgegen (Beispiele: fachlich in H. HAKEN 1978 und I. PRIGOGINE 1979, allgemeinverständlich in I. PRIGOGINE u. I. STENGERS 1980 und H. HAKEN 1981).

[46] Dabei müssen die Kugeln nur 1 m auseinanderliegen. Die Einzelheiten findet man bei ROMAN SEXL (1979), dem ich auch in anderer physikalischer Problematik die anschaulichsten Beispiele verdanke.

[47] Schon in unserem einfachen Bifurkations-Modell steigt die Unwahrscheinlichkeit mit dem Quadrat von 2. Was bedeutet, daß bei 10 bis 100 Alternativen die Wiederholungs-Wahrscheinlichkeit von $1/1024$ auf $1/1,3 \cdot 10^3$ sinkt (das ist weniger als ein Quintillionstel).

Produkte. Es gilt aber auch für die Evolution unseres Planeten, seine Geographie und Geologie, selbst für den Zustand seiner Atmosphäre. Kurz: was uns im Makroskopischen umgibt, hat Geschichte. Und je mehr es Geschichte enthält, umso mehr bedarf das Verständnis des Systems deren Aufklärung.

Zwei Bedingungen der Geschichtlichkeit

Worauf es mir nun ankommt, ist, zu zeigen, daß die Parlamente der Teile wie das Wachsen der Reihen von Bifurkationen hinsichtlich eines jeden Systems von zwei Seiten kommen. Erinnert man sich unserer Beispiele Lido-Flugmuskel-Stephansdom (in Abb. 11, Seite 72), so erkennt man sogleich ihre Geschichtlichkeit. Und nun ist es von Interesse, daß die Geschichte der Materialbedingungen (von ›unten‹) eine völlig andere ist als die Geschichte (von ›oben‹) der Auswahl- oder Form-Bedingungen.

Von der Seite der Materialien geht es stets um die Disponibilität oder Verfügbarkeit von Bauteilen zum jeweiligen Obersystem; und darum, in welcher Weise sich diese Bauteile vertragen oder vereinigen lassen. Wir können auch sagen, welche neuen Systeme und Systemeigenschaften sie nach ihren Binnenbedingungen im Prinzip gemeinsam bilden könnten. Von der Seite der Formbestimmung geht es um die Auswahl unter den Möglichkeiten, welche die verfügbaren Materialien zusammensetzen könnten; darum, welche von diesen und in welcher Form sie Bestand haben können. Genauer: nach den Auswahlgesetzen entscheidet es sich, welche Materialformen längeren Bestand haben und daher übrigbleiben.

Gewöhnlich reicht unsere Phantasie kaum aus, um uns vorzustellen, was aus den einzelnen Materialien eines Systems hätte alles werden können. Wir werden später (man vergleiche Abb. 23, Seite 113) eine solche Kette von Möglichkeiten verfolgen. Hier will ich nur auf unsere Lido-Flugmuskel-Stephansdom-Beispiele zurückkommen und auch an diesen lediglich deren unmittelbarste Nachbarbedingungen hinsichtlich Disposition und Auswahl beleuchten.

Zum Lido: Was hätte das Flußgeschiebe nicht alles vermocht. Es hätte im Karstgestein Höhlen zu unterirdischen Flüssen bohren können, es hätte Baumstämme zu Haufen türmen können. Das Obersystem der Po-Ebene hat aber nur Sand- und Ton-Transport zugelassen. Dagegen hätte der Lido Molen-Blöcke und wenigstens etwas Gold-Sand gebrauchen können. Zu beidem aber war das Geschiebe nicht disponiert. Und was hätte nicht die Sediment-Sortierung alles vermocht. Hinter dem Lido häuft sie grundlosen Schlamm, drüben in Dalmatien Block- und Geröllstrände. Aber das Obersystem der Brandungs-Bedingungen vor dem Lido hat auf Sand entschieden. Dagegen hätte der Lido die bunten Muscheln der Tropen verdient und vielmehr noch den Abtransport des Gerümpels unserer Plastik-Zivilisation. Zu beidem ist die Brandung am Lido aber nicht fähig. Kurz: Flußgeschiebe und Sedimentsortierung folgen von oben wie unten völlig anderen Gesetzen ihrer Geschichte.

Zum Flugmuskel: Fasern hätten Arterien einhüllen oder Haare (zur ›Gänsehaut‹) aufrichten können. Erst der Muskel hat sie zu massiger, paralleler Packung organisiert. Ohne das schwere Gewebswasser und ohne Energieverbrauch hätten die Fasern dem Flieger noch mehr genützt. Das aber konnten sie nicht. Der Flügel wieder hätte der eines Sturmvogels oder dagegen ganz reduziert sein können. Beides hat das Hühnerleben nicht zugelassen. Dagegen hätte das alte Huhn den Flügel besser abwerfbar gehabt (wie bei den Ameisen), das junge dagegen doppelt (wie bei den Libellen). Beides war jedoch in der Geschichte des Vogelflügels nicht disponierbar.

Zum Stephansdom: Mittelalterliche Steinschnitt-Technik war auch für Pflasterung wie für Bastionen gut. Der Dombau war ihm keineswegs in der (vorchristlichen) Wiege gesungen. Dagegen hätten der Haltbarkeit des Domes Imprägnationen und Schutz gegen Luftverschmutzung gut getan. Dazu aber waren die gotischen Steinmetze nicht ›disponiert‹. Und was Meister WENZEL betrifft, er hätte auch einen Tempel oder eine Moschee gebaut; nur, seine christliche Welt wählte anders. Dagegen hätte ihm (nicht dem Dom!) Betonguß und Stahlkonstruktion gut getan, was aber die Baugeschichte bis ins Mittelalter nicht vorgesehen hatte. Kurz: Wahl wie Disposition bleiben ebenso zweierlei wie die Bedingungen, die von unten und von oben ein System bestimmen.

Der Teil und das Ganze

Wenn es nun so ist, wie hier behauptet, daß jedes mögliche Ensemble, jeder disponierbare Zusammenschluß von Untersystemen zu einem System, stets Auswahlbedingungen unterliegt; und wenn es stimmt, daß solcherlei Selektion stets wieder von einem Obersystem auf das System wirkt; dann müßte es vor jeglichem System in dieser Welt, gleich welcher Schichte, schon im voraus sein Obersystem gegeben haben.

Tatsächlich ist dies so. Alle Differenzierung in dieser Welt entsteht durch Einschübe zwischen untergeordneten Teilen und einem jeweils übergeordneten Ganzen. Ich weiß nun, daß dies unserer eigenen Disposition, diese Welt zu deuten, nicht entspricht; ihr fast zuwiderläuft. Denn, geben wir es zu, stets machen wir erst aus Ton die Ziegel und erst dann aus diesen Häuser. Und nicht eine Stadt macht Häuser, sondern immer machen Häuser eine Stadt. Um also, wie wir sagen: die Kirche im Dorf zu lassen, habe ich auch (wie in Abb. 9, Seite 68) unseren eigenen Ansatz zunächst auf unsere Anschauungsformen vereinfacht.

Nun aber ist der Zusammenhang zu komplettieren. Und man wird das Prinzip sofort wahrnehmen mit der Feststellung, daß noch nie ein Organ ohne einen Organismus, ein Wort ohne Sprache oder selbst ein Ziegel ohne eine Bau-Absicht entstanden ist. In diesem Mittelbereich unserer Erfahrungswelt wird man an der stets vorausgegebenen, selektiven Wirkung von Obersystemen nicht zweifeln. Im ganzen aber verlangt die Einsicht in den Gesamtzusammenhang einiger Umsicht.

Schon der Ansatz zum ›ersten Ganzen‹ dieses Kosmos (Abb. 13) hat für unsere Vorstellungskraft etwas Verwirrendes. Die Gesetze der Physik legen uns die Erwartung auf, daß der frühe Kosmos nicht in einem vorgegebenen Raum entstand, sondern im ›Nichts‹, und sich mit seiner Ausdehnung diesen Raum erst selbst geschaffen hat; Raum und Energie, Gravitation und Expansion, oder das Ganze und seine Teile, waren zu Anfang dasselbe. Erst später trennen sie sich in so

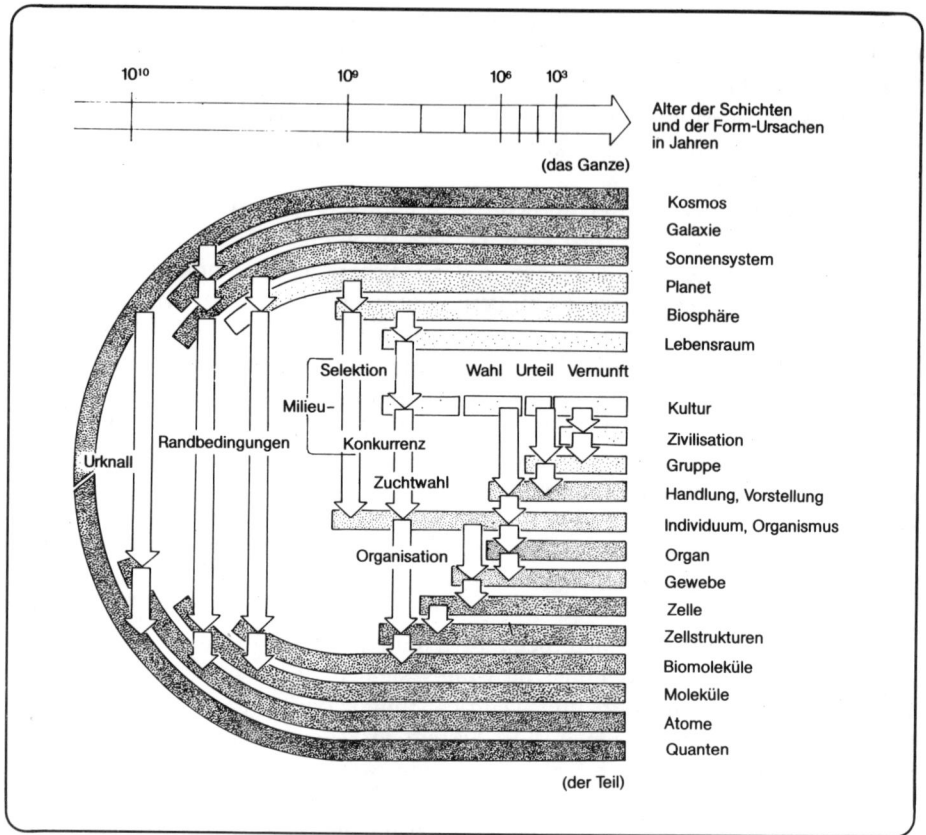

Abb. 13. *Schema der Entwicklung der Form-Ursachen.* Die Differenzierung des Kosmos, wie der Biosphäre und der Organismen entsteht durch neue Einschübe stets zwischen dem Teil und dem Ganzen. Und der Teil wie das Ganze gehen auseinander hervor. Die Länge der Pfeile ist bedeutungslos (und nur eine Konsequenz der Graphik), ihre Reihenfolge ist auf den Zeitablauf bezogen (die Material-Ursachen liefen den Formursachen entgegen; nach R. RIEDL 1978/79).

vielfältige Schichten, daß unsere dazwischenstehende Kreatur zwei Blickrichtungen gewonnen hat, die uns wie eine Polarität um unser Sein begleiten.[48]

Mit der ersten Trennung waren die Quanten die größten der möglichen Teile und das Gravitationsfeld des Raumes das Ganze. Die schweren Quanten fingen dann die leichten ein, die Temperatur des Ganzen lieh der so entstandenen Materie zunächst nur als Wasserstoff Beständigkeit und erst in der Strahlungszeit auch als Helium. Die Materiewolken jagten auseinander und die Unregelmäßigkeiten im ganzen Gravitationsfeld zogen sie großteils zu Galaxien zusammen. Die Materie, noch immer fast ausschließlich Wasserstoff, war zur Synthese zahlreicher Elemente

---

[48] Ich benötige diesen, wohl ferneliegenden Ansatz nicht als Bedingung der folgenden Ableitung. Es kommt mir mehr darauf an, auch in diesem Zusammenhang auf die Grenzen unserer Vorstellung aufmerksam zu machen. Denn zu leicht könnte man mit dem Grad des Vorstellbaren den Grad der Realität einer Sache bemessen wollen. In der Sache selbst scheinen sich die Physiker einig (man vergleiche S. WEINBERG 1977 und die dort angegebene, weiterführende Literatur).

disponiert; die wieder steigenden Temperaturen im Gedränge des Ganzen, nun der Protosonnen, förderten die Kern-Umwandlung. Die Randwirbel der Protosonnen kondensierten zu den Protoplaneten und jedes Sonnensystem selegierte die in ihm beständigen Planeten. Die neue Abkühlung läßt die Zahl der Elemente wachsen, die Konstellation des neuen ›Sub-Ganzen‹, des Planeten, bestimmt die Zustände von Kern, Kruste und Atmosphäre. Die Elemente erweisen sich zur Bildung zahlreicher Arten von Molekülen disponiert, das Wechselspiel des Ganzen von Atmosphäre und Umwelt läßt das Entstehen einiger Biomoleküle zu, eine Proto-Biosphäre entsteht.

Manche Moleküle erweisen sich nun als Informations-Träger disponiert, die Proto-Biosphäre wählt unter ihnen einige wenige Ribonukleinsäuren, in Kombination mit Proteinen, als die erfolgreichsten. So entsteht zwischen der Biosphäre und ihren Molekülen das nächste Hauptsystem, wieder als ein Einschub, das Leben. In ihm sind nun die Populationen der Individuen das Ganze, die Biomoleküle ihre Teile. Diese Biomoleküle sind nun schon zu zahllosen Synthesen disponiert und die Arten selegieren aus diesen ihre Zellstrukturen, wie sie selbst von der neuen Biosphäre ausgelesen werden. Die Zellen sind darauf zu Zellstaaten synthetisierbar, die Arten selegieren aus ihnen diejenigen Gewebe, die wieder den Bestand der Arten fördern. Die Gewebe machen eine Vielzahl von Organen möglich, die Arten wählen die erfolgreichsten.[49]

Nun begannen aber schon, in einer dritten Hauptschichte, zunächst zwischen den Teilen der organischen Ausstattungen und dem Ganzen der Populationen der Arten, die Individuen ihre Partner zu wählen; die natürliche Zuchtwahl ist entstanden. Mit der Differenzierung der Sinne aber werden nun in dieser Hauptschichte die Individuen die Teile und erweisen sich zu vielfältigsten Funktionen disponiert, die Populationen dagegen selegieren aus den Gruppierungen die Beständigsten. Und sobald aus den Populationen Kulturen geworden sind, bilden die Gruppen die neuen Teilsysteme und die Kulturen entscheiden über die Beständigkeit der möglichen Professionen und Stände, zuletzt über Paradigmen und Ideologien.

Im zeitlichen Ablauf stellt sich dies wie eine Doppelpyramide dar, in spiegelbildlicher Lage, deren Basen, voneinander abgewendet, die eine die Teile, die andere das Ganze enthaltend. Und ihre Aufbauten schieben sich zwischen diese; stets mit zweiseitigen Ursachen und Vorbedingungen, zweierlei Formen von Disposition und Auswahl, mit zweierlei Wegen ihrer Geschichte. Und zwischen den jeweiligen Teilen und dem jeweiligen Ganzen entsteht immer mehr Information, Organisation, Ordnung und Erkenntnis, immer ferner vom Chaos oder thermodynamischen Äquilibrium.[50]

---

[49] Natürlich ist dies eine, der Kürze wegen vereinfachte Sprechweise. Denn selbstredend wählen die Arten nicht ihre erfolgreichsten Organe. Ich hätte in jedem der Fälle sagen müssen: unter allen Mutanten, welche zu einer Synthese von Bauteilen führten, sind unter den Bedingungen von Ökonomie und Konkurrenz zumeist die Träger der erfolgreichsten Synthesen zur Vermehrung ihres Erbgutes gelangt. Es liegt keine Teleologie vor, kein vorgegebenes Ziel; vielmehr Teleonomie, das Entstehen von (erfolgreichen) Programmen.

[50] Heute ist aus der Thermodynamik mit der ›Nichtäquilibrium-Thermodynamik‹ der offenen Systeme fern von den Gleichgewichts-Zuständen, erst die rechte Dynamik entstanden, die uns die alte Thermodynamik wie eine Thermostatik erscheinen läßt (Literatur und Übersicht z. B. in H. HAKEN 1978, E. JANTSCH 1979, I. PRIGOGINE 1979). Eines der heute interessantesten Gebiete, dem wir hier nicht folgen, aber aus ihm Nutzen ziehen dürfen.

Inmitten dieser Doppelpyramide aber entstand noch eine vierte Hauptschichte; mit unserem Bewußtsein. Wieder disponiert durch unser komplexes Gehirn und ausgewählt durch seinen Erfolg für unsere Art in ihrem Milieu. Wir Individuen waren, als die Teile, zum Sprechen disponiert und zum Vorstellen; unsere Kultur, als das Ganze, selegierte die Sprache und die Weltvorstellung — die Grundlage, auf welcher wir auch entlang dieser Zeilen kommunizieren. Dabei entwickeln unsere Vorstellungen, nun als die Teile, eine Fülle des Denkbaren und das Ganze in uns, das wir als unsere Vernunft erleben, wählt das, was wir nun selbst für das möglich Beständige halten.

Die Anschauungsformen von den Ursachen

Sollte es mir gelungen sein, den Leser von den Symmetrien der Bedingungen zu überzeugen, nach welchen sich der hierarchische Bau dieser Welt entwickelt, dann können wir wieder zu den Formen unserer Anschauung zurückkehren. Freilich habe ich schon jenen Weltenbau aus der Perspektive meines Lösungsvorschlages betrachtet. Und doch versuchte ich, mit Argumenten der reinen Plausibilität auszukommen. Denn nun soll jenem plausiblen Bild das unserer erblichen Anschauungsformen gegenübergesetzt werden: Mit der Absicht, die Arten wie die Mängel der Übereinstimmung zwischen den beiden darzulegen.

Da es uns um ein Urteil über unsere Weise geht, diese Welt zu erklären und zu verstehen, werden es unter unseren angeborenen Lehrmeistern jene Anleitungen sein, welche uns eine Anschauung von den Ursachen und Zwecken geben. Dies sind die Formen der Kausalität.

Was nun Ursachen ›eigentlich‹ wären, das ist ein Problem, welches wieder unsere ganze Geistesgeschichte durchzieht. Noch beruhigend war die Vorstellung der Antike, daß sie reale Dinge dieser Welt wären; daß die Ursache die Wirkung so nach sich zöge wie die Schuld die Sühne. Aber schon die Skeptiker zweifelten und über Sextus Empiricus und Algazel reicht eine Tradition in die Neuzeit, welche sowohl die logische Begründbarkeit als auch den Wirklichkeitsgehalt der Kausalität in Frage stellt. Wiewohl die Rationalisten, Spinoza wie Leibniz, Kausalität wieder als die logische Beziehung von Grund und Folge verstanden hatten.[51]

Die Wende in die Neuzeit kam erst mit David Hume, der endgültig nachwies, daß man von Einzeldaten auf eine allgemeine Regel logisch nicht schließen kann; und daß man außerdem der Natur selbst nur ein ›Wenn-dann‹ entnehmen kann, das ›Weil‹ aber stets erst in sie hineintragen muß. Damit fallen das logische wie das Realitätsargument zusammen. Kant war davon beeindruckt und zählte, man erinnert sich, die Kausalität wie die Finalität zu den *Apriori*, welche unserer Vernunft wie unserer Urteilskraft vorgegeben sein müssen. Für Hume hingegen

---

[51] Sextus, Grieche (um 200 n. Chr.), wegen seiner Haltung auch Empiricus genannt, dürfte in Alexandria und Rom gewirkt haben. Seine Argumente gehen bis auf Pyrrhon (ins 3. u. 4. Jahrh. v. Chr.) zurück. Algazel, auch al Ghasali (1059–1111), gilt als bedeutender Philosoph des Islam (Bagdad). Ihm kam es darauf an, das islamische Dogma von griechischer Philosophie zu trennen.

waren sie nichts als ›ein Bedürfnis der Seele‹. Und seither, sagt WOLFGANG
STEGMÜLLER sehr zu Recht: »Die Tragweite und Wucht des HUMEschen Argu-
ments ist immer und immer wieder unterschätzt worden.«[52]

In der modernen Literatur ist dies das uns schon bekannte HUME-KANT-
POPPERsche Induktionsproblem, mit der Einsicht, daß aus beobachteten Fällen
logisch zwingend nicht auf die zu erwartenden Fälle geschlossen werden kann. Ein
wahrheits-erweiternder Schluß ist also nicht möglich. Nach unserem evolutionistischen Standpunkt handelt es sich aber um keinen Schluß, sondern um eine
angeborene Erwartung, die man gleichgut ein *Apriori* für jedes Individuum nennen
kann oder ein Bedürfnis der Seele.

Erwartung und bestätigte Prognose

Was immer an Aufbau- und Betriebs-Anleitung im genetischen Gedächtnis der
Organismen verankert wurde, das beruht auf dem Lebenserfolg möglicher Prognostik. So, wie der Bau und Betrieb unseres Auges etwas wie eine ›Erwartung‹ enthält,
mit ihm etwas sehen zu können, heute wie auch morgen, so bauen auch unsere
erblichen Anschauungsformen auf dem Erfolg, mit ihrer Hilfe die lebenswichtig-
sten Grundeigenschaften dieser Welt zumeist richtig deuten zu können.

Sie sind, wie schon gezeigt, durch den Lernprozeß des Keim-Materials über eine
lange Serie unseren Vorfahren, also *a posteriori,* ihrer Welt extrahiert und dem
Individuum *a priori* unverlierbar eingebaut. Wir verstehen daraus auch die ›Isomorphie‹, die Übereinstimmung von Denkanleitung und Natur; die Frage, wie es
kommt, daß sich diese Welt von uns denken läßt. — Was nun unsere Erwartung
betrifft, in dieser Welt mit Ursachen und Folgen zu rechnen, so beruht das eben auf
der in dieser Natur zumeist nicht beliebigen Abfolge ihrer Ereignisse. Nicht zu
Unrecht erwarten wir, daß ein ins Wasser geworfener Stein untergehen werde (und
finden uns durch das Wiederauftauchen eines Bims-Steines nicht widerlegt, sondern nur belehrt).

Wie diese Welt wirklich ist, das kann dieser hypothetischen Erwartung nicht
abverlangt werden. Das ›So-Sein‹ der philosophischen Spekulation wird nicht
berührt. Nur, daß diese Welt ungefähr so sein werde, wie dies unsere Prognosen
fortgesetzt bestätigen, das müssen wir annehmen. Das Leben ist in diesem Sinne
›hypothetischer Realist‹. Ein schwacher Realitätsstandpunkt, sagen manche Philosophen. Eine Ansicht, die ich nicht teilen kann. Denn seit dreieinhalb Jahrmillar-
den hat dieser Standpunkt so weit dieser Welt entsprochen, daß wir noch immer
hier sind, um über die Realität der Welt zu debattieren. Dementgegen scheint mir
das nun zweitausendjährige Spekulieren über die Realität der Welt nicht viel
gebracht zu haben.

Daß Tiere nach Ursachen- und Zweckbezügen handeln, das liegt auf der Hand.
Schon die einfachsten Phobien und Taxien der Einzeller sind nicht nur bewirkte

---

[52] Der Natur läßt sich, beweist D. HUME (1748), nur das *post hoc,* das Nacheinander, entnehmen, nicht das *propter hoc,* das Weil. I. KANT reagierte darauf mit seinen kritischen Schriften (1781 und 1790). Das Zitat ist aus W. STEGMÜLLER (1971, Seite 18).

Verhaltensweisen auf im Milieu gegebene Ursachen, es sind höchst zweckvolle, weil lebenserhaltende, also teleonome Programme. Die Instinkte können sogar schon bei Fischen ganze Hierarchien von Wenn-dann-Beziehungen entwickeln.[53]

Eine andere Frage ist es, ab wann Tiere sich der Wirkungen und Zwecke ihrer Handlungen bewußt werden. Dies hängt nun freilich mit dem Werden des Bewußtseins zusammen und erfolgt stammesgeschichtlich entsprechend spät. Sobald aber Frühformen bewußten Handelns bei Säugetieren nachweislich werden, ist auch das Entscheidungsfinden nach Ursachen und Zwecken im gedachten Raume unbestreitbar. Und was in diesem Zusammenhange den Laien überraschen mag, ist für den Verhaltensforscher fast eine Trivialität. Denn der Übergang von den erblichen zu den bewußt werdenden Ursache-Zweck-Handlungen ist völlig gleitend. Die bewußt werdenden Handlungen sind nämlich schon durch die nicht bewußten, wenn nicht direkt angeleitet, so doch längst vorbereitet. Erstaunlicher ist schon, daß Schimpansen, wenn man mit ihnen über erlernte Plastik-Begriffs-Symbole ins ›Gespräch‹ kommt, die Wenn-dann-Beziehung sogar zu formulieren verstehen.[54]

Und daß die Begrifflichkeit der Zwecke, bereits in den frühesten Dokumenten des Menschen, sogar schon auf metaphysische Vorstellungen hinweist, das haben wir schon (in Teil 1) besprochen.

Vier Formen der Ursachen-Vorstellung

hat bereits ARISTOTELES unterschieden. Und da es bislang niemandem gelungen ist, sie besser zu unterscheiden, soll dieser Rückblick auch gleich unser Ansatz sein. Und mehr noch: da man ARISTOTELES falsch interpretierte (zurechtinterpretierte), zwei der Formen überging, jeweils nur eine anerkannte oder das Ganze vergessen hat, sei dies nun genauer betrachtet.

In der ›Ältesten Metaphysik‹ sagt ARISTOTELES: »Erst dann können wir sagen, daß wir etwas verstehen, wenn wir die erste Ursache zu kennen glauben. Von Ursachen aber redet man in vielfachem Sinn: erstens bezeichnen wir als Ursache die Substanz...; zweitens die Materie und das Substrat; drittens das, was den Anfang der Bewegung veranlaßt; viertens die dieser entgegengesetzte Ursache: den Zweck...«. Im 5. Buch der ›Metaphysik‹ wird das noch klarer. Ich will es am Beispiel des Hausbauens explizieren.

Um ein Haus zu bauen, bedarf es der Kräfte, der *causa efficiens*; nach ARISTO-TELES »in dem Sinne, daß von ihnen der Anfang der Bewegung oder Ruhe ausgeht«; eine Antriebs- oder Wirk-Ursache, Energie, Arbeit oder Kapital im Sinne

---

[53] Phobien sind Vermeide-Reaktionen, sich beispielsweise von der Berührung mit einem giftigen Stoff oder einem Feind sofort zurückzuziehen. Dies kennt man schon von Amöben. Die Taxien dagegen steuern einen Organismus bereits einem Ziel, einen Einzeller etwa dem Licht, entgegen; was schon einer weiteren Orientierung bedarf (man orientiert sich am besten in K. LORENZ 1978). Die Instinkt-Hierarchie bei Fischen ist beispielsweise gut vom Stichling bekannt.

[54] Eine vorzügliche Übersicht der Entwicklung dieser Leistungen findet man in B. RENSCH 1973. Es zeigt sich, daß Schimpansen sogar lange Serien von Wenn-dann-Aufgaben meistern. Und im ›Gespräch‹ antwortet die Schimpansin ›Sarah‹ ihrer Pflegerin ›Mary‹ auf den Hinweis: »Sarah Banane nimmt wenn-dann Mary nicht Schokolade gibt Sarah«, mit der Antwort: »Sarah Apfel nimmt wenn-dann Mary Schokolade gibt Sarah«. Vgl. auch D. PREMACK 1971 und A. RIOPELLE 1972, sowie R. RIEDEL 1980.

unserer Tage. Das englische ›power‹ übersetzt den Begriff am besten. Aber durch Kräfte allein kam noch nie ein Haus zustande. Es bedarf weiters der Materialien, der *causa materialis*, diese als Ursachen »insofern sie das sind, woraus etwas wird, und hierbei ist nun das eine Glied Ursache, als das Substrat *(hypokeimenon)* zum Beispiel der Teile«. Das sind im heutigen Sinne: Materie, Bausteine, Bauelemente und Kompartments; schon damals »der Stoff für das daraus Gefertigte«. Aber auch die Fülle von Arbeit und Material hat allein noch nie ein Haus entstehen lassen. Es bedarf immer beides einer Auswahl und Lenkung, um aus allen möglichen (und unmöglichen) Kräften und Materialien, seien dies Spinnweben, Spielkarten oder Backsteine, die geeigneten zu wählen und richtig zuzuordnen; um Mauer- und Dachziegel, Fenster- und Dachbalken zu sortieren und ihnen die rechte Lage vorzuschreiben. Dies ist die *causa formalis,* »das ›Wesens-was‹ *(tò ti en einai)*, nämlich die Ganzheit und die Zusammensetzung der Form.« Dies ist in unserem Beispiel der Bauplan, das Konzept, die Konstruktion, der funktionelle Zusammenhang. Erst ein solcher Plan bestimmt vom Ganzen her Wahl, Lage und Funktion der Teile.

Aber selbst Kapital, Material und Bauplan haben alleine noch nie ein Haus entstehen lassen; nicht einmal irrtümlicherweise. Denn selbst in diesem Falle bedarf es irgend jemandes Absicht oder doch der Meinung, daß irgendjemand, zu welchem Zweck auch immer, ein Haus wollte. Es bedarf eben auch einer *causa finalis,* einer Absicht, eines Zwecks oder Zieles; irgendeines in einem Wesen, in einer Kette von Notwendigkeiten gegebenen Programmes, Wunsches oder Endzustandes. »Ursache als Zweck« versteht ARISTOTELES »als dasjenige, um dessentwillen etwas geschieht; in diesem Sinne ist die Gesundheit Ursache des Spazierengehens. Denn auf die Frage, weshalb jemand spazieren geht, antworten wir: um gesund zu werden...«[55]

Symmetrien in unserer Anschauung

So einleuchtend die vier Ursachenformen auch sein mögen, es drängt sich die Frage auf: Warum enthält diese Welt, oder aber unsere Vorstellung, verschiedenerlei Ursachen, und warum gerade vier? Es ist nun interessant, daß schon ARISTOTELES Symmetrien zwischen ihnen aufgefallen waren. So stellt er die *causa materialis* und *formalis* als ›innere Ursachen‹ den ›äußeren Ursachen‹, *causa efficiens* und *finalis* gegenüber. Wir werden diese Symmetrie auch nach dem heutigen Stand der Wissenschaften bestätigt finden. Material- und Formursachen werden sich als die unmittelbarsten erweisen; in dem Sinne, als sie in ihrer Wirkungsweise das betrachtete System tatsächlich kaum verlassen. Bezogen auf den Schichtenbau der Welt, werden wir genauer sagen können: sie gehen als (variable) Ursachen lediglich von den beiden direkt benachbarten Ober- und Untersystemen aus. Mit anderen Worten: Material- und Formursache werden wir von Schicht zu Schicht mit veränderter Wirkungsweise finden.

[55] Die Zitate stammen aus ARISTOTELES' ›Älteste Metaphysik‹ A 1–3, Seite 980 a, Zeile 11, bis Seite 983 b, Zeile 3, sowie aus dem Buch der ›Metaphysik‹, Seite 1013 b, Zeile 17–29 (wie üblich angegeben nach der Seiten- und Zeilenzählung der Akademie-Ausgabe von J. BEKKER 1831–70. Man vergleiche auch ARISTOTELES, Ausgabe 1977, Seite 43. Unter ›Metaphysik‹ sind bekanntlich jene Werke zu verstehen, die ihr erster Sammler, ANDRONIKOS VON RHODOS (Mitte des 1. vorchr. Jahrh.), zufällig der Physik hintanreihte.

Das ist mit der Antriebs- und Zweckursache tatsächlich ganz anders. Sie reichen beide, nach der Art, wie sie uns unsere Anschauungsformen vorstellen, unverändert durch den ganzen Schichtenbau und damit tatsächlich von ›außen hindurch‹. Auch der Umstand, daß wir für das Gleichbleibende, Universelle in der Natur, die Antriebe und Zwecke, ein erbliches Programm, die Dinge anzuschauen, besitzen, bestätigt jene Einsicht. Denn für die Sichtweise eines Wechsels des einander Schicht für Schicht ablösenden, von System zu System sich ändernden Erlebnisses, das wir Material- und Formursachen nennen, scheint eine generalisierende Anschauungsform nicht programmierbar.

Eine zweite Symmetrie aber taucht zudem auf. Und sie ist von keiner geringen Bedeutung. Sie wird sichtbar, sobald der Schichtenbau der Systeme dieser Welt klar geworden ist: Form- und Zweckursachen wirken nämlich stets von den Obergegen die Unterschichten; und bei den Antriebs- und Materialursachen ist es gerade umgekehrt.

Befragt man seine ›natürliche Vorstellung‹, so wird man bestätigt finden, daß uns Kräfte und Zwecke als zwei gänzlich getrennte Qualitäten erscheinen. Deutlicher noch, als uns Raum und Zeit als zwei verschiedene Qualitäten erscheinen. Denn nur schwer hält die Vorstellung einer Zeit ohne Raum. Aber zweckloses Wirken von Kräften haben wir immer wieder vor Augen; und nicht minder Zwecke, die mit PS oder Joule wirklich nichts zu tun haben. Vielfach erscheinen uns Kraft und Zweck als einander ausschließende Gegensätze. Und diese Gegensätze sind es im Grunde, die unsere reflektierende Vernunft dazu verleitet haben, unser Weltbild zu spalten; in ein kausalistisches und ein finalistisches. Wobei das Kausalbild noch durch materialistische und empiristische Doktrinen unterstützt wurde, das Finalbild durch idealistische und rationalistische. Wir haben das schon in Teil 1 dargelegt.

Hier also sind wir am Kern der Sache, an jenem Ort, wo der Keil der Spaltung immer noch ansetzt. Und es ist interessant, wie gering der Ort des Irrtums sein kann, wird er nur auf den ganzen Hintergrund der Verwirrung unserer Geistesgeschichte projiziert, um heute noch die Geister zu verwirren. Der Gegensatz von Kausalität und Finalität wird nämlich noch durch die Irrmeinung angeführt, daß die Zwecke, im Gegensatz zu den Kräften, von der Zukunft aus in die Gegenwart wirkten. Wir werden dies als einen Irrtum nochmals nachweisen.

Aber im Umgang der Philosophen mit solchen Dingen dieser Welt scheint es nichts zu bedeuten, daß mancher Ansicht alle Erfahrung widerspricht. Denn nimmt man Wirkungen aus der Zukunft an, dann folgert eindeutig eine zweckgerichtete Weltordnung und als des Lebens Sinn, »die immanente teleologische Verfaßtheit des ganzen Kosmos nicht nur mitzuvollziehen, sondern als denkende Teilhabe am Göttlichen selbst zu begreifen.«[56]

---

[56] Das Zitat ist aus R. Spaemann und R. Löw (1981, Seite 75), ein platonischer Gedanke, der wieder mit Aristoteles verknüpft wird. Die Autoren haben die Aufdeckung der irrigen Aristoteles-Interpretationen durch W. Kullmann (1979) nicht berücksichtigt. Und was ihre ›Wiederentdeckung des teleologischen Denkens‹ in der Biologie betrifft, so sagen sie immer genau das Gegenteil von dem, stellte Konrad Lorenz unlängst fest, wie wir es gemeint haben (am 24. 2. 1983 im ›Altenberger Kreis‹). Es ist wieder Platonismus oder Mythologie, welche zu solcherlei ›Entdeckung‹ verleiten (vgl. dazu W. Stegmüller 1983, Band I, Seiten 646 und 767–768; sowie S. Toulmin 1981).

Da schafft zuerst nichts als unsere Ratlosigkeit die Götter. Kaum sind sie vereinbart, trachtet man sich mit ihnen gutzustellen; und so wandeln sie sich von Ungeheuern zu liebenden Vätern. Und kaum hat man sie dort, läßt sich's finden, daß wir gottähnlich, ihnen gleich sind. Welch ein wunderbares Szenarium! — Betrachten wir also nun die vier Formen der Ursachen im einzelnen.

Die Antriebs-Ursache

Kraft, Macht (power), Arbeit oder Leistung sind elementare Erlebnis-Inhalte. Der mächtige *Bizeps* des Gegners, die ›Faust im Nacken‹, sind so ehrwürdige wie unzweideutige ›Argumente‹. Und kaum weniger überzeugend ist uns die eigene Faust oder das Schreiten in mächtiger Phalanx. Dies Erleben eigener und fremder Kraftentfaltung ist so unmittelbar, daß alle Kosmogonien sie in ihren Demiurgen und Göttern zu den phantastischsten Wirkungen führen; so wichtig, daß alle höheren Organismen, einschließlich des Menschen, von Übungsprogrammen geleitet werden, um die Reichweite ihrer Kräfte zu messen, von Olympia bis zur Wirtshaus-Rauferei, von galanten Turnieren bis zur vermeintlichen ›Sicherheit aus Stärke‹. Das Erlebnis ist so elementar, daß auch die moderne Physik den Begriff weiterführt, ihn selbst auf Quanten anwendet, obwohl er von unserem *Bizeps* stammt.

Freilich hat sich's gezeigt, daß die Kräfte des *Musculus biceps brachii* auf seine Fasern zurückgeführt werden können, deren Riesenmoleküle, deren chemische Bindungskräfte, also letztlich doch auf die Kräfte der Quanten; wie in anderer Richtung die Kräfte jenes Muskels am Handwerk des ganzen Menschen beteiligt sind, der Gruppe und Gesellschaft, am Nationalprodukt und aller Wertschöpfung der Menschheit (Abb. 14). So reicht der Kräftebegriff eben tatsächlich und kontinuierlich von den Quanten über Arbeitskraft, Macht und Mittel bis zu Kapital und Rüstung; und sie alle können in ihrer steten Wirkrichtung von den Unter- gegen die Oberschichten in einheitlichen Maßen quantifiziert werden.

Was den Ursprung der Kräfte betrifft, so stehen wir freilich seit jeher vor einem Rätsel. Soll die Kette ihrer Weitergabe irgendwo einen Anfang haben, so muß es einer sein, der nicht selbst wieder Kräfte für seine Kraft benötigt. Die Antike erdachte zum Zweck dieser Lösung den ›unbewegten Beweger‹. Heute steht für ihn die Theorie des Urknalls an gleicher Stelle.

Kurz: was die *causa efficiens,* die Kraft der Antriebe, betrifft, so ist uns ein helles, vereinheitlichendes Sinnesfenster appliziert, das, unbeschadet aller Unterschiede der Schichten, die Sache als dieselbe betrachtet. Dies hat schon THEOPHRAST, Schüler ARISTOTELES', betont: »Die Wissenschaft habe es nicht mit Zweck-, sondern mit Wirk-Ursachen zu tun. Der Wissenschaftler sollte Naturvorgänge an Hand von Prozessen erklären, die man in den mechanischen Künsten beobachte.«[57]

---

[57] THEOPHRASTOS (371–287), eigentlich TYRTAMOS, griff bis auf vorsokratische Vorstellungen zurück und vermittelte hauptsächlich die aristotelischen Lehren an die Stoa. Das Zitat stammt aus F. WUKETITS (1981, Seite 22), welcher in der vorliegenden Buchserie eben die biologischen Ansätze zum Ursachenverständnis historisch wie erkenntnistheoretisch übersichtlich darstellt.

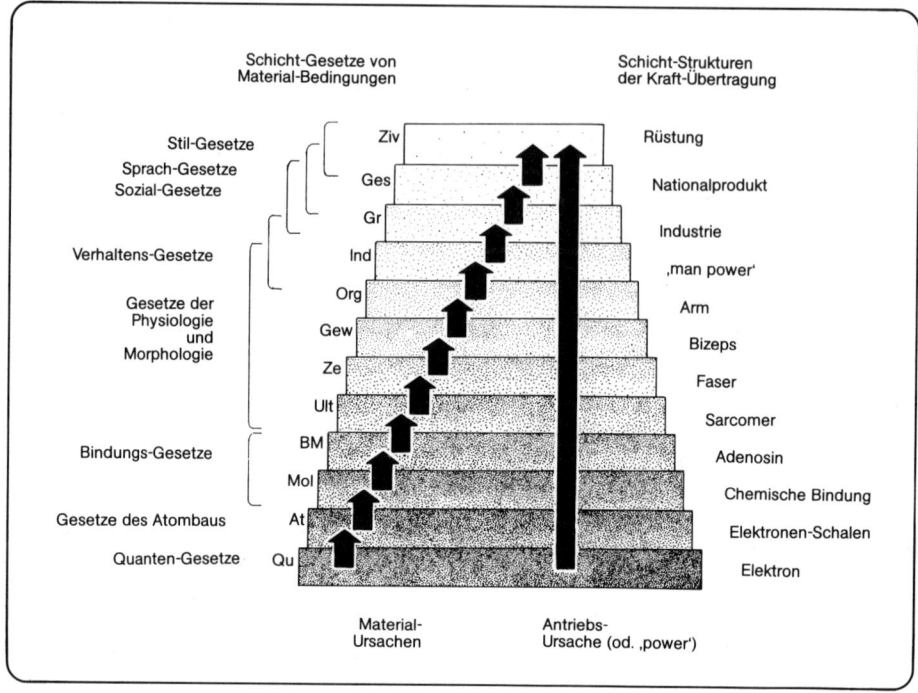

Abb. 14. *Die Antriebs-Ursache und die Material-Ursachen* in ihrer Lage zum Schichtenbau. Die Material-Ursachen wechseln von Schicht zu Schicht; hier in summarischen Gruppen angeschrieben. Die Antriebsursache, die Kraft, zieht hingegen gleichmäßig durch die Schichten. Nur die jeweiligen Obersysteme der Kraft-Übertragung wechseln (und auch die Namen der Kraft, vgl. Abb. 24, ändern sich).

Aber erst durch GALILEI ist dieses Handwerk zum Paradigma der Naturwissenschaft geworden, gefördert durch seine quantifizierbarsten Größen, und regiert heute alle ›erfolgreiche Zivilisation‹. Dieses Paradigma hat die anderen Anschauungsformen aus den ›exakten Wissenschaften‹ verdrängt und sucht sie nun ganz ins Reich des Obskurantismus zu verweisen.

Die Material-Ursachen

Viel bescheidener ist der Weg, den die Einsicht in die Materialursachen genommen hat. Wir haben auch keine generelle Anschauungsform von ihnen, dafür aber einen vorzüglich operierenden Apparat der Begriffsbildung, der uns schon im Vorbewußten die Schichtbausteine dieser Welt wohl sortiert und auseinanderhält. Wir haben keine Schwierigkeit, Atom und Moleküle, Organ und Organismus zu unterscheiden, Wort und Satz, und Haus und Stadt. Und die Gelehrsamkeit hat sogar die Wissenschaften nach den Materialien dieser Schichten auseinandergetrennt. So folgt denn auf Physik Chemie und Biochemie, daraus Schicht auf Schicht Zytologie, Histologie, Anatomie und Systematik, Populationsforschung, Tiersoziologie und Ökologie; beim Menschen noch Neuro-, Individual- und Sozialpsychologie, die Sozial- und darüber die Geisteswissenschaften. Und jedes Fach hat seine Sprache entwickelt; und niemanden nimmt es wunder, daß die Termini der Chemie in der Soziologie keinen Sinn mehr haben und die Termini der Politologen keinen für die Wissenschaft der Anatomen (Abb. 14).

Die Schichten erscheinen der Art unserer Wahrnehmung so definitiv, als ob sie seit jeher getrennt gewesen wären. Und daher wissen wir noch viel zu wenig darüber, wie sich zwischen einem Organismus und seinen Molekülen die Zellen, zwischen Organismen und seinen Geweben die Organe bilden, wie zwischen einer Population und ihren Individuen Familien und Gruppen entstehen, wie es zwischen der Absicht einer Mitteilung und ihren Lauten zu Worten und Sätzen gekommen ist.

Dabei steht außer Frage, daß die Materialien aus den jeweiligen Unterschichten ihre Bedingungen setzen. Und daß diese, Schicht für Schichte, wechseln. Daß der Ton auf Ziegel völlig andere Bedingungen setzt als der Ziegel auf die Wand, die Wand auf das Haus und Häuser auf die Straßenzeile. Was zum völlig Neuen im Werden dieser Welt führt, was Lorenz Fulguration, Jantsch Autopoiese nennt, wurde jüngst erst überhaupt zur Fragestellung. Unsere Kultursprachen besaßen nicht einmal ein Wort dafür; denn Evolution und Schöpfung hat nur ›Auswickeln‹ oder ›Hervorholen‹ des Vorgegebenen zum Inhalt.[58]

Dabei sind die Konsequenzen der Verfügbarkeit von Materialien für alles kommende Werden überall sichtbar. Der Bau eines Windschutzes aus Schnee führt zum Iglu, der aus Tuch zum Zelt. Der Brückenbau aus Quadern führt zum Arkadenbogen, der aus Seilen zur Girlande. Im Bau des Wirbeltierflügels erweist sich das Haarkleid als hinderlich, es muß, wie bei der Fledermaus, reduziert werden. Das Federkleid aber entfaltet sich am Flügel erst recht zu den großen Schwingen. Die Linse des Wirbeltierauges läßt die Fokussierung zu. Die Chitin-Linsen der Insektenaugen haben diese Möglichkeit verpaßt. Oder man denke nur daran, in welche verschiedene Richtung Ton und Papyrus als Schreibgrund die Schriftentwicklung lenkten, wie Stahlbau und Betonguß unsere Welt verändern.

Von einiger Bedeutung ist es für unseren Standpunkt, daß solche, im Material, in den Bauteilen, gelegene Ursachen nun selbst in einfachen physikalischen Systemen entdeckt werden. Wie das Strahlen des Lasers zeigt, einigt sich gewissermaßen das ›Parlament der Moleküle‹ über die Richtung und den Rhythmus der abzugebenden Photonen. So, sagte ja Hermann Haken, wie in einem überfüllten Schwimmbecken, auch ohne Anweisung durch den Bademeister, sich eine gemeinsame Kreisbewegung durchsetzen kann. Auch in den, uns auch schon bekannten, Bénard-Zellen macht es die Flüssigkeit nicht anders. »Sie findet heraus, daß sie die erwärmten Teile viel besser nach oben transportieren kann, wenn sich diese zu einer regelmäßigen Bewegung zusammenfinden.« Und, setzt Haken (1981) fort: »Ist die Wahl getroffen, so müssen alle Teilchen diese Bewegung mitmachen, ob sie

---

[58] Zur Entwicklung der sozialen Verbände im Tierreich: K. Lorenz 1973; zur Differenzierung der Sprache: N. Chomsky 1970, E. Lenneberg 1972, auch F. Klix 1983. Zur Entstehung qualitativ neuer Systeme: K. Lorenz 1973, R. Riedl 1976, E. Jantsch 1979, B. Hassenstein 1979, I. Prigogine u. I. Stengers 1980, H. Haken 1981.

nun wollen oder nicht« (Seite 47 und 49). Die ›Versklavung‹, von der hier die Rede ist, ist auf ›innere Ordner‹ der Teile zurückzuführen.

Nicht anders hat auch die Korngröße eines Strandes eine Wirkung auf die Form der Rippel, welche ihnen die Energie der Brandung appliziert. So ordnen sich Kugeln, die eine achteckige Schachtel füllen, durch die Energie des Schüttelns zu 60gradigen Mustern, Würfel zu 90gradigen. Es entscheidet das ›Parlament der Teile‹. Von wo aber das Ordnen ausgeht, welche Richtung sie nehmen und wo der Einzelteil landen wird, das ist nicht vorherzusehen.

Dies ist nun alles noch recht neu; und bislang sind die Material-Ursachen ein Stiefkind der Wissenschaften geblieben. Man betrachtete die Materialien der Schichten als getrennt gegeben und nicht die Bedingungen, oder überhaupt deren Anwesenheit, die sie zur Synthese der nächstgerangten Ordnung mitbringen. Vielmehr trennte man nach diesen Schichten die Wissenschaften.

Die Form-Ursachen

Jenem Schicksal der Material-Ursachen ist das der Form-Ursachen in unserer Wissenschaftsgeschichte ganz ähnlich. Das ist schon darauf zurückzuführen, daß sich die Form-Ursachen für unsere Wahrnehmung ebenfalls von Schicht zu Schichte ändern und daß uns für diesen Wechsel kein generelles Programm der Anschauung verfügbar wurde. Dafür aber besitzen wir wieder einen schon im Vorbewußten vorzüglich operierenden Apparat, dessen Leistung mit Auswählen, Annehmen und Zurückweisen zu tun hat, was wir als Entscheiden oder Urteilen erleben. Denn es war schon früh von lebenserhaltender Bedeutung, Genießbares und Ungenießbares, Freund und Feind, und später Sinn und Unsinn auseinanderzuhalten.

Charles Darwin hat nun die Wirkung dieses Prinzips an einer besonders dramatischen Stelle aufgedeckt. Nämlich die fortgesetzte Entscheidung des Milieus über Leben und Tod, zum mindesten den genetischen Tod der Individuen und Arten. Daß es sich um ein Prinzip handelt, das alle Schichten dieser Welt durchzieht, dies aber beginnen wir heute erst aufzudecken.

Denn was im Auswahlvorgang bei und nach Darwin unter ›Selektion‹ verstanden wird oder zwischen Partnern ›natürliche Zuchtwahl‹, das heißt im menschlichen Verhalten ›Wahl‹, ›Entscheidung‹, ›Urteil‹ und letztlich ›Vernunft‹. Denn auch diese steht fortgesetzt vor der Entscheidung, unter den vielen Möglichkeiten einer Problemlösung, wie uns diese die Phantasie kombinatorisch liefert, eben jeweils die eine zu wählen, welche wir dann weiterverfolgen.

Aber auch im Anorganischen werden nun solche Wahl-Vorgänge bekannt; und zwar wieder bei den nicht umkehrbaren Prozessen der ›Selbst-Organisation‹. Hier wird nun als Folge von verstärkten Schwankungen wieder von ›Symmetrie-Brüchen‹ gesprochen, von Verzweigungspunkten, Bifurkationen und der ›Wahl‹ zwischen Möglichkeiten. In welches Tal eine Kugel rollen wird, oder auf welchen Hügel, wie Rechenberg (1973) so schön zeigt, eine Population bei steigender Flut hinansteigen wird, das hängt von einer unübersehbaren Zahl der geringsten, nun ›äußerer Ordnungsbedingungen‹, ab. Dies beginnt schon mit der Unregelmäßigkeit

der Gravitationsfelder und der Zufallsverteilung des Zusammenziehens der Galaxien im Kosmos. So wird selbst der physikalische Raum wieder differenziert
aristotelisch.[59]

Aber nochmals sei an den schichtenweisen Wechsel der Form-Ursachen erinnert. In dieser Hinsicht sehen auch viele Biologen die Wirkung der Selektion noch
zu wenig differenziert. Es ist zwar richtig, daß es letzten Endes der Erfolg des
Individuums als Ganzes ist, an welchem die Erfolge all seiner Bauteile, von den
Organen bis zu den Molekülen geprüft werden. Aber die konkrete Bedingung,
welche deren spezielle Ausformung bestimmt, steckt eben nur in ihren jeweils
nächst-übergeordneten Systemen.

Man beachtet nur, ob gewissermaßen eine ganze Mitteilung, ein ganzer Kontext, Erfolg hat. Man beachtet nicht, daß eben erst der Kontext die Wahl und
Anordnung der Sätze, diese jene der Worte und weiter der Silben bestimmen. Man
sah zwar, daß ein falsches Wort den Erfolg des ganzen Kontexts vereiteln kann,
nicht aber, daß der Mißerfolg vom Satz abhängt, in dem es steht.

Die Lage und Form jenes Flugmuskels etwa wird ja auch nicht vom Milieu
bestimmt, sondern selbstverständlich von den Konstruktionsbedingungen, von der
Organisation des Flügels; Wahl und Ausrichtung der Muskelfasern wieder nur von
der Lage des Muskels und die der Myosinmoleküle von jeder dieser Fasern. Nicht
einmal der Flügel selbst wird vom Milieu bestimmt, sondern vom Vogel, der mit
ihm da wie ein Mauersegler umgeht, dort wie ein Kolibri (Abb. 15).

In allen Schichten der Komplexität finden wir die Außenbedingungen formge-
bend und durch Auswahl entscheidend; welche Moleküle die Atmosphäre zur Zeit
der Urmeere zuließ, welche Arten ein Biotop, welche Organisation und welche
Erbkoordinationen in einer Art zu ihrer Beständigkeit beitragen, welche Wahl oder
Entscheidung wir selber treffen, welche Gestalt der Bildhauer aus dem Marmor
schält.

Aber auch diese Form-Ursachen sind ein Stiefkind in den Wissenschaften
geblieben, trotzdem wir seit hundert Jahren die Bedeutung der Selektion verstehen.
Und wie bei den Material-Ursachen besitzen wir auch hier keine angeborene Form
der Anschauung, die uns das Einheitliche des hier herrschenden Prinzips vor Augen
führte.

Die formgebenden Wahlbedingungen durch das jeweilige Obersystem haben
wir, auch wieder schichtweise, nach den Wissenschaften getrennt. Wir sprechen im
Anorganischen von Randbedingungen und Reaktionsfeldern, bei Arten von Selek-
tion, bei Individuen von Zuchtwahl, im Rahmen des Bewußtseins von Urteil und
Entscheidung, in den Sprachen von den Wahlvorschriften nach den Gesetzen der
Semantik und Grammatik, in der Kultur von Stilgesetzen und vom guten Ton. Es
schien uns unbedeutend, daß alle diese Wahlentscheidungen die Funktionen ihrer
Subteile zum Funktionieren, zur Optimierung der Erhaltungsbedingungen des

---

[59] »Bislang«, so bestätigen uns ILYA PRIGOGINE und ISABELLE STENGERS, »hat man die Geschichte gemeinhin zur
Interpretation von biologischen oder gesellschaften Erscheinungen benutzt. Daß sie bei einfachen chemischen
Prozessen eine so bedeutende Rolle spielen kann, ist etwas ganz Unerwartetes.« Was die sogenannten exakten
Naturwissenschaften von der Biologie trennte, ist darauf zurückzuführen, daß der durch seine »biologischen
Funktionen inspirierte aristotelische Raum durch den homogenen, isotropen Raum des EUKLID ersetzt wurde. Die
Theorie der dissipativen Strukturen bringt uns jedoch wieder näher zu der Konzeption des ARISTOTELES« (1980,
zitiert von den Seiten 167 und 171; man vergleiche auch H. HAKEN 1978 und 1981, sowie I. PRIGOGINE 1979).

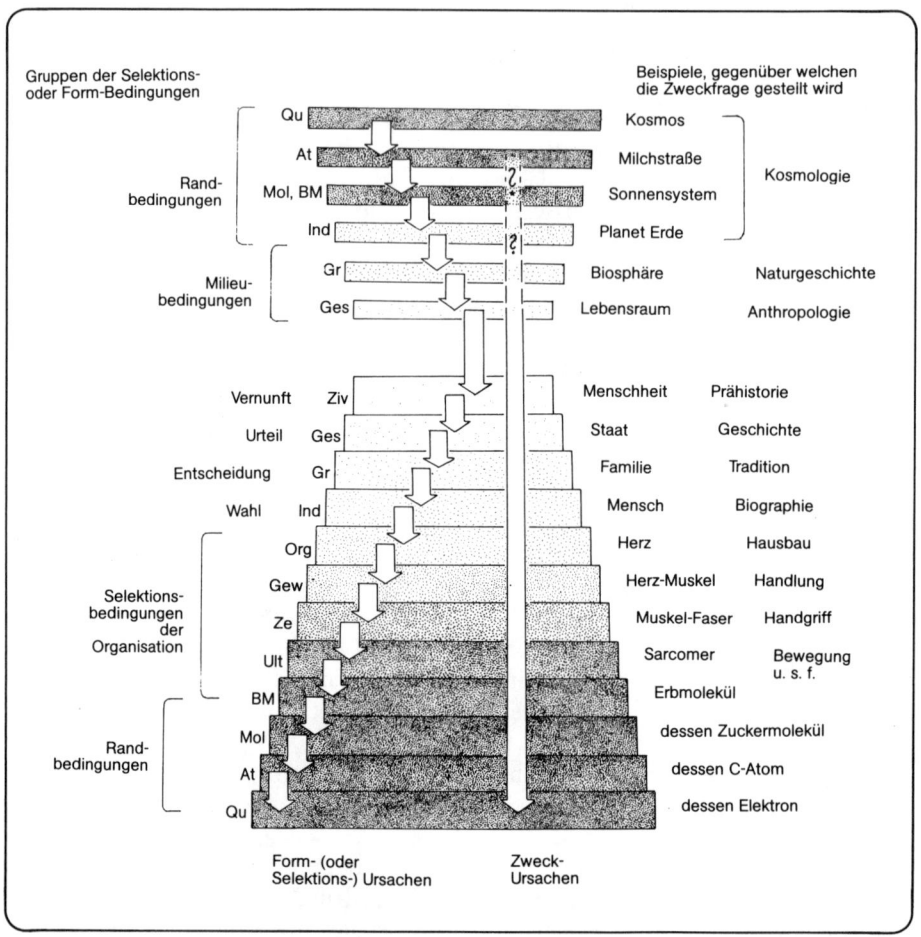

Abb. 15. *Die Zweck-Ursache und die Form-Ursachen* in ihrer Lage zum Schichtenbau. Die Form-Ursachen sind summarisch als Rand- oder Selektions-Bedingungen angeschrieben. Zu den Form-Ursachen ist als Beispiel eine Reihe von Systemen eingetragen, von welchen das jeweils obere die Formbedingung für das jeweils untere enthält (nach R. Riedl 1978/79).

Ganzen, bestimmen; beziehungsweise, daß von allen disponiblen Systemen nur jene übrigbleiben, welche, sei es durch den physikalischen Zufall oder das Glück der Assoziation, diesen Zustand erreichten und dann, unterworfen seinen Gesetzen, folgten.

Die Zweck-Ursache

Das ist nun nochmals ganz anders bei der Zweckursache. Das Erlebnis eines Zwecks ist wieder so universell und als festes Programm der Erwartung etabliert, wie wir dies von den Kräften kennen. Wozu man ein Werkzeug gebrauchen kann, das erkennen schon die Primaten. Schimpansen fertigen sich ja selbst eine ›Termitenangel‹, einen ›Blätterschwamm‹; um Termiten aus ihrem Bau oder Wasser aus einer Baumhöhle zu gewinnen. Und es nimmt nicht wunder, daß die Weltschöpfer schon in den ältesten Mythen als zweckerfüllte und höchst absichtsvolle Wesen agieren. Und man muß zugeben, daß dieser Gedanke heute noch naheliegt. Nur die aufgewühlte See führen wir nicht mehr zurück auf den zürnenden Poseidon. Aber noch immer fragen wir nach der ›Schuld‹ des Versagens einer Maschine, genauso wie eben schon die Vorsokratiker Ursache und Wirkung so verbanden wie Schuld und Sühne. Wozu etwas gut ist, das ›sieht‹ man sofort; sei es das Horn eines Nashorns oder das Ende eines Schraubenschlüssels. Wir können uns der geradezu magischen Suggestivität der Zweckdeutung gar nicht entziehen; wie die Psychologen aus menschlichem Fehlverhalten wissen.[60]

Auch zeigt uns unsere Anschauung, daß die Zwecke, unverändert in ihrem Gesamtzweck, durch große Teile des Schichtenbaues dieser Welt hindurchziehen. Vom Laut bis zum Kontext, vom Myosinmolekül bis zum Flügel, vom Zahnrad bis zum Armaturenbrett, dienen alle Teile dem Zweck der Verständigung, dem der Arterhaltung oder einer bestimmten Art von Fortbewegung. Schicht für Schicht ist der Zweck eines Systems aus seiner Funktion im Obersystem zu verstehen. Zwecke also laufen alle von den oberen gegen die unteren Schichten.

Beachtenswert in unserem Zweckverständnis ist wiederum seine völlig anthropomorphe Auslegungsweise, die allerdings, und zum Unterschied vom Kraftverständnis, zudem an den Grenzen des dem Menschen und seinem Tun Vergleichbaren endet.

Betrachtet man aber innerhalb dieser anthropomorphen Grenzen das Gemeinsame von alledem, was wir als zweckvoll erleben, so zeigt sich eine Übereinstimmung mit den Form-Ursachen. Es erscheinen uns die Funktionen der Subsysteme, gleich ob Strukturen, Abläufe oder Handlungen, dann als zweckvoll, wenn Grund zur Vermutung besteht, daß sie erfolgreich zu den Erhaltungs- oder Funktionsbedingungen eines Obersystemes beitragen werden (Abb. 15). In diesem Sinne werden uns in Organismen alle Schichten zweckverständlich, von ihren Bauten und Handlungen über ihre Organe, hinunter zu den Biomolekülen und bis zum letzten Quant, einer Wasserstoffbrücke im Erbmaterial etwa, wenn diese das richtige Desoxyribonukleinsäuremolekül an der richtigen Stelle hält. In der Chemie selbst jedoch kennt man keine Zwecke. Selbst Wasser hat erst für das Leben Zweck. Auch mag der Hase seinen Zweck nicht darin haben, vom Fuchs gefressen zu werden. Für den Fuchs allerdings ist er zweckdienlich.

Zwecke also erfüllen, nach dem Programm unserer erblichen Anschauungsformen, jene Formbedingungen, welche im Sinne der Erhaltung und Verbesserung von Lebenszwecken interpretiert werden können. Zwecke werden damit ein Ehrentitel für das Gleichbleiben in allen jenen erfolgreichen Formbedingungen, in welchen wir uns selber spiegeln. Die Verwirrung aber, die solche Grenzbedingung der Anschauung zur Folge haben muß, wird man bereits ahnen.

---

[60] Die Suggestivität der Zweckdeutung geht so weit, daß es Versuchspersonen bei Problemlösungs-Aufgaben schwer wird, von dem nur zu offensichtlichen Zweck eines Gegenstandes zu abstrahieren. Auch der Alltag zeigt solche Projektion; in völliger Unkenntnis des Zweckes den Zusammenhang umzukehren, einen Handschuhdehner für eine Zange, eine Schiffsmühle für einen Raddampfer zu halten (Beispiele in K. LORENZ 1973 und in R. RIEDL 1980). In der Biologie hat man z. B. die Linse des Leuchtorgans eines Tiefseefisches für die eines Auges gehalten.

Schon Aristoteles hat seinen Begriff der Finalität mit dem der ›Entelechie‹ verbunden, ein Formungs-Prinzip, im Sinne von etwas »was sein Ziel in sich hat«. Heute sagen wir Biologen in ganz demselben Sinne: etwas, das einem gegebenen Plane folgt, das ein Programm hat. Und wir haben keine Schwierigkeit zu verstehen, wie solche Programme in die Organismen hineingekommen sind. Im genetischen Lernprozeß der Selbst-Organisation sind es die Mutationen, unter welchen die Selektion stets wieder die erfolgreicheren Aufbau- und Betriebs-Anleitungen ausgelesen hat. Und dies führte in dreieinhalb Jahrmilliarden dazu, daß das Hühnerei das chemisch kodierte Programm enthält, um ein Huhn zu werden und um alle für ein Hühnerleben erforderlichen Funktionen und Bewegungs-Koordinationen sicherzustellen. Ansonsten wären die Hühner nicht da; sie wären nicht übriggeblieben.[61]

Es ist das Verdienst Wolfgang Kullmanns, den Konnex zu Aristoteles wieder aufgedeckt zu haben. Denn, stellt er (1979, Seite 61) fest:»Nichts anderes aber meint Aristoteles, wenn er von Zielgerichtetheit spricht, mit der ein Lebewesen sein eigenes Eidos reproduziert.«

Ganz ähnlich entwickeln sich die assoziativ entstehenden Ziele; nunmehr als Programme aus der individuellen Erfahrung. Beispielsweise einer Katze, die einen Bach und noch eine Mauer umgeht, um ein durchaus benachbartes und in Sichtweite liegendes Ziel, dennoch in der Gegenrichtung beginnend, zu erreichen.

Erst über die zentrale Repräsentation des Raumes, mit der hellen Vorstellung von den Zusammenhängen, wird die Sache umkehrbar. Nun wird das Ziel vorstellbar und es können nun rückschreitend die Etappen erwogen werden, um dieses gedachte Ziel zu erreichen. Dies ist, wie wir gesehen haben, schon bei den Primaten nachgewiesen. Aber eben erst im hellen, menschlichen Bewußtsein wird dieses zielintendierte Verhalten zum großen praktischen Erfolg, wie zum Fallstrick seines spekulativen Rationalisierens.

Unsere angeborene Anschauung, die Psychologie der Zwecke, über welche wir den Zugang suchten, suggeriert uns nämlich auch dank jener Umkehrung, daß Ziele, weil sie in der Zukunft lägen, nun auch von dieser Zukunft aus ihre Wirkung täten. Steuert denn nicht unser Plan, in einigen Jahren ein Haus zu bauen, von dieser Zukunft aus den Beginn unserer Sparsamkeit heute? Und da wir auch die Zwecke in Kettenform erleben, müßten nicht die letzten Zwecke die fernsten sein, die *causae exemplares,* jene letzten Zwecke des Schöpfers?

Kausalität versus Finalität

Die Verwirrung um den Zweck-Begriff ist so alt und eingesessen, daß ihrer Beschreibung noch zwei Kapitel eingeräumt werden müssen. Die philosophischen

---

[61] Wir nennen solche selbstentstandenen Programme seit C. Pittendrigh (1958) teleonom. Ein glücklich gewählter Terminus, denn er unterscheidet Teleologie von Teleonomie wie Astrologie von der Astronomie. Dasselbe in J. Monod (1971), K. Lorenz (1973), Riedl (1976 und 1980) und bei Ernst Mayr (1974), der (1979, Seite 277) zusammenfaßt: »Teleonomische Erklärungen sind streng kausal und mechanistisch. Sie sind kein Trost für die Anhänger vitalistischer Vorstellungen.« Finale Gesetzlichkeit ist so kausal wie jede andere Form der vier Ursachen. Denn auch unsere Ansichten beruhen auf selbstentstandenen Programmen.

Strömungen haben bis heute an zwei Deutungen festgehalten. Die Idealisten, Neuplatoniker wie Neukantianer wollen die Finalität von jenseits der Kausalbedingungen dieser Welt beziehen. Die Materialisten, Positivisten wie die dialektischen Materialisten leugnen die Zwecke außerhalb der menschlichen Intentionen.

Das alles beginnt schon mit einer falschen Auslegung der vier Ursachen des ARISTOTELES. Bereits in der Scholastik war er für die Erfordernisse des kreationistischen Weltbilds zurechtinterpretiert worden. Die Finalursache war zur Ur-Ursache aller übrigen Ursachen geworden, die Finalität zum Gegensatz der Kausalität. Und sobald er so gründlich mißverstanden war, blieb er über Jahrhunderte die einzige Quelle alles akzeptierbaren Wissens. Die ARISTOTELES-Exegese überwucherte um das Mehr-Hundertfache seine Quellen, die Idealisten hatten ihren unbezweifelten Gewährsmann, die Materialisten ihn abgeschrieben.

Mit den Naturwissenschaften der Moderne hatte deren erste, die Physik, kaum Grund, sich mit der Sache zu befassen; gewiß aber die darauf folgende Biologie. Im 18. Jahrhundert standen aber schon die Mechanizisten den Finalisten gegenüber. Die einen betrachteten, wie erinnerlich, selbst den Menschen als Maschine, die anderen sogar das Anorganische von absichtsvollen Bildungskräften beseelt. Zur Konfrontation aber kam es erst ab dem Ende des 19. Jahrhunderts. Die neo-pseudo-aristotelischen Biologen formierten sich im Vitalismus. HANS DRIESCH, ihr Hauptvertreter, war freilich von WILHELM ROUX' »Entwicklungs-Mechanik (!)« herausgefordert worden. Und wiewohl DRIESCH seine Lehre ausdrücklich nicht mit der aristotelischen Entelechie identifiziert, nennt er doch (1905) ARISTOTELES bald den »ersten Vitalisten«.[62]

Und daran, nicht an ARISTOTELES, setzt dann auch ARISTOTELES-Kritik an. Ich bin selbst mit diesem Irrtum aufgewachsen, denn mein Lehrer LUDWIG VON BERTALANFFY betrachtete »den Kampf jener beiden Anschauungen, die man traditionell Mechanismus und Vitalismus bezeichnet« (1932, Seite 36), als mit ARISTOTELES begonnen. Und auch die Biologen würden wohl noch über unsere Tage hinaus bei dieser Ansicht bleiben, hätte nicht WOLFGANG KULLMANN diese schon so weit zurückliegenden platonistischen Unterschiebungen aufgedeckt. Der Irrtum war zur Lehrbuchmeinung geworden. Was also wunder, daß sich Autoren wie MAX HARTMANN (1965), JACQUES MONOD (1971) und ERNST MAYR (1974 und 1979) gegen alle Final-Ursachen verwehren, wiewohl ihre bedeutenden Beiträge die Sache ganz im Sinne ARISTOTELES' aufzuklären geholfen haben.[63]

---

[62] FRANZ WUKETITS gibt (1981, Seite 61) dazu die folgenden Autoren und Begriffe: J. REINKE »Systemkräfte«, E. v. HARTMANN »höhere Richtkräfte«, H. BERGSON »élan vital«, H. OSBORN »Aristogenesis«, J. v. UEXKÜLL »Funktionskreis«, H. DRIESCH »Psychoid«, L. DU NOÜY »Telefinalismus«, E. RUSSEL »Finalismus«, H. CONRAD-MARTIUS »Wesensentelechie«. — W. ROUX (1850–1924), vgl. 1884; H. DRIESCH (1867–1941), vgl. 1891 und 1894. DRIESCH nannte seine ersten Arbeiten selbst ›entwicklungs-mechanisch‹ und publizierte später in ROUX' »Archiv für Entwicklungs-Mechanik«; ein Paradoxon.

[63] »In vielen Hand- und Schulbüchern oder allgemein gehaltenen biologischen Publikationen«, stellt W. KULLMANN (1979, Seite 12) fest, »sind entsprechende Urteile zu finden.« Im ›Handbuch der Biologie‹ behauptet E. UNGERER (1965): »Nicht nur eine statische, der Welteinrichtung innewohnende Teleologie, wie bei PLATON, sondern ein metaphysisch bestimmter dynamischer Vitalismus beherrscht die aristotelische Biologie« (zit. nach W. KULLMANN 1979, Seite 12).

Die Lager bleiben geteilt

Man wird folglich voraussehen, daß auch die Philosophen die Lösung nicht wahrgenommen haben; wiewohl PITTENDRIGH, MONOD, LORENZ, MAYR, HASSENSTEIN, MOHR, ich selbst und viele andere die Finalität in biologischen Systemen als selektiv, also als rein kausal erworbene Programme nachgewiesen haben.[64]

Die Idealisten ringen um die Erhaltung metaphysischer Dunkelfelder. ROBERT SPAEMANN und REINHARD LÖW haben jüngst (1981) die Geschichte des teleologischen Denkens zusammengestellt und erwarten eine Renaissance des transzendentalphilosophischen *Telos*. »Denn dieses Ziel ist nicht ein erst herzustellendes, sondern immer schon realisiertes und präsentes.« Und zuletzt: »Es ist ein Unmittelbares, das man überhaupt nicht erklären und in gewissem Sinne auch nicht verstehen oder eben nur so verstehen kann, daß es den Horizont seines möglichen Verstandenwerdens selbst erst in seinem Sich-Zeigen eröffnet.« Und dennoch finde ich zu ihnen einen Berührungspunkt, wenn sie sagen: »Das Mittel ist Mittel zum Zweck. Zweck aber ist das Ganze, das die Mittel selbst umgreift und integriert.« Das wieder haben die Positivisten nicht ernstgenommen. Wir sind aber dabei, eben dies zu belegen.[65]

Vom Standpunkt der analytischen, neopositivistischen Philosophie hat dagegen WOLFGANG STEGMÜLLER die letzten Übersichten gegeben. »Der Philosoph«, stellt er fest, scheint »vor einer unerfreulichen Alternative zu stehen: Entweder eine mehr oder weniger mythologische, empirisch unbestätigte Theorie zu akzeptieren oder das Problem als solches ad acta zu legen.« Sucht man nach erfahrungswissenschaftlichen Beweisgründen, so zeigt sich: »der evolutionstheoretische Ansatz bildet die einzige heute bekannte Theorie dieser Art.« Letztlich wird es darauf ankommen, resümiert STEGMÜLLER, sich mittels einer besser fundierten Theorie »weiterhin am Subsumptionsmodell zu orientieren.« Eben das habe ich vorgesehen. Ich werde im folgenden ein zweiseitiges Subsumptionsmodell vorlegen, das nach den schon erörterten Symmetrien alle vier Formen unserer Anschauung von den Ursachen aufnehmen kann.[66]

Und was den dialektischen Materialismus betrifft, so hat sich dieser mit KARL MARX schon früh (1846) darauf festgelegt, daß man zwar dem Baumeister zweckvolles Handeln zubilligen könne, nicht aber der Biene.

Aber auch NICOLAI HARTMANN, dem wir viel hinsichtlich des hier vertretenen Schichtenmodells verdanken, betrachtet (1951) ARISTOTELES als den Klassiker des metaphysisch-teleologischen Denkens. Immerhin räumte er (1950) ein: »Es wird höchst unwahrscheinlich, daß hier (in der lebendigen Zweckmäßigkeit) nicht noch eine andere und uns noch ganz unbekannte Form von Determination im Spiele wäre, ein spezieller *Nexus organicus*« (Seite 689). Eben um diesen geht es mir.

---

[64] Darstellungen in C. PITTENDRIGH 1959, G. SIMPSON 1963, F. AYALA 1970, J. MONOD 1971, K. LORENZ 1965, 1973, 1978, E. MAYR 1974, H. MOHR 1977, R. RIEDL 1976, 1978/79, 1980, 1980a, 1981a, 1982, B. HASSENSTEIN 1980, F. WUKETITS 1980a.

[65] Die Zitate aus R. SPAEMANN und R. LÖW (1981) stammen von den Schlußkapiteln, den Seiten 266 und 297. Leider ist — wie erwähnt — den Autoren die ARISTOTELES-Studie von W. KULLMANN (1979) nicht bekannt gewesen.

[66] Als ›Subsumptionsmodell‹ werden wir ein hierarchisches System einander überbauender wie begründender Theorien kennenlernen. Die Zitate stammen aus W. STEGMÜLLER 1983, Teil E, von den Seiten 646, 767 und 768.

Diese gespaltene Lage der Philosophie ist auf die Wissenschaften wieder nicht ohne Wirkung geblieben. Selbst die Biologen wurden verunsichert, und für die Chemiker und Physiker, die in der modernen Biologie Einfluß nehmen, ist Finalität ohnedies ein Schreckenswort.

Und doch, wenn wir Biologen auch die teleologen ›Wirkungen aus der Zukunft‹ in Teleonomie verwandelten, welche wie jede Ursache ihre Wirkung aus der Vergangenheit tut, gibt es nicht wenigstens im menschlichen Planen Wirkungen aus der Zukunft? Wirkt jenes Haus, das zu bauen wir künftig beabsichtigen, nicht doch aus seiner Zukunft auf unsere vorbereitenden Handlungen in der Gegenwart? Tatsächlich ist auch dies ein Irrtum. Denn das zukünftige Haus befindet sich in unserer durchaus gegenwärtigen Vorstellung und nirgends sonst; und diese Vorstellung ist es, die auf die zeitlich nachfolgenden Handlungen wirkt.[67]

Wirkungen aus der Zukunft also gibt es nicht; und Finalität bleibt daher eine unter den vier Formen der Kausalität. Aber Zwecke sind das, was alles menschliche Handeln, Trachten und Schaffen am profundesten erklärt. Und es nimmt damit nicht wunder, daß diese Erklärungsweise erfolgreich wurde. Die Geisteswissenschaften haben sie seit jeher bevorzugt.

Rückblick auf unsere Lehrmeister

Was also wäre mit dem Bisherigen gewonnen? Wie man sich erinnert, haben wir die angeborenen Lehrmeister unserer Vernunft mit der Absicht untersucht, auch ihre Grenzen kennenzulernen. Ihnen haben wir gegenübergestellt, was wir vom Bau dieser Welt heute wissen. Und aus dem Vergleich der beiden zeigt es sich, daß wir, was unsere Anschauung von den Ursachen betrifft, ein zwei- beziehungsweise viergeteiltes Programm besitzen. Es suggeriert uns die Vorstellung, es handle sich um grundverschiedene Dinge und die Annahme, daß wohl nur jeweils eine die wahre Ursache dieser Welt sein könne, als die Ursache aller anderen. Und da es unter diesen vier die Kräfte und die Zwecke sind, die uns je eine die Schichten durchlaufende, einheitliche Vorstellbarkeit liefern, hat sich die Teilung unseres Weltbilds entsprechend vollzogen.

Im Vergleich zum Schichtenbau dieser Welt zeigten diese vier Anschauungsformen eine deutliche, doppelte Symmetrie (Abb. 16). Noch dazu von einer Art, die dem Beobachter wie sein Schatten folgt. Von und zu welcher Schichte wir uns als Betrachtende immer bewegen, stets bleiben wir Mittelpunkt dieser Symmetrie. Schon aus dieser Beobachtung wird es wahrscheinlich, daß es nur die Fenster unserer Anschauungsformen sein können, welche uns die Ursachen dieser Welt als geteilt und alternativ erscheinen lassen.

Hinzu kommt, daß unsere geteilten Weltbilder aus ihren Unverträglichkeiten und Widersprüchen ohnedies nicht herauskommen, folglich unser Vertrauen gar nicht verdienen. Vertrauen aber können wir letztlich nur unseren nachweislichen Irrtümern. Darin ist KARL POPPER gewiß zu folgen. Und da die Widerlegung

---

[67] Dies ist freilich schon vor mir bemerkt worden. Als Gewährsmann darf ich hier auf die Darstellung von G. v. WRIGHT (1974) verweisen. Wir werden ihm hinsichtlich der beiden Traditionen bei der Besprechung der Wissenschaften noch Wertvolles entnehmen.

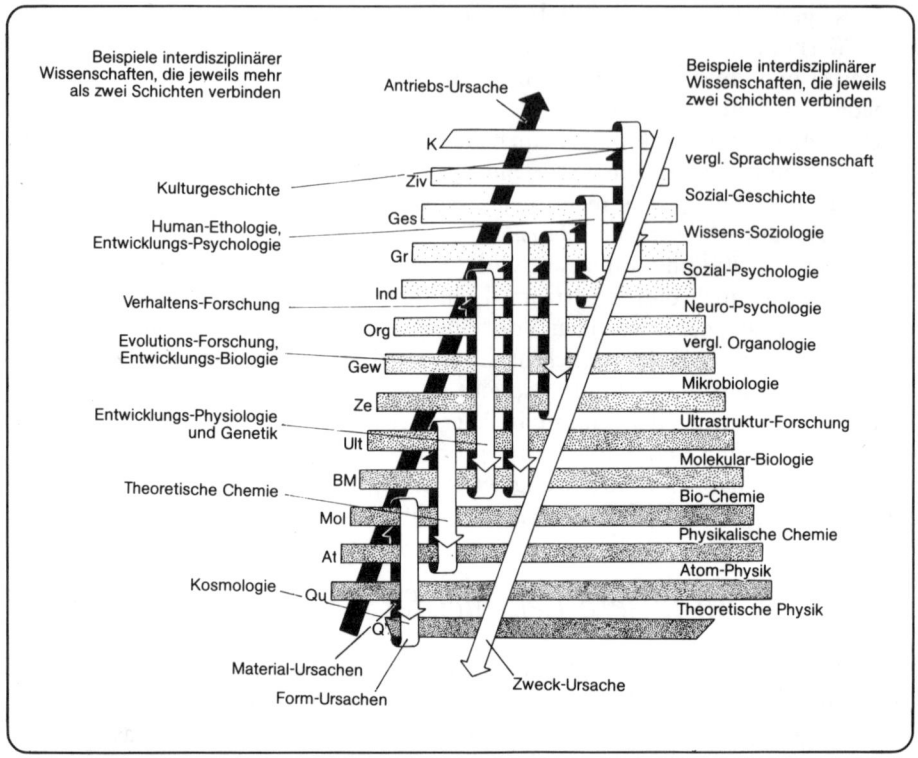

Abb. 16. *Die doppelte Symmetrie der Ursachen,* bezogen auf den Schichtenbau der Natur. Hinzugefügt sind einige Wissenschaften, welche mehr als eine der Schichten zu ihrem Gegenstand haben.

unserer Erwartung gegenüber dieser Welt geradezu das Gewisseste ist, das wir von ihr wissen, müssen wir versuchen, unsere Anschauungsformen selbst, mittels ihrer Widerlegungen, zu korrigieren.

Wie aber kann das geschehen? Erinnern wir uns daran, daß wir nun gerade auf die Anschaubarkeit verzichten müssen, wenn es darum geht, unsere Anschauungsformen zu überprüfen. Unsere Anschauung muß sich der Erfahrung beugen. Die Instanz, die uns bleibt, ist dann nur mehr der Verstand, allerdings mit seinen entscheidenden Möglichkeiten der Theorie, der Prognose und der veränderten Theorie nach gescheiterter Prognostik.

Die Aussicht auf Erfolg, das heißt auf Annahme meiner Sicht durch unsere Kultur, ist nicht groß. Gerade, da wir Einsicht gewinnen in unsere angeborenen Lehrmeister, möchte man fast verzagen. Und nur, weil es eben nicht nur um akademische Querelen geht, sondern um die Anpassung von uns Menschen an diese Welt, letztlich um eine Frage des Überlebens, will der Versuch unternommen sein.

Gewiß wäre die Aussicht gleich Null, hätten die Physiker die Grenzen unserer Anschauung nicht ohnedies schon überschritten. Sie haben uns ja gezeigt, daß wir aus dem elektromagnetischen Spektrum nur einen winzigen Teil sehen, andere

Teile erst am Fernsehschirm, am Röntgenschirm, in der Blasenkammer zu sehen bekommen; daß wir einige Materie-Schwingungen hören, andere tasten und noch andere sehen; daß uns dasselbe Ding einmal als Welle, ein andermal als Korpuskel erscheint. Sie haben uns, wie erinnerlich, sogar gezeigt, daß Raum und Zeit nur durch unsere Anschauung als getrennte Qualitäten erscheinen.

Freilich ist dieser Vorauslauf der Physiker nicht von ungefähr. Er ist auf dem Vorteil gegründet, in so einfachen Systemen quantifizieren, die Prognosen scharf fassen zu können. Diesen Vorteil besitzen wir im Ganzen nicht. Auf unserer Seite steht höchstens die Dringlichkeit des Problems unserer Tage.

Aber noch ganz andere Hindernisse werden dem Verständnis entgegenstehen. Wir sind nämlich nicht nur mit einem exekutiven, linearen Kausaldenken ausgestattet, wir sind sogar von exekutiven Lernprogrammen angeleitet. Sie lassen uns von Anbeginn den Irrtum, daß Ursachen einen absoluten Anfang hätten, sogar üben. Man denke nur, wie unsere Kleinkinder unermüdlich das Bällchen greifen und werfen und greifen und werfen, den Sandkuchen formen und zerstören, bis wir als Erwachsene meinen, daß sich Wirkungen, die wir setzen, kanalisieren, auf das gedachte Ziel einschränken ließen; ob es sich nun um ein gezieltes böses Wort handelt oder um das gezielte Hinaufsetzen des Eck-Zinssatzes durch eine Nationalbank.[68]

Und noch bedenklicher: Wir haben ein Programm appliziert, das uns unter allen möglichen Lösungen die einfachste als die richtige aufdrängt, und das in einer von unserer Vernunft wieder nicht belehrbaren Weise. Schon dies müßte meinen Versuch, den Blick auf eine in Wahrheit komplexere Welt zu leiten, zum Scheitern verurteilen. Aber damit noch nicht genug. Steht jene suggerierte Lösung mit der Erfahrung in Widerspruch, so sollte man auf ein Signal hoffen, das uns sofort ob des Irrtums alarmiert. Tatsächlich aber ist uns ein Vertuschungs-Programm angeschlossen, welches mittels der närrischen Zusatzhypothesen, und wieder in einer rational nicht belehrbaren Weise, den Widerspruch auszulöschen trachtet.[69]

Und von dem Umstand, daß derlei Hartnäckigkeit noch durch soziale Mechanismen zu den sogenannten Überzeugungen verhärten, zur Selbstimmunisierung eingesessener Weltbilder gegen Widerlegung, davon will ich nicht nochmals beginnen. — Versuchen wir dennoch unsere eigenen Anlagen zu übersteigen, zu ›transzendieren‹, würden Philosophen sagen. Denn daß solch eine ›Selbst-Transzendenz‹ möglich werden muß, hat HOIMAR VON DITFURTH (1983) überzeugend gezeigt. Daß es im Einfachen praktisch möglich ist, zeigten uns die Physiker; daß das auch im Komplexen gelingt, will ich zeigen.

Denn wider alle Vorurteile und Hindernisse erweitern sich an vielen Stellen unsere Kenntnisse. Die Biowissenschaften haben den Blick von den Zweckursa-

---

[68] Hier ist nicht der Ort, diese Dinge auszuführen. Es sei aber an die Experimente von D. DÖRNER (1975) erinnert und solche, die ich selbst (R. RIEDL 1982, Kapitel 5) mit unseren begabten Studenten unternahm. Sie zeigen, daß wir gegenüber vernetzter Kausalität in ganz erstaunliche Schwierigkeiten geraten und daß die Leistung mit den üblichen Intelligenzquotienten nicht korreliert.

[69] Dies ist am optischen Experiment mit einem Drahtkanten-Würfel leicht selbst nachvollziehbar. Betrachtet man einäugig zwei sich gegengleich drehende solcher Würfel so, daß sie sich überschneiden, so wird eine Bewegungsrichtung die andere sofort mitreißen; und der perspektivische Fehler, der die Folge ist, wird durch einen scheinbaren ›Bauchtanz‹ des falsch laufenden Würfels ausgeglichen (Abbildung in R. RIEDL 1976, Seite 233, vgl. auch R. RIEDL 1980, Seite 34–35).

chen nicht wenden können, wiewohl sie heute von der Sicht auf die Antriebsursachen dominiert werden. Die Sozialwissenschaften entstanden erst, als die Wechselwirkung zwischen den Schichten, des Einzelnen und der Gemeinschaft, sichtbar
wurde. Die Geisteswissenschaften haben den ›Hermeneutischen Zirkel‹, die wechselseitige Erhellung, in ihrer Methodenlehre nie ganz aufgegeben. Die Chemie hat
begonnen, die Zyklen und Hyperzyklen der präbiotischen Evolution aufzudecken.
Selbst in der Physik beginnt man sich für Systeme mit Geschichte zu interessieren.
Die Kybernetik schließt nun überall in der Natur Steuerkreisläufe auf. Die Systemtheorie hat diesen Zusammenschluß der Perspektiven durch LUDWIG VON BERTA-
LANFFY und PAUL WEISS schon vor einer Generation antizipiert. Heute kann die
evolutionäre Lehre von der Erkenntnis auch noch jene Schwierigkeiten überwinden, die mit der Beschränkung unserer Anschauungsformen gegeben sind. Wir
begreifen, daß wir alle vier Seiten dessen, was eine Ursache sein kann, gemeinsam
sehen müssen, daß wir sie als gleichwertige Qualitäten unserer Sinne zu nehmen
haben, wenn wir der Komplexität unserer Lebensumstände gerecht werden wollen.
Dies ist die Hypothese, von der wir (Abb. 16) zur Untersuchung der Schritte des
Erkenntnisgewinns ausgehen wollen.

Vom Wahrnehmen zum Erklären

Wir kehren also zur Frage des Kenntnisgewinns zurück, von welcher wir ausgegangen sind. Dabei soll nun jenes System dargelegt werden, zu welchem sich unsere
Kenntnisse verdichten. Und ich will zeigen, daß wir in diesem System die hierarchische Struktur dieser Welt und die Grundzüge der Wechselbezüge ihrer Schichten
wiederfinden; ein isomorphes Verhältnis höherer Ordnung.

   Dabei soll der Standpunkt der evolutionären Lehre von der Erkenntnis nicht
verlassen werden. Worin wir davon ausgehen, daß der ganze Mechanismus des
Kenntniserwerbs zunächst nur auf eine Erweiterung der Prognostik abzielt; mit der
Auflage, die für den jeweiligen Lebenskreis relevanten Zustände und Ereignisse
verläßlicher und rechtzeitiger vorhersehen zu können; um damit richtige Anleitungen, Vorurteile für die uns stetig abverlangte Entscheidungsfindung zu besitzen.
Dies ist von lebenserhaltender Bedeutung; und vorgesehen mittels der Anleitung
durch unseren ratiomorph gesteuerten Erkenntnisapparat. Wir erwarten, daß der
rationale Überbau zwar kulturabhängig variiert, aber doch den Grundriß seiner
Anleitung und Voraussetzung im wesentlichen beibehält. Wiewohl hier nurmehr
vom assoziativen und kulturellen Lernprozeß die Rede sein wird.

Wahrnehmen und Erkennen

Als die tiefste und grundlegendste Schicht ist die der Wahrnehmung zu nennen.
Und schon dieses Wort zeigt, worauf es ankommt; nämlich darauf, unseren Sinnen
zu trauen und das sinnlich Aufgenommene als ›wahr nehmen‹ zu dürfen. Wohl ist
die Wahrheit erst mit dem Irrtum in diese Welt gekommen; durch das Leben. Also
durch Systeme, die sich irren können, deren Lebenserfolg aber davon abhängt, den

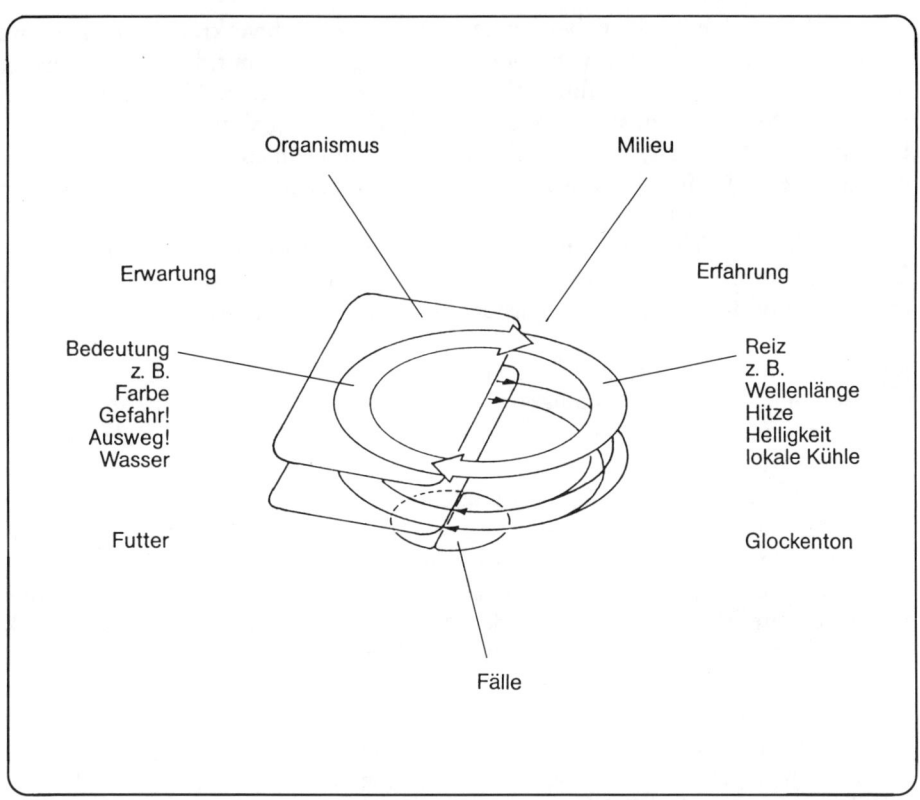

Abb. 17. *Wahr-Nehmung als Beziehung zwischen Reiz und Bedeutung.* Oben die bereits etablierten Entscheidungshilfen als genetischer oder assoziativer Gewinn von Langzeit-Erfahrung. Unten der Vorgang des Gewinns der Langzeit-Erfahrung aus den Reaktionen auf Kurzzeit-Erfahrungen; genetisch-selektiv oder assoziativ als bedingte Reaktion.

stets harrenden Irrtum zu reduzieren. Und dieser Irrtum kann nun darin bestehen, die Bedeutung des Symbols, das die Wahrnehmung ausmacht, mißzuverstehen.[70]

Schon hier erinnert man sich der Fülle der Vorbereitungen welche Wahr-Nehmung überhaupt erst ermöglichen: gleichbleibende Empfangsorgane, Nerven, Schaltungen, Hirnteile und deren Verknüpfung mit Bedeutungen, sowie ein genetisches Gedächtnis, welches all das nach zahllosen Tests als bewährt (als mutmaßlich wahr) bewahrt. Das Komplizierteste dabei sind die Bedeutungen: Hitze z. B. für lebensbedrohlich, Licht für einen Ausweg aus der Dunkelheit, Kühlung mit begrenzter Ausdehnung als Flüssigkeit zu deuten, Luftzug einmal als Wind, ein

[70] Wir haben vor Augen, daß es Eigenschaften wie ›rot‹ oder ›süß‹ erst durch die Interpretation von Wellenlängen und Molekülen in einem Organismus gibt. Was man aber weniger vor Augen hat, das ist der Umstand, daß alles, was von unseren Sinnen unser Reagieren, Wahrnehmen und Erkennen ausmacht, also zentrale Stationen unseres Nervensystems erreichen kann, bereits Interpretation ist.

andermal als Folge der Eigenbewegung; Optik versus Schwerkraft als Höhen und Breiten auszulegen, Größen von Bildern versus Erfahrung mit den Gegenständen, mit der Bedeutung von Raumtiefe oder Entfernung, zu verbinden. Kurz, ein ungeheures System vorausurteilender Verknüpfungen von Sinnesdaten und Bedeutungen erlaubt es erst, etwas wahrzunehmen; annehmen zu dürfen, daß der empfangene Reiz mit der erwarteten, das heißt bislang bestätigten Bedeutung übereinstimmen werde (Abb. 17).

Eine Unzahl solcher Deutungen sind natürlich längst genetisch erlernt und als Entscheidungshilfen erblich vorgegeben. Der assoziative Kenntniserwerb setzt auf ihnen fort und folgt demselben Muster. Man erinnere sich des einfachsten Falles, der bedingten Reaktion, wo ein zunächst bedeutungsloser Glockenton durch seine Koinzidenzen mit Futtergaben die Bedeutung ›Futterglocke‹ erhält. Und wir selbst erweisen uns dazu programmiert, fast jeder Koinzidenz die Bedeutung eines Ursachenzuammenhangs der Antriebe oder Zwecke, oder des Gestaltzusammenhangs, erwartungsvoll hinzufügen.[71]

Jener Erfolg der Erwartung, bestimmten Daten bestimmte Bedeutungen geben zu dürfen, bildet nun die Voraussetzung des Erkennens. Im Begriff des Erkennens macht sich die unterlegte Aufgabe noch deutlicher. Es geht um das ›Wiedererkennen‹. Blicke ich in einen mir ganz unbekannten, exotischen Hausrat, oder in eine mir rätselhafte Maschine, dann werden Auge, Deutung und Gedächtnis sogleich nach Wiedererkennbarem, Bedeutungstragendem, wir sagen: Bekanntem, suchen; und wir mögen dort etwas als Handgriff oder Küchengerät, da als Schraube oder Halterung meinen wiedererkennen, deuten, erklären, verstehen zu können.

Hier wird jenes Programm tätig, das wir als die ›Hypothese vom Ver-Gleichbaren‹ kennenlernten, der Vorgang der Abstraktion, das Weglassen des Ungleichen und das Aufsuchen des Gleichen. Und dieses Gleiche ist das im Gedächtnis bereits gespeicherte Bekannte. Gewöhnlich wird das Wiedererkennbare längst mit einem Begriff belegt sein. Denn, was immer im gemeinschaftlichen Erkenntnisprozeß als wiederverwertbar und wiedererkennbar gilt, das pflegt zur Würde eines Bezeichnungsträgers aufzusteigen (Abb. 18).

Und freilich ist es niemals eine einmalig aufgetretene Koinzidenz von Zuständen oder Ereignissen, die zum Begriff aufsteigen kann. Es muß mit der Wahrnehmung einer Konstellation zum mindesten die Erwartung wahrscheinlich sein, sie wiedererwarten und wiedererkennen zu können. Gewöhnlich sind aber viele, außerordentlich viele und absichtsvolle, hypothesen- und erwartungsbeladene Beobachtungs- und Vergleichsvorgänge erforderlich, um das Wiedererkennbare im Variierenden zu erkennen. Man denke etwa an die Entdeckung eines Syndroms.[72]

---

[71] Was hier so kurz erwähnt ist, umfaßt heute Gebiete der Wissenschaft, die von den erblichen Bedingungen, der Physiologie und Systemverrechnung der Sinnesdaten (z. B. S. Coren, C. Porac und L. Ward 1979, H. Maturana 1982) bis zu den kulturabhängigen, sozialen und individualistischen Konstruktionen von ›Wirklichkeiten‹ führen (z. B. P. Berger u. Th. Luckmann 1970, P. Watzlawick 1976 und 1981).

[72] Wieder muß ich an dieser Stelle kürzer sein, als es der Gegenstand verdient. Denn er ist in Wahrheit so umfänglich wie der des vorliegenden Bandes. Um ihn übersichtlich zu machen werde ich, wie erwähnt, eine ›Biologie des Erkennens und Begreifens‹ (R. Riedl 1986) der hier dargelegten ›Biologie des Erklärens und Verstehens‹ zur Seite stellen. Beides als Aufbereitung des Grundthemas einer ›Biologie der Erkenntnis‹ (R. Riedl 1980).

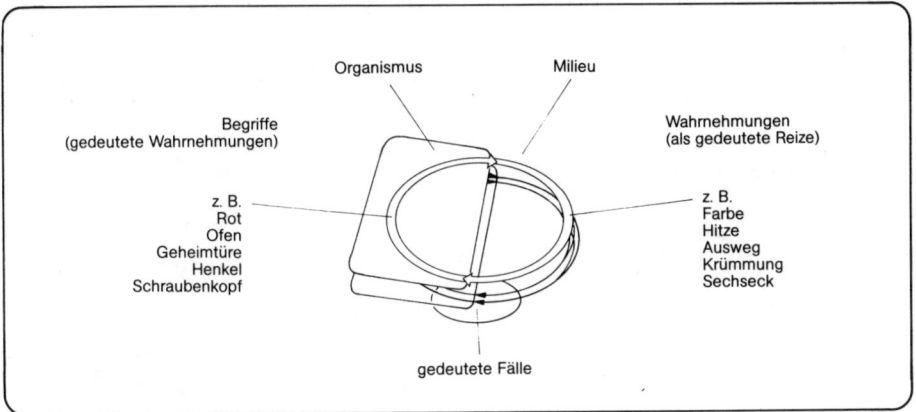

Abb. 18. *Erkennen als Beziehung zwischen Wahrnehmung und Begriff.* Die zum Symbol einer Wahrnehmung gedeuteten Reize aus dem Milieu (vgl. Abb. 20) werden von einem Symbol 2. Grades gefolgt, dem Begriff (welcher in einem Symbol 3. Grades, den Schriftzeichen, angeschrieben ist).

Das Beschreiben

Mit dem Prozeß des Erkennens ist der des Beschreibens verwandt. Und da wir uns bereits den wissenschaftlichen Methoden nähern, sei die hier ablaufende Vorgangsweise dargelegt. Dies ist schon deshalb geraten, weil es zu den irrigen Gemeinplätzen der szientistischen Umgangssprache zählt, zwischen den ›nur beschreibenden‹ und den ›kausal-analytischen‹ Wissenschaften einen bedeutenden und wertenden Unterschied zu machen. In Wahrheit dagegen zeigt es sich, daß der Vorgang der Beschreibung dem der Erklärung (und noch mehr dem des Verstehens) nicht nur sehr ähnlich, sondern zudem in zweifachem Sinne dessen Voraussetzung ist.

Nehmen wir z. B. die Beschreibung eines neuen Gegenstandes der Erfahrung. Z. B. die Entdeckung eines noch unbekannten Organismus, des Bildes eines unbekannten Meisters, oder die Entwicklung eines Patents, also einer neuen Erfindung. (Die Routine der Beschreibung kennt freilich trivialere Beispiele; jene aber verwende ich zur Verdeutlichung.) Aus solchen Erlebnissen kann ich folgenden Ablauf angeben:

Die Beschreibung auch der ungewöhnlichsten Kreatur muß mit Begriffen erfolgen, die sich auf Bekanntes beziehen. Ich würde mich ansonsten nicht verständlich machen. Und mehr noch. Ich brauche und gebrauche solche Begriffe schon zum Zwecke der eigenen Betrachtung des Gegenstandes, weil wir mit unseren Wahrnehmungen, wie wir wissen, fortgesetzt Bedeutungen verbinden müssen. Nehmen wir an, bei meinem neuen Organismus koinzidieren die Wahrnehmungen des Vorderendes der Bewegung mit einer Öffnung ins Innere, einem Paar seitlicher Pigmentflecken und Wimperbüschel. Ich werde dann nicht zögern, diesen Teil als ›Kopf‹ zu deuten mit der unterlegten Annahme, jene Koinzidenzen als Mund, Augen und als ein weiteres Sinnesorgan deuten zu können. (Man wird sich

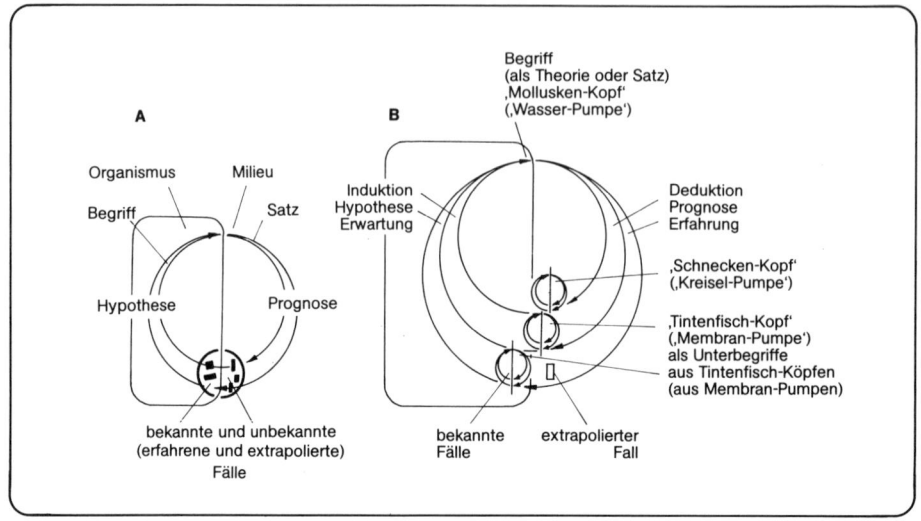

Abb. 19. *Beschreiben als Wiedererkennen und Prognostizieren von Fällen.* A: Die Hypothese eines Begriffes wird aus den bekannten Fällen gebildet und man extrapoliert seine Anwendbarkeit auf die unbekannten; die Prognose bietet die Kontrolle vom Begriffsinhalt (od. Satz) auf seine Fälle. — B: Dabei erweisen sich auch die Fälle eines Begriffs zumeist wieder als Unterbegriffe weiterer ›Subfälle‹ (hier auf drei Unterbegriffe vereinfacht).

vorstellen können, daß weniger triviale Beispiele angebbar wären, doch bleibe ich der Anschaulichkeit wegen bei diesem.)[73]

Dies ist nun in jeder Beziehung eine Hypothese (Abb. 19). Nicht nur ist die Bedeutung, welche ich den koinzidierenden Wahrnehmungen gab, hypothetisch; es könnte sich auch um eine Genitalöffnung, um bloße Pigmentflecken und um Wimpern als Bewegungsorgane handeln, denn weder ein Schluckakt noch Nerven und Hirn wurden bislang gesehen. Somit ist die Deutung des Ganzen hypothetisch. Es werden Wahrscheinlichkeiten der Bedeutung des Ganzen zu seinen Teilen, und, vice versa, miteinander verrechnet; und zwar schon ratiomorph, ohne daß ich mir der Verrechnungsweise bewußt sein müßte. Es ist nun hier nicht der Ort, auf den komplexen Vorgang der Begriffsbildung einzugehen. Nur zwei Komponenten desselben sind für unsere Fragestellung einschlägig.

Die Hypothesen im Beschreibungsprozeß

Erstens: In der Erwartung der Hypothese ›dies ist der Kopf‹ und in meinen Möglichkeiten, dies zu bestätigen oder verwerfen zu müssen, taucht wieder der uns bekannte Algorithmus des Wissenserwerbs auf; die Theorie und die Kontrolle an

---

[73] Für den Biologen sei angemerkt, daß ich hier auf den Vorgang der Entdeckung der *Gnathostomulida* anspiele. Ähnliche Erlebnisse waren mir mit der Entdeckung des Wesens der *Placozoa* (des *Trichoplax*), der *Pharetronida* (*Petrobiona*), der *Cubozoa* und anderen gegönnt, die heute immerhin den Rang neuer Ordnungen, Klassen und Stämme des Tierreichs einnehmen (Übersicht und Literaturhinweise in R. RIEDL 1983 b).

ihren Fällen. Alles, was mir über ›Köpfe‹ von Organismen einfällt, wird zum Ensemble der bisherigen Fälle (Abb. 19). Sie führen durch Abstraktion zu jener Koinzidenz von Merkmalen (Bedeutungen, Teilen, Organen), welche nun induktiv die Erwartung, die Hypothesen bilden läßt, es werde so etwas wie ein Kopf im Tier immer wieder zu beobachten sein. Mit dem Ziele: Aus der Bestimmung eines Teiles, des Kopfes, die Deutung, die Prognose der übrigen Körperteile zu erleichtern, beziehungsweise wahrscheinlicher zu machen. Daraus entsteht meine Theorie. Sie formuliert die Prognose, an welcher nun, für den neu zu beobachtenden Fall, die Koinzidenzen der erwarteten Merkmale bestätigt oder widerlegt werden können. Z. B.: die Pigmentflecken werden sich als Augen erweisen, oder: das Gehirn wird sich zwischen diesen finden lassen.

Dabei rekurriert diese Theorie oder Deutung ›Kopf‹ etwa auf die Fälle bei den Schnecken (Abb. 19) oder den Tintenfischen, oder aber beide Begriffe ›Schnecken- und Tintenfischkopf‹ werden zu den Fällen des Begriffs ›Kopf der Weichtiere‹, oder dieser wird noch weiter, mit jenem der Würmer und vielen anderen, zum Begriff des ›Kopfes bei wirbellosen Tieren‹ überhaupt. Ein System von Theorien in Theorien ist es, in welchem die Prognosen prüfbar werden.[74]

Und nun zum gedachten Patent. Auch hier verlangt mein Entwickeln, wie auch das Amt, für die Annahme der Patentschrift die Beschreibung in geläufigen, bedeutungstragenden Begriffen. Und der verwendete Begriff, z. B. einer Pumpe, muß sich ebenso aus den Gas- und Flüssigkeitspumpen wie aus den Subfällen der Membran-, Kolben- und Zahnradpumpen, und diese aus den Sub-Subfällen ihrer bekannten Realisationen bestätigen; wie ja umgekehrt die Begriffe aus den Realisationen folgen.

Zweitens: In gleicher Weise wird aber auch der Wahrscheinlichkeitsgrad der Richtigkeit, sei es des Begriffes ›Kopf‹, der ›Pumpe‹ oder einer speziellen Malschule, nach dem Schichtenbau seiner angrenzenden Systeme bestimmt. Im Falle des ›Kopfes‹ (Abb. 20) bestätigt sich der Begriff nach oben in seiner Beziehung zum Organismus, nach unten in den Teilen Hirn, Mund, Augen; Auge in den Teilen Pigment, Augennerv, Rezeptor; der Rezeptor aus dem Besitz von Sehpurpur usf. Wobei, im Spiralenweg der Wechselbestätigung auf- und absteigend, der Wahrscheinlichkeitsgrad der Richtigkeit des ganzen Begriffs-Systems eine Einheit bildet. Jede Bestätigung, jede Falsifikation an jeder Stelle, ändert das ganze System. Man ist fast geneigt zu sagen, wir ›erklärten‹ uns den ›Kopf‹ aus dem Besitz von Augen und das Vorliegen von Augen aus ihrer Lage im Kopf.[75]

Nicht minder wird das Bild des unbekannten Meisters nach oben Theorien über die mutmaßliche Schule, den Kulturkreis, die Zeitepoche, wechselseitig mit Bedeu-

---

[74] Dasselbe findet sich explizit in GOETHES Morphologie (1795, Vol. 36, Seite 325) mit der Feststellung: »Die Classen, Gattungen, Arten und Individuen verhalten sich wie die Fälle zum Gesetz; sie sind darin enthalten, aber sie enthalten und geben es nicht.«

[75] Schon hier deutet sich neben einer Hierarchie der Theorien ein Wechselbezug im Beschreiben an, der jeweils zwischen einem betrachteten Ganzen und seinen Teilen pendelt. Wir finden derlei in Andeutung schon bei ARISTOTELES und noch deutlicher in GOETHES Morphologie der Säugetiere (1795, Vol. 36, Seite 275): »Die Erfahrung muß uns vorerst die Theile lehren, die allen Thieren gemeinsam sind. Die Idee (lies: Vorstellung, Theorie) muß über dem Ganzen walten und auf eine genetische (lies: kontinuierliche) Weise das allgemeine Bild abziehen. Ist ein solcher Typus auch nur zum Versuch aufgestellt, so können wir die bisher gebräuchlichen Vergleichungsarten zur Prüfung desselben sehr wohl benutzen.« Wie erinnerlich, sind beide mißverstanden worden.

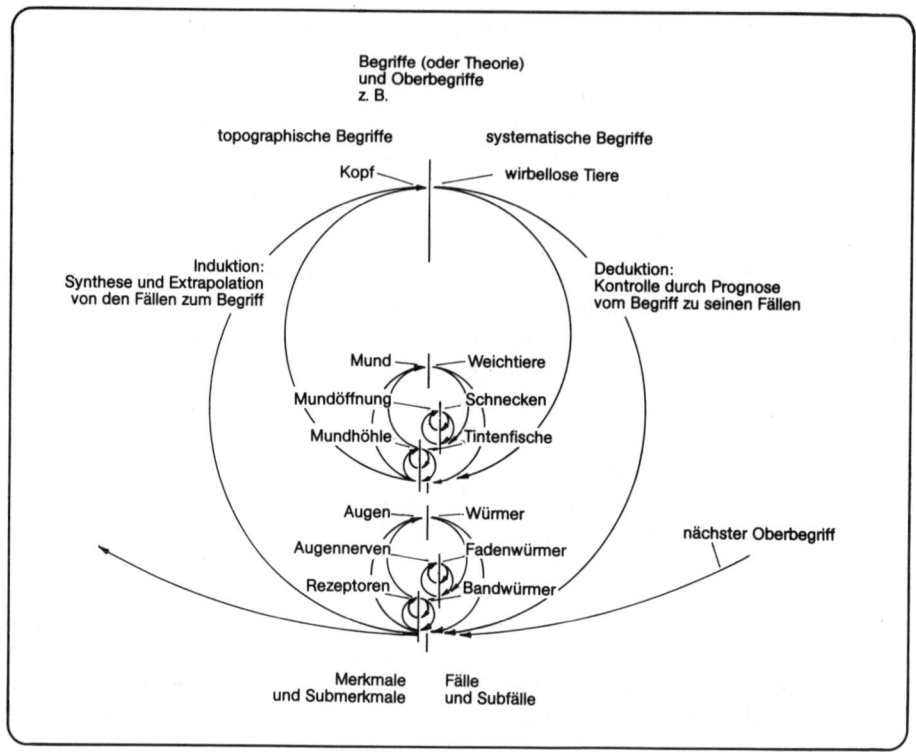

Abb. 20. *Beschreibende Begriffe aus der Hierarchie ihrer Fälle.* Hier sind zwei Beispiele dargestellt; jeweils stark vereinfacht auf nur zwei hierarchische Stufen und jeweils nur zwei Subfälle (stellvertretend für jeweils 10 bis 20 Hierarchiestufen und 100 und mehr Fälle pro Begriff und Stufe).

tungen verknüpfen, welche nach unten der Komposition, dem Thema und seinen bildnerischen Ausdrucksmitteln gegeben werden. Welche selbst wieder dem längst vertrauten Begriffs-System der Kunsthistorie entnommen sein müssen.

Es ist nicht zu zweifeln, daß eine wissenschaftliche Beschreibung eine hypothesenbeladene Vorgangsweise darstellt; ein ganzes System hierarchisch verknüpfter Theorien, Begriffe oder Bedeutungen und ihrer Fälle; und daß der Grad der Richtigkeit der Wahrnehmung oder Bedeutung eines jeden ihrer Mitglieder aus der Wechselbestätigung zwischen allen ihren Mitgliedern hervorgeht; daß jedes Mitglied jedes andere beeinflußt. Die Ähnlichkeit mit dem, was wir als Erklärung empfinden, ist groß. Ja, es deutet sich hier schon jene wechselseitige Kausal-Erklärung an, welche das Verstehen über das Erklären erhebt.[76]

Zudem aber ist die Beschreibung und Begriffsbildung die Voraussetzung einer jeden Erklärung. Und folglich kann schon eine Erklärung von Zusammenhängen

---

[76] GOETHES Auffassung findet in ADOLF REMANES Kriterien der Homologie (1971) eine Gliederung, wobei sich das Wechselverständnis aus Ober- und Untersystemen in seinen Kriterien der ›Lage‹ und der ›Speziellen Qualität‹ ausdrückt (der Begriff der Homologie geht auf R. OWEN 1848 zurück). Ich habe das System dieser Kriterien (R. RIEDL 1975) zu einem Wahrscheinlichkeits-Theorem vereint und aus diesem begründet. Wir kommen darauf zurück.

um nichts gewisser sein als die Begriffe, mit welchen sie operiert. Meist bedenken wir beim Beschreiben den in ihm ablaufenden Vorgang nicht. Wir überlassen die Lösungsfindungen unserem vorzüglich arbeitenden ratiomorphen Apparat. Dies mag auch der Erforscher kausaler Erklärungen tun. Nur möge er sich der Vorbedingungen seines Vorgehens bewußt sein.

Das Erklären

Es ist folglich naiv zu glauben, »die Beschreibung stelle nur fest, ohne, wie die Erklärung, den Sachverhalt aus Ursachen herzuleiten oder in einen Zweckzusammenhang einzuordnen«. Dahingegen wäre eine Erklärung, eine »Darlegung des Zusammenhangs, aus dem eine Tatsache oder ein Sachverhalt zu begreifen ist«. So aus der Brockhaus-Enzyklopädie (1967). Unbeachtet ist der Theoriencharakter von Wahrnehmen und Begreifen dabei ebenso geblieben wie die nicht minder hypothetische Position all dessen, was wir als ursächliches Begreifen erleben.

Zweifellos haben wir vom Begreifen zum Erklären und Verstehen gleitende Übergänge vor uns, die von einem intuitiven Vorverständnis oder Vorurteil zu einem immer klarer kontrollierten System von Beschreibungen, wie wir sehen werden, von Korrelationen, führen. Und »zum Unterschied von CARNAP«, sagt WOLFGANG STEGMÜLLER (1979, Seite 36), »der diesen Vorgang als einen geradlinigen Prozeß des Fortschreitens vom Vagen zum Präzisen schilderte, wäre ich eher geneigt, in einer Begriffsexplikation einen Vorgang mit mehrfacher negativer Rückkopplung zu erblicken, da ein Erfolg der Explikation von einem häufigen Rückgang zur intuitiven Ausgangsbasis und Revisionen an dieser Basis abhängen wird. Diesen Vorgang könnte man in einem Bild durch eine Spirale darzustellen versuchen, wobei die Steigung ein Gradmesser für den im Verlauf der Explikation gewonnenen Verständniszuwachs ist.« Eben dieses Bild habe ich gleichzeitig mit ihm (R. Riedl, 1980) entwickelt. Hier führen wir es weiter.[77]

Auch helfen ethymologische Analysen des Wortgebrauchs nur wenig. Denn die Worte sind längst unter irgendwelchen Urteilen im Gebrauch, ohne daß diese mit einer wissenschaftlichen Theorie von den Schritten des Kenntnisgewinns übereinzustimmen bräuchten. In diesem Zusammenhang ist an die Gegenüberstellung von ›Verstehen‹ und ›Erklären‹ zu erinnern. Und STEGMÜLLER hat gewiß recht, wenn er auf deren synonyme Verwendbarkeit verweist. Demgegenüber hatte bekanntlich WILHELM DILTHEY dieselben zur Unterscheidung der geisteswissenschaftlichen von der naturwissenschaftlichen Methode verwendet.[78]

---

[77] Der Positivismus hat getrachtet, Vorurteile als unwissenschaftlich auszuschließen. Aber W. STEGMÜLLER (1979, Seite 27) nimmt unabhängig und gleichzeitig mit meiner Darlegung (R. RIEDL 1980) unseren Standpunkt an, mit der Annahme: »ob es nicht bestimmte Arten von Vorurteilen gibt, die erstens unüberwindlich (wir sagen: erblich und unbelehrbar) und zweitens gar nicht negativ zu beurteilen sind, weil in ihnen ein Grundzug des menschlichen Geistes, eine ›Vorurteilsstruktur‹ menschlichen Verstehens zum Ausdruck (wir sagen: zur Nachbildung an der Natur) gelange.«

[78] »Ich verstehe nicht, wie du so etwas tun konntest«, fragt W. STEGMÜLLER (1979, Seite 34), »Kannst du mir dein Handeln erklären?« In einem solchen, rezeptiven versus aktiven Sinn verwendet auch B. HASSENSTEIN (1967), wie viele Naturwissenschaftler, die beiden Begriffe. Demgegenüber hat die antipositivistische Wissenschaftstheorie seit etwa 100 Jahren mit JOHANN GUSTAV DROYSEN und dann systematisch mit WILHELM DILTHEY (1883) den Verstehensbegriff in den Sozial- und Geschichtswissenschaften dem Erklärungsbegriff der Naturwissenschaften gegenübergestellt.

Ich werde, in Ermangelung passenderer Begriffe, auch von Erklären und Verstehen reden. Und zwar in dem Sinne, als ich mit Erklären die Rückführung einer Klasse von Fällen auf eine Theorie, eine übergeordnete Korrelation, bezeichne; beziehungsweise die Prognostizierbarkeit dieser Fälle aus einer solchen Theorie; entsprechend dem, was in der analytischen Philosophie als das H.-O.-Schema, nach HEMPEL und OPPENHEIM, die es entwarfen, bezeichnet wird, oder, dem Vorgang nach, das deduktiv-nomothetische N.-D. oder ›Subsumptions-Schema‹. Dieses aber mit zwei Ergänzungen. Einmal, weil ich den induktiven oder heuristischen Teil in diesem erkenntnisgewinnenden Prozeß dem deduktiven gegenüber sehe. Ein andermal, weil eine solche Rückführung entweder in Richtung auf die untergeordneten Schichten der Komplexitität denkbar ist, oder aber in Richtung auf die übergeordneten. Es wird sich als eine bloße Konvention erweisen, diese Rückführung, wie in den anorganischen Naturwissenschaften, nur in Richtung auf die Untersysteme vorzunehmen.

Mit Verstehen, nur so viel sei vorweggenommen, will ich dagegen einen Prozeß des Erkenntnisgewinns bezeichnen, der gewissermaßen beide Richtungen der Erklärung gemeinsam in Betracht nimmt. Dies wird sich nämlich mit der Methode der Hermeneutik als vergleichbar erweisen, wie sie von DROYSEN und DILTHEY vorgesehen wurde. Dies aber wieder nicht in dem Sinne, wie WINDELBAND der nomothetischen Betrachtung die ideographische, deskriptive Untersuchung von Individualität gegenüberstellte; sondern durchaus im Sinne eines zweiseitigen nomothetischen Prozesses.[79]

Zu den Grenzen des Erklärens

So, wie das Subsumptions-Modell der Erklärung in der Wissenschaftstheorie abgehandelt wird, orientiert es sich an den Gesetzen der Physik. Aus diesem Grunde scheinen alle derartigen Erklärungen aus den jeweils niedrigeren Komplexitätsschichten zu stammen und somit von materialistischem Charakter zu sein. Demgegenüber ist das Konzept des Verstehens aus der idealistisch-geisteswissenschaftlichen Tradition entstanden und tendiert zu einem teleologischen Erfassen von Zielen, Absichten, Bedeutungen, dem Sinn von Symbolen; nach unserem Schema also zu Explikationen aus den Obersystemen.

Im Grunde liegen die Grenzen aber anders. Die anorganischen Wissenschaften tendieren zu einer reduktionistischen Lösung, zur Reduktion auf eine einzige Erklärungsrichtung. Die Hermeneutik dagegen hat mit ihrer Methode des ›Hermeneutischen Zirkels‹, wie ich noch zeigen werde, ein zweiseitiges Erklärungs-Schema vor Augen. Es besteht darum kein Grund, die materialistisch-idealistische Spaltung mitzumachen. Wir werden vielmehr deren Synthese anstreben; und folglich unbe-

---

[79] Man vergleiche dazu die positivistische Tradition ab AUGUST COMTE und JOHN STUART MILL. Die heutige Form bei K. POPPER (ab 1935) 1973, C. HEMPEL u. P. OPPENHEIM 1948, die jüngste Übersicht in W. STEGMÜLLER 1983; demgegenüber die Entwicklung der Hermeneutik, an der neben DROYSEN und DILTHEY vor allem SIMMEL, MAX WEBER, WINDELBAND und RICKERT beteiligt waren, aber ebenso CROCE und COLLINGWOOD. In deren Sinn hängt Verstehen auch mehr mit Intentionalität zusammen, als das bei mir gemeint ist. Jüngste Übersicht auch in G. v. WRIGHT 1974.

denklich von einer ›Erklärung von oben‹ wie von einer ›Erklärung von unten‹ reden.[80]

Weniger dagegen werden uns Fragen betreffen, wie sie die analytische Philosophie in bewundernswerter Weise differenziert hat. Beispielsweise, ob es sich bei allen Erklärungen um kausale Erklärungen handelt, ob sie alle eine Prognose zulassen und ob sie alle logisch zwingend wären. Unsere Fragestellung ist darin ungleich einfacher und wir wollen zunächst annehmen, daß wissenschaftliche Erklärungen dem Typus nach Kausalerklärungen sind, also Ursachen angeben und Prognosen zulassen. Und was die Logik der Sache betrifft, erwarte man keine zureichende Begründung allein durch ›Vernunfts-Gründe‹, sondern vielmehr durch ›Real-Gründe‹, das heißt durch angebbare Ursachen.[81]

Für die Praxis ist es nötig, sich noch des Unterschiedes der, sagen wir: Sukzessions- und Koexistenz-Gesetze zu erinnern. Wir haben erstere im Auge, die ›Wenn A- dann B-Bedingungen‹. Von diesen sind die ›Wenn A-, dann gleichzeitig B-Bedingungen‹ abzutrennen. Denn freilich sind nicht zwei Winkel im Dreieck Ursache des dritten. Alle drei sind eine Konsequenz der EUKLIDischen Geometrie. Zu diesem Typ gehören auch das OHMsche Gesetz, die Eigenschaften der Elemente wie die meisten diagnostischen Merkmale der Gruppen des Systems der Organismen. Weder sind die Haare der Säugetiere Ursache der Milchdrüsen, noch umgekehrt; vielmehr sind beide eine Folge der Verankerung von Gen-Wechselwirkungen im Keim-Material der Säuger.

Manchmal wird auch gesagt, ›erklären‹ bedeute eine Zurückführung des Unbekannten auf das Bekannte. Das kann richtig, aber auch ganz falsch sein. Freilich kann uns eine rätselhafte Zeichnung oder ein ebensolches Patent dadurch erklärt werden, indem ein Vergleich zu Zwecken oder Funktionen hergestellt wird, welche wir kennen; oder dadurch, daß diese in uns bekannte Konstruktions-Schritte oder Bauteile (Federn und Schrauben) zerlegt werden. In vielen Fällen ist es aber gerade umgekehrt. Wenn wir sagen: das Fallen eines Gegenstandes erklärt sich aus dem Gravitationsgesetz, so muß man zugeben, daß uns nun das Fallen von Gegenständen gewiß wohl vertraut ist, wohingegen es noch nicht einmal gelungen ist, die von der Theorie geforderten Gravitationswellen auch nur in ihrer Existenz nachzuweisen.

In einer anderen Weise irrig ist es, in einer Folge von Ereignissen bereits die Abfolge ihrer Erklärungen zu vermuten: die Erklärung von C aus B und von B aus A. Gewiß, das Brennen des Zündholzes erklärt sich aus der Zündtemperatur des Holzes, die vom Aufflammen des Köpfchens übertroffen wird; und das Aufflammen aus der Reaktion an der Reibfläche. Dies ist aber nur die sehr verkürzte

---

[80] Es spricht sehr für die Voraussicht in der Wissenschaftstheorie, daß diese Möglichkeit nicht nur schon bedacht, sondern als Lösung des Zwiespaltes gefordert worden ist. GEORG HENRIK VON WRIGHT sagt (1974, Seite 28) ganz ausdrücklich: »Der Anspruch, die Subsumptions-Theorie der Erklärung besitze universelle Gültigkeit, läßt sich primär daran testen, ob das Gesetzesschema der Erklärung auch teleologische Erklärungen erfaßt. »Ähnliches fanden wir auch bei WOLFGANG STEGMÜLLER (1983, Seite 768; meine Anmerkung II 66).

[81] Dieser Betrachtung kommt die ›pragmatische Wende‹ in der heutigen Wissenschaftstheorie entgegen. Die Überzeugung, daß die Mittel der Logik für die Explikation aller grundlegenden wissenschaftlichen Begriffe ausreichen, müßte (›drittes Dogma‹ des logischen Positivismus, im Sinne QUINES), wenn nicht aufgegeben, so doch von der Pragmatik der Kausalanalyse, nach dem Vorschlag STEGMÜLLERS, abgekoppelt werden (Übersicht in W. STEGMÜLLER 1983, Seite 1–10 und die Verweise auf die Beiträge von COFFA, HANSSON und SUPPES). Man vergleiche auch G. WAGNER 1983.

Darstellung des Ablaufes. In Wahrheit bedurfte es zur Entwicklung solcher Zündstoffe sehr vieler erwarteter Ereignisse und bestätigter Experimente, sowie vieler Fälle angefachten Feuers, bis eine Prognose der Zündtemperatur, sagen wir: von Papier und Hartholz, verläßlich wurde. Das Gewinnen einer Erklärung bedarf stets des uns nun bekannten Kreisprozesses zwischen Erwartung und Erfahrung, zwischen der Theorie und ihren Fällen. Nur die Weitergabe des bereits auf diese Weise Erklärten kann auf jene Kurzform reduziert werden. Wir interessieren uns aber weniger für das Unterrichten als vielmehr für das Gewinnen von Erklärungen.

Die Hierarchie der Erklärungen

Wir werfen nun mit Schwung einen Stein. Wir tun das wiederholt und wissenschaftlich; registrieren genau den Ablauf und abstrahieren die Störquellen. Ergebnis: eine parabolische Flugbahn. Ist dies eine Erklärung? Für den einzelnen Wurf wird man es als eine solche nehmen, denn die Bahnen der künftigen Würfe lassen sich nun voraussehen. Warum es aber eine Parabel ist, erfahren wir damit noch nicht. Denn das Ergebnis enthält nur die Beschreibung einer, wenn auch metrisch formulierbaren, Korrelation dreier Größen: Anfangsgeschwindigkeit, Erhebungswinkel und Erdbeschleunigung. Dies nennen wir ein Gesetz. Auf die Frage, warum es diese Größen sind, gibt die Erfahrung aus diesen Experimenten allein keinerlei Auskunft. — Als erklärt wird man die Wurfparabel erst empfinden, wenn sie mit anderen Fällen, z. B. dem freien Fall bei GALILEI, zu einem der Fälle des Fallgesetzes wird. Dieses nimmt eine Schwerkraft an und beschreibt eine Korrelation zwischen Weg und Zeit. Warum es Schwerkraft gibt, erfahren wir nicht (Abb. 21).

Ähnlich mit den KEPLER-Gesetzen. Sie beschreiben eine Korrelation zwischen Sonnenabstand und Geschwindigkeit. Die einzelne Planetenbahn, als Fall des Gesetzes, scheint erklärt. Das Gesetz enthält jedoch seine Erklärung nicht. — Als erklärt empfinden wir GALILEIS irdische und KEPLERS Himmelsmechanik, sobald sie gemeinsam als Fälle in NEWTONS Gravitationsgesetz erscheinen. Dieses selbst aber enthält wieder nur die Beschreibung einer Korrelation; diesmal von Masse und Entfernung. Erklärt wird es erst, wenn es mit weiteren Phänomenen, beispielsweise der Ablenkung des Sternenlichts nahe einer großen Masse (z. B. der Sonne), zu einem der Fälle wird, welche EINSTEINS Relativitätstheorie vorsieht. Diese beschreibt einen Zusammenhang von Masse und Lichtgeschwindigkeit. Sie erklärt sich selbst freilich wieder nicht; jedoch die nun bereits ungeheure Zahl ihr hierarchisch untergeordneter Gesetze und Fälle erleben wir als erklärt.[82]

Eine solche Feststellung, daß das, was wir als das Befriedigende einer Erklärung erleben, letztendes doch immer nur auf die Beschreibung einer übergeordneten Korrelation hinausläuft, mag in erster Betrachtung befremdlich wirken. Vielleicht deshalb, weil unsere angeborene, lineare oder exekutive Ursachen-Vorstellung am

---

[82] Dies ist gewissermaßen ›das‹ klassische Beispiel einer Hierarchie von Gesetzen deterministisch-physikalischer Theorien (C. HEMPEL 1977, Seite 24), das immer wieder angeführt wird. Tatsächlich lassen sich aber die Gesetzlichkeiten, und zwar Sukzessions- wie Korrelations-Gesetze, wohl alle in solche Zusammenhänge ordnen. An ihrer breiten Basis steht dann die Fülle der bekannten, einschlägigen Einzelphänomene, an ihrer Spitze die bislang umfassendste unserer Theorien. — Mit den statistischen Gesetzen ist das Verfahren etwas komplizierter.

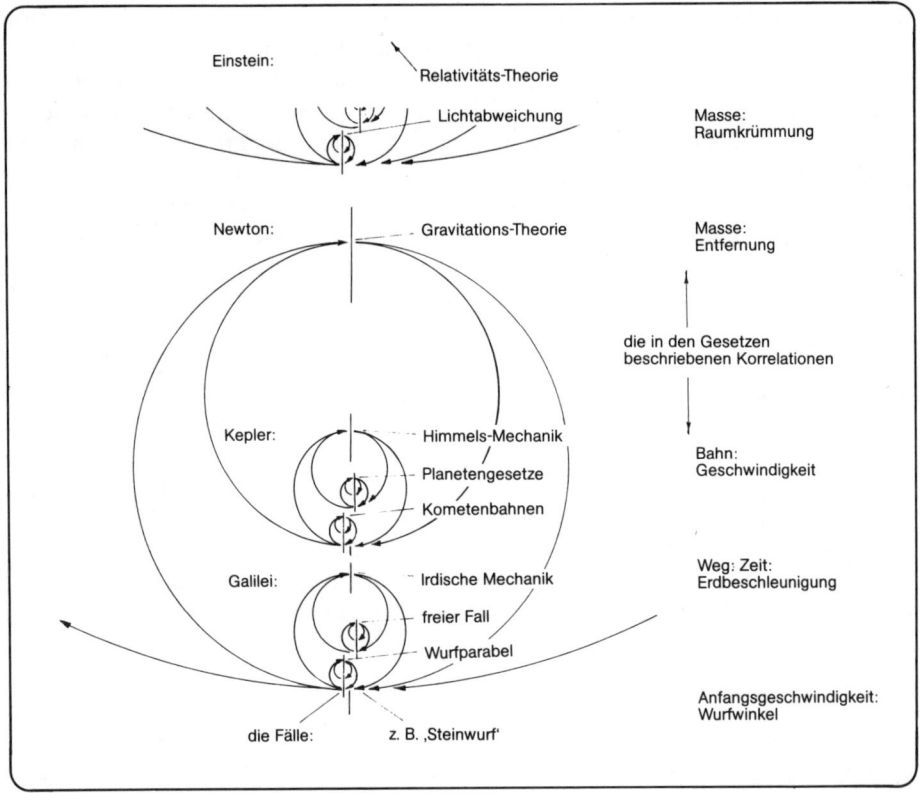

Abb. 21. *Das hierarchische System der Erklärungen;* am Beispiel einer Serie physikalischer Theorien (Sätze oder Gesetze), wobei jedes Gesetz nur die Beschreibung einer Korrelation enthält, jedoch als Fall eines übergeordneten Gesetzes als erklärt erlebt wird. Fälle und Gesetze bilden ein vernetztes System wechselseitiger Bestätigung, da sich (aufsteigend) alle erwarteten Gesetze mit (absteigend) allen Fällen verbinden.

Ende solcher Ketten etwas wie die Gewißheit eines letzten Grundes erwartet. Eine solche Erwartung wird freilich enttäuscht. Die Befriedigung, die uns eine Erklärung dennoch beschert, hat vielmehr ganz pragmatische Gründe, ist aber wieder mit dem Erlebnis gewonnener Grade von Gewißheit verbunden. Eine Theorie vom ›Ort der Gewißheit‹ werde ich weiter unten entwickeln.

Die Psychologie des Erklärens

Hier ist jedenfalls von einer ›Psychologie der Erklärung‹ die Rede. Und wir stellen fest, daß eine Korrelation in der Form eines Vorgangs oder Zustands als erklärt empfunden wird, wenn sie gemeinsam mit anderen, als Fall einer übergeordneten Korrelation, subsummiert und prognostiziert werden kann. Und dieses finden wir in der Struktur eines hierarchischen Systems in dem Sinne, als jede übergeordnete Korrelation erst dann wieder als erklärt erlebt wird, wenn sie, gemeinsam mit weiteren Überkorrelationen, als Fall einer nochmals übergeordneten Korrelation (tatsächlich oder vermeintlich) vorhergesehen werden kann.

Als den biologischen Hintergrund dieser unserer Haltung betrachten wir zunächst den mit der Einsicht in eine Hierarchie der Korrelationen verbundenen Nutzen. Er besteht in einer Erweiterung der möglichen Prognostik ohne eine gleichgroße Belastung des Gedächtnisses. Denn mit Kenntnis des jeweils übergeordneten Zusammenhangs nimmt das zu Merkende nur unbeträchtlich zu; die Erweiterung der prognostizierbaren Fälle aber sehr beträchtlich. Und bei jedem zweifellos begrenzten Gedächtnis, gegenüber einer völlig unübersehbaren Menge von Ereignissen, muß dies von entscheidender, unmittelbar sogar von lebenserhaltender Bedeutung sein.

Zudem erinnern wir uns der Wechselwirkung zwischen dem Begriff und seinen Fällen. Sie bestätigen einander gegenseitig die Wahrscheinlichkeit ihrer richtig interpretierten Bedeutung. Wird nun jener Begriff, jene Bedeutung selbst zum Fall einer nochmals übergeordneten Bedeutung, so nimmt das Netz der wechselseitigen Bestätigungen exponentiell zu. Es ist also etwas wie Absicherung der Prognostik, welches den Titel ›Erklärung‹ enthält. Wir können ihn, gewissermaßen, als einen Ehrentitel für die Zunahme der von uns erwarteten Gewißheitsgrade verstehen.

Man erinnere sich nun nochmals des hierarchischen Baues dieser Welt. Es wird dann nicht mehr wundernehmen, hier in einer noch komplexeren Form wiederum eine Übereinstimmung mit der Denkordnung aufzudecken. Es ist dies jene ›Isomorphie höherer Ordnung‹, die wir angedeutet haben. Aber auch dieses erst in ihrer ersten Schichte; wir werden eine noch tiefergehende kennenlernen.

Das nun, was wir zuerst eine Bedeutung, dann Begriff und Theorie genannt haben, kann man, wenn erhärtet, auch ein ›Gesetz‹ nennen. So steht dann das ›Explanans‹, das Erklärende oder die Erklärung, über dem ›Explanandum‹, dem zu erklärenden Fall. Dies entspricht jenem schon genannten Subsumptions-Schema, wie es vor allem von HEMPEL und OPPENHEIM formuliert wurde und welches nun jene stufenweise Ableitung der untergeordneten Gesetze und deren Fälle zuläßt. Zweifellos stellt das übergeordnete Gesetz eine Erweiterung wie auch eine Vertiefung unserer Kenntnisse dar.[83]

Der Fortschritt ist gewiß nicht zu unterschätzen. Andererseits, sagt VON WRIGHT (1974, Seite 155) auch zu Recht, »war jedoch die ›POPPER-HEMPEL‹-Theorie seit den Tagen MILLS und JEVONS' so etwas wie ein philosophischer Gemeinplatz gewesen.«

Und auch diese Selbstverständlichkeit ist gewiß nicht von ungefähr. Der Umstand, daß eine Hierarchie von Gesetzes-Zusammenhängen für unser Weltverständnis am besten paßt, der Umstand, daß das riesige Begriffe-System der Biologie mit einer geradezu schlafwandlerischen Sicherheit zu einer hierarchischen Lösung geführt wurde, und der Umstand, daß selbst alles vorwissenschaftliche Reden mit

---

[83] Eine Erweiterung, sagt CARL HEMPEL (1977, Seite 16), »weil die Theorie gewöhnlich einen größeren Bereich von Ereignissen absteckt, gewissermaßen auch solche, an die man noch gar nicht gedacht hat. Eine Vertiefung, weil sich die Fälle dann als »Approximationen« erweisen können, die durch das Gesetz eine schärfere oder eindeutigere Fassung erlangen.

hierarchisch geordneten Begriffen operiert, — das alles kann vor der Szene einer hierarchisch organisierten Welt kein Zufall sein.[84]

Unser Verstand ist gewiß längst auch an dieser Ordnung der Welt selektiv präpariert worden. Wir wollen darum im Zusammenhang mit jener ›Isomorphie höherer Ordnung‹ erwarten, daß es nicht nur einen Zusammenhang zwischen der hierarchischen Ordnung der Welt und der unseres Begriffsvermögens gibt, sondern auch einen zwischen der Ordnung ihres Werdens und der des Begreifens ihrer Gesetzlichkeit. Letzteres auch in dem Sinne, als es die grundlegendsten Gesetze dieser Welt sein werden, die wir zuletzt verstehen, aber die Vielfalt ihrer abgeleiteten Konsequenzen, an welchen unser Erkenntnisvermögen seinen Ansatz nimmt.

Ich meine darum, daß das HEMPEL-OPPENHEIM-Schema in diesem Sinne noch mehr Entsprechung mit dieser Welt enthält, als man wohl erwartet hat. In einem zweiten Sinn entspricht es dem Werden der Welt aber nur zu einem Viertel. Wie schon festgestellt, darf der induktive, heuristische oder schöpferische Teil der Schraube des Erkenntnisprozesses nicht geleugnet werden. Das haben wir schon an anderer Stelle ausführlich begründet.[85]

Ferner aber wird nun zu zeigen sein, daß es, bezogen auf die Struktur dieser Welt, wie auf die unserer angeborenen Erwartungen, eine zweiseitige Anwendung findet. Diesem Zusammenhang ist nun der folgende Abschnitt gewidmet.

Vom Erklären zum Verstehen

Wir haben festgestellt, daß für das Individuum der Vorteil dessen, was wir als Erklärung erleben, in einer wesentlichen Erweiterung der Prognostizierbarkeit besteht, ohne Zusatzbelastung des Gedächtnisses: Biologisch ein Zusammenhang von Lebensvorteil und Lebensökonomie. Und es ist wahrscheinlich, daß dies, als eine vorbewußte Anleitung unseres explorativen Verhaltens, zum lustbetonten Erlebnis der sogenannten Denkökonomie wird. Ähnliches hat schon ERNST MACH vermutet.[86]

Nun ist es interessant, daß es für das Erleben einer Erklärung zunächst gleichgültig ist, aus welcher Richtung sie kommt. Wir erklären uns die Material- und Antriebs-Bedingungen vieler Fälle eines Obersystems durch ein Gesetz (die Bedeutung, Bedingung, Theorie, den Begriff oder Satz) aus einem Untersystem. So, wie wir erwarten, aus den Fällen des Obersystems hypothetisch (heuristisch,

---

[84] Die Biologie bewältigte ein System von etwa $5 \cdot 10^7$ Begriffen (aus $2 \cdot 10^6$ Arten und $5 \cdot 10^5$ Systemgruppen mal etwa 20 speziellen Homologien), verglichen mit dem Wortschatz großer Sprachen von rund $5 \cdot 10^5$ Worten, das Hundertfache. Daß diese Bewältigung ohne formulierbare Kenntnis des dazugehörigen Gesetzeskanons erfolgte, habe ich aus der Auseinandersetzung um die ›Numerische Taxonomie‹ nachgewiesen (R. RIEDL 1975).

[85] Wir haben das Induktionsproblem bereits im Zusammenhang mit dem ›Prozeß des Erkenntnisgewinns‹ dargelegt. Ausführlich ist unsere Haltung von ERHARD OESER im Band 3 (1976) und von mir (R. RIEDL 1980) entwickelt. Heute aus den ›Stammesgeschichtlichen Grundlagen der Vernunft‹ neu begründet, ist es doch wieder Teil einer wissenschaftstheoretischen Tradition, die sich über W. WHEWELL (1858) weiter zurückverfolgen läßt.

[86] »Denn jedes Informationssystem ist, wie schon MACH wußte, nach dem Ökonomieprinzip aufgebaut, das besagt, daß berechenbare oder ableitbare empirische Information nicht in den internen Speicher (wir sagen: das Gedächtnis) des Informationssystems gehört.« Zitiert aus E. OESER (1976, Band 3, Seite 33). Man vergleiche auch E. MACH (1905).

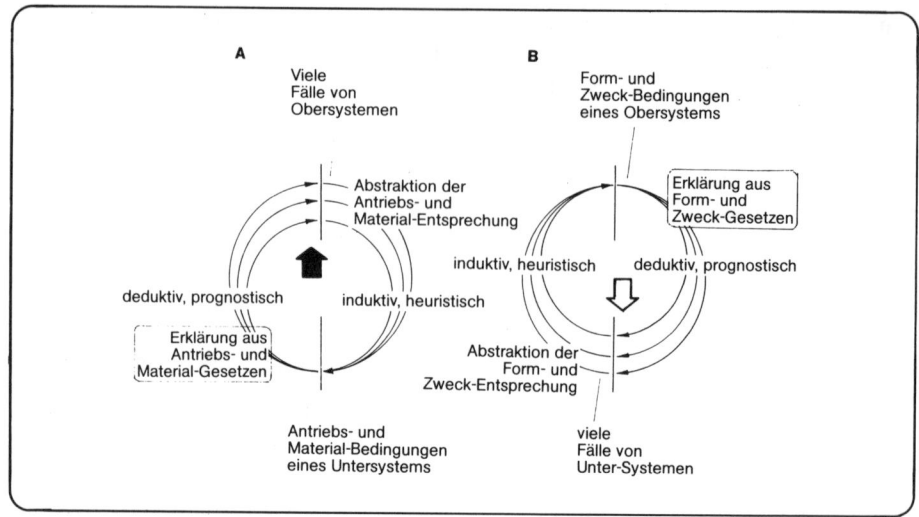

Abb. 22. *Die beiden Richtungen einer Erklärung.* A: Erklärung vieler Fälle von Obersystemen aus den Antriebs- und Material-Ursachen des ihnen gemeinsamen Untersystems. — B: Erklärung vieler Fälle von Untersystemen aus den Form- und Zweck-Ursachen des ihnen gemeinsamen Obersystems. Die Richtung der Ursache ist mit einem Pfeil eingetragen (vgl. dazu die Abb. 24, 26).

abstrahierend) das Gesetz des Untersystems auffinden zu können. Nennen wir ein solches Antriebs- oder Material-Gesetz.

Umgekehrt erklären wir uns die Form- und Zweckbedingungen vieler Fälle eines Untersystems durch ein Gesetz (die Bedeutung, Bedingung, Theorie, den Begriff oder Satz) aus einem Obersystem. So, wie wir erwarten, aus den Fällen des Untersystems hypothetisch (heuristisch abstrahierend) das Gesetz des Obersystems auffinden zu können. Nennen wir ein solches nun Zweck- oder Form-Gesetz.

Beiden stehen dann die Antriebs- und Material-Hypothesen, wie die Zweck- und Form-Hypothesen gegenüber (Abb. 22). Diese Zweiseitigkeit dessen, was wir als Erklärung erleben, bildet die zweite Schicht jener Isomorphie höherer Ordnung.

Dies ist, zugegeben, noch zu allgemein. Nehmen wir uns also diese beiden Erklärungsvorgänge vor. Und beginnen wir mit den Hypothesen und Gesetzen von Antrieb und Material.

Erklären aus Antriebs- und Materialgesetzen

Die Erforschung der Materialgesetze ist wahrscheinlich das fundamentalste, aber gleichzeitig noch dunkelste Gebiet der Ursachenfragen. Man könnte meinen, daß es diese Kategorie gar nicht gibt. Nun sei aber daran erinnert, daß die Disponibilität, die Möglichkeiten und Grenzen der Eigenschaften und Diversifikation, die einem Aufbaumaterial gegeben sind, alle weiteren Entwicklungen ebenso grundlegend determiniert; ebenso wie die Chancen ihres Zusammenschlusses und ihrer Begegnung mit anderen Materialien. Woraus eben die neuen Qualitäten in einem

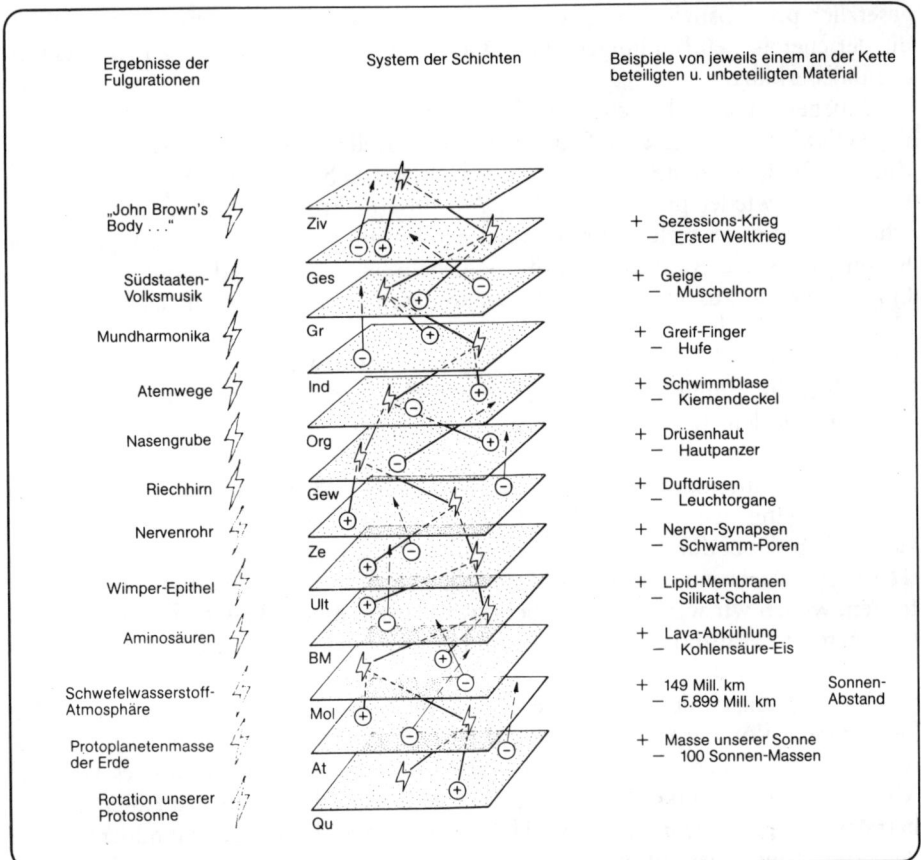

Ergebnisse der Fulgurationen	System der Schichten	Beispiele von jeweils einem an der Kette beteiligten u. unbeteiligten Material
„John Brown's Body..."	Ziv	+ Sezessions-Krieg − Erster Weltkrieg
Südstaaten-Volksmusik	Ges	+ Geige − Muschelhorn
Mundharmonika	Gr	+ Greif-Finger − Hufe
Atemwege	Ind	+ Schwimmblase − Kiemendeckel
Nasengrube	Org	+ Drüsenhaut − Hautpanzer
Riechhirn	Gew	+ Duftdrüsen − Leuchtorgane
Nervenrohr	Ze	+ Nerven-Synapsen − Schwamm-Poren
Wimper-Epithel	Ult	+ Lipid-Membranen − Silikat-Schalen
Aminosäuren	BM	+ Lava-Abkühlung − Kohlensäure-Eis
Schwefelwasserstoff-Atmosphäre	Mol	+ 149 Mill. km Sonnen- − 5.899 Mill. km Abstand
Protoplanetenmasse der Erde	At	+ Masse unserer Sonne − 100 Sonnen-Massen
Rotation unserer Protosonne	Qu	

Abb. 23. *Der Wechsel der Material-Bedingungen* entlang einer Kette von Fulgurationen (Neuschöpfungen) und dem Schichtenbau wachsender Komplexität. Vereinfacht dargestellt durch das Zusammentreten eines neuen Merkmals (links) mit einem anderen (rechts +); verglichen mit jeweils nur einer am Vorgang nicht beteiligten Alternative (−). (Aus R. RIEDL 1978/79.)

solchen Phasenübergang entstehen. Dabei ist es bei allen Systemen mit Geschichte zunächst ganz unbestimmt, was von jenen Ursachen, so fundamental und unaufhebbar ihre Wirkungen auch immer sind, als gesetzlich zu fassen sein wird. Der Rest mag in Alternativen gelegen sein, die sich als einmalig und unwiederholbar erweisen. Wir nennen derlei einen Zufall. Das Schwierigste aber wird die gesetzliche Bestimmung der Disponibilität zu Alternativen sein, sowie die der Phasen-Übergänge von einer Qualität zu jener der nächst höheren Schichte (vgl. Abb. 23).

Von der Materie erfahren wir, daß sich von über 100 Quantenarten nur drei an ihrer Bildung beteiligen. Dabei bilden bekanntlich Protonen und Neutronen Kerne bis zu rund 100 Mitgliedern. Ein Phasenübergang besteht im Einfangen von Elektronen, deren Schwingungsbahnen, den Kern in Form weniger Typen umkreisend, gesetzlich erklärbar werden. Ein weiterer Phasenübergang führt zur Vereinigung von Atomen zu Molekülen. Die Qualitäten wechseln wiederum; einige sind gesetzlich prognostizierbar. Und die Bedingungen des Zusammenschlusses sind als die der chemischen Bindungen alle in Gesetzen formuliert und gelten zu Recht als ebenfalls erklärt.[87]

Daneben entwickeln sich aber schon im Makrokosmos Systeme mit Geschichte; die Galaxien, Sonnen und Planeten. Ihre Verteilung erscheint als Produkt des Zufalls. Die Geschichte der Galaxien jedoch, der Lebenslauf der Sonnen und ihrer Planeten ist wieder prognostizierbar. Auf unserer Erde entsteht ein autokatalytischer Kreislauf, zu welchem sich, aus einer Unzahl von Verbindungen, gerade die Ribonuklein- und Aminosäuren für die Lebensentstehung als disponibel erweisen. Ein Dreiercode aus vier Ribonukleinsäurebasen setzt sich durch. Die gesetzliche Notwendigkeit dieser Alternative deutet sich aber wieder an.

Nun türmt sich ein geschichtlicher Prozeß auf den anderen. Aus den isomorphen, hier im Sinne von zunächst chemisch begründbaren Ähnlichkeiten von Riesenmolekülen, werden homologe Ähnlichkeiten, die also nur mehr historisch, aus gleicher Abstammung, zu verstehen sind. Immer schwieriger wird die Rekonstruktion der durchlaufenen Alternativen. Denn über den Biomolekülen bauen sich Zellen, Organismen mit Geweben, Organe, weiters Sozietäten, Kulturen. Über die zahlreichen dabei durchlaufenen Phasenübergänge (Autopoiesien, Fulgurationen), welche die wachsende Zahl von Materialien zu den neuen Qualitäten zusammenführen, wissen wir wenig: etwas über das wechselseitige Erkennen von Zellen, von Organen und von Individuen. Über die Ursachen der Begegnung von Materialien wissen wir noch weniger (Abb. 23).

Nur die Zustände und Prozesse innerhalb der Schichten sind reichhaltig beschrieben. Von der Cytologie bis zur Metrik. Einheitlich ist auch die Vorgangsweise im Auffinden und Begründen der Antriebs- und Material-Gesetze. Die Methode ist als ›Reduktion‹ geläufig. Und sie besteht darin, aus den Fällen in einer betrachteten Schichte induktiv die Theorie (den Satz, das Gesetz) zu bilden, um sie deduktiv, kontrollierend, aus der jeweiligen Unterschichte weiteren Fällen in der Schichte anzulegen (Abb. 24).

Die Schichten werden also aus ihren Unterschichten erklärt; oder, wie man sich ausdrückt, auf deren Gesetze zurückgeführt oder reduziert. Z.B.: Kulturwissenschaften auf Psychologie, Psychologie auf Neurophysiologie, diese auf Cytologie und Biochemie; oder: Evolution auf Populationsgenetik, diese auf die Chancen der Gene, deren Moleküle und diese auf die Kinetik der chemischen Reaktionen. Ein solcher ›pragmatischer Reduktionismus‹ ist, wie schon seine Erfolge zeigen, zweifellos legitim.[88]

---

[87] Aber schon hier taucht die interessante Frage auf, ob alle Phänomene der Chemie auf Gesetze in der Physik zurückführbar (reduzierbar) wären.« Die Lehrbücher geben nur jene Beispiele, die als Triumph des reduktionistischen Programmes gelten: sagt MARIO BUNGE (1982, Seite 219). Nur »teilweise reduzierbar ist die Festkörper-Chemie und die Quanten-Chemie auf die Quantenmechanik, sowie die Theorie der Festkörper auf die klassische Teilchen-Mechanik, Thermodynamik und Statistische Mechanik; unreduzierbar wie die Biologie auf Chemie oder die Soziologie auf Psychologie« (Seite 220).

[88] Es ist kennzeichnend, daß schon die Namengebung der modernen, fachübergreifenden Disziplinen diesen Trend des materialistischen Reduktionismus wiedergeben. In den zusammengesetzten Hauptworten: ›Kultur-Soziologie‹, ›Sozial-Psychologie‹, ›Sozio-Biologie‹, ›Bio-Chemie‹ und ›Bio-Physik‹ ist stets die Reduktion vom ersten zum zweiten, vom Bestimmungswort zum Grundwort gemeint. Die Umkehrung enthält die ›Physikalische Chemie‹ oder die ›Neuro-Psychologie‹, meint aber de facto dasselbe. — Jede Umkehrung des Erklärungsweges erschiene sehr unzeitgemäß.

Mängel im Material-Konzept

Meint man jedoch, mit diesen Rückführungen das (oder alles) Wesentliche erklärt zu haben, dann hat man auch schon das Wesentliche der Einzelschichte übersehen: die jeweils höhere Systemgemeinschaft und ihre Qualität wurden aufgelöst. Die Ergebnisse sind dabei nicht falsch, dies beweist schon der Erfolg der Methode. Dieser aber legitimiert den Irrtum, die Atomisierung, die Auflösung des Komplexen und so auch letztlich des Menschlichen im Menschen. Dieser ›ontologische Reduktionismus‹ dominiert aber noch immer (immer stärker) die Naturwissenschaften. Obwohl jedermann sehen kann, daß ein einzelnes Gehirn keine Kultur macht, eine Nervenzelle nicht denkt und ein Molekül allein keine Reize leitet.

Selbstredend kann man einiges der Psyche aus der Neurologie erklären, Funktionen der Atmung aus der Biochemie des Zitronensäure-Zyklus und diesen aus den Gesetzen der chemischen Bindungen. Aber keineswegs erklären die Bindungsgesetze das Entstehen des Zitronensäure-Zyklus, dieser erklärt nicht das Entstehen der Atmung und auch die beste Kenntnis der Neuronen allein könnte, wie man zugeben wird, niemals das Entstehen der Psyche erklären. Dabei wäre die Kenntnis dieser Aufbaugesetze für uns offenbar um nichts weniger wichtig als die der Zusammensetzung.

Die Reaktion auf einen solchen Reduktionismus, wie er schon in der Aufklärung und im frühen Positivismus, ja selbst in der Renaissance seine Wurzeln hat, erfolgte spät. Denn, sagt FRIEDRICH VON HAYEK, »Nie wird der Mensch länger auf einem irrigen Weg verharren, als wenn er ihn zunächst zu großen Erfolgen geführt hat.« Und die Wirkung der Reaktionen ist gering. Die Anorganiker haben scheinbar keine Ursache, die Angelegenheit ernst zu nehmen, die Geisteswissenschaften waren der Sache zu fern und die Warner unter den Biowissenschaftlern machten sich zum mindesten des Vitalismus verdächtig.[89]

Zudem stehen Hindernisse der wissenschaftlichen Sozialstrukturen ernsthaft im Wege. Indem man beispielsweise nur analytische Leistungen durch die Widmung von Preisen, Lehrstühlen und Instituten fördert. Das aber ist wieder durch eine einseitige Schulung vorbereitet, und diese nimmt praktisch schon in den Grundschulen ihren Anfang.

Das alles führt dazu, daß wir über die Phasenübergänge von Schicht zu Schicht so wenig wissen, wiewohl unter den Wissenschaftlern niemand daran zweifelt, daß sich Zellen aus Biomolekülen, Vielzeller aus Zellen konstituieren und die Möglichkeiten von Denken und Bewußtsein ein komplexes Nervensystem zur Voraussetzung haben. Das aber, was LORENZ zögernd ›Fulguration‹ genannt hat und die Systemtheorie nun ›Autopoiese‹ nennt, was jenen Phasenübergang meint, das wird dann folgendermaßen mißgedeutet:

»Die entscheidende Frage«, so lautet die philosophische Auslegung, »ist die, ob der Wechsel zwischen verschiedenen Seinsschichten, die von K. LORENZ so genannten ›Fulgurationen‹, das Auftreten von Sinngebilden, von Bewußtsein und Sittlichkeit, überhaupt Phänomene innerhalb einer möglichen, naturwissenschaftli-

---

[89] Das Zitat ist aus F. v. HAYEK (1979, Seite 143). Unter den Warnern aus der Biologie: P. WEISS 1970[2] und 1971, K. LORENZ 1973, R. RIEDL 1976 und 1980 und H. MOHR 1977.

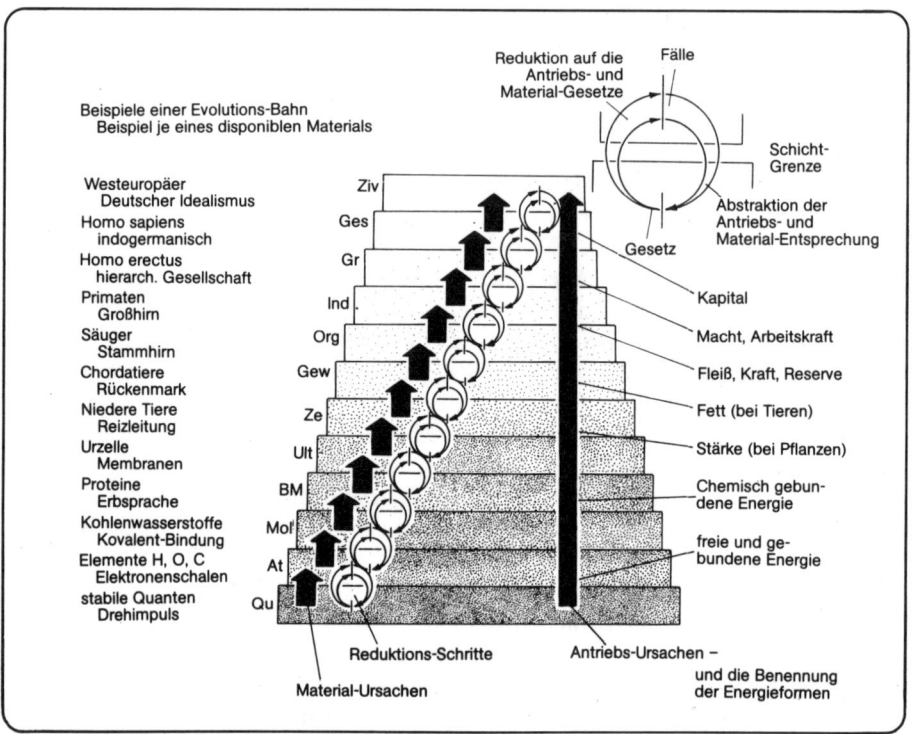

Abb. 24. *Erklärungen aus Antriebs- und Material-Ursachen;* gleichbedeutend mit Rückführung, oder Reduktion einer Schichte auf die Materialien und Energieformen einer Unterschichte. Man beachte den Wechsel der Bezeichnung der Energiespeicher. Rechts oben ein Diagramm der erkenntnisgewinnenden Operation.

chen Erklärbarkeit sind. Und die Antwort lautet nein.« Denn solch ein Begriff hat »den Rang einer ad-hoc-Hypothese; er stellt eine spezial-kreationistische Theorie ohne Gott dar.«[90]

Diese Mißverständnisse sind wohl auch noch durch den Umstand gefördert, daß für unsere Sinne die Materialgesetze mit der Qualität der Schichten wechseln, was zusammen eben zu einer Schichtengliederung der Wissenschaften führte und nun in den unterschiedlichen ›Sprachen‹ dieser Einzelwissenschaften erhärtet. Denn für die materialen Schichtgesetze selbst sind die der Unterschichten zwar Vorbedingung, für deren unmittelbare Verursachung aber, und zwar mit der Schichtenentfernung abnehmend, von immer geringerer Variabilität und erklärendem Wert. Fundamentalität und Erklärungswert verhalten sich gegenläufig. Prognostik, Bekräftigung und Falsifikation ist aber in jeder Schichte getrennt möglich. Ein hierarchisches System von Materialgesetzen kam folglich noch nicht zustande.

---

[90] Das Zitat stammt aus R. SPAEMANN und R. LÖW (1981, Seite 273), Philosophen, die sich, wie erinnerlich, für eine Renaissance einer akausalen Teleologie verwenden, aber gleichzeitig das kausale Teleonomie-Konzept nicht akzeptieren, von dem wir zeigen, daß es gerade jene Funktionen selegiert, die den Autoren dann als zweckvoll erscheinen.

Durch den ganzen, ungeheuren Schichtenbau aber zieht wie ein dünner, geknüpfter Faden die Antriebs-Ursache; und zwar wieder von den Unter- in die Oberschichten. Erst ist es freie Energie, dann, in chemische Bindungen umgeknüpft, gespeicherte; im Lebendigen, dort als Stärke, da als Fett, dann schreibbar als Arbeitskraft, Macht und Kapital (Abb. 24). All das ist wohlbekannt. Und bis in die höchsten Schichten ist ihr Wandel noch gesetzlich faßbar; gewiß bis in den Kaloriengehalt von NAPOLEONS Frühstück, ohne daß wir an solcher Stelle einer solchen Art von ›Antriebs-Ursache‹ noch zu große Bedeutung gäben.

Diese Kontinuität aber verleitet nochmals zum ontologischen Reduktionismus, nun sogar zur Behauptung, daß alles auf Kraftübertragung zurückgeführt werden könnte. So wird behauptet: »Wann immer wir sinnvoll von Kausalität, von Ursache und Wirkung, von kausaler Beziehung sprechen, da werden wir auch den zugehörigen Energieübertrag nachweisen können.« So zeigte es sich: »Die Begriffe ›Kausalität, Ursache und Wirkung‹ usw. kommen in den physikalischen Theorien nicht vor.«[91]

Was aber würden wir aus der Kraft-Übertragung über die Form etwa eines Brückenbaues erfahren, wenn für die Realisation derselben Absicht an Material einmal nur Steinquader, ein andermal nur Seile zur Verfügung wären, davon zu wenige oder gar keine? Und was würden wir uns hinsichtlich von Auswahl-Bedingungen aus dem Energietransfer erklären, wenn die einen durch den Rost fallen, die anderen nicht? Wenn das ›Parlament der Moleküle‹ den Laser einmal nach links strahlen läßt, ein andermal nach rechts. Wenn die Selektion dem einen Hörner aufsetzt, dem anderen ein Geweih, da einen Dom entstehen läßt und dort eine Moschee? Oder wenn die Zerlegung des Dombaus durch Bomben geradesoviel Energie verbrauchte wie seine Errichtung?

Nicht einmal die Material-Bedingungen lassen sich zureichend auf Kräfte reduzieren; es kommt schon bei ihnen, durch die bisherigen Auswahl-Vorgänge, eine zweite Grundqualität dieser Welt hinzu: Information. Und diese wird in den beiden folgenden Bedingungen das Feld sogar beherrschen.

Erklärung aus Zweck- und Formgesetzen

Die Erforschung der Formgesetze hat sich sehr unterschiedlich entwickelt. Man wird sich erinnern, daß es sich um Bedingungen handelt, die mit Selektion, Zuchtwahl, Wahl, Entscheidung, Urteil und ›Vernunft‹ zu tun haben. Es sind jene Einschränkungen, welche ein Außen- oder Obersystem den Bestands- und Erhaltungschancen seiner Binnen- oder Untersysteme vorschreibt. Wir müssen darum wieder Disponibilität ins Auge fassen; nun nicht eines Materials gegenüber möglichen Milieubedingungen, sondern umgekehrt; eines bestimmten Milieus gegenüber möglichen Materialien.

---

[91] GERD VOLLMER (1981, mir nur als Manuskript zugänglich) sind die beiden Zitate entnommen. Sie sind gerade von einem Autor gewählt, dem wir (G. VOLLMER 1975) besonders viel in der Entwicklung der Evolutionären Erkenntnistheorie verdanken. Aber die Orientierung an der Physik läßt die Sicht auf die übrigen Formen der Kausalität wohl nicht zu.

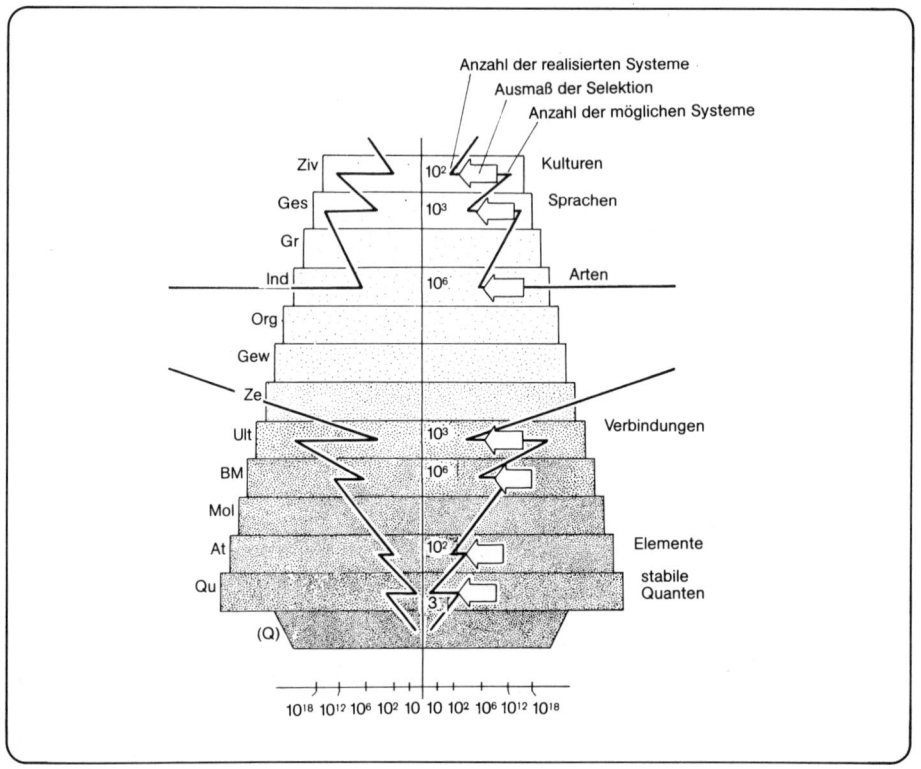

Abb. 25. *Das Ausmaß der eliminierenden Wirkung der Form-Bedingungen.* Je Schichte ist die Anzahl der aus der Unterschichte möglichen oder kombinierbaren Systeme der Zahl der realisierten, oder stabilen Systeme gegenübergestellt (nach R. RIEDL 1978/79).

Nunmehr bestimmen die Eigenschaften und Diversifikationen des Milieus die Chancen des Zusammentreffens und des Zusammenschlusses gleicher wie verschiedener Materialien zur Bildung der Qualität neuer Systemeigenschaften. Dabei ist es bei allen Systemen mit Geschichte zum zweitenmal eine offene Frage, welche Entscheidungen des Milieus, so einschneidend und richtungsweisend auch ihre Folgen sind, rekonstruierbar und gesetzlich faßbar sein würden; und welche anderen Einflüsse auf die Wahl der Alternativen als einmalig und unwiederholbar, als Folge von Zufällen zu verstehen wären.

Dabei sind die Ausschlüsse durch die Formbedingungen stets dominierend. Und im Wachsen der Schichten beginnen die möglichen, aber nicht realisierten Materialien die realisierten bei weitem zu übertreffen (Abb. 25). Diversifikation und Bestandsbedingungen verhalten sich fast gegenläufig. Man bedenke nur, welche Flut ›unmöglicher‹ Ideen unsere Vorstellung im Konfliktfall einer Problemsituation durchfluten, und wie wenige es werden, die uns vernünftig erscheinen; bis wir letztlich doch wohl nur eine einzige realisieren.

Das Ergebnis eines solchen Auswahl-Prozesses wird zwar mit Kraft-Übertragung verknüpft sein und disponible Materialien zur Voraussetzung haben. Aber das Wesentliche bleibt doch etwas, was wir als das Entstehen von Entscheidungen, als Vorhanden- versus Nichtvorhandensein, als Informiertwerden, kurz als Information erleben. Das kann sowohl das Resultat eines blinden Griffes in den Setzkasten sein, als auch das eines höchst absichtsvollen Auslesens des seltenen X oder Q, zwischen den viel häufigeren E oder N. Selbst die Funktion eines Wertes kann das Ergebnis sein; nämlich ›Wert‹ im Sinne einer Voraussetzung für die Folgen der Entscheidung. Dabei kann der Informations-Begriff selbst sowohl als Maß des Zufalls oder der Überraschung verwendet werden als auch umgekehrt als ein Maß für den Auslese- und Konstruktions-Aufwand, als Maß für die erforderliche Instruktion oder gewonnene Kenntnis.[92]

Die Organisation der Systeme, ihre statistische Unwahrscheinlichkeit, wir sagen auch: ihre Entfernung vom thermodynamischen Gleichgewicht, kann man etwa nach der Anzahl der durchschrittenen Alternativentscheidungen bewerten oder nach der noch schneller wachsenden Zahl der nicht realisierten Zustände, welche das System hätte prinzipiell einnehmen können. In solchen historischen Systemen und nicht umkehrbaren Prozessen erweisen sich nun die neuen Systemeigenschaften als nicht vorhersagbar. Wird es rein aus den Untersystemen betrachtet, so fehlt die neue Information im erstgenannten Sinn; im zweiten, komplementären Sinne von Information ist sie eben erst entstanden oder neu geschaffen.

Wird die Entstehung der neuen Formen aber vom Obersystem aus betrachtet, dann werden allerdings Voraussichten möglich. Beispielsweise, wie die bewegte Materie eines Gravitationsfeldes zu einem Spiralnebel, wie deren Subkerne zu Protosonnen und deren Randwirbel zu Planeten zusammengezogen werden; welche Biomoleküle in dem Destilliersystem zwischen Urmeer und Sekundär-Atmosphäre bei Energiedurchflutung entstehen werden; oder welche Code-Eigenschaften, zwischen Kernsäuren und Aminosäuren vermittelnd, die Eiweiße werden entstehen lassen.[93]

Hier schließt das Selektionsprinzip im Sinne von Spencer mit Wallace und Darwin an; nun als der Klassiker unter den Auslese-Theorien. Ihr ist in jüngerer Zeit der Vorwurf einer Tautologie gemacht worden; sie prognostiziere nur das ›survival of the survivor‹; wer aber überlebte, wäre also nicht vorherzusehen. Das ist nun freilich ein Mißverständnis. Denn das ganze Gebiet der Ökologie beschreibt die Bedingungen der Obersysteme, nach welchen bestimmt wird, wer in einer Artengemeinschaft überlebt. Wäre eine solche Voraussicht nicht möglich, wie hätten dann unsere Züchter Erfolg haben können? Selbst über Erfolg und Mißer-

---

[92] Information als Maß für Zufall oder Überraschung geht auf C. Shannon und W. Weaver (1949) zurück. Vergleiche Beispiele in H. Zemanek (1959) und B. Hassenstein (1977). Die Maßeinheit ist das bit, die binäre oder alternative Entscheidung. Nach dem obigen Beispiel hätte das E 2,9 bit, das X 15,6 bit (aus Zemanek). Dieselben Werte wären als Such- oder Konstruktions-Aufwand zu erwarten, wenn diese Zeichen dem Buchstabenhaufen zielvoll entnommen werden sollen. Um diesen Informationsbegriff sind die Bemühungen erst im Gange (L. Brillouin 1956, A. Lwoff 1968, H. Quastler 1964, R. Riedl 1975 und 1976). Der erste Begriff ist mit dem der Entropie, der zweite mit dem von Ordnung, Organisation oder (im Sinne von E. Schrödinger 1951) mit Neg-Entropie verwandt.

[93] Man wird sich hier der Kant-Laplaceschen Nebular-Theorie erinnern und ihrer neuen Form durch Weizsäcker und Kuiper (übersichtlich zusammengestellt in H. Urey 1952); ferner an die Retorten-Experimente mit der Ur-Atmosphäre von Urey und Miller (zusammengestellt in M. Calvin 1969); und an die Entwicklung der Hyperzyklus-Theorie von Eigen und Schuster (vgl. M. Eigen u. R. Winkler 1975). Sie haben alle die Voraussicht auf die neuen Systemeigenschaften aus den Obersystemen im Auge.

folg des Wählens zwischen Partnern, über ›natürliche Zuchtwahl‹, besitzen wir
Voraussicht; daß beispielsweise die stete Auswahl der federprächtigsten Männchen
beim Argus-Fasan die Flugunfähigkeit fördern und ihn unter Bedingungen zum
Aussterben verurteilen werde.

Und mit den Entscheidungsprozessen des Menschen befaßt sich eine ganze
Reihe von Disziplinen. Sie reicht von der Denkpsychologie und der Meinungsfor-
schung über die Gruppendynamik bis in die Kanons der Semantik, Syntax und
Metrik zur Stil- und Kompositionslehre und zur Rechtsfindung.

Die Vorgangsweise des Findens von Form-Gesetzen verläuft nun spiegelbildlich
zur Entdeckung der Material-Gesetze. Sie besteht darin, aus den Fällen nunmehr
einer Unterschichte, induktiv abstrahierend die Theorie, das Gesetz zu bilden, um
dieses deduktiv, kontrollierend aus der jeweiligen Oberschichte, weiteren Fällen in
der Unterschichte anzulegen (Abb. 26). Die Auswahl unter möglichen, alternativen
Dispositionen in der Unterschichte wird aus ihrer jeweiligen Oberschichte erklärt;
oder, wie man sich ausdrückt, auf deren Gesetze zurückgeführt. So wird das
Ausgewähltwerden eines Individuums auf die Gruppe, einer Gruppe auf ihre
Kultur, die Wahl eines Wortes auf den Satz, die Wahl einer Rechtsentscheidung auf
die vermutete Intention des Gesetzgebers zurückgeführt.

Mängel im Form-Konzept

So, wie nun das Auffinden der Form-Gesetze, bezogen auf den Schichtenbau der
Welt, spiegelbildlich zum Finden der Material-Gesetze verläuft, so entdecken wir
auch in unseren Anschauungsformen Umkehrungen zu unserer mangelnden Ausstattung im Materialkonzept.

Zunächst ist da eine angeborene Suggestion zur Vereinfachung des Möglichen
zu erwähnen. Sie schränkt unsere Bereitschaft ein, das ganze Panorama des
Absurden und Hinfälligen, aber im Prinzip Möglichen, in Betracht zu nehmen.
Dies ist eine Vorwegnahme jenes Ausschluß-Verfahrens, welches wir als ›Klärung‹
erleben. Es läßt uns unser Auswählen für eine Auswahl in der Natur halten. Und
das leitet unsere Neigung an, die Dinge, wie sie uns umgeben, ja diese ganze Welt,
für die einzig mögliche zu halten. Man wird sich erinnern, daß LEIBNIZ diese Welt
als die beste aller möglichen beschrieb, oder daß CARL FRIEDRICH VON WEIZSÄK-
KER versuchte, die Physik dieser Welt spekulativ zu begründen.[94]

Heute gilt allgemein, daß unsere Welt aus ihren Ausgangs- oder Antezedenz-
Bedingungen hätte nicht vorhergesehen werden können. Oder doch nicht für
irdische Möglichkeiten. Einmal hat man dem ›LAPLACEschen Geist‹, wenn er die
Bewegung aller Teilchen im Kosmos kennt, zugetraut, alle künftigen Zustände
dieser Welt vorherzusagen. Heute müßten wir ihn ersuchen, HEISENBERGS
Unschärfe-Relation zu berücksichtigen. Er müßte also bei den 10^{80} Teilchen dieser
Welt jeweils auch die Alternativen berechnen: Zwei von ihnen träfen einander oder

---

[94] Hier ist angespielt auf die sogenannte ›Theodizee‹ (G. v. LEIBNIZ 1710), welcher VOLTAIRE in seinem ›Candide‹ (1759) eine Persiflage entgegengesetzt hat. Die Darstellung von C. F. v. WEIZSÄCKER zielt darauf ab, die Grundge- setze dieser Welt zwingend aus deren Ausgangsbedingungen abzuleiten (sie ist mir allerdings nur aus Vorträgen in Erinnerung).

sie träfen einander eben nicht. Freilich würde seine Rechenmaschine dazu der Materie sehr vieler Kosmen bedürfen. Aber selbst wenn er darüber verfügte, würde er als Lösung eine für unsere Begriffe unendliche Zahl möglicher Welten entwikkeln. Nur eine davon ist jene, in welcher gerade jetzt diese Zeilen gelesen werden. Wir würden von ihm, für unsere Begriffe, eben nicht mehr erfahren als, es werde im Prinzip alles möglich sein. Kurzum, die Material-Bedingungen sind eine Voraussetzung aller Form-Bedingungen, aber sie enthalten sie nicht.

Die Unmöglichkeit, Zustände eines Obersystems aus jenen seiner Untersysteme abzuleiten, ist schlechthin das Grundmerkmal für Geschichtlichkeit. Aber das Ausmaß dieser Geschichtlichkeit hatte die Physik bislang unterschätzt. Ja, sie wurde erst dadurch zu einer ahistorischen Wissenschaft eternaler, also vermeintlich zeitlos gültiger Gesetze, seitdem sie Geschichte überhaupt ignorierte. Nun taucht Geschichtlichkeit, wie wir durch HERMANN HAKEN und ILYA PRIGOGINE erfuhren, überall in der Physik unserer Tage auf. Aber von nicht geringerer Bedeutung ist die Einsicht, daß auch die Geschichte unseres Kosmos die schon erwähnten Symmetriebrüche aufweist, daß also auch die vier fundamentalen Wechselwirkungen, die Quanten und die Materie, Geschichte haben, wie das STEVEN WEINBERG zusammenfaßt.

»Der entscheidende und früheste Symmetriebruch zwischen den starken nuklearen Austauschkräften und der Schwerkraft bedeutet«, so resümiert ERICH JANTSCH, »daß strukturierende Kräfte für eine gleichzeitige Evolution im extrem mikroskopischen wie im extrem makroskopischen Bereich bereitgestellt werden.« Und »die unmittelbare Folge des Symmetriebruchs« bedeutet, so setzt er fort: »Makroskopische Strukturen werden zur Umwelt (wir sagten: Obersystem) von mikroskopischen und beeinflussen die Evolution der letzteren (Untersysteme) in entscheidender Weise oder ermöglichen sie überhaupt erst.«[95]

Es hätte darum ein Physiker im Hadronen-Zeitalter kurz nach dem ›Urknall‹ die Materie nicht vorhersehen können und einer an der Protosonne nicht unsere Erde. Die Bedingungen der Materialien und Kräfte dieser Zeiten allein haben die Folgen nicht enthalten. Die Zahl der Möglichkeiten war zu groß. Am Beispiel unserer Sonne werde ich (in Teil 3) anschaulich machen, in welcher Weise die Bedingung des Ensembles, durch Gravitation und Temperatur, die Materie zu neuen Reaktionen führt, und wie deren Veränderung, nun aus den Untersystemen, wieder dem Ensemble, dem Obersystem, neue Rückwirkungen einräumt.

Selbst in der physikalischen Technik ist die neue System-Eigenschaft in den Ausgangsbedingungen auch in Spuren nicht enthalten. Das schon klassische Beispiel ist der Schwingkreis, der entsteht, wenn Kondensator und Induktionsspule zusammenwirken. Nun könnte der Physiker zwar, ist ihm der Schaltplan bekannt, die neue Eigenschaft vorausrechnen. Müßte er den Schwingkreis aber unter allen möglichen Kombinationen, welche die Bauteile zulassen, herausfinden, er könnte

---

[95] In diesem Kontext bin ich meinem Freund ROMAN SEXL für viele Aufklärungen verbunden. Von ihm stammt auch jene Definition der Geschichtlichkeit. Die Zitate sind aus E. JANTSCH (1979, Seite 128–130), dem so früh Verstorbenen ich auch viele wertvolle Gespräche danke. Er hat in diesem Zusammenhang auch schon die Resumées von S. WEINBERG (1977, vgl. besonders die Seiten 199–206) berücksichtigt. Weiters man sehe in H. FRITSCH (1981) und das bei obigen Autoren unter den Stichworten ›Symmetrie-Brüche‹ und ›Eichtheorien‹ Gesagte.

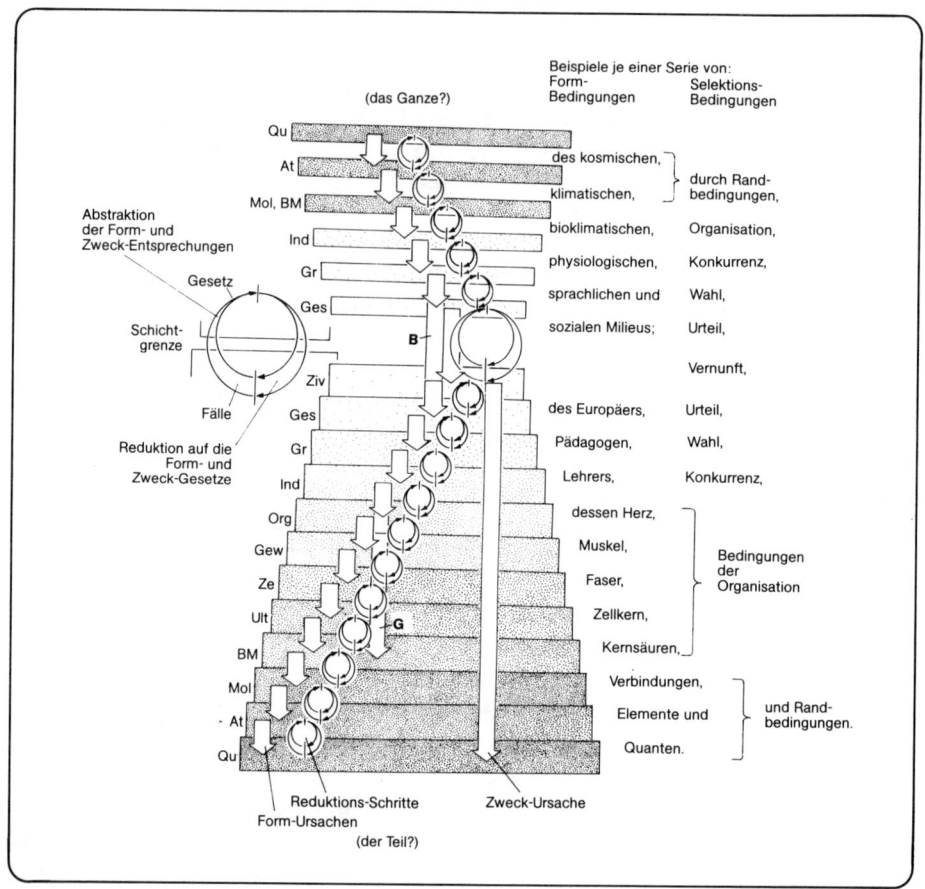

Abb. 26. *Erklärungen aus Zweck- und Form-Ursachen;* gleichbedeutend mit Rückführung der Bau- und Funktions-Eigenschaften eines Systems auf ein Obersystem. Man beachte den Wechsel in der Bezeichnung der Selektions-Bedingungen. Links ein Diagramm der erkenntnisgewinnenden Operation. B = Wirkung der Biosphäre auf den Menschen; G = Wirkung der Phäne auf die Gene.

sie nicht vorhersehen. Selbst in diesem denkbar einfachsten Fall ist die Zahl der Möglichkeiten bereits unüberschaubar. Die Kenntnis des Obersystems, die selektive Entwicklung des Schaltplans, ist zur Voraussicht unerläßlich.[96]

Der Umstand, daß viele anorganische Zustände dennoch auf die Grundeigenschaften der Quanten und die fundamentalen Wechselwirkungen reduzierbar sind,

---

[96] Das Beispiel geht auf BERNHARD HASSENSTEIN und ERNST ULRICH VON WEIZSÄCKER zurück und ist K. LORENZ (1973, Seite 49) entnommen. — Dem füge ich hinzu, daß die vier Bauteile (Stromquelle, Widerstand, Kondensator und Induktions-Spule) nach der Konnektivitäts-Matrix (2^{n^2}) bereits $2^{4^2} = 65.536$ Zufallskombinationen zulließen. Bei zehn Bauteilen wären es $2^{10^2} = 1,3 \cdot 10^{30}$. Um alle zu versuchen (für den Versuch nur eine Minute gerechnet), benötigte ein Physiker bei 4 Bauteilen ½ Jahr, bei 10 Bauteilen rund 10^{25} Jahre (oder eine Billion Physiker die Zeit seit dem Entstehen des Kosmos).

ist auf die Art deren Definition zurückzuführen; denn es zeigt sich, daß diese eben induktiv oder rekursiv aus dem Repertoir an Fällen, die zu beobachten waren, bestimmt und empirisch adaptiert worden sind.[97]

Materialistischer und idealistischer Reduktionismus

Wir hatten uns im vorigen fast ausschließlich mit Physik zu beschäftigen, weil von ihr die ahistorische, euklidische Betrachtung der modernen Wissenschaft ausgegangen ist und damit das reduktionistische Ideal des naturwissenschaftlichen Szientismus. Das ist in den Biowissenschaften und Kulturwissenschaften anders. Diese sind höchstens in der Folge in den Sog des Szientismus geraten. Das haben Konrad Lorenz (zuletzt 1978) und ich (1982) für die Biologie, Friedrich von Hayek (1979) ausführlich für die Soziologie nachgewiesen. Wir können hier auch von einem ›materialistischen Reduktionismus‹ sprechen, weil wir von ihm einen ›idealistischen‹ zu unterscheiden haben werden.

Eine zweite Suggestion betrifft eine Vereinfachung der Abfolgen. So, wie unsere Neigung, die Dinge ahistorisch zu sehen, es nahelegt, pflegen wir auch die Serien der Oberbedingungen verkürzt oder überhaupt nicht in Betracht zu nehmen. Am Beispiel der Bedingungen aus den Obersystemen, die dem erwähnten Lido von Venedig die Ursache sind, werde ich (in Teil 3) noch genauer zeigen, daß man auch in den anorganischen Wissenschaften dazu neigt, die übergeordnete Gesetzlichkeit als stabile Randbedingung zu betrachten. Das ist schon im Aufbau dieser Wissenschaften vorgesehen; daß beispielsweise die marine Sedimentologie die Ozeanographie, diese die Hydrologie und weiter die Meteorologie, die Geophysik, die Astronomie und die kosmische Physik jeweils mit stabil gedachten Bedingungen voraussetzt. Wiewohl sich eine jede dieser Wissenschaften mit den Variablen ihres Gebietes beschäftigt.

Daß sich derlei Vereinfachungen auch innerhalb komplexer Systeme anbieten, hat uns schon die Behandlung der Selektion in der Biologie gezeigt. Der Verhaltensforscher pflegt die Variablen, welche den Anatomen beschäftigen, vorauszusetzen, dieser jene der Histologen, Cytologen und der Molekularbiologen. Das sind nun die Untersysteme, die vorausgesetzt werden. Aber hier im Mittelbereich ist die Situation eine zweiseitige, denn es gelten auch die Obersysteme in der Biologie als Voraussetzung, wie in den anorganischen Wissenschaften. Denn selbstredend setzt der Biochemiker, der jenen Zitronensäure-Zyklus erforscht, voraus, daß sich darüber ein Organ entwickelte, das die Atmung bewerkstelligt; und der Organologe erwartet, daß das Organ im ganzen Organismus seine Funktion erfüllt.

In den Sozial- und Kulturwissenschaften sind es aber, spiegelbildlich zu den anorganischen Wissenschaften, die Untersysteme, deren Eigenschaften vorausgesetzt werden. So gelten etwa den Kunst- wie den Rechtswissenschaften die Bedingungen einer Kultur, ihrer Wirtschafts- und Sozialsysteme, als vorgegeben, den

---

[97] Es handelt sich hier um die Einsicht in den Vorgang der sogenannten ›impliziten Definitionen‹. Zum Unterschied von den expliziten Definitionen werden sie in den empirischen Wissenschaften *a posteriori* durch Adaptierung an den Fällen der Erfahrung bestimmt (in der mathematischen Logik durch schrittweise Erzeugung der Elemente einer Menge oder durch argumentweise algorithmische Bestimmung der Werte einer Funktion).

Soziologen Psyche und Bewußtsein und dem Psychologen die biologische Ausstattung seiner Versuchspersonen. Man mag es wieder als einen pragmatischen Reduktionismus gelten lassen, wenn etwa die Handlung einer historischen Person auf die Haltung seiner Gruppe, diese auf die ihrer Sozietät und weiter auf deren Kultur und deren Zeitgeist zurückgeführt wird.

Dies ist nun ein Reduktionismus nach oben. Wird aber gemeint, daß das wiederum alles wäre, dann ist etwas wie ein ontologischer Finalismus entstanden; dem ontologisch materialistischen Reduktionismus spiegelbildlich entgegenstehend ein ›ontologisch idealistischer Reduktionismus‹.[98]

Durch den ganzen mächtigen Schichtenbau der Auswahl erfolgreicher Subsysteme aber zieht wieder der Faden eines für unsere Anschauungsform einheitlich Begreifbaren: die Zweck-Ursache (Abb. 26). Und wie die Serie der Form-Ursachen verläuft sie von den obersten in die unteren, oft in die untersten Schichten. Zuoberst werden Zwecke und Absichten ihrer Einrichtungen und Gruppen deutlich, aus diesen die der Individuen und deren Handlungen. Weit oben beginnen auch die Zwecke des Überlebens der Arten, welche Zweckentsprechungen wir, wie erinnerlich, durch ihre sämtlichen Schichten hinunterverfolgen können, bis zu jener Wasserstoffbrücke, welche ein Molekül der Erbsubstanz an seiner zweckmäßigen Stelle hält. Und der Zweck ist überall angebbar, im Schichtenbau unserer Sprache nicht minder wie in jenem unserer Maschinen. Nur dort, wo wir keine Vergleichbarkeit mehr mit unserem Handeln erleben, endet unser Begriff der Zwecke; dort im Zweck unserer Erde, da im Zweck eines Moleküls, einer Reaktion, wenn diese dem Leben nicht dienen.[99]

Nur, daß es sich bei den Zwecken um einen ›Ehrentitel‹ handelt, für jenen Ausschnitt eines allgemeinen Prinzips, in dem wir meinen, uns selber zu spiegeln, das wird schwer mitvollzogen. Zweckvoll erscheinen uns in jenem Rahmen nämlich auch nur jene Untersysteme, Strukturen wie Abläufe, von welchen wir annehmen, daß sie zu den Erhaltungsbedingungen des Obersystems erfolgreich beitragen. Die Ausfärbung einer Muschel-Innenseite beispielsweise, die eines Höhlentieres, scheint uns zwecklos; in derselben Weise wie ein Ritual, dessen Herkunft oder Erfolg vergangen oder für uns nicht zu sehen ist.

Und in diesem allgemeinen Sinn gibt es zwischen den Begriffen der organisatorischen Entsprechung von Unter- in Obersystemen nur gleitende Übergänge: von der ›Voraussetzung‹ über die ›Funktion‹, den ›Zweck‹ bis zum ›Sinn‹. Welch letzterer

---

[98] ERICH JANTSCH hat dies (1979) »einen ›Reduktonismus nach oben‹« genannt, »der einem spirituellen Leben entspricht, das ohne Breitenwirkung bleibt«. Damit sind jene deduktiven Ableitungen einbeschlossen, wie sie ihre Ansprüche in militanten Glaubensbekenntnissen, Ideologien und Religionen erheben. »Die spirituellen Übungen des Hinduismus und Buddhismus gingen durchaus nicht immer mit vorbildlichen, offenen Gesellschaften einher« (die Zitate von Seite 397). In unseren Breiten wird man sich der Inquisition und der Behandlung der sogenannten ›Volksfeinde‹ erinnern.

[99] Das sind die Gründe, warum der Zweckbegriff im Anorganischen keinen Sinn hat. Deshalb aber zu meinen, daß es in der Natur schlechthin keine Programme gäbe und weiters keine *causa formalis,* wäre ein Irrtum. Unsere teleonome Lösung des Finalitätsproblems ist darum nicht mechanistisch, sondern kausalistisch. Literatur zu dieser Lösung R. BRAITHWAIT 1968, J. CANFIELD 1966, E. NAGEL 1961, R. RIEDL 1980, 1980 a, 1981 a, A. ROSENBLUETH u. N. WIENER 1950, A. ROSENBLUETH, N. WIENER u. J. BIGELOW 1943 (bis 1968), R. TYLOR 1950 a, 1950 b, und F. WUKETITS 1980 a.

Begriff wieder als ein Titel für jene Zwecke verwendet wird, die uns von dauernder und übergeordneter Bedeutung erscheinen.[100]

Es liegt ein Gradient vor, in welchem sich die teleonomen Voraussetzungen der auf einen Endzustand zulaufenden, nicht umkehrbaren Prozesse verlängern. Ab einer gewissen Komplikation sprechen wir von Programmen. Werden sie nicht mehr rein genetisch gesteuert, nennen wir sie Absichten oder Intentionen. Vor allem dann, wenn sie in unserem Bewußtsein auftauchen. Und daß auch Intentionen nicht aus der Zukunft wirken, das haben wir auch schon festgestellt.

Das Verstehen

Wie man sich erinnert, hat vor allem DILTHEY die Geisteswissenschaften von den Naturwissenschaften durch eine Unterscheidung nach der Methode getrennt und damit in sich geeint. Die erklärende Methode sollte die der Naturwissenschaftler, die verstehende jene der Geisteswissenschaftler sein. Wir wollen auch hier nicht eingehen auf die Austauschbarkeit der Begriffe ›erklären‹ und ›verstehen‹, obwohl das unser Sprachgebrauch zuließe. Wir haben vielmehr vorgeschlagen, das ›Verstehen‹ als eine zweiseitige Form des ›Erklärens‹ aufzufassen. Und da für eine Weise zweiseitiger, dialektischer, man kann auch sagen, rekursiver Erhellung bereits ein Begriff eingeführt ist, will ich ihn hier verwenden. Es ist dies der Begriff der Hermeneutik; eben im Sinne der geisteswissenschaftlichen Methodik SCHLEIERMACHERS oder DILTHEYS, und noch mehr seiner Praxis, wie bei BOECKH in der Philologie; nicht im Sinne seiner philosophisch spekulativen Erweiterung wie bei HEIDEGGER oder GADAMER.

Denn es geht mir hier nicht um eine Aufklärung dessen, was unter ›Einfühlung‹ oder ›Nacherleben‹ zu verstehen wäre und schon gar nicht um das Vorwissen, das hinsichtlich verstandener Sachverhalte erforderlich sein soll. Es geht mir um eine wissenschaftstheoretische Präzisierung der Methode; letztlich darum, die zweiseitige Form des Erklärens in ihrer gesetzlichen Struktur aufzuklären. Man könnte auch sagen, das HEMPEL-OPPENHEIM-Schema, das wir vom materialistischen Reduktionsimus her kennen, spiegelbildlich durch den idealistischen Reduktionismus zu erweitern. Denn dies war ja gerade die Forderung, wie sie von HENRIK VON WRIGHT und WOLFGANG STEGMÜLLER aufgestellt wurde. Ja die Frage, ob jenes Subsumptions-Schema Anspruch auf universelle Gültigkeit haben könne, muß sich daran entscheiden, ob es auch die teleonomen Erklärungen und überhaupt jene aus den Obersystemen aufzunehmen vermag.[101]

---

[100] Zu dieser Debatte bemerkt W. STEGMÜLLER (1983, Seite 644), daß Analogien keine Übereinstimmung bewiesen, auch wenn die Autoren »versuchen, eine möglichst kontinuierliche Reihe zu konstruieren, an deren einem Ende das zielbewußte menschliche Handeln liegt, während wir am anderen Ende auf primitive organische Vorgänge stoßen.« Aus der Evolutionären Lehre aber wissen wir, daß es sich nicht nur um Analogien, sondern um Homologien handelt (K. LORENZ 1973, R. RIEDL 1976, 1980). Die rational intendierten Handlungen bauen auf den ratiomorphen Programmen, wie wir gesehen haben, auf.

[101] Man wird sich der Stellen bei G. v. WRIGHT (1974, Seite 28) und bei W. STEGMÜLLER (1983, Seite 768) erinnern. Und ich darf hinzufügen, daß mir die Praxis des Biologen diese Forderung vor Augen stellte und nicht diese beiden Autoren. Um so mehr begrüße ich es, sie nun auch von so kompetenter Seite bestätigt zu finden. Im übrigen vergleiche man W. DILTHEY (1883), H.-G. GADAMER (1960), A. BOECKH (1966).

Im Zentrum der hermeneutischen Methodenlehre wie ihrer Problemgeschichte steht nun der sogenannte ›Hermeneutische Zirkel‹. Die übrigen Hermeneutik-Probleme (siehe Teil 4) sind eher dessen Folgen. In diesem ›Zirkel‹ wird angenommen, daß das Verstehen, zum Unterschied vom Erklären, auf einem Kreisprozeß, einer Dialektik, einem Prinzip wechselseitiger Erhellung beruhte. Die Gegenstände, aus welchen diese Erhellung erfolgt, sind dabei stets der Teil und das Ganze eines, in unserer Sprechweise, komplexen Systems. Das Verstehen müsse, so lautet die methodische Anweisung, nicht nur aus dem Teil das Ganze, sondern gleichzeitig aus dem Ganzen seine Teile interpretieren.

Diese Vorgangsweise hat für die Möglichkeiten unserer Anschauung etwas Verwirrendes. Und ich schreibe es den erblichen Anpassungsmängeln unserer Anschauungsformen zu, daß dieser Methode des hermeneutischen Zirkels von Anbeginn mißtraut worden ist. Die ›Kausalforscher‹ haben ihn vielfach als Zirkularität des Schließens abgetan. Aber auch die Geisteswissenschaftler scheinen sich nicht stets der Berechtigung ihrer Methode gewiß; wozu die Bezeichnung dieser Methode beigetragen haben mag. (Davon wird in Teil 4 ausführlich die Rede sein.)

Für unsere Darstellungsweise, nach dem Schichtenbau der realen Welt und nach der Lage unserer vier Anschauungs-Qualitäten von den Ursachen in derselben, liegt jedoch die Lösung auf der Hand; und nicht minder ihre Begründung. Ich habe dargelegt, daß es für unser Erlebnis, etwas für erklärt zu halten, genügt, die Sache als einen Fall innerhalb einer allgemeineren Korrelation prognostizieren zu können; eines allgemeinen Bezugs, gleich aus welcher Richtung. Dabei wird unser Wahrnehmungsapparat keineswegs durch den Umstand alarmiert, daß es neben der jeweils einen verwendeten Anschauungsweise stets noch drei andere gibt. Zwar stehen sie alle zur Verfügung, aber die Kettenform, in welcher uns Bedingungs-Zusammenhänge erscheinen, ihre Exekutierung seit unserer Kleinkinderzeit und ihre nachfolgende, kulturbedingte Bekräftigung und Durchsetzung lenkt den Blick ab. Unsere ›faule Vernunft‹, würde hier KANT sagen, das lustbetonte Erlebnis erweiterter Voraussicht, welchem bereits eine der hierarchischen Reihen von Gesetzen genügt, läßt uns mit dem unverkennbaren Erfolg der Lösung zufrieden sein. Ja, die Komplexität einer solche Hierarchie von Zusammenhängen macht uns Mut, einen jeweils gegenläufigen Zusammenhang gar nicht anzuerkennen und der ungewissen Konsequenzen wegen sogar glattwegs auszuschließen.[102]

Wir mögen zwar noch, im Besitze unseres naiven Verstandes, fest im Sattel einer zweifachen Ursachen-Erwartung zu sitzen. Es scheint dann eher unsere spekulative Vernunft zu sein, welche uns die beiden so darstellt, als ob wir jeweils zwischen Alternativen zu wählen hätten. Und es ist zuletzt das Pathos jeweils einer unserer beiden unverträglichen Kulturen und ihrer Paradigmen, der wir es, wie erinnerlich, verdanken, links oder rechts aus dem angestammten, wohladaptierten Sitz zu gleiten; materialistisch oder idealistisch.

Gelingt es aber, diese Rationalisierung zu durchschauen, sie mit Hilfe der evolutionären Lehre vom Erkenntnisgewinn auf die Fehler zurückzuführen, die aus

---

[102] Dieser »faulen Vernunft«, sagt KANT, dienen alle »oft nur von uns selbst gemachten Zwecke dazu, es uns in der Erforschung der Ursachen recht bequem zu machen…« (zitiert aus R. EISLER 1930, Seite 628). Andersseits ist unsere erbliche Ausstattung so ›fleißig‹, daß sie uns dazu verleitet, auch im Zufälligen Gesetzlichkeit zu finden, wie wir uns aus vielen Experimenten in der Denkpsychologie wissen (z. B. P. HOFSTÄTTER 1972).

der beliebig weiten Extrapolation gewisser Anpassungsmängel resultieren, dann kann es wieder möglich werden, beide Erklärungsrichtungen gleichzeitig zu begründen: Nachzuweisen, daß jedes Verständnis, zum mindesten was Systeme mit Geschichte betrifft, unvollständig bleiben muß, wenn nur eine Erklärungsrichtung verwendet wird. Jede der beiden Ursachen-Seiten enthält dann zwar notwendige, nicht aber die zureichenden Gründe für unser Verstehen.

Kurz: meine Interpretation der hermeneutischen Methode nimmt an, daß sie beide Richtungen der Erklärung zusammenfaßt; daß ein solches Konzept der Ursachenstruktur dieser komplexen Welt gewiß näher kommt. Und daß sich damit jene höhere Isomorphie zwischen den Möglichkeiten unseres Denkens und unserer Welt in einer dritten Schichte zeigt und nochmals als ein Produkt der Anpassung verstehen läßt.

Ein Wechsel von Gesetz und Fällen

Hier sind wir am Kern meiner These. Ein solcher Wechselbezug der Erklärung, wie ich ihn postuliere, verlangt den Nachweis, daß die Positionen des *Explanandum* und des *Explanans*, also das zu Erklärende und seine Erklärung, ihre Stellung vertauschen könnten. Dies ist zu fordern, wenn wir weiter an der Einsicht festhalten wollen, daß wir unter einer Erklärung die Subsumption von Fällen unter einem Gesetz verstehen; daß das Gesetz induktiv abstrahierend aus seinen Fällen versuchsweise gebildet und deduktiv prognostisch an seinen Fällen geprüft, also bestätigt oder widerlegt wird.[103]

Nun erweist es sich noch als verhältnismäßig leicht, von den hierarchischen Systemen der Antriebs- und Material-Ursachen einmal abzusehen und zu der der Form- und Zweck-Ursachen hinüberzuwechseln und umgekehrt. Viel schwerer ist es, beide gemeinsam zu sehen. Schon die exekutive, lineare Form unserer Sprache ist dem Vorgang im Wege. Und auch sie ist nur ein Ausdruck eben unseres exekutiv-linearen Denkstils. Es ist darum geraten, sich zunächst in nur eine Komplexitätsschichte eines Systems zu begeben, um dort gedanklich, gewissermaßen am Absatz, jene Wendung vorzunehmen, die den Blick einmal durch die Untersysteme in die Richtung auf die Teile lenkt, ein andermal durch die Obersysteme auf das Ganze.

Ich will es auch nicht bei abstrakten Definitionen bewenden lassen. Meine Absicht ist es ja stets, auf die Pragmatik der Forschung zuzusteuern. Darum will ich Beispiele geben. Aber je eines aus dem natur- und dem geisteswissenschaftlichen Lager soll hier genügen, denn der ganze Band ist darauf angelegt (in den Teilen 3 und 4), die Methode in den einzelnen Wissenschaften speziell zu prüfen. Beide Beispiele sollen die Abbildungen 27 und 28 illustrieren.

---

[103] Wie erwähnt, haben schon ROSENBLUETH, WIENER und BINGELOW (1943) teleologe (teleonome) Prozesse auf die Wirkung negativer Rückkoppelung zurückgeführt. Das trifft auf alle Auswahlvorgänge durch die Einschränkungen zu, welche die *causa formalis* immer setzt. Die Autoren sahen aber nicht, eine Form der Kausalität vor sich zu haben. Anders schon R. BRAITHWAIT (1968), der, wie von WRIGHT (1974, Seite 157) zustimmend bestätigt, »ausdrücklich die Auffassung« vertritt, »daß teleologische Erklärungen, sowohl von intentionalen zielgerechten Tätigkeiten, als auch von zielgerichtetem Verhalten allgemein, auf (Formen von) Kausalerklärungen reduzierbar sind.«

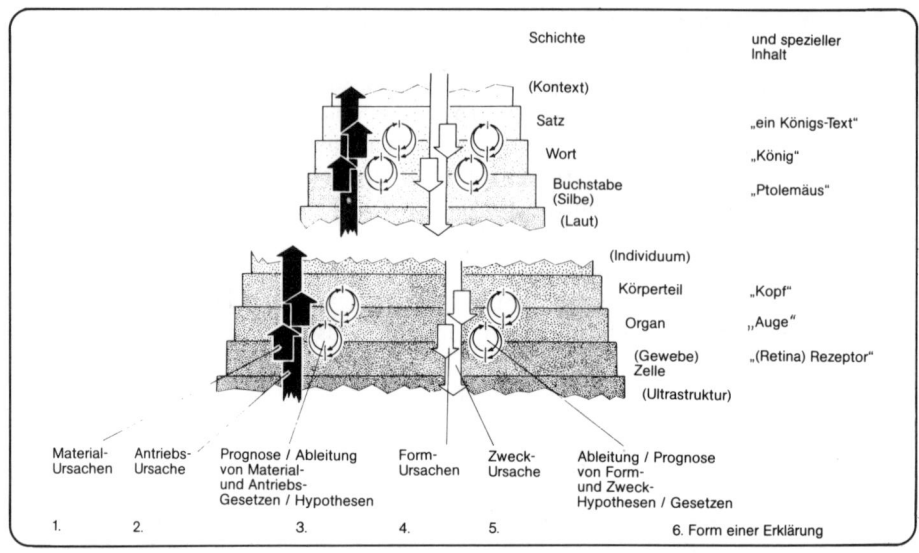

Abb. 27. *Die Operation des Verstehens als zweiseitige Erklärung;* in der Form eines wechselweisen Kenntnisgewinns durch die Erklärung einer Schichte aus der Unter-, wie aus der Oberschichte. Illustriert sind hier die beiden im Text ausgeführten Beispiele. Man beachte die gegenläufigen Operationen in jedem Schichtbezug und ihre Entsprechung mit der Aufklärung der Form- und Material-Ursachen (vgl. dazu die Abb. 24, 26 und 28).

Wir stehen wieder vor der Deutung eines Organs; ein Pigmentfleck ist deutlich; kann es ein Auge sein? Hier kann einmal die Form-Hypothese Aufschluß in der nächst übergeordneten Schichte suchen; in der Körperregion, im Kopf des Organismus (Abb. 28 A). Betrachten wir die Theorie, es werde sich hier um den Kopf des Organismus handeln, als das Verläßlichere, dann wird das hypothetische Auge zum Fall unter Fällen; aus diesen folgt induktiv die Form-Hypothese ›Kopf‹; und aus der ›Kopf-Hypothese‹ kann nun deduktiv das Form-Gesetz formuliert werden; z. B. mit der Prognose: ›ein Augennerv werde das Organ mit dem nahen Hirn verbinden‹. Die Prüfung liefert Bestätigung oder Widerlegung. — Gleicherweise kann aber auch Aufschluß aus der Unterschichte gewonnen werden, in den Bauteilen jenes hypothetischen Auges. Scheint uns, im Vergleich zur ›Augen-Hypothese‹, die Theorie verläßlicher: ›Ein Auge muß Photorezeptoren besitzen‹, dann wird das hypothetische Auge nochmals zum Fall, aus welchem sich (28 C) induktiv die Rezeptor-Hypothese zusammensetzt; nun aber, in der Gegenrichtung, als Material-Hypothese formuliert. Und von dieser aus wird deduktiv das Material-Gesetz formuliert, z. B. mit der Prognose, in welcher Anordnung die Photorezeptoren zu erwarten sein werden. Wieder wartet Bekräftigung versus Enttäuschung.

Nun kehren wir das Gedankenexperiment um (Abb. 28 B, D). Wir nehmen an, die verläßlichste Wahrnehmung oder Theorie im vorliegenden Schicht-Zusammenhang hieße: ›das ist gewiß ein Auge‹. Dann kann aus ihr einmal das Material-Gesetz folgen: ›Jenes ist der Kopf‹, mit der Prognose: ›er wird Hirn und Augennerv enthalten‹ (28 B). Denn die Theorie ›Auge‹ ist als Material-Hypothese aus allen jenen Kopfbildungen formuliert worden, die hier einschlägig erscheinen. — Ein andermal läßt die Theorie ›Auge‹ das Form-Gesetz folgen: ›Es enthält die entsprechenden Bauteile‹, mit der Prognose: ›Es werde Photorezeptoren enthalten‹ (28 D). Denn die Theorie ›Auge‹ ist als Form-Hypothese aus allen Fällen seiner Bauteile formuliert worden.

Diese Schilderung des Vorgangs der Wechselbetrachtung macht, wie ich erwarte, auf dreierlei aufmerksam. Zuerst wird es fast als selbstverständlich erscheinen, einen Gegenstand wechselweise als bestimmt oder unbestimmt anzusehen; als Gesetz oder als Fall; als Ausgangs- oder Bestimmungsort der Untersuchung. Zweitens wird man den Wortreichtum, wie er zur Beschreibung erforderlich erscheint, als unverhältnismäßig groß empfinden. Daraus kann man, drittens, bestätigt finden, daß wir zu einer solchen Lösung ratiomorph, also vorbewußt, besser ausgestattet sind, als es rational unsere Analyse und Sprache erlauben.

Eine Symmetrie der Hierarchien

Und nun noch zur Hierarchie dieses Zusammenhangs (Abb. 27). Der Blick gegen die Obersysteme, sollen in seiner Richtung auch die Erklärungen laufen, etwa vom Zell- oder Gewebs-Horizont aus gesehen, muß zunächst aus der Hypothese ›dies ist eine Retina-Zelle‹ die aus den Fällen zu erwartenden weiteren Bauteile des Organes ›Auge‹ prognostizieren (Abb. 28 C). Eine Theorie, welche beispielsweise mit dem Nachweis einer Linse, eines Pigmentschilds und eines Sehnervs weitere Bestätigung findet. Im zweiten Schritt wird die Hypothese: ›dies ist ein Auge‹ die aus den vergleichbar bekannten Fällen zu erwartenden weiteren Bauteile des Körperteiles ›Kopf‹ prognostizieren (28 B). Eine Sub-Theorie, welche beispielsweise mit dem Nachweis von Schlund, Hirn und Tastorgan erhärtet wird. Im dritten Schritt wird die Hypothese: ›dies ist der Kopf‹ die Beziehungen zu den übrigen Körperteilen prognostizieren, und so fort. — In umgekehrter Richtung werden aus der Theorie ›Kopf‹ dessen Teile prognostiziert (28 A), aus den Theorien seiner Organe deren Gewebe und aus den Theorien der Gewebe (28 D) deren Zellbestandteile. Theorien, die nun mit dem Blick und der Erklärung in Richtung auf die Untersysteme an der Prognose derer Teile scheitern oder bekräftigt werden.[104]

Die Erklärungs- und Blickrichtung gegen die Obersysteme enthält die sich nach oben hierarchisch mehrenden Material-Gesetze und im Ganzen die *causa efficiens:* Die Erklärungs- und Blickrichtung gegen die Untersysteme die sich nach unten hierarchisch mehrenden Form-Gesetze und im Ganzen die *causa finalis,* die Bestimmung ihrer Funktionen und Zwecke. Nehmen wir nun das zweite Beispiel:

Stellen wir uns nun die Deutung einer Hieroglyphe vor; ein Rahmenzeichen ist deutlich; es könnte ›König‹ bedeuten. Scheint diese Annahme unverläßlicher als jene in den Nachbarschichten, dann wird aus diesen der Aufschluß gesucht

---

[104] Der Biologe sei erinnert, daß ADOLF REMANE schon 1952 (2. Aufl. 1971) diesen Wechsel der Blickrichtung geahnt haben muß. Seine Homologie-Kriterien geben das wieder. Das ›Kriterium der speziellen Qualität‹ entspricht der Sicht aus den Untersystemen und damit der *causa materialis,* das Kriterium der ›Lage‹ der Sicht aus den Obersystemen und damit der *causa formalis,* welche die Zwecke der Subsysteme erklären. Dies ist in R. RIEDL 1975 ausgeführt.

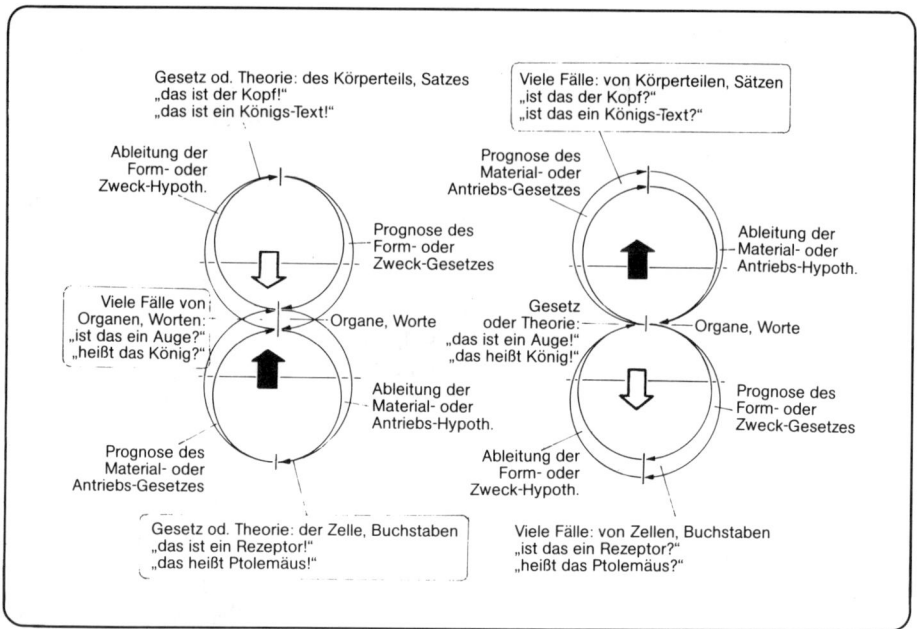

Abb. 28. *Die vier Operationen im Prozeß des Verstehens;* anhand der beiden im Text ausgeführten Beispiele (man vergleiche dazu die Abb. 27). Die vier erkenntnisfördernden Bezüge A bis D beziehen sich auf das Obersystem (A und B), auf das Untersystem (C und D), schließen von den Nachbarschichten auf die Zwischenschichte (A und C), oder von der Zwischenschichte auf die Nachbarschichten (B und D). Somit wechseln Fälle und Gesetz und ebenso Material- und Formerklärung.

(Abb. 28 A, C). Das Zeichen wird zum fraglichen Fall. Die Form-Hypothese (28 A) läßt aus den Fällen des Zeichens die Theorie des Satzes bilden. Und die Form-Gesetze eines Satzes lassen das Vorkommen und in diesem die Lage des Wortes zur Prüfung prognostizieren. Die Material-Hypothese wiederum (28 C) läßt aus den Fällen des Zeichens in ihm eine Theorie der Buchstabenfolge der Königsnamen bilden. Und die Material-Gesetze der Buchstaben bekannter Königsnamen lassen durch ihr Vorkommen die hypothetische Bedeutung des Rahmenzeichens wiederum bekräftigen oder widerlegen. — Kann im umgekehrten Falle das Rahmenzeichen ›König‹ als das wahrscheinlichste gelten (Abb. 28 B, D), dann können aus dieser Theorie die Material-Gesetze der Sätze (28 B), sowie die Form-Gesetze, die Buchstabenfolgen (28 D), prognostiziert werden. Man wird sich erinnern, daß eben dieses Beispiel zum Kern der Methode gehört, mit welcher CHAMPOLLION 1822 die Hieroglyphen entzifferte.[105]

Hierarchisch liefert die Erklärungs- und Blickrichtung gegen die Obersysteme vom Horizont des Zeichens aus die Prognose der Zeichen-Bedeutung aus den Fällen der Worte (28 C), wie gegenläufig die Hypothese dieser Bedeutung aus den Worten. Und das Wort muß die Prognose (28 B) nun seiner Bedeutung aus den

---

[105] Eine populäre Darstellung findet man in E. DOBLHOFER 1957, eine fachlichere bei J. FRIEDRICH 1954; in beiden weiterführende Literatur. Der Leser wird sich (aus der ›Einführung‹ erinnern, daß es die vorliegende Methode der Entzifferung war, die mich zur Erwartung einer zweiseitigen Erklärung führte.

Fällen der Sätze prüfen, an welchen sie Bekräftigung finden oder scheitern kann. — Umgekehrt entsteht und prognostiziert der Satz den Sinn seiner Worte (28 A) und das Wort den Sinn seiner Zeichen (28 D).

Hier nun steht die *causa materialis* gleich der ›Bedeutung‹ und die *causa finalis* gleich dem ›Sinn‹ aller Systemschichten einer Schrift, gewissermaßen auf gleicher Höhe mit der Herkunft unserer Alltagsbegriffe von ihnen. Und dennoch wird auffallen, daß es einer gewissen rationalen Disziplin bedarf, um die Wechsel der Erklärungsrichtungen unverwirrt vorzunehmen. Ratiomorph hingegen tun wir dies so schlafwandlerisch richtig wie unbedenklich. Dies ist leicht mitzuvollziehen:[106]

Gesetzt den Fall, wir lesen eine Fremdsprache recht gut, begegnen aber einem Wort uns unbekannter Bedeutung. Dann greifen wir nicht stets zum Wörterbuch, sondern vertrauen zu Recht darauf, daß unsere (zunächst sogar noch unbewußte) Hypothese seiner Bedeutung mit den Fällen der Sätze, in welchen es wiederkehrt, immer eindeutiger werden wird. Wir erfahren also die Bedeutung eines Wortes aus dem Sinn der Sätze (dies ist der Fall 28 B). Und wir zweifeln umgekehrt ebensowenig daran, daß wir den Sinn eines Satzes aus der Bedeutung seiner Worte erfahren (28 A). So einfach ist schließlich auch das Prinzip dieser Symmetrie.

Ausgangspunkt und Richtung des Verstehens

Zu den Folgeproblemen des ›hermeneutischen Zirkels‹ gehört in der philosophischen Literatur die Frage, an welcher Stelle eines Zusammenhangs und in welcher Richtung mit der Analyse begonnen werden müßte. Wir betrachten den Vorgang hingegen als ein analytisch-synthetisches oder deduktiv-induktives Wechselspiel, als eine Symmetrie ohne Vorzugsrichtung.

Der Wandel in der Erklärungsrichtung hat zunächst mit jenem Wechsel zu tun, in dem einmal die eine, dann die andere Schichte des hierarchischen Systemzusammenhanges als verläßlicher erkannt scheint, oder es tatsächlich ist. Man erkennt daran, daß es gleichgültig ist, welche Stelle und welche der Schichten als Ansatz betrachtet wird. Der Vorgang bildet einen sich selbst korrigierenden Prozeß der Optimierung.

Daraus folgt, daß es für den Ausgang dieses optimierenden Verstehens-Prozesses von keiner Bedeutung ist, ob von den obersten, den untersten Schichten ausgegangen wird, oder aber von irgendeiner Zwischenposition. Und man versteht, daß diese Frage den Hermeneutikern ein Problem geworden war. Denn die Erklärung von der Unterschichte aus konnte wie eine materialistische Lösung erscheinen, um mit einer idealistischen, einer von der Oberschichte ausgehenden Erklärungsfolge, nur in Konflikt zu geraten (ich komme in Teil 3 und 4 darauf zurück).

---

[106] Es mag wundernehmen, daß hier von Fällen, Hypothesen und Prognosen in biologischen, philologischen Kontexten und sogar im ratiomorphen Prozeß des Kenntnisgewinns die Rede ist. Eine Nomenklatur, die sich bislang an der Schärfe physikalischer Gesetzlichkeit herausgebildet hat. Hier wird ›Gesetz‹ jedoch im allgemeinen Sinn einer Ordnungsregel verwendet, die das, was geschehen soll (festzustellen sein wird), vorschreibt (prognostizieren läßt). Das physikalische Gesetz ist darin ein (wenn auch vielleicht erstrebenswerter) Extremfall.

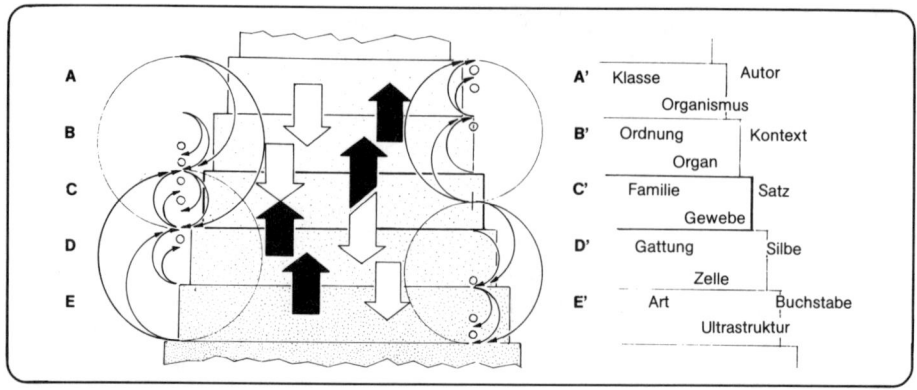

Abb. 29. *Die vier Operationen des Verstehens in der Schicht-Hierarchie.* Bezogen auf die Schichte (C, C'; Familie, Gewebe, oder Satz) werden jeweils die Fälle der Hypothesen für die Gesetzesfindung in den Form- und Material-Bedingungen gewonnen (A–E) und die Schichte aus jenen zweiseitig erklärt. Oder die Material- und Formgesetze werden aus der Schichte selbst entwickelt und aus den Nachbarschichten (A'–E') bestätigt (vgl. Abb. 30).

Auch ein zweites Problem konnte die Folge sein. Die Frage nämlich, was den einen versus den anderen Ansatz überhaupt rechtfertigte. Und ein drittes: ob eine solche Argumentation in Kreisen nicht am Ende doch einen Zirkelschluß enthielte (siehe besonders Teil 4).

Alle diese Bedenken meinen wir zerstreuen zu können. Mit ERHARD OESER haben wir begründet, daß der gesamte Erkenntnisprozeß »keinen absoluten Anfang« hat, »keine ersten Tatsachen und letzten Gründe«. Er beginnt mit der Entstehung des Lebens und wird über unseren ganzen Stamm, wie KONRAD LORENZ gezeigt hat, zur Grundlage unseres Erkenntnisvermögens und unserer angeborenen Anschauungsformen. Er beginnt, wie wir uns erinnern, mit einem einfachen Schraubenprozeß aus Erwartung und Erfahrung. Aber schon dort verzweigt er sich (Abb. 4, Seite 53). Die jeweilige Theorie ist ja stets aus einigen bis sehr vielen Fällen entwickelt.[107]

Damit ist es auch kein Zirkel, sondern ein Schraubenprozeß, dessen Steigung der Optimierung entspricht. Zudem doppeln sich die Bahnen beider Kreishälften je nach der Bekräftigung oder Enttäuschung der Theorie. Die Zweigung wiederum, an der Zahl der Fälle ansetzend und deren Subsumption unter eine Prognose, ist der Ansatz zum Eindringen in jenen Wechselbezug, welchen wir als Erklärung erleben. Jeder Fall kann zur Theorie weiterer Subfälle, und jede Theorie zum Fall einer übergeordneten werden (Abb. 20 und 21, Seiten 104 und 109). So entsteht eine Hierarchie von Fällen und Gesetzen, hindurch durch die ganze Hierarchie des Schichtenbaues der Welt. Eine Hierarchie zudem in doppelter, spiegelbildlicher Form, da sich alle Schichten als deren wechselseitige Ursache erweisen (Abb. 27 bis 30).

---

[107] Die Schlüssel-Literatur, wie erinnerlich, in K. LORENZ 1973, E. OESER 1976 (das Zitat aus Band 3, Seite 119), R. RIEDL 1976, 1978/79, 1980. Die weiteren Entwicklungen in K. LORENZ 1978, 1983, E. OESER 1983, 1983 a, R. RIEDL 1980 a, 1983, K. LORENZ u. F. WUKETITS 1983.

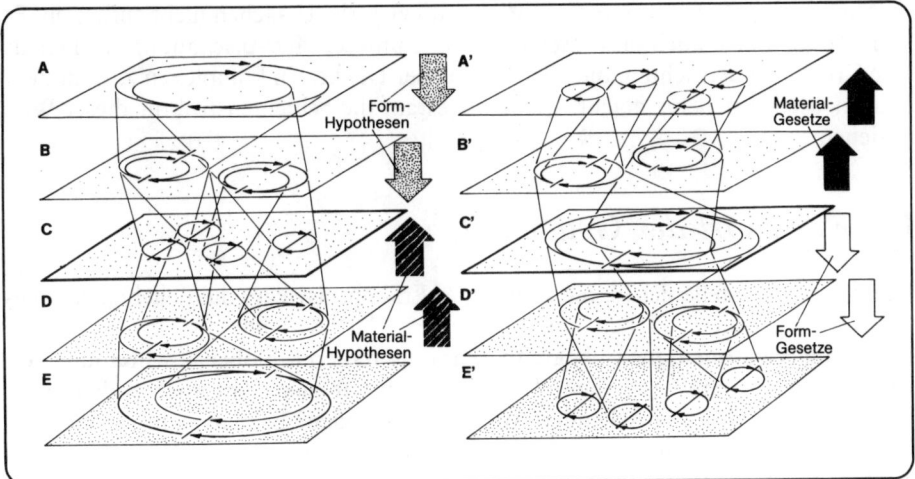

Abb. 30. *Die Verstehens-Operationen in der Schicht-Hierarchie* (wie in Abb. 29, in räumlicher Darstellung). Man beachte, daß die Bezüge mit dem Wechsel der betrachteten Schichte, etwa von C (wie im vorliegenden Beispiel) zu B oder D ebenfalls wechseln werden. Und man bedenke auch die Weiterführung des Prinzips in den sich eventuell noch (über A und E) anschließenden Schichtenbau (vgl. Abb. 20 und 21 sowie die Abb. in den Teilen 3 und 4).

Wir verstehen darum die spiegelbildliche Spaltung, den Versuch einer materialistischen und einer idealistischen Welterklärung, die Spiegelbildlichkeit der exekutiven Erklärungswege, die Einseitigkeiten in der Szientistik sowie die Verunsicherung in der Hermeneutik. Und da über diese doppelte Hierarchie alle Fälle und alle Theorien miteinander verknüpft sind, sehen wir auch die Beliebigkeit des forschenden Ansatzes (Abb. 29, 30).

Auch dies kehrt in unserer Anschauungsform wieder. Denn freilich fassen wir stets alle uns begreiflichen Schichten gleichzeitig ins Auge, um bei unseren letzten Beispielen zu bleiben: von der Theorie, es handle sich um einen ganzen, materiell durchorganisierten Organismus, bis zur Theorie, daß selbst seine Moleküle zweckvoll plaziert sein werden; von der Theorie, es werde sich um eine durchaus sinnvolle Schrift der Ägypter handeln, bis zur Theorie, daß jeder Meißelschlag voll der bedeutungsvollen Absicht geführt worden ist. Und wir verstehen nur zu gut, warum zwar nicht unsere unreflektierte Erwartung, wohl aber unsere rationalen Kräfte sich vor Problemen fanden.

In diesem Sinne haben wir das Subsumptions-Schema der Erklärung, wie es auf HEMPEL und OPPENHEIM zurückgeht, spiegelbildlich verdoppelt und damit die *causa materialis* und *efficiens* der Naturwissenschaften mit der *causa formalis* und *finalis*, wie sie in den Bio- und Sozialwissenschaften unentbehrlich sind, vereint. Man kann auch sagen, wir hätten das Schema vervierfacht, weil es neben den deduktiven auch die induktiven Verläufe des erkenntnisgewinnenden Algorithmus mit einbezieht. Dies vom Szientismus her gesehen. In bezug auf die hermeneutische Methode der Geisteswissenschaften dagegen handelt es sich um eine erkenntnistheoretische Begründung jener wechselseitigen Erhellung.

Aber nochmals sei gesagt: diese Welt muß viererlei Ursachen nicht enthalten. Es muß uns genügen, auch diese meine Synthese unserer vier Anschauungsformen als eine Krücke zu betrachten, die allerdings unser Denken in komplexen Zusammenhängen wieder sicherer macht, wenn wir es auf die Schichtenstruktur dieser Welt beziehen.

Über den Ort der Gewißheit

Ist nun nicht anstelle der klaren Linie eines Erkenntnisweges die Beliebigkeit eines Gespinstes getreten? Haben wir nicht zuerst das, was wir als eine endgültige Erklärung erwarteten, ins Unbegreifbare immer fernerer, bloßer Beschreibung von Korrelationen hinausgeschoben? Und entziehen wir hier nicht noch zudem jeder Bestimmbarkeit eines forschenden Ansatzes den Boden? Es mag nicht wundernehmen, das so zu empfinden, denn dieser Unterschied zwischen Erwartung und Realität kann wieder jenem entsprechen zwischen unserer ratiomorphen Ausstattung und ihrer Belehrung durch das unserer reflektierenden Vernunft zugängliche Gefüge der realen Welt. Dieser Unterschied ist selbst ein Ergebnis unserer Untersuchung.[108]

Denn unser Erkenntnis-Mechanismus ist eben, wie HOIMAR VON DITFURTH (1976) so schön sagte, nicht für die Zwecke der Wissenschaften, sondern für die des Überlebens geschaffen worden. Die vereinfachten Isomorphien, die er enthält, haben uns Menschen folglich auf erste Tatsachen und letzte Gründe hoffen lassen und in ihnen auf irgendwelche erste und letzte absolute Gewißheiten. Wieder ein euklidisches Ideal, mit wenigstens einem archimedischen Punkt; und so, als ob von diesem ›Ort der Wahrheit‹ alle anderen, geringeren Wahr- und Gewißheiten trigonometriert werden könnten.

Man hat diesen Punkt entlang unserer ganzen Kulturgeschichte immer wieder gesucht und vermeint, ihn in den *causae exemplares,* in den letzten Zwecken Gottes, im *cogito ergo sum* des DESCARTES, in den Axiomen der Geometrie oder in jenen der Logik zu finden. Und tatsächlich ist dieser gespenstische Ort noch immer um uns. Er hat mit unseren geistesgeschichtlichen Umbrüchen zwar wiederholt seinen Platz gewechselt. Aber unser Wunsch nach einem Haltepunkt in den Wogen der Ungewißheit hat ihn uns stets erhalten. Und ich wage zu behaupten, daß die Wertansprüche der Axiomatik, der Rückführbarkeit einer Theorie (einer Menge von Aussagen) auf Axiome (einer Teilmenge von Aussagen) nach Regeln des logischen Schließens einem Rest jenes Wunsches entspricht; wenn auch dem bislang rational differenziertesten. Denn es zeigt sich, daß die klassische Form der Axiome und Postulate auf ›selbstevidente Wahrheiten‹ und auf die KANTschen *Apriori* rekurrieren muß; die moderne oder HILBERTsche auf ›logische Wahrheiten‹ allein. Was aber könnten nun die logischen Wahrheiten anderes sein als

---

[108] Man wird sich erinnern, daß der Begriff des ratiomorphen Apparates auf den Wiener Psychologen EGON BRUNSWIK (1934, 1955) zurückgeht. Im ›Haus-Jargon‹ des Altenberger-Kreises haben wir ihn, wenn es um seine Anpassungsmängel ging, mit KONRAD LORENZ einen ›ratio-morschen‹ Apparat genannt (zum Altenberger Kreis R. RIEDL 1982 und die Aufsätze in der Juli-Nummer 1980 der Zeitschrift »Morgen«, Wien).

wiederum angeborene Formen der Anschauung. Und diese können eben keine absoluten Gewißheiten enthalten, sondern nur eine annähernde Adaptierung an die weit zurückliegenden Lebensprobleme unseres Stammes.[109]

Wir müssen es hinnehmen, daß diese Welt für die Art unseres Erkenntnisvermögens, um mit ERHARD OESER (1976) zu sprechen, eben keine ersten Tatsachen und keine letzten Gründe vorgesehen hat. Wir müssen anerkennen, daß uns jener archimedische Punkt absoluter Gewißheit, sollte es einen solchen überhaupt geben (was ich bezweifle), in dieser Welt verschlossen bleibt. Doch besteht kein Grund zur Beunruhigung.

Die hohen Grade bestätigter Vorhersehbarkeit entstammen einer ganz anderen Quelle. Sie entstammen weder der Breite der untergeordnetsten empirischen Daten noch den letztübergeordneten Theorien. Sie sind mitten im Netz jener zweiseitigen, hierarchischen Struktur von bewährter Erwartung und bestätigter Erfahrung verankert. Und die Gewißheitsgrade wachsen in dem Maße, in dem mit der Anzahl übergeordneter Korrelationen die prognostizierbaren Fälle exponentiell ansteigen; zu einer für unsere Begriffe auch schon wieder unübersehbaren Fülle.

Wir anerkennen also SOKRATES' ›Wissen, daß wir nichts wissen‹ und GOETHES Fausts Verzweiflung, ›daß wir nichts wissen können‹. Aber wir sind nicht mehr bereit, wie einige Denker nach HUME, darüber zu verzweifeln, daß es logisch nicht möglich ist, ob des morgigen Sonnenaufgangs gewiß sein zu können. Fünf Jahrmilliarden sind unserem Sonnensystem noch gegeben; das mag fürs erste reichen.

Eine Isomorphie von Entstehen und Verstehen

Wie man sich erinnert, war es meine Absicht, den uns vorgegebenen Erkenntnis-Apparat und seine Möglichkeiten mit dem zu vergleichen, was wir heute vom Bau dieser Welt wissen. Dabei kam es darauf an, unsere angeborenen Anschauungsformen von den Ursachen unserer Kenntnis vom Werden der Dinge gegenüberzustellen.

Daraus ergab sich zunächst die Erfahrung, daß es sich bei diesen *Apriori* unserer Vernunft im Sinne KANTS um *a posteriori*-Anpassungsprodukte, um Langzeit-Lernprodukte im Erbmaterial unseres Stammes handelt. Das wußte LORENZ schon 1941. Das Problem der Isomorphie, der Frage, wieso sich diese Welt überhaupt denken läßt, war damit im Ansatz gelöst. Die Systematik dieser ratiomorphen Lehrmeister unserer rationalen Vernunft (R. RIEDL, 1980) ergab ein System von Hypothesen, welche der hohen Redundanz der Naturdinge und der nicht beliebigen Kombinierbarkeit ihrer Merkmale und Abläufe, zum Nutzen und nach den Möglichkeiten unseres Erkenntnisapparates, der Weltordnung nachgebildet waren. Alle KANTschen *Apriori* fanden somit biologisch ihr ratiomorphes Äquivalent.

---

[109] Es wird darum — man erinnert sich — nicht überraschen, daß, wie KURT GÖDEL (1930, siehe 1958) gezeigt hat, selbst die (innere) Widerspruchsfreiheit der Zahlentheorie nicht zu erbringen ist. »Man hilft der Theorie durch Reduktion (Rückführung) auf eine andere, deren Widerspruchsfreiheit selbst vorausgesetzt wird...« (R. TRAPP 1978, Seite 76; mit weiterführender Literatur). Wie es unmöglich ist, unsere Vernunft aus sich selbst zu begründen (KANT), wird es sich wohl auch als unmöglich herausstellen, die Widerspruchsfreiheit formaler Theorien aus ihnen selbst zu beweisen (GÖDELS Unableitbarkeits-Satz).

Diese Isomorphie geht aber, wie wir sahen, noch wesentlich weiter. Wir fanden weiterhin eine Isomorphie, gewissermaßen höherer Ordnung, in welcher sich nun auch die Aufbau- oder Entstehens-Gesetzlichkeiten dieser Welt in unseren angeborenen Erwartungen widerspiegeln. In einer ersten Schichte ist dies unsere Erwartung ihrer hierarchischen Struktur. Die Selbstverständlichkeit, mit welcher auch das naive Denken die Dinge (und die Begriffe von ihnen) unter Serien von Oberbegriffen stellt und damit Sinn gibt, und mit Serien von Unterbegriffen Inhalt und Bedeutung, ist nicht von ungefähr. Die Übereinstimmung mit der genauso strukturierten Welt kann kein Zufall sein. Wir müssen mit ihrer Anlage rechnen und erst sekundär mit einer Ausformung durch die Erfahrung.[110]

In einer zweiten Schicht bilden sich in unserer Ursachen-Erwartung und im hierarchischen Subsumptions-Modell dessen, was wir als Erklärung erleben, nunmehr die Entstehungs-Bedingungen dieser Welt ab. Und zwar in jenem gegenläufigen Sinn, als unser hierarchisches Aufbauen von zunehmend als universeller erkannten Korrelationen eine schrittweise Synthese von den untergeordnetsten Wahrnehmungen zur übergeordnetsten Beziehung darstellt. Wohingegen die Differenzierung dieser Welt vom allgemeinsten Prinzip zur Fülle ihrer Formen fortschreitet. Wir dürfen darum erwarten, daß uns auch in dieser zweiten Schichte eine ratiomorphe Erwartung der möglichen Problemlösung appliziert ist. So, als ob sie es nach den Möglichkeiten unseres Erkenntnisapparates zulassen würde, durch einen Generalisierungsvorgang der Wahrnehmungsinhalte den Differenzierungsvorgang der Welt rückverfolgen zu können.

Und in einer dritten Schichte dieser Isomorphie höherer Ordnung findet sich die zunächst ebenso naive Erwartung, die Dinge dieser Welt erst dann als verstanden zu betrachten, sobald beiden symmetrischen Wegen subsumptorischen Erklärens gefolgt worden ist. Diese Erwartung erweist sich zwar durch unsere bewußte, extrapolierende Reflexion als zerstörbar, weil die exekutive, linear vereinfachte Anleitung unseres rationalen Schließens selbst im Wege ist. Sie ist aber zweifellos ratiomorph angelegt, weil schon das ganz unreflektierte Denken mit Ursachen und Zwecken im Sinne der *causa efficiens* und *finalis* rechnet. Und auch diese Übereinstimmung mit dem Differenzierungsvorgang der historischen Strukturen dieser Welt geht über die Möglichkeiten des Zufalls hinaus. Denn daß sich alle Differenzierungen unter symmetrischen Wechselbedingungen als Einschübe zwischen dem jeweiligen Ganzen und seinen Teilen gestaltet haben, ist eine Einsicht, die wir auch erst im vorliegenden Zusammenhang entwickelten.

Freilich steckt hinter der adaptiven Durchsetzung all dieser drei Schichten höherer Isomorphie etwas, was wir als ein Ökonomieprinzip erleben. Ein Prinzip der vorteilhaftesten Extraktion, Speicherung und Abrufbarkeit. Aber freilich muß

---

[110] Schon seit KARL BÜHLER (1918; siehe 1930) wissen wir, daß Kleinkinder sogar mit sehr weiten Hierarchiebegriffen die Dinge ihrer Welt zu benennen beginnen und daß mit dem Kenntnisgewinn diese Hierarchie bis in die Individualbegriffe unterteilt wird (vgl. auch F. KLIX 1976, 1983 und E. LENNEBERG 1972). Von diesen sehr konkreten Begriffen ausgehend, scheinen später rational im sozialen Lernvorgang wieder die neuen Hierarchien zu sehr weiten Begriffen aufgebaut zu werden.

auch in der realen Welt ein ganz entsprechendes Prinzip stecken, sonst hätte sie sich nicht in derselben Weise zweiseitig hierarchisch strukturiert.[111]

Dies zählt gewiß zu den erstaunlichsten Leistungen, welche die Evolution in den erblichen Formen unserer Anschauung aufgebaut hat. Der Mensch, so können wir darum verkürzt sagen, wird als Hermeneutiker geboren. Und was sich als szientistische Reduktion seiner Erwartungen von den Naturgesetzen in ihm entwickelt, ist ein Artefakt; ein Produkt sozialer Übereinkunft aus kommunikativer und bewußter Reflexion.

Nun zeigten sich zwar in dieser Isomorphie vom Entstehen und Verstehen sehr hohe Leistungen des genetischen Prozesses der Anpassung. Aber es kommen auch sogleich wieder die Anpassungsmängel zu Tage: Der Umstand, daß unsere Zivilisation das für uns relevante Milieu weit über jenes ausgedehnt hat, für welches früher unsere angeborenen Anschauungsformen geschaffen wurden. Hier ist uns wieder die Anschauung im Wege, Ursachen eben in Kettenform zu erleben, die Existenz von Ur-Ursachen zu erwarten, einen Ort absoluter Gewißheit zu suchen, den Regelkreisen der Optimierung zu mißtrauen, die einfachste Lösung für die richtige zu halten, Kräfte versus Zwecke zu setzen, bei Widersprüchen nicht alarmiert, sondern beschwichtigt zu werden und zu meinen, daß in unseren bescheidenen Anschauungsformen letzte (erste) Wahrheiten steckten, von welchen aus man ungestraft beliebig weit extrapolieren dürfe.

So ist es kein Wunder, daß wir uns im resultierenden rationalen Dilemma an die Nachbarn halten, in sozialen Vereinbarungen unseren Schutz suchen, da der eigene Irrtum im kollektiven Irrtum nicht nur zu verschwinden, sondern sogar zu einer Art Wahrheit angehoben scheint. Dies sind die Paradigmen, in die wir uns verfügten, obwohl sie sich als unvereinbar erwiesen und letztlich unsere ganze Geistesgeschichte zweigespalten haben.

Hier aber ist der akademische Disput längst zum Problem unserer Gesellschaft geworden, zu jener Unverträglichkeit der Ansprüche und Rechte, die unsere Zeit tief verunsichern. Da nun mag die evolutionäre Betrachtung unserer kreatürlichen Ausstattung zur Hilfe sein, um unsere eigenen Mängel durch Einsicht in sie zu übersteigen. So, wie uns EINSTEIN lehrte, unsere Raum- und Zeitbegriffe zu übersteigen, werden wir unsere Kausal- und Finalbegriffe übersteigen müssen. Und dies wird noch wichtiger sein, wenn wir trotz unserer Anpassungsmängel unsere Welt nicht ruinieren, sondern uns ihr zum Überleben anpassen wollen.

---

[111] Wie erinnerlich, kennen wir dieses Prinzip wohl erst in einigen seiner Teile (H. SIMON 1965, M. EIGEN 1971, R. RIEDL 1976, H. HAKEN 1978, E. JANTSCH 1919, I. PRIGOGINE 1979). Es deutet sich aber schon an, daß komplexe Systeme unter Auswahlbedingungen und stochastischen Störungen durch hierarchische Wechselbezüge ihre Bestands-Chancen erhöhen und deshalb übrigbleiben.

Teil 3: Die Szientistik; Welt der Naturwissenschaft?

Die naturwissenschaftliche Methode hat keinen eingebürgerten Namen, obwohl sie ihre Anhänger mit einem Selbstverständnis ausgestattet hat, das es ihnen nahelegte, darüber zu entscheiden, was den Rang einer Wissenschaft haben kann. Vielleicht ist schon diese Überzeugung, die wissenschaftliche Methode schlechthin zu besitzen, die Ursache der Namenlosigkeit.

Ich werde von Szientismus reden, nicht in einem abfälligen, aber doch in einem kritischen Sinn; in der Weise, wie ihn etwa FRIEDRICH VON HAYEK entwickelt; indem »wir versuchen, den Kampf zu begreifen, den die Naturwissenschaft selbst gegen Vorstellungen und Begriffe führen mußte, die ihrem Fortschritt ebenso schädlich waren, als das szientistische Vorurteil nun droht, dem Fortschritt des Studiums der Gesellschaft schädlich zu werden.« Sie hatte der Gewißheit transzendentaler Ideen entgegenzutreten, den anthropomorphen und animistischen Lösungen, sowie der Reduktion der Wissenschaftlichkeit auf eine Auslegekunst antiker Lehrmeinungen, wie das bis zum Beginn der Renaissance gepflogen war.[1]

Die Szientistik ist jedenfalls methodisch bestimmbar nach ihrem harten Kern, aber auch nach ihren erst heute diskutierten weichen Flanken und ihren umstrittenen weltanschaulichen Konsequenzen. Im harten Kern steht das Ideal der älteren Physik mit dem Ziel metrischer Begriffe und axiomatisierter Theorien, sowie die Erwartung, man könne alle Systeme allein aus ihren Teilen erklären und solche Erklärungen über ein Subsumptions-Schema, das nur eine Richtung kennt, auf eternale Gesetze zurückzuführen, im Wesen auf die *causa efficiens;* sie hat reduktionistische, materialistische, mechanistische Züge.

Ihre weichen Flanken haben mit den Übergängen vom euklidischen zum aristotelischen Raumkonzept zu tun, sowie mit jenen vom NEWTONschen Raum-Zeit-Begriff zu den dynamischeren Feldbegriffen; ferner mit dem Einbau der Teleonomie durch die Kybernetik, mit dem der historisch zu verstehenden Systeme durch die Nichtäquilibrium-Thermodynamik und die Synergetik im irdischen Bereich, wie durch die sogenannten Eichtheorien im kosmischen. Von alledem war schon die Rede.

Angeführt ist die Bewegung nach den klassischen Materialisten und der GALILEIschen Revolution durch die Aufklärung und den Positivismus, der heute neben dem Falsifikationismus oder als kritische Philosophie nach wie vor an der Physik

---

[1] ›Szientismus‹ geht auf den Begriff ›Science‹ zurück, wie er seit 1831 in diesem Sinne für die »British Assoziation for the Advancement of Science« verwendet wurde. Ich beziehe mich auf F. v. HAYEK 1952 (siehe letzte Ausgabe 1979, das Zitat von Seite 16). K. POPPER (1979, S. 83, man vergleiche auch 1973, S. 206) schlug vor, HAJEKS Begriff zu beschränken »auf das Nachäffen dessen, was weithin fälschlich für die Methode der Naturwissenschaft gehalten wird.« HAJEK hat das (im Vorwort 1969) anerkannt, was nicht nötig ist. Ich verwende den Begriff für die Methode allein, weil Erfolg und Übertretung sich zu oft überschneiden.

orientiert ist. Aber schon Anfang des 19. Jahrhunderts paßt die ›metaphysische Fiktion‹ des ›Laplaceschen Gesetzes‹ so gut in jenen Geist der Zeit, der dann »auf Generationen szientistisch denkender Menschen so ungeheure Faszination ausgeübt hat.«

Und schon entstanden aus den Physikalisten die Physikokraten. Etwa mit Henri de Saint-Simons Vorschlag eines ›Newton-Rates‹. Die in ihn gewählten »Gelehrten und Künstler unter der Präsidentschaft jenes Mathematikers, der die meisten Stimmen erhalten hat, sollten zusammen die Repräsentanten Gottes auf Erden werden, die den Papst, die Kardinäle, Bischöfe und die Priester ihrer Ämter entheben werden, weil diese das göttliche Wissen nicht verstehen, das Gott ihnen anvertraut hat und das eines Tages die Erde wieder zum Paradies machen wird«. In diesem Paradies »sollte sich jeder Mensch in seiner sozialen Beziehung als in einer Gesellschaft von Arbeitern angestellt betrachten.« Und so entstand aus der Physikokratie eine Art Sozialphysik. Denn unter Zivilisation versteht dann August Comte »die zunehmende Macht des Menschen über die Natur.« In einer Gesellschaft, in der »alle Individuen nach ihren Fähigkeiten in Klassen eingeteilt werden« und das Eigentumsrecht »abgeschafft werden muß«.²

Ich soll es wohl bei diesen wenigen Zitaten bewenden lassen, zumal vieles bekannt und alles übrige bei Hayek nachzulesen ist. Es kommt mir auch nur auf zweierlei an. Einmal, zu zeigen, wie eine einseitige Anleitung durch unsere Anschauungsformen selbst die belesensten Persönlichkeiten eines Zeittrends zu völliger Utopie verleiten kann. Ein andermal, daran zu erinnern, daß schon am Beginn des 19. Jahrhunderts das Vokabular sowohl für die klassenlose Gesellschaft wie für eine Machtgesellschaft geschaffen war, die in der Ideologie des Machbaren, durch die Plünderung der Natur, den Menschen das Heil versprach. Heute: ›Environmental engineering‹ und die sogenannten Entwicklungsprogramme.

Und was die rein wissenschafts-theoretische Seite des im Hintergrund stehenden Positivismus und Neopositivismus betrifft, so hat er jene zugrunde gelegte metaphysische Fiktion beibehalten; in verfeinerter Form. Er hat, wie erinnerlich, seine Logik aus der ›Sklaverei der Psychologie‹ als Logistik in die ›Sklaverei der Metaphysik‹ zurückgeführt.

Nun sind die enormen Leistungen dieser naturwissenschaftlichen Halbkultur unverkennbar. Nichts hat bislang das Leben der Menschen wie den ganzen Planeten so rapide verändert. Aber sie hat nun unsere Haftung für die materialistischen Real-Utopien zur Folge und ihre Begründung auf der Paradoxie eines metaphysischen Empirismus.³

² Pierre Simon Laplace (1749–1827), das Zitat von 1814 (vgl. 1921, Seite 3). Henri de Saint-Simon (1760–1825); nach ihm Gründung der ersten Sozialisten-Schule (Saint-Simonismus); größte Wirkung nach der Revolution 1830. August Comte (1798–1857), Examinator jener ›Ecole Polytechnique‹, die in der bezeichneten Entwicklung eine Rolle spielt. Die zitierten Stellen aus F. v. Hajek (1952, von den Seiten 154, 165, 176, 191 und 207).
³ Man wird sich hier wieder der Warnung C. Snows (1967) erinnern, und man vergleiche die von H. Kreuzer (1967) zum Thema der ›Zwei Kulturen‹ gesammelten ›Dialoge‹, das Kapitel ›Die zwei Traditionen‹ in G. v. Wright (1974), bis zu K. Lewin (1930/31). — »Die Wahrheit der Mathematik und Logik«, sagte A. Ayer (schon 1936), ist zwar »für jedermann gewiß notwendig. Aber wenn sich der Empirismus treu bleibt, so kann es keinerlei gewisse oder notwendige Voraussetzungen geben, die irgendeinen faktischen Inhalt haben könnten« (zitiert aus H. Mohr 1977, Seite 197).

Der Szientismus leidet im wesentlichen an vier Arten von Problemen oder Widersprüchen. Sie erweisen sich jenen der Hermeneutik gegenüber als nahezu spiegelbildlich. Im folgenden will ich sie übersichtlich machen und mit Hilfe unseres evolutionären und systemtheoretischen Ansatzes zu lösen versuchen.

Das Problem der Struktur

»Substanz«, sagte CARL FRIEDRICH VON WEIZSÄCKER, »ist in unserer Sprechweise nicht Substanz einer Substanz, aber Form kann die Form einer Form sein. Von der antiken Philosophie her ist das nur ganz natürlich« (1971, Seite 361). Tatsächlich ist dies in allen komplexen Systemen so; ob Mineral, Organismus oder Epos, was immer mit Begriffen der Struktur, Organisation oder Ordnung bezeichnet wird, ist von dieser Art; und niemand zweifelt ernstlich an der Existenz dieses Schichten-baus oder an der Verschiedenheit der Bedingungen, welchen die Schichten ihre Existenz verdanken. Die Form- und Materialbedingungen stehen uns dabei Schicht für Schicht mit derart verschieden erscheinenden Selektions- und Disponibilitäts-Mustern vor Augen, daß dies zur Gliederung der Disziplinen geführt hat.

Und eben dies ist auch der Grund, warum uns die Übergangsphasen Schwierig-keiten des Mitvollziehens bereiten. Wir besitzen eben weder für die *causa formalis* noch für die *causa materialis* eine synthetische Form der Anschauung. Und Phänomene, auf welche unser ratiomorpher Apparat nicht adaptiert ist, finden den Materialisten mißtrauisch, den Idealisten angeregt zu metaphysischen Spekula-tionen.[4]

Qualität und Quantität

In seiner einfachsten Form zeigt sich das Dilemma des Szientismus in der Erwar-tung einer Quantifizierbarkeit aller Qualitäten. Das positivistische Pathos läßt sogar die Wissenschaftlichkeit von Begriffen mit ihrer Quantifizierbarkeit wach-sen; so etwa bei RUDOLF CARNAP (1976, Seite 59), dessen Werk zuerst als ›Philosophical Foundations of Physiks‹ herausgegeben wurde, um dann einfach in: ›Philosophie der Naturwissenschaft‹ umgetauft zu werden. Der Physikalismus beherrscht eben weiterhin die Wissenschaftstheorie.

In Wahrheit läßt sich das Quantifizierungs-Ideal nicht einmal in den anorgani-schen, den sogenannten exakten Naturwissenschaften durchhalten. Schon der Physiker führt mit dem Wachsen der Komplexität seiner Gegenstände neue Terme oder Operatoren ein; für Eigenschaften, welche in den Untersystemen zur Gänze nicht enthalten sind. Entsprechend sind auch die Gesetze im Subsumptions-Schema schichtweise mit veränderter Terminologie formuliert. Dennoch hält man am

---

[4] Angesichts solcher Adaptierung-Mängel erleben wir: ›Man traut seinen Sinnen nicht‹. Wir vertrauen also den angeborenen Formen der Interpretation, einschließlich der Vertuschung ihrer Mängel. Und die strikte Beachtung dieser Anleitungen wird, weil erblich, rigoros durchgesetzt. Im Falle beispielsweise solche Interpretationen miteinander in Konflikt geraten, wie im Spiegelkabinett oder in einem rollenden Schiff, werden wir durch das Aufsteigen von Schwindel und Übelkeit, erinnerte mich KONRAD LORENZ, verwarnt, der Sache nicht etwa kritisch beikommen zu wollen.

Quantifizierungs-Ideal fest, denn es ist mit dem Rückführungs- oder Reduktions-Ideal verbunden.

Ebenso, sagt Mario Bunge (1982, Seite 210), »hängt die Chemie von der Physik ab, und dennoch ist Physik nicht ausreichend, um Chemie zu betreiben, denn diese muß durch spezielle chemische Begriffe bereichert werden, wenn sie chemische Probleme lösen will.« Dennoch wird, nicht der Experimentalchemiker, aber der quantentheoretische Chemiker, stellt Bunge fest, die Reduzierbarkeit für möglich halten und die vorläufige Unmöglichkeit im guten Glauben den Grenzen der Kapazität seines Computers zuschreiben.

Tatsächlich aber gehen komplexe Phänomene nie zur Gänze auf die Antezedenzbedingungen ihrer Komponenten zurück. Kennt man nur die letzteren, die Möglichkeiten der Systembedingungen, die sich gemeinsam entwickeln können, sie wären, wie wir schon feststellten, zu zahlreich, als daß sich die eine spezielle Realisation vorhersehen ließe.

Wenn das so ist, und mit den anerkannt historischen, irreversiblen Produkten dieser Welt wird es ganz deutlich — von der Anordnung der Galaxien über die Form des Sonnensystems, den Bedingungen unserer Erde, bis in die Biosysteme und Artefakte —, dann enthält die Quantifizierung eben keine prinzipielle Lösung. Sie zeigt nur, daß sich jeweils irgendeine Erscheinung abzählen oder gedanklich in etwa gleichgroße Teile zerlegen läßt. Aber selbst im Quantifizierbarsten, in der von uns erdachten Geometrie, ist die Frage, ob beispielsweise die Halbierung der Strecken in einem System der Halbierung seiner Winkel gleichwertig wäre, nicht zu beantworten.

Dennoch bleibt die physikalistische Versuchung groß; beispielsweise die Systematik numerisch erfassen zu wollen, was bekanntlich schon Linné 1735 versuchte und 1766–68 durchzuhalten aufgegeben hatte. Oder der Versuch, die Sozialsysteme der Tiere auf die Konkurrenz zählbarer Gene und Verwandtschaftsgrade zurückführen zu können.[5]

Das Gespenst einer Quantifizierungs-Ideologie ist ein Kind des szientistischen Reduktionismus. Es ruht auf unserem Mangel einer Anschauungsform für die Emergenz, Fulguration oder Autopoiese der neuen Qualitäten. Was Philosophen ermutigt, nun diese zu einem Gespenst zu stilisieren. Wie erinnerlich: als »eine spezialkreationistische Theorie ohne Gott«.

Die Extrapolierbarkeit

Das Quantifizierbarkeits-Ideal findet eine Stütze in einer weiteren unzureichenden Adaptierung unserer erblichen Anschauungsformen. Diese läßt uns nämlich erwarten, quantitative Erfahrungen beliebig extrapolieren zu dürfen, ohne mit einem Wandel von Qualitäten rechnen zu müssen. Ähnlich, wie wir den Kraftbegriff aus

---

[5] Unbezweifelt bleibt freilich das Faktum, daß quantifizierbare Daten die Präzision mancher Prognosen wesentlich erhöhen. Ansonsten wäre es der NASA nicht gelungen, einen Mann auf den Mond zu setzen und ihn wieder heil zurückzubringen. — Das Konzept der ›Numerischen Taxonomie‹ ist bei P. Sneath und R. Sokal (1973) nachzuschlagen, das des ›Egoistischen Gens‹ bei R. Dawkins (1976). — Das folgende Autopoiese-Gespenst bei R. Spaemann u. R. Löw (1981, Seite 273).

dem Erlebnis des *Bizeps* bis in die Quantenkräfte und in die Macht des Kapitals verlängern oder unser Zweckerlebnis vom Zweck einer Wasserstoffbrücke im Genmaterial bis in die *causae exemplares,* die letzten Zwecke Gottes.

Hat der Krämer, der statt einem Schilling nun zwei verdiente, sein Vermögen nicht ebenso verdoppelt wie jener ›Multi‹, der anstelle einer Milliarde deren zwei machte? Schon hier zeigt sich unsere mangelnde Einschätzung des exponentiellen Wachstums. Unsere naive Haltung mag an dem Umstand erzogen worden sein, daß in dieser Welt ›die Bäume nicht in den Himmel wachsen‹. Tatsächlich reicht der Unterschied zwischen den jeweils größten und kleinsten Bäumen, Insekten, Fischen und Säugetieren nur wenig über zwei Größenordnungen. Wir aber setzen der Extrapolierbarkeit keine Grenzen.

Nehmen wir als Beispiel ein Wachstum von elf Größenordnungen. Das sind 100 Milliarden, also Beträge, mit welchen die Finanz-Minister schon kleiner Staaten umzugehen pflegen. Wir stellen uns auch noch einen solchen Betrag als nichts anderes denn eine quantitative Mehrung der Währung in unserer Geldbörse vor. — Nun aber denken wir unseren eigenen Körper um 10^{11} vergrößert. Wir reichten dann an die Abmessungen des Sonnensystems heran. Die Sonne läge erbsengroß auf unserer Hand, die Erde staubgroß auf unserem Fuß. Wie aber wäre die Vergrößerung zu denken? Sollten unsere Atome entsprechend weit auseinander-rücken, dann entsprächen wir der unvorstellbaren Verdünnung eines kosmischen Gases. Sollten sich dagegen unsere Atome entsprechend vermehren, dann entsprä-chen wir einer Masse, die jenen ›Gravitations-Radius‹ überschritte, wo die Gravita-tion jeglichen Druck überwiegt, wir wären unser eigener Massenkollaps, ein ›Schwarzes Loch‹ im Kosmos. — Nun, wenn wir uns um 10^{-11} verkleinerten? Wir säßen dann im Inneren eines Wasserstoffatoms. Wir wären im einen wie im anderen Falle nicht einmal mehr Materie.[6]

Daß dies unbezweifelbar so sein muß, ergibt sich schon aus der ebenso unterschiedlichen wie festgelegt abgestuften Reichweite der physikalischen Kräfte. Nur unsere Abstraktion in der Logik und deren Extrapolierbarkeit in der Mathe-matik macht uns vor, wir könnten ungestraft mit Größen umgehen. Ich bin überzeugt, daß die Eskalation unserer ›Erfolgs-Gesellschaften‹ vom Handwerk zur Großindustrie, vom Kaufmann zur Supermarkt-Kette, vom Schwert zur Atom-bombe und von der Münzprägung zum Weltkapital, auch diesem unserem man-gelnden Sinn für die Folgen solchen Wachstums zuzuschreiben ist. Denn nun, wo wir das alles, vielleicht guten Glaubens, angerichtet haben, weiß niemand mehr, wie der Kopf aus der Schlinge zu bekommen wäre.

Geschichtlichkeit und Information

Ebenso eingeschränkt ist unser Sinn für das, was Geschichte in dieser Welt bedeutet. Wir haben zwar vor Augen, daß sich solche Strukturen nicht wiederho-

---

[6] Die Werte kann auch der Laie in H. Störig (1972) leicht nachschlagen. Die Durchmesser der Sonne rund 10^9 m, der Erde 10^5 m, des Wasserstoffmoleküls 10^{-10} m, Atomabstände in einem interstellaren Gas einige cm, der ›Katastrophale Kollaps‹ bei einigen hundert Sonnenmassen (siehe dort die Seiten 11, 202 und 238).

len, aber in welchem Ausmaße dies unwahrscheinlich ist, und was dies bedeutet, dafür sind wir von vornherein nicht adaptiert.

Daß beispielsweise 10 verschiedene Bauteile viele Kombinationen zulassen, wird man sich denken; tausende vielleicht, vielleicht Millionen. Tatsächlich sind es, nach der Konnektivitäts-Matrix, der wir schon einmal begegneten (2^{n^2}), bereits Quintillionen ($2^{10^2} = 1,3 \cdot 10^{30}$), also eine Zahl vor 30 Nullen. Nun muß man sich erst begreiflich machen, was das Zustandekommen einer speziellen Struktur von auch nur zehn Bauteilen bedeutet; zunächst bedeutet dies, daß eine Quintillion von Möglichkeiten gegenüber der einzig realisierten ausgeschlossen worden sind. Daß der Zufall beim Zustandekommen dieser speziellen Realisation schon kaum mehr eine Chance hat. Denn hätten alle Menschen seit dem Entstehen der Menschheit nur jene 10 Teile kombiniert, sie hätten erst ein Hundertmillionstel der Möglichkeiten berührt. Sie wären von der Wahrscheinlichkeit einer Zufalls-Lösung noch hundertmillionenfach entfernt.[7]

Demgegenüber wird man vor Augen haben, wie wenig Instruktion es bedarf, um zehn Bauteile in bestimmter Weise zu verbinden. Eine Skizze genügte. Dieses bescheidene Maß an Instruktion entspricht aber jener Information, welche als Bauanleitung dem Aufwand von einer Quintillion blinder Versuche gegenübersteht. Damit ist eine erste Vorstellung vom Wert erfolgreicher Information zu gewinnen.

Man kann sich nun das Werden aller Strukturen als einen fortgesetzten Prozeß gewählter Alternativen vorstellen; und ihren Informationsgehalt als das ökonomische Maß für die Masse der durch diese durchlaufenen Alternativen bereits ausgeschlossenen Möglichkeiten. Und gewiß sind Alternativen nicht allein aus Kräften zu verstehen. Unsere Wissenschaft aber hat dieses Maß für Konstruktionsaufwand, Wissen oder ausgeschlossene Alternativen noch nicht aufgegriffen. Es läuft dem SHANNON-WEAVERschen Informationsbegriff so entgegen wie die Kenntnis der Unkenntnis; das berührten wir schon.

Dieser Informations-Begriff findet, und das interessiert uns hier, aus Strukturgründen noch keine universelle Anwendung. Nicht nur kann die Ordnung oder Organisation, die er beschreibt, auch wenn sie vollständig ist, höhere und niedere Qualität haben. Zudem zeigt Schicht für Schichte alle Struktur ein hierarchisches System von Ordnung in Ordnung.[8]

Ist beispielsweise ein Kinderzimmer in Unordnung, so entspricht diese Feststellung nur einer Zufallsverteilung seiner Gegenstände. Diese selbst, wie etwa eine Spieluhr, sind intakt. Ist die Spieluhr auch zerlegt, dann mögen ihre Zahnräder unbeschädigt sein; und selbst im zerbrochenen Zahnrad ist dessen Legierung noch

---

[7] Nehmen wir jede Sekunde einen Versuch (10^7 pro Jahr), mal einer Milliarde (10^9) Menschen, mal einer Jahrmillion (10^6) ihres Bestehens, so ergäbe das 10^{22} Versuche, also um 10^8 (hundertmillionenfach) weniger als die möglichen Kombinationen.

[8] Wie erinnerlich, haben sich schon L. BRILLOUIN 1956, A. LWOFF 1968 und H. QUASTLER 1964 um diesen alternativen Informationsbegriff bemüht. Ich habe auf die Beziehung zwischen Redundanz und Qualität der Ordnung hingewiesen (beispielsweise die vollständige Ordnung von 10^6 Ziegeln in einem Ziegellager oder in einem Backstein-Dom), sowie auf den Zusammenhang zwischen Ordnung, Information und Schichtenbau (R. RIEDL 1975 und 1976).

in der vorgesehenen Ordnung. Die Ordnungs-Parameter wechseln eben Schicht für Schicht wie die Disponibilität der *causa materialis* und die Wahlbedingungen der *causa formalis*. Sie sind daher so aufgetrennt geblieben wie die wissenschaftlichen Disziplinen. Und weil man sie nicht erfaßte, ist man bei der Doktrin geblieben, die Welt und ihre Systeme szientistisch allein aus dem Lauf der Kräfte zu erklären. Und die Erfolge dieser Doktrin haben die Erforschung der Ordnungs-Parameter entsprechend behindert. Und so hat die Szientistik eine sehr uneinheitliche Beziehung zur Geschichtlichkeit. — Die Frage, ob es nämlich in diesem Kosmos überhaupt Strukturen gibt, an deren Zustandekommen keine historische und unwiederholbare Bedingung beteiligt war, ist erst in jüngster Zeit aufgetaucht.

Die Schicht-Qualitäten im Anorganischen

In der Theorie der Materie ist das Schichtenkonzept von untergeordneter Bedeutung; und zwar deshalb, weil sie von Grund auf dahingehend angelegt war, ihre Phänomene auf die Eigenschaften von Elementarbausteinen zurückzuführen zu können. Diese materialistische Theorie beginnt mit DEMOKRITS Haken und Ösen der Atome, findet, wie man sich erinnert, mit GALILEI seine Renaissance, mit LAPLACE den Einstieg in die Moderne und führt nach wie vor die Erwartung an. Denn selbst die großen Entdecker unseres heutigen physikalischen Weltbilds mit seiner Dualität und Unschärfe, PLANCK, EINSTEIN, DE BROGLIE, SCHRÖDINGER haben ihren eigenen Entdeckungen mißtraut. So stark bestimmt uns die Anschauungsform einer deterministischen, auf einen letzten Grund von Ur-Ursachen rückführbaren Welt.

Heute vollzieht sich ein Wandel von der reinen Theorie zur Praxis. WOLFGANG STEGMÜLLER (1979) sieht in diesem Wandel das Wirken eines Ökonomieprinzips, wie wir dies schon von ERNST MACH kennen; und als Ursache des Wandels den »Menschen als praktisches Wesen«.

»Wo sich verschiedene Fortschrittsmöglichkeiten öffnen, müssen Entscheidungen getroffen werden, die sich nicht rein theoretisch begründen lassen. In unserer menschlichen Welt, in der wir unter Zeitdruck stehen und in der die Mittel knapp sind, wird die Frage des Fortschritts zu einer Frage der vernünftigen Entscheidung darüber, welche Wege wir weiter verfolgen sollen... Dies«, schließt daraus STEGMÜLLER, »und nur dies, ist der neue Sinn der These, daß in unserer menschlichen Welt das theoretische wissenschaftliche Räsonieren in letzter Instanz dem praktischen Räsonieren unterzuordnen ist« (Seite 126–127). Für uns ist das ein zureichender Grund.

Auch ist dies gewiß richtig, denn alle evolutive Entwicklung fanden wir als ein Ergebnis, das unter Konkurrenz und bei beschränkten Mitteln zustandegekommen ist. Und es zeigte sich, daß das theoretische Räsonieren eine Konsequenz des menschlichen Bewußtseins ist. Mit dem Dilemma von zweierlei Wahrheiten im Gefolge: der logischen und der empirischen.

Nun sind Quanten, Atome, Moleküle zweifellos Schichten des Anorganischen und ihre unterschiedlichen Qualitäten sind deutlich. Und wir erinnern uns, daß die Geschichte ihres Zustandekommens mit der der vier physikalischen Wechselwirkungen zusammenhängt, die, wie die Eichtheorien andeuten, selbst wieder aus Symmetriebrüchen aus der Geschichte unseres Kosmos hervorgegangen sind.[9]

Aber auch im irdischen Bereich sind nun Schichten der Betrachtung entdeckt, die eine Folge jener entschiedenen Wendung in die Praxis sind.

»Aus der Alltagserfahrung wissen wir«, sagt ERICH JANTSCH (1979), »was beim Aufdrehen eines Wasserhahns passiert; der Wasserstrahl ist zunächst glatt, vollkommen rund und durchsichtig.« Dies ist laminare Strömung. Bei weiterem Aufdrehen, größerer Geschwindigkeit, wechselt die Struktur, der Strahl wird strähnig, wie muskulös und ändert sein Muster schrittweise mit der Strahlstärke. Dies ist turbulente Bewegung. »Unordnung scheint hereingebrochen zu sein. — Doch der Schein trügt. Gerade in der turbulenten Strömung herrscht ein höheres Maß an Ordnung.«

Bereits hier treten Systembedingungen auf. Wir haben solche auch schon am Beispiel der Dünen- und Strandrippeln und der BÉNARD-Zellen erwähnt. Dem aus der Systemtheorie entstandenen Bedürfnis nach der Aufklärung solcher Phänomene »stand aber die reduktionistische Ausrichtung der westlichen Physik entgegen, die alle Phänomene auf eine einzige Erklärungsebene reduzieren wollte und diese im Mikroskopischen, in den Grundstrukturen der Materie, zu finden hoffte... In einem echten System folgen aber nicht alle makroskopischen Eigenschaften aus Komponenteneigenschaften und ihren Kombinationen. Sie ergeben sich oft nicht aus den statischen Strukturen, sondern aus den dynamischen Wechselwirkungen, die innerhalb des Systems ebenso wie zwischen dem System und seiner Umwelt spielen.«

»Mit einer solchen systemhaften und dynamischen Schicht«, schließt JANTSCH, »ist aber der Reduktionismus der Physik ... bereits zum Teil überwunden. Einem Vorschlag ILYA PRIGOGINES folgend, müssen wir heute im Bereich der Physik mindestens drei aufeinander nicht reduzierbare Betrachtungsebenen unterscheiden«.

Die erste entspricht der klassischen oder NEWTONschen Dynamik der ›einsam durch die Welt schweifenden Teilchen‹. »Die ›schmutzige‹ Wirklichkeit aber besteht aus Zusammenstößen, Begegnungen, Austauschwirkungen... Das Kollektiv mit seiner Komplexität läßt sich praktisch nirgends verleugnen.«

Die zweite Schicht entspricht der Thermodynamik ab CARNOT und CLAUSIUS; mit ihr kommt Irreversibilität und Gerichtetheit von Prozessen hinzu. Es entsteht Geschichte. Mit oder ohne Austausch mit ihrer Umwelt streben sie einem Zustand des Gleichgewichts zu.

Entscheidendes ereignet sich in einer dritten Schichte, den Systemen im Ungleichgewicht, in wachsender Zufalls-Unwahrscheinlichkeit. Es sind dies die evolvierenden, dissipativen Strukturen, welche durch fortgesetzten Import von Energie und Export von Unordnung ihre eigene Ordnung erhalten und sogar vergrößern. Und spätestens ab dieser Schichte entstehen nun Schritt auf Schritt

---

[9] Bei den vier Wechselwirkungen handelt es sich um die starken Wechselwirkungen oder Kernkräfte, um die schwachen, die elektromagnetischen Wechselwirkungen und um die Gravitation. Die beiden mittleren hat man zu den ›elektro-schwachen‹ vereinigt. Diese mit den Kernkräften sucht die ›Grand-Unification‹ zu verbinden und beide mit der Gravitation eine ›Super-Gravity-‹ oder ›Super-Symmetry‹-Theorie. — Die kosmischen Symmetriebrüche übersichtlich in S. WEINBERG 1977.

neue, nicht auf ihre Komponenten reduzierbare neue Systeme; wir sagen: Qualitäten.

Es ist vor allem das Verdienst von HERMAN HAKEN und ILYA PRIGOGINE, die Physik aus ihrer Selbstbestimmung als ›ahistorische Wissenschaft‹ herauszuführen. Denn diese Position hat nicht nur die Physik, sondern die Entwicklung der ganzen Naturwissenschaft und selbst deren Gespräch mit den Geisteswissenschaften behindert; »daß die naturwissenschaftliche Methode über Probleme wie Zeit und Wandel, die in der Literatur und Kunst so wesentlich sind, so wenig zu sagen hatte.«

Diese neuen Qualitäten werden in der Physik durch Operatoren, die ›nicht kommutierenden Operatoren‹ beschrieben. »Wir müssen uns zahlreicher Beschreibungen bedienen«, sagt PRIGOGINE, »die nicht aufeinander zurückgeführt werden können, die aber durch präzise Übersetzungsregeln (in der Fachsprache Transformationen genannt) miteinander verknüpft sind ... Die Welt ist reicher, als es sich in einer Sprache ausdrücken läßt. Die Musik erschöpft sich nicht in ihren aufeinanderfolgenden Stilen von BACH bis SCHÖNBERG. Genausowenig können wir die vielfältigen Aspekte unserer Erfahrung zu einer einzigen Beschreibung kondensieren.«[10]

Die Schicht-Qualitäten im Organischen

sind in ihrer Existenz von den Biologen nie bezweifelt worden. Höchstens war man durch eine physikalisch orientierte Wissenschaftstheorie und das materialistische Pathos verunsichert. So, wie man mit dem ›Vitalismus‹ aus der Mechanizistik der Entwicklungsvorgänge ausbrechen wollte, mit dem ›Psycholamarckismus‹ um die Enge der Zufalls-Mutationen oder mit dem erwähnten ›panpsychistischen Identitismus‹ um die Autopoiese der Psyche herumzukommen wünschte.

Nun aber fallen jene Ansprüche aus der klassischen Physik weg und öffnen den Ungleichgewichts-Systemen den Weg. »Diese Auffassung, resümiert PRIGOGINE, »führt zu einem vereinheitlichten Bild, das uns erlaubt, zahlreiche Aspekte unserer Beobachtungen von der Physik bis hin in die Biologie miteinander zu verknüpfen. Das heißt aber nicht, daß wir diese verschiedenen Gebiete auf ein einziges Schema ›reduzieren‹ möchten. Unser Ziel wird es vielmehr sein, die verschiedenen Ebenen der Beschreibung klar zu definieren und Bedingungen anzugeben, die es uns gestatten, von einer Ebene zur anderen überzugehen.«[11]

In den organischen Wissenschaften selbst hat die Praxis natürlich längst die Schichten der Komplexität getrennt und in jeder zu einer eigenen Terminologie der Beschreibung geführt. Man vergleiche nur die Lehrbücher der Molekularbiologie,

---

[10] Die Zitate aus E. JANTSCH (1979, Seite 51, 54 und 55) und I. PRIGOGINE (1979, von den Seiten 17 und 67–68). In diesem Werk, sowie in E. JANTSCH (1979) und in I. PRIGOGINE u. I. STENGERS (1980) die weitere Literatur. Man vergleiche ferner H. HAKEN (1978 und 1981) sowie E. JANTSCH u. C. WADDINGTON (1976).

[11] Der ›Vitalismus‹ geht, wie erinnerlich, auf H. DRIESCH (1908) zurück, ist aber bis heute, etwa bei RAINER SCHUBERT-SOLDERN lebendig (E. OESER und R. SCHUBERT-SOLDERN 1974); zu den ›Psycholamarckisten‹ zählt z. B. R. FRANCÉ (1909). Der ›Identitismus‹ wurde von B. RENSCH (1968) entworfen. Das Zitat ist I. PRIGOGINE (1979, Seite 14) entnommen; darin ist von einer wissenschaftlichen Revolution die Rede, »die dem Erwachen der wissenschaftlichen Betrachtungsweise bei den Griechen ... nicht unähnlich ist« (Seite 13).

der Ultrastrukturforschung, Cytologie, Histologie, der vergleichenden Anatomie (Organologie), der Systematik der Ethologie (Verhaltenslehre), der Individual- und Sozial-Psychologie und der Soziologie. Freilich wissen wir hinsichtlich der Übergangsregeln von Schicht zu Schicht (der Transformationen der Physiker), was wir Fulgurationen oder Autopoiese nennen, noch wenig. Aber eine Reihe von biowissenschaftlichen Disziplinen umfassen, wie man sich erinnert, bereits mehrere Schichtgrenzen. Von ihnen ist die Aufklärung der Schicht-Übergänge zu erwarten.

Und in diesen Schichtlagen hat man nicht erwartet, daß die oberen allein auf die unteren zurückgeführt werden könnten. Sie enthalten zwar alle Unterschichten, aber, hätte GOETHE gesagt, ›sie geben sie nicht‹. Stets ist ein Überbau, eine ›Überformung‹ wahrzunehmen, wie das NICOLAI HARTMANN (1964) ausgedrückt hat. Und so ergibt sich die nächste Problemgruppe der szientistischen Methode mit der Frage: woher denn diese Ursachen stammten, wenn nicht aus dem Unterbau, aus welchem die Schichten synthetisieren.

Das Problem der Subsumption

Im Schichtenphänomen selbst ist die Lösung des Problems der szientistischen Methode nicht zu finden, es enthält nur dessen Vorbedingung. Man kann die Existenz unterschiedlicher Schicht-Qualitäten vielleicht anerkennen. Aber dies allein bringt noch keine Lösung. Man wird sich fragen, was die Ursachen der verschiedenen Qualitäten wären; und falls sie nicht alle aus den Ausgangsbedingungen der Unterschichten stammten, woraus sie dann zu erklären wären. Übersieht man einen Teil des Wirkgefüges?

Man ahnt die Reduktionismus-Debatte, aber so grundlegend sie ist, sie wird uns weiter in die Fragen um die Rolle von Teleonomie und Kybernetik führen und diese wieder ins Subsumptions-Problem. Dort liegt letztlich die Lösung. Doch die Fronten begannen sich am Reduktionismus aufzuweichen. Hier ist in ganz elementarer Weise zu beginnen.

Der Reduktionismus

Man erlaube mir ein Beispiel aus unserer ›prä-szientistischen‹ Kinderzeit; eine kontemplative Renaissance unseres naiven Ansatzes. — Manch kleiner Junge unter uns hat dem Wunsche nicht widerstanden, herauszufinden, wieso sein Plüschbärlein brummt oder wodurch der Wecker tickt. Und so mancher hat's durch Zerlegung herausgefunden; doch mit dem nicht unbedeutenden Erlebnis der Irreversibilität solcher ›Analyse‹. Die Synthese gelang nicht mehr; nicht einmal mit den unverletzt gebliebenen Teilen der Weckeruhr, mochte auch nur ein Schräubchen übersehen und verloren sein.

Nun ist ein Plüschbär noch kein Organismus. Aber das Prinzip, eine Ursache oder Erklärung in den Teilen des Ganzen zu suchen, war es nicht legitim? Erklären wir nicht fachlich die Armbewegung, selbst eines Dirigenten (am Seziertisch), aus

Ursprung und Ansatz der Muskel, den Muskel histologisch aus Dünnschnitten seiner Fasern, die Faserkontraktion biochemisch im Reagenzglas aus dem Rudern der Myosin-Moleküle? Aber auch hier erlaubt keiner der Zerlegungsschritte die Wiedervereinigung. »Man presse den Saft aus einer Orange«, sagt HANS MOHR (1981), »gieße ihn zurück in die Orangenschale, und man wird keine Tendenz der Restaurierung der Frucht beobachten.«

Die Uhr aus Zahnrädern zu erklären, den Buchdruck aus Pigment und Papier, die Armbewegung aus Myosin-Molekülen, das Denken aus Hirnzentren, Nerven, Synapsen und deren molekularen Membranporen, an welchen Kalium-Moleküle durchtreten, ist zwar legitimer, pragmatischer Reduktionismus. Aber zu behaupten, daß das alles wäre, das eben ist ein gefährlicher Irrtum.

Zu behaupten, daß Uhren nichts als eine Menge von Zahnrädern wären, Literatur eine Menge Druckerschwärze, Dirigieren ein Rudern vieler Moleküle und Denken ein Herumwandern von Kalium, das wäre absurd. So aber verhält sich der ontologische Reduktionsimus — und er beherrscht die moderne Szene immer gewalttätiger. Er wird zum akademischen Drill, zu einer Art zivilisatorischer Gehirnwäsche.

Zusammen mit jener achtungsvollen Selbsteinschätzung der ›exakten‹ Wissenschaften wird mit der unzulässigen, beliebig weiten Extrapolation beliebig weiter Abstraktionen infolge mangelnder Bildung für das Verständnis der höheren Komplexitäts-Schichten und der Wert-Entscheidungen, die daraus folgen, unsere ganze Kultur reduktionistisch indoktriniert. Unsere szientistische Gesellschaft hat sich sogar an den Brauch gewöhnt, Abweichler mit Sanktionen zu verfolgen oder sogar ganz offen zu bedrohen.[12]

Heute hat ein Lehrbuch der Psychologie mit den Nervenendigungen, eines der Biologie mit den Kernsäuremolekülen zu beginnen, wenn es der Zeit entsprechen, gedruckt und gelobt werden will. Es wird, wenn überhaupt erwähnt, weit hintangestellt, daß es ohne Konkurrenz um Informationsgewinn zu keiner Entwicklung von Kernsäure-Sequenzen, ohne den Wetteifer der Beweglichkeit zu keinem der Myosin-Moleküle gekommen wäre und ohne den Wettlauf kenntnisgewinnender Populationen zu keiner Reizleitung, keiner Wahrnehmung und zu keiner Psyche; und damit weder zur Vernunft der Autoren, zu Gehirnen noch zu Nervenendigungen. All das ist ohne das Wirken des Selektionsdrucks aus den Obersystemen nicht zu verstehen; aus jenen Bedingungen, welche die Lebensräume ihren Arten, die Arten ihren Individuen und deren Funktionen in dem ganzen tieferen Schichtenbau ihrer Organisation stellen.

Nicht, daß das nicht bemerkt worden wäre. Biologen haben gerade in der letzten Zeit deutlich darauf verwiesen. Aber der szientistische Zeitgeist ist ihnen nicht gefolgt. Vielleicht war es der dunkle Begriff des ›Holismus‹ und der schwer bestimmbare der ›Gestalt‹, der die Zurückhaltung zur Folge hatte. Aber die sehr

---

[12] THOMAS KUHN (1967) hat mit seiner Darstellung der Wandlungsbedingungen in den Wissenschaften gewiß recht. Nur ist dies erst die kühle, akademische Seite des Zusammenhanges. Die sozialen Bedrohungen betreffen die Chancen der Karriere des Probanden und damit recht elementare Dinge wie Geld, Macht und Ehre. Das Ganze ist ein Generationen-Prozeß, den ich schon einmal (R. RIEDL 1980 b), wenn auch in bescheidenerer Angelegenheit, miterlebte.

konkrete Auffassung von einer Zweiseitigkeit der Ursachen findet auch schon ihre Vertreter.[13]

»Was wir mit Sicherheit wissen«, sagt HANS MOHR, »ist, daß die Organisation des Lebendigen nicht nur aus der Verfügbarkeit seiner Elemente und Bauteile zu verstehen ist und aus Kräften, freier Energie, sondern nicht minder aus der Verfügbarkeit relevanter Information; und zudem aus jenen Systemen, welche dieses Wissen verstehen und vernünftig anwenden. ... Die Frage bleibt, woher dieses ›Wissen‹ stammt? Und die Antwort muß lauten: aus dem genetisch gespeicherten Wissen, welches im Laufe der Evolution, der Organisation der Systeme, erarbeitet wurde.« Wir kommen der Sache näher.

Wir sagten: Hier liegt eine Beschränkung der Erklärung auf die Material- und Antriebs-Ursachen vor. Und mit ihr hat unser Verstand die Form- und Zweck-Ursachen irrigerweise als widersprüchlich und unvereinbar verdrängt. Dies ist der elementare Irrtum. Das muß auch MOHR erkannt haben, wenn er sagt: »Eine kausale Erklärung und eine funktionelle oder teleologische sind zwar komplementär, aber einander wechselweise ausschließend sind sie eben nicht.« Sie kommen, wie wir nun wissen, nur aus den komplementären Richtungen in den hierarchisch organisierten Systemen. Und, so schließt MOHR: »Wissen aus all diesen Schichten ist für eine ausgeglichene Beschreibung des Systems erforderlich.« So ist es.

Tatsächlich begann diese Einsicht mit der biologischen Systemtheorie mit LUDWIG VON BERTALANFFY und PAUL WEISS, schon Ende der 20er Jahre in Wien mit KONRAD LORENZ; und mit OTHMAR SPANN und FRIEDRICH VON HAYEK in den Wirtschaftswissenschaften. Und erst heute beginnt sie in die Erkenntnislehre und in den englischen Sprachraum weiterzugreifen.[14]

Aber auch aus der Psychologie entwickelt sich die ganz entsprechende Einsicht. »Die Argumente der Reduktionisten genügen nicht«, stellt DONALD CAMPBELL fest: »wo immer Selektion ... auf einer höheren Stufe der Organisation operiert, bestimmen die Gesetze des höheren Selektions-Systems zum Teil auch die Anordnung der unterschichteten Zustände und Ereignisse. Die Beschreibung eines zwischengeschichteten Phänomens ist nicht vollständig aus den Bedingungen und Möglichkeiten der Unterschichte zu entwickeln. Das Vorhandensein, die Auswahl und Anordnung der Teile (deren Verständnis für ein biologisches System notwendig ist) wird oft erst aus den Gesetzen der Oberschichte hervorgehen.« Was hier CAMPBELL ›Downward Causation‹ (›hinunterlaufende Ursachen‹) nennt, entspricht genau unserem Schema und in der Konsequenz der Form- und Zweckursache. Beide gehen auf Selektion, Wahl, Entscheidung oder, wie wir gesehen haben, auf die höchste der Selektions-Formen, auf Vernunft, zurück.

---

[13] Hervorzuheben sind die Beiträge von K. LORENZ (1950, 1978), P. WEISS (1970, 1970a, 1971), die Sammlung der Arbeiten in A. KOESTLER u. I. SMYTHIES (1970) und in P. WEISS (1971a), die Studien von G. OSCHE (1975), H.-R. DUNCKER (1978), R. RIEDL (1975, 1976, 1980, 1982), sowie jene von D. HULL (1974), M. RUSE (1973) und G. STENT (1974).

[14] Die letzten Zitate sind aus der englischen Ausgabe (1977) von mir, teils frei, übersetzt. Um so mehr sei auf die deutsche Neufassung (H. MOHR 1981), die mir nicht vorlag, aufmerksam gemacht. — Was die Entwicklungen durch L. v. BERTALANFFY, F. v. HAJEK, K. LORENZ, O. SPANN und P. WEISS betrifft, so fällt diese in das Wien der Dreißigerjahre, antipositivistisch in die Wiener Blüte des Neopositivismus (z. B. O. SPANN 1937, Neuausgabe 1962).

Das zweiseitige System des Ursachenbezuges beginnt mindestens schon an der Schwelle des Lebendigen: in der Ebene der Chemie, wie das MANFRED EIGEN und BERNHARD HASSENSTEIN gezeigt haben. Jedoch auch in der Chemie erweisen sich die Eigenschaften komplexer Moleküle nicht zur Gänze auf die Quantenphysik reduzierbar. Darauf haben DEWAR hingewiesen und ROBINSON. Ja, daß nicht reduzierbare Geschichte schon in physikalischen Systemen beginnt, das fanden wir bereits bei HAKEN und PRIGOGINE.[15]

Der ontologische Reduktionismus ist aber nicht ein bloßes Versehen der Gelehrten oder eine Stufe wissenschaftlicher Entwicklung. Er entspringt vielmehr einer Wechselwirkung aus Weltbild und Gesellschaft. Sie haben einander wechselweise reduziert und mit sich ihre Werte. Sie haben die Natur denaturiert und den Menschen entmenschlicht. Nun hat es auch an ernstlicher Warnung nicht gefehlt. Ich erinnere nur an jene von CHARGAFF, VON HAYEK, LORENZ, PIETSCHMANN und POLANYI an die Wissenschaften und an jene seit 1931 von ALDOUS HUXLEY, VON DUBOIS, SNOW oder ROSZAK an unsere Gesellschaft.

Aber die Sache wie die Einsicht sind im Prinzip alt, nur so ernst wie heute waren sie nicht. Darum kann GOETHES Mephisto, in Fausts Kleidern, boshaft den Schüler verwirren, indem er rät »erst den Geist herauszutreiben, — Dann hat er die Theile in der Hand, — Fehlt leider! nur das geistige Band. — *Encheiresin naturae* nennt's die Chemie, — Spottet ihrer selbst und weiß nicht wie.«[16]

Die Diskussion der Ursachen

So, wie in unserer zeitgenössischen Naturwissenschaft keine echte Auseinandersetzung um die Reduzierbarkeit der Schichten besteht, gibt es auch keine tiefer wirkende Debatte um die Formen der Ursachen-Auffassung. Ob HUMESCHE Warnung oder KANTS nicht hinterfragbares *Apriori,* man empfand entweder mit den Positivisten, daß es gleichgültig wäre, was nun in Wahrheit eine Ursache wäre, oder man sah in ihr nur einen Ausdruck für Kraftübertragung. Denn, so behauptet VOLLMER, erwarteten wir diese Erklärungsweise nicht, so würde es »dem Physiker so unwohl sein wie dem Laien.« Dies entspricht dem Vertrauen auf eine der uns angeborenen Anschauungsformen, sowie der Beschränkung auf sie, nach der szientistischen Übereinkunft; und damit einer Beschreibung unserer Zeit, die in den Lehrbüchern der naturwissenschaftlichen Fächer nichts mehr von wissenschaftstheoretischen Präambeln übriggelassen hat. Die Physik hat es ohnedies nur mit Wechselwirkungen zu tun und die übrigen sollen zusehen, sich auf diese zu reduzieren.

---

[15] Die Zitate aus D. CAMPBELL (1974, Seite 180). Eine ähnliche Position findet man auch schon bei J. RYCHLAK (1965). Im übrigen vergleiche man die Beiträge von M. EIGEN (1971), M. DEWAR (1975), A. ROBINSON (1976), H. HAKEN (1978), I. PRIGOGINE (1979) und B. HASSENSTEIN (1980), sowie die Sammlung der Beiträge von O. SCHATZ (1981) zur Frage: ›Brauchen wir eine andere Wissenschaft?‹

[16] E. CHARGAFF 1980, F. v. HAJEK 1979, K. LORENZ 1979, H. PIETSCHMANN 1980, M. POLANYI 1968. Ferner A. HUXLEY 1931 und 1966, R. DUBOIS 1973, C. SNOW 1967 und TH. ROSZAK 1973; sie und viele andere sind auch Vorläufer der ›Grünen Bewegung‹. — Unter *Encheiresis* verstand man zu GOETHES Zeit die Handhabung, wie das Handbuch chemischer Analytik.

Demgegenüber steht ein Funktions- oder Strukturdenken. Denn vielfach ist Verursachung, stellt WERNER LEINFELLNER fest, »so weit, daß sie Kausalität in der Form klassischer, statistischer Kausalität, gegenseitiger Verursachung, kybernetischer Rückkoppelung, Schlingen- und Gleichgewichtssysteme, oftmals vermischt in einem System zuläßt.« Man kann das aber alles ausschließen und den Kausalitätsbegriff einengen, wie das MARIO BUNGE empfiehlt.[17]

Aber neben dem Funktionalismus ist noch immer das Finalitätsproblem in Schwebe; nämlich mit der Frage, was Finalität mit Kausalität zu tun habe. Man hat zunächst begonnen, zielgerichtete und zielintendierte Finalität zu unterscheiden. NICOLAI HARTMANN trennt teleologische Prozesse von ihren Formen und Ganzheiten. AYALA gliedert in bewußtes Zielsetzen, Selbstregulation und Funktionsentsprechung. »Funktionelle Erklärung kann jedenfalls in der Physiologie eine Rolle spielen, um die kausale Erklärung aufzufinden.« Und, setzt HANS MOHR fort: »Es gibt keine *causa finalis* im aristotelischen, metaphysischen Sinne… das Endstadium ist stets kausal und im allgemeinen auch zeitlich nachfolgend.«

Wesentlichen Anteil an der weiteren Klärung hat die biologische Kybernetik. »Sie brachte es den Biologen zum Bewußtsein, daß viele, die Ganzheitlichkeit des Organismus konstituierende Vorgänge, nach dem einfachen Schema der Regelprozesse ablaufen.« Aber, sagt BERNHARD HASSENSTEIN weiter, »gerade dies ist — formal gesehen — ein Charakterzug der Finalität.«

Hier ist aber nicht mehr von Teleologie, sondern, wie wir wissen, von Teleonomie die Rede. Von Funktionen und Zielen der Entwicklung, die wir kausal als Lernprodukte aus der Selektion verstehen. »Der Begriff der Teleologie ist« demnach nach HASSENSTEIN »zusammengesetzt aus einem naturwissenschaftlich verwendbaren Anteil — Teleonomie — und aus einem nicht naturwissenschaftlichen Anteil, für den es in den Naturwissenschaften keinen Gegenstand gibt.« So »würde es sich wohl empfehlen, den begrifflichen Unterschied zwischen Teleologie und Teleonomie auch in die Philosophie zu übernehmen. Dann würde man allerdings nicht mehr ARISTOTELES, sondern PLATON als den Vater der Teleo*logie* zu bezeichnen haben; ARISTOTELES wäre dagegen — zumindest wenn man ihn so zitiert und interpretiert, wie dies, für einen Biologen überzeugend, WOLFGANG KULLMANN getan hat — der Vater der Teleo*nomie* (und weitgehend auch schon ihr Vollender).« Man wird sich (aus Teil 2) erinnern, daß ich zeitgleich und unabhängig ARISTOTELES in derselben naturwissenschaftlichen Sicht ausgelegt habe. Solche Dinge, sagt man, liegen in der Luft.

Nur bin ich noch einen Schritt weitergegangen. Ich habe vermutet, daß es einen teleologen, nicht-teleonomen Rest in der realen Welt nicht gibt. Wirkungen aus der Zukunft kann es nur in der Einbildung des reflektierenden Menschen geben; und auch sie lösen sich, wie wir sahen, bei näherer Betrachtung auf. Wir kommen darauf zurück. Solche Wirkungen sind ratiomorph ein Produkt unserer vereinfachenden Anschauungsformen und rational ein Produkt der idealistischen Philosophie. ARISTOTELES jedenfalls »hat ja den Ausdruck ›teleologisch‹ ohnehin nicht gekannt, weil dieser erst mehr als 2000 Jahre nach seinem Tode geprägt wurde

---

[17] Die Zitate stammen aus G. VOLLMER (1981; war mir nur als Manuskript zugänglich), sowie aus W. LEINFELLNER (1981, Seite 247). Wichtig sind auch die Beiträge zum Kausalitätsproblem von G. POSCH (1981) und M. BUNGE (1969), ferner G. v. WRIGHT (1974). F. AYALA (1970) und N. HARTMANN (1951).

(von CHR. WOLFF). Ich würde sogar meinen«, so meine auch ich mit HASSENSTEIN, »er hätte ihn gar nicht auf sich angewendet wissen wollen.«[18]

Von der Reduktionismus- über die Ursachen-Debatte zur Teleonomie und Kybernetik sind wir nun nicht nur der Entwicklung des Szientismus-Problems nachgegangen, wir nähern uns damit auch dem Kernpunkt der Sache.

Kybernetik und Systemtheorie

Im Kern des Subsumptions-Problems ergibt sich zunächst die Frage, unter welche Form der Kausalität nunmehr die regelnden Ursachen zu subsummieren wären. Dies läßt sich methodologisch präzisieren, indem wir fragen, was die Systemtheorie von der Kybernetik unterschiede. Denn die Kybernetik ist einer Lösung bereits ganz nahe, mit der Systemtheorie aber erwarten wir, die Lösung zu besitzen.

In den ›Interna‹ der Auseinandersetzung um den Szientismus ist diese Frage oft aufgetaucht. Die Physiker, nicht die Biokybernetiker, behaupten, die Kybernetik im europäischen Sinn enthielte alles, was eine Systemtheorie enthalten könne. Die Systemtheoretiker behaupten, die Kybernetik wäre nur ein Teil der Systemtheorie. In den USA ist dies fast umgekehrt. Nachdem darüber kaum publiziert wurde, will ich dies hier darlegen. Denn es ist ein entscheidender Punkt für die Frage, ob sich das Szientismusproblem für die Naturwissenschaften lösen läßt.

Die Kybernetik, von *kybernetes,* der Steuermann, ist bekanntlich die fächer-übergreifende Wissenschaft von den Regel- und Steuerungsvorgängen. In den 40er Jahren entstanden, baute sie bereits auf der Einsicht, daß sich die Prinzipien der Informations- oder Nachrichten-Übertragung in technischen und biologischen Systemen formal in derselben Weise beschreiben lassen. Und bald zeigte es sich, daß dies sogar für die Individual- und Sozialpsychologie, wie für die Pädagogik möglich ist.

Das Wesen der Theorie enthält die Erkenntnis von Regelkreisen, oder feedback-loops, in allen jenen materiellen Systemen, in welchen Nachrichten im System entstehen und regulierend über ebenso materielle Träger auf dieses zurückwirken. Stets sind im Rückkoppelkreis ein Meßfühler oder Sinnesorgan, ein Regler und ein ›Stellglied‹, eine Korrektureinrichtung vorhanden. Und was gefühlt, geregelt und gestellt wird, enthält stets Information über Kräfte und materielle Zustände, im Sinne der *causa efficiens* und *materialis.* Soweit besteht durchaus Übereinkunft.[19]

Typisch für solche Systeme sind die negativen Rückkoppelungen, da sie die Funktion haben, das System nach Störungen in sein Gleichgewicht zurückzuführen. Denn positive Rückkoppelung führte zur Eskalierung des Störeffekts. Der

---

[18] Beide Zitate aus H. MOHR stammen aus dem Band von 1977 (Seite 74). Man wird sich erinnern, daß die richtige Deutung der Position des ARISTOTELES damals noch nicht erschienen war (W. KULLMANN 1979). Ich zweifle nicht daran, daß HANS MOHR sie anerkannt haben wird. Die Zitate von B. HASSENSTEIN sind von 1980 (den Seiten 63, 69 und 70; vgl. auch seine Schriften von 1949, 1972 und 1977). Der Teleonomie-Begriff, wie erinnerlich von C. PITTENDRIGH (1958), vgl. dazu R. RIEDL (1976, 1978/79 und 1980).

[19] Ich bin in dieser Sache besonders meinen Freunden HEINZ VON FOERSTER, BERNHARD HASSENSTEIN, FRIEDHART KLIX, ERHARD OESER und HEINZ ZEMANEK für viele geduldige Gespräche verbunden und verweise hier auf jeweils ein Werk, auf das ich mich besonders stütze. H. v. FOERSTER (1971), B. HASSENSTEIN (1977), F. KLIX (1976), E. OESER (1976) und H. ZEMANEK (1959).

Regler also schließt aus. Er führt Ist-Größen aus dem Fühler in Soll-Größen an das Stellglied zurück. So muß nicht nur der Fühler Information empfangen und das Stellglied Information an das System geben, auch der Regler enthält Information. Das heißt Information darüber, was er auszuschließen, zu selegieren oder auszuwählen hat, um den Erhaltungsbedingungen, Funktionen oder Zwecken seines Systems zu genügen; das ist aber im Sinne der Systemtheorie die Wirkung der *causa formalis,* wie wir sie kennenlernten.

Dabei spielt es keine Rolle, daß der Regler materiell ist und Energie verbraucht. Auch ein Sieb, eine selegierende Artengemeinschaft, eine menschliche Gesellschaft oder ein Setzer ist materiell und wird Verbrauch zeigen. Entscheidend ist vielmehr, daß der Informationsgehalt, den der Regler enthält, nichts mit einer *causa efficiens* oder *materialis,* sondern nur mit der *causa formalis* zu tun hat. Seine Selektivität ist eines der Anzeichen für die Menge an Information im Sinne von Kenntnis oder Konstruktions-Aufwand, der Entfernung von der statistischen Beliebigkeit oder der Anzahl der ausgeschlossenen Möglichkeiten, die das System gewonnen hat; sei diese gewonnen durch den selektiven Lernprozeß der Gene, des Erfinders oder der Schulung des Konstrukteurs des Systems.

Und daß das Regelsystem als Ganzes Vorbedingung ist, Funktion hat im System, einen Zweck erfüllt, einen Sinn hat, daß es damit ein teleonomes Prinzip enthält, haben wir mit HASSENSTEIN schon festgestellt. Dieses entspricht aber wieder ganz dem, was die Systemtheorie unter einer *causa finalis* versteht.

Was also die Theorie der Systeme mehr enthält als die der Kybernetik, das ist die Wahrnehmung der vier Ursachenformen, wie sie auch in allen Regulations- und Selektions-Prozessen zu erwarten sind. Und es ist wohl zu offensichtlich, daß alle vier echte Ursachen darstellen, wie sie auch mit einem naturwissenschaftlichen Weltbild und einer kritischen Wissenschaftstheorie verträglich sind. Es wird das Objektivitäts-Postulat nicht verlassen, es ist die Quantifizierung möglich und die Hypothesen können an ihrer Prognose scheitern.[20]

Für unsere spezielle Fragestellung ist es aber weiters von Interesse, ob sich auch die Regelprozesse in einem komplexen System zu hierarchischen Mustern ordnen. Und das ist nun zweifellos der Fall.

In einem System von Regelvorgängen haben bestimmte Steuerungen stets nur, wie wir uns ausdrücken, innerhalb eines geregelten Obersystems einen Sinn. Bei Organismen kennt man das von den Bewegungs-Koordinationen über die Hierarchie der Instinkt-Bewegungen bis zu den regulativen Verhaltensweisen in den sozialen Gruppen. Und bei den sehr komplizierten Maschinen und Wirtschafts-Systemen ist dies nicht anders.

Bleibt die Frage, ob diese Hierarchie auch die des Sumsumptions-Schemas ableiten lassen wird. Sie ist aber vorerst der Kybernetik zurückzugeben; nämlich mit der Frage, ob sich ihre Phänomene zu Gesetzlichkeiten werden abstrahieren lassen. Die Frage, die uns hier verbleibt, ist vielmehr die um die restliche Unsicherheit im Konzept der Zwecke.

---

[20] Diese Lösung hat freilich noch ein Nachfolgeproblem. Es ist in der zu fordernden Quantifizierung des Informationsbegriffes, im vorliegenden Sinn von Organisation, Ordnung, Kenntnis oder Konstruktionsaufwand gegeben. Dieses Problem kennen wir schon. Denn die mit NORBERT WIENER (1948) ausformulierte Kybernetik hat sich sogleich mit der SHANNON-WEAVER'schen Form des Informationsbegriffes (1949) verbunden.

Kausalismus oder Finalismus

Wie erinnerlich, ist schon die früheste Kosmogonie in einer Form erdacht worden, in welcher die Weltschöpfer nach geradezu allzumenschlichen Zwecken handeln (Teil 1). So, wie dann in der frühen griechischen Philosophie »ANAXAGORAS die Ordnung des Universums durch den *Nus,* den Göttlichen Geist, vorgenommen sein läßt.« Dann, so folgen wir WOLFGANG KULLMANN weiter, »finden wir im PROTAGORASmythos bei PLATON die Vorstellung, daß die Lebewesen bei ihrer Erschaffung durch die Götter von Prometheus und Epimetheus zur Selbst- und Arterhaltung mit natürlichen Waffen, Hilfsmitteln und Begabungen oder besonderer Fruchtbarkeit ausgestattet wurden, mit Ausnahme des Menschen, der erst durch den Diebstahl (!) der Handwerkskunst des Hephaistos und der Athena durch Prometheus und schließlich durch Verleihung von ›Rücksichtnahme‹ und Recht durch Zeus zur Arterhaltung befähigt wurde. Die Zweckmäßigkeit geht dort also auf bewußte Planung der Erschaffung der Menschen zurück.« Und »von der zweckmäßigen Ausstattung des Menschen durch die Götter ist dann vor allem bei XENOPHON ... die Rede.« Nichts von alledem finden wir dagegen bei ARISTOTELES.[21]

Dieselbe Idee einer transzendentalen, göttlichen Instanz, welche Zwecke im voraus setzt und den Menschen auf deren in der Zukunft liegenden Ziele zuzustreben heißt, beherrscht dann die Interpretation des Mittelalters; als einer Exegese der Antike, in welche ARISTOTELES, als bedeutendste der Quellen, so zwangsläufig wie ganz zu Unrecht geraten mußte. So nimmt es auch nicht wunder, daß das vom Christentum beherrschte Abendland in dieser Vision verfangen blieb; bis in unsere Tage des PIERRE TEILHARD DE CHARDIN (1959).

So bleibt auch KANTS Teleologiebegriff unterschiedlich auslegbar. Da ist zunächst an seinen teleologischen Gottesbeweis zu erinnern. Nach der üblichen Auslegung fänden sich in dieser Welt allerorts »Zeichen einer Anordnung nach bestimmter Absicht, mit großer Weisheit ausgeführt... So muß eine erhabene Ursache existieren, die nicht nur als blind wirkende Natur, sondern als Intelligenz durch Freiheit die Ursache dieser Welt ist.« Von der anderen Seite gesehen heißt es: »Naturprodukten kann man so etwas als Beziehung der Natur an ihnen auf Zwecke nicht beilegen, sondern diesen Begriff nur brauchen, um über sie ... zu reflektieren.« Solche Stellen sind die verbreitetsten. Man kann die Frage nach dem Grund: Natur- oder nur Vernunfts-Grund, auch offengelassen sehen: »Wir wissen nicht«, sagt KANT, »ob er bloß ein vernünftelnder und objektiv leerer« Begriff sei, »ein subjektives Prinzip der Vernunft für die Urteilskraft.« Aber wir finden auch, daß Finalität »eine ganz andere Art von ursprünglicher Kausalität wäre«; als ob

---

[21] ANAXAGORAS (500?–428), ionischer Philosoph, PROTAGORAS (481–411?), bedeutendster der Sophisten; beide also vier und drei Generationen vor PLATON; XENOPHON (430–354), Schriftsteller und dessen Zeitgenosse. »Eine größere Zahl von teleologischen Erklärungen findet sich in PLATONS ›Timaios‹. Sie sind insofern schwer interpretierbar, als PLATON der Meinung ist, daß es eine Naturwissenschaft nicht geben könne, da man in dem immer in Veränderung befindlichen Bereich der Genesis niemals etwas Deutliches nach der genauesten Wahrheit erfahren könne.« Die Zitate aus W. KULLMANN (1982, Seite 26–27).

der Natur »ein architektonischer Verstand zu Grunde liege.« Ich bin dem letzteren Blickpunkt gefolgt. Es ist der förderndste. Die meisten taten dies aber nicht.[22]

Und diese Auslegung der Neukantianer, wie jene der Neuplatonisten, mögen die geistige Szene dominiert haben. So daß selbst NICOLAI HARTMANN (1964), dem wir, wie erinnerlich, Grundlegendes zu jenem Schichtenmodell verdanken, das uns die Symmetrien der vier Ursachenformen erst so recht entwickeln ließ, Finalität auch noch nicht als eine Form der Kausalität erkennen konnte. Jedoch erwartet er, wie erwähnt, das Herrschen eines *Nexus organicus,* der die beiden verbindet.

Folglich finden wir noch immer den Standpunkt wie bei BOCHEŃSKÎ. »Die teleologische Erklärung birgt schwierige philosophische Probleme; vor allem stellt sich die Frage, wie etwas, das nicht besteht [!], was keine Existenz hat, ein (existierendes) Phänomen erklären kann.« Denn »vom logischen Standpunkt ist diese Erklärung insoferne der kausalen entgegengesetzt, als sie zwar eine phänomenale Bedingung angibt, diese Bedingung aber in einem noch nicht bestehenden Phänomen liegt, das zeitlich erst nach [!] dem zu erklärenden Phänomen auftritt.«

So, wie die idealistische Philosophie eine Synthese der Ursachenformen scheut, so auch die materialistische. Was aber den Dialektischen Materialismus betrifft, so ist sein Prozeß, jedenfalls naturwissenschaftlich, der Wechselwirkung verwandt, sowie dem ›feedback‹, der negativen Rückkoppelung, der Reafferenz, sowie unserem Schema der zweiseitigen Kausalität; und zwar in einem Maße, daß dieser Zusammenhang heute auch im Osten gesehen wird; vorausgesetzt allerdings, dem Begriff sei »sein ursprünglicher Gehalt, nämlich einem ideell gesetzten Zweck gemäß sein, abhanden gekommen.« Vorausgesetzt, setzt ROLF LÖTHER fort, Zweckmäßigkeiten »werden durch die physiologische Analyse auf Kausalzusammenhänge zurückgeführt und aus der Wechselwirkung der Komponenten des lebenden Systems erklärt.« Wir finden uns wieder in Übereinstimmung.[23]

Die Lösung mußte durch die diametralen philosophischen Positionen verdunkelt sein. Und man wird vor Augen haben, daß das Teleonomiekonzept sehr wohl die problematische Teleologie zu einer unter den vier Ursachen verwandeln kann.

Teleonomie oder Teleologie

Das Teleonomie-Konzept ist, so wie es PITTENDRIGH 1958 entwarf, von den Biologen angenommen und als zureichende Lösung anerkannt worden. Es handelt sich um Programme, hat ERNST MAYR (1974) festgestellt, und BERNHARD HASSENSTEIN (1980) fand in den Naturwissenschaften kein Phänomen, das teleologisch zu verstehen wäre und empfahl den Philosophen, den Teleonomie-Begriff zu übernehmen.

[22] Die zitierte KANT-Interpretation ist W. MATTHIAS (1977, Seite 192) entnommen, die folgenden vier KANT-Zitate F. WUKETITS (1980, Seite 49) sowie I. KANT (1790, den Paragraphen 72–74, 76 und 71). — Und noch zur Vorgeschichte: »Auszüge aus Buch 4–6 der ›Enneaden‹ des PLOTIN kamen aus unbekannten Gründen unter dem Titel ›Teleologie des ARISTOTELES‹ in Umlauf. So ist bis in die islamische Zeit hinein die Philosophie, die sich auf ARISTOTELES berief, in Wirklichkeit weitgehend Neuplatonismus gewesen« (C. COLPE 1977, Seite 108).
[23] Zitiert ist hier aus I. BOCHEŃSKÎ (1957, Seite 115) und R. LÖTHER (1972, von den Seiten 33 und 36). Man erinnert sich, daß KARL MARX (1846) zwar dem Baumeister, nicht aber der Biene Zwecke zubilligte. — Unter ›Reafferenz‹ versteht man die Rückmeldung des Erfolgs von Organen an das Zentralnervensystem.

Vielleicht ist es mit die Festigung dieses naturwissenschaftlichen Begriffes gewesen, der die idealistische Philosophie wieder auf den Plan gerufen hat, um eine Renaissance des Teleologie-Begriffes anzuregen. So jedenfalls kann man die Bemühung von ROBERT SPAEMANN und REINHARD LÖW, von EVE-MARIE ENGELS und vielen unpublizierten Haltungen verstehen. Denn es ist gewiß nicht legitim, den Dingen dieser Welt und vor allem dem Menschen Zweck und Sinn fortzuargumentieren. Denn kennt man die Zusammenhänge nicht genau, dann mag es wohl so scheinen, als untermauerte das Teleonomie-Konzept nochmals die Auflösung aller Zwecke, wie dies der ontologisch-materialistische Reduktionismus, wie nochmals bei JACQUES MONOD, verkündet.[24]

Da sind wir nun im wahren Kern des Szientismus-Problems. Denn zweifellos ist eine sinnlose Welt nicht jedermanns Sache; Zwecke aber, die aller Welt vorgegeben sein sollten, lassen sich empirisch nicht nur nicht nachweisen, sie schaffen auch ein Dilemma für das, was wir als Freiheit, Moral und Verantwortlichkeit erleben.

Ich habe mich bemüht zu zeigen, auf welche natürliche Weise die Zwecke in diese Welt kommen; daß sie ihr nur als Möglichkeit vorgegeben sein können, dagegen aber ganz konkret mit der Entwicklung ihrer Systeme entstehen. Nämlich zunächst nur als funktionelle Entsprechungen der Systeme zu ihren jeweiligen Obersystemen; wie sich dann aus der selektiven Auslese ihrer erfolgreichen Beiträge zu den Erhaltungsbedingungen des Ensembles das herausschält, was wir als etwas Zweckvolles mitvollziehen und was, für unseren menschlichen Begriff, zur Würde eines Sinnes aufsteigt, sobald man den Funktionen oder Zwecken eines Systems, sei es unserer Kultur, Bildung und Wertvorstellungen eine bedeutende Dauer zusinnt (hinzudenkt). Die Auswahlbedingungen dieser Evolution von der Funktion zum Sinn stecken allerdings in den Obersystemen. Um das anerkennen zu können, muß man eingesehen haben, daß stets ein Ganzes vor seinen Teilen war, daß die *causa formalis* stets mitwirkt und mit ihrem Stufen-Erleben als Kontinuum-Erlebnis die Einheit der *causa finalis* entstehen läßt. Allerdings einer Finalität im strikten Sinne der Teleonomie, sowie einem ratiomorph darauf beschränkten Zweckerlebnis, worin wir unser Handeln selbst gespiegelt zu sehen meinen.

Das ist aber des ›Pudels Kern‹. Die Idealisten lehnen das Teleonomie-Theorem ab, denn es erscheint aus ihrer Sicht als ein Einbruch des Materialismus. Die Materialisten lehnen den Zweck-Begriff ab, denn er erscheint aus ihrer Sicht als ein Einbruch des Idealismus. So einfach ist auch dies.[25]

Gegenüber der Tiefe dieser weltanschaulichen Spaltung ist die Lösung der Teleonomie-Teleologie-Diskrepanz selbst geradezu einfach. Zieht man vom Inhalt dessen, was man teleologisch zu verstehen trachtete, das ab, was sich bereits teleonomisch verstehen läßt, dann bleibt nur ein gespenstischer Rest; emotional

---

[24] Man vergleiche J. MONOD (1971) mit R. SPAEMANN u. R. LÖW (1981) und E.-M. ENGELS (1982), und man wird die Antriebe des Widerspruchs mitempfinden. Man wird aber auch die bereits sprachliche Unvereinbarkeit der Zugänge erleben. Zudem ist H. POSERS Sammelband, besonders der Beitrag von F. KRAFFT (1981), einschlägig.

[25] Die evolutions-biologische Grundlage meiner Theorie enthält mein Buch von 1975 (eine Kurzfassung 1977 und 1983 c), ihre Anwendung auch auf die übrigen Evolutionsprozesse der Band 1976, ihre Erkenntnis-Grundlage das Buch 1980 (eine Kurzfassung u. a. 1981); das Ursachenproblem enthalten die Beiträge 1978/79 und 1981 a; das Sinn-Problem speziell im Beitrag 1980 a (einiges in 1982), das korrespondierende Isomorphie-Problem im Beitrag 1983.

etwas wie ein Bedürfnis, ein Traum, eine Sehnsucht, fachlich die Rationalisierung solcher Sehnsucht, eine Philosophen-Konstruktion.

Wie man sich erinnert, hat schon NICOLAI HARTMANN (1951) die Teleologie von Prozessen, Formen und Ganzheiten unterschieden, AYALA (1970) jene der Funktionen, der Selbstregulation und der Intention bewußter Antizipation. Und VON WRIGHT (1974) gliedert in Funktions-Entsprechung, Zielgerichtetheit, organische Ganzheit und Intentionalität. Es handelt sich um Stufen und Gradienten von Programmen.

Stufen sind es, weil zunächst von der Funktionsentsprechung zur Regulation der Selektions-Mechanismus, von der bloßen Ausmerzung der Abweichung zur Steuerung verbessert wird. Aber auch diese Steuermechanismen sind selektiv, unter allmählichem Informationsgewinn, über die erforderlichen Rückkoppelungen und deren notwendige Meß-, Steuer- und Stellgrößen evolviert. Dagegen ist der Wandel von den Regulations- zu den Homoeose- und Ganzheits-Phänomenen ein Summeneffekt sich türmender und im einzelnen noch ganz undurchschauter Steuervorgänge.

Stufen sind es auch von den genetischen, ratiomorphen zu den bewußten und rationalen oder absichtsvoll intendierten Programmen; weil letztere nun unter Abrufung von Gedächtnisinhalten im vorgestellten Raum operieren. Aber auch diese Operationen überbauen, wie wir gesehen haben, phylogenetisch nur ganz allmählich die ratiomorph schon vorbereiteten Programme. Sie können sich von jenen auch gar nicht zur Gänze lösen. Das Übersteigen wenigstens einer dieser angeborenen Anschauungsformen ist ja das Ziel dieses ganzen Buches.

Nun liegt mir nichts ferner, als den Erfolg der Schritte von der Selektion über die Regulation zur bewußten Intention zu verschleiern oder geringzuschätzen. Erst, wer tierisches Verhalten wirklich kennt, sagt KONRAD LORENZ, vermag die Differenz auch wirklich zu schätzen. Aber was anderes als Programme sollten selbst unsere hochfliegenden Pläne sein; gestern erdacht, heute nach ihnen gehandelt, morgen nach dem Planzusammenhang fortgesetzt. Und auch die Antizipation des Morgen ist nur eine Verlängerung der Voraussicht, wie sie auch der bescheidenste Plan enthält; die instinktgeführte Bahn der Raubkatze, selbst die einfachste Taxie und die Phobie oder Vermeidereaktion. Was aufgrund des Bewußtseins des Menschen hinzukommt, das ist die Verwechslungsmöglichkeit von Gedachtem und der Realität. Und erst dies führt dazu, daß er sich die ewigen Jagdgründe erträumt, um ihretwegen die irdischen zu mißachten. Nur in jener Traumwelt gibt es Teleologie. Außerhalb derselben gibt es sie nicht.

Wie aber wären nun Handlungs-Programme unserem Subsumptions-Schema einzufügen? GEORG VON WRIGHT betrachtet ja diese Frage sehr zu Recht als einen Test für jeden Universalitätsanspruch der Theorie. Gesetze der Motivation kann man freilich mit HEMPEL für zu komplex, mit POPPER für trivial halten; daß es aber keine gäbe, wie DRAY meint, kann nicht richtig sein. Vielmehr hat ELISABETH ANSCOMBE die Lösung eigentlich schon vorgeschlagen: Der Obersatz bezeichnet das Handlungsziel, der Untersatz setzt die Mittel, den bezeichneten Zweck zu erreichen. ANSCOMBE und VON WRIGHT haben hier Subsumptionen praktischer Syllogismen oder logischer Schlüsse vor Augen. Wir können ebensogut von Auswahlbedingungen im Sinne der *causa formalis* reden. Denn stets wird das Gesamtziel, die oberste Schichte, selektiv, auswählend, wir sagen: vernünftig die Subhandlungen und diese die Sub-Subhandlungen bestimmen, hinunter bis zum einzelnen Handgriff, zur Kontraktion eines Muskels.[26]

»Was das subsumptionstheoretische Schema für Kausalerklärungen ... in den Naturwissenschaften ist«, sagt VON WRIGHT (1974, Seite 37), »ist der praktische Syllogismus für teleologische Erklärungen und Erklärungen in den Geschichts- und Sozialwissenschaften.« Wie die Subsumption unter die *causa efficiens* die Erklärung aus den Untersystemen beherrscht, beherrscht die Subsumption unter die *causa finalis* die Erklärung aus den Obersystemen, können wir übersetzen.

Herkunft und Grade der Gewißheit

Was um das Subsumptions-Schema noch an Problematik verbleibt, ist, verglichen mit dem, was wir nun schon hinter uns haben, von untergeordneter Bedeutung. Es sind, für die Praxis der empirischen Disziplinen, nicht mehr als Folgen der positivistischen Mythologie und einer physikalistischen Autoritätsgläubigkeit. Aber da es nicht nur Querelen sind, sondern jene Interna, welche die Naturwissenschaft verunsichern, sei nochmals auf sie hingewiesen.

Zunächst sieht es noch immer so aus, als ob es deduktive und induktive Erklärungen gäbe; etwa im Sinne logischer versus empirischer Wahrheiten. Die einen werden deduktiv-nomologisch genannt und erklärten, warum das Ereignis E stattfinden mußte oder notwendig folgte, sobald die Basis, die Gesetze (vom Betrachter der Sache) akzeptiert wurden. Aber, räumt VON WRIGHT ein, »auch der Gegenstand einer induktiv-probabilistischen Erklärung ist ein individuelles Ereignis E. Die Basis ist eine Menge anderer Ereignisse«; und es ist »das allgemeine Gesetz, ... das die Basis mit dem Gegenstand der Erklärung verknüpft.«

In Wahrheit aber ist wohl jegliche Gesetzlichkeit aus irgendeiner Basis entwickelt; empirisch immer induktiv probabilistisch aus einer Menge von Fällen. Die Basis der nicht empirischen, logischen (?) Gesetzlichkeiten werden dagegen Ableitungen aus unseren erblichen Anschauungsformen sein, weil uns diese *a priori* als gewiß erscheinen. Man darf nicht vergessen, daß das Subsumptions-Schema bislang eben nur die deduktive Hälfte des von mir dargelegten Prozesses enthält, weil die Positivisten ihre induktiven Wissenschaften der Induktion beraubten und dieses Konzept erst zögernd zurückkehrt.

Demgegenüber gibt es freilich neben den empirischen auch logische Gewißheiten. Aber dies ist eben das Dilemma. Denn die einen sind aller Welt zu entnehmen, bleiben aber probabilistisch, die anderen haben ihre Existenz nur in der Reflexivität unserer menschlichen Vorstellung, erscheinen uns aber als der Welt vorgegebene Gewißheiten.

Immerhin anerkennt man bereits, daß »sich nach Ansicht der Induktivisten die Naturgesetze ... empirisch begründen« lassen. »Jede durch Anwendung eines

---

[26] E. ANSCOMBE 1957; »Die Idee«, sagt G. v. WRIGHT (1974, Seite 36), »geht auf ARISTOTELES zurück und war nach ANSCOMBE eine seiner besten Entdeckungen, wenn sie auch in der späteren Philosophie durch Fehlinterpretationen verschüttet worden ist.« (Wie vertraut sind uns schon diese Verwirrungen der Exegese!) Bei den übrigen Stellungnahmen handelt es sich um die Beiträge: K. POPPER 1957, W. DRAY 1957 und C. HEMPEL 1962/66.

Naturgesetzes geglückte Voraussage«, so stimmen wir STEGMÜLLER zu, »bietet eine induktive Bestätigung für dieses Gesetz, welches dessen Wahrscheinlichkeit erhöht.« Und wie eine Vorwegnahme meiner Auffassung klingt, was er anschließt: »Den neuen Hypothesen entsprechen hier die Mutationen, während der strengen Prüfung die Auslese korrespondiert. In beiden Fällen kommt die neue Instruktion als Reaktion auf Probleme vom Inneren der Struktur, während die Elimination der Irrtümer oder des schlecht Angepaßten durch äußeren Druck erfolgt.« Nur, daß die logische Reflexion die Elimination und mit ihr die Irrtümer von außen ins Innere verlegt. Das kennen wir schon.[27]

Wenn es, wie ich es behaupte, richtig ist, daß Grade irgendwelcher Gewißheit und über welchen realen Gegenstand auch immer, nur aus der fortgesetzten Bestätigung von Prognosen abzuleiten sind, dann bedürfen unsere Anschauungsformen *a priori* eben derselben Prüfung an der realen Welt.

Die zweite Frage ist die, welche Grade von Gewißheit den Wissenschaften zu erreichen möglich sind. Hier wechseln wir zu einem Sub-Mythos der positivistischen Mythologie, zum Mythos der eternalen Gesetze; zur Gläubigkeit an eine in Wahrheit schon vergangene Physik. So, wie solcher Autoritätsglauben dazu geführt hat, die exakten Wissenschaften über die bloß beschreibenden zu erheben, in derselben Weise hat man die einen in den Besitz wahrer Gesetze gedacht und die anderen in die Niederungen der bloßen Regeln versetzt. Und sogar die Biologen haben das unwidersprochen gelassen.

Ich will diese Verunsicherung an einer Gegenüberstellung prüfen. Ich stelle die Gewißheitsgrade des Eintretens eines Ereignisses nach dem NEWTONschen Gravitationsgesetz jenen des HAECKELschen Rekapitulationsgesetzes gegenüber; über welch letzteres selbst die Biologen noch streiten, ob es nicht doch nur eine Regel mit zu vielen Ausnahmen ist. Der Abstand ist also wohl groß genug gewählt.

Was die Wahrscheinlichkeit betrifft, daß ein Gegenstand dem Gravitationsgesetz folgen werde, findet man schon in BERNHARD BAVINK eine Berechnung. Ein Ziegelstein auf der Erde wird einmal in $[10^{10}]^{10}$ Jahren dem Gesetz nicht folgen. Er wird sich kurz gegen den absoluten Nullpunkt abkühlen und mit relativistischer Geschwindigkeit in den Himmel fliegen. Nämlich dann, wenn die Zufallsbewegung seiner Moleküle einmal gleichzeitig alle nach oben führt. Das ist gewiß kein häufiges Ereignis. Aber seine Häufigkeit nimmt mit der Abnahme der Zahl der beteiligten Moleküle zu. Wie die BROWNsche Molekularbewegung zeigt; eine jedenfalls in kosmischen Maßen durchaus erwartbare Möglichkeit.

In allen Wirbeltieren nun rekapitulieren alle Embryonen die *Chorda dorsalis* ihrer vorkambrischen Vorfahren. Wie groß ist nun die Wahrscheinlichkeit, daß ein Wirbeltier, ohne die Rückensaite als Embryo angelegt zu haben, herumlaufen (-fliegen, oder -schwimmen) werde. Geben wir dem Zufall großzügig in jedem Falle die Chance von ½. Auch dann muß die empirische Auftretenswahrscheinlichkeit noch kleiner sein als ½, potenziert mit allen bisher von der Evolution versuchten Individuen der Wirbeltiere; da ja bisher noch keines ohne *Chorda* entstanden ist.

---

[27] Die Zitate sind aus G. v. WRIGHT (1974, Seite 25) und aus W. STEGMÜLLER (1979, von den Seiten 109 und 117). Es geht in diesem Zusammenhang erneut um das Logik-Empirie-Problem, das wir, wie sich der Leser erinnert, schon mehrfach berührten.

Die Berechnung ($2 \cdot 10^4$ Arten mal 10^8 Individuen mal $5 \cdot 10^8$ Generationen) ergibt 10^{21} Versuche und eine Wahrscheinlichkeit von $[0,5^{10}]^{21}$ gleich $6 \cdot 10^{-64}$. Dies aber ist bereits für irdische Bedingungen Unmöglichkeit.[28]

Tatsächlich ist es aber noch mehr; es ist eine Superdetermination. Wo nämlich das Gravitationsgesetz unter allen möglichen Umständen, so bei der Kleinheit der Masse, von anderen Wechselwirkungen überwogen, außer Kraft gesetzt werden kann, ist dies beim Biogenesegesetz, dank der Selektion, die jede Abweichung vom Erfolg ausschließt, meist schon als Letalmutante, unmöglich. Es sei denn durch Substitution aller Funktionen und Nachfolgefunktionen, in unserem Falle der *Chorda*. Nachdem von ihr aber die Rückengliederung, von dieser die der Wirbeln und von diesen die Ordnung aller Nerven aus dem Rückenmark abhängt, wäre die Rückensaite eines Wirbeltieres nicht leichter ersetzbar als sein Kopf.

Die physikalischen Gesetze sind den biologischen zwar in ihrer Formalisierbarkeit überlegen; das ist eine ganz andere Sache, und im Wandel von der klassischen zur Nichtäquilibrium-Physik ohnedies in Veränderung. Eine Überlegenheit hinsichtlich ihrer Gewißheitsgrade aber existiert im Prinzip nicht.

Und was den Ort der Gewißheit betrifft, so liegt dieser im Subsumptionszusammenhang weder an der Basis, in den Protokollsätzen, noch an der Spitze, in den Axiomen, oder in den umfassendsten Gesetzen der Naturwissenschaft, sondern, wie wir schon fanden, in der dichten Mitte dieses Netzes bestätigter Voraussagen. Dies liegt aber schon außerhalb des Szientismus-Problems.

Bildung und Tradition

Die Lösung des Problems der Szientistik erweist sich also als eine Sache der Bildung. Das mag grob klingen. Doch bin ich weit davon entfernt, meine Kommilitonen für ungebildet zu halten. Im Gegenteil; trotz der Naturwissenschaftler-Schwemme unserer Tage, wie sie ERWIN CHARGAFF verhöhnt, da sie letztendes auf die Angst der Machtblöcke voreinander zurückzuführen ist. Wohl gerade wegen jener Unterminierung des Ethos sind noch immer weitschauende und verantwortungsvolle Persönlichkeiten um uns.

Ich habe also unter Bildung in erster Linie jene vor Augen, welche man die einer Zeit oder eines Zeitgeistes nennen könnte. Und gerade diese hat so sehr verloren, was wieder an der uns aufoktroyierten Spezialisierung liegt, die mit dem Wachsen der Wissenschaften und des Wissenschaftler-Marktes immer dränglicher wird. Die Folgen sind neue Eigengesetzlichkeiten in dieser Maschinerie, von welchen in unserem szientistischen Zusammenhang zwei ihrer normativen Mechanismen interessieren:

Zunächst; THOMAS KUHN unterscheidet zwei Formen von Wissenschaft: Die ›normale‹ und die ›außerordentliche‹, nennen wir letztere vorsichtiger die ›außer-

---

[28] B. BAVINK (1930, Seite 189). Ähnliches in R. SEXL (1979). — HAECKELS Gesetz besagt, daß die Keimesentwicklung eine Wiederholung der Stammesentwicklung enthält. Seine Unschärfe beruht auf einer heute noch ungenauen Unterscheidung palingenetischer (rekapitulativer) und caenogenetischer (adaptiver) Entwicklungsprozesse (R. RIEDL 1975). — Heute kennt man 41 700 Wirbeltierarten, die Species Mensch vergleichsweise mit $5 \cdot 10^9$ Individuen, die Generationenfolge ist durchschnittlich ein Jahr (man denke an die 20 600 Fischarten).

normale‹ Wissenschaft. Im ersteren Fall arbeitet der Forscher innerhalb einer festgelegten Tradition, bestätigt und verteidigt ihr Lösungsmodell, folgt ihrem Paradigma und verläßt es nicht. Der letztere Fall, die außernormale Wissenschaftsform, so bestätigt STEGMÜLLER, »ist das traditions-zerstörende Gegenstück zur traditions-gebundenen normalen Wissenschaft, jenes Gegenstück, das zu wissenschaftlichen Revolutionen führt, in denen eine Art, Wissenschaft zu betreiben, durch eine andere abgelöst wird.« Naturgemäß ist diese Position durch Außenseiter, bestenfalls durch Minoritäten vertreten.

Neben dieser Gliederung nach dem innovativen Charakter gliedert ferner DE SOLLA PRICE diese Sozietät nach ihrer wissenschaftspolitischen Machtausstattung. Man unterscheidet ›big science‹ und ›little science‹, wie die fetten und die mageren Jahre, eine ›große‹ und eine ›kleine‹ Wissenschaft (wie in Wien der Volksmund die Bojaren und Kümmerer). Machtausübungen sind nun Konsequenzen der innerwissenschaftlichen Hierarchien, also von etablierten Majoritäten. Und es versteht sich, daß die ›große‹ Wissenschaft zumeist die ›normale‹ ist und die ›kleine‹ die ›außernormale‹. Folglich wird die Innovation auch des Ursachenkonzepts nicht von den Fakten behindert werden, sondern von den tradierten Selbstverständlichkeiten der wissenschaftlichen Gemeinde.

»Wird ein ›normaler‹ Wissenschaftler mit seinen Schwierigkeiten nicht fertig«, resümiert STEGMÜLLER, »so diskreditiert ihn dies nur selbst, nicht jedoch die Theorie. Die falsifizierende Erfahrung im Sinne POPPERS ist nicht für die Theorie nachteilig, sondern für die diese Theorie benützende Person. Wenn ein Forscher das Paradigma mit den Tatsachen nicht in Einklang bringt und dafür die Theorie verantwortlich macht, dann verhält er sich, sagt KUHN, in den Augen seiner Kollegen wie der schlechte Zimmermann, der seinem Werkzeug die Schuld gibt.«

Widersprüche mit dem Paradigma wirken darum nicht alarmierend. Paradigmen, sagt ja HANS ALBERT, entwickeln einen Mechanismus der Selbst-Immunisierung gegen Widerlegung.[29]

Die Lösung ist also weniger eine Sache der individuellen Bildung als des persönlichen Mutes und Verantwortungsgefühles oder, wo diese nicht reichen, wie auch schon bekannt, eine Sache der Generationen.

Der Teil und das Ganze

Hier sind wir am Kern der Szientismus-Diskussion. Und selbst das nun folgende Kapitel hätte für das Ganze der Debatte stehen können, wären zunächst nicht doch ganz allgemeine, fachübergreifende Fragen zu beantworten gewesen. Nunmehr geht es um die Frage, ob meine Auffassung, daß auch die Gegenstände der Naturwissenschaften für unser Verständnis einer zweiseitigen Erklärung bedürfen, zu Recht besteht; in welchem Sinne also die alte Formel, daß das Ganze mehr als die Summe seiner Teile wäre, zu verstehen wäre (aus einer Leerformel eine Lehrformel zu machen wäre).

---

[29] Man vergleiche E. CHARGAFF (1980 und 1981), TH. KUHN (1967), D. DE SOLLA PRICE (1963) und H. ALBERT (1968). Die Zitate sind aus W. STEGMÜLLER (1979, Seite 113); dort finden sich noch weitere wichtige Einsichten zu diesem Thema. Auch der Band von W. HAGSTROM (1965) ist zu diesem Gegenstand einschlägig.

Ich könnte zwar auch diese Frage in einer fachübergreifenden Form darstellen. Denn ihre Lösung enthält ein einheitliches Prinzip. Es wird sich nämlich in allen Fächern zeigen, daß erstens das Subsumptions-Schema zweiseitig symmetrisch ist, zweitens, daß der Erkenntnisprozeß stets einer der Optimierung ist und zu Recht Fälle und Theorie symmetrisch wechseln darf, und daß drittens die beiden Erkenntniswege den Erklärungswegen entgegenlaufen, die Erklärungswege aber mit den Entstehungswegen parallel laufen, weil viertens auch alle Differenzierung in dieser Welt aus Einschüben entsteht, mit zweierlei Ursachenbezügen; zum Teil und zum Ganzen.

Dennoch werde ich im folgenden die naturwissenschaftlichen Disziplinen ihrer Reihe nach abhandeln und die Redundanz einer Wiederholung der obigen Feststellungen in Kauf nehmen; und zwar mit der Absicht, möglichst konkret zu bleiben. Es wird sich nämlich zeigen, daß selbst im konkreten Fall unser Vorstellungsvermögen immer wieder Proben zu bestehen haben wird. Deshalb nämlich, wie wir aus der evolutionären Erkenntnislehre voraussehen können, weil wir zwar mit der Erwartung jeweils von Kräften wie von Zwecken ausgestattet sind, dementgegen aber in einer exekutiven, linearen Weise deren jeweilige Verkettung sehen und meinen, auf Endursachen zurückgehen zu können, in welchen sich letzte Zwecke und erste Gründe wechselseitig auszuschließen scheinen.

Und all das führt aufgrund unserer nicht minder angeborenen Anleitung einer dann rationalen Extrapolationslust und eines Extrapolationsvertrauens, gepaart mit unserer Schwierigkeit, uns das Werden neuer Qualitäten vorstellen zu können, zur kulturabhängigen Wahl eines der beiden alternativen und einander ausschließenden Paradigmen; zu sozialen Konstruktionen und deren einander so widersprechenden wie vermeintlichen Wahrheiten.

Man sollte meinen, daß es in der folgenden Ursachen-Diskussion ausschließlich um Optionen der reduktionistisch-szientistischen ›Wahrheiten‹ gehen werde. Tatsächlich werden wir aber in den meisten Naturwissenschaften auch die Gegenposition vertreten finden und stets Modelle für die Synthese der beiden vorlegen können. — Vorausschicken will ich nur noch

eine methodische Präambel.

Den Begriff der Ursache verwenden Naturwissenschaftler üblicherweise in einem praktischen (pragmatischen) Sinn. ›Ursächlicher Zusammenhang‹ bedeutet dann so viel wie eine ›hohe Wahrscheinlichkeit richtiger Prognostizierbarkeit‹ eines Ereignisses, Zustandes, kurz: einer Korrelation. Etwa im Sinne CARNAPS: »Kausalzusammenhang bedeutet Vorhersagbarkeit.« Dies hat auch hier mit der Erwartung zu tun, daß man, jedenfalls im Konfliktfalle, der empirischen Wahrheit den Vorzug vor der logischen geben wird. Und dies ist wieder mit der philosophischen Unterscheidung von Real- und Erkenntnis-Gründen verknüpft, wie es STEGMÜLLER analysiert. Oder »mit der Idee«, wie es VON WRIGHT formuliert, »daß der Wahrheitswert von Gesetzen nicht eine Frage der logischen Notwendigkeit ist, sondern vielmehr von empirischen Befunden abhängt.«

Unser Gegenstand ist wissenschaftliche Methode und nicht spekulative Philosophie. Auch die Bildung und Anlage des Autors ließe dies nicht zu. Dennoch ist hier noch einmal eine Stellungnahme zu dieser Frage naturwissenschaftlichen Kausalverständnisses abzugeben, bevor wir die Methode in den Einzeldisziplinen vergleichen. Ich werde dies anhand dreier bekannter Beispiele tun; an den Beispielen ›Rabe‹, ›Pendel‹ und ›Mast‹.

Erstens: »Warum«, fragt VON WRIGHT, »ist dieser Vogel schwarz? Antwort: Es handelt sich um einen Raben und alle Raben sind schwarz. Die Antwort stimmt mit HEMPELS deduktiv-nomologischem Schema überein. Doch erklärt sie wirklich, warum der Vogel schwarz ist? Wenn wir nicht gerade — als Philosophen — an die Auffassung gebunden sind, daß jede Subsumption eines individuellen Sachverhaltes unter einer generellen Proposition eine Erklärung ist, so werden wir, glaube ich, instinktiv daran zweifeln.« So ist es. — Wir sind an nichts Derartiges gebunden. Wir kennen das, was VON WRIGHT ›instinktiv‹ nennt, als die ratiomorphe Anleitung unserer Anschauung. Wir wissen aus den induktiv-deduktiven Kreisläufen, die unseren Erkenntnisvorgang lenken, wie der Begriff der Raben zustande gekommen ist; daß er sich aus der Häufung der Koinzidenzen vieler Merkmale zusammensetzt; und daß das Merkmal ›schwarz‹ nur eines dieser vielen ist. Und nur die deduktive Hälfte dieses Vorgangs hat mit Logik zu tun; die induktive wird hier übersehen. Die logische Seite enthält lediglich die Kontrolle des Satzes, der Definition der ›Raben‹ und somit die Bedingungen der Falsifikation. Aber auch hier nicht die Falsifikation des Begriffs ›Rabe‹, sondern nur der Erwartung, daß ›schwarz‹ zu dessen invarianten Merkmalen zählen würde. — Die empirische Ursache muß die Koinzidenz jener Merkmale erklären, mit welcher die Systematik das Genus *Corvus* oder die Familie *Corvidae* definiert; und diese steckt im System der Genwechselwirkungen, im ›epigenetischen System‹. Dieses bedingt die hohe Interdependenz eben jener Erbmerkmale, mit welchen wir die Gattung, beziehungsweise die Familie definieren.[30] — Raben besitzen keine logische Wahrheit! Nur in der Kontrolle unseres Begriffs von ihnen kann eine solche einen Sinn besitzen.[30]

Zweitens: Pendellänge und Pendelperiode sind korreliert. Wer wäre wessen Ursache? »Man ist«, sagt STEGMÜLLER (1979, Seite 105), »zunächst viel eher geneigt zu sagen, die Länge des Pendels erkläre im Verein mit dem erwähnten Gesetz die Periode des Pendels (und bilde also nach dem jetzigen Vorschlag eine Ursache des letzteren).« Begründung: »Wir können die Länge des Pendels willkürlich verändern.« Aber: »Wir können«, wie HEMPEL bemerkt, »auch die Periode des Pendels willkürlich ändern, nämlich einfach dadurch, daß wir seine Länge verändern!« — Für uns sind die beiden Größen, wie die Längen von zwei Waagebalken, Wechselabhängigkeiten oder Korrelationen, welche die Fälle des Pendelgesetzes bilden; das ja selbst wieder mit anderen Korrelationen einen Fall

---

[30] CARNAP ist hier aus W. STEGMÜLLER (1979, Seite 107) zitiert. Die beiden Stellen aus G. v. WRIGHT aus 1974 (Seite 30). — Zum HEMPEL-OPPENHEIM-Schema vergleiche man die Darstellungen bei R. ACKERMANN u. A. STENNES (1960), R. EBERLE, D. KAPLAN u. R. MONTAGUE (1961), H. FAIN (1963) und I. KIM (1963), — zur Begriffsbildung R. RIEDL (1986), — zur Ursache der taxonomischen Gruppen R. RIEDL (1975, 1977, 1980 c und 1980 d).

des Gravitationsgesetzes bildet. Die Gravitation ist der Grund wie die Ursache, der Zusammenhang von Länge und Periode die gemeinsame Folge wie die Wirkung. Auch hier ist der deduktive Schluß aus dem Satz, den das Pendelgesetz formuliert, nur die logische Kontroll-Instanz. Eine Trennung von Real- und Erkenntnis-Gründen löst sich auf oder wird unnötig.

Drittens: »Der Schluß auf die Höhe eines Mastes«, so folgen wir nochmals STEGMÜLLER (1979, Seite 103), aufgrund bekannter Winkel und Entfernung »hat formal die Struktur einer deduktiv-nomologischen Systematisierung. Dennoch sind wir nicht geneigt zu sagen, daß in diesen Argumenten eine Erklärung für die Höhe des Mastes gegeben werde.« So wenig, wiederholen wir, wie zwei Winkel im Dreieck die Ursache des dritten sein können. Grund und Ursache liegen wieder im Obersatz, in der übergeordneten, empirischen Näherung der euklidischen Geometrie. Und diese Theorie wäre nie in die Praxis gelangt, entspräche sie nicht in irdischen Dimensionen zureichend den realen Winkel- und Strecken-Korrelationen; unter Einschluß auch aller Maste.

Erkenntnisgründe können in evolutionistischer Sicht nur Folgen von Realgründen sein, falls sich ihr Gegenstand auf diese Welt bezieht; so, wie logische Wahrheit nur als Folge der empirischen einen realen Sinn hat. Aber eine präzise Formulierung von Realgründen, versteht man darunter eine logische und zwingende, kann nicht möglich sein. Denn empirische Wahrheit ist stets eine Näherung oder eine Wahrscheinlichkeit. Der Erkenntnisgrund ist aus diesen nur eine weitere Abstraktion.

Wir sind mit WOLFGANG STEGMÜLLER der Ansicht, daß die theoretische Erörterung der empirischen nachzurangen ist, und mit GEORG HENRIK VON WRIGHT, daß der Wahrheitswert nicht eine Frage der logischen Notwendigkeit, sondern der empirischen Befunde sein muß. Das sagten wir schon. Es müssen darum die Erkenntnisgründe eine Folge der Realgründe und die Gesetze der Logik eine Folge der praktischen Erfahrung sein; sei es der stammesgeschichtlichen, der individuellen oder der einer Kultur. Gewißheiten können nicht von der Logik ausgehen; bestenfalls werden sie dort gesammelt. Keine absolute Gewißheit *a priori* läßt der evolutive Standpunkt zu.

Wenn ich also in der Folge den Begriff ›Erkenntnis-Weg‹ verwende, um diesen den Begriffen vom ›Erklärungs-‹ und ›Entstehungs-Weg‹ gegenüberzustellen, so habe ich nicht den logischen Grund im Sinne; vielmehr den empirischen, heuristisch-induktiven Weg, gefolgt von seiner prognostisch deduktiven Kontrolle.

Physik und Kosmogonie

Mit der Physik zu beginnen ist zwar unklug, oder jedenfalls didaktisch ungeschickt. Der Leser könnte besser in der Mitte dieser Darstellung, etwa bei der Systematik oder Anatomie, beginnen, an welchen mein symmetrisches Subsumptions-Schema differenzierter zu zeigen ist. Aber es ist nicht nur eine Verbeugung des autoritätsgläubigen Autors, die ihn dennoch in althergekommener Reihung beginnen läßt. Dieser Kosmos hat ja tatsächlich einmal nur physikalische Größen enthalten; alle anderen haben sich ihnen erst schrittweise eingefügt. Auch in der

Reihenfolge deren Einschübe, wie meine Theorie besagt, ist diese Anordnung der Fächer also nahegelegt.

Nur mit Einschränkungen allerdings folge ich der naheliegenden Erwartung, daß sich alle Gesetzlichkeit letztendes auf physikalische zurückführen lassen müsse. Und zwar nicht, weil ich diesen Zusammenhang bezweifle. Vielmehr deshalb, weil man unter Physik heute noch meist jene cartesianisch einsam reisenden Teilchen in einem euklidisch homogenen Raum von ahistorisch eternaler Gesetzlichkeit vor Augen hat, wie uns die Lehrbücher die physikalische Welt bislang haben anschauen lassen.

Diese Physik kommt in unseren Tagen zu ihrem verdienten Ende, wie dies die Physiker HERBERT PIETSCHMANN und FRITJOF CAPRA temperamentvoll beschreiben. Aber die Dinge sind erst im Aufbruch. Und in diesem Sinne ist mein Buch wieder einmal zu früh geschrieben.[31]

So akademisch, wie ich die Dinge hier nehmen soll, ist genauer zu sagen: Die Physik wandelt sich seit EINSTEIN, HEISENBERG und SCHRÖDINGER und findet, wie erinnerlich, mit HAKEN, PRIGOGINE und WEINBERG, und natürlich vielen anderen, nun in die Wahrnehmung historischer Prozesse der Selbstorganisation von Wechselwirkungen in aristotelisch inhomogenen Räumen. Und in diesen werden die euklidisch-cartesianisch-newtonschen Paradigmen unserer Schulbücher einmal zu Sonderfällen werden; so, wie die alte Thermodynamik, heute mit der Nichtäquilibrium-Thermodynamik konfrontiert, zum Bild einer Thermostatik zurückfällt. Dies ist uns hier nochmals von Bedeutung. Und zwar deshalb, weil meine Ansicht, daß auch diese ›neuen‹ physikalischen Phänomene zum Verständnis eines zweiseitigen Ursachenbezuges führen, damit zusammenhängt.

Wir erinnern uns dabei der Definition von ROMAN SEXL: ›Historische Phänomene sind solche, die nicht zur Gänze aus ihren Prämissen (oder Strukturen) zu verstehen sind.‹ Dies sind zunächst die Entscheidungen des Zufalls, wie wir sie aus dem ›Parlament der Teile‹ vom Laser und von der Begegnung mit unvorhersehbaren Milieubedingungen, der Physiker sagt: von den Symmetriebrüchen (der vordem reversiblen Zeit), kennen. Nun sind in diesem Sinne aber nicht nur die Zustände auf unserer Erde, des Sonnensystems, der Galaxie, als Ergebnis historischer Prozesse zu verstehen; der ganze Kosmos, so deutet es sich an, wird historisch zu verstehen sein, weil die vier Wechselwirkungen, die er enthält, selbst durch Symmetriebrüche, und zwar auseinander, hervorgegangen sein dürften.[32]

Was uns an dem Zusammenhang interessiert, ist, daß bereits der Symmetriebruch, der bei einem Absinken der Kosmos-Temperatur auf $3 \cdot 10^{18°}$ Kelvin zum ›Ausfrieren‹ von Energie zur Materie führte, Wechselwirkungen von großer und geringer Reichweite trennte; nämlich die elektromagnetischen und die schwachen;

---

[31] Ich beziehe mich hier auf die Bände von H. PIETSCHMANN (1980) und F. CAPRA (1983). Ersterem danke ich ermutigende ›Nachhilfestunden‹ in Theoretischer Physik. PIETSCHMANNS Buchtitel prophezeiht uns ›Das Ende des naturwissenschaftlichen Zeitalters‹, der Autor redet hingegen zu Recht vom Ende des physikalistischen Zeitalters. Der Buchtitel wäre eine Kreation der cleveren Zsolnay-Lektoren sein.

[32] Experimentell gesichert ist dies für die elektromagnetischen und die schwachen Wechselwirkungen (nach GLASHOW, SALAM und WEINBERG um 1970; gemeinverständlich in S. WEINBERG (1977). Es sind jedoch, wie erinnerlich, jene Theorien in Entwicklung, welche die vereinten elektro-schwachen WW mit den Kernkräften (Grand-Unification theory; das Experiment ist vorgeschlagen), sowie beide mit der Gravitation (Super-Symmetry theory) verbinden sollen.

etwa in der ersten Hundertstelsekunde des Universums. Vor der ersten Quadrillionstel-Sekunde (10^{-24} Sek.), etwa bei 10^{320} und nach 10^{-43} Sek. dürfte sich in noch steilerer Differenzierung die weitreichende Gravitation von den kurzreichenden Kernkräften getrennt haben; gewissermaßen die ›Schaffung des Raumes‹ und das ›Ausfrieren der Teilchen‹. So, daß die Trennung von Gravitation und Kernkraft den Kosmos schuf, die Zerlegung der elektro-schwachen Kräfte aber bereits als ein Einschub in die kosmische Differenzierung verstanden werden kann.

Die Wechselwirkungen großer Reichweite sind im Ensemble wirkungsvoll, die geringer Reichweite im Teilchenbereich. Der Teil und das Ganze sind also wahrscheinlich nicht nur auseinander hervorgegangen; es wirken nun auch im System des Kosmos die Nahwirkungen vorwiegend vom Teil auf das Ganze und die Fernwirkungen umgekehrt vom Ganzen auf seine Teile. Die Subsumptions-Hierarchien der physikalischen Gesetze stehen damit nach ihrer Reichweite symmetrisch aufeinander, wenn wir sie auf die komplexen Gegenstände dieses Kosmos beziehen. Nehmen wir das Ganze ›oben‹ an, dann haben wir die Subsumptions-Hierarchie, in Richtung auf die Gravitation und die Relativitäts-Theorie (in Teil 2, Abb. 21, Seite 109), bereits richtig orientiert. Demgegenüber müssen wir die Hierarchie, welche von den Protokollsätzen der Leptonen- und Baryonen-Physik auf die Gesetze der schwachen Wechselwirkungen zuläuft, verkehrt orientieren (Abb. 31).[33]

So verläuft auch der Erkenntnisweg vom mittleren Bereich unserer Wahrnehmung in Richtung auf unsere bislang allgemeinsten Gesetze: vom Steinwurf und den Planetenbahnen zur Gravitation, vom Kompaß zum Elektromagnetismus, vom Radiumzerfall zu den starken, und vom Sonnenspektrum zu den schwachen Wechselwirkungen. Der Erklärungsweg verläuft jeweils umgekehrt; und wie diese vier Erklärungswege verlaufen auch die Wege der Entstehung der erklärten Phänomene. Denn die Gravitation war vor dem Steinwurf, wie der Elektromagnetismus vor dem Kompaß, die starke Wechselwirkung vor dem Radiumatom und die schwache vor dem Sonnenspektrum.

Daß nun zum Verständnis komplexer Phänomene die Wirkungen vom Ganzen auf die Teile ebenso zu betrachten ist wie die Wirkung von den Teilen aufs Ganze, sei am Beispiel der Sonne dargelegt.

Ausgangspunkt sind kosmische Nebel ungleicher Temperatur, Bewegung und Dichte. Zur Kontraktion muß die Dichte und Masse des Ganzen, die Gravitation also, das Auseinanderstreben überwiegen, welches auf der Beschleunigung und der Temperatur der Teilchen beruht. Zudem selegiert die Ausgangsmasse Schicksal und Brenndauer des Sterns; und der vorherrschende Drehimpuls des Ganzen bestimmt die künftige Lage der Fläche der Galaxie. Mit der Kontraktion der Protosonnen in der Galaxie steigt die Dichte, die Kollision und die thermische Bewegung der Teilchen von 10 oder 100 °K auf $2 \cdot 10^7$ °K und 10^{11} Atmosphären. Dabei werden vom Gravitationsdruck des Ganzen die Teilchen des Sonnengases

---

[33] Der Umstand, daß die Subsumptions-Hierarchien in der wissenschaftstheoretischen Literatur so gut wie nicht diagrammatisch abgebildet werden, hat seinen Grund darin, daß die Bezüge und Bedingungen von Schicht zu Schichte viel komplizierter und voraussetzungsvoller sind, als dies ein Diagramm wiedergeben kann. Dieser Nachteil sei in meinen Diagrammen nicht übersehen. Hier verdanke ich vielen Aufschluß meinem Freund ROMAN SEXL (und seinem Buch von 1982).

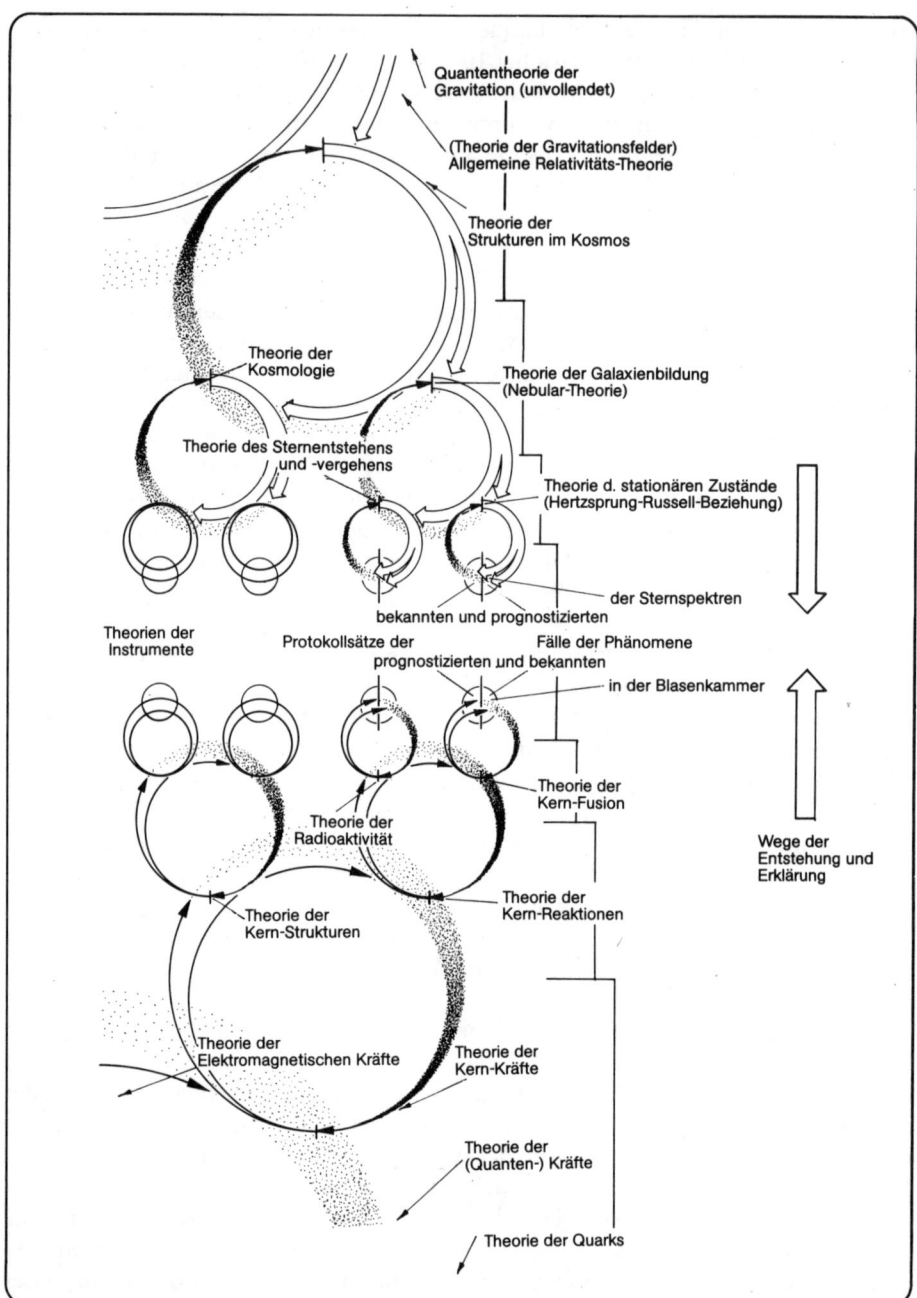

Abb. 31. *Symmetrie des Erklärungs-Zusammenhangs in der Physik;* am Beispiel der Ursachen von Licht auf der Erde. Dabei sind von der Ebene der Protokoll-Sätze (und der ›Theorie der Instrumente‹) Serien von Theorien sowohl gegen die Obersysteme erforderlich (von den Sternspektren Quantentheorie der Gravitation) als auch gegen die Untersysteme (von Phänomenen der Blasenkammer bis zu jenen der Quarks); wiewohl sich jene weitesten Theorien am Ende wieder treffen (vgl. Abb. 13).

verändert; die überwiegend aus Wasserstoff bestehende Materie wird großteils ionisiert, zum Plasma. Die Wasserstoffkerne sind bei den kinetischen Geschwindigkeiten, die gegen 600 km/sek ansteigen, längst ihrer Elektronenhüllen beraubt, also einzelne Protonen. Nun beginnen die Teilchen zurück auf das Ganze zu wirken. Die frontalen Zusammenstöße bringen Protonen einander so nahe, daß mit den Kernkräften, die bislang keine Rolle spielten, die starken und schwachen Wechselwirkungen in Aktion treten. Es entstehen Heliumkerne, und die Differenz an Masse wird in Energie umgesetzt und abgestrahlt. Die Teilchen erzeugen einen Strahlungsdruck, erweisen sich also, in unserer Sprechweise, disponiert, im Ganzen durch die gemeinsame, wieder weitreichende Strahlung dem gemeinsamen Gravitationsdruck entgegenzuwirken. Dies führt zum Fließgleichgewicht der relativen Stabilität des Sonnendurchmessers.

In dieser Folge werden auch die Hüllzonen im Ganzen nach Druck und Temperatur semistabil; indem die Teilchen-Reaktion in den Proton-Proton und den Kohlenstoff- oder BETHE-WEIZSÄCKER-Zyklen, welche nach dem Fusionsprinzip wiederum stetig Energie produzieren, die Temperatur-Dichteverhältnisse zonenweise festlegen. $^7/_{10}$ des inneren Sonnenradius behält bei 10^7°K den Absorptions-Emissions-Zyklus von Materie und Energie; in der folgenden Konvektionszone bei 10^6°K schafft die brodelnde Materie selbst den Energietransport nach außen; und in der äußersten Photosphäre werden bei $5 \cdot 10^3$°K und in einem Druck-Gefälle von 0,1 bis nur mehr 0,005 Atmosphären aus den Zyklen überwiegend Photonen abgestrahlt. Gravitation und elektromagnetische Wirkungen vom Ganzen des Systems, versus der starken und schwachen Wechselwirkungen von den Teilen des Systems, kommen in ein jahrmilliardenlanges Fließgleichgewicht der Lebensgeschichte einer Sonne.

Schon hier liegt eine zweiseitige Koevolution vor, wie es ERICH JANTSCH nannte, eine Synergetik, wie es HERMANN HAKEN nennt, die sich weiter von den Protosonnen-Randwirbeln über deren Kondensationen zu Protoplaneten und Planeten fortsetzt. Sie »gelangt schließlich an ihr Ende, wenn sich die Dimensionen aus beiden Richtungen treffen, wie es auf kalten Planeten nach der Bildung von Kristallen am Ende des Mikrozweigs und von Felsformationen am Ende des Makrozweigs eintritt.« Schon in der Entwicklung des Kosmos beruht alle Evolution auf Wechselwirkungen zwischen dem Teil und dem Ganzen; beziehungsweise wird sie aus dieser verstanden. Und alle Kreationen sind Subganze und Superteile, welche Grundlage wie Ursache der Bildung neuer Sub- und Superstrukturen sind. »Es wird nun deutlich«, so führte JANTSCH dieselbe Sicht fort, »daß Koevolution weder Aufbau von Grundbausteinen noch auch permanente Differenzierung eines ursprünglich homogenen Universums bedeutet, sondern die Ausbildung von hierarchisch geordneter Komplexität bis zur völligen Durchstrukturierung aller hierarchischen Ebenen.«[34]

Nun zweifle ich nicht daran, daß meine Darstellung für den Physiker trivial ist, wenn man das Zusammenwirken weit- und kurzreichender Wechselwirkungen

---

[34] Die beiden Zitate aus E. JANTSCH (1979, Seite 141). Ich bleibe dem so früh verstorbenen Freund für seine Bestärkung meiner Auffassung auch aus manchen Gesprächen sehr verbunden, da wir sie so getrennt (vgl. R. RIEDL 1976, 1978/79, Abb. 13 und 1980, Abb. 54) und ganz auf uns gestellt entwickelten. Und wieder danke ich viele geduldige Aufklärung, wie eine Durchsicht des Kapitels, dem Freund ROMAN SEXL.

sortiert. Selbst die Symmetrie, nach welcher ich sie auslege, kann für ihn ohne Bedeutung sein; es kommt ihm auf die räumliche Orientierung seiner Subsumptionsreihen zum Schichtenbau nicht an. Denn die Komplexität der Schichten ist in seinem Ursachen-Zusammenhang eben (oder hypothetisch) noch überschaubar; und die Symmetrie nach dem Vorherrschen der Form- und Auswahl-Wirkungen aus den Obersystemen gegenüber den zum Kräftetransport disponierten Untersystemen ist noch vernachlässigbar.[35]

Dies aber wird sich mit wachsender Komplexität rasch ändern. Nur, daß im Ansatz im Werden dieser Welt jene Symmetrie schon entsteht, das ist hier von Interesse.

Chemie und Evolution

Die Chemie wird bekanntlich als eine Naturwissenschaft verstanden, die sich mit den Eigenschaften und Umwandlungen der Stoffe befaßt. Folglich ist sie (wenn nicht überhaupt eine Art Physik) mehrfach, beispielsweise durch die Physikalische- und die Quantenchemie mit der Physik verbunden und von dieser an jener Stelle getrennt, wo Materie in die ›entartete Materie‹, in Plasmen und Quanten übergeht. Was nun die Subsumptions-Schemata ihrer Theorien betrifft, so sind diese zunächst gänzlich auf die elektromagnetischen Wechselwirkungen beziehbar; genauer auf die Axiome der Quantenmechanik und die Formulierung der Theorie in den SCHRÖDINGER-Gleichungen. Aus ihnen folgen zunächst die Theorien von den stabilen Mehrteilchen-Systemen (den Molekülen), den stabilen Energie-Niveaus, aus diesen die der Spektrallinien und der Geometrie der Moleküle, und so fort, über die der Bindungs-Eigenschaften, die der Reaktions-Kinetik und viele andere letztlich die Protokoll-Sätze des Faches und die Theorie der Instrumente.

Diese Asymmetrie des Subsumptions-Schemas der chemischen Theorien ist ebenso wohlbegründet wie kein Widerspruch zu meiner Behauptung, daß in allen Naturwissenschaften ein doppelsymmetrisches Schema zum Verständnis ihrer Gegenstände erforderlich ist. Begründet ist dies einerseits, weil der Theorie zufolge alle chemischen Eigenschaften letztlich auf die der Elektronenhüllen um die Kerne der Materie zurückgehen sollen.[36]

Anderseits aber besteht meine Behauptung zu Recht, weil die Frage, welches in dieser Welt die Oberbedingungen sind, welche die Stoffe zu den Reaktionen zusammenführen, nicht (oder gewöhnlich noch nicht) zum Fach des Chemikers gehört. Er darf als bekannt voraussetzen, aus welchen Ursachen oder zu welchen Zwecken eine Auswahl von Substanzen in das Reagenzglas gefügt wurde.

---

[35] Es sei daran erinnert, daß die Gravitationsfelder die Lage der Galaxien, die Bewegung der Nebel, deren Ebene bestimmen und deren Masse die Möglichkeit der Bildung eines Sternes, sowie dessen künftiges Schicksal (Weg und Brenndauer); und die Temperaturen, die Beständigkeiten der Quanten wie der Elemente. Dies sind alles Auswahlbedingungen vom Ganzen auf seine Teile. Umgekehrt ist es die Disponibilität der Elemente, welche dort eine leuchtende Wasserstoff-Helium-Sonne, da einen krustigen Eisen-Sauerstoff-Planeten bedingten, Festkörper, Instrumente und deren Betrachter.

[36] Dabei ist es vielleicht nicht so wichtig, daß die SCHRÖDINGER-Gleichungen bislang sich lediglich für das einfache Wasserstoff-Atom haben exakt formulieren lassen; auch, daß sich durchaus nicht alle Phänomene als reduzierbar erweisen (man erinnert sich an die Darstellung von M. BUNGE 1982). Für die Durchsicht des Kapitels danke ich dem Freund PETER MARKL.

Das ändert sich aber sofort, sobald der Chemiker das Zustandekommen einer Reaktion nicht als die Konsequenz seines eigenen Handelns voraussetzen kann, sondern es aus der Natur abzuleiten trachtet. Dies ist zunächst in der Astro-, Geo- und Biochemie der Fall, und in ihnen allen sind die SCHRÖDINGER-Gleichungen als Erklärung nicht mehr zureichend. Selbstredend wird nun für das Zustandekommen einer jeden Verbindung eine ganze Serie von Obersystemen und deren Geschichte zu konsultieren sein. Diese Obersysteme werden Auswahlbedingungen enthalten, während die oben genannte Subsumptions-Reihe prognostizieren läßt, was wir die Disponibilität der Materialien, die *causa materialis* nennen und was hier bereits auch einen Großteil der *causa efficiens* enthalten wird.

Diese den Materialursachen entgegenlaufenden Auswahlbedingungen der Obersysteme sind in der Astrochemie beispielsweise die Masse einer Protosonne und die Drehmomente ihrer Randwirbel; in der Biochemie sind es die Funktionen einer Zelle, dann eines Organes, des Organismus' und die ebenso selektiven Bedingungen seines Milieus; und selbst in der anorganischen Geochemie auf unserer Erde sind es die Bedingungen ihrer Geschichte (Abb. 32).

Aber schon im System der Chemie komplexer Bedingungen beginnt der Begriff der (selektiven) Vorbedingung, der Funktion, selbst die Vorstellung eines Vorläufers des genetischen Gedächtnisses, einen Sinn zu bekommen. Wenn es in unserer Sprechweise auch noch keinen Sinn hat, dem Atomkern die Funktion zuzuschreiben, seine Elektronenschalen auf Distanz zu halten, oder den Elektronen die Funktion, Atome zu Molekülen zu binden; in den hochpolymeren Verbindungen ist die Matrize zur Perpetuierung der Ketten schon deutlicher. Und in den Prozessen der chemischen Evolution bilden die Phänomene der Stereospezifität und der Autokatalyse zweifellos bereits ein Matrizensystem nach dem Auswahlprinzip der Selbstreproduktion; einen Vorläufer, oder doch eine Vorbedingung, der Selbstreplikation des genetischen Gedächtnisses.[37]

Vielleicht ist es sogar gerechtfertigt, noch im präbiotischen, rein chemischen Prozeß von Konkurrenz, Selektion und Zwecken im Sinne teleonomer Programme zu sprechen. Man denke an die Selbstreplikation der Kernsäuren oder Nukleotid-Ketten. Diese Moleküle besitzen zwei einander gegenüberliegende Bindungsstellen, die zu Kettenbildung führen; und quer dazu eine Bildungsstelle für das jeweils komplementäre Nukleotid. Schwimmt ein solcher Strang zwischen freien Nukleotiden, so wird der Zufall immer wieder Moleküle an die Bindungsstellen führen. Die Bindungsbedingungen wählen die jeweils komplementären. Und es entsteht auf diese Weise eine komplementäre Kette, eine Matrix, an welcher sich, nach Trennung der beiden, wieder ein Original bilden kann und so fort. Ein »— wenn auch in ganz ursprünglicher, kaum erkennbarer Form — Ansatzpunkt für die Anwendung des Begriffs der Teleonomie: bestimmte Eigenschaften des Stranges fördern seine Fähigkeit zur Existenz, zur Vervielfältigung und zur Durchsetzung gegen Konkurrenz... Damit ist formal die Eigenschaft eines Moleküls beschrieben, die *seine* Form bestimmt und damit seine Weiterexistenz (aber nicht die von beliebig anderen Molekülen) begründet, *in dieser Hinsicht also teleonom ist.*«

---

[37] Die Prozesse der chemischen Evolution findet man in M. CALVIN (1969) und in C. PONNAMPERUMA (1972). Als Beispiel eines autokatalytischen Systems (vom reflexiven Typ) gilt die Beziehung vom Pyrrol-Formol- und Porphyrin-Ring-System. Man vergleiche auch die Theorie der Geschichte unseres Planeten bei H. UREY (1952).

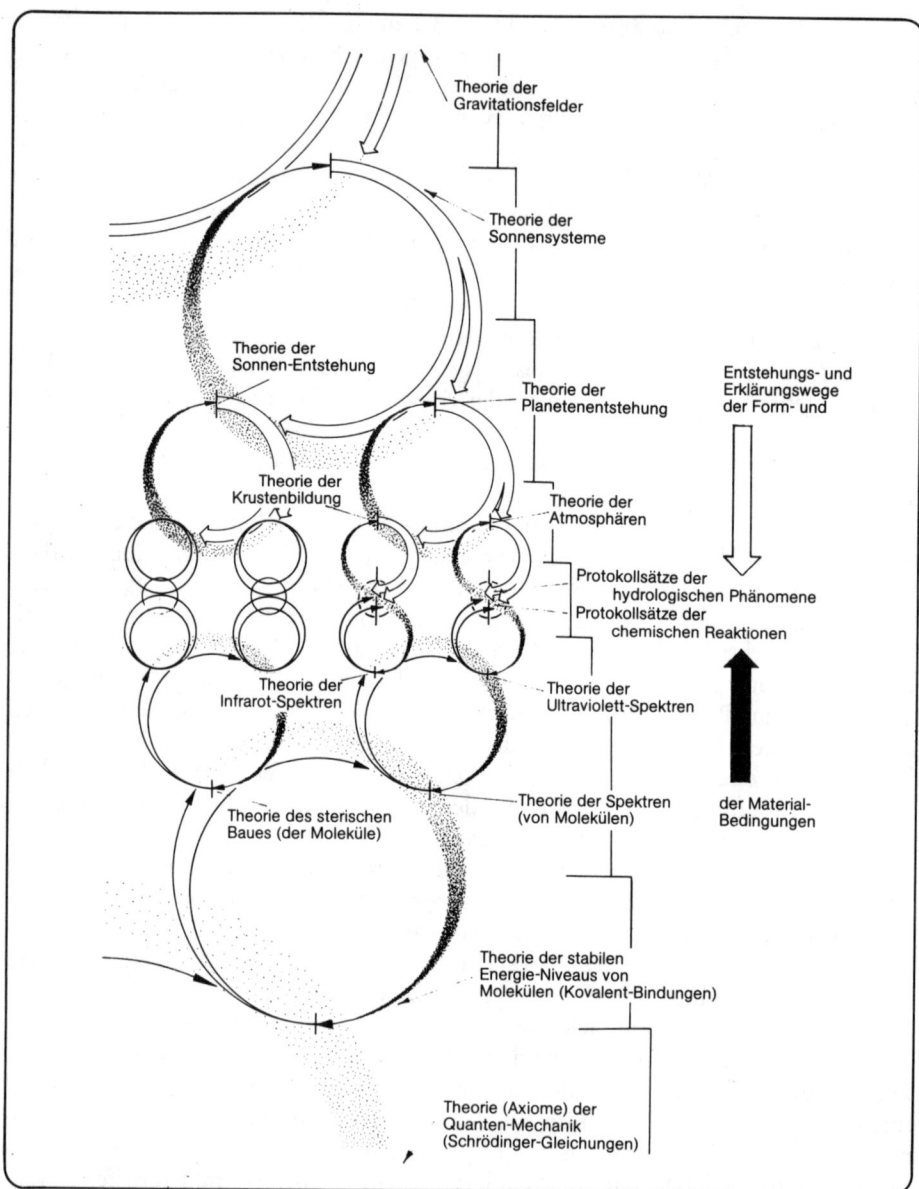

Abb. 32. *Symmetrie des Erklärungs-Zusammenhangs in der Chemie* (und der chemischen Evolution); am Beispiel der Ursachen von Wasser auf der Erde. Dabei sind, von der Ebene der Protokollsätze ausgehend, sowohl Theorien der selektiven Vorbedingungen (bis zu jenen der Gravitationsfelder) erforderlich, als auch die Theorien der Disponibilität oder der Vorbedingungen der Materialien (bis zu den SCHRÖDINGER-Gleichungen).

Man kann diese Ansicht teilen. Man könnte, denkt man an die übrigen Autokatalyseprozesse, dies (noch) nicht tun und der Auffassung sein, daß der Vorgang erst nach Kenntnis seiner fundamentalen Vorbedeutung für alle folgenden teleonomen Lebensprozesse zu seinen teleonomen Würden gelangt. Dies ist nicht von Bedeutung. Im Gegenteil, der gleitende Übergang ist für solcherlei Begriffe sogar charakteristisch. Dies hat, in anderem Zusammenhang, Hassenstein selbst gezeigt. Wir brauchen nämlich nur einen Schritt in Eigens Theorie der Lebensentstehung weiterzugehen, in den eigentlichen Hyperzyklus, um das Zweckphänomen ganz vor Augen zu haben.[38]

Dabei spielt sich das Ganze, nach der Theorie, durchaus noch nicht in Zellen oder Protozellen ab, sondern, wie sich der Chemiker ausdrückt: ›verschmiert‹ an den Stranden der Urmeere (in Ureys ›heißer Suppe‹). Und wer hier den Zweck auch noch nicht sehen kann, der mache den nächsten Schritt: er kompartimentiere, wie dies wohl kommen mußte, die Hyperzyklen in Bläschen sich ebenfalls teilender Lipoid-Membranen (allerdings auch einschließlich aller nötigen Organellen). Dann hat er die Protozellen und den Zweck im eindeutigsten Sinne: den Zweck der Arterhaltung.

In welcher Schichte chemischer Komplexität man die Begriffe Zweck, Funktion und Vorbedingung beginnen lassen will, ist also sekundär. Wichtiger ist es, zu erkennen, wie sich schrittweise die Auswahl- und Strukturierungs-Bedingungen und die auf ein Ziel hin selegierten Programme unter Konkurrenz entwickeln; hier bereits recht deutlich in unserem Sinne einer *causa formalis* und *finalis*.

Der Erkenntnisprozeß in der ›reinen Chemie‹ ist wieder umgekehrt verlaufen, wie ihn nun der Erklärungsweg des Subsumptions-Schemas wiedergibt; und wieder ist nicht zu zweifeln, daß letzterer der Entstehung der chemischen Phänomene parallel verläuft. Denn, wie wir wissen, sind die Bedingungen der elektromagnetischen Wechselwirkungen vor dem Wasserstoffatom entstanden, dieses vor den schwereren Elementen und ihren vielen irdischen Verbindungen, an deren Eigenschaften die Chemie ihren Ausgang genommen hat.

Und wieder ist jener Wechselbezug, der sich mit der ›Geschichte chemischer Zustände‹ befaßt, dem ›rein chemischen‹ spiegelbildlich. Erkannt wurden beispielsweise die Genprodukte vor den Genen, diese vor dem Code der DNA; und dessen Kenntnis war die Voraussetzung für die Hyperzyklen-Theorie der Lebensentstehung. Die Kette der ursächlichen Erklärung wie der Entstehung jener chemischen Strukturen aber verläuft umgekehrt, vom Hyperzyklus zu den komplizierten Produkten der bereits hoch organisierten Gene. Und für jedes historische Produkt, sei es der Bio-, Geo- oder Astrochemie, wird diese Kette eine andere sein.

Wünscht man eine generelle Formulierung des herrschenden Prinzips, so kann man an die Spieltheorie denken; indem man die herrschenden Gesetzlichkeiten den Spielregeln vergleicht, die Zufallsbedingungen der Reaktionskinetik und des Milieus (z. B. die Konzentrationen) dem Würfel überläßt und das Ergebnis dem Ausgang des Spiel-Verlaufs. Da aber zeigt es sich nochmals, daß auch die Gesetze

---

[38] Das Zitat und die Hervorhebung nach B. Hassenstein (1980, Seite 67). Zur Begriffsbildung und den gleitenden Grenzen der Begriffe B. Hassenstein (1954 und 1976), sowie R. Riedl (1980). Zur Theorie des Hyperzyklus M. Eigen (1971); in ihr wird ein Zyklus von Nukleotid-Protein-Zyklen für den Prozeß der Lebensentstehung angenommen.

jedes Spiels von zweierlei Art sind. Die einen stecken in den Funktionen der Figuren (Karten oder Steine); sie entsprechen der Disponibilität der Materialien. Die anderen stecken in der Geometrie des Feldes und seinen Randbedingungen. Der Schachspieler wird sich für den ersteren Fall erinnern, wie sein Spielerfolg davon abhängen könnte, eine Dame für einen Bauer einzutauschen, für den letzteren, hätte man, in Bedrängung, noch einige Randfelder für das Ausweichen des Königs zur Verfügung.[39]

Geowissenschaften

Die Wissenschaften von den anorganischen Phänomenen der Erde berücksichtigen alle den physiko-chemischen Aufbau ihrer Gegenstände wie die historische Auswahl der Komponenten auf diesem Planeten. Für die Eigenschaften und Disponibilitäten ihrer Materialien ist das selbstverständlich. Aber auch die geschichtlichen, formgebenden Auswahlbedingungen durch die jeweiligen Obersysteme werden entweder vorausgesetzt, wie wir dies aus der ›reinen Chemie‹ kennenlernten, oder sie bilden eine zweite, ebenso unentbehrliche Achse subsumptiver Erklärungen.

Dabei läßt sich eine gewisse Präferenz erkennen, ein Hang zur bevorzugten Ursachen-Kette. Die Meteorologie beispielsweise, die physische Ozeanographie, aber auch die Mineralogie, neigt zu einer Voraussetzung der Geschichtlichkeit und sucht die Erklärungen eher aus den Untersystemen. Die Geophysik, Tektonik und Geomorphologie neigt zur geschichtlichen Betrachtung der Obersysteme und dazu, den Aufbau ihrer Gegenstände vorauszusetzen. Dies aber nur abgeschwächt und im Sinne eines pragmatischen Reduktionismus. Kein ontologischer Reduktionismus wird in diesen Wissenschaften ernstlich vertreten. Zum vollen Verständnis ihrer Gegenstände haben die ›Geo-Sciences‹, wenn auch nicht explizit, doch stets die material- wie die formbestimmenden, die unter- wie übergeordneten Systeme als Bedingungen herangezogen.

Dies wird, wie ich meine, besonders deutlich, wenn man einen geomorphologischen Gegenstand, wie beispielsweise jenen ›Lido von Venedig‹ nach den Ursachen seines Zustandekommens fachübergreifend betrachtet. Da wird man zunächst nicht an der Geschichtlichkeit dieser Bedingungen zweifeln. Diese reichen von dem heute erreichten (nacheiszeitlichen) Meeresspiegel und den borealen Wind- und Seegangs-Mustern bis zur heutigen Kapazität der norditalienischen Flüsse, zur Auffaltung und Sedimentproduktion der Alpen.

Und was die Erklärungen der beteiligten Bedingungen betrifft, so werden sie in zwei Richtungen geführt (Abb. 33). Die Disponibilität oder Material-Ursache am Zustandekommen des Lido wird auf die Gesetze der Erosion zurückgeführt, diese auf Hydrologie und die Theorie der Tektonik, und diese weiter auf die Theorien der Mineralisation, der Mineral-Bindungen, der Elektronen-Hüllen und die der Quantengesetze.

---

[39] Die Spieltheorie ist von J. v. NEUMANN in den 50er Jahren entwickelt worden; zunächst für die Zwecke der Wirtschaftswissenschaften (vgl. J. v. NEUMANN u. O. MORGENSTERN 1963). Die von mir hier vorgeschlagene Trennung in innere und äußere Spielregeln hat aber in der Theorie bislang keine Rolle gespielt. Gute Übersicht und Beispiele findet man bei M. DAVIS 1972 sowie bei M. EIGEN u. R. WINKLER 1975, welche auch den Bezug zu biochemischen, biologischen und kulturellen Phänomen darlegen.

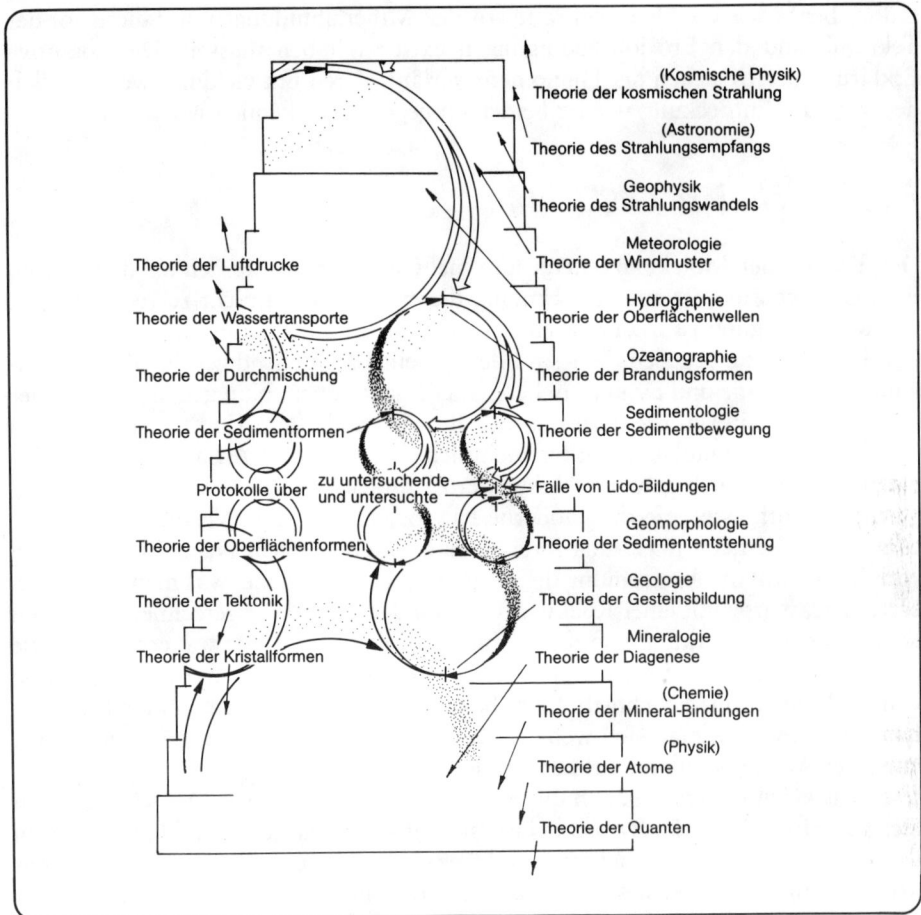

Abb. 33. *Die Symmetrie des Erklärungs-Zusammenhangs zwischen den Erdwissenschaften;* am Beispiel der Ursachen des Lido von Venedig. Dieses geomorphologische Phänomen liegt zwischen den erdwissenschaftlichen Phänomenen der Mineralogie und der Geophysik, deren Erklärung weiter bis auf jene der Quanten- und der Kosmischen-Physik rekurriert (in der Anordnung der Disziplinen war hier von Überschneidungen abzusehen).

Die Auswahlbedingungen der Formgebung des Lido dagegen werden auf die übergreifenden Obersysteme zurückgeführt; die Gesetze der Sediment-Sortierung auf die der Brandung, diese auf die Theorien der Oberflächenwellen, weiters der Windmuster, der Strahlungsmuster, des Strahlungsempfangs der Erde und diese auf die Theorie der kosmischen Strahlung überhaupt.[40]

Und wieder ist die kosmische Strahlung vor unserem Planeten und dessen Strahlungsempfang vor dem Seegang gewesen, wie dieser vor dem venezianischen

---

[40] Um diesem weiten Wissensgebiet in der gebotenen Kürze gerecht zu werden, habe ich jeweils nur einen Gegenstand und eine Theorie je geowissenschaftlicher Disziplin gewählt. Auch stehen, wie man bemerkt, oft noch protokollierte Korrelationen stellvertretend für (noch) nicht axiomatisierte Theorien. Unserem Beispiel aber kommen Lehrbuchdarstellungen, z. B. der physischen Ozeanographie, in die Nähe (vgl. etwa G. DIETRICH u. K. KALLE 1957), wie ich dies auch über viele Semester unterrichtete.

Lido. Ebenso wie die Quantenkräfte vor den Mineralbindungen und diese vor der Tektonik und den Erosionsbedingungen existiert haben müssen. Die kognitive Erklärung der Ursachen der Phänomene verläuft deren Entwicklungsweg parallel; der Weg der Entdeckung wieder beiden entgegen. Dies kennen wir schon.

Das molekulare Gedächtnis

Der Theorie der Molekulargenetik nun mehr Raum einzuräumen als den ganzen Erdwissenschaften, ist aus dem Umfang dieser Disziplinen nicht zu rechtfertigen. Die Rechtfertigung ist in der erkenntnistheoretischen Bedeutung der Kontroverse um diese Theorie gegeben. Wir sind dem Thema des Lebendigen im Zusammenhang von ›Chemie und Evolution‹ bereits nahegekommen. Nun gehen wir (von der molekularen Seite) in die Theorien der Biowissenschaften. Und es ist nicht von ungefähr, hier, im molekularen (vermeintlich elementarsten) Ansatz, die Reduktionismus-Debatte noch ganz ungeschlichtet zu finden.

Die Evolutionstheorie der Moderne hat sogleich mit dem Versuch einer zwei- oder wechselseitigen Erklärung ihrer Phänomene begonnen. Neben der Wirkung vom Erbgut auf die Ausformung des Organismus, seine Phäne, was man voraussetzen durfte, wurde mit einer Rückwirkung von der Gegenseite gerechnet; wir sagen heute: mit einer Wirkung von den Phänen auf die Gene. LAMARCK erwartete, wie man sich erinnert, ein Erblichwerden jener Organänderungen, wie diese aufgrund von Gebrauch und Nichtgebrauch bekannt waren. CHARLES DARWIN, ganz Lamarckist, woran man sich weniger erinnert (oder erinnern will), versuchte sich mit einer Art ›molekularer Erklärung‹ dieses Prozesses.[41]

Der Erklärungsversuch auch durch diese Pangenesis-Theorie DARWINS hat sich nicht bestätigt. Unverändert geblieben ist aber das gesamte Ensemble der offenen Fragen, auf die sie sich bezieht und welches eine Theorie des beliebigen Variierens der Arten und deren Auslese durch die Selektionsbedingungen im Milieu auch bis heute nicht zu erklären vermag. Zur reinen selektionistischen Milieu-Theorie ist die LAMARCK-DARWINsche Lehre erst durch den Mitentdecker ALFRED RUSSEL WALLACE geworden (1889); sieben Jahre nach DARWINS Tod kreierte er unter Weglassung LAMARCKS und des Pangenesis-Konzepts den Darwinismus; bei dem die Schulmeinung im wesentlichen geblieben ist. Aber auch die Opposition hat seit jenen Tagen nicht mehr geschwiegen.[42]

---

[41] Die entscheidende Veröffentlichung J. LAMARCKS (1908) war schon CHARLES' Großvater ERASMUS DARWIN wichtig gewesen und in der Familie unvergessen geblieben. C. DARWINS Erklärungsversuch, die ›Pangenesis-Theorie‹, ist neun Jahre nach den ›Origin of Species‹ (1859) im Band von 1868 erschienen und noch im gleichen Jahr ins Deutsche übertragen worden; wurde aber bald unterschätzt und ist auch in den modernen Lehrbüchern nicht mehr enthalten. Und für seine Biographen erweist sich DARWIN sogar »als ein schlechter Darwinist« (J. HEMLEBEN 1968, Zitat von Seite 124). Vgl. dazu R. RIEDL, vor allem 1982 b).

[42] Dieses Buch von A. WALLACE (1889, deutsch 1891) war zudem sein erfolgreichstes; die Spaltung in Darwinisten und Lamarckisten damit eingeleitet. Während sich letztere in spiritualistische ›Psycholamarckisten‹ und biologische ›Altdarwinisten‹ (im Sinne von ERNST HAECKEL und LUDWIG PLATE) spalteten, entwickelte sich der Darwinismus mit der Mutationstheorie zum Neodarwinismus und mit der Populationsdynamik zur ›Synthetischen Theorie‹ (im Sinne von ERNST MAYR, GEORGE SIMPSON, THEODOSIUS DOBZHANSKY und JULIAN HUXLEY), der heutigen Lehrbuchmeinung. Die Opposition reicht, begonnen mit KARL-ERNST VON BAER, aus DARWINS Tagen bis in die Gegenwart (R. RIEDL 1975; dort auch die Literatur). — Die Beziehung WALLACE-DARWIN findet man in A. BRACKMANN (1980) vorzüglich geschildert.

Mit der Wiederentdeckung der MENDEL-Gesetze um die Jahrhundertwende wurde man auch der sprunghaften Zufallsänderungen des Erbgutes gewahr und die gefolgerte Mutations-Theorie schien nun zusammen mit der Milieu-Selektion für die Darwinisten eine endgültige Erklärung ihres Konzeptes zu bieten. Dies fiel mit dem Beginn einer ideologischen Auseinandersetzung zusammen, wie man eine solche heute einen Kulturkampf nennen würde; grob gesagt, der westliche Neodarwinismus mit den Zufalls-Rechten des Individuums vor jenen seiner Gesellschaft gegen den marxistischen Neolamarckismus mit den historischen Rechten des gesellschaftlichen Milieus vor jenen des Individuums. Folglich war für den Westen eine Rückwirkung der Phäne auf die Gene nicht nur nicht sichtbar, sie durfte auch nicht sein; und was in diesem Sinne von dem Freiburger AUGUST WEISMANN (1902) behauptet wurde, ist als ›WEISMANN-Doktrin‹ neodarwinistisches Dogma geblieben. Denn mit der Entwicklung der molekularen Genetik wurde sie nochmals und explizit als ›genetisches Dogma‹ festgeschrieben.[43]

Doktrinen und Dogmen in einer empirischen Wissenschaft zu finden, wird überraschen. Besonders, da man feststellt, daß die ›Synthetische-Theorie der Evolution‹, die das Dogma vertritt, tatsächlich nur die Analogien der Baupläne der Organismen erklärt, nicht die Homologien; also nur die Zufalls-Ähnlichkeiten aus äußeren Ursachen, nicht die Wesensähnlichkeit ihrer inneren Verwandtschaft. Ich habe (R. RIEDL 1975 und 1977) ihr daher eine ›System-Theorie der Evolution‹ gegenübergestellt, welche unter Hinzufügung eines Selektions-Prinzips, das auch Erfolg und Mißerfolg der entstehenden Wechselwirkungen zwischen den Genen bewertet, diese restlichen Fragen lösen kann.

Hier ist nicht der Ort, dies auszuführen. Nur die folgende wissenschaftstheoretische Wandlung der Sicht der Ursachen ist von Interesse. — Man muß annehmen, daß unter allen Gen-Wechselwirkungen, wie diese durch den Zufall entstehen, jene gefördert werden, welche Erfolg haben. Das müssen aber diejenigen sein, welche solche Gene in Abhängigkeit gebracht haben, die für Phäne kodieren, welche selbst in eine funktionelle Abhängigkeit eingetreten sind; beispielsweise Kopf und Pfanne eines Gelenks. Alle anderen werden die Adaptierung ihrer Phäne behindern und ausgemerzt werden. Das aber läßt eine Rückwirkung des Funktionssystems der Phäne auf das Funktionssystem der Gen-Wechselwirkungen erwarten; eine selektive Rückwirkung auf das epigenetische System (Abb. 34).

›Dieser Voraussage einer Gen-Phän-Wechselwirkung sind meine biologischen Kollegen mit Zweifel und Opposition begegnet. Zufällig ist es aber genau die Sache, um welche sich DARWINS Argument dreht.‹[44]

Tatsächlich bestätigt die Forschung der letzten zehn Jahre meine These immer mehr. Nur ist das Konzept dem reduktionistischen Paradigma der Molekulargene-

---

[43] Man erinnert sich aber auch, daß MARX das ›Kapital‹ DARWIN widmen wollte, so sehr war er dessen Lehre zugetan. — Einen bemerkenswerten Ausschnitt der folgenden Auseinandersetzung schildert A. KOESTLER (1972); dieser endet 1924 mit dem Freitod des Wiener Biologen PAUL KAMMERER. — Der Begriff vom ›zentralen Dogma der molekularen Genetik‹ mag als Labor-Scherz begonnen haben, wurde aber vollster Ernst, zum Thema fachlicher Symposien und wissenschaftlicher Berichte.

[44] Ich verwende hier die Formulierung, die ERWIN SCHRÖDINGER (1977, Seite 79) in der 6. Auflage von »What is life« als Replike auf die Reaktionen zu seinen Thesen verwendet. Er sagt: »The remarks on negative entropy have met with doubt and opposition from physicist colleagues.« Jedoch schließt er: »It happens to be precisely the thing on which BOLTZMANNS original argument turned.«

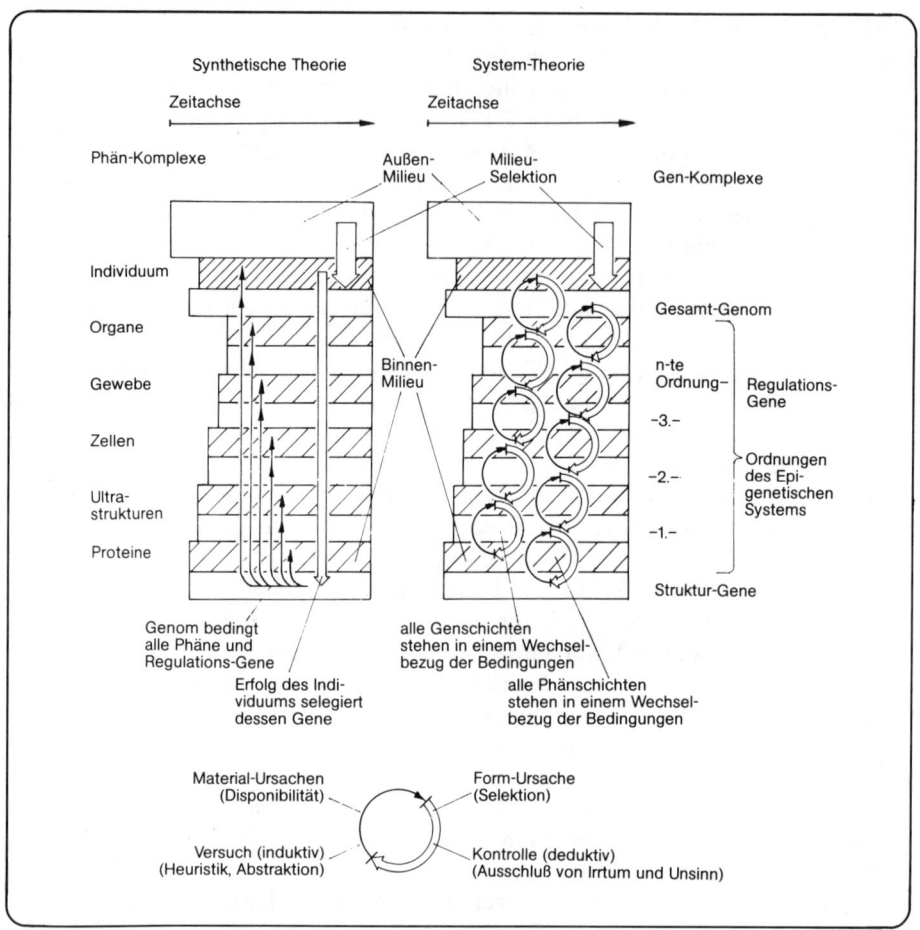

Abb. 34. *Die Symmetrie des Erklärungs-Zusammenhangs von Gen- und Phän-Komplexen.* Dargestellt an der Gegenüberstellung der Theorie der Ursachen nach der ›Synthetischen Theorie‹ und nach der ›System-Theorie der Evolution‹. Der Unterschied liegt in der Differenzierung des (in der Abbildung unten skizzierten) Zusammenhangs der Disponibilität der Untersysteme und der Selektivität der Obersysteme.

tik ganz zuwiderlaufend. Man verdächtigt es des Lamarckismus. Das ist unrichtig; denn nicht das Milieu, sondern die Organisation der Phäne organisiert die Gene. Es läßt aber auch keine molekulare Lösung des Lebensproblemes zu. Denn Obersysteme, Zellen, Gewebe und Organe wirken zurück auf die Organisation von kodierenden Molekülen. Man verdächtigt das Konzept eines ›Molekular-Idealismus.‹ Das ist aber nur insoferne richtig, als es den Irrtum des idealistisch-materialistischen Gegensatzes aufhebt; eines Mißverständnisses, welches von jenem JACQUES MONODS bis zu den weltanschaulich bereits gefährlichen Behauptungen der Soziobiologie von heute reicht. In diesen verbirgt sich nicht nur ein plumper Materialismus, sondern eine molekularbiologische Sanktion des Sozialdarwinismus; also nicht nur ein Beweis für die Sinnlosigkeit der menschlichen

Existenz, sondern auch eine Rechtfertigung des Egoismus und des Rechtes des Stärkeren.[45]

Nicht von ungefähr also ist dies hier der Knoten der Kontroverse. Und er muß und wird sich auch hier lösen. Ich hätte nichts von der ganzen Szientismus- oder Reduktionismus-Debatte angefaßt, wäre ich nicht von Haus aus von ihrer Lösung, auch an dieser Stelle, überzeugt gewesen. Es sind nämlich gerade diese Regelkreise, die Gen-Phän-Wechselwirkungen, welche der Beziehung zwischen den Prozessen der organischen Evolution und der Evolution des Kenntnisgewinnes gemeinsam zugrundeliegen (vgl. Abb. 34). Der aufsteigende Kreisbogen entspricht gleichermaßen Material-Ursache und Disponibilität wie induktivem Versuch, Heuristik und Abstraktion; der absteigende entspricht im Gegenlauf gleichermaßen der Form-Ursache und Selektion wie deduktiver Kontrolle und Ausschluß von Irrtum und Unsinn.

Im Bereich der Evolution des molekularen Gedächtnisses sind die Wechselwirkungen der Entstehungs- und der Erkenntnis-Prozesse eben noch identisch.

Ferner werden alle epigenetischen Differenzierungen wieder Einschübe zwischen dem Ganzen des Genoms und den Teilen der kodierenden DNA-Sequenzen sein. Folglich laufen die Entstehungswege mit den Form- und Selektions-Bedingungen jenen der Material- und Dispositions-Bedingungen entgegen. Und ebenso (Abb. 35) verhalten sich die Erklärungswege den Erkenntniswegen entgegenlaufend; mit den Protokollsätzen der Genetik und der Entwicklungs-Physiologie an den Enden des Schichtsystems.

Molekularbiologie und Physiologie

Bei oberflächlicher Betrachtung gelten die Physiologen als lupenreine Reduktionisten oder Mechanizisten; gewissermaßen als die Nachfahren LAMETTRIES und Vertreter einer Maschinen- oder Reiz-Reaktions-Theorie des Lebendigen. In Wahrheit hat die Erforschung der organischen Funktion bis in die Einzelheiten der molekularen Komponenten die Zweiseitigkeit der Erklärung zum Verständnis eines Systems nie verlassen. Das Schichtensystem der Form-Bedingungen, der Zwecke, nach den Selektions- und Ökonomie-Vorschriften von Konkurrenz und Effizienz wurde, wenn auch nicht untersucht, so doch stets vorausgesetzt. In dieser Beziehung ähnelt die erkenntnistheoretische Position jener der, ohnedies benachbarten, Chemie.

Wo das geleugnet wird, was explizit ohnedies kaum geschieht, ist es nur Physiologen-Pathos, das zwar wissenschafts-soziologisch manch grundlegende Verwirrung in den Biowissenschaften eingeleitet hat, aber wissenschaftstheoretisch ganz ohne Bedeutung ist. Das Pathos ist auch eher von der Exaktheits- oder Quantifizierungs-Ideologie angeführt, womit man sich, unter Berufung auf KANT und selbst auf GALILEI, gegenüber den ›Nichtexakten Wissenschaften‹ den wissen-

---

[45] Man wird sich der Thesen von J. MONOD (1971) erinnern, die wir schon kritisierten. Einen Rückblick auf den fast schon verdrängten Sozialdarwinismus findet man in H. KOCH (1973); auf seine Renaissance in der Soziobiologie kommen wir im Abschnitt ›Biologische Anthropologie‹ noch zurück.

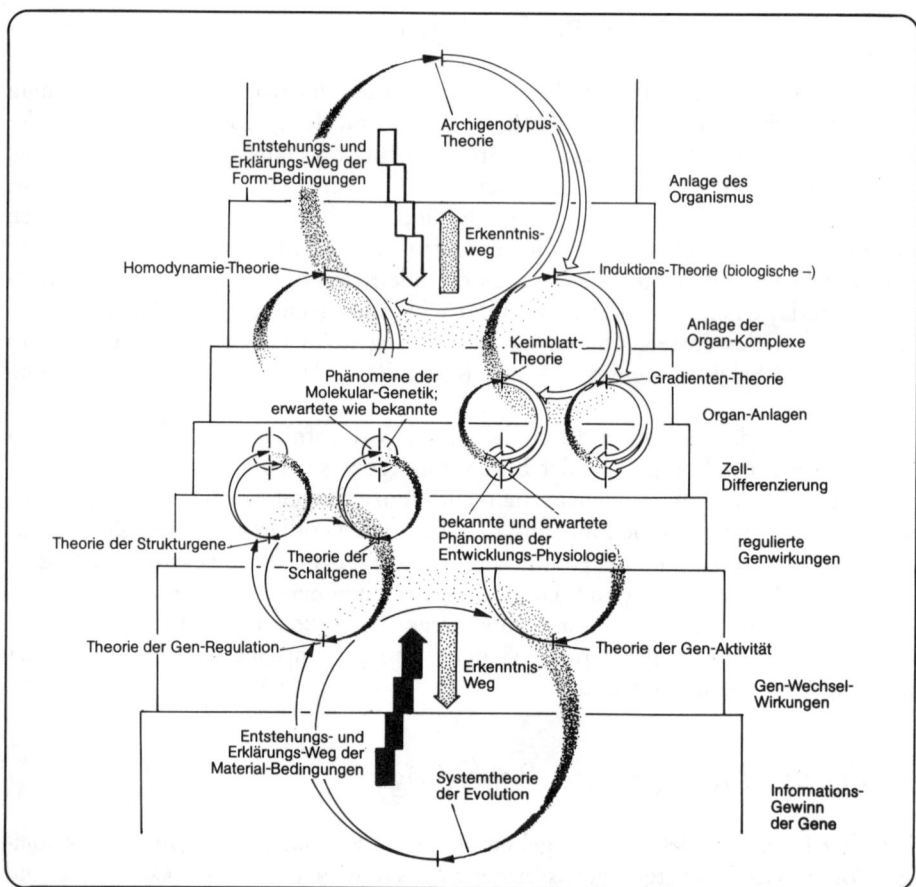

Abb. 35. *Die Symmetrie des Erklärungs-Zusammenhangs der Keimesentwicklung;* am Beispiel einer Zell-Differenzierung (etwa der Chorda oder des Auges der Wirbeltiere). Archigenotyp; Typus des Entwicklungs-Verhaltens großer, systematischer Einheiten. Induktion (biologische –); Nachrichten-Weitergabe zwischen Organ-Anlagen. Homodynamie; Gleichartigkeit deren Syntax. Keimblätter; frühembryonale Schichtgliederung (Einzelheiten in R. Riedl 1975).

schaftlichen Rang vorzubehalten wünschte. Dies ist aber ein anderes Kapitel, das wir schon kennen. Hinsichtlich der Herkunft der Ursachen kann ich mich also kurz fassen.

Ich darf den Zusammenhang an einem Beispiel illustrieren: am Beispiel der Physiologie und Molekularbiologie unseres Sehens. Hier begegnen wir wieder dem Frankreich des 19. Jahrhunderts mit Bichat, F. Magendie und Claude Bernard und der Pariser ›École politechnique‹, aus welcher Justus Liebig, Schüler Johannes Müllers, kommend die deutsche Physiologie begründet. Die Bedeutung der Retina war bekannt; bald wurde ihre Funktion auf die Sehzellen, deren Sehpurpur und dessen Zerfall bei Belichtung zurückgeführt. Dieser Zerfall konnte weiters auf einen photochemischen Prozeß zurückgeführt werden; auf ein System aus einer Proteinkomponente, dem Opsin, und dem Aldehyd eines Stereoisomers des Vitamin A_1, welches Molekül sich bei Auftreffen schon eines einzigen Lichtquants strukturverändert und an der Membran der Sehzelle eine Potentialänderung und einen Nervenimpuls zur Folge hat. An der Rückführung dieser Potentialänderung wird noch geforscht.[46]

Nun hat das Sehen natürlich nicht allein mit dem Wandel eines Aldehyds begonnen. Dieses kommt außerhalb von Organismen gar nicht vor. Selbst in Organismen ist er, von den einzelligen Geißeltierchen bis in die Sehzellen aller Augen, an Zellen gebunden, die eine Geißel besitzen oder diese umgewandelt haben. An diesem Ursprung wird auch noch geforscht. Gewiß ist aber, daß unser Besitz von Augen auf den Selektionserfolg der Fernsinnesorgane, dieser auf den der Sinne und der Reizbarkeit zurückzuführen ist; im Falle unserer Sehzellen wahrscheinlich auf den Schatten, den die früheste Außenstruktur einer Zelle, die Geißel, geworfen hat; womit der Wandel der eintreffenden Photonen als Nachricht über die Körperlage zum Licht verwertet werden konnte (Abb. 36).

Und da die Forschung beider Erklärungsrichtungen im Mittelbereich unserer Wahrnehmung beginnt, die Erklärung aber subsumptiv auf immer fernere und grundsätzlichere Prinzipien zurückgreift, laufen auch in der Physiologie in beiden Richtungen des Erklärens die Entstehungsprozesse mit ihnen, die Erkenntniswege ihnen entgegen. Zum Verständnis eines Systems benötigen wir sie beide.

Systematik und das Natürliche System

Die Biologie der Moderne ist um die Wende vom 18. zum 19. Jahrhundert entstanden, und zwar durch die Entwürfe zweier, bislang voneinander unabhängig gebliebener Theorien. LAMARCK entwickelt, wie erinnerlich, eine Theorie der Entstehung der Ähnlichkeiten der Organismen, GOETHE eine Theorie von deren Erkenntnis. Die Theorie von den Entstehungs-Gründen wird man bald darauf Abstammungslehre und Evolutionstheorie nennen, aber bis in unsere Tage um die Art dieser Gründe ringen. Mit der Theorie von den Erkenntnisgründen der Ähnlichkeit ist das anders. Sie wird schon von ihrem Schöpfer Morphologie genannt, aber bis in unsere Tage sind ihre Gründe erst mißdeutet, dann reduziert und endlich fast vergessen worden; weil man ihnen mißtraute, ohne zu bemerken, daß uns deren Erwartung angeboren ist.

»Das Einzelne kann kein Muster vom Ganzen sein«, sagte ja GOETHE 1775, »und so dürfen wir das Muster für alle nicht im Einzelnen suchen. Die Klassen, Gattungen, Arten und Individuen verhalten sich wie die Fälle zum Gesetz [!]; sie sind darin enthalten, aber sie enthalten und geben es nicht.« Und zweifellos werden die Gattungen induktiv aus den ihnen zugedachten Arten entwickelt, wie die Familien aus den Gattungen. Und deduktiv werden die Gattungen, welche tatsächlich zu einer Familie, die Arten, welche zu einer Gattung gehören, an deren Bestimmung geprüft. Es wird hier schon sehr deutlich jener Optimierungsprozeß

---

[46] Zur Geschichte der ›Ecole polytechnique‹ erinnere man sich der Darstellung von F. v. HAYEK (1979); zur Geschichte der Physiologie verwende man K. ROTHSCHUH (1953). — Bei der Wandlung jenes Aldehyds wechselt ein 11-cis- in ein all-trans-Retinal 1, das sich bei Wirbeltieraugen vom Metarhodopsin abtrennt (bei den Augen der Wirbellosen bleibt es zugelagert).

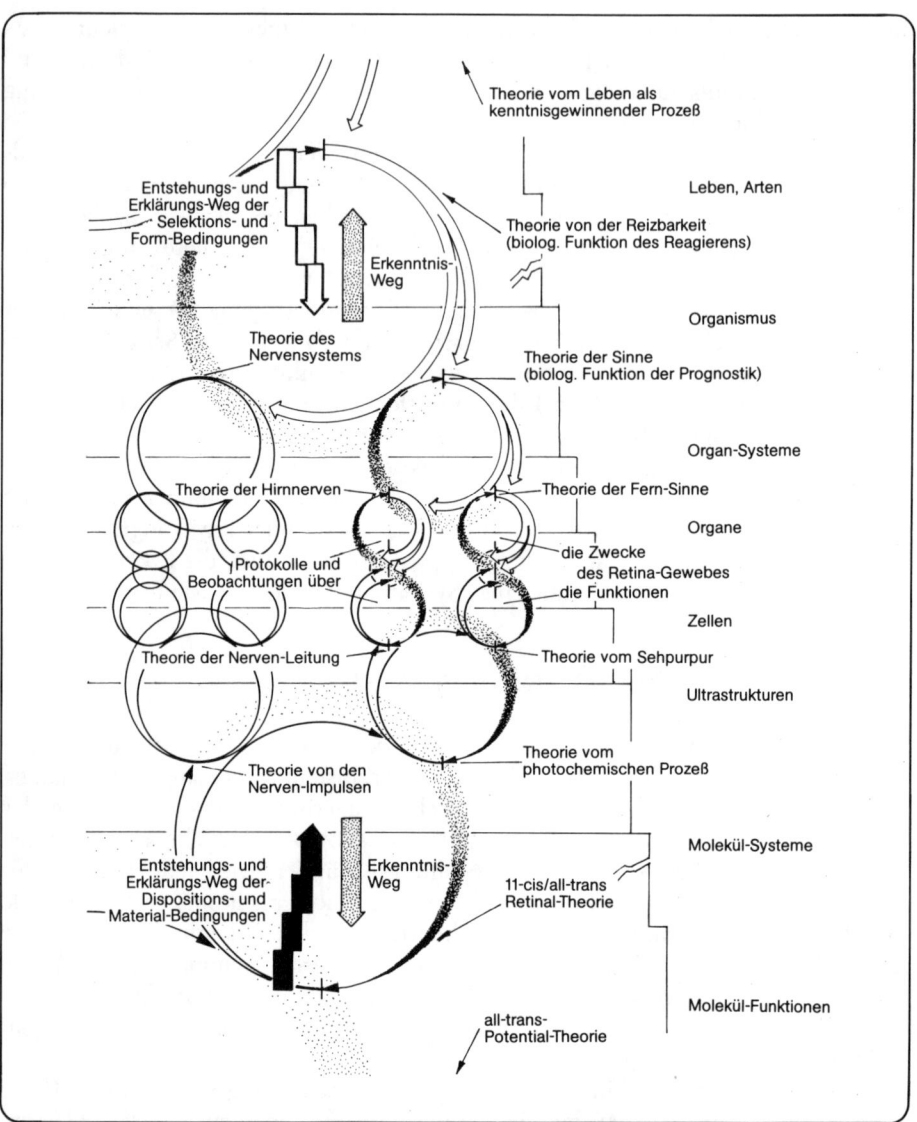

Abb. 36. *Die Symmetrie des Erklärungs-Zusammenhangs in der Physiologie;* am Beispiel der Ursachen unseres Auges. Dabei rekurrieren die Theorien vom Zweck des Auges bis auf die Obertheorie des ›Lebens als kenntnisgewinnender Prozeß‹, jene von seinen Funktionen bis auf die bislang grundlegendste Obertheorie von den ›all-trans Potentialen‹.

vorgeschlagen, welcher, in vielen Umgängen der Schraube, stets aus den bekannten und zugerechneten Fällen das Allgemeine, die Theorie, den Ober-Satz erwarten und bilden läßt, um diesen, ebenso wie die zurechenbaren Fälle, an der Erfahrung aus den neuen Fällen zu adaptieren. Auch daß es sich um einen empirischen Vorgang des Erfahrungsgewinnes handelt und nicht um die Vorwegnahme eines Idealtypus, ist schon festgestellt.

»Die Erfahrung«, heißt es bei GOETHE, »muß uns vorerst die Theile lehren, die allen Thieren [einer Systemgruppe] gemeinsam sind, und worin diese Theile verschieden sind. Die Idee [die Vorstellung, Hypothese] muß über dem Ganzen walten und auf eine genetische [zusammenhängende] Weise das allgemeine Bild abziehen [abstrahieren]. Ist ein solcher Typus [Satz] auch nur zum Versuch aufgestellt, so können wir die bisher aufgestellten Vergleichungsarten zur Prüfung desselben sehr wohl benützen.« Und, führt GOETHE fort: »Hält man alsdann die Beschreibungen zusammen, so findet sich in dem, was man wiederholt [bestätigt] hat, das Gemeinsame und, bei vielen Arbeiten [Umläufen], der allgemeine Charakter.« (die Formen unserer heutigen Sprechweise habe ich in [ ] Klammern hinzugefügt.)[47]

Hier schon weist sich die Morphologie als die Methodenlehre vom Vergleichen aus, und damit als das Verfahren der Vergleichenden Anatomie und im gegebenen Beispiel (Abb. 37) der Systematik.

Aber heute erst kann ich nachweisen, daß dieser Erkenntnisweg der Umkehrung des Entstehungswegs des Natürlichen Systems der Organismen entspricht. Denn es steht außer Frage, daß beispielsweise in der Stammesgeschichte der Art *Homo sapiens*, wie erwähnt, zunächst die *Chorda* (oder Rückensaite) festgelegt wurde (ich führe jeweils nur ein Merkmal an); etwa vor $6 \cdot 10^8$ Jahren. Sie determiniert für die ganze Stamm-Gruppe der *Chordata,* mit heute noch 43 000 Arten, die Körpergliederung. Vor $5 \cdot 10^6$ Jahren wird im Stamm der *Vertebrata* auf ihrer Grundlage die Wirbelsäule für 41 500 Arten festgelegt, welche die Grundordnung der Nervenaustritte aus dem Rückenmark mitbestimmt. Vor rund $3 \cdot 10^6$ Jahren wird im Unterstamm der *Tetrapoda* und für 21 000 Arten die Lunge determiniert; vor 10^6 Jahren für die Klasse der *Mammalia* mit 3700 Arten das Haar (Abb. 37 A).

Die Ursache dieser Festlegungen und Einschränkungen der Freiheitsgrade der Adaptierbarkeit ist, wie man leicht sieht, auf die Unwahrscheinlichkeit eines Erfolges oder Substituierung dieser Merkmale, ihres Ersatzes durch andere Organe zurückzuführen; aber viel mehr als dies, und das ist schwerer zu sehen, auf die Induktionsmuster, den Fluß der Nachrichten in der keimesgeschichtlichen Entwicklung; letzten Endes auf eine unauflösbar verflochtene Organisiertheit im epigenetischen System, der Gen-Wechselwirkungen ihres Keim-Materials.[48]

In dieser Entstehungsrichtung haben wir auch die Erklärungsrichtung des Natürlichen Systems vor uns, indem sich jeder Typus einer Systemgruppe aus dem seiner Obergruppe ›erklärt‹; in der Systematik sagt man ›begründet‹. Es steht nämlich außer Frage, daß jeder Bauplan nur innerhalb der Baupläne all seiner Obergruppen funktionieren, seinen Zweck erfüllen, einen Sinn haben kann. Wir finden in diesen die selektiven Wirkungen der Obersysteme, wie sie eben nur

---

[47] Die Zitate stammen aus GOETHES Vorträgen zum ›Entwurf einer allgemeinen Einleitung in die vergleichende Anatomie, ausgehend von der Osteologie‹ von 1796; Kap. II: »Über einen aufzustellenden Typus zur Erleichterung der vergleichenden Anatomie« und aus dem »Ersten Entwurf...« von 1795 (Cottasche Ausgabe 1858, Band 36, Seiten 325 und 276).

[48] Dies ist das Thema meiner ›Systemtheorie der Evolution‹ (R. RIEDL 1975; auch in 1976, Kurzfassung 1977, Konsequenzen in 1980 c und 1980 d; siehe auch G. WAGNER 1983 a). Dort wurde die Unterscheidung von Erkenntnis- und Erklärungs-Weg vorgenommen; noch ohne Bezug auf das Subsumptions-Schema. Doch im Prinzip mit demselben Ergebnis; und zwar aufgrund der beobachteten Entstehung der Hierarchie der Bauteile wie der Begriffe. (Man vergleiche auch G. TAYLOR 1983.)

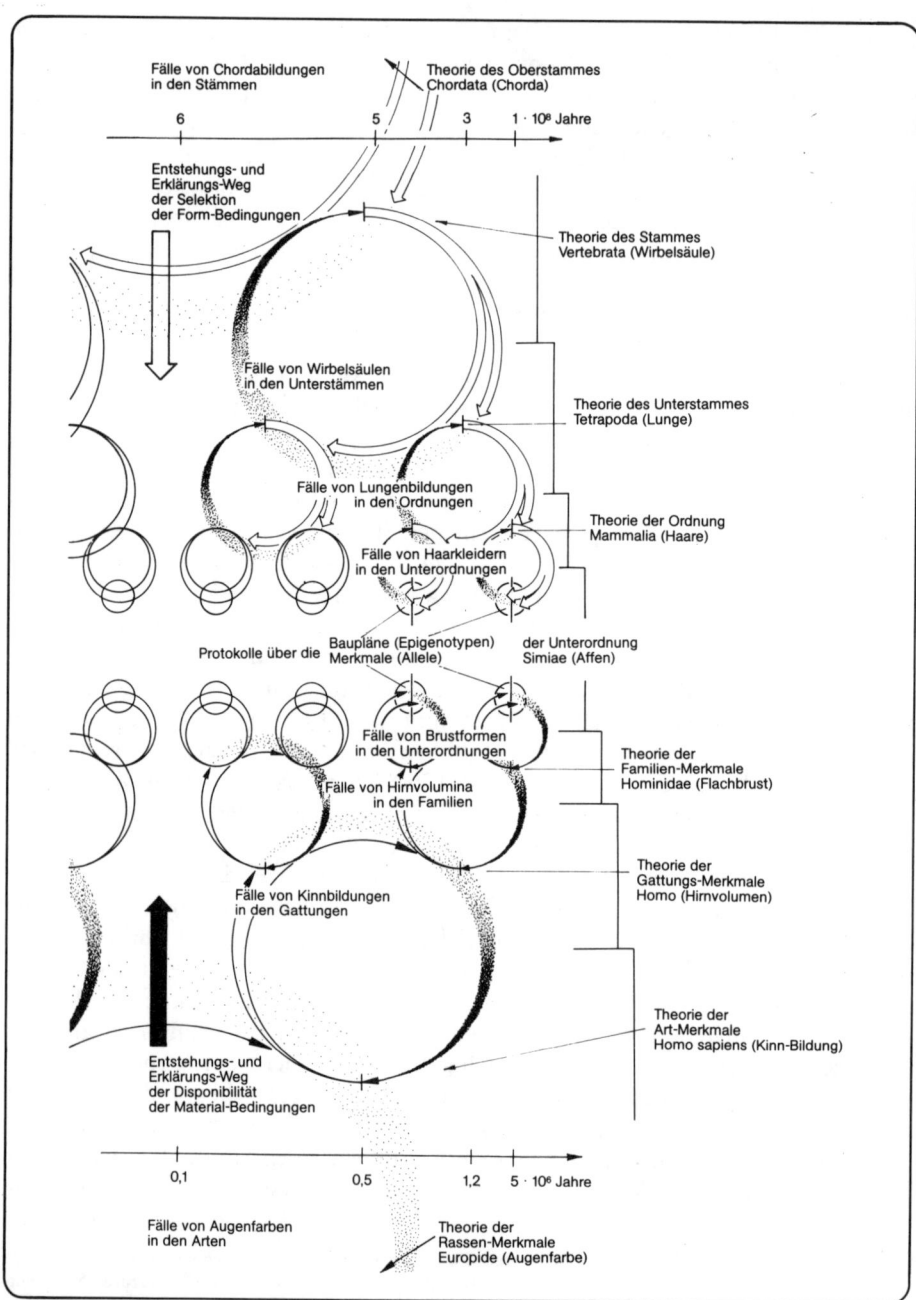

Abb. 37. *Die Symmetrie des Erklärungs-Zusammenhangs systematischer Einheiten;* am Beispiel der Systemgruppe der Affen. Dabei haben die Theorien der Baupläne nur innerhalb ihrer jeweiligen Obertheorien einen Sinn; die Theorien der Merkmale dagegen gewinnen ihre Inhalte aus der Serie der Unterkategorien, bis zur übergreifendsten Theorie der Allele der Rassen. Man beachte die hier möglichen Altersangaben der Allele und Allel-Systeme (oder Epigenotypen).

bestimmte Untersysteme erfolgreich sein lassen, also wieder die *causa formalis* und *finalis.*

Wie zu erwarten, verläuft der Aufschluß der Erkenntnis-Gründe der Merkmale des Typus, also seiner Disponibilitäten, dem des Typus selbst entgegen: nämlich nun von den Ober- gegen die Untergruppen (Abb. 37 B). Man wird leicht einsehen, daß die differentialdiagnostische Bedeutung eines Gattungs-Merkmales, zum Beispiel des Hirnvolumens des Genus *Homo,* erst aus allen zu vergleichenden Gattungen, das heißt aus deren Fällen in der Familie *(Hominidae),* erhellt. Und auch dies unter der Voraussetzung, daß schon die Familie durch Merkmale eindeutig eingegrenzt ist, also aus den Fällen der Familien in der Unterordnung *(Simiae)* bestimmt wurde. So stellen wir allgemein fest, daß die Theorie des diagnostischen Wertes eines jeden Merkmals einer Systemgruppe aus den Fällen in den System-Obergruppen entwickelt wird und aus den Prognosen auf dieselben geprüft wird.

Dies ist erfahrungsgemäß nicht leicht mitzuvollziehen und hat hinsichtlich der Theorie vom taxonomischen Wert der Merkmale, wie in der ›numerischen Taxonomie‹, Verwirrung gestiftet. Aber in diesem Sinne baut sich nun die Theorie des Merkmals immer umfassender ›hinunterzu‹ auf (Abb. 37 B). Drücken wir diese nun gleichzeitig phäno- und genotypisch aus: Die Fälle unterschiedlicher Gen- und Merkmals-Koppelungen (z. B. der Kinnbildung) in der Gattung *(Homo)* lassen die Theorie der Freiheitsgrade von Allelen und Merkmalsausprägungen einer Art (z. B. *Homo sapiens*) erschließen. Die Fälle der Allele und Merkmalsformen (z. B. der Augenfarbe) in der Population einer Art *Homo sapiens* lassen die Theorie des Allels und des Merkmals einer Rasse bilden.

Und wieder umgekehrt wie der Erkenntnisweg verlaufen nochmals der Entstehungs- und Erklärungsweg. Nämlich vom Allel und Merkmal hinauf über die Population und die Art zum Überbau der Systemkategorien, zu all deren Zusammensetzung sie die Disponibilität mitbringen; für die Systeme und deren Organisation, an welchen die beiden beteiligt sind. Dies entspricht dem Beitrag der *causa materialis* und *efficiens* unseres Schemas; denn die Antriebskräfte im Organischen stammen so gut wie alle aus den chemischen Bindungen, also aus dem Material der Moleküle.[49]

Dabei versteht es sich, daß das, was wir hier als eine Symmetrie des Subsumptions-Schemas auseinandergebreitet haben, auch im engsten Kreise gilt. Ein ›Feld von Ähnlichkeiten‹ wie die Theorie: ›dies sind die Merkmale einer Gattung‹ (Abb. 38 A) wird aus den zugerechneten, bekannten Arten induktiv gebildet und aus den neuen, zuzurechnenden deduktiv geprüft. Und umgekehrt wird die Theorie: ›dies ist ein Vertreter, ein Merkmal des Feldes‹ (38 B) aus den Fällen der Merkmals-Kombination jener Vertreter induktiv gebildet und deduktiv an den Vertretern des Feldes der Gattung geprüft. Dies ist das Gebiet des Begriffebildens schlechthin, dem, wie erwähnt (R. RIEDL 1986) ein eigener Band gewidmet ist.

---

[49] Unter einem Allel versteht man einen bestimmten Zustand eines Gens, von welchem angenommen wird, daß er einer bestimmten Kernsäuren-Sequenz entspricht, ein ebenso bestimmtes Produkt liefert und erst durch eine Mutation in ein anderes Allel überführt wird (Einzelheiten in C. BRESCH u. R. HAUSMANN 1972). — Auch die Energiegewinnung aus der Strahlung wird sogleich in chemischer Bindung verankert.

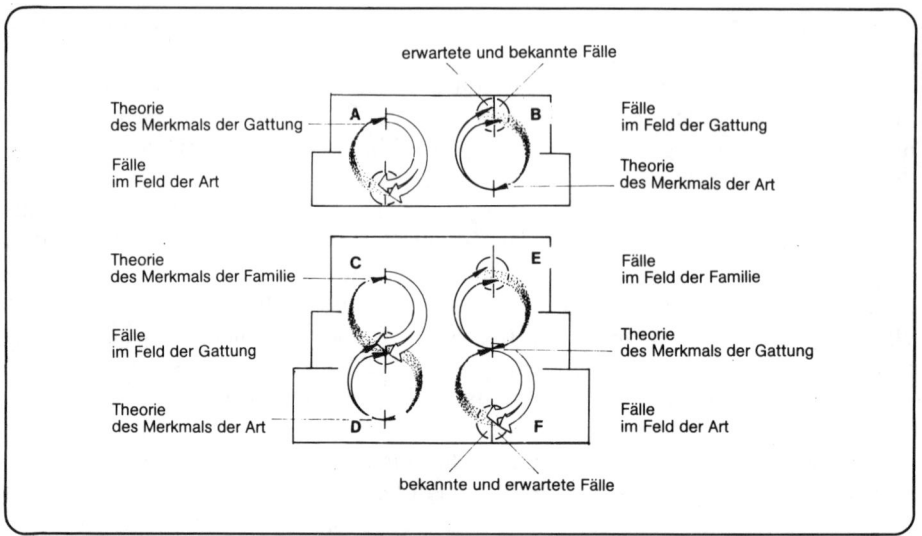

Abb. 38. *Die wechselseitige Erklärung systematischer Einheiten.* Stets handelt es sich um einen Zusammenhang zwischen einer Theorie und ihren Fällen. Die Positionen wechseln nach dem jeweils vermeintlich höheren Gewißheitsgrad. Und auch hier liegt kein Zirkelschluß vor, weil jede Theorie (wie Abb. 37 zeigte) wieder als Fall einer Obertheorie geprüft wird.

Nun läßt das Subsumptions-Schema erwarten, daß ein Feld von Merkmalen wieder zum Merkmal eines Oberfeldes werden würde (so, wie ein Merkmal zum Feld von Untermerkmalen; Abb. 38 C–F). Und die Symmetrie des Schemas läßt wieder für jede Schichte zwei Erkenntniswege offen, so, wie ja jede Schichte auch aus Form-Selektion und Material-Disponibilität entsteht. Ist beispielsweise die Auffassung (des Feldes) einer Gattung weniger sicher als es die angrenzende Familie und die Arten den Anschein haben (C, D), so wird sie aus der Theorie (des Merkmals) der Familie (C) wie aus der der Arten (D) abgegrenzt werden. Erscheint dagegen die Theorie (des Merkmals) der Gattung als verläßlicher erkannt (E, F), so wird versucht werden, aus ihr sowohl das Feld der Familie (E), als auch das der Arten (F) zu prüfen. Entsprechend kann die Symmetrie der Bestimmung (wie in Abb. 37) von jeder Schichte aus untersucht werden.

Freilich war dieser Zusammenhang nicht wahrgenommen worden, was zwei Haltungen zugelassen hat. Die ›Klassische‹ wie die ›Neue Systematik‹ (E. MAYR 1969) verließ sich auf das ›Feingefühl des erfahrenen Systematikers‹, allerdings ohne die Methode desselben zu kennen oder zu bedenken. Oder aber man betrachtete diese Unkenntnis kritisch, dann waren zwei diametrale Irrtümer die Folge. Entweder man hielt das ›Natürliche System‹ für ein künstliches, oder aber man vermeinte mit der ›Numerischen Taxonomie‹ (P. SNEATH und R. SOKAL 1973) auf jede Begriffsbestimmung der Homologien, der ›Wesens-Ähnlichkeiten‹, ganz verzichten zu können.[50]

---

[50] ›New Systematics‹ ist von E. MAYR (seit 1969) für eine erweiterte Form der klassischen Methode eingeführt worden. Sie hat das entscheidende Homologie-Theorem aber nicht verlassen. — Die Vermutung der Unnatürlichkeit des ›Natürlichen Systems‹ hat keine weiteren Kreise gezogen. — Hingegen ist der Tabula-rasa-Standpunkt der ›Numerical Taxonomy‹ (P. SNEATH u. R. SOKAL 1973) zu einer verheerenden Breitenwirkung gelangt.

Vergleichende Anatomie

Dieselbe Ableitung aus dem Prinzip der Morphologie, wie eben für die biologische Systematik vorgenommen, hätte ich auch für die Vergleichende Anatomie vorlegen können. In Wahrheit sind deren Gegenstände weder nach ihrem Werden noch nach ihrer Erkenntnis zu trennen. Denn ein Merkmal ohne Feld hat ebenso keinen Sinn, wie ein Feld ohne Merkmale keinen Inhalt hat. Ich habe die Systematik abgetrennt, weil sie als eigene Disziplin gilt, und weil es mir um die angezweifelte natürliche Natur des Natürlichen Systems ging. Außerdem haben wir ein Beispiel aus der Vergleichenden Anatomie schon zur Entwicklung der Theorie (in Teil 2) verwendet; und ich wollte die Dinge ohne Rückverweise und Wiederholungen entwickeln.

Ich komme aber auf die Vergleichende Anatomie zurück, weil sie es ist, und nicht die Systematik, welche die morphologische Tradition noch eher gepflegt hat, weil in ihr ohne Typus-Begriff und Homologie-Theorem eben überhaupt nicht voranzukommen war.

Es ist vor allem das Verdienst von ADOLF REMANE (1952, 1971), die auf GOETHE folgende Verwirrung in jenen beiden Begriffen einer ersten Klärung zugeführt zu haben. Er hat den Morphologischen Typus von den übrigen Typus-Konzepten abgehoben und Erkenntnisgründe für die Homologisierung definiert. Zwei seiner fünf Kriterien der Homologie, die bei GOETHE noch ›versteckte Analogie‹ geheißen hatte, spielen für unsere Untersuchung eine Rolle; die Kriterien der ›Lage‹ und der ›speziellen Qualität‹. Bei meinem Versuch, die Homologiekriterien selbst zu begründen (R. RIEDL, 1975), indem ich sie auf ein Wahrscheinlichkeits-Theorem zusammenführte, erwiesen sich nämlich das Lage- und Struktur-Kriterium nach der verwendeten Blickrichtung als symmetrisch.

Das Lage-Kriterium faßt die Organisation eines Homologons in Richtung auf das Obersystem ins Auge, zu welchem es beiträgt; das Qualitäts- oder Struktur-Kriterium tut dasselbe in Richtung auf die Untersysteme, aus welchen es sich zusammensetzt. Da nun die Ober- wie die Untersysteme selbst wieder Homologa darstellen, deren Erkennung die Verwendung dieser beiden Untersuchungsrichtungen vorschreibt, ergibt sich ein hierarchisches System des Vergleichens, welches wieder unserem Subsumptions-Modell entspricht.

Man wird folglich voraussehen, daß die morphologische Methode nunmehr im Aufbau der Organismen dieselben Wechselbezüge wird anwenden lassen, wie wir sie für die Bestimmung des Aufbaues des Natürlichen Systems eben darstellten. Ich kann mich also kurz fassen. Aber die Tätigkeit des vergleichenden Anatomen und des Systematikers erscheinen manchem so verschieden, daß der Vergleich der beiden nützlich ist.

Die Homologa eines Organismus bilden ein hierarchisches System von Rahmen in Rahmen. Ich nenne diese daher Rahmenhomologa, und man behandelt sie auch wie die Systemgruppen. Sie ruhen stets auf Massenhomologa innerhalb eines Individuums, welche, vergleichbar den Individuen einer Art, dieselbe genetische Information enthalten und sich folglich selbst als austauschbar erweisen. Aus dem Blick ins Obersystem ergibt sich nun für das Homologon die Notwendigkeit seiner Anordnung, seine Funktion zum Ganzen und damit sein Zweck; also die *causa formalis* und *finalis*. Aus dem Blick in seine Untersysteme seine Zusammensetzung,

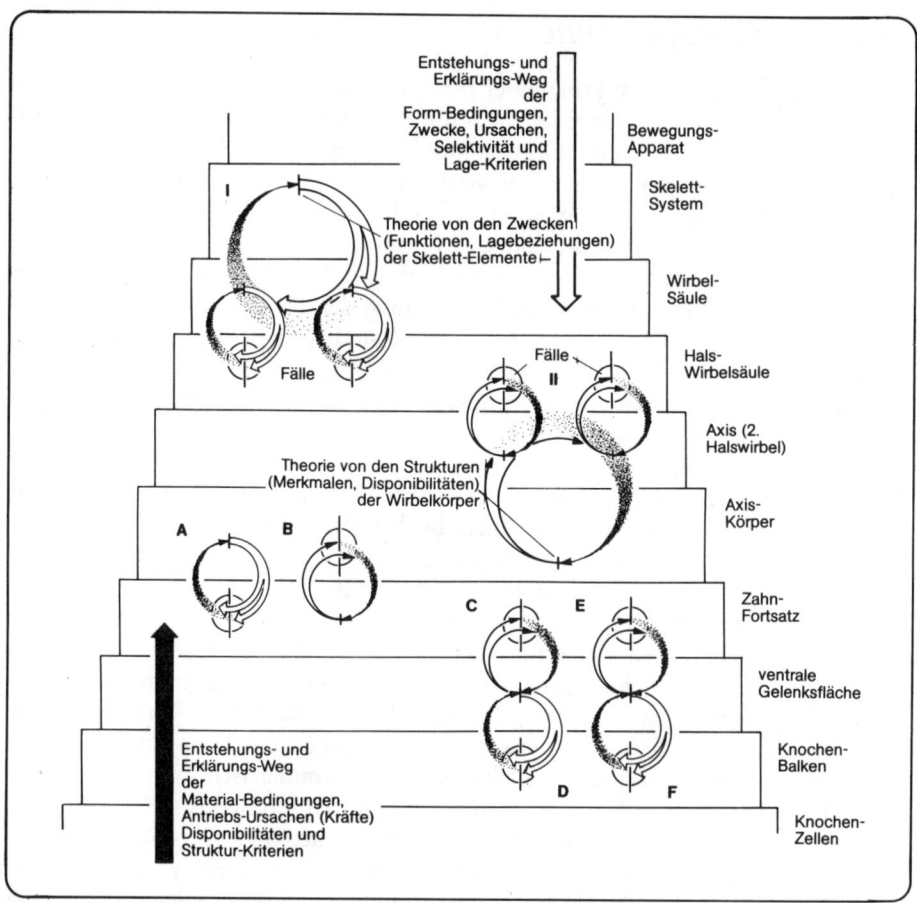

Abb. 39. *Die Symmetrie des Erklärungs-Zusammenhangs* (I, II) *und der wechselseitigen Erklärungen* (A–F) *in der vergleichenden Anatomie;* am Beispiel je eines (homologisierbaren) Systems aus der hierarchischen Serie zwischen dem Bewegungsapparat und den Knochenzellen eines Säugetiers, I Lage- und Zweck-Theorien, II Struktur- und Disponibilitäts-Theorien für das Schicht-Beispiel ›Halswirbel-säule‹ (Beispiele A bis F sind im Text erklärt).

seine Disponibilität und die Herkunft seiner Kräfte; also die *causa materialis* und *efficiens* in unserem Sinn (Abb. 39).

Wie bei den Systemgruppen (Abb. 37, Seite 184) ergibt, aus den Fällen der Teile, der Erkenntnisweg der Rahmenhomologa gegen die Obersysteme (Abb. 39 I) ihren Zweck nach ihrer Auswahl und Lage; der Zweck der Wirbelsäulen-Abschnitte folgt aus dem Zweck der Wirbelsäule und der der Wirbelsäule, als ein Fall unter den anderen Stützelementen, aus dem Zweck des Skeletts. Umgekehrt ergibt der Weg gegen die Untersysteme (Abb. 39 II) die Merkmale der *Axis* aus den bekann-ten Fällen von Halswirbelsäulen und den *Axis*-Körper aus den zugerechneten Fällen zweiter Halswirbel. Und wie beim Erkenntnisvorgang von Feld und Merk-mal (Abb. 38) erhellt aus den Fällen des Zahnes (oder *Dens*) der *Axis* (Abb. 39 A) die Theorie des *Axis*-Körpers und aus den Fällen von *Axis*-Körpern (B) die Theorie: ›dies ist der *Dens*‹; man denke beispielsweise an den Theorien-Wandel beim allmählichen Freimeißeln eines Fossils.

Und ist die Gelenkfläche ungewiß, so wird man sie aus der Theorie des *Dens* (C), sowie aus der der Knochenbälkchen (D) prognostizieren; ist es aber umgekehrt, so wird man aus der erkannten Gelenkfläche den *Dens* (E) wie auch sein Substrat (F) vorhersehen und die Theorie: ›dies ist die *Facies articularis dentis epistrophei*‹ an den Bestätigungen festigen, oder aber scheitern lassen und verwerfen.

Hier sei GOETHE nochmals unsere Reverenz erwiesen. Er muß diesen Wechselbezug wenigstens geahnt haben, wenn er in seinem ›Freundlichen Zuruf‹ sagt: »Natur hat weder Kern noch Schale, Alles ist sie mit einemmale.«[51]

Daß man sein ›esoterisches‹ Prinzip nicht als ›System-Immanenz‹ verstand, sondern als ›Geheimnis‹ mißdeutete, die Morphologie idealistisch wurde oder von den Szientisten abgelehnt und endlich vergessen, das haben wir schon festgestellt. Nun kehrt die System-Immanenz zweiseitiger Entstehungsursachen wieder; und mit ihr jene höhere Form der Isomorphie, einer erblichen Anpassung unserer ratiomorphen Erwartung des zweiseitigen Erkenntnis-Zuganges. Denn erst durch die rationalisierend entstandene Spaltung unseres Weltbildes hat man jeweils einen der beiden Zugänge auszuschließen getrachtet.

Sucht man dagegen die Enden der beiden Ursachenketten auf, so gilt die Material-Ursache nach der Synthetischen Theorie der Evolution im Sinne des Szientismus als gesichert. Sie steckt in den Molekülen der Struktur-Gene der Einzelmerkmale. Die Form-Ursache dagegen erklärt sich aus meiner Ergänzung zur Synthetischen Theorie, nämlich der Systemtheorie der Evolution. Sie schließt einen Ursachen-Kreislauf des Informationsgewinns zwischen den Schichten, zwischen Phänen und Genen ein. Die Form-Ursache des Natürlichen Systems liegt dann in der Hierarchie der Regulations-Gene des epigenetischen Systems; wieder in Molekülen; aber in solchen, die nicht für Einzelmerkmale kodieren, sondern die ›gelernt‹ haben, was alles an Strukturgenen zum Arterien-System der *Mammalia*, zur Rumpfgliederung der *Vertebrata* und zum Bau des Nervensystems der *Chordata* voreinander und was gleichzeitig abzulesen ist.

Freilich war dieser Zusammenhang nicht aufgeschlossen und die meisten vergleichenden Anatomen haben sich rein gefühlsmäßig auf die, ihnen zwar auch unbekannte, aber verläßliche ratiomorphe Ausstattung verlassen und hervorragende Arbeit geleistet. Vertraute man aber dieser Ausstattung nicht, so resultieren wieder zwei einander ausschließende Irrtümer; entweder nominalistisch nur die Fälle als existent zu nehmen, oder in einer Art Konstruktivismus die Idee, die phylogenetische Konstruktion, für die wahre Realität zu halten.[52]

[51] Der ›Freundliche Zuruf‹ ist die Reaktion auf nicht immer freundliche Zurufe, die GOETHE mit seiner Metamorphose der Pflanze von 1790 aus der Fachwelt auf sich gezogen hatte. So mag man auch den sich anschließenden Vers verstehen: »Dich prüfe du nur allermeist, — Ob du Kern oder Schale seyst?« (Cottasche Ausgabe von 1858, Band 36, Seite 220).

[52] So seltsam das klingen mag, kann man doch die nominalistische Position bei J. GILMOUR (1940) nachlesen, die konstruktivistische bei W. GUTTMANN u. K. BONIK (1981). Nicht, daß diese Positionen Einfluß gewonnen hätten; aber sie wiederholen das Ableiten aus der Mitte zum materialistischen Empirismus und zum idealistischen Rationalismus.

Es muß allerdings gesagt werden, daß selbst der Weg der Erkenntnis mit dem der Erklärung bis in unsere Tage verwirrt geblieben ist. »Vertreter einer Systemgruppe«, so unterstreicht ERNST MAYR (1969, Seite 68) die Ansicht von GEORGE GAYLORD SIMPSON (von 1961), »sind ähnlich, weil sie verwandt sind, und nicht ... (verwandt) weil sie ähnlich sind.« Und den Paläontologen und Systematikern sind Anatomen wie DIETER STARCK (1978, Seite 11–12) gefolgt; wieder in einem fundamentalen Lehrbuch. »Homologiefeststellung«, stellt er irrigerweise fest, »setzt also Kenntnis der Phylogenie voraus.«

Die Verhaltenslehre

in ihrer gegenwärtigen Form hat unter den Auspizien der Morphologie begonnen. »Die Entdeckung der Homologisierbarkeit von Bewegungsweisen ist der archimedische Punkt, von dem aus die Ethologie oder Vergleichende Verhaltensforschung ihren Ursprung genommen hat... Ich selbst«, erinnert sich KONRAD LORENZ (1978, Seite 3), »entdeckte die Homologisierbarkeit von Bewegungsweisen unabhängig von WHITMAN und HEINROTH. Als ich in der Schule des Wiener Anatomen FERDINAND HOCHSTETTER« (nämlich als dessen Assistent) »gründlich mit Fragestellung und Methodik vertraut gemacht wurde, war mir sogleich klar, daß die Methode der vergleichenden Morphologie ebensogut auf das Verhalten der vielen Arten von Fischen und Vögeln anzuwenden war, das ich dank meiner früh einsetzenden Tierliebhaberei gründlich kannte.«

Für diese Morphologie des Erkenntnisgewinns gilt wieder die zweiseitige Hierarchie der Feld- und Merkmals-Erklärung; und zwar nochmals für die Felder und Merkmale der Verwandtschaft wie für jene der Organisation der Verhaltensweisen selbst.

Was zunächst die Theorie eines Feldes in der Verhaltens-Systematik betrifft, beispielsweise das ›Hetzen mit erhobenem Vorderkörper‹ bei Enten, so ist diese induktiv aus der Beobachtung wiederholter Vorgänge bei einem Individuum, dann an mehreren Individuen einer Art gewonnen und an anderen Arten prognostiziert und bestätigt worden. In derselben Weise ist der ›Krickpfiff‹ aus Fällen begriffen und an weiteren bestätigt worden. Beide aber erwiesen sich als Fälle innerhalb größerer Felder von Verhaltensweisen, wie des ›Pumpens als Paarungseinleitung‹ und des noch weiteren Feldes des sogenannten ›Antrinkens‹, welche alle zusammen erst im Gesamtfeld des ›Paarungsverhaltens der Entenvögel‹ ihren Zweck erkennen lassen; wie man sich ausdrückt: einen Sinn haben (Abb. 40 A).[53]

Der Zusammenhang mit dem Lagekriterium der Morphologie, der *causa formalis* und *finalis* und der aus ihnen erklärbaren Zwecke durch das Obersystem ist deutlich.

Und wieder in gegenläufiger Symmetrie erklären sich die Funktionen der Merkmale aus ihren Substrukturen. So wird, wie bei den körperlichen Strukturen (vgl. Abb. 37, Seite 184), die Vielfalt der Fälle von Paarungsverhalten aus der Theorie

---

[53] Diese Beispiele sind der so wesentlichen Studie von K. LORENZ (1941 a) entnommen, in welcher einige Dutzend spezielle Verhaltensweisen von zwanzig Enten-Arten zu einem Stammbaum, oder doch zu einer Systematik zusammengesetzt werden (Neuausgabe im Sammelband 2, 1965 a).

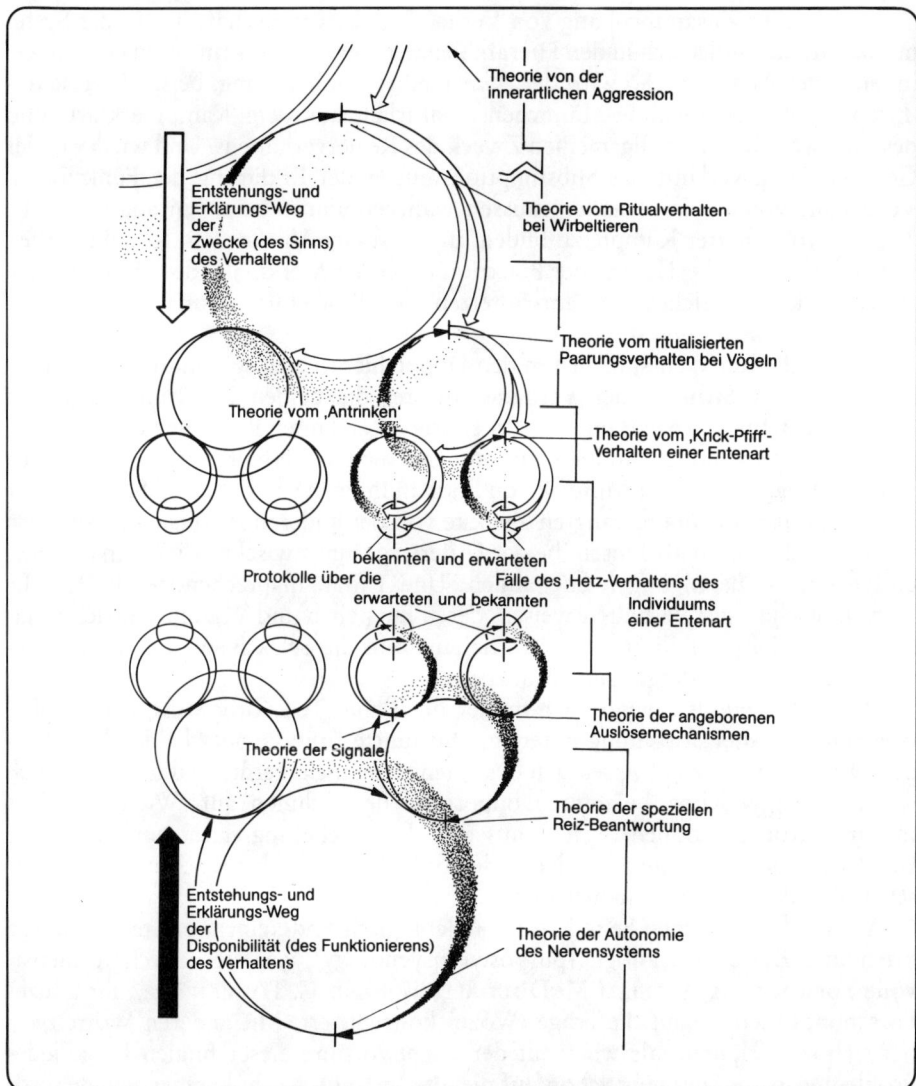

Abb. 40. *Die Symmetrie des Erklärungs-Zusammenhangs in der Verhaltenslehre;* am Beispiel eines Ritualverhaltens einer Entenart. Dabei müssen die Theorien der Zwecke, oder des Sinns einer solchen Verhaltensweise auf immer übergreifendere Ähnlichkeitsfelder (systematische Einheiten wie Phänomene) rekurrieren, die Theorien des Funktionierens auf immer übergreifendere Prinzipien der Erbkoordinationen und des Nervensystems überhaupt.

der Ritualisierung verständlich und deren Fälle aus der Disponibilität, jeweils aus der Theorie der Funktion eines ganz konkreten Bewegungs-Ablaufes; beispielsweise jenes ›Hetzens mit erhobenem Vorderkörper‹. Auch das Wechselspiel der Erhellung jeweils nach der Vermutung des Ortes größerer Gewißheit (wie in Abb. 38) läßt sich im Erkenntnisprozeß der Ethologie verfolgen.

Und was im Zusammenhang von Verhaltens-Verwandtschaft wie in der Systematik gilt, das findet sich in den Hierarchien der Verhaltens-Strukturen ebenso wie in jenen der Anatomie. So wird der Zweck einer Endhandlung, beispielsweise das ›Imponieren‹ des Stichling-Männchens, natürlich aus dem Kampf erklärt, und dessen Zweck aus dem allgemeinen Zweck des Revierverhaltens. Und wieder in der Gegenrichtung verläuft das Subsumptionsmuster der Erklärung der Funktionen. Viele Fälle von Revierverhalten müssen wahrgenommen sein, um aus ihnen die Theorie ritualisierter Kämpfe zu bilden; und erst eine Vielfalt von Ritualkämpfen wird es erlauben, die Theorie der Funktion (oder der Merkmale) des ›Imponierens‹ zu entwickeln, welches sich im Spreizen der Rückenflosse und in einer Art Paradeschwimmen äußert.

Und noch einmal entsprechen in den Doppelhierarchien sowohl der Verwandtschaft wie der Struktur der Verhaltensmuster die beiden Erklärungswege den beiden Entstehungswegen; und die Erkenntniswege laufen ihnen wieder entgegen. Denn selbstverständlich sind alle zusammengesetzten Verhaltensweisen nicht nur aus der Disponibilität der Motorik von Endhandlungen von der einen Seite und der Auswahl durch die übergerangten Zwecke von der anderen zu verstehen, sondern sie sind auch ebenso als Einschübe der Differenzierung zwischen diesen materialen und formalen Bedingungen entstanden. Und ganz Entsprechendes gilt für die Verwandtschaft der Verhaltensweisen, deren Entstehen und Verstehen gleichermaßen auf die Disponibilität des Artverhaltens und die Selektivität der stammesgeschichtlichen Vorbedingungen zurückgeht.

Diese Methode ist, wenn auch immer noch zum Teil vorbewußt, der Vergleichenden Verhaltensforschung unterlegt und führte zu ihren entscheidenden Erfolgen. Wird aber diesem zweiseitigen Ursachenbezug nicht getraut, so treten sogleich wieder die uns schon bekannten oppositionellen Schulen auf. Wieder sind es rationale Konstruktionen, welche aus der Verunsicherung durch unsere lineare Ursachen-Vorstellung und aus den widersprüchlichen finalistischen und szientistischen Paradigmen zu verstehen sind.

Auf der finalistischen Seite hat die »teleologisch und keineswegs teleonomisch orientierte Zweckpsychologie (purposive psychology), vertreten durch verdienstvolle Forscher wie WILLIAM McDOUGALL, EDUARD C. TOLMAN u. a., ihr ganzes Forschungsinteresse auf die Frage ›Wozu‹ konzentriert. Mit anderen Worten, sie hat sich so verhalten, als wäre mit der Beantwortung dieser finalen Frage jedes Problem gelöst.« Dies geht schon auf die alte Instinkt-Psychologie, einen idealistischen Reduktionismus wie bei BIERENS DE HAAN, zurück. Und, setzt KONRAD LORENZ fort: »Es gehört eine beträchtliche Einseitigkeit des Denkens dazu, um gegenüber dem Lebensgeschehen die finale Frage allein für wesentlich zu halten und die Frage nach den Ursachen völlig zu vernachlässigen.«[54]

Auf der szientistischen Seite dagegen steht der SKINNERsche Behaviourismus, nun also der materialistische Reduktionismus, der das Verhalten allein aus seinen

---

[54] Zitiert aus K. LORENZ (1978, Seite 28). Es mag auffallen, daß hier Finalität nicht als eine Ursache angesprochen wird. Aber es wird eben nicht eine teleonome, sondern eine teleologe Position kritisiert. LORENZ hat durchaus zweierlei Ursachenbezüge im Auge, wie schon aus früheren Quellen (z. B. 1950, Neuauflage 1965, Seite 114) hervorgeht. In Teil 4 komme ich darauf zurück. Man vergleiche auch die weiteren Beispiele (in 1978, ab Seite 29); ferner J. BIERENS DE HAAN (1940) mit B. SKINNER (1973) und R. DAWINS (1976) und das Kapitel ›Anthropologie‹.

niedersten Komponenten von Reiz und Reizbeantwortung verstehen will; neuerdings die DAWKINSsche Soziobiologie. Und die Auseinandersetzung wird mit Erbitterung geführt, weil schon wieder ein dem Leben vorgegebener jenseitiger Zweck einem Maschinen-Konzept des Menschen gegenübersteht, der zu jeder Handlung und Haltung zurechtmanipuliert werden oder, neuerdings, zurechtdeterminiert sein könnte.

Die Ökosystem-Forschung

In dem vergangenen Jahrhundert, seitdem der deutsche Fischerei-Biologe KARL AUGUST MÖBIUS (1877) mit dem Begriff der ›Lebensgemeinschaft‹, der Biozönose, die Sicht auf die ökologischen Einheiten eröffnete, hat das Gebiet eine stürmische Entwicklung durchgemacht. Vorbereitet durch die Zeit um ALEXANDER VON HUMBOLDT und JUSTUS LIEBIG, ist es in den letzten Jahrzehnten durch das Bewußtwerden des Umweltproblems gefördert worden.

Nun hat es zwar in der Ökologie, und noch im Gefolge des Deutschen Idealismus, teleologische Vorstellungen gegeben; etwa der Biozönose als Superorganismus mit den vorgegebenen Zielen der Selbsterhaltung und Selbstabgrenzung. Dies aber wurde bald durch die Praxis widerlegt. Demgegenüber ist ein ›materialistischer Reduktionismus‹ in der Ökologie nie recht entstanden. Zu deutlich waren die Wirkungen aus den Obersystemen und der Einfluß der Systemtheorie seit LUDWIG VON BERTALANFFY. Gewissermaßen war ›der Teil und das Ganze‹ bald allen vor Augen.

Es ist mehr das Bedürfnis nach metrischer Faßbarkeit gewesen, das ein physikalistisches Konzept, die ›Energiefluß-Ökologie‹, mit HOWARD TOM ODUM hat entwickeln lassen. Und der Erfolg hat gezeigt, daß alle Systeme durch ein Fließen, Speichern und Verlieren von Energie beschrieben werden können. Dabei geht dieser Fluß stets von den niedersten Kompartments der Systeme aus; von den physiologischen Prozessen in den Zellen. Er beginnt dort mit der Energiegewinnung durch Zerlegung von Verbindungen bei den Chemo-Autotrophen (Bakterien) und der Nützung der Energie der Photonen bei den Photo-Autotrophen (Pflanzen).

Und der Fluß steigt von da durch alle Schichten hinauf, als chemisch gebundene Energie, als Biomasse, organische Produktion und Arbeitskraft, bis in jene Äquivalente, die dann Ernte, Wertschöpfung, Rücklagen, Nationalprodukt und Kapital heißen.[55]

Bald aber war uns klar, daß es eines weiteren Konzepts bedarf, um Ökosysteme befriedigend zu beschreiben; wie ich heute weiß: der zweiten Erklärungsrichtung, nun aus den Obersystemen. Mein Freund RAMON MARGALEF war darin richtungsgebend. Die Sache wurde mit dem Informations-Begriff zu fassen gesucht, denn sehr wichtige Kennzeichen der Systeme hatten mit Differenzierung, Komplexität und Organisation zu tun, mit ›Kenntnisgewinn‹ und der Vermeidung von Fehlern.

---

[55] In dieser Entwicklung halte ich den Band meines Freundes H. TOM ODUM von 1971 für besonders bedeutungsvoll. Es wurde mit ihm eine Energie-Fluß-Symbolik von universeller Anwendbarkeit entwickelt, die sich schnell verbreitete (leider gelang es mir nicht, eine deutsche Ausgabe anzuregen). Vgl. auch R. RIEDL 1978/79.

Und es stellte sich heraus, daß dieser Organisations-Gewinn, wie überall sonst, mit Selektion zusammenhängt. Und wie in der wissenschaftstheoretischen Diskussion um die Evolutions-Mechanismen und um das epigenetische System, an welche man sich erinnert, war die Lösung zunächst von der Vorstellung behindert, daß Selektionen nur an den Arten und Individuen ansetze.

Nun ist es das Verdienst der Ökologen, nicht nur erkannt, sondern auch anerkannt zu haben, daß Selektion in allen Schichten der Systeme ansetzt und genetischen Kenntnis-Erwerb aus allen Schichten fördert.[56]

Damit ist zunächst die Symmetrie der vier Ursachen-Formen wiedergefunden. Daß die Individuen das Material der Arten sind und deren Disponibilitäten die Bedingungen für die Struktur der Biozönosen, das sah schon MÖBIUS. Der Energie-fluß darauf beschrieb die Bedingungen im Sinne der Antriebs-Ursache. Nun fügt sich die Wirkung der Selektion wieder in allen Schichten ein; und wir wissen schon, daß sie die semistabilen Material-Systeme bestimmt und diese in ihren möglichen Zahlen, Lagen und Beziehungen der Materialien untereinander. Sie entspricht auch hier der Form-Ursache.

Bleibt die Zweck-Ursache nur mehr als semantisches Problem. Denn von Haus aus war anerkannt, daß wir Felder zum Zweck unserer Ernährung bepflanzen, sowie jätend selegieren und düngend die Pflanzung zweckvoll fördern; daß der Zweck der Weide über die Zwecke des Hornviehs wirkt. Nur, daß die Kaninchen den Lebenszwecken der Füchse und die Rüben denselben Zwecken der Kaninchen dienen sowie die Bodentiere den Zwecken der Rüben, das beginnt unseren Zweck-begriff zu verlassen; und zwar nicht, weil da etwa keine teleonomen Programme wirkten, sondern weil der Begriff auf unser Erleben beschränkt ist.

Um so bedeutungsvoller ist die sich jüngst entwickelnde Einsicht, daß sich genetische Programme, ganz in unserem wissenschaftstheoretischen Sinne der Teleonomie, nachweisen lassen. Sie belegen nämlich den Wechselbezug der ökolo-gischen Kompartments untereinander. Dies ist das Gebiet, welches ›adaptive Strategien‹ der Öko-Systeme betrachtet. Mein Freund JÖRG OTT hat diesen Schritt eingeleitet. Solche Adaptierungen, sagt er (1981, Seite 141), »haben stets folgendes gemeinsam: Sie scheinen auf ein Ziel gerichtet *(Teleonomie)* und schränken die Freiheitsgrade ihres Systemes ein *(Spezialisation)*. Dies beruht auf Information, sowohl was die Eingrenzung der möglichen Zustände betrifft, als auch die relative Häufigkeit dieser Zustände des Milieus *(Prognostizierbarkeit)*. Und eben das erhöht die Effizienz in der Auseinandersetzung mit jener begrenzten Zahl möglicher Zustände *(Adaptierung)*.«[56a]

Was zuletzt die Symmetrie der Subsumptions-Muster der Erklärung betrifft (Abb. 41), so laufen die Antriebs- und Material-Gesetze aller Schichten der Ökosy-steme auf die der Physiologie, Biochemie und physikalischen Chemie zurück.

---

[56] Man vergleiche R. MARGALEF 1968 und 1974 mit R. RIEDL 1973. Übersichten der Diskussion in G. WOODWELL u. H. SMITH 1969, E. PIANKA 1974, M. CODY u. J. DIAMOND 1975 und in W. VAN DOBBEN u. R. LOWE-McCONNEL 1975. Über Selektion in ›höheren Schichten‹ wird man R. ARDREY 1966, R. LEWONTIN 1970, R. TRIVERS 1971, G. WILLIAMS 1971 und J. MAYNARD-SMITH 1976 aufschlußreich finden.

[56a] Beispielsweise hat das Genom der Wiesen-Gräser ›erlernt‹, keine abstoßenden Geschmacks-Stoffe (repellents) einzubauen, wie diese ansonsten vor Verlusten durch das Beweiden schützen. Denn das System ›Wiese‹ bedarf der Produktions-Abfuhr ebenso wie der Düngung, soll das System erhalten bleiben. Weitere Beispiele und Literatur in J. OTT 1981.

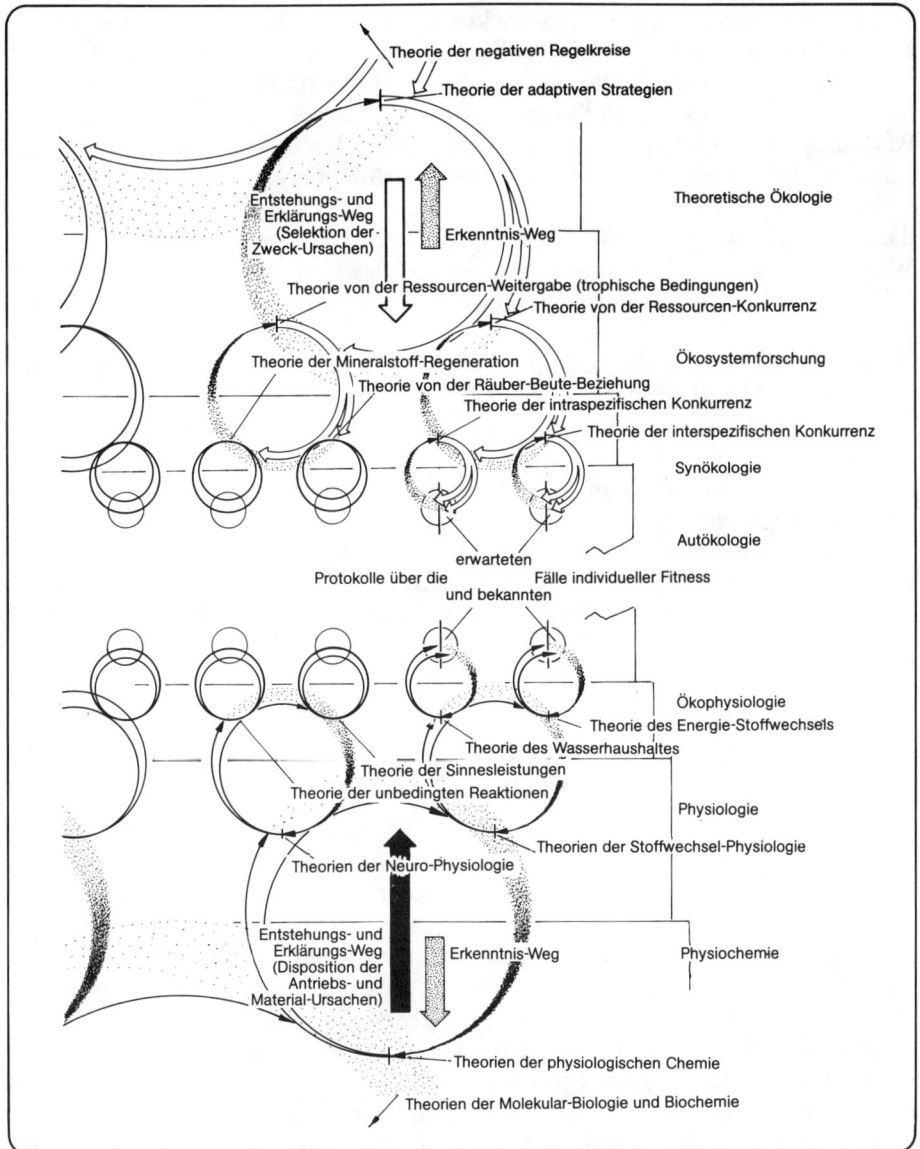

Abb. 41. *Die Symmetrie des Erklärungs-Zusammenhangs in Ökosystemen;* am Beispiel der Bedingungen der Fittnes eines Systems (einer Art, eines Individuums). Die Zweck-Ursachen (der Sinn) der genetisch oder assoziativ verankerten Regulative rekurrieren auf die jeweils übergeordneten Theorien von der Lebens- und Systemerhaltung, die des Funktionierens der Materialien (und Antriebe) auf die übergreifenden Theorien der physiologischen, biochemischen und energetischen Dispositionen in der (genetischen) Ausstattung der beteiligten Individuen.

Wobei von den Primärproduzenten gegen die (trophischen) Schichten der Konsumenten in jedem Übergang rund 90 % der erstgeschaffenen Energie und Ordnung als Wärme, und zwar als Chaos in das Milieu abgeführt, verlorengeht. Gegen die

Obersysteme dagegen sind es stets Selektionsgesetze, zunächst der intraspezifischen Selektion der Raum- und Nahrungs-Konkurrenz sowie der Vermehrungs-Chancen zwischen den Individuen einer *Species*. Es folgen die transspezifischen Selektions-bedingungen, sei es der tödlichen ›Spielregeln‹ der Konkurrenz um identische Ressourcen oder der sich einpendelnden Räuber-Beute-Verhältnisse, zuletzt die Schichten jener überartlichen Überlebens- und Adaptierungs-Strategien.[57]

Und diese Strategien setzen sich in allen gereiften und erfolgreichen Systemen zu dämpfend-harmonisierenden, sogenannten ›negativen Regelkreisen‹ zusammen. Woraus übrigens die Ökumene unserer ›Erfolgs-Gesellschaften‹ endlich lernen sollte, wenn unter Erfolg nicht Ausbeutung, sondern die Chance auf Überleben des Systems verstanden werden soll.

Auch die Erkenntnis-Wege der Ökologie, die in der Ökonomie des Bauernhofes und der Handwerksstätte mit ihrer Einsicht begonnen haben, laufen wieder symmetrisch den Entstehungs- wie den Erklärungs-Wegen entgegen; weil die Erklärung eben auf jene immer profunderen und allgemeineren Gesetze zurück-greifen kann, von welchen die Entstehung der Systeme ausgegangen sein muß. Auf der einen Seite steht die Einsicht in die Verluste in allen Konsumations-Stufen, auf der anderen jene in die Regelkreise, welche jede Eskalation und jede Strategie, die nur vom Wachstum leben kann, vom Langzeit-Erfolg ausschließen.

Und der eindeutigste Beweis dafür, daß unser assoziativ-kultureller Lernerfolg die Erkenntnis erfolgreicher Überlebens-Strategien erst sehr spät gewonnen hat, bestünde in der Einsicht, sie zu spät gewonnen zu haben. Dann aber hätte man sich diese Lektüre ersparen können, und, wie leicht zu sehen, noch so manches andere.

Biologische Anthropologie

Will man die Symmetrie der Erklärungs-Richtungen, wie es das Thema dieses Buches für das Verstehen von Systemen vorsieht, aufsuchen, so lohnt in manchem Falle ein Rückblick auf die Geschichte des Faches. Im Prinzip bei jeder Annäherung an den Menschen. Unserem Gebiete der ›physischen Anthropologie‹ hat nun CHRISTIAN VOGEL jüngst (1983) ein Theorien-Defizit abgelesen. Davon ist auszu-gehen, weil es uns ja um die Bezüge von Theorien geht.

Wahrscheinlich wurden dem Fach solche Grenzen schon in seiner »Geburts-stunde 1861 in die Wiege gelegt«, sagt VOGEL, weil KARL ERNST VON BAER und R. WAGNER wünschten, daß »vor allen Dingen jede philosophische Betrachtung über den Menschen ... ganz ausgeschlossen bleiben« soll. Dabei kann man diesem Wunsche, zum Wohle des Faches, nur zustimmen. Heute noch wie damals; oder heute erst recht. Die Physis des Menschen ist dem Menschen zu nahe, als daß er sie leicht von jenen ›Idealen‹ zu trennen vermöchte, welche die Verwirrung unserer

---

[57] Auch hinsichtlich des Algorithmus dieses genetischen Informations- oder ›Kenntnisgewinns‹ der Strategien besitzen wir von JÖRG OTT bereits eine prüfbare Theorie (1981, p. 143 f und Fig. 11). Ihm danke ich auch die Durchsicht des Kapitels. Nach seiner Theorie spinnen sich jene Schrauben-Prozesse, die wir vom Kenntnisgewinn des Einzelgenoms bis zu jenem der Wissenschaften (in Teil 2) darlegten, zu überindividuellen und überartlichen Einheiten zusammen (p. 141).

Kulturgeschichte fortgesetzt anführen. Das Defizit mag also auch damit zu tun haben, daß man mit all der philosophischen Theorie im Umkreis der Anthropologie gar nichts zu tun haben möchte.[58]

Dazu kommt, daß man die Anthropologie nach der Jahrhundertwende, über die krummen Wege des Sozialdarwinismus, der Eugenik oder Rassenhygiene und über die Rassenkunde den ungeheuerlichsten Vorgängen vorgeschoben hat. Was nun zur Folge hat, daß man eine Säule der Anthropologie, nämlich die Rassenkunde, mit Rassismus verwechselt. Und das hat weiters zur Folge, daß man das Recht der Rassen auf den Schutz ihrer Eigentümlichkeit nicht, wie man trachtet, durch Vertuschung und Gleichmacherei fördern kann, sondern umgekehrt, durch objektive Dokumentation ihrer Unterschiede. Kurz: die Anthropologie erlitt Hemmungen in ihrer Entwicklung.

Um so bewundernswerter ist es, daß das Fach, entgegen all solcher Hindernisse, ein im Prinzip sehr vollständiges System des Erklärens und Verstehens vorbereitet hat. Die Paläo-Anthropologie, die das Werden des Menschen behandelt, liegt methodisch so, wie wir die Disziplinen Systematik, System und vergleichende Anatomie bereits kennenlernten. Ich will ihren ›Fall‹ darum an ihren genuinen und heikelsten Gebieten zu deuten versuchen; am Beispiel der Rassen und der Bevölkerungsbiologie.[59]

Nimmt man das Individuum einer Rasse als das zu verstehende System, so bestehen seine Untersysteme aus dem ganzen Schichtenbau seiner genetisch determinierten Anlagen, Fähigkeiten und seiner strukturellen Ausstattung, gemeinsam mit den Freiheitsgraden und Festlegungen seines epigenetischen Systems; und natürlich dessen Geschichte. Entscheidend ist dabei die Feststellung einer nicht beliebigen Variabilität der Merkmale, wie diese nicht auf unterschiedliche Selektionsbedingungen durch das Milieu zurückzuführen sind, sondern auf ›innere Ursachen‹ im System. SCHWIDETZKY deutet diese als »rassenspezifische Mutationsbereitschaft« (1971, Seite 159), beispielsweise beim Pigmentverlust der Europiden, wie er bei Mongoliden gleichen Breitengrades nicht vorkommt. Ich würde solche Differenzen auf unterschiedliche Clusterung der Gen-Wechselwirkungen zurückführen und erwarten, daß die Hierarchie der Clusterung, wie sie statistische Verfahren an den Phänen (als nicht beliebige Variabilität der Merkmale) nachweisen, in einer Hierarchie der Epigenese-Systeme der Rassen ihre Ursache haben. Ein hierarchisches System somatologischer Merkmals-Komplexe kann damit zu einer prüfbaren Hierarchie von Theorien menschlicher Ausstattung werden.[60]

[58] Man erinnert sich, daß mit den 60er Jahren des 19. Jahrhunderts die Auseinandersetzung um die Affenabstammung des Menschen begann; die BAERsche Zurückhaltung also weise Voraussicht war. Das Zitat von K. E. v. BAER und R. WAGNER (1861) ist aus CH. VOGEL (1983, Seite 225), der das Theorien-Defizit bescheidenerweise auf die Anthropologie in Deutschland bezieht. Mein Wirken im Osten und meine Lehrjahre in den USA haben mir gezeigt, daß jene Einschränkung nur Bescheidenheit ist.

[59] Man vergleiche zu diesem Thema die Bände von H. JÜRGENS u. CH. VOGEL 1965, I. SCHWIDETZKY 1971 und 1974, sowie die kritische Prüfung der Methode von E.-M. WINKLER 1982. Und ich darf anfügen, daß ich dem Freund EIKE WINKLER auch für manche Anregungen und Hinweise und die Prüfung des Kapitels verbunden bin.

[60] Hier geht es, wie man sich erinnert, um das Morphogenese-Problem, um die Erklärung von Homologie und Typus durch eine genetische Theorie und gleichzeitig um die Begründung des Erkenntnisvorganges der Begriffsbildung, der Homologisierung und deren Gewichtung. Vgl. Teil 2 sowie 3, ›Systematik‹ und ›Anatomie‹, ferner E.-M. WINKLER (1982, Seite 20–22) und R. RIEDL (1975). — Die Bedeutung der Genverflechtung zeigt sich auch darin, daß die Serologie, da sie Produkte von Einzelgenen vergleicht, für die Rassenverwandtschaft nichts erbracht hat.

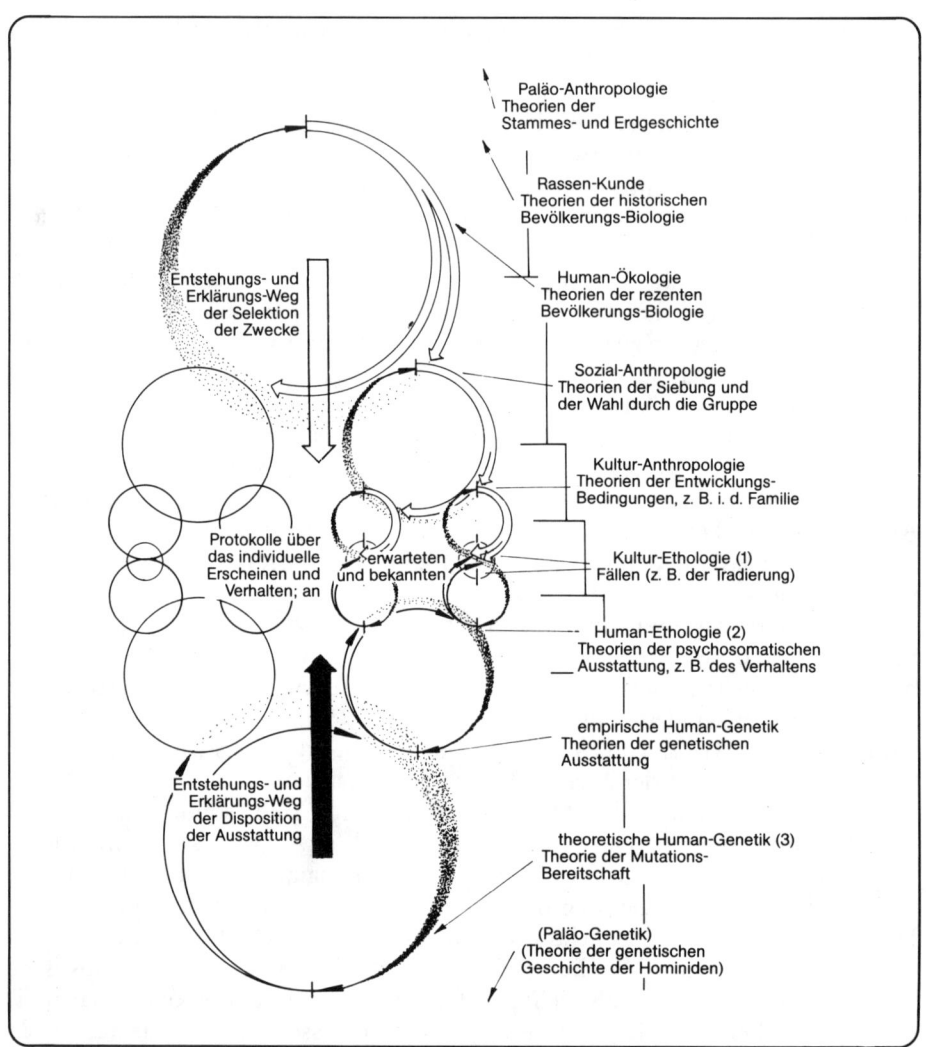

Abb. 42. *Die Symmetrie des Erklärungs-Zusammenhangs in der Anthropologie;* am Beispiel von Phänomenen aus der Schichte der Kultur-Ethologie etwa der Tradierung von Geräten oder Moden (Typ 1; bei O. Koenig 1970). Die Zwecke erklären sich aus den übergeordneten Gesetzen der Obersysteme der Kultur- bis Paläo-Anthropologie; die Dispositionen aus den übergeordneten Gesetzen der Untersysteme, von der Human-Ethologie (Typ 2; I. Eibl-Eibesfeldt 1976) bis zur theoretischen Human-Genetik (vom Typ 3; I. Schwidetzky 1971).

Die Obersysteme für jenes System ›Individuum‹ (Abb. 42) bilden dagegen die Entwicklungs-, Siebungs- und Selektions-Bedingungen, die sich schichtenweise von der Familie und Gruppe über den Stamm und die Population zur Geschichte und Migration der Rasse durch deren Biotop-Bedingungen aufbauen. Und auch diese reichen von den sozialen und biotischen Bedingungen aller Schichten bis zu jenen von Landschaft und Klima. Und auch dies ist natürlich schon fachlich vollzogen. Gehören die Materialien in die Somatologie und Genetische Anthropologie, so gehört der selektive Überbau in die Sozial-Anthropologie, Human-Ökologie und Bioklimatologie. Stets wird man beide Seiten der Erklärung zum biologischen Verständnis eines Menschen heranziehen.

Immerhin haben sich Reste einer echten (idealistischen?) Morphologie, etwa in der Geschichte des anthropologischen Typusbegriffs, gehalten. Aber mehr noch hat ihr Gegenpart, das Erbe LAMETTRIES, gewirkt, ein materialistisches Konzept, wie sich das eben vermeintlich für eine Naturwissenschaft gehört. Noch ERNST HAECKEL und seine Monisten stellten sich die Anthropologie als eine Art ›Physik des Menschen‹ vor. Neuerdings aber ist die Polarität im Kleide zweier gegensätzlicher, reduktionistischer Strömungen wiedererstanden: als Kulturdeterminismus versus Erbdeterminismus, aus demselben, uns schon wohlbekannten, Hang zur unitaristischen Ursachen-Sicht.

Fand der Erbdeterminismus gegen die 20er Jahre ein Ende, so wurde er vom Kulturdeterminismus etwa MARGARET MEADS (1939) abgelöst, der, als eine Verlängerung des Behaviourismus, bis in die 70er Jahre wirkte. Dieser wurde von einem neuen Erbdeterminismus abgelöst, der mit W. HAMILTONS Beitrag (1964), und vorbereitet durch die Ausläufer des Sozial-Darwinismus, wie bei C. DARLINGTON (1959), zur Soziobiologie vom Typ DAWKINS und WILSONS führte.[61]

Man wird sich in die Zeit LAMETTRIES versetzt fühlen, wenn man von DAWKINS (Seite 172) allen Ernstes nochmals zur Kenntnis nehmen soll: »Ein Körper ist in Wirklichkeit eine von seinen eigennützigen Genen blind programmierte Maschine.« Oder bei WILSON (Seite 108): »Menschen führen Kriege, wenn sie und ihre engsten Verwandten die sichere Aussicht haben, in Konkurrenz sowohl zu anderen Stämmen als auch zu anderen Mitgliedern des eigenen Stammes, langfristigen Fortpflanzungserfolg zu erringen.«

Hier ist wieder einmal, von der Mitte abgeglitten, ein materialistischer Reduktionismus entstanden; und aus ihm sogleich ein gefährlicher ontologischer, ein Neo-Sozialdarwinismus, nun mit einer genetischen Rechtfertigung von Selbstsucht, Macht und Krieg. Der gefährliche Erfolg der Bewegung beruht wieder auf dem Irrtum, für Realität zu halten, was sich rechnen läßt, um die einfachere Lösung der komplexen vorzuziehen und unsere schlechten Eigenschaften naturgesetzlich entschuldigen zu können. Hier liegt nicht nur eine Karikatur der Genetik, es liegt, wie LEWONTIN sagt, eine Karikatur des ganzen Darwinismus vor.[62]

Kein Zweifel; auch der physische Mensch ist nur mittels zweier Erklärungswege zu verstehen, als eine Differenzierung zwischen den Teilen seiner Ausstattung und dem Ganzen seines Milieus. Dem Theorien-Defizit im Fach steht eine Ideologien-Belastung von außen gegenüber, der wir wiederbegegnen werden, wenn es im Absatz ›Psychologie‹ um die Herkunft unserer Intelligenz gehen wird.

---

[61] Zum ›Aussterben der Indianer‹ findet man bei C. DARLINGTON (1959, Seite 224): »Der amerikanische Indianer hat sich nicht als geeignet und bereit erwiesen, den anderen zweien (Negern und Weißen) beizustehen. Warum diese beiden taugten und er nicht, ist natürlich rassisch und genetisch bedingt. Ihr Erbgut determiniert ihr Verhalten und setzt ihm Grenzen.« — Man vergleiche auch R. DAWKINS 1976 und E. WILSON 1978.

[62] Zur Kritik vergleicht man C. BRESCH 1979, R. LEWONTIN 1977, G. STENT 1982/83 und E.-M. WINKLER 1984. Das gewichtigste Argument scheint mir aber jenes zu sein, das wir im Absatz ›molekulares Gedächtnis‹ behandelten; daß es nämlich einen Rückfluß von Information vom Körper zur Organisation der Gen-Wechselwirkungen geben muß, um die komplexen Phänomene der Evolution verstehen zu können (R. RIEDL 1975 und 1977). Es gibt keine ›Gene an sich‹!

Die Medizin

Angesichts eines Gebietes solchen Umfangs ist eine Beschränkung auf unsere spezielle Frage besonders angebracht. Sie lautet: Ist es richtig, daß auch in der Medizin zwei Seiten der Erklärung zum Verständnis erforderlich sind; und laufen auch sie, wie Material- und Formbedingungen, vom Teil und vom Ganzen auf das betrachtete System zu? Diese Frage wird in der Wissenschaftstheorie der Medizin unter drei Aspekten berührt; im Zusammenhang von Erkenntnis und Erklärung, im Finalitäts- und im Schichtenproblem.

Die Geschichte der Heilkunde hat einen frühen Dualismus der ärztlichen Methode aufgedeckt. Eine komparative Methode der Medizin Ägyptens und Babylons führt in Analogien und Bildern vom Sichtbaren zum Unsichtbaren des Syndroms. Sie setzt sich in die Medizin der Griechen fort, wie dies schon ANAXA-GORAS formuliert und dann vor allem HIPPOKRATES praktizierte. Als hippokrati-sche Methode, wie dies CHARLES LICHTENTHAELER (1948, 1980, 1982) so deutlich macht, führt sie, wenn auch geschwächt, bis in die Moderne. Ihr Erkenntnisvor-gang ist der morphologischen Methode verwandt, wie in ›Systematik‹ und ›Anato-mie‹ schon geschildert; und hat geistesgeschichtlich auch das gleiche Schicksal. — Ihr tritt eine Attische Schule gegenüber, mit einem experimentellen, sagt LICHTEN-THAELER, man kann auch sagen kausalistisch-mechanizistischen Ansatz, und führt mit CLAUDE BERNARDS »causes prochaines« zum Anspruch einer Reduktion auf die unmittelbarsten Ursachen der Krankheit, zum Physiologismus der Schulmedi-zin von heute.

Vereinfacht gesagt: es steht ein Weltbild aristotelisch-galenischer Morphologie einer cartesianisch-bernardianischen Physiologie der Medizin gegenüber: Gegen-positionen, wie wir sie, beginnend mit dem Kapitel ›Physik‹, durch die ganzen Naturwissenschaften verfolgten.[63]

Damit hat sich aber ein Übergewicht der Vereinfachung auf materiale Ursachen gegenüber dem Komplexen ergeben, des monokausalen Erklärens gegenüber dem plurikausalen Verstehen und selbst der Sicht auf den Erklärungsvorgang gegenüber jener auf den Erkenntnisvorgang. Dies ist für das folgende von Bedeutung. Selbst das Spezialistentum in der Medizin von heute, die Vorstellung vom reparierbaren Menschen und das Konzept von der Genesungs-Industrie mögen die Folgen sein.

Methodologisch ist das Verlöschen des aristotelischen Ursachen-Konzeptes die unmittelbare Folge. Der Kausalismus trennt sich auch hier vom Finalismus und führt dazu, daß die Debatte um deren Zusammenhang nicht mehr abreißt. Denn zu den biologischen Fragen, wozu ein Organ diente, kommt in der Medizin noch die Frage, wozu der Schmerz gut wäre, das Fieber, die Entzündung, die Krankheit überhaupt? Für den Erreger oder die Gesundung? Wozu die Haltung des Patienten diente, die des Arztes, die Aufklärungspflicht, die ganze medizinische Forschung? Zur Vermehrung der Menschheit oder zu ihrem Schutz?

---

[63] ANAXAGORAS, Ionischer Philosoph 500?–428; HIPPOKRATES, griechischter Arzt 460–375; GALEN(US), griechisch-römischer Arzt 129–199; DESCARTES (CARTESIUS), französischer Mathematiker und Philosoph 1596–1650; C. BERNARD, französischer Physiologe 1813–1878, einflußreich auch aufgrund seiner methodischen Entwicklun-gen. — Man wird sich in diesem Zusammenhange erinnern, daß auch die moderne Physik eine Umkehr vom euklidisch-cartesianischen Weltbild zum aristotelischen zu vollziehen dabei ist.

So ist die Diskussion nur noch reger geworden. »Die Beobachtung multifakto-
rieller Zusammenhänge und Wechselbeziehungen« wie in unseren Tagen, stellt
DIETRICH VON ENGELHARDT (1980) fest, »die Einsicht in die Grenzen monokausa-
ler Ansätze oder linearer Kausalität, das Unbehagen gegenüber physikalisch-
chemischen Reduktionismen in den biologischen Wissenschaften und der Medizin,
lenken heute die Aufmerksamkeit wieder auf die Teleologie, lassen erneut nach
ihrem historisch-faktischen Gebrauch und ihrem möglichen Sinn fragen« (Seite
74).

Die Anerkennung des Kausalkonzeptes bildete natürlich kein Problem, jedoch
die Frage, ob man das Zweckkonzept mit aufnehmen dürfe, und wenn, in welcher
Beziehung es zur Ursachenfrage zu sehen wäre. So formuliert, wird der Leser
bereits voraussehen, daß man zwar eine Polarität ahnte, die Symmetrie der *causa
efficiens* und *finalis* aber nicht sehen konnte.

Am nächsten unserer Lösung kommt der polnische Medizinhistoriker BIE-
GANSKI. »Die Zweckmäßigkeit«, stellt er fest, »vervollständigt eigentlich die
Kausalität und beruht auf der Betrachtung der Wirkung aufs Ganze.« ›— aus dem
Ganzen‹ wäre die Lösung gewesen. Auch ROTHSCHUHS organismisches Konzept
enthält diesen Gedanken.

Aber sogleich zeigen sich auch Hindernisse. »Die kausale Betrachtung der
Erscheinungen«, sagt BIEGANSKI, »kann die zweckmäßige ganz entbehren, ...
dagegen ist eine zweckmäßige Betrachtung ohne kausale Verknüpfung unmöglich.« So meint eben LUKOWSKY, »es gibt auch kausale Zusammenhänge ohne
finale Verknüpfungen, jedoch enthalten alle finalen Zusammenhänge immer auch
ein kausales Moment.« Man bedachte nicht, daß Finalität eine Perspektive der
Form-Ursache, und diese eine Form der Kausalität sein müßte. Die aristotelische
Tradition hatte eben ihren Inhalt verloren.[64]

Selbst die Lösung PITTENDRIGHS, wie sie ja bald von vielen Biologen vertreten
wurde, nimmt sich in der Medizin anders aus, so, als meinte man, »einen
Mittelweg zwischen Kausalität und Finalität gefunden zu haben.« Wir verdanken
DIETRICH VON ENGELHARDT eine profunde Durchleuchtung dieser Problematik.
Und die Schwierigkeiten, die sich aus dem zweiseitigen Ursachenkonzept in der
Medizin entwickelten, werden mit seiner Deutung sichtbar. »Mit dem Begriff
Teleonomie«, stellt er fest, »sollen finale Prozesse mit mechanischen Prinzipien
erklärt werden ... Teleologie wird zur mechanischen Finalität.« Man sieht, daß
hier auch noch die Unterscheidung von Regulation und Intention Schwierigkeiten
macht. Mochten die selbstregulativen Prozesse eine mechanistische Erklärung
finden; es blieben doch wohl noch die zielintendierten, absichtsvollen Zwecke
menschlichen Handelns. Bestünde eine Beziehung zwischen diesen? Und wenn, wie
wäre zwischen solchen Enden ein Übergang denkbar? »Sollten wir nun in solcher
Lage«, fragte schon GOLDSCHEIDER, »mit unserem Attribut ›zweckmäßig‹ für
diese und ähnliche Vorgänge warten, bis die psychologische Erforschung der Tiere
eine entscheidende Antwort gegeben hat?« Das war schon 1907 gefragt. Heute

---

[64] Hier beziehe ich mich auf den Band von K. ROTHSCHUH von 1963. Die Zitate sind L. BIEGANSKI (1906, den Seiten
200 und 192), sowie A. LUKOWSKY (1958, der Seite 295) entnommen. Den Kollegen VON ENGELHARDT, LICHTEN-
THAELER und ROTHSCHUH bin ich auch im vorliegenden Zusammenhang für ihre Anregungen verbunden.

können wir dieser prophetischen Sicht nur zustimmen. Wir mußten warten. Die Verhaltenslehre hat die entscheidende Antwort tatsächlich gebracht. Mehr als ein halbes Jahrhundert später.[65]

Die Medizin hat natürlich trotz des Zwiespalts die Kräfte des Energie-Stoffwechsels, die Material-Bedingungen seit der Zelltheorie VIRCHOWS, die Form-Bedingungen nach der Funktion und die Zwecke der Organe seit jeher in Betracht genommen. »Die klinische Medizin«, sagte schon VIKTOR VON WEIZSÄCKER (1935), »wäre niemals aus dem Kausalprinzip allein entstanden« (Seite 34). Gewiß, auch die Ärzte werden als Hermeneutiker geboren und nur in den szientistischen Kulturen werden viele, dem Drucke folgend, Szientisten.

So bleibt die Frage, ob auch die Medizin über verläßliche Theorien zum Schichtenbau ihrer Gegenstände verfügt, und ob die Symmetrie der Ursachenformen in demselben wiederkehrt. Da ist nun die Schichtentheorie anwendbar, wie wir sie aus der Biologie kennen: in der Medizin ist sie aber, vor allem hinsichtlich der Funktionen des Zentralnervensystems, gewiß zu erweitern. Und eben dieses finden wir vorbereitet. Es ist vor allem KARL ROTHSCHUH, der sich in einer ganzen Reihe von Studien der Differenzierung dieses Schichtmodells gewidmet hat.[66]

Dabei ergibt sich sogleich eine Übereinstimmung mit unserem Modell, indem ROTHSCHUH die materiellen Einflüsse, Stoffe wie Kräfte, von den niedersten, vegetativen Schichten in den Menschen wirkend erkennt. Dies entspricht ganz meiner Auffassung der Matrial- und Antriebs-Ursache. Die Einflüsse aber, welche von den höchsten Schichten der Organisation in den Menschen dringen, vom Gehirn und den in ihm interpretierten Sinnesdaten, werden von ihm als Information verstanden. Dies aber entspricht genau unserer Deutung der Form-Ursache und, im weiteren Sinne, den Zwecken. Beide Bereiche sind im Schichtenbau des Menschen durch ein vegetativ-ideatorisches Übergangsfeld durch die psychophysischen Phänomene verbunden. In dieser Weise ist auch der Ursprung pathokinetisch-vegetativer und semantisch-ideatorischer Krankheits-Ursachen durch ein Übergangsfeld verknüpft (Abb. 43).

Und diese Wirkungen im Mittelfeld, die wir mit BRUNSWICK ›ratiomorph‹ oder vernunftsähnlich nannten, erreichen, auch nach ROTHSCHUH, »Ordnungsvollzüge, obgleich unbewußt, sogar vielfach nicht nur den Augenschein, sondern das Ausmaß quasiüberlegter Intelligenzhandlungen.« Und was er Integrationsleistungen nennt, paßt ganz in das Schichtgefüge unserer Formbedingungen, weil sie, »indem sie Ordnung aufrechterhalten und Ordnung entwickeln, dem sehr ähnlich strukturiert sind, was wir im Denken, Urteilen, Wollen bewußt mitvollziehen« (ROTHSCHUH 1973, Seite 7).

---

[65] Man wird hier an die wichtigen Studien von C. PITTENDRIGH (1958) denken, aber auch an den Umstand, daß in den einflußreichen Werken von NICOLAI HARTMANN derselben Zeit (1951 und 1964) Kausalität und Finalität noch getrennt standen, bestenfalls durch einen (geheimnisvollen) *Nexus organicus* in Beziehung erschienen. — Die Zitate aus D. v. ENGELHARDT (1980, Seite 79 und 83; dort auch die weitere Literatur), sowie aus A. GOLDSCHEIDER (1907, Seite 462).

[66] Den Darstellungen von K. ROTHSCHUH (1960, 1963, 1970 und 1973) schließe ich mich vor allem an, zumal er durch seine Kritik am technomorphen wie am vitalistischen Lebensmodell meiner systemtheoretischen Betrachtungsweise sehr nahe ist. — Zum Problem des Bewußtseins vergleiche man auch die Bände von H. ROHRACHER (1948), K. LORENZ (1973) und den Sammelband von H.-W. KLEMENT (1975).

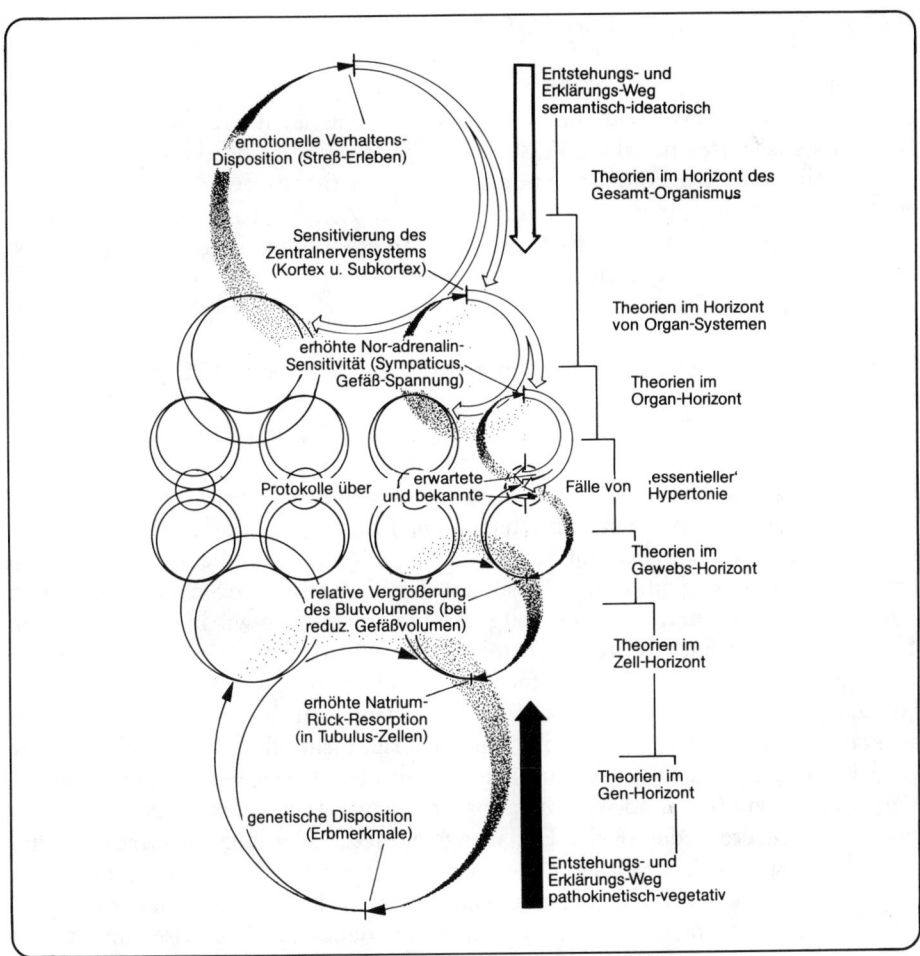

Abb. 43. *Die Symmetrie des Erklärungs-Zusammenhangs in der Medizin;* am Beispiel der Bedingungen einer häufigen Form von Blut-Hochdruck. Die Erklärung aus den Obersystemen wird bis auf die Theorien des bewußten Erlebens des Menschen als Ganzer zurückgehen; die Erklärung aus den Untersystemen hingegen bis auf die Bedingungen der genetischen Ausstattung der am Phänomen beteiligten Zellen.

In der Geschichte der Methodenspaltung hat bis ins 17. Jahrhundert die psychomorphe Deutung des Kranken, aber ab DESCARTES, der die Seele von der determinierten Materie trennte, eine technomorphe Interpretation überwogen. Heute, und angesichts der Zunahme psychophysischer Syndrome, wird der Pathologe wieder über eine Symmetrie der pathogenen Ursachen das System der Wechselbezüge zwischen den Extremen der Psycho- und der Zellular-Pathologie wahrnehmen; stets wird er zwischen dem Teil und dem Ganzen die Dispositionen gegen die Obersysteme, die Steuervorgänge gegen die Untersysteme wirkend finden. Er wird die kranken Teile wieder als Teil eines ganzen Menschen sehen.

Rückblick auf das Kapitel

Die Frage war gestellt, ob meine Auffassung, daß auch die Gegenstände der Naturwissenschaften für unser Verständnis einer zweiseitigen Erklärung bedürfen, zu Recht besteht. Wir können sie nun rundweg positiv beantworten; was paradox erscheint, da nicht nur das Methodengefühl der Zeit, sondern auch die Wissenschaftstheorie Naturwissenschaft gerade durch ein einseitiges Subsumptions-Modell des Erklärens kennzeichnet.

Diese Paradoxie löst sich aber auf, wenn man sich an dreierlei erinnert. Zum einen ist das Beharren auf dem Prinzip des materialistischen Reduktionismus nur Pathos; und zwar jener Naturwissenschaftler, die desselben zur Legitimation der sogenannten Exaktheit bedürfen.

Zum zweiten gehörte es bislang zur Eingrenzung der anorganischen Naturwissenschaften, die historischen Komponenten ihrer Gegenstände aus den Fragestellungen auszuschließen. Diese sind es aber vor allem, welcher die selegierenden Formbedingungen aus den Obersystemen zur Erklärung bedürfen. Dabei fanden wir einen Gradienten, der zunächst von der Physik über die Chemie zu den Erdwissenschaften reicht. In der Physik hat sich die historische Sicht erst im letzten Jahrzehnt durchgesetzt, und zwar zeitgleich in der irdischen wie in der kosmischen Theorie. Was wir dann die ›reine Chemie‹ nannten, versteht sich in der Anwendung der Quantengesetze. Diese konnten als geschichtslos genommen werden. Als Fortsetzung einer solchen Physik kann die Chemie die historische Seite ebenso ausklammern; allerdings nur so lange, als sie nicht als Chemie historischer Gegenstände, als Astro-, Geo- und Biochemie auch deren Geschichte zu ihrem Verständnis benötigt. Und was die anorganischen Geowissenschaften betrifft, so schließen sie bereits die zweite Erklärungsseite ein; allerdings in Grenzen. Und zwar deshalb, weil sie ihre Fächer nach der Komplexität ihrer Gegenstände sortiert haben. Was dazu führt, daß die zur Erklärung erforderlichen Bedingungen meist schon im Nachbarfache liegen; im Einzelfach daher als Voraussetzung gelten können.

Die organischen oder Bio-Wissenschaften hingegen befanden sich zunächst in einem materialistisch-idealistischen oder mechanizistisch-vitalistischen Methoden-Dilemma; was wir, wie erinnerlich, auf das natürliche Dilemma unserer erblichen Anschauungsformen zurückführten. Erst im Sog der exakten Naturwissenschaften schlugen die Schulmeinungen um zum materialistischen Reduktionismus. Auch hier wieder mit einem Gradienten nach der Komplexität der Gegenstände. Medizin, Anthropologie und Systematik waren durch den physikalistischen Reduktionismus zwar immer wieder gefährdet, aber die Diskussion um den Hiatus hat auch immer wieder die Mitte sichtbar erhalten. Das ist in der Morphologie und Verhaltenslehre (versus Behaviourismus und Soziobiologie) schon anders. Die erstere ist fast zerstört worden, letzterer kann dasselbe leicht geschehen. Physiologie und Molekularbiologie haben sich exakt-reduktionistisch verstanden; durch Ausklammerung, genauer: Voraussetzung der selektiven Obersysteme. Und die molekulare Genetik zuletzt hat sich sogar mit einer reduktionistischen Doktrin etabliert; indem sie die Wirkungen aus den Obersystemen einfach verbot.

Zum dritten hat der bekannte Komplexitäts-Gradient entlang der Gegenstände der Naturwissenschaften auch einen Einfluß auf die Art, in welcher die mögliche Prognostik ausgedrückt werden kann. Man meint landläufig, dieser Einfluß beträfe die Gewißheitsgrade dieser Prognostik. Dies gilt aber keineswegs allgemein, und auch dann nur in zweiter Linie.

Erweisen sich die Gegenstände als zureichend einfach oder ohne Verlust vereinfachbar und näherungsweise geschichtslos, dann kann die Formalisierung, also die mathematische Formulierung von Gesetzen und Axiomen, gelingen. Schwindet dieser Zustand mit Wachsen der Komplexität, beziehungsweise verlöre man die anvisierte Eigenschaft des Gegenstandes durch Vereinfachung der Fragestellung, dann ist jenes nicht möglich. Die Ausdrücke, welche die Korrelation zwecks Prognostik zum Inhalt haben, wandeln sich von mathematischen Termen in komplexere Ausdrücke. Satz oder Gesetz werden gegenständlich. Und der Zusammenhang nimmt eine Form an, die wir, wird sie nicht näher besehen, eine Beschreibung oder bestenfalls eine Regel nennen. Dabei basieren alle Prognosen, wie in Teil 2 gezeigt, auf der Beschreibung von Korrelationen. Denn als erklärt erleben wir sie erst, sobald sie zu Fällen einer Ober-Korrelation werden.

Mit Gewißheitsgraden aber hat dies gar nichts zu tun. Denn daß, entgegen dem HAECKELschen Gesetz, einmal ein Wirbeltier ohne Anlage einer Rückensaite lebensfähig sein würde, ist, wie wir errechnet haben, ebenso unwahrscheinlich, wie daß ein Stein auf dieser Erde einmal nicht dem Gravitations-Gesetz folgen, sondern mit relativistischer Geschwindigkeit in den Himmel fliegen werde.

Die eingebürgerte, aber nicht allgemein zulässige Gleichsetzung von beschreibender Prognostik und geringem Gewißheitsgrad nimmt nun jenen Einfluß, auf den ich hinweisen will. Eine an der Physik orientierte Wissenschaftstheorie möchte nämlich zu dem Eindruck gelangen, daß es im Komplexen gar keine verläßliche Prognostik und daher auch keine Subsumption möglicher Prognostik gäbe. Also blieb die Zweiseitigkeit der subsumptiven Erklärungsvorgänge unsichtbar; aus dem einfachen Grunde, weil diese im Bereich komplexer Gegenstände am unzugänglichsten sind. —

Hinsichtlich der übrigen Zusammenhänge im Kapitel sei daran erinnert, daß in der gegebenen Symmetrie die Erklärungswege (die ›reasons of confirmation‹) den Erkenntniswegen (›reasons of discovery‹) ›natürlich‹ entgegenlaufen, den Entstehungswegen (›reasons of development‹) aber naturgemäß parallel. Dies unter der häufig gegebenen Bedingung, daß die Erforschung der Phänomene von der komplexesten ihrer Erscheinungsformen, jener, die sich unserer unmittelbaren Wahrnehmung darstellt, ausgegangen ist.

Und endlich ist an den Umstand zu erinnern, daß in den tiefsten Schichten der isomorphen Nachbildung der Milieugesetze durch den Kenntnisgewinn des Genoms, jene Versuche mit den Disponibilitäten, der *causa materialis* und dem Induktions-Vorgang verwandt sind, hingegen die Selektion der *causa formalis* und der kontrollierenden Deduktion.

Im Ganzen liegt eben eine Isomorphie hoher Ordnung zwischen dem Werden der Natur und unserer Art, sie zu verstehen, vor. Da alle Differenzierung in dieser Welt unter symmetrischen Bedingungen stets zwischen den Teilen und einem Ganzen entsteht, hat die Selektion der kenntnisgewinnenden Mechanismen diese

Symmetrie in ihnen nachgebildet. — Ratiomorph ist auch der Naturwissenschaftler Hermeneutiker. Erst die rationale Reflexion, welche unser ebenso erbliches, wie linear vereinfachendes Ursachenmodell extrapoliert, schafft das Dilemma.

Das Problem der Abgrenzung

Wer Grenzen übertritt, wird dafür Gründe haben; wessen Grenzen überschritten werden, wird Klage führen. Das mag einer der Gründe sein, warum das Abgrenzungs-Problem fast ausschließlich eines der Geisteswissenschaften ist. In jenem Zusammenhang hat es einige Bedeutung. Im vorliegenden dagegen wird nicht viel Neues zu berichten sein; mehr zum Zwecke des Vergleichs der Standpunkte fasse ich den naturwissenschaftlichen hier nur zusammen. Er enthält drei Aspekte:

Geist und Materie

Dies ist vielleicht der einzige der Aspekte, in welchem der Szientismus, und auch das nur im materialistischen Kleide eines ontologischen Reduktionismus, berechtigten Grund zur Klage gegeben hat. Wohingegen das Vertreten eines ontologischen Dualismus, wird er mit naturwissenschaftlichen Ansprüchen vertreten, die Naturwissenschaftler beunruhigt. Ein Physikalismus von Geist und Seele wird dem Phänomen nicht gerecht, ein Dualismus als Bauprinzip der Welt nicht der wissenschaftlichen Methode. Nur eine Betrachtung, die von der Physik bis zur Psychologie und Medizin reicht, kann dem Phänomen gerecht werden; und nur ein kognitiver Dualismus, also die Annahme eines geteilten Erlebnisses einer mutmaßlich ungeteilten Welt, ist, wie wir gefunden haben, wissenschaftlich vertretbar.

Wir wollen naturwissenschaftlich unter dem Begriff Geist oder »Seele«, wie das der Arzt tut, ganz unmetaphysisch »das bewußtwerdende innerliche Erleben, also Wahrnehmung, Gemütsbewegung (Emotion, Stimmung), Wollen, zielgerichtetes (und) logisches Denken verstehen«: also bestimmte Funktionen des menschlichen Gehirns, dessen Wirkungen und Bedingungen.

Unser Schichtenmodell trennt nun ja nur nach Komplexitätsgraden und dem Überbau neuer Qualitäten. Nach den Bedingungen ihres Zustandekommens und Wirkens bleiben sie ganz verbunden. Orientiert man sich nach einem solchen Schichtenmodell der Persönlichkeit, wie es beispielsweise ROTHSCHUH vorlegt, so muß man über eine nicht empfindbare phylogenetische Tiefenschicht eine organismische setzen. Sie ist die erste, welche miterlebt wird, als ein noch sehr unbestimmtes Drängen: Sicherung, Selbsterhaltung, Drang nach Nahrung, Tätigkeit, Kontakt, Fortpflanzung, Bestätigung, Entfaltung. Darüber eine Biopsyche: mit Neugierde, Spiel-, Erfolgs-, Geselligkeits-Antrieben, und jenen, welche Possessivität, Sexualität, Aggression, Flucht und Abwehr lenken. Darüber findet sich, was ROTHSCHUH Thymopsyche nennt, Gefühle wie Affekte: vom Selbstwertgefühl, vom Behagen zum Schmerz, von der Liebe zur Einsamkeit und vom Jubel bis zum Entsetzen. Nun erst folgt eine Eidopsyche mit leichter rationalisierbaren Wahrnehmungen und Antrieben: Erfahrungen, Einstellungen und Urteilen. Und sie ist überbaut von jener Neopsyche, an welche wir gemeiniglich denken, in welcher ererbte Begabung mit sozialen Einwirkungen zu Interessen, Motiven, Leitbildern und Werthaltungen zusammenwirken.[67]

Wie man diesen Schichtenbau auch gliedern mag, entscheidend ist die Voraussicht, daß die Schichten nicht nur übereinander vorliegen. Da alle Tiefenschichten durch alle oberen hindurchreichen, kommen sie ineinander oder, besser: miteinander vor. Das Neue der Schichten liegt zwar horizontal in unserer Diagrammatik, die Verläufe ihrer Wirkungen aber vertikal. Das Geistige ist zwar ein Überbau. Es hat dieses vor seinen Unterschichten nicht gegeben. Das Geistige setzt aber alle vorauslaufenden Tiefenschichten voraus, es wird von ihnen durchdrungen und wirkt wohl auch auf diese zurück.

Nun mag da noch vieles offene Frage der Forschung sein. Aber ein Abgrenzungsproblem ist nicht eines der Naturwissenschaftler. Je näher er zusieht, um so mehr werden Grenzen zum Kontinuum.

Natur und Artefakt

Kein Zweifel kann bestehen, daß Werkzeug, Kunst und Wissenschaft eine Domäne des Menschen sind. Aber als Gegenstände zur Abgrenzung der Naturwissenschaften eignen sie sich wieder nicht. Denn zahlreich sind die Werkzeuge, die Tiere benützen, Vögel gebrauchen Dornen, Fischottern Steine, dort zum Herausholen von Insekten, da zum Aufschlagen von Seeigeln. Schimpansen bauen sich sogar zusammengesetztes Gerät. Der Übergang vom genetisch programmierten zum assoziativ und durch Nachahmung erworbenen Werkzeug-Gebrauch ist völlig gleitend.

Aber es ist nicht so sehr der doch immer bescheidene Werkzeuggebrauch im Tierreich, es ist dieser Übergang, der das Artefakt für den Naturwissenschaftler als Gegenstand zur Abgrenzung ausschließt. Freilich ist das absichtsvolle, intentionale Handeln ein Überbau, der erst beim Menschen zu einer ungeheuren, ja ungeheuer gefährlichen Entwicklung geführt hat. Aber es wäre ohne die Vorbereitung einer noch ganz unübersehbaren Fülle genetisch erworbener Regelkreise und deren Verknüpfbarkeit zum assoziativen Kenntnisgewinn, ohne deren Fortsetzung im Bewußtsein und mit den Antrieben zur Tätigkeit, zur Selbstdarstellung und zum explorativen Verhalten, nie entstanden.

Selbst die Handlungsanleitung durch Nachahmung, wie sie beim Menschen, mit ihren Formen absichtsvoller Unterrichtung, so wesentlich auf die Entwicklung seiner Artefakte wirkt, reicht, wie John Tyler Bonner (1983) dargelegt hat, tief ins Tierreich. Zur Abgrenzung wird sie der Naturwissenschaftler ebenso nicht verwenden.

---

[67] Das Zitat ist K. Rothschuh (1973, Seite 7) entnommen, die übrigen Bezüge dem Band desselben von 1963 (man vergleiche dort auch das graphische Modell, Abb. 57, Seite 344). Der tiefere Einschnitt ist durch das Entstehen des Bewußtseins gegeben. Man beachte die von H.-W. Klement (1975) zusammengestellten Beiträge. Bewußtsein reicht aber ins Tierreich hinein. Sein Entstehen ist darum wieder kein Abgrenzungsproblem zwischen Natur- und Geisteswissenschaften, sondern ein Problem der Verhaltenslehre.

Nun mag diese Redeweise den Anschein erwecken, als würde das Ausmaß des kulturellen Überbaus, welcher den Menschen über das Tierreich erhebt, geringgeschätzt. Das Gegenteil ist der Fall. Konrad Lorenz hat, wie erinnerlich, sehr zu Recht immer wieder darauf hingewiesen, daß es gerade die genaue Kenntnis des tierischen Vermögens ist, welche den Menschen so hoch, so gefährlich hoch über allen Kreaturen stehend erkennen läßt. — So bleibt noch eine ehrwürdige Grenze zu untersuchen:

Programm und Intention

Freilich sind alle Kreaturen überwiegend programmgesteuert, selbstverständlich auch wir Menschen. Was aber die Wissenschaften von der Kultur von jenen von der Natur abhebt, ist das absichtsvolle, planende, daher sich selbst verantwortliche Verhalten des Menschen.

Aber wieder ist dieser Übergang für den Naturwissenschaftler zur Abgrenzung ungeeignet. Denn, wie man sich erinnert, auch unsere Intentionen sind als Programme aufzufassen, mit dem Unterschied, daß der Speicher vom Genom in das Gehirn verlegt ist, und daß nun ein viel größerer Anteil neuer Programmherstellung von den Voreltern auf den Träger des Programms weiterrückt. Aber wie die ererbten wirken auch die gedachten aus der Vergangenheit in die Gegenwart. Und sie haben wiederum all die alten genetischen Programme zur Voraussetzung.[68]

Was sich wesentlich wandelt, ist das Ausmaß der vorstellbaren Zukunft und das Tempo des Programmemachens, das sich gefährlich, eben lebensgefährlich, beschleunigt. Und wenn es auch im Reich der Kreatur moralanaloges Verhalten gegeben hat, nun wird Moral zur Überlebensfrage; zunächst die individuelle, nun aber schon längst auch die kollektive.

Ist aber auch dieser Gegenstand kein Abgrenzungsproblem für die Naturwissenschaft, so konnte man immer noch fragen: ist es dann doch die Methode? Diese Frage aber haben wir ausführlich behandelt und sind zu dem Schluß gekommen, daß die szientistische Methode zwar durch ihre Reduktion auf ein einseitig materialistisches Subsumptions-Schema gekennzeichnet werden kann. Daß es sich aber um eine kulturabhängige Vereinfachung eines notwendigerweise zweiseitigen Bezuges handelt. Diese Zweiseitigkeit aber werden wir im zweiseitigen Methoden-Modell der Geisteswissenschaften wiederfinden; im Modell des Hermeneutischen Zirkels.

Eine Abgrenzung der Naturwissenschaften nach Art der Methode ist darum ebensowenig gerechtfertigt. Es ist nur wieder ein Gradient, dem unsere sinnliche Ausstattung begegnet. Je niederer in der Hierarchie der Komplexitäten ein Gegenstand betrachtet wird (der Sturz der ›Goethe-Ausgabe‹ aus dem Regal), um so zwingender und zureichender werden uns die Material- und Antriebsbedingungen erscheinen; je höher die Schichte, in der der Gegenstand gesehen wird (der Inhalt

---

[68] Es sei auch daran erinnert, daß die sehr hohe Form des ›Ich-‹ oder ›seiner selbst bewußt zu sein‹, wenn auch im Tierreich noch sehr wenig weit verbreitet, jedoch mit Sicherheit nachgewiesen werden konnte. Man vergleiche G. Gallup 1977, einen Übersichtsartikel 1982.

des ›Prologes im Himmel‹), um so zwingender und zureichender werden die Formbedingungen und Absichten erscheinen. Für die Formen unserer Anschauung ist der Zweck im Gravitationsphänomen unnötig und die chemische Bindungsenergie unwichtig zum Verständnis des ›Prologs‹. Daß dieser Gradient aber im wesentlichen eben nur einer unserer Anschauung ist, das wollte ich gezeigt haben.

Rückblick auf die Szientistik

Die naturwissenschaftlichen Fächer entwickelten sich nach einer Schichtenstruktur, wie sie in dieser Form die Geisteswissenschaften nicht kennen. Die Schichten hängen mit den Komplexitätsgraden ihrer Gegenstände zusammen. Dies nimmt Einfluß auf die Methoden und die Art, die Ergebnisse zu formulieren, und muß selbst wieder den naturwissenschaftlichen Reduktionismus gefördert haben, die Tendenz zur Abstraktion, zur Analyse, zur Erklärung aus den Bauteilen, letztlich aus den Kräften, welche diese weiterreichen, hinan (hinab?) zum Ideal des zeitlosen (ehernen) physikalischen Gesetzes. Und nur in dieser Blickrichtung schien eine Kette von Bedingungen fachwissenschaftlich faßbar und damit annehmbar zu sein: die Antriebsursache und noch am Rande die des Materials. Die Erkenntnislehre orientierte sich nun selbst an der Physik und deren Logik, und ein Kreis der Selbstverstärkung war geschaffen.

Tatsächlich aber war zu finden, daß in keiner der Schichten die gegenläufigen Bedingungen, wie sie aus den Obersystemen oder dem jeweils Ganzen wirken, fehlten oder zum Verständnis entbehrt werden könnten. Im Gegenteil: wir erleben eine Zeit der Naturwissenschaft, in welcher jene Wirkungen aus den Obersystemen dort, wo sie unbekannt waren, entdeckt werden, und wo sie vermutet wurden, sich nun voll rechtfertigen. Gleich, ob sie sich schichtweise als Symmetriebrüche und Alternativen im anorganischen Werden, als Selektion, Wahl, Urteil oder Vernunft im organischen manifestieren. Dies sind die Formbedingungen, die zum Entstehen von Geschichtlichkeit, zu Funktionen und Zwecken, zu den Werten und zum Sinn führen. Die Naturwissenschaften schaffen eben ihren eigenen Umbruch. Ihr Zeitalter endet nicht hier, es beginnt ihre zweite Entfaltung.

Meine Redeweise vom Szientismus, vom pragmatischen Reduktionismus, der zum Niedergang in den ontologischen Reduktionismus lenkt, war zu Recht gewählt. Aber er betrifft den Zustand zu Recht nur als dessen Geschichte. Die evolutionäre Theorie von der Erkenntnis hat uns die Grenzen unserer Anschauungsformen, die erblichen Schranken in dem Vermögen unserer Vorstellung gelehrt. Sie ist selbst Naturwissenschaft. Die Naturwissenschaft ist dabei, ihre eigene Begrenzung zu überwinden; aus sich allein.

Teil 4: Die Hermeneutik;
Welt der Geisteswissenschaft?

In unserer ›Literarischen Kultur‹ ist alles anders; Herkunft, Verantwortungsgefühl, Anmaßung, Pathos und Methode. Selbst die Diskussion darüber, ob es überhaupt zweierlei Kulturen gibt, wird mit so unterschiedlichen Argumenten geführt, daß man überzeugt wird, daß es sie gibt. In ihr finden wir zwei Fragen verwoben. Einmal steht zur Debatte, ob die Trennung berechtigt ist, ein andermal, ob sich die Gegenposition nicht erübrigte. Und dies ist gewiß zweierlei. Denn, wie sich's zeigen wird, der Hiatus ist ein Kunstprodukt unserer rationalisierenden Vernunft, die jeweilige Gegenposition aber ist unentbehrlich.

Meine Absicht ist es weiterhin, nun auch diese Sache von der Methode her aufzurollen. Das mag gegenüber den Ansprüchen, welche die ›Geisteswissenschaftliche Kultur‹ erhebt, eine zu schmale Basis, nachgerade eine Unerheblichkeit, sein. Aber meine Sache kann es wiederum nicht sein, noch eine Kulturgeschichte zu schreiben. Es geht vielmehr um den wissenschaftstheoretischen Versuch, die Spaltung zu schließen. Und nur über die Methode läßt sich objektiv vergleichend reden. Der Konsequenzen werden noch genug sein.

Diese Methode wird nun die hermeneutische genannt. Und obwohl dem lupenreinen Geisteswissenschaftler schon mein objektivistischer Standpunkt als eine positivistische Übertretung erscheinen mag, ich werde zu zeigen haben, daß seine Methode der Struktur dieser Welt noch am besten adaptiert ist. Wo ich nämlich die szientistische Methode durch eine Symmetrie zu verdoppeln, will man die Wiedereinführung der Induktions-Prozesse als Neuerung anerkennen, zu vervierfachen hatte, ist in der hermeneutischen Methode all dies im Prinzip schon vorhanden. Sie ist hingegen durch eine Reihe falscher Fragen, die sich die Hermeneutiker erdachten, verunsichert: Im Grund szientistischer Fragen. Wenn ich mich also in Teil 3 aufzuschwingen hatte, meine Kollegen Szientisten über einen Irrtum der Verengung zu belehren, gegenüber den meiner Branche scheinbar ferneren Hermeneutikern werde ich mich, paradoxerweise, aufschwingen müssen, ihre Methode zu begründen.

So viel zur Einstimmung. Nun einiges, wenn auch nicht zur Geschichte, so doch zur Hermeneutik als ›historische Gestalt‹.

Hermeneutik, vom griechischen *Hermeneuo* (ausdeuten, verständlich machen, übersetzen), betrachte ich hier als die alte ›Kunst des Deutens und Auslegens‹, und als die ›Verstehende Methode‹ der Geisteswissenschaften auch von heute. Als vorwissenschaftliches Prinzip muß sie so alt sein wie das menschliche Bewußtsein; denn, soweit wir feststellen, wir werden auch heute noch als Hermeneutiker geboren.

Wissenschaftlich begann sie als *hermeneutica sacra,* als jene Gelehrsamkeit, wie man sie schon früh zur Deutung heiliger, jüdischer wie christlicher, Texte als nötig empfand. Aber ihre Wurzeln hat sie in der Spätantike, in der Kunst, Klassiker wie HOMER oder HESIOD zu deuten, in der alexandrinischen Philologie. Ihr schloß sich bald eine *hermeneutica profana* an, zunächst aus der Aufgabe, die Verfahren rechtsgelehrter Gutachten aufeinander abzustimmen.

In diesem Sinne ist die Hermeneutik älter als die Szientistik, deren Entwicklung, wie erinnerlich, erst mit der ›GALILEIschen Revolution‹ in der Renaissance beginnt. Zur erklärten Methode der Geisteswissenschaften wird sie aber noch ungleich später; erst im 19. Jahrhundert. De facto hängt der Versuch einer methodischen Abgrenzung der Hermeneutik mit dem Werden des Begriffes ›Geisteswissenschaften‹ zusammen. Zunächst mit jenen Wissenschaften, wie ERICH ROTHACKER (1930) definiert, welche die Ordnung in Staat, Gesellschaft und Recht, Sitte, Erziehung und Wirtschaft zum Gegenstand haben, sowie die Deutung dieser Artefakte in ihren Formen wie Sprache und Mythos, Kunst und Religion.

Vorbereitet wird das Gemeinsame einer ›Kunstlehre des Verstehens‹ durch J. C. DANNHAUERS ›*Idea boni Interpretis*‹ 1670, G. F. MEIERS ›Versuch einer allgemeinen Auslegekunst‹ 1757 und SCHLEIERMACHERS Entwurf einer universellen Hermeneutik um 1800. Und dieser, beeinflußt von WILHELM VON HUMBOLDT, leitet zu WILHELM DILTHEYS großem Werk; einer ›Lehre des Verstehens‹ und damit zu einer ›methodischen Grundlegung der Geisteswissenschaften‹, die als verstehende Methode der erklärenden Methode der Naturwissenschaften gegenüber entworfen ist. An diesem, ab 1883 erscheinenden Werk haben sich die Geisteswissenschaften orientiert und es weiterentwickelt. Von ihr soll hier die Rede sein.[1]

Demgegenüber entsteht eine ›philosophische Hermeneutik‹, mit HEIDEGGER, GADAMER, HABERMAS, die, aus der Tradition des ›deutschen Idealismus‹, aus dem ›Phänomenalismus‹ und dem ›französischen Existentialismus‹, die Hermeneutik nicht als Hilfswissenschaft der Geisteswissenschaften ›verkürzt‹ sehen möchte; und noch weniger als Gegensatz zur Szientistik. Sie will sich »als die Gemeinsamkeit einer Kritik am Methodenbegriff der modernen Wissenschaft« überhaupt verstehen. Auf den ersten Blick scheint uns der Ansatz an den Methoden der Wissenschaften zu verbinden. Tatsächlich sind meine Absichten aber geradezu entgegengesetzt. Mir geht es um eine Synthese der beiden bislang so erfolgreichen Paradigmen in den beiden Kulturbereichen der konkreten Wissenschaften.

In der philosophischen Hermeneutik geht es dagegen darum, sich von jenen Methoden zu lösen, um in einer Welt spekulativer Konstruktionen »eine Formel« zu entwickeln, »in der sich — ungenau genug — abbildet, daß wir in einer Welt ohne Fakten, aber konkurrierender Interpretationen leben...«; offenbar aus der Vermutung heraus, Verstehen ersetzte das Verstehen der Methode.

Dieser Philosophie folge ich freilich nicht; denn sie errichtet neue Barrieren, wo das Dilemma unserer Zeit verlangt, die alten abzubauen. Sie stilisiert sich, wie HANS ALBERT kritisiert, zu einem Ersatz theologischer Heilspläne, zur Bewahrung traditioneller Selbstentwürfe und zur Suspendierung von jeglicher methodischer

---

[1] HOMER (bekanntl. 8. Jahrh. vor Chr.), Ionien; HESIOD (geb. um 700 v. Chr.), griechischer Rhapsode, sein erstes Werk die »Theogonie«. ›Alexandrinische Philosophie‹ in den beiden letzten und ersten Jahrhunderten um die Zeitwende neuplatonisch, dann dem Christentum aufgeschlossen. Bibliographisches zur Hermeneutik in dem Sammelband von H.-G. GADAMER u. G. BOEHM 1979. WILHELM DILTHEY (1833–1911), Kulturhistoriker und Philosoph.

Prüfung, jeder übergeordneten Instanz der Kontrolle. Ich suche dagegen, mit einer Synthese der Methode und gerade an den Fakten der konkreten Wissenschaften, eine Prüfung der Methoden zu erreichen. Ich betrachte sie als Fälle eines übergeordneten Denk-Gesetzes, um ihre Widersprüche aus der Gegenüberstellung belegen zu können.[2]

Im folgenden geht es mir also wieder nur um die Praxis der Realwissenschaften und die Prüfung ihrer konkreten Methode am Erfolg. Die Eigenschaft der spekulativen Philosophie ist es dagegen, Probleme zu ersinnen, die sich als nicht lösbar erweisen, besonders dann, wenn sie sich durch die mögliche Erfahrung an der realen Welt nicht behindern will. Ich werde darum die dort aufgeworfenen Fragen zwar als Hinweise auf mögliche Korrektur verwenden, doch nur, soweit es die Erfahrung ist, die Entscheidungen über Richtiges und Falsches zuläßt.

Entsprechend lassen sich die Probleme der Hermeneutik in vier Gruppen zusammenfassen. In die Probleme der Begründung des Ansatzes, in die des hermeneutischen Zirkels, einmal im generellen, ein andermal in der Praxis der Disziplinen, und in die Probleme der Abgrenzung des Anwendungsbereichs.

Das Problem der Begründung

Zunächst ist mit einer enttäuschenden Feststellung zu beginnen: »Eine anerkannte systematische Theorie der Hermeneutik«, resümiert LUTZ GELDSETZER (1977), »existiert heute nicht« (Seite 96). Das bedeutet nun nicht, daß die Geisteswissenschaften ohne Theorie und Methode operierten. Eher ist dies, wieder mit GELDSETZER (Seite 98), ein »Anzeichen für eine unvollständige Bewältigung« ihrer Interpretation, deren erfolgreichste »durch größere Stimmigkeit der Deutungszusammenhänge« obsiegen werde. Wir denken aber auch an die zunächst wohladaptierte ratiomorphe Ausstattung der Autoren, welche sie zu den Erfolgen ihrer Interpretationen lenkt, ohne daß die Art der Lenkung selbst schon interpretiert worden wäre.

Wir finden hier denselben scheinbaren Widerspruch, wie wir ihn schon aus der Praxis der Naturwissenschaften kennen. Nämlich die unverkennbaren Erfolge der Disziplinen bei Unkenntnis der von ihnen verwendeten Methode. Man soll dies im Auge behalten; auch schon im Ansatz, da es zunächst nur um die Frage geht, ob unsere Ansicht von einer Spaltung der Kultur der Begründung bedarf.

Pathos und Verantwortung

Wie man sich erinnert, hat SIR CHARLES SNOW mit seiner ›Rede-Lecture‹ im Jahre 1959 für Erregung gesorgt; obwohl BERTHOLD BRECHT schon 1955 unser Paradigma das »Theater des wissenschaftlichen Zeitalters« genannt hat; so, als ob man nicht gewußt hätte, was seit der französischen, der galileischen, letztlich der

---

[2] Die beiden Zitate sind G. BOEHM (1978), den Seiten 10 und 8 entnommen. In der Kritik folge ich hier H. ALBERT 1968 und 1973. Man vergleiche dazu auch die Gegenüberstellungen, wie sie E. HUFNAGEL 1976 vorgenommen hat. In diesen Bänden, sowie in H.-G. GADAMER u. G. BOEHM 1979 die weiterführende Literatur.

neolithischen Revolution mit uns geschehen wäre. Dabei hat Sir Charles nur festgehalten, daß die naturwissenschaftliche Intelligenz etwas unbekümmert die Welt verändert und die literarische sich darum nicht kümmert; und zwar, weil sich beide umeinander nicht kümmern.

Folglich sagt Frank Leavis: »Snow ist ein Verhängnis. Er ist ein Verhängnis, da er, wiewohl der Beachtung nicht wert, für eine Öffentlichkeit beiderseits des Atlantik zu einem hervorragenden Geist und Weisen geworden ist.« Und folglich sagt Hans Mohr: »Nach meiner Erfahrung hat Snow recht...«, und erinnert an die Feindseligkeit im 19. Jahrhundert, an Friedrich Nietzsches Verse »An die Jünger Darwins«:

Darwin neben Goethe setzen
heißt: die Majestät verletzen —.

Warum sind also Literaten empört und Naturwissenschaftler einverstanden? Vielleicht ist es eine Sache der Bildung? »Kein Naturforscher«, so folgen wir Mohr weiter, »wünscht unserem Erziehungssystem eine Usurpation durch das wissenschaftliche Denken.« Und doch: »Unser Bildungssystem ist allzusehr in vergangenen Epochen der kulturellen Evolution verankert und daher offensichtlich nicht in der Lage, die junge Generation so zu prägen, daß sie in intellektueller und sittlicher Hinsicht den künftigen Aufgaben voll gewachsen sein könnte.«

Denn Karl Steinbuch bestätigt unsere Erfahrung, daß ohnedies beide Denkhaltungen »manchmal an derselben Person beobachtbar sind.« Aber nur »selten«, sagt Steinbuch, »tritt einmal ein Angehöriger der naturwissenschaftlichen Intelligenz ... heraus; (doch) dem senilen und etwas verlogenen

Bilde mir nicht ein, ich könnte was lehren,
die Menschen zu bessern und zu bekehren.

tritt Konrad Lorenz entgegen mit dem vitalen

...ich bilde mir ein, ich könnte was lehren,
die Menschen zu bessern und zu bekehren.«

Kurz: wer immer es begründet, das Gespräch ist erforderlich, weil ansonsten die Verantwortung nur hin und her geschoben wird, vom einen Pathos zum anderen. Wird keine gemeinsame Sprache gesucht, so wird die Verständigung weiter verfallen. Hier wird's mit dem Konkretesten dieser Sprache versucht: mit ihrer Methode. Denn erst »wenn die feindlichen Brüder«, resümiert Helmut Kreuzer, »die zusammengehörigen Wechselverächter der literarischen und szientistischen Intelligenz, einmal historisch geworden sein werden ... wird der Streit um die beiden ›Kulturen‹ wirklich abgeschlossen sein...«[3]

»Dabei«, sagt Kurt Hübner (1978, Seite 183), »handelt es sich um eine außerordentlich wichtige Frage, weil von ihrer Beantwortung Aufschlüsse über das Wesen wissenschaftlicher Weltbetrachtung überhaupt zu erwarten sind.«

---

[3] C. Snow (1967). Die Zitate nach F. Leavis sind von den Seiten 34 und 47, nach H. Kreuzer von den Seiten 130 und 140, nach K. Steinbuch von den Seiten 143 und 151 und jene nach H. Mohr von den Seiten 155, 156 und 178. Alle aus dem Sammelband von H. Kreuzer 1969. F. Leavis ist Literaturkritiker, H. Kreuzer Philologe, K. Steinbuch Informatiker und H. Mohr Biologe. »Bilde mir nicht ein...« läßt bekanntlich Goethe den verzweifelten Faust (Studierstube, 1. Akt) sagen.

Kunst oder Wissenschaft

Die hermeneutische Methode operiert stets zwischen den Teilen und dem Ganzen eines Artefakts; sei es zwischen einer Komposition und ihren Elementen, einer Stilepoche und ihren Kompositionen, zwischen der Literaturgattung und ihren Werken, zwischen Werk und Sätzen, Satz und Worten, Bedeutung und Zeichen. Diese Artefakte, Gegenstände objektiven Geists, wie man sich ausdrückt, sind zwar sortierbar, gewissermaßen bevor die Methode in Aktion tritt, »bei der Ausübung selbst aber«, sagt August Boeckh, »gehen sie beständig ineinander über.«

Folgendes Beispiel aus Boeckhs Philologie illustriert dies. »Hier soll die Compositionsweise des Dichters aus seinen Werken selbst durch die Auslegung gefunden werden, und doch hängt die Auslegung in den wichtigsten Punkten von der Vorstellung ab, welche man sich von der Compositionsweise gebildet hat. Der Cirkel muß also hier mit besonderer Kunst vermieden werden.« Schon der Erfolg der Methode muß es gewesen sein, der bereits Wilhelm von Humboldt überzeugt sein ließ, daß hier kein *circulus vitiosus,* kein logischer Zirkelschluß, sondern eine ›umfassende Antizipationslehre‹ vorliegt. Wie aber sollte das eine aus dem anderen antizipiert werden? »Um A zu verstehen«, erinnern wir uns an Wolfgang Stegmüllers Bedenken, »müßte man erst B wissen; um ein Wissen über B zu erwerben, müßte man erst A verstehen.« Hätte auch Wilhelm Dilthey dieses Argument aufgrund der Erfolge in den Wind geschlagen? August Boeckh resümierte vor einem Jahrhundert, es wäre »ein (zwar) offenbarer, (aber) durch die hermeneutische Kunst zu vermeidender Cirkel der Aufgabe.«[4]

Worin also besteht die Kunst dieser Wissenschaft? Es finden sich zahlreiche Stellen bei diesen Autoren des 19. Jahrhunderts, die einem die Lösung fast in den Mund legen. Ausdrücklich aber scheint sie mir nicht vorzuliegen. Nicht eine Zurückführung auf die Psychologie, woran noch Dilthey dachte, kann die Lösung enthalten, denn, wie schon Erwin Hufnagel erkannte: Auch die »Psychologie ist nicht mehr Grundwissenschaft der Geisteswissenschaften, sie bedarf selbst der Grundlegung in einer hermeneutischen Theorie.« Jene psychologistische Lösung, an welche noch die Väter der modernen Hermeneutik dachten, erkennen wir heute als reduktionistisch, als anti-hermeneutisch, szientistisch.

Der Leser wird sich unserer Lösung erinnern. Goethe hat sie mit der Methode der Bestimmung des morphologischen Typus vorausgesehen. Wir fanden sie im Wechsel von Fällen und Theorie. Die Fälle A_1 bis A_n, um mit Stegmüller zu formulieren, können die Theorie B bilden lassen; die Fälle verständlicher Sätze, in welchen ein zunächst unverstandenes Wort vorkommt, werden uns die Theorie der Wort-Bedeutung optimieren lassen. Aber auch die Fälle B_1 bis B_n lassen uns die Theorie A bilden; die Fälle verständlicher Worte, die in einem zunächst unverstandenen Satz vorkommen, lassen uns die Theorie der Satz-Bedeutung optimieren.

---

[4] Die Zitate sind A. Boeckh (1966) den Seiten 83, 85 und 125 entnommen. Die Texte gehen bis auf das Jahr 1809 zurück und wurden 1877 von Ernst Bratuscheck und 1966 neu von Rudolf Klussmann herausgegeben. Im Zusammenhang der philologischen Hermeneutik werden wir aus dem Werk noch viel gewinnen. Vgl. W. Stegmüller 1979, das Zitat von Seite 38.

Dabei ist der Wechsel der gemutmaßten Verständlichkeit wichtig. Er ist natürlich auch wieder Theorie. Und das geht darauf zurück, daß die einen wie die anderen Fälle selbst Theorien sind, welche in der einen wie der anderen Subsumptions-Reihe aus Fällen der Nachfolgeschichten entwickelt wurden. Im Problem des Zirkels komme ich ausführlich darauf zurück.[5]

Es muß im Grunde zuerst die Symmetrie des Subsumptions-Schemas als herrschend und notwendig erkannt sein, bevor das Wechseln zwischen seinen zwei Seiten anerkannt werden kann; je nach dem mutmaßlich höheren Gewißheitsgrad. Und dies muß als praktikabel und förderlich erkannt sein, bevor die Wechsel von Theorie und Fällen im engsten Kreise begründet werden können. Es ist diese Lösung also die voraussetzungsvollste. Aber als Problem der Hermeneutik ist es das praxisnächste und unmittelbarste. Es mußte daher als erstes Problem auftauchen, seine Lösung aber, als die letzte, verborgen bleiben; verborgen in den ›Künsten‹ unserer ratiomorphen Ausstattung.

Urteile im voraus

Die nächste der Fragen sieht wieder sehr grundsätzlich aus, ist aber vom Standpunkt der Evolutionären Theorie vom Kenntnisgewinn leicht zu lösen. Sie lautet: Selbst für den Fall man mit Hypothesen sowohl von der Position A oder B vorankommen kann, was legitimiert die Urteile im voraus, das Vorurteilshafte, das sie enthalten müssen? Sind es Urteile im Sinne von ›Erlebnisverstehen‹ wie bei DILTHEY, im Sinne ›personeller Werthaltung‹ nach EDUARD SPRANGER, von der Art ›typenrationalen Handelns‹ wie bei MAX WEBER, von ›Selbst-Verstehen‹ im Sinne EDMUND HUSSERLS, oder gründen sie sich auf ein ›Du-Verstehen‹, wie das wieder SPRANGER, von ›existentiellem Verstehen‹, wie das MARTIN HEIDEGGER vertrat?

Wird aber hier nicht »sensualistische Wirklichkeit« oder subjektive Eingebung, fragt HANS ALBERT, »zur epidemiologischen Basis«, in eine erkenntnistheoretische Begründung verkehrt? Nun, wie man sich erinnert, es ist zunächst gleichgültig, wie das Vorausurteil rational begründet erscheint; entscheidend ist nur, daß fortgesetzt gefragt und etwas erwartet wird; und zwar so lange, als die Erwartung an der Prognose scheitern kann und die Bereitschaft sich erhält, nach jeder Falsifikation Erwartung und Prognose zu modifizieren; so lange man also bereit ist, um- und dazuzulernen. Hier finden wir wieder das ehrwürdige Problem der Induktion. Keine Schlüsse logischer Art liegen vor, wie sie ALBERT zu fordern scheint; nur Regsamkeit, explorative Einstellung und Lernbereitschaft in der natürlichen Ausstattung der Kreatur.[6]

An dieser Stelle aber wird man bemerken, daß sich das Problem verlängert. Die Lösung muß noch eine Schichte tiefer ansetzen; nämlich an der Begründung

---

[5] Man vergleiche dazu E. HUFNAGEL 1976; das Zitat von Seite 14. W. STEGMÜLLER 1979 (Seiten 37–64) hat mit dem vorliegenden Problem wechselseitiger Erhellung fünf Dilemmata in Beziehung gebracht. Drei davon stehen auch zu unserer Lösung in Bezug: das Eigensprachliche, der theoretische Zirkel und das Hintergrundwissen.

[6] Die genannten Auslegungen findet man übersichtlich in L. GELDSETZER (1977, ab Seite 96). Die Kritik bei H. ALBERT (1968, Seite 133). Doch sei daran erinnert, daß schon W. STEGMÜLLER (1979, Seite 27) einräumte, »ob es nicht bestimmte Arten von Vorurteilen gibt«, die unüberwindlich und notwendig sind, »weil in ihnen ... eine ›Vorurteils-Struktur‹ menschlichen Verstehens zum Ausdruck gelange.«

unserer ›natürlichen Ausstattung‹. Wir finden uns, wie man bemerkt haben wird, auch hier wieder vor dem Rationalismus-Empirismus-Problem; wobei wir den Kern beider Standpunkte bestätigen konnten: Die Behauptung sowohl der Empiristen, alles Wissen könne nur aus der Erfahrung kommen; als auch die Behauptung der Rationalisten, alle Erfahrung könne nur aufgrund von Vor-Erfahrung gemacht werden. Und wir lösten den unendlichen Regreß, der hier droht, mit dem bis in die Zeit der Lebens-Entstehung rückverfolgbaren Schichtenbau genetisch gespeicherter Vor-Erfahrung in jeder Kreatur.

Denn freilich bedarf es einer Ausstattung, um Kenntnis gewinnen zu können. Und das Begründungs-Problem finden wir nun vor der Frage wieder, wie das Zustandekommen dieser Ausstattung zu begründen wäre; und was uns erwarten läßt, daß diese Ausstattung mit jener Welt übereinstimmen soll, die wir eben mit Hilfe dieser Ausstattung beurteilen. Nun, auch dieses Problem kennen wir. Es ist das der Isomorphie. Und unsere Lösung des Isomorphie-Problems lautet, wie man sich erinnert: Die Übereinstimmung unserer Ausstattung mit dieser Welt, auch jener, die unsere Vorausurteile lenkt, begründet die Selektion.

Von dieser Ausstattung muß nun noch die Rede sein. Denn die Begründung nicht nur des Erfolges des Vorurteils, sondern auch der ›Kunst der Hermeneutik‹ verlagert sich, bei näherem Zusehen, nochmals in dieses Ausstattungs-Problem. Das Vorurteils-Problem verläuft von dem der Induktion über das des ›Ratio-Empirismus‹- zum Isomorphie-Problem und dem der Ausstattung; das ›Kunst-Problem‹ dagegen von der Symmetrie des Erklärungs-Schemas und dem Hypothesen-Charakter aller Fakten zur Austauschbarkeit der Erklärungs-Richtung, mit welcher uns unsere Ausstattung rechnen läßt. Die Isomorphie zwischen unserer erblichen Ausstattung mit jener Wechselkausalität und der realen Welt muß letztendes begründet werden. Hier steckt der Kern des Begründungs-Problems der Hermeneutik.

Zerebrale Hermeneutik

Ich entnehme diesen Titel einer wichtigen Studie, in welcher GUNTHER STENT (1981) die Theorien über optische Perzeption von DAVID MARR in Beziehung zeigt mit jenen der Gestalts-Psychologie und der Neurophysiologie. Und die Kombination eines anatomischen und eines geisteswissenschaftlichen Begriffs deutet das Ergebnis an; die Begründung der Hermeneutik in einer bereits ziemlich tiefen Schicht des Lebendigen.

Die Gestaltpsychologie nimmt ihren Ansatz 1890 an CHRISTIAN VON EHRENFELS' ›Gestaltqualitäten‹, setzt sich in der ›Berliner Schule‹ ab den 20er Jahren fort, erweitert sich in der ›Leipziger Schule‹ zur Ganzheitspsychologie und über die ›Grazer Schule‹ sowie VIKTOR VON WEIZSÄCKER zur ›Gestaltkreislehre‹, wandert großteils nach Amerika aus, schafft den Anschluß an die moderne Neurobiologie nicht und verfällt.[7]

---

[7] Bedeutend in der ›Berliner Schule‹ sind besonders M. WERTHEIMER (vergleiche 1923) und K. KOFFKA (1935), in der Leipziger A. WELLEK (1955). Die Entwicklung lief dem neuropsychologischen Reduktionismus des allgemeinen Trends bald entgegen und wurde in einer Weise an den Rand gestellt, daß ›Gestaltpsychologie‹ in modernen Handbüchern (z. B. TH. HERMANN u. Mitarbeiter von 1977) als Stichwort nicht einmal mehr vorkommt.

Entdeckt waren aber synthetische Leistungen der Perzeption worden, die schon genetisch angelegt sein müssen; beispielsweise die Ergänzung des Unvollständigen, die Deutung des Unbestimmten und die Transponierbarkeit alles bereits als Gestalt Wahrgenommenen. »Erst in den 50er Jahren, als die Gestaltpsychologie als wissenschaftliche Disziplin schon gestorben war«, sagt STENT, »und höchstens dabei war, die Bewegung der Pop-Kultur zu fördern, eröffnete sich die Aussicht, optische Wahrnehmung neurologisch zu erklären.« Und in den folgenden Studien stellt es sich heraus, daß Einzelneuronen nicht nur auf Einzeldaten (Photonen) reagieren, sondern auf ganze Muster von Daten; daß Neuronen gewissermaßen höherer Ordnung auf bereits sehr abstrakte, zweidimensionale und selbst räumliche Strukturen reagieren. Hier liegen also synthetische Leistungen bereits in der Verschaltung der Nervenbahnen vor.

Da schließt nun DAVID MARRS Theorie an, die zeigt, daß das System auf einen semantischen Dekodierungs-Prozeß angelegt sein muß, der implizite Bedeutungen von Bildern explizit macht, Gestalten von ihren Hintergründen löst, um sie synthetisch nach der Generalisierung ihrer Achsen und Grundstrukturen aufzubauen. Dies, so beobachtet nun GUNTHER STENT zu Recht, »ist der Hermeneutik formal entsprechend, einer Theorie (wort-)getreuer (textural) Interpretation«, seiner Deutung, wie wir sagten, oder einer Auslegung.[8]

Nun ist an der analytischen Leistung unserer Sinne nie gezweifelt worden. Sie sind längst gut dokumentiert. Daß aber auch synthetische Leistungen in den Erbprogrammen vorgesehen sind, das eröffnet zwei wichtige Perspektiven. Analysen zerlegen das Wahrgenommene in Untersysteme, Synthesen aber setzen es, nach unserer Sprechweise, zu Obersystemen zusammen. Die Zweiseitigkeit der Vorgangsweise steckt also schon in unserer erblichen, neuronalen Ausstattung.

Wieder unabhängig von dieser Entwicklung hat die Sprachforschung mit NOAM CHOMSKY (1970) und ERICH LENNEBERG (1972) festgestellt, daß auch unsere angeborene Weise, uns auszudrücken und zu verstehen, in derselben Weise organisiert ist. Vom Gedanken einer Mitteilung ausgehend werden zu ihrem Zweck analytisch schrittweise die geeigneten Sätze, für diese die Worte, Silben und Mundstellungen gewählt und motorisch dirigiert. Und im Gegenlauf werden beim Hören die Silben gespeichert, um aus dem Wort, die Worte, um aus dem Satz interpretiert zu werden; und es werden die Sätze ebenso aus der nächsten Oberschicht, aus dem Kontext, gedeutet. Dabei erhellt der Sinn oder die Bedeutung des Gehörten wie der gesehenen Gestalt stets aus dem jeweiligen Obersystem. Wohingegen die Untersysteme die Disponibilität der Materialien enthalten. Die Entsprechung mit den Form- und Material-Ursachen ist wieder unverkennbar.

Uns bleibt nun, nach der Ursache dieser so universellen symmetrischen Analyse zu fragen. Die Antwort kennen wir bereits. Wir deuten dies als eine Isomorphie höherer Ordnung. Denn auch die Differenzierung aller Schicht-Systeme der realen Welt ist in Form von Einschüben zwischen den jeweils vorgegebenen Disponibilitäten von Bauteilen und den Auswahlbedingungen des nächstübergeordneten Gan-

---

[8] Die Zitate sind G. STENT (1981, den Seiten 108 und 107) entnommen. Dort auch die weitere Literatur, besonders jene neurophysiologischen Inhalts. Die letzte Publikation des jüngst verstorbenen DAVID MARR in D. MARR u. T. POGGIO (1980).

zen entstanden. Diejenigen Abbildungs- oder Rekonstruktions-Systeme der Wahrnehmung, die diesem Prinzip am nächsten kamen, mußten die erfolgreichsten sein. Sie sind daher auch mit uns, oder wir mit dieser erblichen Anleitung, übergeblieben. Dagegen wäre es erstaunlich, wenn unser Denken dieses Muster nicht so fortsetzte, wie wir dies eben schon im Ursachenmuster bei ARISTOTELES, in der Morphologie bei GOETHE, im Evolutionskonzept bei DARWIN fanden.

Es ist vielmehr die extrapolative Tendenz unserer bewußten Reflexion, welche die bescheidene Vereinfachung in unserer Anschauung, nämlich auf eine lineare Form dieser Symmetrie der Ursachen, zu einem Entweder-Oder zuspitzt.

Selbstverständlich setzt eine Isomorphie von Natur- und Rekonstruktions-Mustern eine Konstanz der Natur voraus; zum mindesten eine gegenüber der Rekonstruktion relative Langlebigkeit der Geltung ihrer Gesetze. Diese ist uns zunächst als die nicht beliebige Kombinierbarkeit der Merkmale bekannt; und als die Voraussetzung jedes genetischen Lernerfolges. Erst die Stetigkeit des Erlernten kann dessen Anwendung den selektiven Erfolg verschaffen.

Daher ist es auch nur zu naheliegend, daß auch das darauf folgende assoziative Lernen auf die Wiederholung des Wahrgenommenen eingerichtet ist. Einmal, weil der ganze Unterbau neuronaler Schaltung auf dieser ›Erwartung‹ aufgebaut ist; ein andermal, weil angesichts der Schnelligkeit und Vergänglichkeit des assoziativ Erlernbaren die relative Stetigkeit der Naturgesetze den Schein der Unveränderlichkeit, eine Art Gewißheit annehmen läßt. Es ist also nur zu naheliegend, daß das Voraus-Urteil, an der induktiven Seite unserer Erwartungen, zunächst das Bekannte wiedererwartet. Alle anderen Alternativen wären zu zahlreich und daher jede einzelne zu ungewiß.

Aber auch wenn nichts bekannt oder gewußt sein kann, wird irgendetwas angesteuert. Denn auch die Antriebe sind in der Kreatur fest programmiert. Zunächst als molekulare, dann physiologische Konditionen; in einer Autonomie des Nervensystems, dann als Appetenzen (Begehrverhalten), als Such- und Explorations-Verhalten, wie wir dieses als Neugierde selbst erleben.

Aber sogar mit der Korrektur der Wiedererwartung des Bekannten ist noch lange nicht alles getan. Es bedarf der Abstraktionsleistung, sowie der Chance wie des Risikos eines Zufallsgenerators der Lösungs-Suche; und einer steten Einengung des Suchfelds des Zufalls durch Ausschluß allen erlebten Mißerfolges, um jenem Zufall hohe Trefferchancen zu sichern. All das wurde schon berührt und an anderer Stelle ausführlich dargestellt (R. RIEDL 1976 und 1980). Es gehört zur Lösung, nicht aber zum geläufigen Hermeneutik-Problem; es sei darum nur angemerkt.

Die Lösungs-Ansätze bisher

Im Besitz der Lösung des Begründungsproblems ist es von Interesse, festzustellen, daß man mancher Teillösung schon ganz nahe war. Zunächst hinsichtlich der Funktion des Vorurteils. »Es bedarf«, sagt hier GADAMER, »einer grundsätzlichen Rehabilitierung des Vorurteils und einer Anerkennung dessen, daß es legitime

Vorurteile gibt, wenn man«, so wird das allerdings begründet, »der endlich-geschichtlichen Seinsweise des Menschen gerecht werden will.« Zu Recht aber fragt SIEGFRIED SCHMIDT: »Wenn Verstehen ... in ein nicht-hintergehbares, nicht-objektivierbares, historisches Geschehen eingebettet ist (nämlich nach APEL in die ›existentielle Vorstruktur des konstitutiven Vorverständnisses und somit der unvermeidlichen Vorurteile‹), dann stellt sich die Frage, wie dieser Prozeß und wie vor allem die unhintergehbaren Vorverständnisse als solche erkannt und in ihrer Wirkung bestimmt werden können.« Wie also, fragt SCHMIDT weiter, können APEL und HABERMAS Vorurteile »als ahistorische, transzendentale Fakten postulie-ren ... wenn sie gleichzeitig die These von der universalen Geltung der Vorurteils-gebundenheit und Historizität aller Erkenntnis vertreten.« Hier wird eben Ratio-morphes und Transzendentales verwechselt. Das Vorurteil ist wohl mit der forma-len Logik in Verruf gekommen oder, wie GADAMER meint, noch früher: »Eine begriffsgeschichtliche Analyse zeigt, daß erst durch die Aufklärung der Begriff des Vorurteils die uns gewohnte, negative Akzentuierung findet.« Wie auch immer; das Vorausurteil ist als Erwartung lebensnotwendig und daher erblich längst vorgesehen.[9]

Nun zur Herkunft der Erwartung und der Begründung, unmittelbar mit Verste-hen rechnen zu können. Und da findet sich schon bei DILTHEY eine genetische Konzeption des Verstehens-Aktes. Darauf hat BOLLNOW hingewiesen. BETTI macht auf die unbewußte Kommunikation aufmerksam, auf die nicht bewußte, tiefere und damit, wie er meint, sogar verläßlichere Möglichkeit der Einsicht. MICHAEL POLANYI geht noch weiter, indem er feststellt: »Alles Erkennen ... ist entweder unausdrücklich, oder es wurzelt in einer unausdrücklichen Erkenntnis.« Gewiß! Alles Erkennen ist entweder unmittelbar, ratiomorph gelenkt, oder es geht auf eine solche endogene, vorbewußte Anschauungsform zurück. Und ebenso bestätigt es sich, daß unser Erleben von Sinn und Zwecken auf Analogien mit unseren eigenen Körperfunktionen und Lebenszwecken zurückgeht; indem wir, sagt POLANYI, »äußere Dinge hilfsweise wie unseren Leib selbst gebrauchen.« Und HABERMAS (1973) orientiert sich an JEAN PIAGETs genetischer Erkenntnistheorie, an einem vorsprachlichen Fundament rationalen Denkens, wie Raum, Zeit, Kausa-lität und Substanz. Dies aber, so stellen wir fest, sind die KANTschen *Apriori*, welche die Evolutionäre Erkenntnistheorie als *a posteriori*-Lernprodukte unseres Stammes nachgewiesen hat (R. RIEDL 1980).

Und selbst über den Ursprung dieser Vorbedingungen hat man in der hermeneu-tischen Literatur reflektiert. »Verstehen«, so findet man bei DILTHEY, »erwächst zunächst in den Interessen des täglichen Lebens ... Einer muß wissen, was der andere will.« Und HABERMAS setzt daran fort, wenn er sagt: »In der ›gedankenbil-denden Arbeit des Lebens‹ wurzelt die Hermeneutik insofern, als das Überleben vorgesellschaftlicher Individuen an eine verläßliche Intersubjektivität der Verstän-digung gebunden ist.« Aber das Überleben von ARDREYS Pavianen, LORENZ'

---

[9] Die Zitate aus H.-G. GADAMER (1960, Seite 261), S. SCHMIDT (1975, Seite 7), mit einer Stelle aus K.-O. APEL (1973, Seite 24); ferner S. SCHMIDT (1975, Seite 12) und H.-G. GADAMER (1960, Seite 255). Unter den einschlägi-gen Studien von J. HABERMAS vergleiche man hierzu jene von 1970.

Hunden und Graugänsen und VON FRISCHENS Bienen hängt nicht minder von der Intersubjektivität ihrer Verständigung ab. Die Auflage, richtig zu deuten ist so alt wie das Leben.[10]

Das Problem des Zirkels

»Die Theorie des hermeneutischen Zirkels hat die Anziehungskraft einer Mythologie«, sagt ein lachender WOLFGANG STEGMÜLLER: »Ihr Reiz besteht darin, daß sie der wissenschaftlichen Tätigkeit des darüber reflektierenden Philosophen und Historikers eine Art von tragischem Muster gibt.« Das kann ich verstehen; und es kommt mir nicht darauf an, daß jemandem das Lachen vergeht. Im Gegenteil. Dieses Gegenteil darf ich illustrieren.

In HUBERT ROHRACHERS Einführungsvorlesung in die Psychologie hatte die Geschichte von der Labor-Ratte ihren festen Platz. In der Skinner-Box sitzend sagt sie zu ihrer Nachbarin: ›Meinen Versuchsleiter habe ich vorzüglich konditioniert; immer, wenn ich auf die Taste drücke, wirft er mir Futter herein.‹ Und das Auditorium lachte über die dumme Ratte, die nicht zu wissen schien, daß vielmehr der Versuchsleiter die Ursache ihrer Konditionierung war. Heute nun lachen wir darüber, daß wir damals darüber gelacht haben. Denn selbstverständlich sind der beiden Versuchsverhalten einander wechselseitige Ursache.[11]

Wir besitzen einfach keine vorbereitete Anschauungsform für wechselbezogene Zusammenhänge. Im Gegenteil: nur für lineare. Und diese Anschauung läßt uns an eine Logik glauben, in welcher die Gewißheiten einsam ihre Bahn ziehen wie die Teilchen in den über dieselbe Anschauungsform simplifizierten euklidischen oder cartesianischen Räumen. Und nun finden wir uns verblüfft, da diese Anschauung nicht mehr unserem Milieu entspricht. Nämlich überall dort, wo ein Gegenstand unseres Interesses die Eigenschaften, die uns interessieren, verlöre, vereinfachten wir ihn in derselben Weise.

Die verkehrten Ansätze

»Wäre ich doch ein Naturforscher geworden!« läßt STEGMÜLLER seinen tragischen Hermeneutiker klagen, »dann könnte ich wenigstens klar sagen: ›Hier die Fakten und da die zur Erklärung dieser Fakten verfügbaren Hypothesen‹«. Nun sind solche Klagen tatsächlich geführt worden und zur Wirkung gekommen. Beispielsweise im ›Positivismusstreit in der deutschen Soziologie‹. Die Mehrzahl der Geisteswissenschaftler hat sich aber nicht in den Sog eines reduktionistischen Szientis-

---

[10] Die angegebenen Literaturstellen beziehen sich auf O. BOLLNOW (1967, ab Seite 216), sowie auf E. BETTI (1972); dazu die gute Übersicht von E. HUFNAGEL (1976). Die Zitate aus M. POLANYI (1978, von den Seiten 128 und 121). Man vergleiche J. HABERMAS (1973) mit J. PIAGET (z. B. 1973). Weiters ist zitiert aus W. DILTHEY (1973, Vol. VII, Seite 207; nach J. HABERMAS 1975), sowie aus J. HABERMAS (1975, Seite 219). Vgl. ferner R. ARDREY (1968), K. LORENZ (1973) und K. v. FRISCH (1965).

[11] Die zitierte Stelle ist aus W. STEGMÜLLER (1974). Den Spaß mit der Labor-Ratte aus den 50er Jahren habe ich an anderer Stelle (R. RIEDL 1978/79) ausführlich dargelegt, weil sich zeigen läßt, wie sich die Erwartungskreise von Ratten- und Experimentator-Verhalten zu einem gemeinsamen Zyklus (Abb. 6) zusammenspinnen.

mus ziehen lassen; und das ist noch immer die bessere Konstellation für unsere Untersuchung, denn de facto steckt die reduktionistische Tendenz in uns allen. Auch dem Hermeneutiker ist sie angeboren. Wir erinnern uns, daß selbst DILTHEY mit einer Rückführung kulturellen Handelns auf die Ebene der Psychologie seine Lösung suchte. Ganz überwiegend nahm man aber angesichts der Fakten lieber das Dilemma in Kauf, weiterhin zwischen nicht reduzierten Fakten und nicht reduzierbarer, vager Methode zu navigieren.

Der Lösung waren auch schon die Termini nicht förderlich und vielmehr eine Einladung an die idealistische und existentialistische Philosophie, die sich bald des ganzen Gebietes bemächtigte. Zwar hat H. GÖTTNER nachgewiesen, daß im hermeneutischen Zirkel kein *circulus vitiosus* im strikten Sinne vorliegt und vorgeschlagen »den überstrapazierten Begriff... aus dem Verkehr zu ziehen.« Das mag gewiß einiges der Gespensterei vermeiden, die er auf sich gezogen hat. Anderseits kommt er dem Schraubenprozeß, um den es sich in Wahrheit handelt, bildlich sehr nahe. Und man zögert, den Begriff einer ›hermeneutischen Schraube‹ einzuführen. Zumal auch das Wesentliche eben in der Symmetrie zweier Hierarchien von schraubigen Prozessen liegt.

Aber auch der Begriff von der ›Doppelbödigkeit‹ der Hermeneutik zwischen ›Dokument und Bedeutung‹, wie bei GELDSETZER, oder des ›Doppelstatus‹ zwischen ›Symbol und Tatsache‹, zwischen ›Analyse und Erfahrung‹ (man beachte!), wie bei HABERMAS, hat eher neue Gespenster herbeigerufen. Tragische Figuren der Gedanken, wenn man bei STEGMÜLLERS Diktion bleiben will.[12]

Es ist nicht zu verwundern, daß entsprechend auch die Probleme des Zirkels so gesehen wurden, wie sie sich nicht lösen lassen; ansonsten wären sie ja gelöst worden. Zunächst fragte man sich ja, ob der Zirkel einen Zirkelschluß enthielte; und falls nicht, wo im Kreisprozeß zu beginnen die erste Gewißheit wäre. Und falls man das wüßte, bei welchem der Kreise anzusetzen wäre. Denn zu offensichtlich stand man vor mehreren und zusammenhängenden Kreisprozessen. Die Folge: Schulen differenzierten sich. Die einen bestehen darauf, die Erklärung von den obersten Systemen aus zu führen, die anderen von den untersten. Und selbst wenn sich auch dies noch entscheiden ließe, wo wäre eine Grenze, ein Ende dieser Prozesse.

So formuliert, wird der Leser die Lösung schon vor Augen haben. Betrachten wir aber vor der Lösung noch die Kritik, der das Konzept vom Zirkel ausgesetzt war.

Die Kritik am hermeneutischen Zirkel

Fundierte Kritik ist stets die Vorbedingung einer Lösung. Und es ist eher jene Immunisierungstendenz verunsicherter Disziplinen, wie KUHN und ALBERT zeigen, im engen Kreislauf sich selbst bestätigender Prophezeihungen, wie wir sie von

---

[12] Das Zitat ist wieder aus W. STEGMÜLLER (1974; entnommen aus S. SCHMIDT 1975, Seite 12–13), sowie aus H. GÖTTNER (1973, ab Seite 141). Ferner beziehe ich mich hier auf die Texte von L. GELDSETZER (1977), J. HABERMAS (1975) und wieder auf W. STEGMÜLLER (1974). Zum ›Positivismus-Streit‹ vergleiche man den Sammelband von W. ADORNO und Mitarbeitern von 1972.

WATZLAWICK kennen, Anlaß, die Augen vor der Kritik zu schließen. Auch geht es mir im folgenden nicht so sehr um eine Stützung meiner Thesen durch bedeutende Gewährsmänner. Es geht mir vielmehr wieder darum, zu zeigen, wie bescheiden und naheliegend die Lösung in Wahrheit ist, die ich vorlege.

SIR KARL POPPER hat darauf aufmerksam gemacht, daß schon FRANCIS BACON (1623) den Zirkel erkannte, indem er sagt: »Aus allen Worten müssen wir den Sinn entnehmen, in dessen Licht jedes einzelne Wort zu interpretieren (zu lesen) ist.« Und »der Gedanke«, sagt POPPER, »findet sich auch in ironisch übertriebener Form in GALILEIS Dialog (1632), wo er Simplicio sagen läßt: ›um ARISTOTELES zu verstehen, müsse man ›jedes Wort von ihm stets gegenwärtig haben‹‹«. Dies also, sagt POPPER, ist »das berühmte Problem, das DILTHEY und andere den ›hermeneutischen Zirkel‹ nannten: das Ganze (ein Text, ein Buch, das Werk eines Philosophen, eine Epoche) ist nur zu verstehen, wenn man seine Bestandteile versteht, aber diese sind nur zu verstehen, wenn man das Ganze versteht«. Und in diesem Sinne prüft POPPER nun eine interessante Stelle ROBIN GEORGE COLLINGWOODS, bekannt für seine Analyse der Geschichtsschreibung.

COLLINGWOODS Beispiel einer Textinterpretation durch den Historiker lautet, verkürzt, folgendermaßen: »Wenn er die Worte bloß liest und übersetzen kann, dann kennt er noch nicht unbedingt ihre historische Bedeutung. Dazu muß er die Situation betrachten, ... so tun, als wäre er in der Situation...; er muß die verschiedenen Möglichkeiten sehen und die Gründe, die für sie sprechen.« — »COLLINGWOOD«, stellt POPPER fest, »läßt keinen Zweifel, daß für ihn das Wesentliche beim Verstehen der Geschichte nicht die Analyse der Situation selbst ist«, sondern der Nachvollzug. Dies ist, so setze ich fort, ein intuitiver, induktiver, synthetischer Prozeß; eine Hypothese des Ganzen aus seinen Teilen, des Gesetzes aus seinen Fällen, des Sinns aus seinen Inhalten, der Form aus ihren Materialien.

»Meine Auffassung«, setzt POPPER fort, »ist völlig entgegengesetzt. Ich betrachte den psychologischen Vorgang des Nachvollziehens als unwesentlich, wenn ich auch zugebe, daß er dem Historiker manchmal als eine Art intuitiver Prüfung des Erfolgs einer Situationsanalyse dienen kann. Was ich als wesentlich betrachte, ist nicht der Nachvollzug, sondern die Situationsanalyse« (p. 209). Hier steht, wenn ich KARL POPPER recht verstehe, Analyse gegen Synthese; also entgegengesetzt ein kontrollierender, deduktiver, analytischer Prozeß; eine Prognose nunmehr der Teile aus dem Ganzen, der Fälle aus dem Gesetz, der Inhalte aus ihrem Sinn, der Materialien aus der Form, die sie gemeinsam bilden.

Kurz: hier steht Deduktion gegen Induktion, das Ziel der Falsifikation gegen das schöpferische Entwerfen in einer induktiven Wissenschaft; wir können auch sagen: kritische Kontrolle gegen heuristische Erwartung, oder Logik gegen Psychologie. Es stehen hier nach unserer Terminologie dieselben Perspektiven einander gegenüber, die wir in der Polarität von Struktur und Form, Material und Zweck, Inhalt und Sinn, aber auch vom Gegenüber materialistischer versus idealistischer Reduktion bereits kennen. Ich halte im Falle komplexer Systeme die Wahrnehmung beider polaren Positionen für ebenso erforderlich wie zu ihrer Erforschung: den deduktiven Weg POPPERS, wie den induktiven COLLINGWOODS, sowie die Erklärung aus den Unter- wie aus den Obersystemen. Und dies ist auch der bescheidene Unterschied einer, namentlich an der Physik orientierten, falsifikationistischen Theorie POPPERS gegenüber der vorliegenden, an der Biologie orientierten, evolutionistischen Erkenntnislehre, wie sie von POPPER selbst, von CAMPBELL, LORENZ vorbereitet und von OESER und von mir weiter begründet wurde.[13]

Die Bedenken, die im Zusammenhang mit dem Induktionsproblem geäußert wurden, haben auch einen Schatten auf das Konzept der Rückführung auf die Obersysteme geworfen, die Erklärungs-Möglichkeit aus diesen in Frage gestellt. Wenn das auch keineswegs beabsichtigt oder wahrgenommen wurde, so hat es doch die Berechtigung einer doppelten Erklärungsrichtung ausgeschlossen und somit die Berechtigung der hermeneutischen Methode.

Schwierigkeiten versus Dilemmata

Der praktizierende Geisteswissenschaftler steht in seiner Disziplin freilich vor der Lösung von Schwierigkeiten. Vor der Unlösbarkeit eines Dilemmas steht er nicht. Eine, »wenn man«, mit SIEGFRIED SCHMIDT, »kurz so sagen darf — ›analytische Hermeneutik‹ eines BOECKH 1877, WEBER 1913 oder GOMPERZ 1929« hat, oder versucht sich jedenfalls mit einer Methode. Die Dilemmata sind dagegen Philosophen-Konstruktionen. Denn »sucht man nun in den Schriften APELS und HABERMAS' nach einer Definition oder Explikation, »so stellen wir mit SCHMIDT« fest, daß die beiden Autoren unter ›Verstehen‹ strenggenommen gar keine Methoden ›verstehen‹«.

In diesem philosophischen Sinne trennt auch WOLFGANG STEGMÜLLER von den bloßen Schwierigkeiten »sechs verschiedene Bedeutungen der Wendung ›hermeneutischer Zirkel« ab; und »in jeder dieser Bedeutungen handelt es sich um eine bestimmte Form eines Dilemmas.«

(I) ›Das eigensprachliche Interpretationsdilemma‹. Es entspricht der Aufgabe, die Wortbedeutungen, die ein Autor verwendet, aus seinem Opus zu verstehen und gleichzeitig das Opus aus seinen Wortbedeutungen.

»Sollten Hermeneutiker«, sagt STEGMÜLLER, »mit der von ihnen propagierten These von der Unauflösbarkeit des hermeneutischen Zirkels die Unüberwindbarkeit dieses Dilemmas meinen«, so als ob es nämlich immer oder aber nie überwindbar wäre, »so könnte daraus nicht eine Aussage über die Eigenart der geisteswissenschaftlichen Erkenntnis gefolgert werden, sondern einzig und allein die Forderung, daß alle Disziplinen, welche von diesem Dilemma betroffen sind, ihre Pforten schließen sollen, da ihre Tätigkeit ein hoffnungsloses Unterfangen darstellt.«

Fachwissenschaftlich aber liegt eben nur eine Schwierigkeit vor, und diese »ist sicher nicht prinzipiell unüberwindbar«, setzt STEGMÜLLER fort: »Miteinander konkurrierende Interpretationshypothesen können aufgrund verschiedener Kriterien überprüft werden, wie: Innere Konsistenz, Einklang mit möglichst vielen Textstellen ... Übereinstimmung mit anderwertigem Wissen über den Autor usw.«

Dies ist auch eine Voraussetzung meiner Auffassung. Ich möchte nur hinzufügen, daß unsere erblichen Anschauungsformen uns von Haus aus mit einem

---

[13] Man wird sich an die Beiträge von TH. KUHN (1967) und H. ALBERT (1973) erinnern. — FRANCIS BACON (1561–1626), englischer Philosoph und Staatsmann. — Die Zitate sind aus K. POPPER (1974, von Seite 208 u. 209), F. BACON »De augmentis« VI. X. VI und R. COLLINGWOOD (1946, Seite 283). Ferner sind einschlägig D. CAMPBELL (1974, 1974 a), K. LORENZ (1973), E. OESER (1976) und R. RIEDL (1980).

Dilemma ausgestattet haben. Nämlich mit dem Dilemma, zwar mit zwei Erklärungsrichtungen zu rechnen, aber gleichzeitig damit, im Sinne einer Reduzierbarkeit auf erste oder letzte Gründe, die einen davon wählen, die anderen ausschließen zu sollen.

(II) ›Das fremdsprachliche Interpretationsdilemma‹. Dies kennen wir auch schon aus der Aufgabe der Entzifferung alter Schriften. »Der Interpret«, definiert STEGMÜLLER, »muß aus überlieferten sprachlichen Äußerungen die damalige Lebenspraxis erschließen; anderseits benötigt er eine Kenntnis dieser Lebenspraxis, um die damalige Sprache zu verstehen.«

Im geschlossenen Zusammenhang, im Sinne von: ›Du mußt A aus B erklären und gleichzeitig B aus A‹, wäre die Sache freilich wieder unlösbar. Aber es handelt sich eben um einen ›offenen Zusammenhang‹. Denn die Theorie der zu rekonstruierenden Lebenspraxis kann sich außer auf die überlieferte Schrift eben noch auf weitere Fälle, wie auf Werkzeuge, auf Bildwerke und Bauten, Bestattungen und Grabbeigaben stützen. Es stehen eben beide Erklärungs-Richtungen in einer Subsumptions-Serie von Theorien. Das ist das Entscheidende.

(III) ›Der theoretische Zirkel‹ im Zusammenhang mit den »sogenannten ›theoretischen Funktionsbegriffen‹ und ihrer etwas rätselhaften Natur«. Indem nämlich ein Verstehenszirkel, nunmehr in der Physik, zum »Verständnis eines theoretischen Terms ein ›Verstehen‹ der Theorie, in welcher dieser Term vorkommt, voraussetzt.« Bei bestimmten Arten von theoretischen Begriffen scheint das Problem überall aufzutreten und ist eben weder an die Physik noch an die Geisteswissenschaft gebunden.

(IV) ›Das Dilemma der Standortgebundenheit des Betrachters‹ ist ebenfalls nicht auf einzelne Disziplinen beschränkt, weil im Rahmen wohl aller Theorien auf ein ›Vorverständnis‹ oder einen Satz von Grundannahmen, die wir Paradigmen nennen, rekurriert werden muß. Aber auch diese Paradigmen unterliegen einem Wandel oder Wechsel. Und wenn es auch bei »diesem Verdrängungsprozeß«, darin folgen wir KUHN und STEGMÜLLER, »nicht auf Argumente, sondern auf Bekehrungserlebnisse, Überredungen und Propaganda ankommt«, so muß er doch in einer, wenn auch unübersichtlichen Form von den sich ändernden Subtheorien und diese wieder von veränderten Erwartungen und Beobachtungen beeinflußt werden.

Kurz, der Standort scheint mit der jeweiligen letzten Obertheorie eines Subsumptions-Schemas identisch zu sein. Und damit bleibt er in einem Wechselbezug zu den Untertheorien, welche er ebenso begründen soll, wie man erwartet, daß er aus diesen begründet werde.

(V) ›Das Bestätigungsdilemma‹ und (VI) ›das Problem der Unterscheidung von Hintergrundwissen und Tatsachenwissen‹ hängen wieder zusammen; und zwar in dem Sinne, als eine Verschiedenheit des Hintergrundwissens oder auch nur eine unterschiedliche Gewichtung seiner Annahmen, nochmals zu unentscheidbaren Alternativen, zu einem Bestätigungsdilemma führt. Aber wieder liegt nur eine Schwierigkeit vor; und zwar darin, Fakten und Hypothesen schwer trennen zu können.

»Im naturwissenschaftlichen Fall kann man«, nach STEGMÜLLERS Ansicht, »zwischen Hintergrundwissen und Fakten scharf unterscheiden, im literaturhistorischen Fall kann man das nicht.« Das ist für seinen Vergleich der Deutung des

Quasars 3 C273 gegenüber dem ›Lied von der Traumliebe‹ von WALTER VON DER VOGELWEIDE noch ziemlich einleuchtend. Für einen Vergleich der Theorie vom morphologischen Typus etwa, gegenüber der Theorie der Semantik der Hieroglyphen, wäre es dies keineswegs. Ich glaube darum, daß eher wieder ein Gradient nach der Komplexität der Gegenstände vorliegt. Eine Abnahme der Trennschärfe mit dem Differenzierungsgrad des betrachteten Systems.[14]

Eine grundsätzliche, unüberwindbare Schwierigkeit scheint mir auch hier nicht vorzuliegen; und ein Dilemma schon gar nicht. Es sei denn, man empfände eine offene Wissenschaft, die auch mit einem Wandel ihrer umfassendsten Annahmen oder Paradigmen rechnen muß, als an sich unwissenschaftlich. Das aber wird nur der Dogmatiker tun oder einer, der an irgendwelche uns vorgegebene Gewißheiten glaubt.

Freilich werden die jeweils umfassendsten Theorien, da die der Eigenschaften der Quanten, dort die eines Zeitgeists oder Literaturstils, sehr verschieden angeschrieben und ebenso unterschiedliche Gewißheitsgrade zuerkannt bekommen. Aber beide Subsumptions-Hierarchien werden auch gegen ihre Enden offen bleiben müssen, da gegen neue Theorien der Quarks, dort gegen neue Theorien der Kultur.

Die Methode im hermeneutischen Zirkel

Die Lösung, welche die Methode enthält, kennt der Leser nach meiner Darstellung aus dem Teil 2 dieses Bandes. Sie setzt die Wahrnehmung des hierarchischen Baues aller Differenzierung voraus und die Anerkennung des Umstandes, daß wir unter einer Erklärung eine Prognose dann verstehen, wenn diese, als ein Fall unter anderen, aus einer umfassenderen Korrelation prognostiziert werden kann. Diese umfassenderen Korrelationen werden nun gewöhnlich in den Eigenschaften der beiden Nachbarschichten gefunden. Und nachdem alle, bis auf die End-Schichten des physikalischen Universums an eine Ober- wie an eine Unterschichte angrenzen, ergeben sich zwei Erklärungs-Richtungen für ein zureichendes Verständnis jedes Systems.

Dieses zweiseitige, symmetrische Subsumptions-Schema ist nun auch die Voraussetzung zum Verständnis der Methode der Hermeneutik. Zum einen macht es verstehen, warum das Schema nach zwei Seiten offen ist und offen bleiben muß; zum anderen macht es verständlich, warum auch im engsten Kreise, nämlich einer wechselseitigen Erklärung von Nachbarschichten auseinander, kein logischer Zirkel vorliegt.

Beide Hierarchien der erkenntnisschaffenden Kreisläufe enthalten, wie man sich erinnert, zunächst dieselben Abschnitte: aus den bekannten Fällen einer Schicht werden die Bedingungen einer Hypothese gebildet und aus der Hypothese (von einer der Nachbarschichten aus) die Prognosen über die Gesetzlichkeit der noch unbekannten Fälle in der Schicht. Die beiden Hierarchien unterscheiden sich aber darin, daß nach ihrer Symmetrie aus den Obersystemen die selegierenden Form-

---

[14] Konkret beziehe ich mich hier auf S. SCHMIDT 1975 (die Zitate von Seite 6); ferner auf A. BOECKH (Neuausgabe 1966), MAX WEBER (Neuausgabe 1968) und H. GOMPERZ (1929). — Die Zitate von W. STEGMÜLLER (1979) stammen von den Seiten 35, 39, 40, 42 und 58. Ferner vergleiche man TH. KUHN (1967).

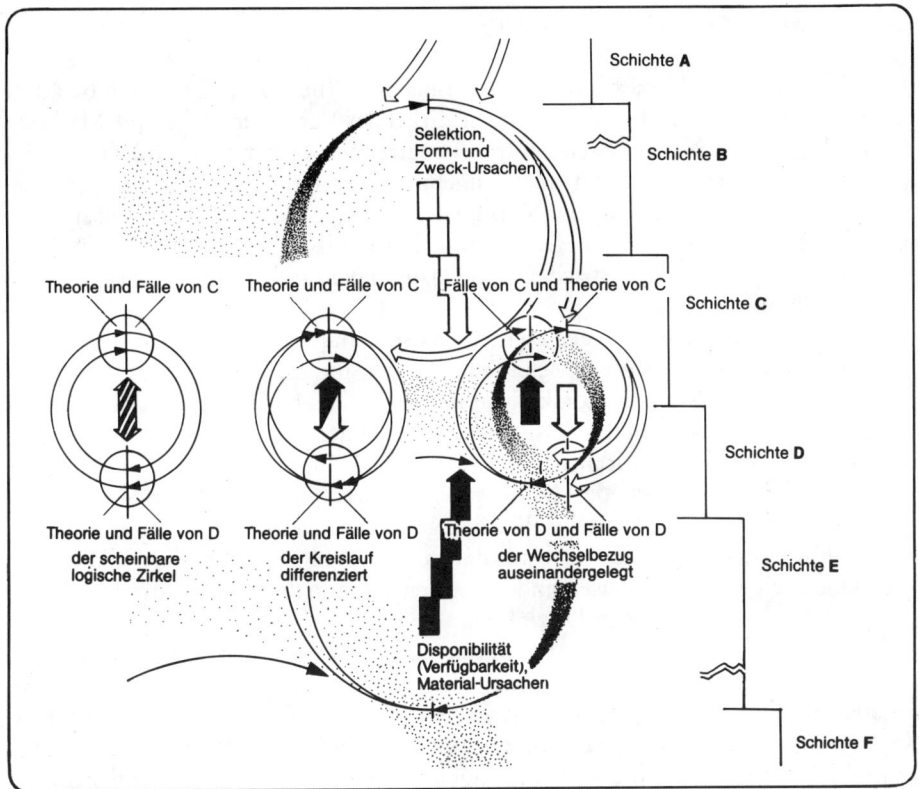

Abb. 44. *Entflechtung des hermeneutischen Zirkels;* dargestellt in drei Phasen. Links die Antinomie: »erkläre C aus D sowie D aus C«. Mitte die Differenzierung der Vorgänge nach Induktion und Deduktion, Fällen und Theorien. Rechts die Vorgänge räumlich zerlegt und als Teile der symmetrischen Subsumptions-Zusammenhänge (Theorie C als Fall von Theorie B; Theorie D als Fall von Theorie E usf.). Man vergleiche Abb. 28, Seite 130.

Gesetze kommen, aus den Untersystemen aber die Disponibilität der Material-Gesetze (man vergleiche die Abb. 28, Seite 130). Umgekehrt verlaufen die Bedingungen, welche zur Formulierung der Hypothesen Anlaß geben: die Form-Bedingungen werden aus den Fällen in den Untersystemen abgeleitet, die Material-Bedingungen aus jenen in den Obersystemen.

Diese Rekapitulation soll nochmals vor Augen führen, daß die Form- und Material-Gesetze unabhängig voneinander, jeweils innerhalb ihrer Hierarchie von Unter- und Ober-Hypothesen, etabliert werden können. Und dies ist für unser Hermeneutik-Problem von Bedeutung. Daraus erst kann man begründen (Abb. 44), warum es gerechtfertigt ist, die Schichte A aus der Schichte B zu erklären und ebenso die Schichte B aus der Schichte A. Denn die eine Erklärung wird durch die Hierarchie der Form-Gesetze aus der Serie der Oberschichten gestützt sein, die andere durch die Hierarchie der Material-Gesetze, welche aus den Unterschichten abgeleitet werden.

Die Lösungs-Ansätze bisher

Rund hunert Jahre Hermeneutik-Diskussion sind vorbeigezogen, seitdem BOECKH pragmatisch, DILTHEY philosophisch den Zirkel des Verstehens gegen die Methode des Erklärens der Naturwissenschaften abzutrennen trachteten. Und diese Vorgangsweisen haben sich dann auch zunehmend getrennt. Zum Teil laufen die praktischen Erörterungen in den einzelnen geisteswissenschaftlichen Disziplinen unbeirrt von der ‹spekulativen Hermeneutik› der Philosophen; und die der Philosophen, namentlich der idealistischen und existentialen, unbeirrt von den Fakten in den Fachdisziplinen.

So ist es auch nicht zu einer rechten Wissenschaftstheorie der Geisteswissenschaften gekommen. Die Wissenschaftstheorie war um die Jahrhundertwende über die Grundlagen-Krisen der Logik, Mathematik und Physik spezialisiert worden und hielt sich weiterhin an das Wissenschafts-Ideal der Physiker. So kommt es, daß in den Disziplinen der kritischen und analytischen Philosophie, etwa bei ALBERT, POPPER und STEGMÜLLER, den Naturwissenschaften eher konstruktive, den Geisteswissenschaften eher kritische Beiträge gewidmet werden. Und zwar deshalb, weil wohl Ursache war, sich mehr mit den geräuschvollen Existential-Philosophen und deutschen Idealisten auseinanderzusetzen als mit der stillen Entwicklung in den geisteswissenschaftlichen Disziplinen.

Die Lösungs-Ansätze finden sich darum überwiegend in den Einzeldisziplinen; und es sind gerade diese, welche meiner Theorie der hermeneutischen Methode die meisten Stützen liefern werden. Entsprechend ist ihnen auch das ganze nächste Kapitel einzuräumen. Ohne jede Stütze hätte ich mein Konzept nicht veröffentlicht.

Im Lichte dieser Kenntnis wird aber auch deutlich, wieviel an Wesentlichem der Lösung schon antizipiert worden ist. Das gilt schon für die Vorläufer jener methodischen Trennung, wie für WILHELM VON HUMBOLDT, der das Allgemeine wie das Besondere, das Vor- wie das Überbegriffliche, in die Methode einzubeziehen verlangt. Man kann daraus auf eine Einsicht in den Wechselbezug des Kenntnisgewinns aus den Ober- und Untersystemen schließen. Besonders, wenn man sich der Kontakte der Brüder HUMBOLDT mit dem älteren GOETHE erinnert, der dieses morphologische Prinzip wohl erkannt hatte.[15]

Aufschlußreich ist auch die Entwicklung in DILTHEYS Theorie. Anfangs (1894) war die Begründung der Methode in den »Ideen über eine beschreibende und zergliedernde Psychologie« gesucht worden. Wir haben diesen Ansatz heute einen reduktionistischen genannt. Der Bezug auf die tieferen Schichten war gewiß nicht zu umgehen. Der Doppelbezug aber war durch die Eigentümlichkeit unserer alternativen Anschauungsformen von den Ursachen nicht in Betracht genommen. Daß jedoch ein zweiter, höherer Bezug, wir sagen nun: aus den höheren Schichten, hinzutreten mußte, war ihm bald klar. »Um die dieser Verstehensform eigene

---

[15] Die Begegnungen zwischen GOETHE und den Brüdern VON HUMBOLDT waren häufig und intensiv. 1809 beispielsweise, GOETHE war 60, WILHELM VON HUMBOLDT, Leiter des preußischen Unterrichtswesens, erst 42, und sein nur zwei Jahre jüngerer Bruder ALEXANDER arbeitete an der Auswertung seiner »Reise in die Aequinoctial-Gegenden des neuen Continents in den Jahren 1799 bis 1804.«

Verkürzung des Verstandenen«, sagt HUFNAGEL (1976), »weiß DILTHEY. Daher ist er zeit seines Lebens bemüht, das elementare Verstehen durch höhere, der Individualität gewachsene Verstehensleistungen zu ergänzen« (p. 13).

Wichtig wird werden, daß BOECKH bereits in der späten GOETHE-Zeit den Zirkel »in dem Verhältniss der formalen Function der Philologie zu ihren materialen Ergebnissen« gelegen sieht (p. 84 der Ausgabe 1966). Unter ›materialen Ergebnissen‹ versteht er die erkannten Gesetze der Syntax und Semantik. Diese entsprechen ganz eindeutig den Material-Gesetzen unserer vierteiligen Terminologie. Und die ›formalen Functionen‹ sind im Sinne BOECKHs die die Grammatik gesetzlich bestimmenden Kenntnisse der Historie, des Dichters und seiner Literaturgattung. »Und die generische beruht auf der geschichtlichen Kenntniss der Stilgattungen« (p. 84), die BOECKH auch noch zum Formen-Verständnis des ganzen Aufbaus verlangt. Dies wiederum entspricht unseren Form-Gesetzen ganz. Der Schritt, den ich tat, sie zusammenzufügen, war also bescheiden (wiewohl ich einräume, mein Konzept vor Kenntnis dieser Autoren vor Augen gehabt zu haben; so daß ich nun aus ihnen Bestätigung gewinne).

Aber auch in der Philosophie heute wiederholt sich die Sicht dieser Polarität. »Die Auslegung eines Textes«, sagt HABERMAS 1975, »hängt von einer Wechselbeziehung zwischen der Interpretation der ›Teile‹ durch ein zunächst diffus vorverstandenes ›Ganzes‹ und der Korrektur dieses Vorbegriffs durch die ihm subsummierten Teile ab« (p. 26). Nur, daß auch die Teile zunächst diffus vorverstandene Hypothesen sind, die wiederum vom Ganzen zu korrigieren sind, und das eben Schicht gegen Schicht; das haben wir hinzugefügt. Oder, genauer: dieses wußten schon die Philologen.

Am nächsten aber kommen meiner Lösung Forderungen wie sie, nun von der analytischen Philosophie, an das Subsumptions-Schema gestellt worden sind. Wie man sich erinnert, hat GEORG HENRIK VON WRIGHT (1974) als Test für die universelle Gültigkeit der Subsumptions-Theorie verlangt, daß festgestellt werde, »ob das Gesetzesschema der Erklärung auch teleologische Erklärungen erfaßt« (Seite 28). Er bereitet dies selber vor. »Und zwar«, resümiert WOLFGANG STEGMÜLLER (1983), »legt VON WRIGHT seiner Analyse ein Gegenmodell zum Endstadium der Entwicklung innerhalb der GALILEIschen Tradition, nämlich zum H-O-Schema, zugrunde ... das intentionalistische Erklärungsschema« (Seite 484). Zwei grundverschiedene Geistesströmungen werden wahrgenommen. »Für die GALILEIsche Tradition«, sagt STEGMÜLLER, »steht die Suche nach allgemeinen Gesetzen im Vordergrund, sowie die Verwendung dieser Gesetze für Erklärungen und Voraussagen. Auch menschliche Verhaltensweisen können nach dieser Tradition nur so erklärt werden, daß man sie unter allgemeine Gesetze des Verstehens subsummiert« (Seite 483).

Dies wäre schon die Lösung. Aber, heißt es weiter: »Die zweite Geistesströmung ..., vertritt die Auffassung, daß die Wissenschaften vom Menschen teleologische Erklärungen statt kausaler Erklärungen liefern müßten.« Hier ist also Teleologie noch nicht als Teleonomie und daher noch nicht als eine Form der Kausalität verstanden.

Kurzum, es läge unsere Lösung in Stücken schon vor. Jedoch dort, wo man den Wechselbezug zwischen materialen und formalen Funktionen, zwischen dem Teil und dem Ganzen, schon vorsieht, ist das Subsumptions-Schema nicht erkannt worden. Und dort, wo man die zweite Seite des Schemas voraussieht, hat man die Zwecke nicht als eine Form der Ursachen wahrgenommen.

Der Teil und das Ganze

»Man würde doch erwarten, daß Autoren, die umfangreiche Werke und lange Abhandlungen über Hermeneutik oder über den Unterschied zwischen der naturwissenschaftlichen und der geisteswissenschaftlichen Erkenntnis schreiben, anhand von konkreten Beispielen ... zeigen, wie ein Geisteswissenschaftler im Unterschied zum Naturwissenschaftler seine Hypothesen formuliert.« Doch, findet STEGMÜLLER (1979), »muß man leider sagen: Solche Beispiele fehlen vollkommen« (Seite 35).

Dreierlei habe ich hinzuzufügen: Erstens ist dies gewiß richtig, wenn man die philosophische Literatur im Auge hat. Sie hat sich um die längstbewährte Pragmatik, die in den Einzeldisziplinen durchaus dargestellt ist, vielfach herumgedrückt. Einmal wohl, um der Mühe der Recherche und der Übersetzbarkeit aus den verschiedensten Wissenschaftssprachen zu entgehen, was man noch verstehen kann. Zum anderen aber aus dem unverhohlenen Bedürfnis, die Höhenflüge der Spekulation aus den Niederungen der bloßen Erfahrungswissenschaften zu entlassen. Und das Ergebnis sind dann freilich keine Lösungen, sondern nur neue Lustgärten der Verwirrung.

Zum zweiten muß ich sagen, daß die Beispiele naturwissenschaftlicher Subsumptions-Schemata, welche die philosophische Literatur enthält, auch recht unkonkret und schwebend sind. Manchmal wird eine Kritzel-Skizze von der Hand ALBERT EINSTEINS wiedergegeben. Aber auch diese notiert nur ganz allgemein einen (induktiven) Sprung zur Theorie und die deduktiven Bezüge zu den gedachten Subtheorien. Warum dies so ist, das habe ich in der Praxis kennengelernt. Zum einen kommt gar kein geschlossener Zusammenhang zustande, wenn man, dem Zeittrend folgend, die induktive, heuristische Komponente ignoriert. Die Theorien fallen dann beziehungslos aus dem Himmel der Phantasie. Zum anderen ist eine handfeste Darstellung der Hierarchie von Theorien auch nur näherungsweise möglich. Denn weder sind Subtheorien Teile von Obertheorien und noch weniger könnte eine Theorie ganz auf ihre Prämissen, die beobachteten Fälle, zurückgeführt werden.[16]

Zum dritten ist vor den Schemata auch zu warnen. Ich zweifle nicht daran, daß man meine, in diesem Band entwickelte, ›wissenschaftstheoretische Graphik‹ höchst ungewohnt finden wird. Sie ist es. Und man wird treffliche Ansätze zur Kritik finden. Nun darf ich nicht behaupten, daß es mein Ziel ist, möglichst viel Kritik zu finden. Freilich will ich überzeugen und anschaulich machen. Aber ich bin immerhin in dem Maße POPPERianer und Falsifikationist, als ich davon

---

[16] Diese Skizze EINSTEINS ist beispielsweise in P. AICHELBURG und R. SEXL (1979, Seite 124) wiedergegeben. Mein Freund ERHARD OESER und ich haben es uns, entgegen der üblichen Vorgangsweise, zur Auflage gemacht, die Zusammenhänge, die wir sehen, auch konkret graphisch niederzuschreiben (z. B. E. OESER 1976, 1983 a, R. RIEDL 1975, 1978/79, 1980).

überzeugt bin, daß wir nur durch Kritik am Konkreten und Wohldefinierten unsere Theorien verbessern können. Sicher nicht durch dunkle Verbalistik.

Kurzum, ich stimme mit STEGMÜLLER überein, daß es ein Gebot ist, mit realen Beispielen zu operieren, konkret zu sein und eindeutig. Man wird mir, darauf baue ich, nicht die Hoffnung auf eine ›graphische Lösung‹ von Erkenntnisproblemen unterschieben. Aber die Graphik ist eben besonders konkret; und sie ist auch anschaulich und sprachunabhängig. Und da es mir um eine praktische Hilfeleistung zur Förderung des Gesprächs zwischen den Disziplinen geht, werde ich dieselbe Graphik, wie ich sie für die Naturwissenschaften verwendete, auch hier anwenden. Wir sind wieder am Kern der Sache.

Wieder eine methodische Präambel

Die Fragen, die wir in diesem Kapitel stellen, sind dieselben, die wir bei Behandlung der Naturwissenschaften stellten: Ist es richtig, daß die Gegenstände der Geisteswissenschaften erst durch Anwendung zweier Erklärungs-Richtungen zureichend verstanden werden? Ist es ferner richtig, daß die Auslese- oder Formbedingungen aus den Obersystemen wirken, die Disponibilität der Materialien aber aus den Untersystemen? Und, besteht wieder eine Übereinstimmung zwischen den Gründen der Erklärung und den Ursachen der Entstehung der Systeme?

Und noch in einem anderen stimmen die Kapitel vom Teil und vom Ganzen überein. Wie in den Naturwissenschaften, wo es besser gewesen wäre, mit der Morphologie zu beginnen, wäre es bei den Geisteswissenschaften didaktisch klüger, mit den philologischen Disziplinen den Anfang zu machen. Aber wiewohl die Geisteswissenschaften viel weniger nach dem Schichtenbau der Komplexität ihrer Gegenstände gegliedert sind, will ich doch wieder einer Konvention folgen; gewissermaßen mit der Reihenfolge der Vorbedingungen auch mit der Psychologie beginnen. Dies entspricht auch einem Gradienten, der angibt, in welchem Grade sich eine Wissenschaft noch naturwissenschaftlich verstehen kann oder sogar versteht. — Das wird aber zur Folge haben, daß wir uns ungleich mehr, als das bei der Behandlung der Naturwissenschaften notwendig war, um die Geschichte der Fächer zu kümmern haben werden; besonders in jenen, die durch Strömungen selbst schon in zwei fast getrennte Kulturen geteilt wurden.

Ganz anders allerdings ist zunächst die allgemeine Auflage, die diesem Kapitel zu machen ist. Wenn es in den Naturwissenschaften um eine Erweiterung des wahrzunehmenden Ursachen-Zusammenhanges gegangen ist, wird es hier um die Begründung des erweiterten, aber verunsicherten Ursachen-Zusammenhanges gehen. Das sagten wir schon, es soll aber im Auge behalten werden.

Ebenso ist das, was noch hinsichtlich solcher Ursachen-Konzepte vorauszuschicken ist, verschieden. Ging es in den Naturwissenschaften aufgrund ihrer Verflechtung mit Logik und Mathematik um eine Abgrenzung von Real- und Erkenntnisgründen, so geht es hier um die Herstellung einer Beziehung von den nichtbewußten zu den absichtsvollen oder intendierten, bewußtseins-gesteuerten Programmen. Wir waren aber in dieser Sache (in Teil 2) schon ausführlich und müssen uns nur daran erinnern, daß es einen Unterschied nach der zeitlichen

Ursachenrichtung, also aus der Zukunft wirkende Zwecke, gar nicht gibt. Vielmehr besteht der Unterschied darin, daß ein genetischer Informations-Speicher mit Programm-Korrektur gewissermaßen nur im praktischen Versagensfall überbaut wird von einem Speicher im Gedächtnis, welcher eine Antizipation des Zieles ermöglicht. Und dies im Sinne einer Vorstellung und ihrer Projektion in die Zukunft und folglich zusätzlich einer Programmkorrektur auch im theoretischen Fall des Versagens.

Die Psychologie

Es ist kennzeichnend für die Position dieser Wissenschaft, daß es für viele Psychologen befremdlich sein wird, ihr Fach unter den Geisteswissenschaften eingereiht zu finden. Zweifellos ist es das naturwissenschaftlichste unter diesen; und Gebiete, wie die »Physiologische Psychologie« und die »Neuropsychologie« sind schon dem Titel nach Naturwissenschaften. Dennoch steckt das Wort Psyche in diesen Namen, was wohl mit einer Wissenschaft vom Geist des Menschen zu tun haben muß. Aber die Hauptströmung der letzten Jahrzehnte war eben szientistisch-reduktionistisch. Man trachtete die geisteswissenschaftlich-philosophischen Makel und Dunkelfelder loszuwerden.[17]

Freilich hat die Psychologie anders begonnen. Mit ihrer Gründung vor rund einem Jahrhundert durch Wilhelm Wundt hatte sie, sobald sie aus der Philosophie herausgetreten war, gleichermaßen mentalistische wie elementaristische Züge und war der Methode nach introspektiv. Aber damit war auch schon die Opposition herausgefordert.

Die ältere ›Psychophysik‹ Fechners, die aus der Medizin kommt, der Positivismus und die Pawlovsche Reflexlehre der Jahrhundertwende leiteten dann über Watson und Feigl die szientistische Achse ein; nämlich den Behaviourismus Skinners der 30er bis 50er Jahre. Dies ist der Versuch einer Erklärung der Psyche aus dem Reiz-Reaktions-Verhalten des Nervensystems, seiner Zellen und Synapsen, also eine szientistisch-materialistische Rückführung der psychischen Phänomene auf die Teile des Systems. Und es führte zu einer deterministischen Interpretation des Systems und dazu, die leistungsfördernden Ursachen gänzlich in die dem Individuum übergerangten Schichten zu verlegen: in das Milieu und die Erziehung.

Dem entgegen wurden auch schon vor der Jahrhundertwende der Funktionalismus von James und Dewey entwickelt, ferner synthetische Leistungen in den psychischen Funktionen aufgedeckt und von Christian von Ehrenfels über Wertheimer und Koffka sowie durch Köhler zur Gestaltpsychologie, von Krüger und Wellek zur Ganzheitspsychologie, wieder der 30er bis 50er Jahre, entwickelt.

---

[17] Die erwähnten Titel stammen von meinen Freunden Rainer Bösel (1981) und Giselher Guttmann (1972). Daß aber im allgemeinen szientistischen Trend übers Ziel hinausgeschossen wird, mag man wieder dem »Handbuch der psychologischen Grundbegriffe« (Th. Herrmann et al. 1977) entnehmen, in welchem die Begriffe Finalität, purpose, Teleologie, Teleonomie und Zweck sowie Autoren wie Koffka, von Ehrenfels und Wellek nicht mehr vorkommen.

Aber auch die Behavioristen mußten die Zusammenhänge komplexer sehen. TOLMANS Ratten, die den Weg durch ein Labyrinth zu Fuß erlernt hatten, meisterten es auch sogleich schwimmend; was bei den ganz veränderten Bewegungsabläufen zeigt, daß die Leistung nicht bloß auf das Erlernen eines Bewegungsprogramms, sondern auf höhere Lerneinheiten zurückgeführt werden muß. Die leistungsfördernden Ursachen wurden also auch innerhalb der Systeme erwartet.

Freilich ist dies vereinfacht gezeichnet und die beiden geistigen Stammbaumäste blieben nicht völlig getrennt. So, wie eben Hybride in Gebieten der Kultur ungleich häufiger und erfolgreicher sind als in dem der biologischen Evolution. Dennoch hat KARL BÜHLER schon in den 20er Jahren zu Recht von einer ›Krise der Psychologie‹ geredet. Dabei hatten sich die Gestaltpsychologen noch durchaus als Naturwissenschaftler verstanden.[18]

Wenn später vom ›Seelischen Sein‹ oder von einer ›Wesens-Schau‹ die Rede ist, so berührt dies erst eine dritte, die ausdrücklich geisteswissenschaftliche Achse. Sie geht von WILHELM DILTHEYS programmatischem Ansatz, den ›Ideen über eine beschreibende und zergliedernde Psychologie‹ von 1894 aus. Dabei wird mit WINDELBAND und RICKERT die beschreibende zu einer verstehenden Psychologie der Geisteswissenschaften stilisiert gegenüber der zergliedernden, erklärenden der Naturwissenschaft. Dies ist die Philosophie der Neukantianer; auch mit SPRANGER und JASPERS. Und sie wäre eine typisch deutsche Erscheinung geblieben, hätte nicht ihre soziologische Parallele, von HUSSERLS Phänomenologie ausgehend, den Existentialismus SARTRES und wieder die philosophische Hermeneutik in Gang gebracht.

Kurz, die dezidiert geisteswissenschaftliche Psychologie ist in den Schoß der Philosophie zurückgekehrt, die ganzheitliche blieb auf der Strecke, die Gestaltpsychologie wanderte nach den USA aus und löste sich, wie schon erwähnt, ebenfalls auf, weil sie keinen Anschluß an die Neurologie der ›akademischen Psychologie‹ fand. Übriggeblieben ist vielmehr eine vierte Achse mit den FREUD-, ADLER-, JUNG-, FRANKLschen Formen der Tiefenpsychologie. Dies ist, trotzdem ihre Wissenschaftlichkeit immer wieder in Frage gestellt wurde, wohl auf die therapeutischen Absichten (und Gewerbe) dieser Richtung zurückzuführen. Wie unwissenschaftlich die Methode der Tiefenpsychologie auch sein mag, ihre Theorie erwartet, wie die unsere, das Vorliegen endogener, synthetischer Leistungen, die aus dem Nichtbewußten Einfluß auf unser Bewußtsein nehmen.

So ist in der Psychologie zwar kein Methodenstreit in der Art lokalisierbar, wie er uns im Thema Soziologie noch begegnen wird. Aber das Unbehagen einer Spaltung ist geblieben, die man nur übersehen kann, wenn man sich jeweils einem ihrer Paradigmen bedingungslos verschreibt.

»In den Jahren«, erinnert sich HUBERT ROHRACHER (1972, Seite 262), »in denen ich die psychologische Fachliteratur sehr gründlich studierte, geriet ich in eine Phase tiefer Unzufriedenheit mit der Psychologie. Gestaltpsychologie, Beha-

---

[18] Für Gespräche zu diesem Thema und für die Durchsicht des Kapitels bin ich ERWIN ROTH verbunden und dem Freunde HARALD ROHRACHER. Und meinem Lehrer HUBERT ROHRACHER gedenke ich hier in Verbundenheit. Übersicht findet man bei P. HOFSTÄTTER 1972. Speziell zur Gestaltpsychologie vergleiche man CH. V. EHRENFELS 1890, K. KOFFKA 1935, auch M. WERTHEIMER 1923; zum Strukturalismus z. B. E. TOLMAN 1932; zur Ganzheitspsychologie A. WELLEK 1955.

viorismus, Psychoanalyse, Strukturpsychologie, geisteswissenschaftliche Psychologie — in einer so zersplitterten Wissenschaft mit so vielen Richtungen mußte irgendwo ein ganz großer Fehler stecken.«

Denn letztlich geht es wieder um die Verfolgung des GALILEIschen Wissenschaftsideals, wofür zunächst KURT LEWIN eintritt. Oder aber es geht um eine Rückkehr in die mehrseitigen Ursachenbezüge des Konzepts von ARISTOTELES. Es ist, sagt NORBERT BISCHOF, »nicht zu verkennen, daß das Unbehagen an einem ›GALILEISchen‹ Leitbild der Psychologie heute deutlicher gespürt wird als jemals zuvor.« Es geht um die Wiedereinführung des Schichtenkonzepts und damit der teleonomen Ursachen und der Regel- oder Rückkoppelkreise wie im Reafferenzprinzip. Nun hat es, stellt BISCHOF fest: »in den Verhaltenswissenschaften schon wiederholt Programme gegeben, die auf strukturelle Reduktion und teleonome Heuristik hinausliefen«, und er nennt die uns schon vertrauten Autoren BRUNSWICK, VON HOLST und LORENZ, aber fährt er fort, »jedesmal ohne nachhaltigen Einfluß auf diejenigen, die in der Psychologie den Ton angeben.«[19]

Dies mag sich nun ändern, da sich mit der Entdeckung synthetischer Leistungen bereits in der Verschaltung der Retinazellen durch DAVID HUBEL und TORSTEN WIESEL (1962), das hermeneutische Schichtenprinzip, wie man sich erinnert, durch DAVID MARR und GUNTHER STENT (1980 und '81) auch in den Bereich der Datenverarbeitung des menschlichen Gehirns verlängern ließ. Damit ist jener Anschluß der Neurologie an die Gestaltpsychologie und wohl auch an die Struktur- und Ganzheitstheorie gelungen. Und es steht damit wohl außer Frage, daß schon innerhalb der Mechanismen der Psyche ein Schichtensystem analytischer wie synthetischer Wechselabhängigkeiten vorliegt. Und daß eine solche Wechselabhängigkeit besteht zwischen diesen psychischen Funktionen des Individuums und den ihm übergeordneten Funktionen seiner Gruppe und deren Kultur, das ist nie ernstlich in Frage gestellt worden.

Wir sind damit in der Lage, der Psychologie ein Heraustreten aus der GALILEIschen Monokausalität in ARISTOTELES' Wechselkausalität zu prognostizieren; von der einseitig reduktionistischen zur zweiseitig hermeneutischen Erklärung ihrer Phänomene. Dazu greifen wir auf unser Schichtenmodell zurück und müssen gerechterweise einräumen, daß auch eine Schichtenlehre in der Psychologie längst ihre Tradition hat.

Sie beginnt wieder bei ARISTOTELES, der Schichtenteilung in eine vernünftige über einer animalischen und einer vegetativen Seele. Dies leitet von den hellenistischen Mysterien und der neuplatonischen Gnosis (der esoterischen Philosophie, z. B. auch des Apostels PAULUS), zur Unterscheidung der Fleisch-, Seelen- und Geistesmenschen und zu verschiedenen Wunderlichkeiten des Mittelalters. Aber schon im 18. Jahrhundert beginnt mit PIERRE CABANIS und der Einsicht in die Funktions-Schichten von Stamm-, Zwischen- und Großhirn die Interpretation der Moderne. Die Neurologen JACKSON und SHERRINGTON im 19. Jahrhundert erkennen die hemmenden (wir sagen: selektiven) Funktionen der jeweils höheren und

---

[19] Bedeutungsvoll sind in diesem Zusammenhang die Beiträge von M. MARX u. W. HILLIX 1963. Nicht mehr en vogue, aber einschlägig A. WELLEK 1953 und F. KRÜGERS Strukturtheorie von 1953; neuerdings aber die Studien von N. BISCHOF, welchen die obigen Zitate (aus 1980, Seite 39) entnommen sind. Demgegenüber K. LEWIN schon1930/ 31.

labileren Schichte. FREUD scheidet dann zwischen dem Es, dem Ich und dem Über-Ich. Und ROTHACKER stellt, wie erinnerlich, ein Sechs-Schichten-Modell vor, das vom Leben-, vom Tier-, vom Kind-in-mir zu den Emotionen, zur Persönlichkeit und zum Ich aufbaut. Auch kehrt bei ihm die Roß-und-Reiter Symbolik des Altertums wieder, da das Schwächere und Lenkende vom Stärkeren, Unfreieren getragen wird.[20]

Versuchsweise nehmen wir einmal fünf systemimmanente Schichten an (Abb. 45) und drei milieubestimmte; mit den Theorien der retinalen Verschaltung, der zerebralen Hermeneutik, der Gestaltwahrnehmung, der angeborenen Auslösemechanismen und der ratiomorphen Deutung; und setzen über sie die ebenso bekannten Theorien der assoziativen Deutung und weiters der Urteile und Einstellungen aus der individuellen und kollektiven Erfahrung. Dann läse sich die schichtweise Interpretation einer Wahrnehmung, beispielsweise eines Babygesichts, folgendermaßen: da ist etwas — eine Form — ein Gesicht — ein Baby- — also ein Menschengesicht — kurz vor dem Weinen — entferne dich sofort — aber mit Anstand.

Und es laufen wieder, wie gewohnt, die Materialursachen mit Antrieben, Disponibilitäten und Synthesen gegen die Obersysteme. Die Formursachen aber, mit der Bestimmung der Zwecke oder teleonomen Programme durch Selektivität, Urteil, Absicht und Einstellung, wirken von den Obersystemen auf die unteren. Und ein solcher Wechselbezug der Ursachen gilt natürlich für jede Schichte. Nicht nur für jene, die wir (in Abb. 45) zwischen den ratiomorphen Leistungen und den angeborenen Auslösern als Beispiel verwendeten. Natürlich ist die Aufgabe, sagen wir, Gestalten wahrzunehmen, der Zweck wie die Selektionsbedingung für das Zustandekommen der zerebral-hermeneutischen Prozesse; ebenso wie die Erfolge einer Interpretation durch die individuelle Erfahrung der Zweck und die Selektionsbedingung für das Zustandekommen assoziativer Prozesse sind.

Die Behinderung, diese Wechselbezüge nicht gesehen zu haben, hat gute Gründe; die Art unserer rationalen Vernunft und, als deren Folge, heute sogar noch weltanschauliche. »Das rationale Bewußtsein«, bestätigt FRITJOF CAPRA, »ist eben auf die Erkenntnis linearer Zusammenhänge beschränkt. Das intuitive dagegen nicht, und daher fällt es uns wesentlich leichter, komplexe Zusammenhänge intuitiv zu erfassen.« Die weltanschauliche Behinderung zeigt sich in dem jahrelangen Streit um die Dominanz der erblichen versus der milieubedingten Anteile an der Lebensleistung. Bis erst jüngst HASSENSTEIN gezeigt hat, daß der übergeschichtete Milieuanteil ein Defizit an Förderung erlebt, also natürlich wieder eine Selektion, eine negative Selektion, die überhaupt verschwinden sollte.[21]

»Nicht nur in der Politik, mehr noch im Schul- und Bildungswesen, gewinnen philosophische und wissenschaftstheoretische Ideengebäude zeitweise eine außerordentlich wirklichkeitsgestaltende Kraft«, sagt HASSENSTEIN, und er schließt:

---

[20] PIERRE JEAN GEORGE CABANIS (1757–1808), französischer Arzt, Reformer und Aufklärer; Hauptwerk 1802. Das Thema ›Geist als Widersacher der Seele‹ ist bekanntlich ausführlich von LUDWIG KLAGES dargestellt worden. Zum Thema S. FREUD verwende man das Werk von 1923, zu jenem von E. ROTHACKER das von 1952.

[21] Die Stellen sind aus F. CAPRA 1983 a (Seite 38; man vergleiche die ausführliche Darstellung von F. CAPRA 1983) und aus B. HASSENSTEIN 1981 (von den Seiten 130 und 131); zum letzteren Thema auch H. EYSENCK 1980 und H. VON HENTIG 1971.

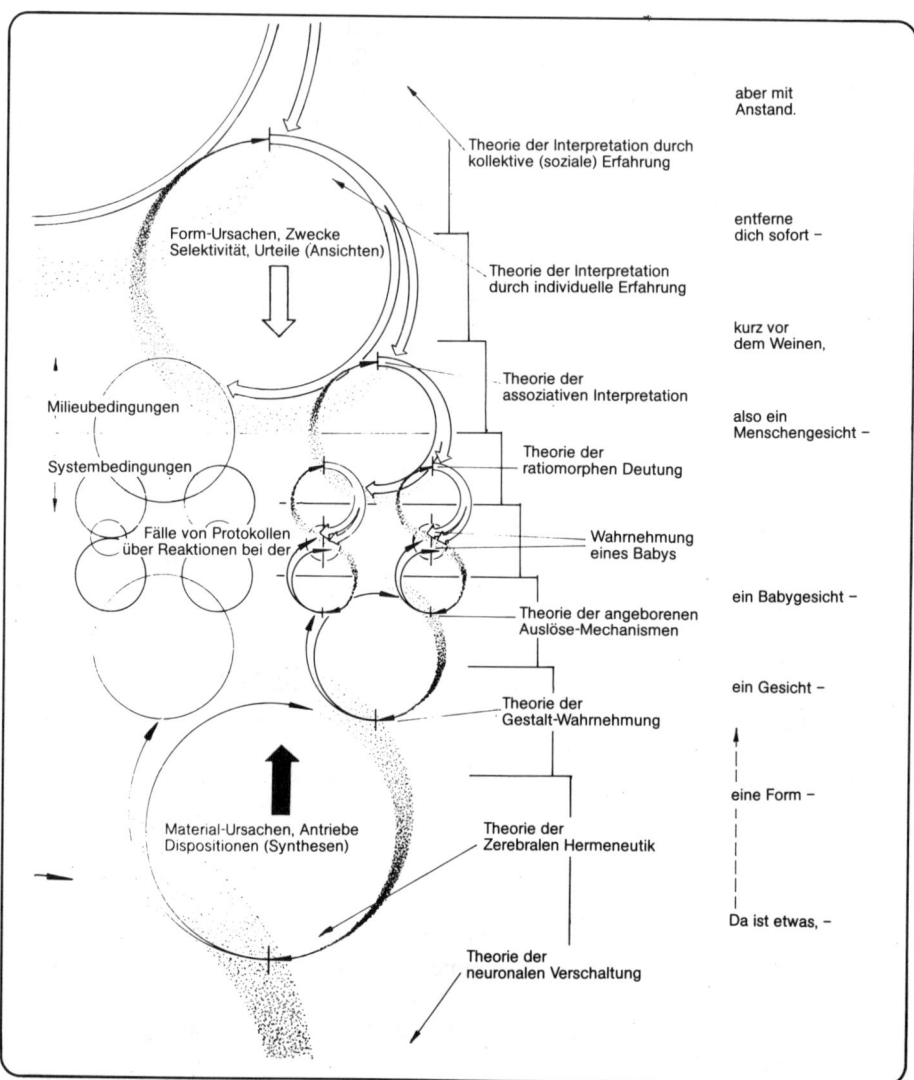

Abb. 45. *Symmetrie des Erklärungs-Zusammenhanges in der Psychologie;* am Beispiel der Interpretation einer Wahrnehmung (hier eines Babys), bezogen auf 9 Schichten der Theorien. Die Erklärung der Protokolle des Wahrnehmens rekurriert auf eine Kette von Theorien über Erbmechanismen, die der Erklärung des Reagierens auf die Wahrnehmung zudem auf die lerntheoretischen Schichten. (Ebensolche Symmetrien ergäben sich bei der Erklärung der Protokolle aus jeder der übrigen Zwischenschichten.)

»Unsere Erziehungswissenschaften und unsere Bildungs- und Schulpolitik sollten endlich wieder dahin kommen, in der Begabungsvielfalt unter den Erwachsenen, vor allem unter den Schulkindern und Studenten, eine Vielfalt menschlicher Möglichkeiten anstatt eine einzuebnende Streuung intellektueller Mängel zu sehen.«

Soziologie und Sozialpsychologie

Was man hier nach der Komplexität der Gegenstände der Psychologie anzureihen pflegt, enthält natürlich das ältere Metier. Denn, wie man sich erinnert, beginnt die Soziologie mit einer Politologie PLATONS und ist erst mit dem Entstehen der Psychologie in ein Faktorenfeld zwischen Politologie und Sozialpsychologie eingetreten.

Dieser Geburtsstunde aber hat nicht die Einsicht in den Wechselbezug zwischen Individuum und Gesellschaft Pate gestanden, wie man hoffen möchte; vielmehr die Spaltung in zwei einander zuwiderlaufende Erklärungsformen, wie dies, mit unserer heutigen Kenntnis menschlicher Ausstattung, zu befürchten war. Hier steht bekanntlich die Utopie, PLATONS Idealstaat, mit der Auflage, durch Erziehung in seinen Kreaturen jene Einstellungen zu erzeugen, die ihm wünschenswert erscheinen, gegen die Frage des ARISTOTELES, wie denn die Beschaffenheiten jener Kreaturen, die zu einem Gemeinwesen zusammenfinden, dessen Eigenschaften bestimmen. Es steht also, vereinfacht analysiert, eine idealistische Konzeption rational bestimmter Direktiven, aus welchen deduktiv das Verhalten des einzelnen zu bestimmen wäre, gegen ein vergleichsweise materialistisches Konzept empirisch bestimmbarer Einstellungen der einzelnen, aus welchen induktiv die des Gemeinwesens bestimmt werden könnte. Kurz: Es steht Staat gegen Individuum oder der Primat im Obersystem gegen das der Untersysteme, das Ganze gegen seine Teile.[22]

Rechnet man die so leicht erreichbare Hybridisierung kultureller Erbmerkmale zu den Ausnahmen und sieht diese Spaltung weniger im Herzen der Soziologen gelegen, vielmehr als eine Konsequenz der Rationalisierung und sozialen Paradigmen selbst, dann kann man dieses Schisma, etwa in der ›Ist-Soll-Debatte‹, durch die ganze Geschichte der Soziologie verfolgen.

An PLATONS Staat schließen die römischen Juristen, dann MACCHIAVELLI, HOBBES, HEGEL, MARX und der Faschismus, an ARISTOTELES die Kirchenväter, die Scholastik, dann CALVIN, LOCKE, HUME, SPENCER, der Positivismus in der Form seines Pragmatismus. Die Spaltung der Soziologie der Moderne rechnet man auf die Wirkung der ›Ecole Polytechnique‹ und die SAINT-SIMONISTEN zurück und läßt sie mit AUGUST COMTE beginnen und einer Art ›Sozialen Physik‹. Der Gegenzug auf die positivistischen Nachfolger COMTES wird von Geisteswissenschaftlern aber erst Ende des 19. Jahrhunderts angeführt; von PARETO, EMILE DURKHEIM und MAX WEBER. Das ist vergleichsweise spät und wird, wie mir scheint, gefolgt von einer auffallenden Konsequenz.

Während nämlich in der ersten Hälfte des 19. Jahrhunderts in der Morphologie mit dem späten GOETHE und in der Philologie mit AUGUST BOECKH noch unangefochten von der Einseitigkeit des am Positivismus entwickelten Szientismus jene Wechselbezüge des Verstehens erkannt wurden, die dann DILTHEY hermeneutisch nannte, ist das Ende des Jahrhunderts anders. Die Auseinandersetzung mit dem

---

[22] Man erinnert sich, daß dieser Antagonismus historisch bereits im Antagonismus sozialer Umwälzungen entstanden ist. »PLATO (427–347) schreibt unter dem Eindruck der Depression, welche der Niederlage Athens im Peloponnesischen Krieg folgte; ARISTOTELES (384–322) ist ein Augenzeuge des Aufgehens der griechischen Stadt-Staaten im Reich der Makedonier«. Zitiert aus P. HOFSTÄTTER (1959, Seite 33).

positivistischen Reduktionismus war von der Pragmatik der Fachwissenschaft in die Spekulation der deutschen Philosophie übernommen worden. Und die empirische Aufschließbarkeit wechselseitiger Ursachen wird verdrängt von geisteswissenschaftlichem Pathos.[23]

So findet man bereits bei MAX WEBER die Behauptung: »Wir sind ja bei sozialen Gebilden ... in der Lage, über die bloße Feststellung von funktionellen Zusammenhängen und Regeln (Gesetzen) hinaus, etwas aller Naturwissenschaft ... ewig Unzugängliches zu leisten: eben das Verstehen... Während wir das Verhalten z. B. von Zellen nicht verstehen, sondern nur funktionell erfassen.« Und unter Berufung auf DILTHEY und WEBER kam es in der Folge eben nicht zu einem Vergleich der reduktionistischen versus wechselbezüglichen Theorien der Ursachen- und der Erkenntnis-Beziehungen der Fachwissenschaften, sondern zu einem Philosophenstreit, dem sogenannten ›Positivismus-Streit‹ in der deutschen (und nur in der deutschen) Soziologie, in welchem namentlich KARL POPPER, HANS ALBERT und NIKLAS LUHMANN versus THEODOR ADORNO und JÜRGEN HABERMAS die Positionen bezogen.

Heute pflegt sich die wissenschaftliche Soziologie in der schon von ROBERT MERTON vertretenen mittleren Position, als empirische Sozialforschung, von der spekulativ-philosophischen abzugrenzen. Sie hat aber damit auch noch die Abgrenzung der erklärenden gegen die verstehende Methode im Auge. Einerseits wird »die Trennung zwischen Natur- und Geisteswissenschaften als im Wesensunterschied der Erfahrungsobjekte notwendig begründet zurückgewiesen.« Andererseits wird »die legitime Anwendung des Verstehens ... auf den Bereich der Forschungspsychologie beschränkt.[24]

Es mag die Nähe zum Wertproblem gewesen sein, welche die Soziologie die Theorie wechselseitiger Entstehungsursachen ihrer Gegenstände und Erkenntnisgründe erst hat jüngst wieder aufnehmen lassen. Und dies nicht im Anschluß an GOETHE oder BOECKH, vielmehr im Anschluß an die Kybernetik und Systemtheorie von WIENER und von BERTALANFFY und ASHBY. »So haben«, sagt HANS ALBERT, »die Sozialwissenschaften noch keineswegs ein Reifestadium erreicht«, um ein einheitliches System nomologischer Hypothesen zu entwickeln. — Es sind Theorien mittlerer Reichweite, die die verheißungsvollsten Ansätze bieten.« An der Bedeutung der Theorie jedoch ist seit den Tagen AUGUST COMTES nicht mehr gezweifelt worden; denn, wie wir wissen, nur sie ist es, die falsifiziert werden kann. Auch Erklärung und Prognose wird äquivalent, in unserem Sinn, verwendet.

Was sich aus der Perspektive wechselseitiger Erklärung noch gehalten hatte, war WEBERS typologische Methode. Doch zeigte es sich, daß sie Aussagenzusammenhänge in der Art von Theorien enthalten müßte, welchen Anforderungen sie, wie HEMPEL nachweist, noch nicht entsprach. Vielmehr trachtet man heute, der

---

[23] Übersichten der Geschichte der Soziologie findet man bei F. v. HAYEK (1979), P. HOFSTÄTTER (1959) und RENÉ KÖNIG (1976). Die Ausgaben der Werke, auf die ich mich fernerhin beziehe, sind jene von W. v. GOETHE (1795), A. BOECKH (Ausgabe 1966) und W. DILTHEY (1883).

[24] Das Zitat aus MAX WEBER stammt aus der Ausgabe 1976, Seite 7. Die Aufsätze zum ›Positivismus-Streit‹ wurden von TH. ADORNO und Mitarbeiter 1972 herausgegeben und fanden in jenen von J. HABERMAS und N. LUHMANN (1976) eine Fortsetzung. Eine moderne Übersicht der Methoden der Sozialwissenschaft findet man bei E. SCHEUCH (1976), dem auch die beiden letzten Zitate (von Seite 198) entnommen sind.

Komplexität der Zusammenhänge mittels einer funktionalistischen Betrachtung zu entsprechen, wie sie zuletzt besonders NIKLAS LUHMANN entwickelt hat.[25]

Entscheidend ist dabei die Diskussion des Zweckbegriffs und die Einsicht, »daß Kausalkategorie und Zweckkategorie sich nicht widersprechen«, und daß Zwecke »ein Problem in der Beziehung von System und Umwelt (wir sagen: Obersystem) lösen.« Dabei wird, wie wir es taten, von ARISTOTELES ausgegangen, allerdings noch ohne den Bezug zu dem uns so wichtigen Begriff der Teleonomie aufzunehmen. Die Einsicht in die Anwendbarkeit des Subsumptions-Schemas und seiner Symmetrie liegt zum Greifen nahe. Ich will darum noch zur Morphologie- und Strukturproblematik in der Soziologie hinüberwechseln.

Individuum und Gesellschaft bilden den Teil und das Ganze des Zusammenhanges. Wobei in der komplexen Gesellschaft »der einzelne niemals mehr direkt mit dem Ganzen der Gesellschaft verbunden ist (höchstens in vagen Emotionen wie dem Nationalgefühl), sondern immer durch intermediäre Gruppen.« Damit, resümiert RENÉ KÖNIG, ist stets mit einer Hierarchie von Teilstrukturen zu rechnen; und wir erinnern uns, daß diese ganz überwiegend als Differenzierungen, als Einschübe zwischen dem Teil und dem Ganzen, entstehen. Folglich erwarten wir zweiseitige Ursachen ihrer Entstehung und zweierlei Erklärungen zu ihrem Verständnis.

Wir erwarten, daß diese »topologischen (contextual) Eigenschaften, die sich ergeben, wenn man die zu charakterisierende Einheit zu ihrer Übereinheit in Beziehung setzt«, wie dies HANS ZETTERBERG formuliert, aus den Disponibilitäten der Untereinheiten und der Selektivität der Übereinheit verstanden werden kann. Entsprechend finden wir bei NIKLAS LUHMANN eine Unterscheidung »horizontaler und vertikaler Entscheidungsbeziehungen«. Vertikal erwarten wir die Antriebe aus den Untersystemen, die Setzung der Zwecke aus dem Übersystem. »Zweckprogramme«, sagt LUHMANN, »setzen Systemzwecke fest und regulieren deren Transformation in Unterzwecke«, was, setzt er fort, »den Prozeß der Selektion brauchbarer Entscheidungen steuert.«[26]

Die Theorie der Soziologie hat an der Herkunft der Kräfte und Disponibilitäten, der Motivationen aus den Untereinheiten, den Individuen, nie gezweifelt; auch nicht an den normativen, Ränge, Rollen und Distanzen bestimmenden Form- und Zwecksetzungen aus den Obereinheiten. Was ihr die Einsicht in den Subsumptions-Zusammenhang ihrer Theorien erschwert, ist, wenn ich recht verstehe, die Indetermination und Austauschbarkeit der hierarchisch-intermediären Systeme.

Während, wie wir sahen, in der Psychologie die Schichten, etwa der zerebralen Hermeneutik, der Auslösemechanismen, der ratiomorphen und reflektiven Leistungen determiniert sich getrennt erhalten und, wie wir sehen werden, in der Philologie Zeichen, Wort, Satz und Kontext ebenso in den Schichtgesetzen getrennt bleiben, ist das in der Hierarchie der sozialen Schichtstrukturen anders. Auch TALCOT PARSONS ›Höchstwerte‹ sind es nicht, die allein eine Kultur steuern.

[25] Man vergleiche N. WIENER 1948, L. v. BERTALANFFY 1968 und W. ASHBY 1956. Das Zitat aus H. ALBERT in: R. KÖNIG 1973 (Seite 22). Siehe ferner H. ALBERT (wie oben; Seite 80 und 84) und C. HEMPEL 1952.

[26] Die Wandlungen des Funktionsbegriffs gegenüber MAX WEBER sind hier besonders deutlich. Zur Teleonomie und zu ARISTOTELES erinnert man sich der Arbeiten von C. PITTENDRIGH 1958 und W. KULLMANN 1979 und 1982. Die Zitate sind N. LUHMANN 1968 (Seiten 109, 206, 207 und 208), R. KÖNIG 1976 (Seite 317) und H. ZETTERBERG (in: R. KÖNIG 1973, Seite 117) entnommen.

Nicht nur sind die meisten Individuen Untersysteme in verschiedensten System-hierarchien und wechseln Rang und Rolle als Mitglieder einer Sippe, eines Clubs, einer Partei, einer Arbeitsstätte. Sondern, mit der Ausnahme von Familie und Staat, pflegen auch die Unterverbände, Verbände und Dachverbände fortgesetzt ihre Rangung, selbst ihre Existenz zu wandeln. Somit ergibt sich die ungleich schwierigere Aufgabe, schon im ersten Schritt sogleich universelle Theorien ansteuern zu müssen; also solche, die für mehrere, wenn nicht für alle Schichtsysteme gleichzeitig gelten sollen.

Tatsächlich sind eben wieder die meisten Theorien mittlerer Reichweite von diesem Typus: z. B. die Konformitäts-Hypothese, die Rollen-Determination, die Distanz-Regel, die der Propaganda, der Einstellungen, der Einfluß-Erweiterung nach PARKINSON und PETERS Prinzipien der ›Lateralen Arabeske‹ und der Beförderung bis zur Inkompetenz.[27]

Beachtet man zudem den Umstand, daß diese Hypothesen wechselweise aus Fällen von Individualverhalten auf einen Gruppentypus hin entwickelt wurden und umgekehrt aus Fällen von Gruppenverhalten auf einen Individuentyp, dann haben wir sogleich das Zirkularitätsproblem wie seine Subsumptions-Lösung vor Augen (Abb. 46).

Bei der Prüfung seiner Hypothesen, sagt HANS ZETTERBERG, können dem Soziologen »weder Maschinen noch Mathematik ... helfen« (1973, Seite 144), sondern die Untersuchung des Wechselbezugs der Hypothesen. Und sein »Beispiel befaßte sich nicht einfach mit der Überprüfung der ›Konformitäts-Beförderungs‹-Hypothese, sondern war die Überprüfung eines ganzen Modellfragmentes (wir sagen: Theoriensystems), bestehend aus der ›Sanktions‹-Hypothese, der Hypothese der ›Verallgemeinerung von Bewertungen‹ und der ›Konformitäts-Beförderungs‹-Hypothese« (Seite 145).

Hier wird, wie ich es in Abbildung 46 versuche, das Subsumptions-Schema auch in seiner Symmetrie sichtbar. Die Sanktions- und Bewertungs-Hypothesen liegen in einer Ebene und verbinden beide, Individuum und Gruppe. Sie sind aber beide Fälle einer jeweils noch grundlegenderen Theorie: Einmal nämlich der Theorie von der Normierungs-Wirkung aller Gruppen, ein andermal der Theorie von der Konformitäts-Tendenz des Individuums. Und da die Sanktions- wie die Bewertungs-Theorie Fälle und Erfahrungsmaterial übergeordneter Theorien darstellen, sowohl in der Richtung auf Persönlichkeitsfaktoren als auch auf interpersonale Beziehungen, sind sie nicht von zirkulärer Art. Denn der deduktive Schluß von der Gruppe auf die Individuen ist auf einen Satz gestützt, der induktiv zur Fassung der Grundlagen interpersonaler Beziehungen beiträgt; und der deduktive Schluß vom Individuum auf die Gruppen auf einen Satz, der zur Fassung der Grundlagen der Persönlichkeitsfaktoren beigetragen hat.

Die normativen und deskriptiven Bestimmungen der Zwecke und Materialien der Ursachen laufen einander wieder so entgegen wie die Erkenntnis- und Erklärungswege unserer Einsicht in das Verhalten des Systems.

---

[27] Das PARKINSON-Prinzip schildert die Tendenz, seinen Rang durch Vermehrung seiner Untergebenen zu erhöhen, das PETER-Prinzip die Beförderung bis zur Erreichung endgültiger Inkompetenz, sowie die Schaffung unnötiger Ämter als laterale Anhängsel der Hierarchie, um den Inkompetenten wieder zu isolieren.

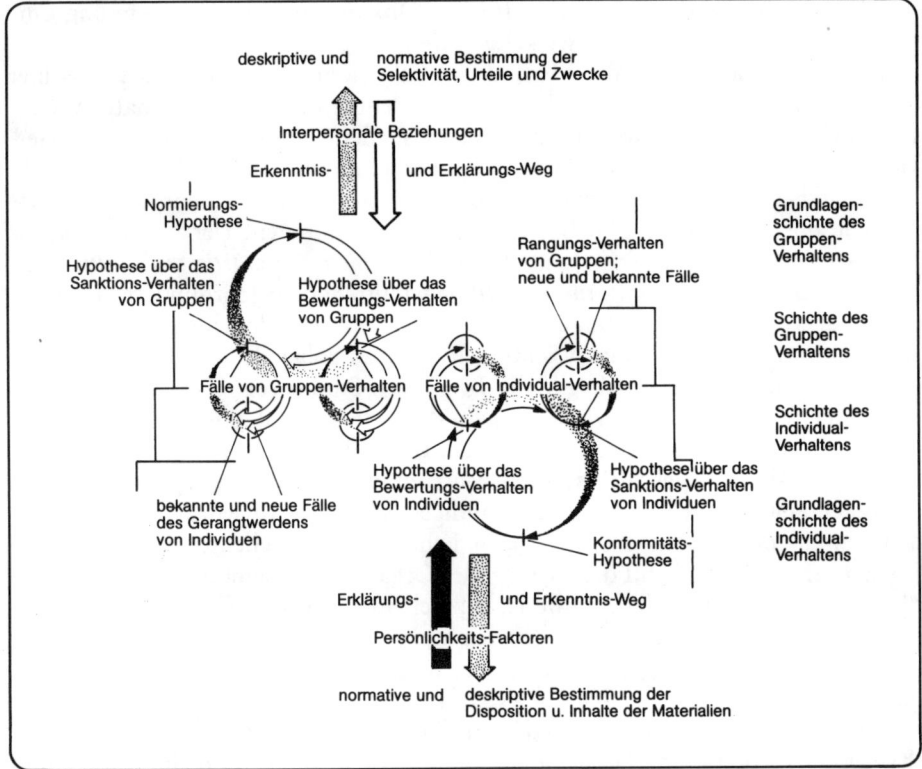

Abb. 46. *Symmetrie des Erklärungs-Zusammenhangs in der Soziologie;* am Beispiel der wechselseitigen Interpretation von Individual- und Gruppen-Verhalten (Modell-Fragment aus der Konformitäts-Beförderungs-Hypothese). Dabei rekurrieren die Theorien des Individualverhaltens (zur Erklärung der Protokolle aus dem Gruppenverhalten) als Fälle auf weitere Theorien der Persönlichkeits-Faktoren; und Theorien des Gruppenverhaltens (zur Erklärung der des Individualverhaltens) als Fälle auf weitere Theorien über interpersonale Beziehungen.

Archäologie und Urgeschichte

Was in den zuvor erwähnten Wissenschaften noch vernachlässigt werden konnte, wenn auch nicht ganz zu Recht, das historische Element, so tritt es in den Gegenständen der nun folgenden Disziplinen in den Vordergrund.

Freilich ist auch die Archäologie, die ›Wissenschaft vom Alten‹, erst aus einer Phase der Sammler (:wer hat die schönsten Sarkophage?) und aus eher mythologischen Interessen der Antiquare entstanden. Aber schon Mitte des 18. Jahrhunderts wird sie bekanntlich durch WINCKELMANN zu einer Geschichte von Kunststilen. Das 19. Jahrhundert erweitert sie mit einer klassisch-philologischen Phase. Allerdings im Deutschen mit der Konsequenz einer Abgrenzung der Vor- und Urgeschichte, die ohne die Stütze schriftlicher Dokumente und Überlieferung eine prähistorische Archäologie entwickelt.[28]

Damit wird aber auch die Methodenvielfalt offensichtlich und, was uns hier interessiert, die Methodenfrage. Denn nur zu deutlich beginnen sich naturwissenschaftliche Betrachtungsweisen, beispielsweise der Sedimentologie und Facieskunde, von den älteren geisteswissenschaftlich-philologisch oder ikonographisch-typologischen abzuheben. Aber die für alle Begriffsbildung so wesentliche morphologische oder typologische Sicht beginnt sich auszubreiten. Der vielzitierte Satz EDUARD GERHARDS aus dem Jahre 1831: *Monumentorum artis qui unum vidit, nullum vidit; qui milia vidit, unum vidit,* gewinnt über ein Jahrhundert unbestrittene Bedeutung. Er gilt, so finden wir bei BULLE im ›Handbuch der Archäologie‹ von 1913, »mit zunehmender Wichtigkeit für alles Folgende.«

Wissenschaftsgeschichtlich gilt die Bronzezeit-Studie von OSCAR MONTELIUS (1885) als Begründung der typologischen Methode in der Prähistorie. Und HANS-JÜRGEN EGGERS hält sie für »die erste rein geisteswissenschaftliche Methode, die von der jungen Vorgeschichtswissenschaft entwickelt wurde, ja, durch die sie eigentlich erst wirklich zu einer selbständigen Wissenschaft wurde.« Wiewohl er den Einfluß der damals ebenso jungen Lehre DARWINS ebenso nicht verkennt. Dessen Lehre aber fußt auf dem System der Organismen, methodisch auf Systematik, also auf vergleichender Anatomie, letztlich auf der Prinzipienlehre des Vergleichens, der Morphologie; also auf einer naturwissenschaftlichen Methode, in der GOETHES Typus-Begriff, wie man sich erinnert, hundert Jahre früher den Anfang macht.

Zudem wird erkannt, daß »die Erklärung und Deutung der Denkmäler (Exegese, Interpretation, ›Hermeneutik‹)«, nennt dies BULLE, »in eine äußere und eine innere« zu gliedern ist; »d. i. erstlich die Feststellung ... des Zweckes, zu dem ein Werk geschaffen wurde, zweitens das Verständnis ... nach ihrem sachlichen Inhalt.« Und bei ERNST BUSCHOR werden darauf die Enden dieser Wechselbezüge sichtbar. Da »das politische, gesellschaftliche, religiöse Leben«, dort die »handwerkliche und konstruktive Verarbeitung. — So steht der Archäologe zwischen zwei Welten; sein Ausgangspunkt sind aber stets die sichtbaren Dinge.«[29]

Zu einer wissenschaftstheoretischen Diskussion aber kommt dieser Gegenstand erst in jüngster Zeit. Es ist namentlich die ›Analytische-‹ oder ›New Archeology‹, unter deren Etikette sich namentlich amerikanische Prähistoriker ab den 60er und 70er Jahren um eine Vertiefung der Methode bemühen. Dies geschieht namentlich unter dem Einfluß des Neopositivismus und der analytischen Philosophie, welche sich durch das uns wohlbekannte Subsumptions-Schema wissenschaftlicher Erklärung zur Anwendung anbieten. Auch die Systemtheorie spielt dabei eine ähnliche,

---

[28] JOHANN JOACHIM WINCKELMANN (1717–1768) war ab der Jahrhundertmitte Bibliothekar des vatikanischen Staatssekretariates und kann zugleich als Begründer der Archäologie wie der vergleichenden Kunstgeschichte gelten. Gegenüber der römischen Kunst, welche die Renaissance bestimmte, ist es nun die griechische, welche WINCKELMANN bewegt. Die akademische Urgeschichte ist seit den 80er Jahren des 19. Jahrhunderts (MORITZ HÖRNES) vertreten. Übersichtliche Einführungen in die beiden Gebiete von R. BIANCHI-BANDINELLI (1978) und F. FELGENHAUER (1979).

[29] GERHARDS Feststellung (»Wer nur ein Kunstwerk gesehen hat, hat keines gesehen; wer tausende gesehen hat, hat eines gesehen«) ist aus H. BULLE (1913, Seite 34) zitiert, die weiteren Zitate von Seite 31. Ferner vergleiche man H.-J. EGGERS 1974 (Seite 150) und E. BUSCHOR 1969 (Seite 4; ein Text von 1932, der unverändert wieder abgedruckt wurde; schon dies mag man als einen Hinweis nehmen auf das kommende, im Fache empfundene Theorien-Defizit).

wenn auch bescheidene Rolle. MANFRED EGGERT hat dieser Entwicklung eine besonders wertvolle, kritische Studie gewidmet.

Am alten Kontinent hat sich eine eigene Diskussion noch nicht entfaltet. Aber aus denselben erkenntnistheoretischen Positionen wie in den Staaten ist es wieder ein Prähistoriker, KLAUS FRERICH, der jüngst eine logische Analyse archäologischer Aussagen entworfen hat. Der Akzent ist allerdings verschoben; nicht HEMPEL und OPPENHEIM sind die Gewährsmänner und das Erklärungs-Schema der Bezug, sondern POPPER und STEGMÜLLER und die Logik. Dem pragmatischen Akzent der Amerikaner steht der formale des Europäers gegenüber.[30]

Anhand dieser bislang detailliertesten Untersuchungen des Methodenproblems will ich nun die Eignung unseres evolutionistischen Modells an den Fragen der archäologischen Theorie prüfen.

Eine der Grundansichten unseres Ansatzes schließt die Erwartung eines hierarchischen Schichtenbaues der Phänomene und damit der Begriffe und der Theorien ein. Das Vorliegen einer solchen Pyramide wird allgemein anerkannt. Freilich bleiben die Schichtgrenzen eine Sache der Optimierung auf die Fragestellung. Aber was etwa bei MARTIN JAGUTTIS-EMDEN Einzelbefund — Schicht — Siedlung — Kultur heißt, das differenziert sich bei LEWIS BINFORD in ideologische, soziale und technologische Subsysteme des ›Systemes Kultur‹, bei RANUCCIO BIANCHI BANDINELLI in Handwerks-Tradition — Werkstätten — ikonographische Schemata — kulturelle Lage, bei KLAUS FRERICH in Sachen-Sachgruppen (Typen) — (Gepflogenheit) — Sittenkreis — Kultur (Kulturgruppe) — Kulturkreis — Gemeinsamkeiten der Kulturations-Prozesse — und Grundzüge des menschlichen Verhaltens sowie der Kulturentwicklung.

Ferner werden die Sachen oder Einzelbefunde mit Basissätzen oder Basisaussagen verknüpft, die Oberschichten als Abfolge von Hypothesen (oder Theorien) betrachtet. Und »sämtliche historische Hypothesen der Archäologie, die wir ... in einer Art Pyramide angeordnet haben, gewinnen ihre Berechtigung..., weil sie in einem aufweisbaren Überprüfungs-Zusammenhang stehen.« Denn, fährt FRERICH fort, »von oben nach unten gelesen, ergibt sich eine logische Ordnung.«[31]

In alledem stimmen wir überein; bestätigen die Folgerichtigkeit der Methode und gewinnen aus der Archäologie neuerliche Bestätigung. Nur in zwei sich anschließenden Konsequenzen weichen wir ab und korrigieren den positivistischen Ansatz. Zum einen wird nämlich die Meinung vertreten, man könne JACOB BURCKHARDTS Ansicht nicht folgen, daß auch die Theorien über den Sachen Realitäten beschrieben; es handelte sich, meint JAGUTTIS-EMDEN, nur um »von uns selbst in der Wissenschaft Konstruiertes.« Es ist aber nicht einzusehen, warum das Handwerkskönnen wie das soziale Stil-Übereinkommen, etwa in der Hallstatt-

---

[30] Auf die amerikanischen Autoren werde ich nur im speziellen Zusammenhang eingehen und verweise auf die umfassende Arbeit von M. EGGERT (1978), in welcher der Interessierte die gesamte Problematik und Literatur behandelt findet. Die erste Darstellung des Subsumptions-Schemas wie erinnerlich in C. HEMPEL und P. OPPENHEIM (1948). Die ebenso erschöpfende Studie von K. FRERICH ist von 1981, wieder mit umfänglicher Literatur.

[31] Die Stellen findet man in M. JAGUTTIS-EMDEN (1977, Seite 38), in L. BINFORD (nach einigen Ausgaben zuletzt 1972, ab Seite 31), in K. FRERICH (1981, ab Seite 137; die beiden folgenden Zitate von Seite 142). Daß das Systemkonzept der ›New Archaeology‹ sich noch »auf einem geradezu peinlich naiven Niveau« befindet (M. EGGERT, 1978, Seite 74), sei zuzugeben, doch ist der Versuch seiner Einführung gewiß zu begrüßen (Literatur und Kritik in M. EGGERT 1981, ab Seite 74).

Kultur, weniger real gewesen wären als einige Schwerter, die den Gang der Zeit zufällig überstanden und ebenso zufällig gefunden wurden. Nicht weniger berechtigt könnte man sagen, sie sind, wie die Individuen der Säugetiere, die viel vergänglicheren Fälle eines dauerhafteren Gesetzes.

Zum anderen wird vermutet, sogar verlangt, die Erkenntnis von Sachen und die entsprechenden Basis-Sätze müßten von Hypothesen frei sein. Das ist freilich ebenso unmöglich, nachdem wir Ursache haben, jegliche Wahrnehmung, selbst die Organe der Wahrnehmung, mit Theorie beladen, ja als Theorien schlechthin zu betrachten. »Als ›extrem-empiristisch‹ (oder im klassischen Sinn ›positivistisch‹)«, erkennt aber schon FRERICH, »bezeichnen wir eine Aufassung, nach der Basisaussagen von jeglicher Hypothese frei sein sollten.« Die Hypothesen, die sie enthalten müssen, werden lediglich andere zu sein haben als jene, welche die Theorien der Nachbarschichten enthalten.[32]

Die verbleibende Unsicherheit aber, die man in dieser Sache der jüngsten Methodendiskussion entnehmen kann, hat ihre Wurzeln in dem uns schon wohlvertrauten Induktions-Problem. Die Berechtigung der Induktion wird nun sowohl von den amerikanischen wie den europäischen Wissenschaftsanalytikern, von HEMPEL, OPPENHEIM, POPPER wie STEGMÜLLER in Abrede gestellt. Folglich mündet hier sowohl die analytische wie die logische Methodendiskussion der Archäologie.

Man findet das deduktivistische Subsumptions-Schema am deutlichsten zuerst in der ›New Archeology‹ bei JOHN FRITZ und FRED PLOG, wenn auch in grundsätzlichem mißverständlich. Was freilich nicht hinderte, wie EGGERT zeigt, daß ihnen darin eine ganze Reihe amerikanischer Autoren gefolgt ist. Dabei hatte B. K. SWARZ schon nachgewiesen, wie der induktive Prozeß in der Archäologie im Prinzip verläuft und verlaufen muß. Nämlich durch die Abstraktion von »allgemeinen Gesetzen oder Prinzipien aus beständigen Gleichförmigkeiten und Regelhaftigkeiten.« FRITZ und PLOG haben Erkenntnis- und Erklärungsweg vermengt. Diese Aufklärung verdanken wir bereits MICHAEL LEVIN, der nachgewiesen hat, daß SWARZ den ›Kontext der Entdeckung‹ von Gesetzlichkeit betrachtet, FRITZ und PLOG aber den ›Kontext der Bestätigung‹.

Damit wäre die Sache gelöst. Aber die Archäologen sind der Lösung nicht gefolgt. Wohl unter dem Schatten der positivistischen wie der analytischen Philosophie wird der Induktion auch in ihrer ›induktiven Wissenschaft‹ mißtraut. Auch EGGERT nimmt an, daß der Versuch »objektiv-rationale Kriterien für die Entdekkung von solchen Hypothesen herauszuarbeiten, sicherlich zum Scheitern verurteilt wäre: Intuition und Kreativität entziehen sich der Systematisierung.« Nun, wir fanden, daß es sich um eine Optimierung subjektiv-ratiomorpher Kriterien handelt und diese sind einer Systematisierung zugänglich.[33]

---

[32] Kennzeichnenderweise hat der heute schon klassische Kulturhistoriker JACOB BURCKHARD (1818–1897) diesen Zusammenhang schon (oder noch?) erkannt. Das aus dem Nachlaß 1905 erschienene einschlägige Werk ist zuletzt 1969 erschienen. Die zitierte Stelle in M. JAGUTTIS-EMDEN (1977, Seite 38). Daß die Organe als Hypothesen zu betrachten sind, geht auf K. POPPER zurück (zuletzt 1974). Belege dieser Auffassung in K. LORENZ (1971) und R. RIEDL (1980). Das Zitat von K. FRERICH (1981, Seite 137).

[33] Das deduktive Modell, wie bei J. FRITZ und F. PLOG (1970), findet sich im Prinzip auch bei K. FRERICH (1981, Seite 135). Die Autoren nach FRITZ und PLOG findet man in M. EGGERT (1978, ab Seite 46). Man vergleiche ferner B. SWARZ (1967, Zitat von Seite 494) und die vorzügliche Interpretation von M. LEVIN (1973, Seite 393). Das Zitat aus M. EGGERT (1978) ist von Seite 44.

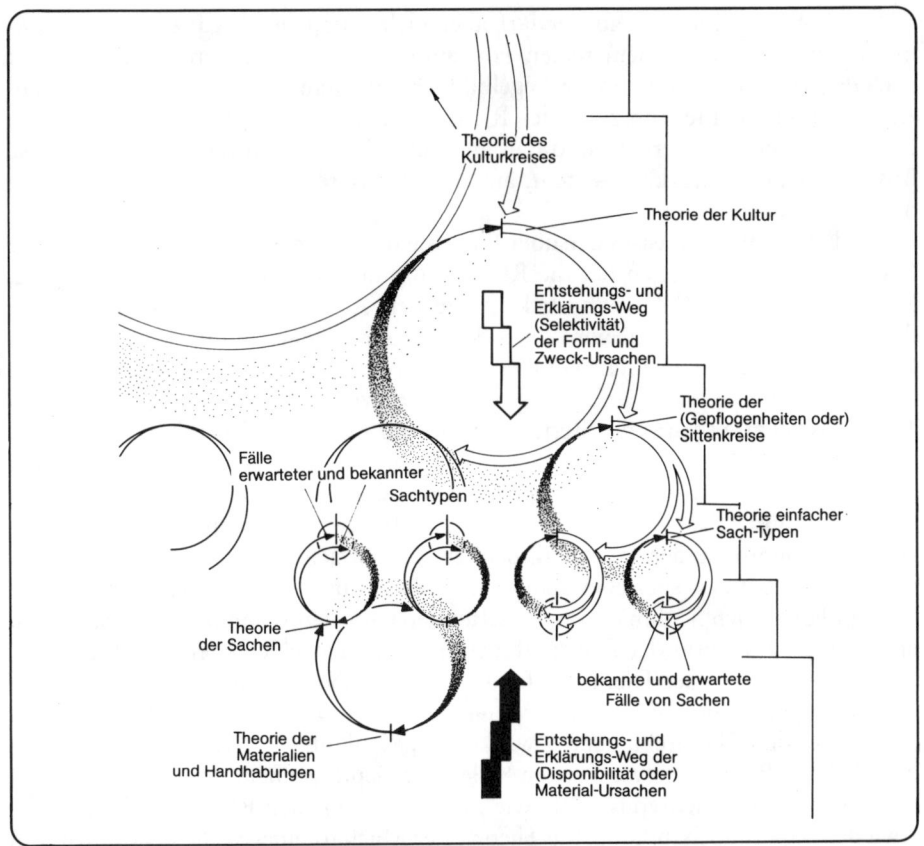

Abb. 47. *Die wechselseitigen Erklärungen in der Archäologie;* am Beispiel einer Erklärung der Fälle von Sachen aus einer Theorie des Sachtypus und der Erklärung der Fälle von Sachtypen aus einer Theorie der Sachen. Dabei rekurrieren die Theorien von der Disponibilität der Sachen als Fälle auf eine Theorie der Material-Handhabung; und die Theorien vom Zweck der Sachtypen als Fälle auf die Theorien des Sittenkreises, der Kultur und des Kulturkreises.

Denn aus welcher Kenntnis sonst (Abb. 47), als aus den Fällen mutmaßlich zugehöriger Sach-Typen könnte die Theorie eines Sittenkreises entstehen; und aus welcher die Theorie einer Kultur, würden die mutmaßlich zugehörigen Theorien, nun der Sittenkreise selbst, nicht wieder zu Fällen jenes übergeordneten Zusammenhanges? Und woran sonst ließe sich die Theorie eines Sittenkreises oder einer Sachgruppe bestätigen oder widerlegen, als an den jeweilig erwarteten, noch unbekannten (oder unverstandenen) Sachgruppen und Einzelsachen? Wer nur einen Sachtyp kennt, kennt eben noch keinen Sittenkreis; wer viele Sachtypen kennt, kennt einen Sittenkreis. Ganz offensichtlich ist die Archäologie intuitiv diesen richtigen Weg gegangen. Ihre Unsicherheit in der Induktions-Frage ist unnötig. Soweit zum Wechselbezug in der Theorien-Pyramide der Zwecke, des Sinns der Artefakte.

Das Subsumptions-Schema bedarf aber nicht nur jener Ergänzung durch das Induktionsprinzip, um dem realen Forschungsprozeß zu entsprechen, es bedarf auch der Wahrnehmung seiner Spiegelbildlichkeit. Denn zu Recht ist erkannt, daß Zwecke und Inhalte aus zweierlei Richtungen in der Hierarchie der Theorien erkannt wie erklärt werden; und daß an einem Ende das politisch-sozial-religiöse Bedürfnis eines Kulturkreises steht, am anderen Material, Absicht und Vermögen der handelnden Kreatur.

Die Betonung der Basis-Sätze über Einzelsachen hat in diesem Fach freilich seine Gründe, denn nicht selten hat die Rekonstruktion vom einzelnen Steinwerkzeug, Keramikscherben oder Holzabdruck auszugehen. Aber gerade die Unsicherheit, die dem Vereinzelten anhaftet, wird nach dem Aufschluß der Fundumstände drängen lassen, nach Nachbar-Stücken, Ober- und Unterschichten, kurz, nach weiteren Indizien. Denn sie alle sind geeignet, die Einzeltheorie zu vernetzen, in ein Theoriensystem angestrebter Bestätigungen und möglicher Falsifikationen. Denn längst haben die Freilegung eines Grabes, einer Wehranlage, einer Stadt, dem Praktiker die Bedeutung des Ensembles, des Systems von Theorien, klargemacht.

Es ist darum neben einer abstrakten Hierarchie der Zwecke auch an eine höchst konkrete Hierarchie der Sachen zu denken: In der sich etwa die Grundrisse einer Stadt aus Gebäuden spezieller Bauformen, diese aus Räumen spezieller Ausstattung und diese sich nochmals aus Einzelfunden nach deren Funktionen bestimmen, hinunter bis zur Form der Bausteinfugen und zum einzelnen Meißelschlag.

Damit wird man der Theorien-Hierarchie der Disponibilitäten ansichtig, die mit den Bedingungen des verfügbaren Materials und der handwerklichen Fähigkeiten beginnend der Hierarchie der Zwecke entgegenläuft. In welcher wir nun in umgekehrter Richtung etwa aus den Fällen der Gepflogenheiten eines Sittenkreises die Theorie eines Sachtypus oder (wie in Abb. 47) aus den Fällen von Sachtypen, etwa der Materialbehandlung, die Theorie der Machart einer Sache begründen; um aus den Fällen mehrerer Sachen eine Theorie der Materialien und deren Handhabung zu entwickeln.

Gewiß, der Wechselbezug hat für unsere nach linearen Abläufen trachtende Reflexion etwas Verwirrendes. Auf keinen der zwei Wege von Erkenntnis plus Erklärung kann einfach verzichtet werden. Wir können uns wohl eine Krücke bilden, indem wir einmal die Disponibilitäten als erkannt betrachten, um die Zweckhierarchie zu optimieren und umgekehrt. Aber beide Erklärungen sind zum Verständnis nötig.

Denn in der Tiefe des Zusammenhangs steht wieder die Übereinstimmung der Erklärungs- mit den Entstehungs-Vorgängen. Weil wir nämlich überzeugt sein können, daß auch alle Artefakte der menschlichen Vor- und Frühgeschichte so wie die heutigen zwischen dem Ganzen der Form- und Zweckbedingungen einer Kultur oder Population entstanden sind und den Teilen der verfügbaren Materialien und Handlungsmöglichkeiten ihrer Mitglieder: zwischen der Selektion, der Wahl der Zwecke, der Sinngebung aus dem Ganzen und den Teilen, den Kräften und Vermögen der einzelnen.

Philologie und Literaturwissenschaft

Hier nun finden wir uns im Kerngebiet der methodischen Hermeneutik, oder doch in jener Geisteswissenschaft, in welcher die empirische Methode ihre erste und bereits überzeugende Formulierung gefunden hat. Und es ist ein Klassiker der philologischen Wissenschaft, AUGUST BOECKH, aus dessen, von seinen Schülern und Nachfolgern bis heute in Neuauflagen herausgegebenen Vorlesungen wir schöpfen können. Ja, es ist der seltene Fall gegeben, daß die hermeneutische Methode der Philologie mit einem einzigen Lebenswerk entwickelt wurde; und daß wir aus ihm heute noch alle Zusammenhänge ablesen können, wie sie im vorliegenden Band vertreten werden.

Man muß sogar feststellen, daß hier die Formulierung der methodischen Hermeneutik der geisteswissenschaftlichen Fachdisziplinen überhaupt ihren Ausgang nimmt und BOECKH in seinem Konzept weit über die Philologie hinausgreift. Will man WILHELM DILTHEY den Rang eines programmatischen Begründers der Geisteswissenschaften, wie man es gewohnt ist, belassen, so verdient AUGUST BOECKH den Rang eines Begründers ihrer methodischen Praxis.[34]

Dieses methodische Werk, auf das ich mich hier stütze, geht auf die Vorlesungen zurück, welche BOECKH über 26 Semester in den Jahren 1809–1865 in lateinischer Sprache gehalten hat. Sie betreffen die ›Formale Theorie der philologischen Wissenschaft‹. Veröffentlicht wurden sie erst 1877 von seinem Schüler BRATUSCHECK, ergänzt und neu herausgegeben von RUDOLF KLUSSMANN 1886. Diese Ausgabe wurde 1966 unverändert nachgedruckt und hat damit 170 Jahre der Praxis und Prüfung bestanden.

Natürlich hat die Philologie eine bedeutende Tradition, die mindestens bis in die alexandrinischen Schulen zurückreicht. Aber das Interesse an der Methode ist erst durch den Humanismus in der Renaissance und im modernen Sinn in jener deutschen Klassik des Neuhumanismus deutlich geworden, von welcher die Rede ist. Später ist es wieder abgeflaut. So, wie das erkenntnistheoretische Interesse an der Methode überhaupt zurückging, um von einer philosophischen Hermeneutik verdrängt zu werden. Erst jüngst hat die Debatte ›sprachliches Kunstwerk‹ versus ›methodischer Gegenstand‹ in den ›minderen Regionen‹ der Literaturwissenschaft die werkimmanente und die nach Gattungen und Stilen orientierte Empirie wieder gefördert. Diese Region kommt unserem Anliegen wieder nahe.[35]

Wie erinnerlich vertrete ich die Theorie, daß alle Differenzierung, so auch die der Artefakte, als Einschübe zwischen vorgegebenen Teilen und einem ebensolchen Ganzen entstanden ist. Für Sprache und Schrift heißt das: zwischen dem Laut oder

---

[34] AUGUST BOECKH (1785–1867) war Schüler FRIEDRICH SCHLEIERMACHERS (1768–1834). Sein frühes Werk fällt somit in die Zeit GOETHES und man erinnert sich an dessen hermeneutische Ansätze zur Bestimmung des morphologischen Typus. Wohingegen WILHELM DILTHEY (1833–1911) erst zwei Generationen auf BOECKH folgt. Es ist auch bemerkenswert, daß BOECKH in seinem umfänglichen Opus seine methodischen Vorlesungen selbst nicht herausgegeben hat.

[35] Zur Geschichte verwende man U. VON WILIAMOWITZ-MOELLENDORFF (1959). Am Weg zur philosophischen Hermeneutik dominieren, wie erinnerlich, HUSSERL, HEIDEGGER, GADAMER und HABERMAS; zur neuen Entwicklung vergleiche man L. POLLMANN 1971, J. STRELKA 1978 und W. KAYSER 1961, und vor allem L. SPITZER 1969, N. GROEBEN 1972 und die Schriftenreihe »Literaturwissenschaft und empirische Methode« (Vandenhoecks Ruprecht, Göttingen).

Zeichen und der Absicht einer Mitteilung vom Range der jeweiligen Kultur. Die Differenzierung jeder Zwischenschichte hat also zwei Seiten der Entstehungsbedingungen. Da die Theorie weiters erwarten läßt, daß das Verständnis einer Mitteilung entsprechend zwei Seiten der Erklärung verlangt und diese den Differenzierungs-Ursachen parallel laufen, sieht sie vor, daß die Gewinnung der Einsicht in diese Gesetzlichkeit einer jeden Schichte im Gegenlauf in Richtung auf die jeweiligen Ober- sowie die Unterschichten wird zu erreichen sein.

BOECKH unterscheidet bereits eine grammatische, historische, individuelle und generische Interpretation der Texte, sowie eine oberste, auf den Nationalcharakter und die Literaturgeschichte bezogene Instanz. Dies entspricht unserem Schichtensystem von Wort und Satz, (historischem) Kontext, (individuellem) Werk, (generischer) Literaturgattung und der Stilepoche.

Nach der heutigen Terminologie befaßt sich mit dem Zeitgeist die Geschichte, mit allen tieferen Schichten die Grammatik oder Syntax und die Lehre von den Zeichen, die Semiotik; und zwar mit dem Stil die stilistische Grammatik, mit dem Kontext die Text-Syntax, mit dem Satz die Syntax (s. str.), mit dem Wort die Semantik und mit der Schichte der Zeichen die Semiotik (s. str., also wieder im engeren Sinn). Und wenn es sich um die Teile handelt, die Zeichen zusammensetzen, werde ich von einer ›Elementen-Semiotik‹ reden (wie in Abb. 48 und 49).[36]

Freilich pflegt man in der Philologie das, was hier Stil-Schichte genannt ist, zu differenzieren; etwa in Literaturgattungen, Themen, Autoren und deren Phasen. Mein Schema muß zur Übersicht schematisch bleiben. Denn bei sieben Schichten erwarten uns mit sechs Schichtgrenzen bereits 12 Wechselbezüge und nach den beiden Erklärungsrichtungen 24 zu unterscheidende Positionen in der philologischen Theorie.

Man trennt nämlich die Wechselbezüge deskriptiver oder ermittelnder Vorgänge des Sprachgebrauchs von den normativen oder präskriptiven, den aus der Ermittlung gewonnenen Regeln. Die Ermittlung führt nun induktiv abstrahierend von den bekannten Fällen in der Schichte zur Hypothese in einer Nachbarschicht, während die Präskription deduktiv aus der Hypothese der philologischen Regel die zu erwartenden Fälle prognostiziert, und an der Prognose bekräftigt wird oder scheitert (Abb. 48).

Wesentlich ist aber noch die Einsicht, daß diese Wechselbezüge, wie sie eine jegliche Schichte erst verstehen lassen, zweierlei Erklärungsrichtungen vorschreiben. Nämlich die Einsicht in die Formursachen, welche selektiv aus den Obersystemen den Sinn der Systeme bestimmen; und jene in die Materialursachen, worin sich die Disponibilität der Untersysteme zur Synthese der jeweiligen Schichte ausdrückt. Dies ist freilich in der Philologie so noch nicht differenziert worden. Daß aber zwei Seiten der Erklärung zum Verständnis einer jeden Schichte erforder-

---

[36] Früher hat die Grammatik als ›Buchstabenkunde‹ alle sprachlichen Leistungen von der Lautgestalt bis zum Stil umfaßt. Heute beansprucht die Semiotik die Schichten der Worte und Zeichen. Neben der Text-Syntax befaßt sich mit Text-Konstruktionen auch die generative und inhaltsbezogene Grammatik, mit der Syntax des Satzes die strukturelle Grammatik und mit der Semantik oder Wortbedeutungslehre auch die intraverbale Grammatik, die Wortbildungslehre und die lautbezogene Grammatik. All dies aber mit Übergängen.

lich sind, das hat schon BOECKH erkannt. Und heute ist es für jeden Philologen bewußte oder unbewußte Praxis.[37]

Schon BOECKH sagt zur Schichte der Semantik: »Der objektive Wortsinn, den die grammatische Auslegung bestimmt hat, liegt nun einerseits in der Bedeutung der einzelnen Sprachelemente für sich, andererseits wird er durch den Zusammenhang derselben (Worte) bedingt« (Seite 93). Hier also steht, nach unserer Nomenklatur, bereits die normative Semantik der Struktur (aus der Theorie der Zeichenbedeutungen) der normativen Semantik des Wortsinns (aus den Theorien der Satzbedeutung) gegenüber. Und gleich weiter zum deskriptiv-normativen Wechselbezug:

»Hätte« jedoch, setzt BOECKH fort, »jedes Sprachelement nur einen objektiven Sinn, so wäre die grammatikalische Auslegung leicht... Und doch wird man eine Sprache nie verstehen, wenn man in den vielen Bedeutungen eines jeden ihrer Elemente nicht ein und dieselbe Grundbedeutung wiedererkennt« (Seite 93–94). Wir haben hier die Einsicht in die deskriptive, die ermittelnde Semantik der Strukturen vor uns. Und bald schließt er die Einsicht in die deskriptive Semantik des Sinns der Worte, wie diese aus den Fällen der Sätze zu abstrahieren ist, an (weiters Abb. 48). Hätte aber die Lexikographie »diese Aufgabe auch völlig gelöst, so müßte man gleichwohl in jedem einzelnen Fall die letzte Begrenzung des Wortsinns durch eine Thätigkeit aus der sprachlichen Umgebung, d. h. aus dem Zusammenhang, finden« (Seite 107). Alle vier Formen der für den Kenntnisgewinn erforderlichen Wechselbezüge sind um die Wortschichte herum bereits erkannt.[38]

Zur Text-Semantik des Kontexts setzt BOECKH fort: »Wo das grammatische Verständnis zur Ermittlung des objektiven Wortsinns unzureichend ist, muß die historische Auslegung hinzutreten. Aber ob das grammatische Verständnis unzureichend ist, kann man nur beurtheilen, wenn man die Individualität des Autors und die Gattung des Sprachwerks kennt« (Seite 114). Sind also die Materialgesetze, wir sagen: die normative Text-Semantik der Struktur aus den Theorien der Satzbedeutungen, nicht gewiß genug, so muß die normative Text-Semantik des Sinns aus den Theorien des Stils hinzutreten (man vergleiche weiterhin die Abb. 48). Die Beurteilung von Autor und Literaturgattung setzt aber ihrerseits eine Theorie von der »historischen Umgebung eines Sprachwerks« voraus, sagt BOECKH (Seite 114). Dies ist die normative Theorie des Stils aus jener Schichte, die man den ›Zeitgeist‹ nennen kann. Wohingegen die Überprüfung der historischen Situation abstrahierend mit der Erwartung beginnen werde: »der Autor habe eine bestimmte Beziehung im Sinn, daß sie also nach ihrem Gesichtskreise mit Nothwendigkeit auf diese Beziehung geführt werde« (Seite 115). Dies ist eines der induktiven Elemente, wie sie aus dem Stil deskriptiv die Struktur eines Zeitgeists erwarten läßt.

---

[37] Daß die unbewußte Praxis zum Verständnis ausreicht, geht aus der Tatsache hervor, daß Sprache und Schrift schon vor der Philologie verstanden worden sind. Aufgabe der Philologie ist vielmehr die wissenschaftliche Durchdringung der Sprache. Und ihr in dieser durch ein Ordnungsprinzip ihrer Theorien behilflich zu sein, ist ebenso eine Absicht dieses Abschnittes, wie in ihrer Pragmatik Belege für unser Ordnungsprinzip aufzufinden.

[38] Die Zitate sind wieder der erwähnten Neuauflage der Vorlesungen BOECKHS von 1966 entnommen. Natürlich hätte man modernere Quellen als jene aus der GOETHE-Zeit verwenden können. Hier aber kommt es mir darauf an, zu zeigen, wie alt diese Einsichten bereits sind. Einerseits, um eine Zeit und einen Autor wieder zu ehren. Andererseits, um stets die frühesten Gewährsmänner nachzuweisen.

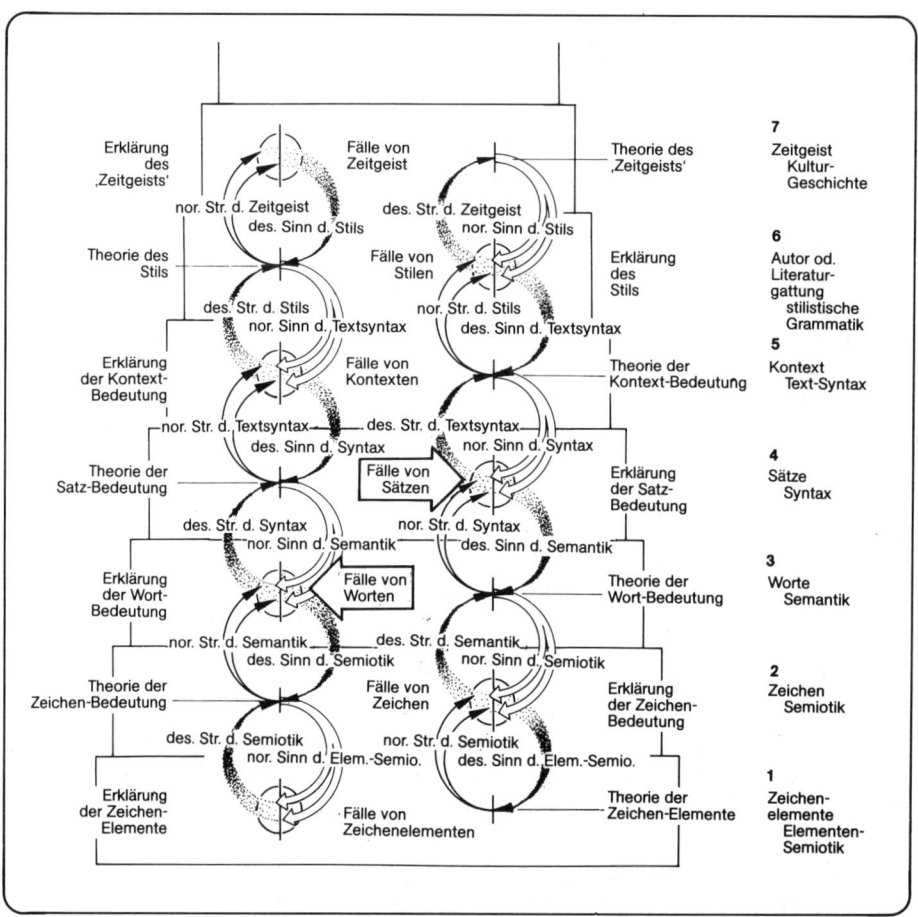

Abb. 48. *Die wechselseitigen Erklärungen zwischen den Schichten der Phänomene in der Philologie;* am Beispiel von sieben Schichten von den Zeichen-Elementen zum Zeitgeist, von den Gebieten der Elementen-Semiotik bis zu dem der Kultur-Geschichte. Stets wiederholt sich die Umkehrbarkeit von Theorie und Fällen. Wobei es sich nicht um logische Zirkel handelt, weil sich jede Schichttheorie als Fall einer Übertheorie erweist (wie das die Abb. 49 zeigt). Es bedeutet: des. = deskriptive(r), nor. = normative(r), Str. = Struktur.

Und nun zum Problem des Zirkels: »Da sich die Individualität in der Rede ... durch die Wahl (wir sagen Selektion) und Zusammensetzung (Synthese) der Sprachelemente ausdrückt, müssen ihre beiden Seiten in dieser doppelten Beziehung hervortreten« (Seite 126). In Boeckhs Sprechweise setzt also die generische Auslegung die individuelle voraus und umgekehrt. Und es folgt die von uns ganz zu bestätigende Überlegung: »Der Cirkel löst sich hier approximativ dadurch, daß sich der die Gattung bestimmende Zweck z. Th. ohne die vollständige Kenntnis der Individualität erkennen läßt. Dieses unvollständige Verständnis der Gattung erschließt dann wieder einzelne Seiten der Individualität, wodurch die generische Auslegung neue Grundlagen erhält, und so greifen beide Arten der Interpretation weiter wechselseitig ineinander« (Seite 131). So ist es! Kann die eine Schichte als verläßlicher verstanden betrachtet werden, so wird von ihrer Theorie die Erklärung für die Nachbarschichte bezogen und umgekehrt.

Auch der Begriff der Approximation ist treffend; wir sprechen von Näherung und Optimierung. Die Zulässigkeit des Wechselbezuges aber blieb noch dunkel. Sie wurde zwar zu Recht, aber nur intuitiv, vorausgesetzt. Wie nämlich kann die Theorie etwa der Wortbedeutung aus der Satzbedeutung folgen, um mit STEGMÜL-LER zu formulieren, wenn gleichzeitig die der Satzbedeutung aus jener der Wortbedeutung folgen soll.[39]

Die Lösung (Abb. 49) liegt, wie wir schon wissen, darin, daß nicht nur die Nachbarschichten in einem Wechselzusammenhang der ursächlichen Entstehung und damit der Erklärung stehen. In Wahrheit bilden beide Seiten des Wechselbezugs jeweils nur ein Schichtglied des ganzen hierarchischen Subsumptionszusammenhangs. Denn die normative Semantik des Wortsinns aus der Theorie der Satzbedeutung beispielsweise (vgl. Abb. 49) steht ja nicht isoliert im System der philologischen Theorien. Die Theorie der einen Satzbedeutung bildet vielmehr mit anderen nur einen Fall unter jenen Fällen, aus welchen sich die Theorie der Lesung eines Kontexts induktiv entwickelt, um von der Theorie der Kontext-Bedeutung wieder geprüft zu werden.

Und nicht anders ist es mit der normativen Syntax aus der Theorie der Wortbedeutung. Letztere ist zwar einerseits abstrahierend induktiv aus den Fällen der Satzbedeutungen entwickelt. Aber andererseits nicht minder aus der Theorie der Zeichenbedeutung. Dies ist die normative Semantik der Wortstruktur; während die deskriptive Semiotik des Sinns der Zeichen eben aus vielen Worten entwickelt ist, von welchen das eine eben wieder nur einen Fall unter vielen Fällen darstellt. — Und daß die Theorie von den Zeichen- und den Kontext-Bedeutungen weiter auf die Theorien von der Bedeutung, da der Zeichen-Elemente (man denke an die Elemente der Keilschrift) und dort auf die des Stils rekurrieren, das liegt ebenfalls auf der Hand.

Wie zur Bestätigung nun finden wir dasselbe nochmals. »Die generische Interpretation«, sagt BOECKH, »muß der individuellen Schritt für Schritt zur Seite gehen« (Seite 143). »Durch Vergleichung erkennt man dann den Stil ganzer Gruppen als gemeinsame Gattung, und diese Gattungen gliedern sich zuletzt zu einem System von historisch hervortretenden Stilformen« (144). Und »daß die Rückanwendung des durch die Analyse gewonnenen Resultats auf die Erklärung des Einzelnen ... mit der Analyse selbst wechselseitig bedingt ist, das ist bereits hinreichend klar geworden« (155).

De facto hat die Philologie also den hermeneutischen Zusammenhang bereits früh richtig erwartet. Als die erste unter den Geisteswissenschaften. Und zwar wohl deshalb, weil die Schichten und Elemente ihres Gegenstands früh faßbar wurden und sie auf eine besonders lange Tradition der Praxis baut. Sobald man aber von

---

[39] Man wird sich des unwiderleglich erscheinenden Einwandes von WOLFGANG STEGMÜLLER (1979) erinnern: Wie man A aus B verstehen solle, wenn B erst aus A verstanden werden kann. Es muß unsere rationale Logik sein, welche verhindert, die intuitiven Lösungen, wie sie sich schon bei GOETHE und BOECKH anbieten, mitzuvollziehen. Man wird in ihr zwar eine ›Vorgabe, aber keine Gewißheit‹ erwarten dürfen (dazu auch C. F. v. WEIZSÄCKER 1977, ab Seite 294).

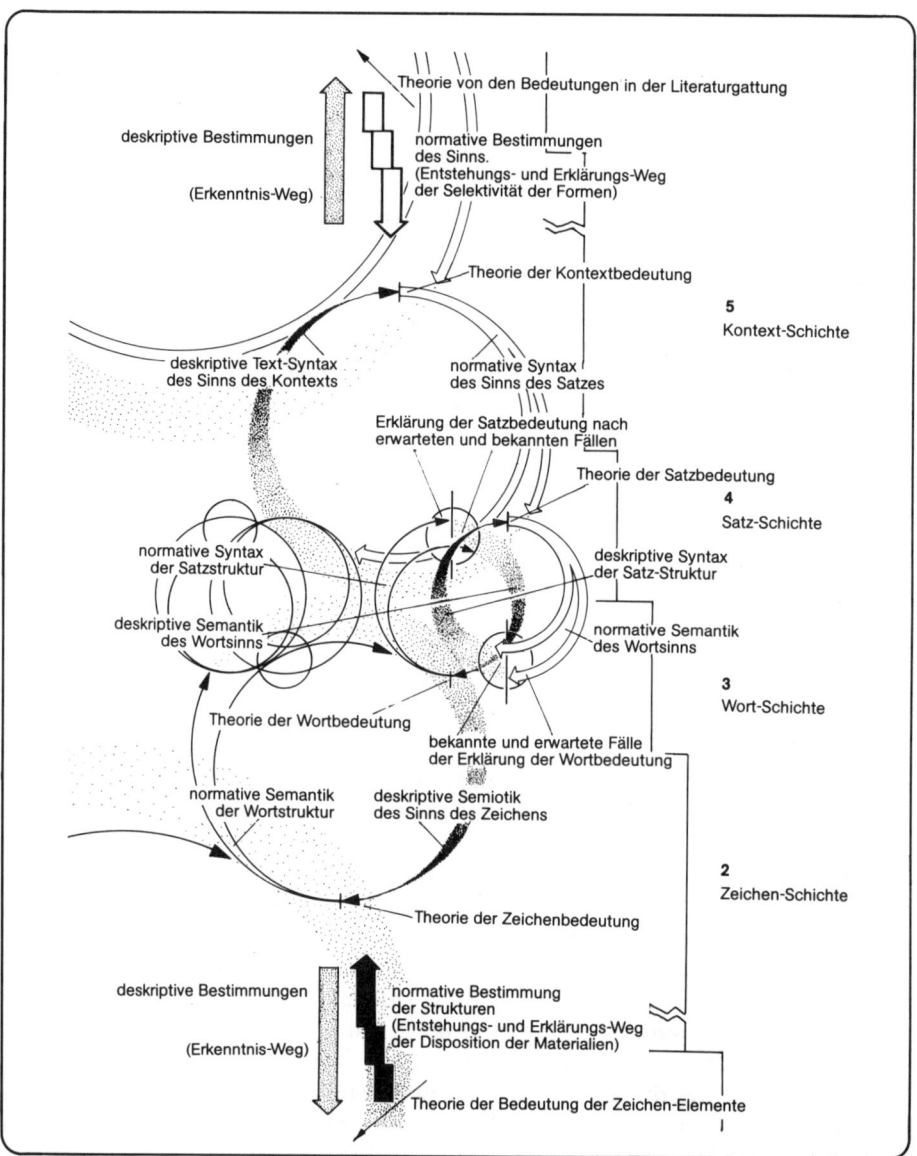

Abb. 49. *Die Symmetrie des Erklärungs-Zusammenhangs in der Philologie;* am Beispiel der wechselseitigen Erklärung zwischen Wort-Schichte und Satz-Schichte (den Schichten 3 und 4 nach dem Schema der Abbildung 48). Dabei rekurrieren die Theorien vom Sinn der Satzbedeutungen als Fälle auf die Theorie der Kontext-Bedeutung und der Literaturgattung; die Theorien vom Inhalt der Wortbedeutung als Fälle auf die Theorie von der Bedeutung der Zeichen und der Zeichen-Elemente.

der intuitiven, ratiomorph so wohlgelenkten Anschauung abging und sie nun rational zu durchdringen trachtete, entstanden die Unsicherheiten. Die lineare Denk- und Argumentations-Weise, welche unsere bewußte Reflexion anleitet, verunsichert die Ahnung des Wechselbezugs. Man wird dies durch die Erfahrung bestätigt finden, daß man die hier angebotene Lösung, wenn man sie auch Schritt für Schritt mitzuvollziehen mag, im ganzen doch besser mit Hilfe der Diagramme wird vor Augen haben können.

Die Folge sind die erwähnten, verunsichernden, aber sämtlich unangebrachten Fragen, die später an die Methode gestellt wurden. Ob es ein logischer Zirkel wäre, wo im Kreis mit der Frage zu beginnen, wo in einer Serie von Kreisen der Anfang zu machen und wo das Ende einer solchen Serie zu erwarten wäre. Lauter Fragen, die von einer linearen Lösungsweise ausgehen. Sie haben daher nichts erbracht; außer jener Verunsicherung, fast einer Verleugnung der Methode. So, als ob zwischen Hermeneutik und Empirie gewählt werden müßte, wie dies N. GROEBEN (1972) so überzeugend darstellt. Oder ganz anders, so, als ob nun besser in den trüben Zauberländern der ›hermeneutischen Psychoanalyse‹, der spekulativen Philosophie oder gleich in der politischen Doktrin nach der Lösung zu fischen wäre.

Geschichtswissenschaft

Unsere geschriebene Geschichte kritisch zu betrachten, mit dem Ziele, sie objektiv zu sehen und verstehen zu können, ist wohl das älteste Anliegen der Wissenschaften vom Menschen. Aber die wissenschaftstheoretische Klärung der Rekonstruktion unserer Geschichte ist hinter ihrem Material zurückgeblieben. Das ist nicht auf einen Mangel an Bemühungen zurückzuführen, sondern auf die Breite ihrer Phänomene, auf unser Verwirktsein in dieselben, am meisten aber auf den Umstand, daß ihr Material, die Überlieferung selbst, unsere Zweifel rechtfertigt.

Ich stelle die Geschichtswissenschaft darum absichtsvoll zwischen Archäologie, Philologie und Kunstgeschichte, weil diese historischen Wissenschaften ein eindeutigeres Bild ihrer Theorie liefern. Was, wie ich meine, wieder auf die greifbarere Gegenständlichkeit ihrer Dokumente zurückgeht.

Bekanntlich gilt HERODOT als Vater der Geschichtsschreibung; aber schon sein älterer Zeitgenosse ANAXAGORAS kann als der Vater ihrer kritischen Deutung gelten. »Zu vielfältig«, sagt er, »und zu kindisch sind die Überlieferungen der Griechen«, als daß man ihnen Glauben schenken könnte.[40]

Die Niederschrift von Geschichte beginnt bekanntlich mit der Berühmung von Herrschertaten, die Geschichtsschreibung mit Kriegsberichten, im Mittelalter mit Herrscher- und Heiligenleben, im Humanismus mit politischer Geschichte, beispielsweise MACCHIAVELLIS. In der Neuzeit wird sie vom Bürgertum weitergetragen, teils von Aufklärung und Fortschrittsglauben, teils von einem romantischen Historismus mit Ehrfurcht vor der irrationalen Individualität der Menschen, Völker und Kulturen; wie etwa RANKES (allerdings auf Europa eingeengter) Universalismus heute noch in unser Bild Europas und seiner Völker hineinwirkt.

---

[40] ANAXAGORAS (500?–428), griechischer Philosoph, verwirkte fast sein Leben, weil er behauptete, die Sonne sei kein Gott, sondern ein glühender Ball, größer als der Peloponnes. HERODOTOS (484?–425); sein Geschichtswerk, nach seinen Reisen in Ägypten, Mesopotamien, am Schwarzen Meer, in Nordafrika, Sizilien und Italien wurde wiederholt herausgegeben (z. B. 1911–12). Beide sind ältere Zeitgenossen des SOKRATES (469–399).

Zu einer Wissenschaft wird ihr Gegenstand zunächst aus Rechtsinteressen im 17. Jahrhundert und führt im 18. zu den Anfängen methodischer Quellen-Kritik, im 19. Jahrhundert zur Problematik des Wahrheitsgehaltes, im 20. zu der der Erklärungsweise. Parallel entsteht eine Geschichtsphilosophie, zunächst als Heilsgeschichte, erst in der Renaissance und Reformation mit WILHELM VON OCCAM eine Trennung von Glauben und Wissen; und vom 17. zum 18. Jahrhundert erfolgt die Trennung einer materialistischen Deutung der Geschichte als Entwicklung von der Barbarei zur Aufklärung von einer idealistischen, als eine Reifung des Geistes zur Freiheit. Im 19. Jahrhundert beginnt die Soziologie mit AUGUST COMTE, HERBERT SPENCER und KARL MARX ihren Einfluß zu nehmen. Geschichte wird zur Folge gesellschaftlichen Wandels.

Geschichte, so erwarten diese Strömungen, erschließe Gesetzmäßigkeiten; und erst dadurch, attestieren ihr JOHN STUART MILL und HENRY THOMAS BUCKLE, würde sie zur Wissenschaft. Ebenso greift die Geschichtsphilosophie in die Geschichtswissenschaft hinüber, wie immer sich letztere auch zu distanzieren sucht. Hier beginnt unser Interesse. Die Trennung natur- und geisteswissenschaftlicher Methode ist schon eingeleitet.[41]

Will man ein Ereignis angeben, das diese lange vorbereitete Trennung der Wege kennzeichnet, so ist dies wohl die Auseinandersetzung, die JOHANN GUSTAV DROYSEN der Auffassung BUCKLES geliefert hat. Aber schon hier steht nicht wissenschaftliche Theorie der Geschichtsschreibung im Vordergrund, sondern deren politische Moral. Es drängte, meint DROYSEN, nur »die Furcht und das schlechte Gewissen in den Positivismus.« — Die Hermeneutik wird als Methode auch in der Folge nicht aufgeklärt, vielmehr wird der Historismus zum Kern der Geisteswissenschaften, und diese »konstituieren sich als System kontemplativ verstehender Disziplinen.« — Sie »erliegen«, resümiert jüngst MANFRED RIEDEL, »dem szientistischen Mißverständnis der Naturwissenschaften. Sie werden nicht mehr als *Mittel* hermeneutisch-praktischer Verständigung, sondern selbst als *Zweck* betrieben.« Daran hat auch die Wende zum 20. Jahrhundert im Wesen nichts geändert. Die Trennung mündete in den Grundlagenstreit der Geisteswissenschaften, die Auseinandersetzung um die Möglichkeit einer Abgrenzung und Selbständigkeit der Geisteswissenschaften.[42]

Die wissenschaftstheoretische Diskussion beginnt erst in einer Nachfolgeproblematik des Positivismus. Und zwar mit der Frage, ob und wenn, in welcher Weise das Subsumptions-Schema, in seiner naturwissenschaftlichen Form der Erklärung, auf die Geschichtswissenschaft ausgedehnt werden könnte. Denn es waren ja der logische Positivismus und die analytische Philosophie, welche dem uns wohlbe-

---

[41] GIAMBATTISTA VICOS (1668–1744) ›neue Wissenschaft‹ einer gesellschaftlich-geschichtlichen Welt haben die Aufklärer ignoriert. Die Geschichtsauffassung der Aufklärung wird vielmehr von VOLTAIRE und GIBBON angeführt und beeinflußt noch KANT und FICHTE, die des deutschen Idealismus von HERDER und HEGEL und führt in der bekannten Umkehrung dessen Dialektik über MARX zum ›historischen Materialismus‹. Der Sozialismus wird zum naturgesetzlichen Endpunkt aller Gesellschafts-Geschichte. Übersichten in P. GARDINER (1959) und M. RIEDEL (1978).

[42] Wesentlich zur Ausleuchtung dieser Entwicklung ist der politische und geistesgeschichtliche Hintergrund dieser Zeit (BUCKLE 1821–1862; DROYSEN 1808–1884). Dieser darf ich hier keinen Raum geben. Sie ist aber von M. RIEDEL jüngst (1978) und überzeugend vorgenommen worden. Die Zitate aus J. DROYSEN (Ausgabe 1929, Seite 48) und aus M. RIEDEL (1978, Seite 20–21). Wichtige Gegenüberstellungen in P. GARDINER (1959).

kannten Schema von HEMPEL und OPPENHEIM Pate standen. Den Ursprung aber nahm die Diskussion gerade in CARL HEMPELS Frage nach der ›Funktion allgemeiner Gesetze der Geschichte‹.

Dies belebte die Diskussion nun auch der geschichtswissenschaftlichen Pragmatik bereits über vier Jahrzehnte. Historiker und Geschichtsphilosophen, von PATRIK GARDINER bis HERTA NAGL-DOCEKAL, sind involviert und der Wissenschaftstheoretiker GEORG HENRIK VON WRIGHT ist, wie erinnerlich, der Ansicht, daß die Ausdehnung des Subsumptions-Schemas auf die Geschichtserklärung schlechthin ein Test für dessen allgemeine Gültigkeit sein müßte.

Bei den geschichtsphilosophisch inklinierten Autoren überwiegt ihrer Überlieferung gemäß die Skepsis, bei den Positivisten das Mißtrauen gegen das Teleonomie-Phänomen. Denn, sagt RIEDEL, »was GARDINER und DRAY ›Erklärung durch ein Motiv‹ bzw. ›rationale Erklärung‹ nennen, könnte — so lautet VON WRIGHTS Annahme — seine Begründung in einem ›teleologisch‹ strukturierten Erklärungstyp finden, dem die naturwissenschaftlich-positivistisch orientierten Analytiker beharrlich, aber am Ende doch erfolglos aus dem Weg zu gehen suchten.«

»Der *Titel*« dieser teleonomen Kausalität »hat im Verlauf der Diskussion mehrfach gewechselt«, referiert RIEDEL..., »die *Sache selbst* erscheint dagegen einigermaßen klar und einfach. Den ›Grund‹ (die ›Absicht‹, den ›Zweck‹, das ›Motiv‹ usw.) einer Handlung angeben.«[43]

Merkwürdig unberührt davon verharrt dazu die Vorstellung vom hermeneutischen Zirkel, die doch dem Selbständigwerden der Geisteswissenschaften zur Seite stand. »Der Zirkel kennzeichnet auch nach der modernen Auffassung« die methodische Eigenart der Interpretation, »Besonderheiten ihrer Sachverhalte nur so zur Sprache bringen zu können, daß sie ein mögliches Allgemeines präsummiert«; man nennt dies ein Präsumptions-Modell des Verstehens. Ein Vermutungs-Modell also; und dies entspricht vorzüglich unserem Optimierungs-Modell, welches es sich erlauben kann, von subjektiven Erwartungen und Wahrscheinlichkeiten nachgerade beliebiger Art auszugehen.

Hier könnte nun die uns schon bekannte Kritik einsetzen mit der Frage, wie denn wohl Einsicht zu gewinnen wäre, wenn das Spezielle das Allgemeine voraussetzen muß und umgekehrt. Also erinnern wir uns unserer Lösung der Entflechtung dieses scheinbaren Zirkels (in Abbildung 44, Seite 227). Sie beruht auf der Feststellung, daß erstens das Allgemeine stets wieder zum speziellen Fall eines noch Allgemeineren wird und zweitens, daß diese Subsumption einen spiegelbildlichen Aufbau zeigt.

Nun hat die Geschichtswissenschaft die Zweiseitigkeit der Kausal- und Final-Ursachen quasi wiederentdeckt. Und zwar unter Berufung auf KANT und den, neben der Kausalität, bedachten »Begriff einer Zweckmäßigkeit der Natur, den KANT ... in der Methodenlehre der teleologischen Urteilskraft als regulatives Prinzip der Sinndeutung von Handlungen wie Regeländerungen in der Geschichte

---

[43] Man erinnert sich an die Beiträge von C. HEMPEL (1942) und zusammen mit P. OPPENHEIM (1948). Die Serie der wichtigsten Bände reichen von P. GARDINER (1952 und 1959) über W. DRAY (1964), A. DANTO (1974), A. DONAGAN (1976) und M. RIEDEL (1978) bis H. NAGL-DOCEKAL (1982). Dazu G. v. WRIGHT (1974). Die Zitate aus M. RIEDEL (1978, Seite 166). Von G. ANSCOMBES Gleichsetzung von ›practical reasoning‹ mit ›practical syllogisms‹ (1957) ausgehend, hat man von ›practical inference‹ oder ›practical inquiry‹ gesprochen.

entwickelt.« Die Philosophie der Geisteswissenschaft dagegen hat den Bezug nicht weitergeführt. Denn, so referiert MANFRED RIEDEL weiter, »eine Kombination kausaler mit teleologischen Erklärungsverfahren hat HEGEL offensichtlich nicht erwogen.« Eher hat (so schreibt mir DIETMAR ROTHERMUND) GADAMER mit seiner ›Wirkungsgeschichte‹ versucht, mit den Mitteln HEGELS die Hermeneutik zu retten. Die Beziehung zwischen der Dialektik, dem Zirkel und der Symmetrie der Ursachen des ARISTOTELES wurde nicht wahrgenommen.[44]

Die parallelgehende Frage, ob man denn in der Geschichte von Gesetzmäßigkeit reden könne, hat die Zweifler erschöpfend beschäftigt. Nur das Allgemeine von Ereignistypen hat man anerkannt. »Das Allgemeine« aber, sagt MANFRED RIEDEL zu Recht, »hat dabei dieselbe logische Form einer Regel, eines Prinzips oder eines Gesetzes.« So ist es. Kein Vorgang der Geschichte könnte verstanden werden, interpretierte man ihn nicht nach der uns geläufigen Prognostik. Unbestimmte Regeln aber sind statistisch mangelhaft oder überhaupt schlecht abgegrenzte Gesetze. Man muß sich eben des Vorganges der Heuristik oder Induktion in der Theorienbildung erinnern und seines Zusammenhangs mit den erreichbaren Wahrscheinlichkeitsgraden möglicher Prognostik. Der Positivismus und die analytische Philosophie haben mit ihrem Induktions-Verbot sogar die Geisteswissenschaften verunsichert. Des Positivismus' Irrtümer wurden dem Historismus zum Hindernis. Dies ist so paradox wie kennzeichnend für die Geschichte unserer Kultur.

Als solche Regeln, wir sagen: Hypothesen über mögliche Gesetze, gelten »Konvention und Sitte der Wirtschafts-, Rechts- und Sozialordnung ... auch der Moral, Kunst und Religion, die alle mehr oder weniger Handlungsmaximen darstellen.« Gewiß! Aber um die Zweiseitigkeit der Ursachen dieser Regeln wahrzunehmen, müssen wir ein ganz anderes Fach der Geschichtswissenschaft berühren: die Schulen der Geschichtsschreibung, eigentlich der Ursachen-Deutung der Geschichte.

Was eben als Regeln genannt wurde, sind solche »der politischen Institutionen und Verfassung«, gewissermaßen ›Handlungs-Gesetze von oben‹ aus den Institutionen, aus Staat und Kultur. Das ist mit der Moral, teils der Kunst, schon anders, da sich in ihnen ›Handlungs-Gesetze von unten‹ aus der Soziologie und Psychologie geltend machen.[45]

Dieser Auffassung kommt heute auch die zunehmende Differenzierung der Geschichtsschreibung sehr entgegen: die sogenannte Prosopographie, die ›Rollen-Beschreibung‹ oder Rollen-Analyse von Grundgesamtheiten, die sich schichtweise, zunächst in die Formen der Biographie und der Prosopographie zu gliedern beginnt. Und diese stehen zwischen einer Universalgeschichte im obersten und einer Psycho-Historie im basalsten Teil der Zusammensetzung einer Kultur.

---

[44] Die Zitate sind M. RIEDEL (1978, den Seiten 36, 38 und 178) entnommen und auf dessen Entwicklung des Problems sei ausdrücklich verwiesen. Bei KANT ist der Bezug auf die Einleitung zur »Kritik der Urteilskraft« gegeben. Aber RIEDEL bezieht sich auch (Seite 40) auf ARISTOTELES' »Nikomachische Ethik«. Der Folgeschritt ist durch die teleologische statt teleonomische Beurteilung der Finalität behindert. Man erinnert sich der Richtigstellung durch W. KULLMANN (1979 und 1982), die M. RIEDEL ja noch nicht kennt.

[45] Die beiden Zitierungen aus M. RIEDEL (1978, von Seite 37). Die Gliederung von Handlungs-Ursachen in solche von oben und solche von unten ist in der Geschichtstheorie noch nicht üblich. Erst jüngst ist eine »Geschichte von unten« (H. EHALT 1984) erschienen, bestätigt meine Auffassung damit, ist mir aber nicht mehr zugänglich geworden. Ich verwende diese Kurz-Schrift in Anlehnung an eine Gliederung der Urteils-Ursachen, einer Ästhetik von oben und einer Ästhetik von unten, der wir in der Kunstwissenschaft begegnen werden.

Ich halte die Aufdeckung der kulturellen Schicht-Zusammenhänge selbst für eine Forschungsaufgabe der Geschichte und habe ihr nicht vorzugreifen. Auch weiß ich, daß das handelnde Individuum in Staat, Beruf und Sippe verschiedene Ränge und Rollen einnimmt. Dennoch sei ein Schichtenmodell entwickelt und nach der Sicht von Historikern illustriert, wiewohl keiner der zu nennenden Autoren die Ursachen der historischen Prozesse allein aus der ihm besonders wichtigen Schichte entnommen hat.

Eine *Universalgeschichte* interessiert sich für die (metaphysischen) Langzeit-Konzeptionen der großen Traditionen, wie sie sich in den Universalismen etwa von LEOPOLD VON RANKE, LUCIEN FEBVRE und ARNOLD TOYNBEE, aber auch bei KARL MARX äußert.

Eine *Regionalgeschichte*, Staaten-, Reichs- oder politische Geschichte ist der ersteren Subsystem. Sukzessionen und Herrscherhäuser füllten in einer Art ›additiver Biographien‹ die Jahreszahlen unserer Schulbücher. Sie trägt die Universalgeschichte und verläuft in deren Grenzen; ist aber, wie es FERDINAND BRAUDEL sieht, dem Bewußtsein der Zeitgenossen entzogen. Wenn auch schon weniger, als dies in der Universalgeschichte der Fall sein durfte.

Eine *Struktur-* und *Konjunkturgeschichte* der politischen, wirtschaftlichen und kulturellen Entwicklung generalisiert das Handeln der Heere, Stände und Institutionen am einzelnen Herrscher, Tribunen und Kulturschöpfer. Sie versteht sich aus regional- wie sozialgeschichtlichen Ursachen. So, wie etwa CHARLES BEARD oder biographisch GOLO MANN die Gewichte legen.

Eine *Mentalitätsgeschichte* und *Prosopographie* mit der Wahrnehmung von Strömung und Unterströmungen, Minoritäten und Schicksalsgemeinschaften individualisiert deren Sprecher und Anführer und geht als eine Art Mentalitätsforschung vom Kollektivbewußtsein und der intersubjektiven Suggestivität der Handelnden aus, wie etwa bei JOHAN HUIZINGA. Sie deutet konjunktur- wie kleingruppengeschichtlich.

Eine *Kleingruppengeschichte und Volksprosopographie*, die ›Geschichte der kleinen Leute‹, enthält dann Schichtteile weit unterhalb der Institutionen. Sie kommt einer historischen Verhaltensforschung nahe, betrachtet die Rollen und Einstellungen von Freunden, Familien und Partnern, deren Gesetzesgrundlage wieder langzeitiger und dem Bewußtsein wieder teilweise entzogen ist; und die, wie bei AUGUST NITSCHKE oder EMANUEL LE ROY LADURIE, sich soziologisch-psychologisch erklärt.

Eine *Psychohistorie* endlich, die in der Tiefe der Anlagen des Menschen ihre Ursachen sucht; in den nun wieder weitgehend unbewußten (ratiomorphen) Erwartungen und Motiven erblicher menschlicher Universalien. In ihr erscheinen, wie bei ERIC ERICSON, noch einmal, wie in der Universalgeschichte, Langzeitgesetze: Allgemeinstes oder Grundsätzlichstes nun am untersten Ende des Schichtzusammenhangs.[46]

---

[46] Manches dieser Gliederung wird dem Historiker vertraut, manches zu grob geschnitten erscheinen. Ich bin DIETMAR ROTHERMUND für wichtige Aufklärung herzlich verpflichtet; namentlich seinem leider noch nicht herausgegebenen Kolleg »Geschichte als Prozeß und Aussage«. Man möge die Einsichten ihm, die Vergröberungen freilich mir zuschreiben.

Worauf es mir ankommt, ist nicht die Art, sondern die Notwendigkeit der Sicht eines Schichtenkonzepts. Denn sieht man diese Gliederung menschlicher Handlungsgründe nicht, so wird man der Gefahr wahlweise zweier, einander wieder ausschließender Reduktionismen erliegen können. Entweder dem idealistischen, der alle Ursachen auf die metaphysischen Langzeitgesetze der Universalgeschichte reduzieren will, oder dem materialistischen, der in den Langzeitgesetzen der Psychohistorie allein, in der menschlichen Ausstattung, die letzten Gründe des geschichtlichen Handelns sucht. In Wahrheit sind beide Erklärungsmodi zum Verständnis von Geschichte erforderlich. Mit Bewunderung bestätigen wir die Lage der allgemeinsten Ursachen an beiden Enden des Schichtzusammenhangs. Auch darin haben die Historiker recht gesehen. Oben die metaphysischen Langzeitbedingungen der Universalgeschichte, unten die ratiomorphen der Psychohistorie. Und zwischen ihnen entfalten sich die Zwischenschichten, das absichtsvolle, farbige, rationalisierende, kürzerlebige Getriebe der Kulturen.

Von welchen Schichten aus wir immer Geschichte betrachten, stets enthalten die Oberschichten die Selektionsbedingungen des jeweils übergeordneten Ganzen, die Unterschichten die Disponibilität der sie zusammensetzenden Materialien. Form und Zwecke erhellen aus der Serie der Obersysteme, Materialien und physische Antriebe aus der der Untersysteme.

Ebenso entflicht sich der scheinbare Zirkel (Abb. 50) beispielsweise einer wechselseitigen Erklärung von Konjunktur- und Sozialgeschichte. Denn es sind die Material-Bedingungen, welche eine Theorie in der Konjunktur-Schichte (z. B. die Handlung eines Standes und seiner Tribunen) aus den Fällen in der Sozial-Schichte (z. B. der Disponibilität von Unterströmungen und Kollektivbewußtsein) entwickeln läßt. Dahingegen sind es Zwecke und Form-Bedingungen, welche eine Theorie in der sozialen Betrachtungs-Schichte (z. B. die Handlung einer Schicksalsgemeinschaft, einer Mentalität) aus den Fällen der Konjunkturschichte (z. B. der Selektion, wie sie Heere und Herrscher vornehmen) enthält.

Gleichzeitig bildet eine solche Material-Theorie in der Konjunktur-Schichte kein Ende im Theorien-Zusammenhang (Abb. 50), sondern mit anderen Theorien der Konjunktur-Schichte nur einen der Fälle zur Etablierung einer Material-Theorie in der Schichte der Politik-Geschichte. Ebenso wie eine Form-Theorie in der Sozial-Schichte wiederum mit anderen Theorien in der Sozial-Schichte nur einen der Fälle darstellt, aus welchen sich eine Form-Theorie in der Schichte der Kleingruppen-Geschichte entwickeln läßt.[47]

Und so, wie diese Erkenntniswege, die heuristisch-induktiven Wege zur Entwicklung der Material-Theorien, gegen die Untersysteme verlaufen, die der Form-Theorien gegen die Obersysteme, so kehren sich auch die Erklärungswege um; und mit diesen die Prüfung der Theorien an den Prognosen über die neuen Fälle.

Und noch ein Zusammenhang ist gegeben. Die Symmetrie der Erklärungswege entspricht den symmetrischen Bedingungen der Entstehung des Schichtenbaues der Geschichtsphänomene. Denn nur zu offensichtlich sind sie alle, von der Regional-

---

[47] Macht man nochmals den Versuch, solche System-Zusammenhänge ohne die Benützung der graphischen Stütze (wie in Abbildung 50) allein in Gedanken zu reproduzieren, so wird man der Grenzen, die unseren angeborenen Anschauungsformen (K. LORENZ 1973, R. RIEDL 1980) gesetzt sind, bald gewahr werden. Und das, obwohl jede der Einzelbeziehungen, isoliert betrachtet, mitvollziehbar erscheinen wird.

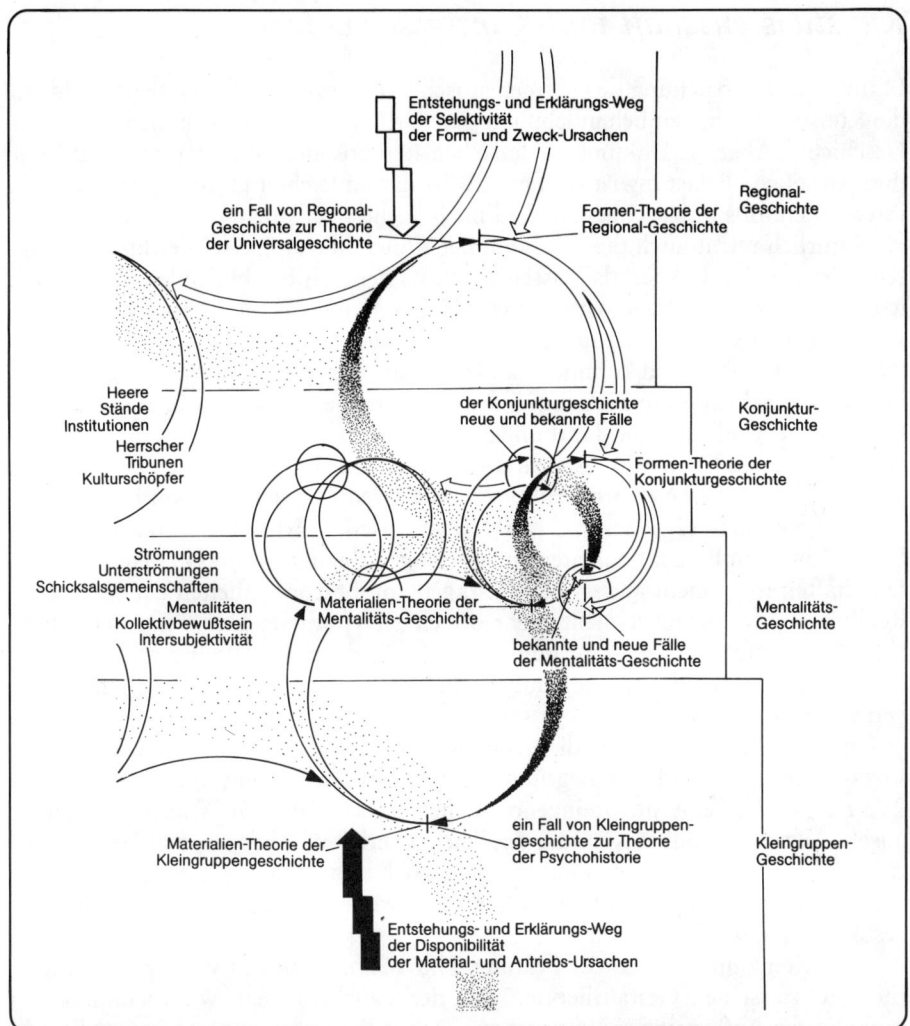

Abb. 50. *Die Symmetrie des Erklärungs-Zusammenhangs in den Geschichtswissenschaften;* am Beispiel der wechselseitigen Erklärung zwischen den Schichten der Sozial- und Konjunkturgeschichte. Dabei rekurrieren die Form-Theorien von den Zweck-Ursachen in der Konjunktur-Geschichte über die der politischen Geschichte auf die der Universal-Geschichte; die Material-Theorien von den Antriebs-Ursachen in der Sozialgeschichte auf die der Kleingruppengeschichte und der Psychohistorie (von den Überschneidungen der Gebiete ist auch hier abgesehen).

schichte der Reiche, Staaten und politischen Systeme bis zu den Kleingruppen der Familien, Freunde und Partnerschaften zwischen dem Ganzen, der Langzeit-Tradition eines Kultur-Raumes und seinen geringsten Teilen, der psychischen Langzeit-Ausstattung seiner Individuen entstanden. Alle sind sie Einschübe; Produkte aus den Möglichkeiten und Disponibilitäten der Untersysteme, aus welchen sie sich zusammensetzen; und Produkte nach der Selektivität, den Erhaltungsbedingungen der Obersysteme, in deren Grenzen sie liegen.

Kunstwissenschaft und Kunstgeschichte

In unserer Untersuchung des hermeneutischen Prozesses nun nach der Geschichte die Kunstgeschichte zu behandeln, hat gute Gründe. Zweifellos handelt es sich um Geschichte. Aber die Dokumente derselben sind uns meist direkter vor Augen und ihre parteiliche Belastung ist geringer. Es ist darum leichter gewesen, den Vorgang ihrer Erkenntnis aufzuschließen; und noch leichter für mich, dies zu referieren.

Natürlich reicht auch die Tradition der Kunstphilosophie wieder bis ins klassische Griechenland. Aber als Wissenschaft, namentlich der bildenden Künste, wie ich es hier im Auge habe, ist sie erst mit den Namen WINCKELMANN und CARL FRIEDRICH RUMOHR verknüpft und nicht vor dem 19. Jahrhundert zum Universitätsfach geworden. Bald kommen dann formale Stilfragen in den Vordergrund und in der Stilgeschichte die Einsicht in den Schichtenbau von Zeitstil, Raumstil und Personalstil. Und über die Jahrhundertwende entsteht mit BURCKHARDT, WÖLFFLIN, RIEGL und PÄCHT (und selbstredend vielen anderen) der Wissenschaftsbegriff von den künstlerischen Formstrukturen und deren Entwicklung von heute.

Ganz deutlich sagt dazu OTTO PÄCHT: »Jeder Erklärungsversuch, ja jede Feststellung von Beschaffenheiten einer geistigen Realität — und in den Naturwissenschaften ist es nicht anders mit Aussagen von Beschaffenheiten der physischen Realität —, ist zunächst nicht mehr als eine Hypothese. Das wissenschaftliche Verhalten unterscheidet sich nun von bloß privaten Meinungsbildungen ... dadurch, daß es die Verifikation aufgestellter Hypothesen als unabdingliche Pflicht betrachtet.«[48]

Und nicht minder werden die Bedingungen *a priori,* wenn auch nicht benannt, so doch erkannt, und das Begründungsproblem wird damit gelöst. Denn, sagt PÄCHT, es gibt keine unvoreingenommene Betrachtung. »In Wahrheit reagieren unsere Augen ... vom Wissen um das Thema verleitet, sehen sie, was sie erwarten zu sehen.« Zur Prüfung ist es daher nötig, »sich selbst am wenigsten zu glauben«. Sondern dies erst dann zu tun, wenn die Theorie »verschiedene Bewährungsproben bestanden hat.«

Dies leitet zum Problem der Prüfung. HANS SEDLMAYR war von der Gestaltpsychologie zu seiner Gestalttheorie, von der ganzheitlichen Wahrnehmung zur artikulierten Auffassung weitergegangen. ALOIS RIEGL ging vom ›Kunstwollen‹ zu einer subjektiv bestimmten Ästhetik, der gegenüber aber die Gewichtung dieses Vorauswissens der Augen zu untersuchen blieb. Denn fast kein Kunstwerk steht isoliert, unbelastet von Theorie; denn die Theorie ist die Beruhigung. »Das isolierte Kunstwerk« dagegen, sagte HEINRICH WÖLFFLIN, »hat für den Historiker immer etwas Beunruhigendes.«

Die Prüfung muß vielmehr Theorie gegen Theorie setzen, und zwar jeweils Theorien über Formbildung-Farbcharakter, das Detail, den Gestaltungscharakter (die Komposition), den Meister (seine anderen Werke), seine Schule, seine Zeit (die

---

[48] JOHANN JOACHIM WINCKELMANN (1717–1768), wie man sich erinnert, noch als Archäologe aufzufassen; C. F.-RUMOHR (1785–1843) zählt zu den Begründern der deutschen Kunstwissenschaft. Die ersten Institute wurden 1813, 1844 und 1852 gegründet. Auf einige der genannten späteren Autoren komme ich noch zurück. Das Zitat ist aus O. PÄCHT (1977, Seite 196).

Stilrichtung) und deren Genese. Hier stehen uns wieder die Schichten vor Augen, wie ich sie nochmals PÄCHT entnehme. Der Handgriff zur Form- oder Farbbildung ist der Teil, die Genese des Zeit- und Stilgefühls das Ganze.

Damit tritt nun der Wechselbezug der Theorienvergleichung hervor. Denn der früher diskutierte Gegensatz zwischen analytischer versus synthetischer Vorgangsweise erweist sich nach PÄCHT »doch als ein bloß theoretischer, insofern als was man durch die Analyse eines Kunstwerks gelernt hat, dann im blickhaften kurzen Erleben schon mitenthalten ist.« Vielmehr kommt es darauf an, die »Thesen durch zahllose Hin- und Rückschlüsse so vielen Kontrollen unterziehen zu können, daß sie, haben sie die Tests bestanden ... als richtige Lesung ... gelten dürfen.« Ebenso muß man »die Konstanten aus dem Kunstwerk und den genetischen Reihen, die sie bilden, herausholen, nicht sie aus anderen Gebieten hineintragen.« Der Wechselbezug ist immer Teil des Systems.

Und noch deutlicher ist man der Wechselbestimmung des Typus-Konzeptes, wie wir es von GOETHES morphologischem Typus kennen, nahe, da PÄCHT feststellt: »Erst wenn Detailübereinstimmungen als Symptome eines identisch zugrundeliegenden Gestaltungsprinzips verstanden und nachgewiesen werden können, erst dann kann die Ähnlichkeit als eine Familienähnlichkeit, als Verwandtschaftsmerkmal angesprochen werden.«[49]

In einer so klaren Sicht auf die kunstwissenschaftliche Methode ist nicht einmal die vermeintliche Behinderung durch die Möglichkeit des Zirkelschlusses aufgetaucht, wie wir dies von anderen Geisteswissenschaften kennen. Und wir kennen auch die Begründung. Zwar wird, wenn auch nach den Kunstepochen in verschiedener Weise, doch gewiß vom Werk des Meisters auf seine Schule geschlossen und von der Schule auf das Werk des Meisters (dies das Beispiel in Abb. 51). Aber wieder liegt kein zirkuläres Schließen vor.

Denn es wird zwar normativ aus der Theorie über die Schule des Meisters auf sein Werk geschlossen, indem die Theorie an seinen bekannten (sicher identifizierten) Werken deskriptiv gebildet wurde; um an den noch zu identifizierenden (unbekannten) Werken geprüft zu werden.

Aber die Theorie von seiner Schule steht nicht isoliert da. Sie ist im Subsumptions-Schema der Hermeneutik, und bezogen auf die nächst-übergeordnete hierarchische Schichte des Vergleichens wieder nur ein Fall. Und zwar ein Fall unter den Theorien über weitere Schulen der Zeit, aus welchen deskriptiv (induktiv) die übergeordnete Theorie über den Stil der Zeit gebildet wird; um wiederum an den noch einzuordnenden (unbekannten) Schulen geprüft zu werden. Dies ist die Symmetriehälfte im Sinne der *causa formalis* und *finalis* der subsumptiven Heuristik, welche normativ den Sinn über die Bedeutung der Inhalte der Werke bestimmt.

Im Gegenlaufe nun wird zwar wieder normativ aus der Theorie über das Werk des Meisters auf seine Schule geschlossen, indem die Theorie an seinen bekannten (als solchen anerkannten) Schülern deskriptiv gebildet wurde; um an den noch zu

---

[49] Man vergleiche zu diesem Gegenstand H. WÖLFFLIN (1921). A. RIEGL (1929), H. SEDLMAYR (1958), vor allem aber die methodischen Untersuchungen von O. PÄCHT (1977), dem die obigen Zitate von den Seiten 197, 203, 206, 196, 299 und 260 entnommen sind.

identifizierenden (unbekannten) Schülern geprüft zu werden. Aber die Theorie über das Werk des Meisters steht wieder nicht isoliert da. Sie ist, im Gegenlaufe der Subsumptions-Symmetrie, und nun bezogen auf die nächst-untergeordnete hierarchische Schichte des Vergleichens, wieder nur ein Fall. Und zwar diesmal ein Fall unter den Theorien über die Werke verschiedener Meister, aus welchen deskriptiv (induktiv) die untergeordnete Theorie von deren Kompositions-Elementen gebildet wird; um wiederum an den noch aufzuschließenden (unbekannten) Meistern geprüft zu werden. Dies ist nun die Gegensymmetrie im Sinne der *causa materialis* der subsumptiven Hermeneutik, welche normativ die Inhalte oder die Zusammensetzung der Sinngehalte der Werke bestimmt.[50]

Wenn nun das Zirkularitäts-Problem in den Kunstwissenschaften nicht in Erscheinung tritt, und wohl aufgrund des sicheren Instinkts jener Historiker, ist es doch fast beruhigend zu bemerken, daß das Problem der Lesrichtung wohlbekannt ist. Wie zu erwarten, haben sich zwei Schulen gebildet, wie schon SEDLMAYR bemerkte. »Die einen möchten vom individuellen Objekt her die Deskriptionsbegriffe bilden ... Die anderen wollen durch Differenzierung einiger weniger ... Grundbegriffe zu einer ... Beschreibung kommen.« Aber, so sieht PÄCHT zu Recht voraus: »Es ist nötig, über dieses starre Entweder-Oder der beiden Standpunkte hinauszukommen.«

Dies war auch schon, um noch eine ganz andersartige Quelle vorzulegen, von den frühen marxistischen Psychologen kritisiert worden. Für LEW WYGOTSKI beispielsweise »verläuft die Wasserscheide, die früher die ›Ästhetik von oben‹ von der ›Ästhetik von unten‹ trennte, nun ganz anders: sie scheidet jetzt die Soziologie der Kunst von der Psychologie der Kunst...« Und wir sind der Ansicht, daß nur die gemeinsame Betrachtung von den Ober- wie von den Untersystemen ein Werk verstehen läßt. Und ich hoffe, im ganzen gezeigt zu haben, daß es gleichgültig ist, von welcher Stelle die hermeneutische Durchdringung ihren Ausgang nimmt.[51]

Und wie in allen anderen komplexen Systemen verläuft die zweiseitige Erklärung oder normative Bestimmung in demselben Richtungssinn wie die Entstehung eines Kunstwerks: vom Schaffenswillen in einem Zeitgeist nach unten und von der Einzelbewegung des Hand-Werks nach oben, um alle Schichten zu differenzieren, die ein Kunstwerk ausmachen (oder doch bislang ausgemacht haben).

Dies ist von Interesse, weil sich die Vorgänge bei der Entstehung von Artefakten leichter verfolgen lassen als bei den übrigen Naturdingen und unter allen Artefakten die Entstehung eines Werkes der bildenden Kunst am leichtesten mitvollziehbar wird. Aber hier wenden wir den Blick vom Verstehensprozeß zum schöpferischen Prozeß und verlassen unser Thema. Ein Zusammenhang allerdings, der uns in der Beziehung von Rechtsfindung und Rechtssetzung wiederbegegnen wird.

---

[50] Dies gilt, wie der Leser schon weiß, nicht nur für den Schule-Meister-Zusammenhang, sondern in den Wechselbezügen aller Schichtzusammenhänge. Es ist nur des erforderlichen Wortumfanges der Formulierung wegen nicht ausgeführt. Ebenso rekurrieren die Fälle der Stilformen auf deren Genre, wie die Kompositions-Elemente auf die Theorie der Details der Form- und Farbbildungen.

[51] Die Zitate sind O. PÄCHT (1977, beide der Seite 122) entnommen. Dort auch der Hinweis auf die Studie von H. SEDLMAYR, die auf das Jahr 1931 zurückgeht; übrigens auch die zitierte Arbeit von PÄCHT. Ihm danke ich auch ein wertvolles Gespräch. Die zitierte Stelle aus L. WYGOTSKI (1976, Seite 11); das Werk dieses frühen marxistischen Psychologen wurde 1925 abgeschlossen und ist (auch russisch) erst posthum erschienen.

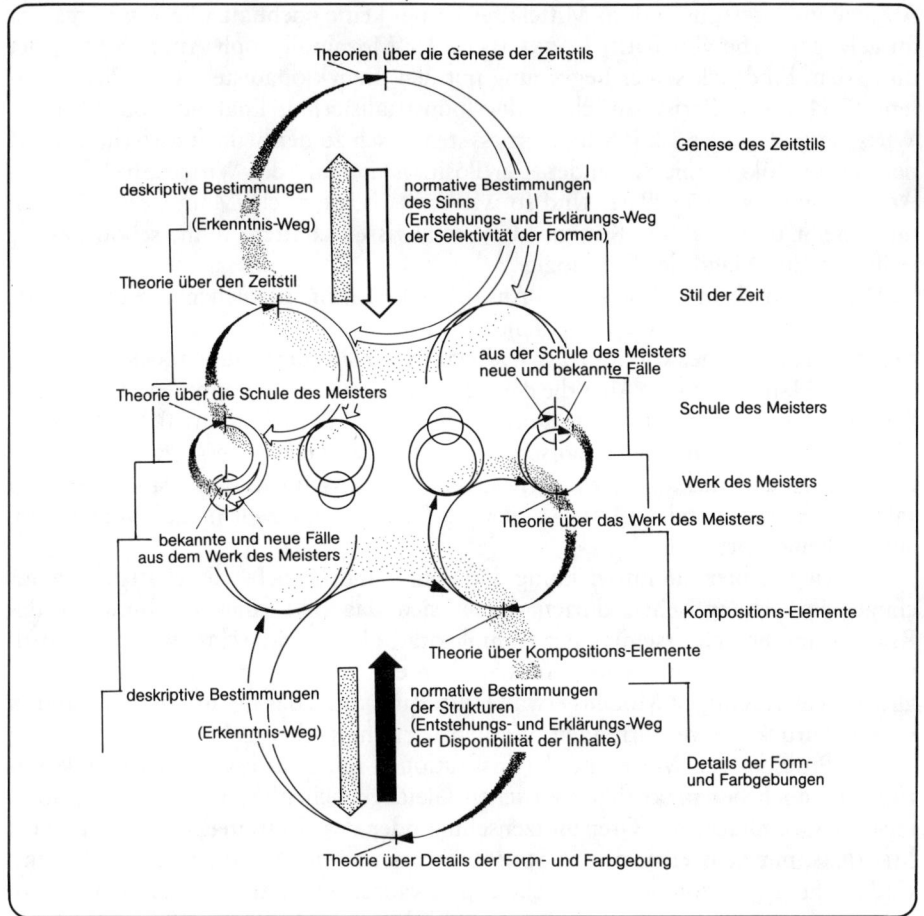

Abb. 51. *Die Symmetrie des Erklärungs-Zusammenhangs in der Kunstgeschichte;* am Beispiel der wechselseitigen, normativen Bestimmung des Werkes eines Meisters aus seiner Schule und umgekehrt. Wobei die Theorien von den Schulen als Fälle aus der Theorie vom Zeitstil und seiner Genese bestimmt werden und umgekehrt, die Theorien über die Werke des Meisters als Fälle aus der Theorie seiner Kompositions- und Form-Elemente.

Eines freilich begrenzt die rationale Durchdringung des Kunstwerks. »Könnte man« nämlich, sagte schon JACOB BURCKHARDT, wie WÖLFFLIN (1946, Seite 173) berichtet, »den tiefsten Gedanken, die Idee eines Kunstwerks überhaupt in Worten vollständig wiedergeben, so wäre die Kunst überflüssig.«

Wirtschaftswissenschaften

Was sich heute als Nationalökonomie oder Volkswirtschaftslehre, als Finanzwissenschaft und als Betriebswirtschafts- oder Managementlehre differenziert hat, ist eine der jüngsten Wissenschaften; ein Kind der Aufklärung. Die verstreuten

Ansätze im Altertum und im Mittelalter hatten keine nachhaltende Wirkung. Erst im geistigen Erbe von JOHN LOCKE ist es der Moralphilosoph ADAM SMITH, der unter dem Eindruck seiner Begegnung mit den ›Encyklopädisten‹ und ›Physiokraten‹ 1764–66 in Paris, zurück in der Industrialisierung Englands, die liberalen Wirtschaftsideen des 18. Jahrhunderts systematisch zu der heute klassischen Studie der Nationalökonomie verbindet. Der Positivismus und der Wirtschaftserfolg der Arbeitsteilung standen Pate. Und so wird, was heute noch ›Main stream Economics‹ heißt und sich als ›Königin der Sozialwissenschaften‹ fühlt, schon damals reduziert zur ›Magd der Soziologie‹.[52]

Der holistisch-morphologische Ansatz, wie wir einen solchen um die Wende zum 19. Jahrhundert erwartet hätten, ähnlich jenem in der Kunstgeschichte, Anatomie und Philologie, kommt zu spät. Zwar findet sich derlei in JOHANN GOTTLIEB FICHTES ›Handels-Staat‹. Aber die deutschen ›historischen Ökonomen‹, FRIEDRICH LIST und GUSTAV VON SCHMOLLNER, stehen allein oder, schon im 20. Jahrhundert, der starken Strömung der englischen und Wiener Positivisten gegenüber. Also finden auch die Ausläufer, wie THORSTEIN-VEBLENS Institutionalismus der 20er Jahre in den USA, oder OTHMAR SPANNS Ganzheitskonzept in den 30er Jahren Wiens, keine Fortsetzung.

So, wie wir hier die Entwicklung der Volks- und Betriebswirtschaftslehren aus einiger Entfernung sehen dürfen, bietet sich das Bild eines Jahrhunderts des Ringens um die Beherrschung der Komplexität; gleich einer schrittweisen Emanzipation vom reduktionistischen Ansatz. Vom ersten Erfolg des statischen, weniggliedrig-einschichtigen Modells etwa DAVID RICARDOS, das tief ins 19. Jahrhundert wirkte, zurück zur verwirrenden Buntheit wirtschaftlicher Lebenswelt.

Das Problem der Werte und der Institutionen führt zur ersten Auseinandersetzung; nämlich der makroökonomischen Gleichgewichtstheorie auf mikroökonomischer Grundlage, der Grenznutzenschule oder des ›Marginalismus‹ CARL VON MENGERS, mit dem Historismus SCHMOLLNERS und der Soziologie MAX WEBERS. Und die Frage, ob von den Unterschieden gewachsener Werte und deren Institutionalisierung abgesehen werden könnte, ist bis heute ein Gegenstand der Forschung geblieben.[53]

Das Problem Wirtschaftsdynamik kontra Statik folgt in den 20er bis 40er Jahren. Hauptwirkungen bis dato: JOHN MAYNARD KEYNES’ Theorie vom Ungleichgewicht, allerdings noch ganz ›Positive Ökonomie‹, und JOSEF SCHUMPETERS Entwicklungs-Theorie, welche heute besonders die ›Evolutionisten‹ beflügelt.

Das Problem der Unsicherheit folgt als Gegenzug gegen den Monetarismus und dessen vereinfachte Annahme: alle wüßten alles. In Wahrheit wissen die meisten vergleichsweise gar nichts und niemand weiß alles. Und was bei ADAM SMITH noch

---

[52] ADAM SMITH (1723–1790) war mit DAVID HUME befreundet und stand in der Tradition JOHN LOCKES (1632–1704). Seiner Lehre geht die der ›Physiokraten‹ des 18. Jhdt. voraus, die den Boden als Produktionsfaktor überschätzten, und die der ›Merkantilisten‹ des 18. und 17. Jahrh., die den Geldvorrat und den Außenhandel überbewerteten. Zur Geschichte J. SCHUMPETER (1954) und F. v. HAYEK (1979).

[53] FICHTE (1762–1814) kann man an die Spitze der Wirtschaftstheorien der Romantik setzen. Es folgen LIST (1789–1846) und VON SCHMOLLNER (1838–1917). Vor diesen wirkt RICARDO (1772–1823) so weit in das 19. Jahrhundert hinein, daß noch KARL MARX an ihm fortsetzt. MENGERS Methodenstreit reicht über die Jahrhundertwende, der Werturteilsstreit über den ersten Weltkrieg. — Meinem Freund GILBERT PROBST danke ich viele geduldige ‹Nachhilfestunden›.

als die Wirkung der ›unvisible hand‹ über den Wolken schweben durfte, wurde, wie bei FRIEDRICH VON HAYEK, zum Gesetz höchst irdischer Geschichte, das durch uns mit uns einfach verfährt.

Das Problem der Entwicklung verband sich nun jüngst mit dem Wachstums- und Evolutionsproblem zur Frage, wie es nun mit uns verfährt. Und bekanntlich erfuhren wir von JAY FORRESTER und von den MEADOWS, wo die Wachstumsgren- zen liegen und von den ›Evolutionisten‹ Neues über Entwicklungsgesetze, die jenseits unserer Bedürfnisse, ja jenseits des Einflusses unserer Staatenlenker liegen. Man denke an das Umweltproblem, an Arbeitslosigkeit, Inflation (als schleichende Enteignung), Verstädterung, Ressourcenverknappung, Überbevölkerung, Autono- mie- und Traditions-Verlust und den Rüstungswettlauf. Hier erst sind wir im Problem unserer Tage.

Das Problem der Wechsel-Kausalität ist folglich das Problem von heute. Mit der Frage: wodurch es nun so mit uns verfährt. Geht es heute darum, sich in der Wirtschaft »die Fähigkeit zum Überleben zu verschaffen, so ist es naheliegend, sich zu fragen, nach welchen Regeln ›Überleben‹ in der Natur erfolgt.« Hier sind wir zurück bei den internen Gesetzen (den ›esoterischen‹ bei GOETHE) offenbar kennt- nisgewinnender Systeme, fern vom physikalischen Gleichgewicht. Ein ganz neues Paradigma ist zu fordern. Und, fährt HANS ULRICH fort, »die hartnäckige Abnei- gung vieler Wirtschafts- und Sozialwissenschaftler, Systemtheorie und Kybernetik für sozialwissenschaftlich relevant zu halten, ist ... darauf zurückzuführen, daß sie kybernetische Modelle von Physikern und Technikern ... für den ganzen Inhalt dieser Wissenschaft halten und glauben, ... (es) müsse notwendigerweise eine mechanistische Weltschau entstehen.«[54]

Dieser entscheidende Wandel im Paradigma, wie ihn in großen Zügen GILBERT PROBST nahelegt, ein Wechsel vom technomorphen zum biomorphen Denken, ist derselbe, wie wir ihn gegen alle reduktionistischen Positionen auftreten sahen; hinunter bis zum Wechsel vom cartesianischen oder euklidischen zum aristoteli- schen Raumkonzept in der modernen Physik.

Das heutige Nebeneinander einander widersprechender Wirtschaftsmodelle, ob Keynesianismus, Monetarismus, Marginalismus, diese Überlebensdauer überholter Wirtschaftslehren, so schreibt mir GILBERT PROBST, muß auch aus dem Nebenein- ander widersprüchlicher Weltanschauungen verstanden werden. »Aber die Folge dieser reduktionistischen Anwendung von Erkenntnissen der Wissenschaften von der Funktionsweise lebender Systeme«, schließt HANS ULRICH, »werden wir ... in wenigen Jahren in Form kaum mehr lösbarer gesellschaftlicher Probleme vor uns haben.« So ist es! Der Wandel im Paradigma ist längst eine Auflage der Moral geworden; und nicht nur eine der Ökonomie.[55]

---

[54] Hervorzuheben sind besonders die Arbeiten von J. SCHUMPETER (z. B. von 1934) und D. MEADOWS und Mitarbeiter (1972), sowie zum evolutionären Ansatz R. NELSON und S. WINTER (1982). Den Problemwandel schildern TH. DYLLICK und G. PROBST (1983, vgl. die Tabelle Seite 28/29). Die beiden Zitate aus H. ULRICH (1981, Seite 15 und 19).

[55] Was ich hier referiere, ist St. Gallener-Schule, wie sie HANS ULRICH initiierte. Man vergleiche F. MALIK (1979), den Band von G. PROBST (1981) und die Grundsatzstudie von H. ULRICH (1981, das Zitat von Seite 24). Dort auch die weitere Literatur. Ich danke St. Gallen manch kollegiales Zusammenwirken, mit THOMAS DYLLICK, FREDMUND MALIK, GILBERT PROBST, HANS ULRICH, zugleich mit HEINZ VON FOERSTER, HERMAN HAKEN und FRANCISCO VARELA.

Neben der Problemgeschichte zu bewältigender Komplexität hat sich, als wäre sie davon unabhängig, die Perspektive vom Schichtenbau der Wirtschaftssysteme gewandelt. Zunächst wurde dieser hierarchische Bau mißachtet, dann bemerkt und als unzeitgemäß geleugnet. Nun erweist er sich nicht nur als real, sondern die Steilheit der hierarchischen Abhängigkeiten auch unabhängig selbst von der kapitalistischen oder sozialistischen Ideologie des politischen Milieus. Die Steilheit und Gliederung ist eine Funktion des Alters der jeweiligen Organisation.

Ein Dutzend Schichten zeigen sich heute üblicherweise in Produktion, Förderung, Konkurrenz und Konsumation im Zusammenhang: Individuum — Gruppe — Abteilung — Division — Organisation — Interorganisation — Organisationsset — Netzwerk (der Verflechtung) — Branche — Region — Nation (Wirtschafts-Gemeinschaft) — und Weltwirtschaft. Wir sind nach der Lehre von LEOPOLD KOHR sogar der Überzeugung, daß eine höhere Schichtdifferenzierung eine ebenso humanere wie stabilere, weil elastischere Ökonomie bedeutet. »Eine Ökonomie«, nennt dies sein Schüler SCHUMACHER, »als ob es um die Leute ginge.«[56]

Und damit sind wir bei der Zentralfrage unseres Anliegens. Wenn es richtig ist, daß wir Institutionen, Dynamik, Unsicherheiten und Entwicklung zu einem System der Wechselkausalität vereinen und eine hohe Schicht-Differenzierung der Wirtschaftswelt in Betracht nehmen müssen, dann fragt es sich, wie diese Schichten aufeinander wirken. Wir sind angelangt bei der Frage der ursächlichen Erklärung.

Was nun Voraussagen und Erklärungen wirtschaftlichen Wandels betrifft, sagt JOHN GALBRAITH, so »wuchsen sie sich fast schon zu einem selbständigen Berufszweig aus, der mit seiner Mischung aus Vernunft, Weissagung, Beschwörung und gewissen Elementen von Zauberei bestenfalls in den primitiven Religionen eine Parallele findet.« Solcherlei Skepsis wie dieses lachenden Nationalökonomen ist schon einer der Gründe, warum wir von dem Subsumptions-Schema der Erklärung in den Wirtschaftswissenschaften noch nicht viel finden. Mehr aber sind es die beiden Einseitigkeiten des Schemas, die an seiner Verwendbarkeit zweifeln lassen.

Zum einen hat PETER WINCH schon 1958 auf das Sinnhafte allen sozialen Handelns hingewiesen und HANS ULRICH stellt darum fest, die »Erklärung nach dem HEMPEL-OPPENHEIMschen Schema ... trägt aber nichts zum sinnhaften Verstehen dieses Verhaltens bei.« Zum anderen urgiert GILBERT PROBST, mit Berufung auf MALIK, VON HAYEK und MARIO BUNGE die Klärung der Beziehung von Hypothese und Prognose. Dies ist das induktiv-deduktive Wechselspiel. »Beobachtbare Regelmäßigkeiten«, stellt er fest, »lassen zwar gesetzmäßige Strukturen vermuten und führen so zu Hypothesenbildung, jedoch gilt nicht der Umkehrschluß.« MICHAEL WAGNER prüft die Modelle und kritisiert den vorgesehenen, szientistischen Reduktionsprozeß. Denn »die theoretische Ökonomie«, stellt er fest, »ginge damit in einer paradigmatisch diffusen Verhaltenstheorie auf.«

Und nun ist auch die Lösung schon fast zur Hand. Jener materialistische Reduktionismus, das ist die Subsumption gegen die tieferen Schichten im vorherr-

[56] Eine wichtige Studie des Vergleichs von Wirtschafts-Systemen besitzen wir von A. TANNENBAUM und Mitarbeitern (1974). Die Schichtenliste referiert TH. DYLLICK (1982). Eine rückblickende Plauderei mit KOHR findet man in F. KREUZER (1981 b), die bekannteste Auseinandersetzung mit dem Zentralismus in E. SCHUMACHER (1973). Grundsätzliches zum Problem des Szientismus in unserer Welt der Ökonomie bei W. RÖPKE (1979), zur Technokratie bei TH. ROSZAK (1973).

schenden Paradigma, verhält sich so, sagt ULRICH, »als ob soziale Systeme nichts als komplizierte materielle Systeme seien, wofür der Ökonomismus der klassischen Betriebswirtschaftslehre typisch war.« Es bedarf einer Art »freiwilligen Finalisierung«. Aber, fährt ULRICH fort, »ebenso falsch wäre es jedoch, nun ins andere Extrem zu verfallen«, in einen idealistischen Reduktionismus, das ist die Subsumption gegen die oberen Schichten, »und zweckhafte soziale Systeme nach der Denkweise einer klassischen Geisteswissenschaft als ›nichts als‹ kulturelle Institution zu begreifen«. Und PROBST sieht dasselbe, wenn er innere Kontrollen zwischen den Teilen eines Systems unterscheidet von solchen, die das ganze System und die Emergenz einer ganzen hierarchischen Ebene betreffen. Die Trennung der *causa materialis* und *formalis,* die Zweiseitigkeit der Bedingungen, die Disponibilität der Kompartments versus der Selektivität durch die Obersysteme, wird sichtbar.[57]

Zu den gehegtesten Mißverständnissen des materialistischen Reduktionismus zählt, nach meiner Lösung, die Vorstellung vom ›König Kunde‹ und von der ›Dienerin Industrie‹. Daß der Kunde, aufsummiert zum Marktverhalten, die Industrie dirigiert, ist nur als Propaganda zu verstehen. Denn den Markt gibt es nur als physischen Gegenstand, nie aber den Kunden als Träger erster Ursachen oder letzter Gründe. Wir stehen vor einem Lehrstück ontologischen Reduktionismus', einem Unfug derer, die nichts wissen wollten, einer Demagogie derer, die es besser gewußt haben müssen. Denn selbstredend besteht der Markt nicht aus einer Häufung independenter, privater Erleuchtungen, sondern er ist der Spiegel der Wechselwirkungen aller Schichten des Wirtschaftsgeschehens.

Die Einsicht, daß die Industrie den ›König Kunde‹ nicht nur bearbeitet, sondern ihn bearbeiten muß, um an die Segnungen des neuen Produktes zu glauben, wie JOHN GALBRAITH feststellt, gilt noch als revolutionär, geradezu als Majestätsbeleidigung. In Wahrheit bringt der Kunde ins Marktgeschehen überhaupt nur seine Disposition aus Begehrlichkeit und wirtschaftlichen Möglichkeiten mit. Die Motive seiner Wahl, sehen wir nur von der Befriedigung seines Temperatur- und Stoffhaushaltes ab, empfängt er hingegen allesamt aus jenen übergeordneten Systemen, innerhalb derer sich seine Existenz vollzieht: aus seinem ökologischen, sozialen und zivilisatorischen Milieu. Die Ursachen unserer Selektivität als Kunden kommen aus den Obersystemen, deren Teil wir sind.[58]

Dies gilt bis auf jenen schmalen Bereich des individuellen Geschmacks, der allerdings unsere Aufmerksamkeit voll beschäftigt; wiewohl gerade dessen Ursachen aus frühen Prägungen, Zufallseindrücken und vagen Einstellungen unserer Aufmerksamkeit wieder entzogen sind.

Tatsächlich finden wir, wie in allen bislang untersuchten Kulturwissenschaften, den Strom der Selektionsbedingungen, also auch der Artefakte der Wirtschafts-

---

[57] Man vergleiche J. GALBRAITH (1974, das Zitat von Seite 11). Die Zitate aus H. ULRICH sind aus der Studie von 1981 (von den Seiten 16 und 23). Die Stelle von M. WAGNER (1976, Seite 15). Die Zitierung aus G. PROBST (1981, von Seite 49), die zweite Stelle sinngemäß von Seite 219. Die übrige einschlägige Literatur ist in diesen drei Werken angegeben.

[58] Selbstverständlich wird unsere Selektion eines Transportmittels in der Antarktis oder im Dschungel anders ausfallen als im Dschungel von New York; die Rocker selegieren ihre Kleidung anders als die Banker; und selbst die Stammeshäupter der Papua, der Lama oder der englischen Krone besitzen kaum die selektive Freiheit der Wahl des Kostüms des jeweils anderen. Dies ist fast trivial. — Die Stelle der Kundenbearbeitung findet man übrigens bei J. GALBRAITH (1974, ab Seite 24).

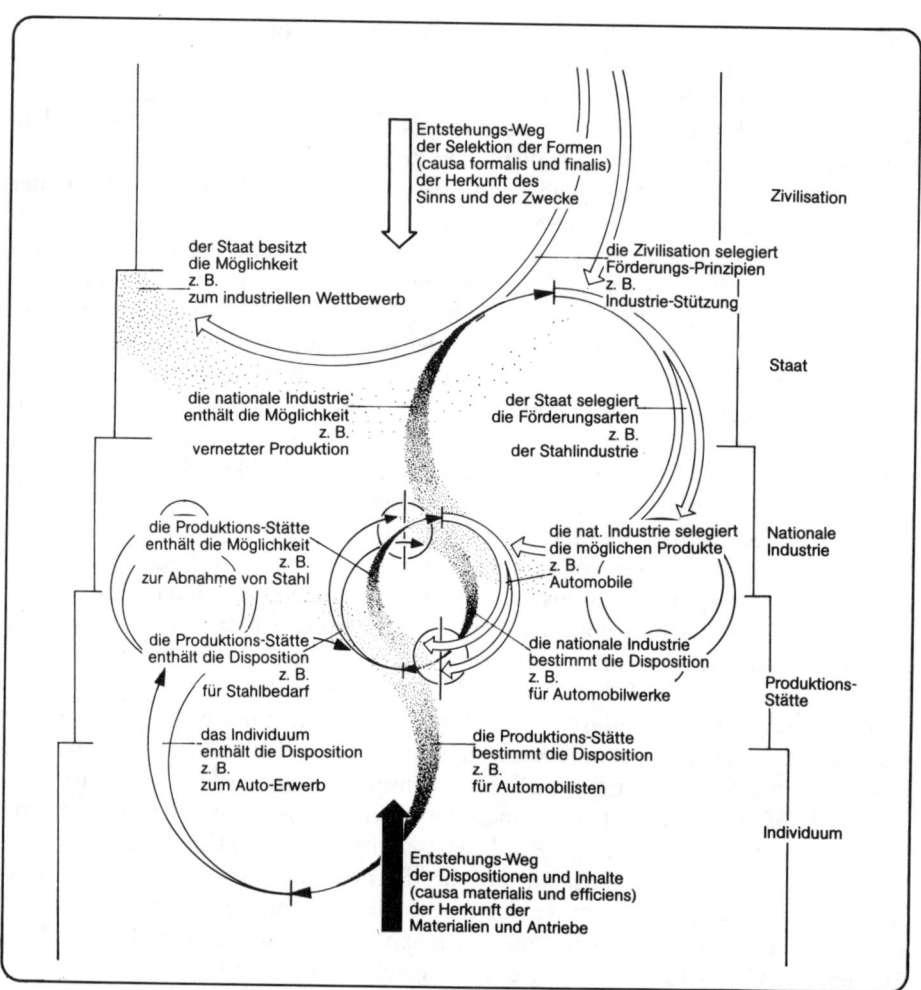

Abb. 52. *Die Symmetrie des Entstehungs-Zusammenhangs der Phänomene der Wirtschaft;* am Beispiel der Wechselbeziehung zwischen den Produktions-Stätten und der nationalen Industrie. Dabei ist die Disposition der Produktionsstätten (z. B. zur Abnahme von Stählen) auf die Disposition der Individuen zum Auto-Erwerb zurückzuführen; wie die Bestimmung der nationalen Industrie zur Automobil-Produktion auf die staatliche Förderung der Stahlindustrie (man vergleiche die Erkenntnis- und Erklärungsgründe in Abb. 53).

welt, von den obersten Systemen seinen Ausgang nehmen; von der Struktur der Zivilisation (Abb. 52); welche freilich wieder aus den Disponibilitäten all ihrer Teile entsteht.

Betrachten wir als Beispiel eine vereinfachte Stufenfolge von Wahlentscheidungen, wie eine solche auf unsere Disposition wirkt, etwa ein Auto zu erwerben.

1. bestimmt unsere Zivilisation, wie sie (zum Unterschied z. B. jener der Weika-Indianer) in einer Automatisierung der Koch-, Wasch-, Temperierungs- und Transport-Mittel ihr Glück zu machen wünscht, die Förderungs-Prinzipien. Beispiels-

weise, neben der Förderung von Schnellstraßen und Fußgängertunnels, die Industrie-Stützung (weder Lianen-Brücken noch Schamanen-Ausstattungen).

2. wählt nun der Staat, innerhalb jener schon getroffenen Auswahl, etwa die
Subvention der Stahl-Industrie, weil es unter mißlicher Stahlkonkurrenz dieser, wie
überall, mißlich ergeht. (Wieder mit Ausnahmen, wie der Weika-Indianer.) Damit
muß freilich auch selegiert werden, wer und mit welchen Anteilen für die gemeinsam zu verschleudernden Stahlprodukte zu bezahlen hat. So wählt er auch die
gedachten Gerechtigkeiten der Umverteilung aller geschöpften Werke.

3. selegiert die nationale Industrie, was unter solchen Bedingungen fabriziert
und losgeschlagen werden kann; beispielsweise Automobile. Denn für diese sind
nicht nur die Verkaufs-, Tank-, Service- und Schrott-Plätze dicht gesät, da gibt es
auch Metallarbeiter-Gewerkschaften, Tiefgaragen, gestützte Banken, zu Fuß nicht
mehr erreichbare Supermärkte und ja wieder den Staat, der ohne die Einfuhr-,
Treibstoff- und Betriebs-Steuern der Automobilisten seinen Versprechungen, auch
gegenüber jenen Automobilisten, überhaupt nicht mehr nachkommen könnte. (Die
Weika-Industrie fördert inzwischen noch die Ausstattung der Friedenstänze.)

4. endlich selegiert die Produktions-Stätte das Erfolgsmodell; elegante Stromli-
nie für die (langsamen) Wagen der 40er Jahre, elegantes Chrom in den 60er,
elegante Steifheit in den 80er Jahren. Natürlich wurde der ›Markt-Geschmack‹
erforscht, ebenso wie er bearbeitet wurde. Aber gleichwohl reflektiert ein Kollek-
tiv-Geschmack Ursachen, die in Sozialsystemen weit über dem Individuum ihren
Ausgang nehmen; wie die Selektion selbst, in der Abteilung für Design und
Marketing getroffen, nochmals auf übergeordnete Instanzen rekurriert. (Den
Weika-Männern schreibt inzwischen die Gesellschaft mit gleicher Notwendigkeit
Holz-Scheiben in der Unterlippe vor.)[59]

Alle Strukturformen gehen aus den Selektionsbedingungen der Obersysteme
hervor. Wir können auch sagen: nur jene Strukturen besitzen die relativ größeren
Erhaltungs-Chancen, welche jenen Bedingungen entsprechen. Und im ganzen
ergibt sich damit die Funktion aller Struktur. Die Industrie-Stützung aus der
Konkurrenz der Industrie-Nationen, die der Stahlindustrie aus der der Gewerkschaften, die der Produkte und Modelle aus der der Industrie und Produktionsstätten. Es sind Funktionen, die wir als Zwecke erleben; und sind diese Zwecke
beständiger, empfinden wir sie als den Sinn der Einrichtungen. Dies entspricht der
causa formalis und *finalis.*

Umgekehrt, von der Kreatur ausgehend, verlaufen die Antriebe und Material-
Ursachen, die *causa efficiens* und *materialis,* auch in der Wirtschaftswelt. Denn
ohne unser Tätigsein, letztlich aus dem Energiegewinn des Wechsels chemischer
Bindungen, geschähe gar nichts. Es entstünde nicht einmal die nächste Generation,
geschweige denn (eine Holzscheibe für die Unterlippe,) ein Auto, Kapital, der
Marxismus oder der Rüstungswettlauf. Und was wir an Material-Qualitäten in das
Werden der Zivilisationen einbringen, das sind wieder unsere Ausstattungen oder

---

[59] Man vergebe mir die Weika-Indianer oder Yanomami. Doch ist deren Existenz trotz Missionierungs- und Handels-
Druck im Dschungel des oberen Orinoko auch für uns ein Glück, wenn auch ein vergängliches. Läßt es uns doch
noch die Seltsamkeit des vermeintlichen Lebensglücks unserer eigenen Zivilisation relativieren. Man muß sich dazu
aber in sie (auch in die Tasaday Mindanaos und die wenigen, noch verbliebenen steinzeitlichen Zeitgenossen)
wirklich versenken. Eine Anleitung durch meinen Freund IRENÄUS EIBL-EIBESFELDT (1976) ist dazu empfohlen.

Dispositionen mit den universellen menschlichen Möglichkeiten und Bedürfnissen, zur Befriedigung unserer stets wiederkehrenden physischen, sozialen und kulturellen Anliegen.[60]

Zurück zu unserem Beispiel (Abb. 52). Es bringen freilich viele von uns die Disposition zum Erwerb eines Autos ins System der Produktionsstätten. Und am Wirken unseres freien Willens ist nicht zu zweifeln. Aber seine Grenzen sind längst vorselegiert. Nicht nur wird manch eines Sehnsucht nach einem Repräsentations-Vehikel nie erfüllt werden, sondern manch ein anderer würde es, könnte er, nur zu gerne mit einem gesattelten Pferd oder mit einem Fahrrad vertauschen.

Ebenso ist der Produzent zum Erwerb von Stählen disponiert, die Industrie zur vernetzten Produktion, der Staat zum industriellen Wettbewerb. Wir zweifeln auch nicht an der Entscheidungsfreiheit des Fabrikanten, Managers und Ministers; aber eine Alle-auf-die-Pferde-Bewegung haben sie alle zusammen nicht eingeleitet. Und solche Verklemmungen in Präselektionen und Prädispositionen, wie sie weit jenseits unseres Einflusses längst getroffen sind, für den Strolch wie für den Minister, nennt man Zugzwänge.

Wieder decken sich die zweiseitigen Entstehungs- und Erklärungswege der Systeme. Wieder entstehen ja alle Zwischenschichten einer jeden Zivilisation zwischen den Dispositionen und Antrieben der Teile, der Ausstattung ihrer Kreaturen, und dem Ganzen, der Selektion der Zwecke durch den kollektiven Rahmen ihrer Kultur. Und aus denselben Richtungen (Abb. 53) werden uns die Form- und Final-Ursachen aus den Obersystemen, die Material- und Antriebs-Ursachen aus den Untersystemen zugänglich.

Dies ist der Punkt, an welchem uns nun auch in den Wirtschaftswissenschaften das Induktions-Problem begegnet. Und freilich haben der Positivismus und die analytische Philosophie, mit der Leugnung induktiver Prozesse, ihre Wirkung getan. Und wieder fällt es im Fache schwer, ohne die Beteiligung von Fällen, Abstraktionen und Heuristik annehmen zu dürfen, eine Vorstellung von Theorienbildung und Theorienwandel zu entwickeln. Die wenigen diagrammatischen Darstellungen lassen das gut erkennen.[61]

Die Folge ist, daß vom Wahrscheinlichkeitsgrad wirtschaftswissenschaftlicher Hypothesen auch keine brauchbare Vorstellung gewonnen werden konnte. Was ja erst gelingt, wenn man sich den Bestätigungsgrad vor Augen hält; bestehend aus den Fällen, welche eine Hpyothese (Abb. 53) bislang bestätigten, gegenüber jenen, an welchen eine Prüfung noch zu gewärtigen wäre. Ganz abgesehen von der Präzision einer Formulierung der Theorien und damit der Wahrscheinlichkeit, sie überhaupt bestätigen oder falsifizieren zu können.

So kommt es, daß es von unfalsifizierbaren Theorien wimmelt; von der Vielfalt der Widersprüche im ›Main-Stream‹ der Mikro-Ökonomie, bis zu den globalen

---

[60] Hinsichtlich dieser Ausstattung und der Herkunft der Zwecke konnte ich an anderer Stelle ausführlich sein (R. Riedl 1976 und 1980, teils in 1980a, 1981a und 1982). Man vergleiche vor allem K. Lorenz (1950, 1965a und 1974) sowie A. Gehlen (1940).

[61] Solche Darstellung findet man z. B. in den Beiträgen von H. Schneider (1976) und fortgeführt von W. Eichhorn (1972, auf Seite 342). Zwar ist höchst sachgemäß im induktiven Segment des Kreisprozesses ein »psychologischer Prozeß der Entdeckung von Hypothesen« angeschrieben, sowie die »Aufgabe: ›Hypothesen verbessern!‹«, aber unter dem Einfluß zuletzt K. Poppers (1973; 1. Auflage 1935) wird auf die Lösung, wiewohl zum Greifen nahe, verzichtet.

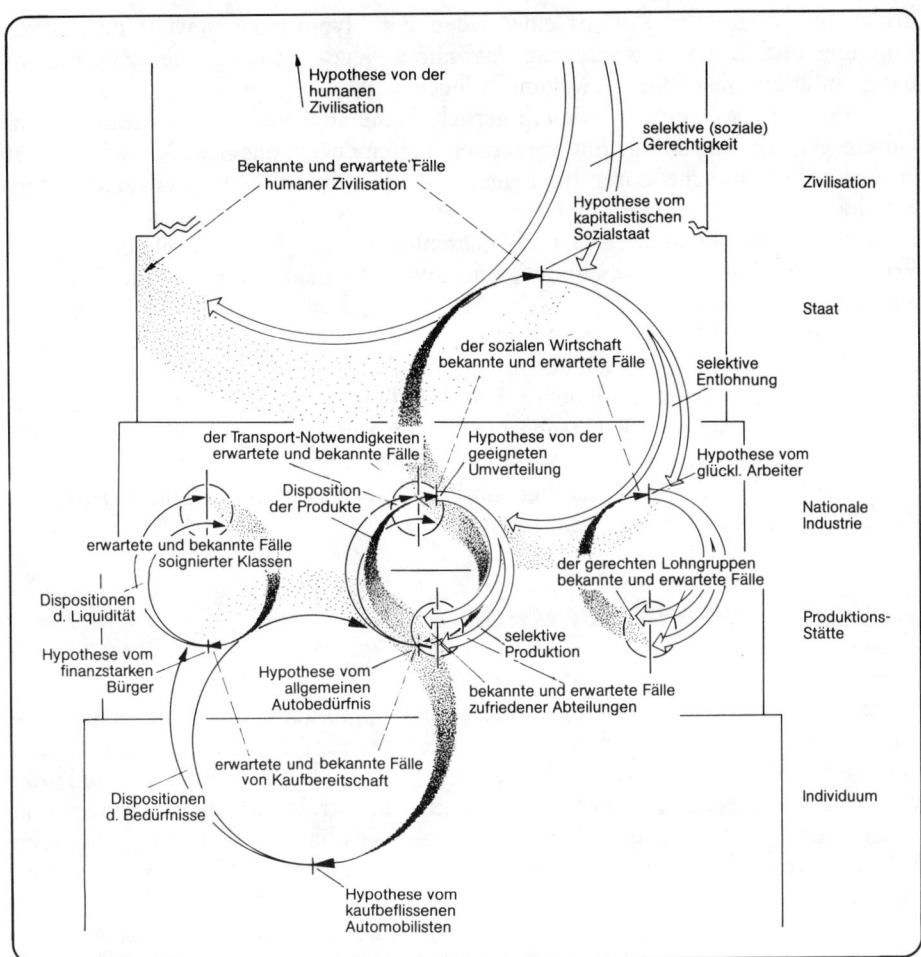

Abb. 53. *Die Symmetrie der Erklärungs-Zusammenhänge in den Wirtschaftswissenschaften;* am Beispiel von Produktions-Stätten und nationaler Industrie (des Falles von Abb. 52). Hier rekurriert die Hypothese von der geeigneten Umverteilung als Fall der Theorien in der Schichte ›Nationale Industrie‹ auf die Hypothese vom kapitalistischen Sozialstaat und weiter auf die von der humanen Zivilisation; so, wie die Hypothese vom allgemeinen Autobedürfnis als Fall der Theorien in der Schichte ›Produktionsstätten‹ auf die Hypothese vom kaufbeflissenen Automobilisten.

Behauptungen wie etwa bei KARL MARX. Nach ihm bedingte ein Gleichgewichtsgesetz bei einer »Akkumulation von Kapital« eine entsprechende »Akkumulation von Elend«. Was weder für die Schweiz noch für meine Heimat Österreich zu gelten scheint.

Viel sachgerechter muß es sein, sich die geringen Gewißheitsgrade der uns möglichen sozial-psychologischen, zivilisations-soziologischen und ideologisch-indoktrinären Hypothesen vor Augen zu halten (Abb. 53); um nämlich nicht nur ihre Schwachheit zur Kenntnis zu nehmen, sondern auch die Tatsache, daß sie allesamt verflochten sind. Und daß folglich, im Gegenlauf der Erkenntnis- und

Erklärungs-Wege, der Kollaps einer jeden der Hypothesen, jeweils nach ihrer Rangung und Erklärungsrichtung, das ganze Netzwerk erwarteter Zusammenhänge in kaum absehbare Bewegung bringen muß.[62]

Dafür aber besitzen wir, wie erinnerlich, keine angeborene Anschauungsform. Unsere geringe Begabung, mit vernetzten Systemen umzugehen, korreliert nicht einmal mit der uns meßbaren Intelligenz. Vielmehr suchen wir jeweils nach einem Schuldigen, einer isolierbaren Initial- oder Ur-Ursache. Daher das »Hü!« und »Hott!« unserer Finanzweisen und Staatenlenker, der Schlamassel, in dem wir Erfolgs-Zivilisationen uns befinden, und unsere Sippenhaftung für die Gefahren aus gemeinsamem Unfug.

»Die angewandte Wissenschaft«, resümiert HANS ULRICH (1981, Seite 19–21), muß »Erkenntnisse einer nach einem anderen Paradigma operierenden verstehenden, hermeneutischen oder dialektischen Sozialwissenschaft vorurteilsfrei ... prüfen; sie braucht nicht nur Erklärungsmodelle im Sinne des Rationalismus, sondern auch Erkenntnisse, die man als ›Verstehensmodelle‹ bezeichnen könnte.« So ist es. Auch die Wirtschaftswissenschaften sind dicht an der Lösung. Und es ist längst dringlich geworden, daß man sie versteht.

Rechtstheorie und Rechtssoziologie

Hier endlich öffnet sich das traditionsreichste und älteste Gebiet der *hermeneutica profana,* und es wird darum nicht wundernehmen, in der heutigen Rechtsphilosophie Einsichten vorzufinden, welche unseren Standpunkt kräftig untermauern, beziehungsweise von diesem voll bestätigt werden. Schon am zentralen Punkt unseres Anliegens sagt WINFRIED HASSEMER zur strafrechtlichen Hermeneutik, und geradezu in der uns gewohnten Wortwahl: »Es handelt sich hier ... (um den Fall) der wechselseitigen Erhellung des Sinns zwischen dem Ganzen und seinen Bestandteilen.«

Freilich war dahin ein weiter Weg; wie man sich erinnert, zunächst einer Verselbständigung gegenüber der *hermeneutica sacra;* aus dem »Bedürfnis, das aufgelaufene Dokumentenmaterial richterlicher Entscheidungen und rechtsgelehrter Gutachten sichtend aufeinander abzustimmen«, am Wege zu einer dogmatischen Hermeneutik.[63]

Dabei war Recht zu aller Anfang als eine Ordnung göttlicher Stiftung gedacht. Und erst im Konflikt mit der selbstempfundenen, sowie der vom Souverän gesetzten Ordnung entstand mit den Sophisten die Polarität von Naturrecht und positivem Recht. Mit den bis heute diskutierten Fragen, ob sich aus der Natur des Menschen über die Richtigkeit letztlich auch der vom Souverän gesetzten Rechts-

---

[62] Die Stelle bei K. MARX findet man im «Kapital» (Band I, Kapitel 23). Jenen Widerspruch des MARXschen Gesetzes suchte ROSA LUXENBURG mit der weiteren Behauptung zu beheben, daß die kapitalistischen Länder durch ihr Vordringen in die nichtkapitalistischen Räume das Elend im eigenen Land nur hinausgeschoben hätten: Es aber notwendigerweise erwerben werden, sobald die Welt erst einmal voll kapitalistisch sei. Zitiert aus W. EICHHORN (1972, Seite 343).

[63] Die beiden Zitate sind W. HASSEMER (1968, Seite 163) und LUTZ GELDSETZER (1977, Seite 96) entnommen. Und es sei daran erinnert, daß sich die bisher besprochenen Geisteswissenschaften als empirische oder doch als nichtdogmatische Wissenschaften verstehen und auch von Haus aus verstanden haben.

ordnung urteilen ließe; beziehungsweise, woraus vom Menschen geschaffene Rechtsetzung überhaupt zu begründen wäre. Dies spielt für die Bestimmung des Teils und des Ganzen eine Rolle. Sowie für die Frage, ob Naturrecht rationalistisch als unveränderlich, *a priori* vorgegeben oder (sagen wir: empirisch, *a posteriori*) dem Wandel des Rechtsempfindens zu adaptieren wäre.

Für unseren Gegenstand ist von Interesse, daß schon mit der Renaissance beziehungsweise der Reformation Auslegungsregeln entwickelt werden, um beispielsweise die Rechtscodices des JUSTINIAN in kritischen Ausgaben aufzuschließen. Nach einer Blütezeit solcher ›Kunstlehren des Verstehens‹ im 17. Jahrhundert treten im 18. die Synthesen auf; die ›Versuche einer allgemeinen Auslegekunst‹ und SCHLEIERMACHERS Entwurf einer ›universalen Hermeneutik‹. Am Beginn des 19. Jahrhunderts findet man dann bereits bei SAVIGNY ein differenziertes Modell nach grammatischen, logischen, historischen und (teleologisch) systematischen Schichten. Und noch eine wichtige Einsicht. Dies nämlich, sagt schon SAVIGNY, »seien nicht vier Arten von Auslegungen, unter denen man nach Geschmack und Belieben wählen könnte, sondern verschiedene Tätigkeiten, die vereinigt wirken müssen, wenn die Auslegung gelingen soll.«[64]

Diese Schichtenproblematik ist wieder sehr aktuell geworden. WINFRIED HASSEMER macht auf den Bezug zwischen Sprechsituation, Wort, Satz, Wortfeld und Wirklichkeit, KARL LARENZ auf den Bezug zwischen Rechts- und Tatfrage aufmerksam, und auf den »nicht nur zwischen den verglichenen Fällen, sondern auch zwischen ihnen und dem der Bewertung zugrundeliegenden ... Maßstab.« Dies entspricht bereits der wichtigen Einsicht in die notwendige Umkehrbarkeit der Position von Fall und Theorie; in bezug auf die Inhalts- versus Sinn-Bestimmung der Begriffe (Abb. 54). Besonders eingehend führt KARL ENGISCH das SAVIGNYsche Schichtenkonzept fort; wobei er ›grammatisch‹ als Sprachsinn versteht, ›historisch-logisch‹ als Bestimmung und Zusammenhang, ›teleologisch‹ gemäß der Zwecksetzung, wie sie heute größeres Gewicht bekommt.

»Die Wortinterpretation der ›zweifelhaften Norm‹ ... kann nur dadurch gelöst werden, daß der Sinn der Norm zu erforschen ist.« Dies verstehen wir als ein Eindringen in den Wechselbezug mit den Obersystemen, z. B. den Rechtsgrundsätzen.

»Der logisch-systematische Zusammenhang«, setzt ENGISCH fort, »betrifft nicht nur die Bedeutung des Rechtsbegriffs ... auch nicht nur die äußere Stellung eines Rechtssatzes im Gesetz..., vielmehr letztlich die Fülle des im einzelnen Rechtssatz geborgenen Rechtsgedankens in seiner Bezüglichkeit auf die anderen Bestandteile des gesamten Rechtssystems.« Hier erheben sich bereits vier Schichten erforderlichen Wechselbezugs über der des logischen Zusammenhangs.

Und die teleologische Auslegung kann zuletzt nochmals über die geschriebene Rechtsordnung hinausgreifen, beispielsweise in »die Erziehung zum gesitteten Menschen«. So bleibt selbst »die Idee der teleologischen Auslegung ergänzungsbe-

---

[64] Sichtung der Rechtsquellen im *Corpus iuris* IUSTINIAN I. (483–565). Die ›Kunstlehren‹ z. B. in J. DANNHAUERS »*Idea boni interpretis*« 1670, die ›Auslegekunst‹ von G. F. MEIER 1757, SCHLEIERMACHERS Hauptwerke um 1820. CARL FRIEDRICH VON SAVIGNY (1779–1861), Begründer der rechtshistorischen Schule zu Berlin etwa 1815; Werke über Methodenlehre 1802 bis 1853. Der Hinweis auf sein Schichtkonzept ist K. LARENZ (1969), das Zitat ist K. ENGISCH (1977, Seite 82) entnommen.

dürftig«, setzt ENGISCH fort. Denn »nicht immer und überall bieten die ›Zwecke‹
die letztgültigen Prinzipien der Auslegung dar. Ideen und Kräfte, die man ungern
als Zwecke denkt und formuliert, können die für die Auslegung und das Verstehen
ausschlaggebenden Gründe der Rechtsnormen sein. Wir denken hier an ethische
Grundsätze (Sühne für Schuld!), Forderungen der Gerechtigkeit und der Gleichheit, politisch-weltanschauliche Postulate, irrationale Kräfte wie Macht und Haß.«
Ganz nach unserer, evolutionistischen Erfahrung verläßt der Zweckbegriff gegen
die obersten Systeme das Vermögen unserer Vorstellung. Das oberste System ist
kein Fall mehr unter Fällen. Es enthält seine Erklärung selbst nicht und kann sie
auch aus keinem nochmals übergerangten System beziehen. Hier ist das Ganze.

Dabei bleibt das hermeneutische Bezugs-System unabhängig davon, was der
Gesetzgeber als die obersten Grundsätze festlegt. Letztlich (wie methodisch) geht
es, schließt ENGISCH, »um wahres und allseitiges Verstehen in einem höheren
Sinne, mögen wir dabei nun auf einen philosophischen oder einen kulturellen oder
einen politischen Standort gezwungen werden.«[65]

In diesem Zusammenhang tauchen nun in der Rechtsphilosophie die uns
wohlbekannten Apriori auf. KARL LARENZ führt sie, »so wie KANT seine Ethik, auf
das Faktum der reinen Vernunft« zurück, mit STAMMLER auf Formen ›unbedingter
Allgemeingültigkeit‹ im Sinne des Neukantianismus; auf »einen bestimmten Sinn,
den der Jurist voraussetzen muß ... weil ohne diesen seine Rede in der Tat ›Sinn-
los‹ ... wäre.« Wogegen ARTHUR KAUFMANN dem rechtsphilosophischen Neukantianismus zum Vorwurf machte, »daß er dem empirischen Positivismus keine
positive Metaphysik entgegenzustellen wagte!« Wenn aber KELSEN Wissenschaftlichkeit auf rein logische Reduzierbarkeit zurückführt, so ist dies zwar reiner
Rechtspositivismus. Dagegen sagt LARENZ zu Recht: »Von dieser Art aber ist die
juridische, wiewohl auch jede andere Art der Interpretation nicht.« Und ULRICH
SCHROTH anerkennt das Apriori als Vorverständnis; aber »der Vorverständnisbegriff ist in diesem Sinne leer, besagt nur, daß man überhaupt ›Wissen‹ braucht, um
zu verstehen.« Fragt man aber nach der Herkunft dieses Vorverständnisses
a priori, so wird man sich der evolutionistischen Lösung erinnern, welche sie als
a posteriori-Lernprodukte unseres Stammes ausweist.[66]

Dieser Lernprozeß aber beruht auf einer induktiv-deduktiven oder deskriptiv-
normativen Wechselwirkung. Und wir kommen damit dem Kern des rechtsphilosophischen Hermeneutik-Problems schon sehr nahe; durch Einbeziehen des Phänomens der Induktion oder Deskription. Wobei uns dieses zunächst in zweierlei
Gebieten der Rechtswissenschaften begegnet: im Geist der Rechtsfindung und in
dem der Rechtssetzung.

Geläufig ist dies der juridischen Praxis in der Rechtsfindung. Worunter nicht,
wie ich einmal dachte, zu verstehen wäre, wie der Gesetzgeber wohl fände, daß
etwas ein Recht sein könnte. Vielmehr versteht man darunter den Vorgang, über

---

[65] Der Bezug auf W. HASSEMER geht auf dessen Band von 1968 zurück. Das Zitat von K. LARENZ ist dem Band 1969
(Seite 266) entnommen (man vergleiche auch die Seite 250). Die übrigen wörtlichen Zitierungen stammen alle aus
K. ENGISCH, ›Einführung‹, Auflage 1977 (von den Seiten 78, 79–80 und 84).

[66] Die Zitate sind K. LARENZ (1969, den Seiten 85, 88, 474 und 107) entnommen. Man vergleiche dazu A. KAUFMANN
(1965) und U. SCHROTH (1977, Seite 198). HANS KELSEN (geb. 1881 in Prag), österreichisch-amerikanischer
Staatsrechtslehrer; Mitverfasser der österreichischen Verfassung von 1920 und Schöpfer der sogenannten ›reinen
Rechtslehre‹.

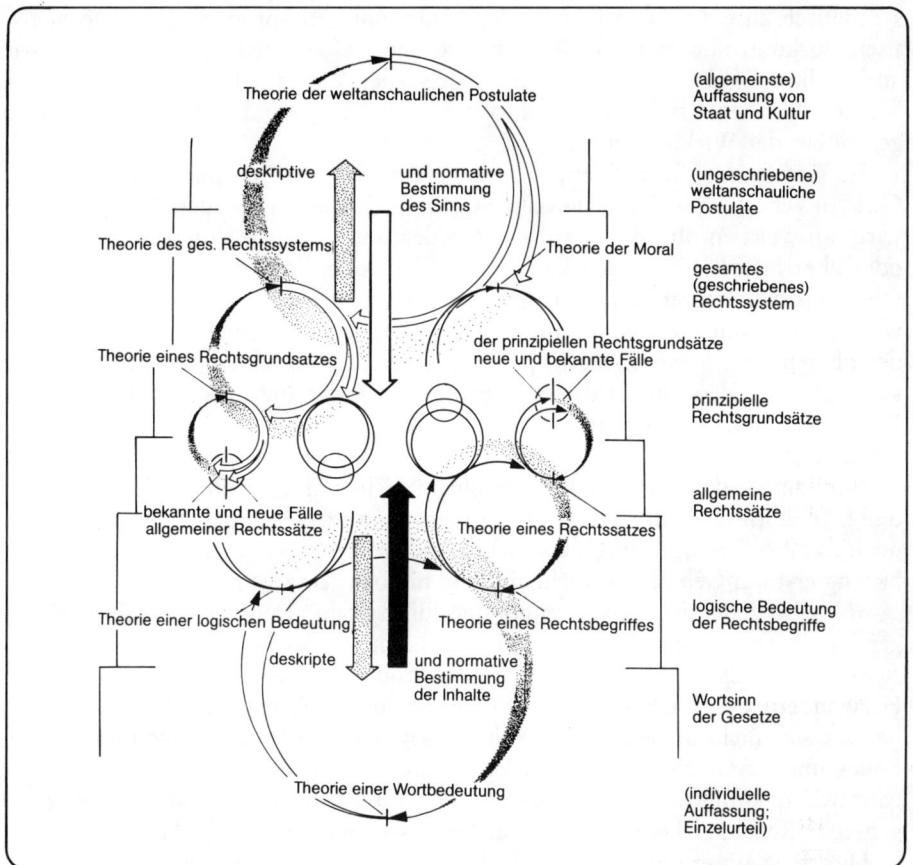

Abb. 54. *Die Symmetrie des Bestimmungs-Zusammenhangs in der Rechtstheorie;* am Beispiel des Wechselbezugs der Rechtsfindung zwischen prinzipiellen Rechtsgrundsätzen und allgemeinen Rechtssätzen. Dabei wird die Theorie eines Rechtsgrundsatzes, hinsichtlich seines Sinns, als Fall auf die Theorie des gesamten Rechtssystems und auf die weltanschaulichen Postulate zurückgeführt; so, wie die Theorie eines allgemeinen Rechtssatzes, hinsichtlich seines Inhalts, als Fall auf die Theorie der logischen Bedeutung der Rechtsbegriffe und auf den Wortsinn der Gesetze.

welchen man im Gesetzbuch seinen Fall zu finden hat. Und dies ist eben nur scheinbar ein rein normativ-deduktiver Prozeß; denn er entspräche ansonsten, sagt HASSEMER, nur »einer Verengung des Blicks. — Das eingeschlagene Verfahren hat« vielmehr, nach LARENZ, wenn auch »den meisten Juristen unbewußt, die logische Struktur eines in sich gegenläufigen, in diesem Sinne dialektischen Denkprozesses.« Und dieser verlangt auch die induktive, also abstrahierende, vergleichend-deskriptive Komponente; welche, sagt KAUFMANN ganz in unserem Sinne, »kein anderes Motiv und Vehikel besitzt als die Ähnlichkeit der Fälle.« Der Begriff, ob Wortsinn, logische Bedeutung, Rechtssatz oder ein noch übergeordneter Rechtsgrundsatz, entspricht in unserem Sinne einer Theorie der Auslegung (vergleiche Abb. 54), welche aus den bekannten Fällen deskriptiv-abstrahierend, also synthetisch zu entwickeln und an den neuen normativ-prognostisch, also analytisch, zu kontrollieren ist. Und solch eine Theorie der Auslegung entspricht, wie auch schon LARENZ vermutet, tatsächlich »der Zuordnung zu einem Typus.« Solche »Normen«, stellt auch SCHROTH treffend fest, »sind Typen, die offen sind gegenüber der Wirklichkeit.«[67]

Sie sind es vor allem dann, wie man sich noch vom morphologischen Typus GOETHES erinnert, wenn die jeweilige Oberschichte als Träger der Fälle betrachtet wird, an welchen nun die Theorie der Bedeutung in einem Untersystem bestärkt oder aber falsifiziert werden kann. Denn die Deduktion und Prognose aus dem Obersystem bestimmt zwar den Sinn eines Untersystems. Umgekehrt aber, wie wir wissen, bestimmt die Deduktion oder Prognose aus dem Untersystem den Inhalt des oberen. Der normativ-deskriptive oder deduktiv-induktive Erklärungsprozeß verlangt zum Verstehen jeder Schichte eben wieder die Spiegelbildlichkeit der Richtungen, um den Sinn aus den Inhalten und den Inhalt aus den Sinngehalten zu bestimmen.

Wir sagten, daß das Induktionsproblem nicht nur im Gebiete der Rechtsfindung, sondern auch in dem der Rechtssetzung auftreten werde. Vorerst ist aber noch das Problem des Zirkels abzuschließen, da sich dies, wenn ich recht verstehe, bislang erst am Gebiet der Rechtsfindung fühlbar gemacht hat.

»Nur ein dialektisches oder mindestens dialogisches Denken, das sich in ständiger Vermittlung gegensätzlicher (wir sagen: hierarchischer) Positionen ... vollzieht«, stellt LARENZ fest, »wird diesen Problemen gerecht. — Ein Hin- und Herwandern des Blickes zwischen Obersatz und Lebenssachverhalt.« Und »es handelt sich nicht um einen vermeidbaren logischen Zirkelschluß, sondern letzten Endes um die Grundstruktur des Verstehens.« Auch HASSEMER nennt die Vorgangsweise »›funktional‹ oder ›zirklulär‹«, räumt jedoch ein, »daß aber keine generelle Regel zur Hand ist, sie exakt zu fassen und zu ›handhaben‹«.

Hier mag unsere evolutionäre Sicht eine Hilfestellung bieten. — Tatsächlich aber hat die juridische Methodenlehre den wesentlichen Punkt bereits entdeckt. Denn bei ULRICH SCHROTH finden wir die Einsicht, die sich bei KAUFMANN und ENGISCH andeutete: »Norm und Wirklichkeit finden sich beim Verstehensprozeß der Rechtsnorm in einem spiralenförmigen Prozeß«; jeweils mit dem »Status einer Hypothese, die sich ständig korrigieren lassen muß..., (die) präziser gemacht, ergänzt und geprüft« werden kann. Der schraubenförmige Optimierungsprozeß ist also auch schon erkannt.[68]

Zuletzt folgt, mit der Präzision unserer, KONRAD LORENZ würde sagen: ›unbelehrbaren Anschauungsformen‹, nämlich linearer Ursachenerwartung, die Frage nach der Lesrichtung. Nach der möglichen Lösung der Zirkelfrage folgt, wie

---

[67] Die erwähnten Stellen im letzten Absatz entstammen der Reihenfolge nach von W. HASSEMER (1968, Seite 28), K. LARENZ (1969, Seite 473), A. KAUFMANN (1965, Seite 4), K. LARENZ (1969, Seite 30) und U. SCHROTH (1977, Seite 196). Der Wechselbezug von Satz und Fällen ist im offenen (anglikanischen) Rechtssystem, im ›Fall-Recht‹, sogar zum Prinzip erhoben.

[68] Die Zitate findet man bei K. LARENZ (1969, auf den Seiten 327, 337 und 471) mit einem Verweis auf BIERLING; bei W. HASSEMER (1968, Seite 84); bei U. SCHROTH (1977, Seite 196–197). SCHROTHS Formulierung liest sich, als ob er die Studien von E. OESER (1976) zur Hand gehabt hätte, was sichtlich nicht der Fall war, und jene von R. RIEDL (1980), was nicht der Fall sein konnte. Die Unabhängigkeit unserer parallelen Entwicklung betrachte ich als erneute Stütze unserer Theorie.

erinnerlich, die Frage: wo, oder in welchem der Zirkel der Anfang zu machen wäre?

»Die metatheoretische Kritik der Auslegungstheorien geht davon aus«, erinnert SCHROTH, »daß eine Reihenfolge der Auslegungstheorien notwendig ist, um Willkürlichkeiten in der Auslegung zu vermeiden.« Dies ist bereits der mißleitende Ansatz; und es folgt die irrige Konsequenz. Denn, fährt SCHROTH fort: »Es wird einmal behauptet, die Auslegung habe am Wortlaut anzufangen. Anderseits wird in Rechtsgebieten, in denen das Analogieverbot gilt, behauptet, die Auslegung ende am natürlichen Wortsinn.« Und »die Kritik an den Auslegungstheorien trägt dann vor, daß sich eine Reihenfolge der Auslegungstheorien nicht bilden läßt.«

Wie wir wissen, ist es bei diesem Optimierungsprozeß gleichgültig, wovon er seinen Ausgang nimmt, weil er zuletzt doch alle Schichten einbezieht. Vernünftig nur ist es, von denjenigen Schichten auszugehen, in welchen man die verläßlichste seiner Theorien vermutet. Nachdem es sich aber zunächst um eine Wahrscheinlichkeit unbestimmbaren Subjektivitätsanteiles handelt, ist auch dies kein logischer Grund, sondern bestenfalls einer wahrscheinlicher Ökonomie.[69]

Was ich aus der Rechtsphilosophie noch nicht zu belegen vermag, ist eine Widerlegung des uns bekannten STEGMÜLLERschen Argumentes (aus 1979), wie man A aus B verstehen soll, wenn B nur aus A verstanden werden kann. Aber die Lösung, die wir aus der Symmetrie des Subsumptions-Schemas entwickelten, besaßen auch die übrigen Wissenschaften noch nicht. Soviel zur Hermeneutik in der Rechtsfindung.

Nun kann ich auf das Induktionsproblem zweiter Lesung zurückkommen: und zwar im Zusammenhang mit der Rechtssetzung. Man kann ja die Frage stellen, auf welche Weise der Souverän auf die Idee kommen kann, daß, was es auch immer sei, als ein verbindliches Gesetz zu betrachten wäre? Dies ist nun eine Frage der Rechtssoziologie.

»Verfahren« der Rechtsdurchsetzung, sagt NIKLAS LUHMANN, »sind vor allem Mechanismen selektiver Institutionalisierung. In ihnen entscheidet sich, welche Normzumutungen faktischen oder doch unterstellbaren Konsens finden und damit gesellschaftlich brauchbar werden.« Nun also enthält (besitzt) der Gesetzgeber die Theorie, und die Untertanen sind die bekannten wie die unbekannten Fälle, an welchen die Theorie bestärkt werden oder scheitern sollte. Zur Legitimation solcher Theorien vom Recht wurden zunächst übernatürliche Mächte beansprucht; später, im »Durchbruch zu höheren Formen der Rechtskultur...«, stellt LUHMANN fest, »Machtunterschiede zwischen den Gruppen und/oder Statusunterschiede zwischen Personen.« Dies sind Stabilisierungsmittel, welche die Auseinandersetzung dämpfen, dabei aber den Kreislauf der Optimierung zwischen der Theorie und den Fällen unterbinden.

Kurz: man verhält sich so, als wäre mit der Deduktion der Fälle aus dem Gesetz dem Recht Genüge getan. Man schließt seine induktive Adaptierung aus der

---

[69] Die Reihenfolge der Zitierungen aus U. SCHROTH (1977) ist hier verkehrt. Die drei Sätze stammen von den Seiten 195, 193 und wieder von 195. Und was die Funktion der Logik im Prozeß der Rechtsfindung betrifft, so ist es kennzeichnend, daß sich die Autoren darin uneins sind. Diese unverkennbare Unsicherheit, die ich hier nicht wörtlich belegen will, ist jedoch kennzeichnend für den rechten Weg zur Lösung.

Betrachtung aus und benimmt sich damit des erfolgreichsten Weges seiner Optimierung.

Und was die Legitimierung des Rechts in der modernen Gesellschaft betrifft, sagt LUHMANN: »Das Problem, ebenso wie die Lösung des Problemes der sozialgestützten Erwartungsbildung, beruht darauf, daß man kontingente Erwartungen durch andere erwarten muß und kann. Dieses Erwarten von Erwartungen erstreckt sich ... auch auf Dritte, die in der Aktualität der Situation weder mithandeln noch miterleben.« Und dies wird, in der üblichen Praxis, sogleich wieder problematisch, »wenn die Dritten durch repräsentative Sprecher symbolisiert werden, die über diese Erwartungen disponieren, sie formulieren und gegebenenfalls sogar ändern können.«[70]

Wir können in unserem Sinn ›Erwartungen von Erwartungen‹ in ›Theorien über Fälle-von-Theorien über Fälle‹ übersetzen. Und man mag sich vergegenwärtigen, wie lohnend es sein müßte, diese natürliche Hierarchie induktiv-deduktiver Wechselwirkung der Entwicklung von Rechtsempfinden und Rechtssetzung kennenzulernen; und demgegenüber die Abkürzung des Zusammenhangs, sei es durch Indoktrination und Demagogie, oder umgekehrt durch Delegierung von Verantwortung nach oben durch die Unmündigkeit einer Bevölkerung unten.

Dies aber führte mich in künftige Applikationen der Methode. — Worauf es aber hier ankam, war vor allem, zu zeigen, daß eine Wissenschaft, die für dogmatische Hermeneutik bekannt zu sein scheint, eine Methode vertritt, die sich durchaus dem zweiseitigen Subsumptions-Schema allen Erkenntnisgewinns einfügt.

Rückblick auf das Kapitel

Wie erinnerlich, war in diesem Kapitel die Frage gestellt, ob sich die erwartete Zweiseitigkeit der Erklärung, wie wir diese zum Verständnis alles historisch Gewordenen voraussetzen, auch in den Methoden der Geisteswissenschaften bestätigte.

Diese Prüfung kann nun einem sehr konkreten Zusammenhang folgen: Es war zu prüfen, ob alle Artefakte des Menschen, seine Handlungen und Reaktions-Gründe, ebenfalls einen hierarchischen Schichtenbau aufweisen, ob diese Schichten evolutiv stets wieder zwischen ihren Teilen und einem Ganzen als Einschübe entstehen; und ob folglich die beiden Seiten der Entstehungsgründe nach der Selektivität aus dem Ganzen (der Obersysteme) und der Disponibilität der Teile (der Untersysteme) zu verstehen sind. Zuletzt mit der Frage, ob dann nicht auch die Zweiseitigkeit der Erklärungswege den Entstehungswegen gleichlaufen müßten, die Erkenntniswege aber ihnen spiegelbildlich entgegen.

Was zunächst das Schicht-Modell betrifft, so haben wir dieses in der Praxis aller untersuchten Geisteswissenschaften vorgefunden. Stets dient es dem analytischen

---

[70] Man vergleiche N. LUHMANN (1972, die zitierten Stellen von den Seiten 145, 160 und 260; sowie die Studie von 1964), der im ganzen eine uns im Konzept sehr ähnliche, evolutionistisch-systemtheoretische Perspektive eingeführt hat. Ihm danke ich wichtige Hinweise.

Gewinn des Verständnisses für die jeweiligen Sachen; gleich, ob wir dies als beschreibende Zugänge erleben oder als erklärende.

Und außer Frage steht, daß alle Zwischen-Systeme, wie diese die Formen menschlicher Reaktionen, Handlungen und Artefakte gliedern, zwischen den Teilen evolvierten, das sind die Individuen, und einem jeweiligen Ganzen, das ist das Kollektiv, die Population, Sozietät, deren Zivilisation oder Kultur. Als Disponibilität der Teile war meist ›individuelle Ausstattung‹ zu nennen, von den erblichen Ausstattungen der Wahrnehmung und den ratiomorphen Entscheidungs- und Handlungs-Anleitungen, über die Universalien des menschlichen Bedürfnisses zu Mitteilung und Verständigung, bis zu den Möglichkeiten des motorisch-handwerklichen Geschicks. — Die Selektivitäts-Bedingung des Ganzen hieß gewöhnlich ›Gesellschaft‹, und deren Inhalte reichen von der sozialen oder kollektiven Erfahrung, wie in der Psychologie, von der Entwicklung des Kulturkreises in der Archäologie, des Zeitgeists und Zeitstils der Philologie und Kunstgeschichte, über die Entwicklung des Stils der Wirtschafts- und Universal-Geschichte zur Weltanschauung mit ihren universellen Rechts-Postulaten.

Die Einsicht in diesen Wechsel-Zusammenhang ist heute in allen hier behandelten Wissenschaften vorhanden oder doch angebahnt. Mit der Erkenntnis des Zusammenhangs aber zwischen jener Symmetrie der evolutiven Ursachen und den Möglichkeiten der Erklärung verhält es sich verschieden. Wie man sich aus dem korrespondierenden Kapitel über die Naturwissenschaften erinnern wird, erlauben diese eine Reihung nach der Komplexität der Schichte, welcher ihre Gegenstände angehören. Dies ist in den Geisteswissenschaften nicht so. Es kommt in ihrem Zusammenhang darum mehr ein Gradient zum Ausdruck, der mit der Kulturgeschichte der Fächer korreliert, oder einfacher: mit ihrem Alter.

Im wesentlichen hängt die Entwicklungsweise der Einsicht in die hermeneutische Symmetrie des Erklärungs-Zusammenhangs von der Berührung mit zwei spekulativen Geistesströmungen ab. Die eine bildet jene Achse, die mit der Aufklärung beginnt, Positivismus, den Szientismus der Naturwissenschaft und einen materialistischen Reduktionismus zur Folge hat; und deren Begründung sich in logischen Positivismus, in rationale und analytische Philosophie aufzeigt. Die andere Strömung beginnt mit der Romantik, gipfelt im deutschen Idealismus, dem als Ideal, trotz aller Dialektik, ein idealistischer Reduktionismus vorschwebt; und in der die Begründung der pragmatischen Hermeneutik ihrer Einzelfächer unter den Universalitäts-Ansprüchen einer existential-philosophischen Hermeneutik verunsichert oder überhaupt begraben wurde.

Somit ergeben sich geistesgeschichtlich verschiedene Schicksale. Die Rechtswissenschaft hatte sich dank ihres Alters mit einer dogmatischen Hermeneutik weiterentwickelt, welcher der Positivismus erst spät überlagert wurde, so daß man heute den Wechselbezug, wie bei WINFRIED HASSEMER oder ULRICH SCHROTH, deutlich wahrnimmt.

Die nichtdogmatische Hermeneutik findet, wie in den Naturwissenschaften die Morphologie, durch AUGUST BOECKHS Philologie schon in der Goethezeit ihre klassische Formulierung und blieb im Wesen unangefochten. Dieses Schicksal teilt die Kunstgeschichte, wie jüngst OTTO PÄCHTS klare Formulierung ihrer hermeneutischen Praxis zeigt.

Das ist in der Archäologie schon anders. Ganz als typologische Historie entstanden, bringt sie die ›New Archeology‹ erst spät mit dem Subsumptions-Schema dem Positivismus und erst durch dessen Kritik der Lösung nahe. Ähnlich, nur belastet durch ihre Lebensnähe, die Geschichte, in der der subsumptive Ansatz durch dessen Kritik, wie bei MANFRED RIEDEL, die Lösungsnähe bringt.

Und die drei jüngsten, Soziologie, Ökonomie und Psychologie, sind allesamt Kinder der Aufklärung, beginnen im Reduktionismus der Physiokraten. Die Soziologie erlebt den Positivismus-Streit und findet über die Kybernetik zur hermeneutischen Lösung wie bei NIKLAS LUHMANN. Ähnlich die Ökonomie mit HANS ULRICH. Die Psychologie hatte deutlichere holistische Ansätze, die aber ohne Konnex zum Hauptstrom des Reduktionismus ausstarben, bis erst jüngst, wie bei GUNTHER STENT, die Verbindung und damit eine zerebrale Hermeneutik entsteht.

Dies kurz die wissenschaftstheoretische Geschichte. Anders das Verhalten der Praktiker, welche den zweiseitigen Ansatz vorbewußt meist verfolgten, aber nach der Strömung der Zeit meinten, sich jeweils zu einer der beiden halben Kulturen bekennen zu müssen.

Kurz, auf der ganzen Linie erkennt oder ahnt man heute, unabhängig von der Genese der Fächer, die Notwendigkeit, in der Komplexität durch zwei Erklärungs-richtungen zum Verstehen zu gelangen. Jene alte ›Isomorphie höherer Ordnung‹, die Einsicht in die Zweiseitigkeit der Entstehens- wie der Verstehens-Gründe, setzt sich durch. Trotz, oder zuletzt gerade aufgrund der Widersprüche, welche das lineare Ursachen-Kalkül unserer rationalisierenden Vernunft in unsere ganze Geistesgeschichte gebracht haben.

Die spekulative Vernunft ist es, die auch hier unsere geistige Welt entzweite. Unser Angepaßtsein und unser fortgesetztes Scheitern an halben Wahrheiten fügt sie wieder zusammen.

Das Problem der Abgrenzung

Als Problem der wissenschaftlichen Methoden ist die Abgrenzungsfrage ein Problem der Neuzeit; und zwar eines der Geisteswissenschaften, und nachfolgend eines der spekulativen Philosophie. Denn den Wissenschaften szientistischer Prägung ist es kein Thema von Interesse gewesen. Im Gegenteil. Seitdem der Positivismus Einfluß gewann, war man hinsichtlich der Grenzen der szientistisch behandelbaren Gegenstände und wissenschaftlichen Fragestellungen zum mindesten unbekümmert. Ja, man neigte (und neigt noch immer) dazu, das, was sich dem szientistischen Reduktionismus nicht zu beugen vermag, gar nicht als wissenschaftlich zu betrachten.

Das Abgrenzungsproblem ist darum eines der Hermeneutik. Und das ist ganz natürlich so, weil es, wie man sich erinnert, eine Initiative der Geisteswissenschaften war, sich mit einer definierten Methode, eben der hermeneutischen, gegen die der Naturwissenschaften abzugrenzen. Dies ist der Grund, warum ich hier ausführlicher referieren muß, als das im 4. Kapitel der ›Szientistik‹ nötig war.

Man diskutiert das Abgrenzungs-Problem der Hermeneutik in einem engeren und in einem weiteren Sinn. Im engeren Sinn ist es eine Abgrenzung nach dem

Gegenstand, nach dem Objekt der Hermeneutik. Im weiteren Sinne schließt es die Abgrenzung auch nach der Begründung, der Methode und den Erkenntnisinteressen ein. Der Geschichte nach war das Grenzproblem wohl das erste, es folgte als eine Kette von Konsequenzen das der Methode, der Begründung und erst zuallerletzt das der Interessen.

Natur und Geist

»Nur, was der Geist geschaffen hat, versteht er.« Derlei markichte Sätze finden sich bei WILHELM DILTHEY; und man fühlt das Flammenschwert des Retters an der Grenze. Heute sind wir weniger optimistisch hinsichtlich der Verstehbarkeit dessen, was wir selbst erzeugten. Denkt man an die schiere Unlösbarkeit des Umweltproblems, die Unverträglichkeit der Ideologien, die Bedrohung durch das Wettrüsten der Großmächte, dann zweifelt man wohl daran, diese Produkte menschlichen Geistes verstehen zu können. Viel verständlicher ist mir die Einsicht, daß wir sie nicht verstehen, daß sie uns eben, wie FRIEDRICH VON HAYEK nachweist, passiert sind; eben weil wir sie nicht verstehen.

Man verspürt die Neigung, DILTHEYS Satz sogar in sein Gegenteil zu verkehren. Denn um wieviel leichter wird uns das Kreisen der Erde verständlich, das Werden der Gebirge, der Flug der Vögel, selbst das evolutive Werden des Menschen. Wichtiger aber ist es, den Zeitenwandel unserer Perspektiven wahrzunehmen, der uns heute anders führt, als er DILTHEY führen mußte; um nämlich daneben wahrzunehmen, was uns trotz allen Wandels, als Folge unserer menschlichen Ausstattung, unsere ganze Geistesentwicklung hindurch irregeleitet hat.

DILTHEY vollzieht am Schachbrett dieser Kultur gewiß einen wichtigen Zug. Aber das Spiel war schon längst entwickelt. Sein Zug war eine Konsequenz. Denn die vom Menschen erwartete Zweigeteiltheit der Welt hat mit dem geistigen Spiel unseres hell werdenden Bewußtseins selbst begonnen. Philosophisch ist sie so alt wie die Philosophie, mythologisch so alt wie die ältesten überlieferten Mythologien. Und, wie man sich erinnert, haben wir Grund zur Annahme, daß schon der Neandertaler im Sichtbaren des Toten das Zerfallen zu Erde sah, dem unbekannten Unsichtbaren aber Riten zelebrierte und Blumen streute.

Diese unserer Anschauung zugedachte Trennung ist, wie ich schon (in Teil 1) darzustellen suchte, Teil unseres Schicksals, die Lösung PLATONS für damals die bestmögliche, und die Teilung alles Erlebens in Glauben und Wissen, in Kirchen und Wissenschaften, das Erbe dieses Menschseins. Der Methodenstreit des letzten Jahrhunderts wird vor diesem Hintergrund zur bescheidenen Konsequenz.

So ist denn auch die Abgrenzung nach den Objekten zu scharf gezogen. »Die gängige These der hermeneutischen Philosophen«, referiert SIEGFRIED SCHMIDT, »von DILTHEY über GADAMER bis HABERMAS lautet: Naturwissenschaften beschäftigen sich mit ›toten‹, d. h. geschichtslosen Objekten..., Geisteswissenschaften dagegen habe es mit dem stets historischen Menschen ... zu tun.« Welch Mißverständnis hinsichtlich der ›toten‹ Objekte, denke man nur an die Fülle der Biowissenschaften von der Bakteriologie bis zur physischen und sozialen Anthropologie. Aber selbst, wenn jene Behauptung als bloße Übertreibung zu nehmen wäre, das

Kernstück selbst, die vermeinte Geschichtslosigkeit, ist, wie wir nachgewiesen haben, einfach grundfalsch; und zwar heute geltend für eine jede der Naturwissenschaften.[71]

Erst in jüngster Zeit wurde ein neues Abgrenzungskriterium erfunden, und zwar nach den vermeintlich unterschiedlichen Interessen. Wieder hängt es mit ›Natur und Geist‹ zusammen, weshalb ich es schon hier erwähne; und wieder kommt es aus der phänomenologischen oder existentialistischen Achse der philosophischen Hermeneutik; Husserl-Sartre und Husserl-Heidegger-Gadamer. Es wurde aber erst in deren Fortsetzung und gewiß nicht ganz in deren Sinn entwickelt; namentlich von Habermas und Apel. Es hebt aber so sehr von alledem ab, was als Wissenschaft gelten kann, führt Ideologien ein und ist seiner Seltsamkeit wegen abzutrennen.

Die Unterstellung von Interessen

Dieses Anliegen erscheint zunächst in ganz akademischer Gewandung. Jürgen Habermas' Buchteil »Kritik als Einheit von Erkenntnis und Interesse« ließe erwarten, daß man die unterschiedlichen Ausschnitte ins Auge faßt, welche unterschiedliche Fragestellungen üblicher- und legitimerweise aus ein- und demselben Gegenstand herausschneiden. Folgendes ist aber der Grund, weshalb das Thema nach dem obigen Titel bekanntgeworden ist. Es stellt sich nämlich heraus, daß es um die Bewertung von Wertungen geht; wobei sich die Proponenten so verhalten, als besäßen sie Grund und Recht, über Werthaltungen anderer in den Wissenschaften zu richten.

Apel stellt hinsichtlich der philosophischen Hermeneutik fest, »daß bei jenen Verständigungswissenschaften, die als komplementäre Ergänzung der Science zu postulieren sind, die Frage der Wertung nach den letzten Maßstäben der Wertung nicht ausgeschaltet werden kann.«

Und später: »das Verstehen menschlicher Handlungen muß, im Gegensatz zum Erklären von Naturvorgängen, einen normativen Rechtfertigungsprozeß implizieren.« Ähnlich bei Habermas. Und man fragt sich interessiert, woher die philosophische Hermeneutik die Normen der letzten Werte menschlicher Handlungen bezieht.

Zunächst findet sich solch ein archimedischer Punkt aller Gewißheit nicht. Und man neigt zur Ansicht Stegmüllers, daß dieses phantastische Konzept der Anziehungskraft einer Mythologie seinen Ursprung verdanken dürfte. Aber es stellt sich, wenn auch in verwickelter Weise, heraus, diese letzten Gewißheiten können der ›emanzipatorischen Soziologie‹ entnommen werden. Und folglich stellt sich »die heikle Frage«, bemerkt Göttner, »woher Habermas' Gesellschaftstheorie die einschränkungslose Überordnung ihres emanzipatorischen Interesses bezieht, da es außerhalb ihrer keine Instanz gibt.« Tatsächlich gibt es keine solche Instanz;

---

[71] Die Stelle aus Dilthey ist nach K. Engisch (1977, Seite 85) den gesammelten Schriften (VII, Seite 148) entnommen. Ferner vergleiche man F. v. Hayek 1979, S. Schmidt 1975 (Zitat von Seite 5), H.-G. Gadamer 1960, J. Habermas 1970 und 1975, sowie K.-O. Apel 1973.

ausgenommen politische Interessen jener Autoren. Und auf solcher Grundlage werden dann alle Wissenschaften, »die abgewerteten Disziplinen,« resümiert SCHMIDT, »nur noch in ihrem Verhältnis zur ›emanzipatorischen Soziologie‹ gesehen.«

Solche Abwertung und »Zuweisung von Erkenntnisinteressen an die Wissenschaften wird der Wissenschaftler für anmaßend halten«, und, auch darin wird man SIEGFRIED SCHMIDT folgen, »— für empirisch unbelegbar, — für theoretisch unbegründbar — für praktisch verheerend.«[72]

Nun kann man sich fragen, ob das Wort ›verheerend‹ nicht zuviel Pathos in eine wissenschafts-methodische Studie bringt. Gewiß nicht, denn an dieser Stelle haben wir die wissenschaftstheoretischen Fragen zu verlassen gehabt und befinden uns auf dem Tummelplatz der Ideologien, im Tanz der emanzipatorischen, dialektischen und demagogischen Reigen. Was auch noch belanglos wäre, wüßten wir nicht, daß nur die Bemühung um die Wahrheit die letzte Instanz im Streit der Ideologien sein kann; niemals aber eine Ideologie die letzte Instanz, wenn die ›Wahrheiten‹ streiten. Ich verlasse dieses Thema.

Der kritische Ansatz

Wie man erwarten kann, lehnen die Kritiker eine prinzipielle Trennbarkeit der Natur- und Geisteswissenschaften ab. Wobei es sich um eine Auseinandersetzung mit dem von der philosophischen Hermeneutik beanspruchten Überbau handelt; nicht um eine mit den hermeneutischen Wissenschaften, weil sie für die Forschungspraxis ohnedies ohne Bezug ist.

Die Ablehnung nennt zwei Gründe, weil auch die Ansprüche der philosophischen Hermeneutik von zweierlei, paradoxerweise entgegengesetzter, Art sind. In erster Lesung wird, wie erinnerlich, die Grenzziehung verlangt; naturwissenschaftliche Befassung mit geistigen Produkten als Übertretung deklassiert, und geisteswissenschaftliche Befassung mit naturwissenschaftlichen Methoden als Verarmung oder Säkularisierung. In zweiter aber wird ein Universalitätsanspruch erhoben; eine Regentschaft der Hermeneutik über alle Wissenschaften.

Zum Grenzproblem erster Lesung folgen wir KARL POPPER. »Wie wir andere Menschen wegen unseres gemeinsamen Menschtums verstehen, können wir auch die Natur verstehen, da wir ein Teil von ihr sind (p. 205). Ich wende mich also gegen den Versuch, die Methode des Verstehens als Charakteristikum der Geisteswissenschaften auszugeben, durch das sie sich von den Naturwissenschaften unterscheiden soll«. Eine Gliederung kann nur nach den gepflogenen erkenntnisgewinnenden Methoden erfolgen. Diese trennen aber nicht nur geistes- und naturwissenschaftliche Disziplinen, sondern laufen quer durch die Einzelwissenschaften, welche, wie wir sahen, szientistisch-reduktionistisch wie hermeneutisch-ganzheitlich betrieben werden können.

---

[72] Zitiert aus J. HABERMAS (1975), K.-O. APEL (1970, Seite 189 und 1973, Seite 32), H. GÖTTNER (1973, Seite 141) und S. SCHMIDT (1975, Seite 13). Man vergleiche W. STEGMÜLLER (1979), fernerhin die Studien von J. HABERMAS (1970 und 1973) und K.-O. APEL (1968).

Man hat es sich viel zu leicht gemacht, keine Serie von Einzelwissenschaften und noch weniger eine solche Serie mit konkreten Beispielen belegt. Nun ist an der Verschiedenheit der Zugänge, welche die Wissenschaften zu dieser Welt gefunden haben, nicht zu zweifeln. Ich hoffe, daß dies auch aus der vorliegenden Studie deutlich wird. Und doch ist es höchstens ein Gradient, entlang dessen sie sich ordnen. Und auch das nur, wenn man übersieht, daß dieser Gradient innerhalb der Einzelwissenschaft mehr Gefälle aufweist als zwischen den Nachbarn.

Zum Grenzproblem zweiter Lesung, zum Universalitätsanspruch also, folgen wir HANS ALBERT. Nach ihm gehört die Behauptung HABERMAS' und APELS, sie befänden sich im Besitz übergeordneter, letzter Wahrheiten, welche sich über die Prüfung an der Erfahrung erhöbe, in das Gebiet säkularisierter Nachfolgetheorien der Offenbarungslehren und ist bestenfalls ›quasi-theologischer Separatismus‹. Erleuchtungen, so fügen wir bescheiden hinzu, sind höchstens ein Teil der Intuition, welche nur ein Teil der induktiven Prozesse ist, welche selbst nur ein Teil des Erkenntnisprozesses sind; nämlich jener Teil vor oder jenseits aller Kontrolle und Prüfung. Erkenntnis enthält er nicht und schon gar keinen universellen Anspruch auf dieselbe.

Die evolutionäre Lösung

Es wäre ungerecht, zu behaupten, es fehlten im Kreise der Philosophie gänzlich die Lösungsansätze. Aber es ist kennzeichnend, mit welcher Blickrichtung sie sich andeuten. Sogar bei HABERMAS, der unserer Lösung wohl fernesteht, finden wir einen Rekurs auf PIAGETS (onto-)genetische Theorie der Entwicklung sprachlichen Verstehens bei Kindern. Um wieviel tiefer reicht aber unsere (phylo-)genetische Theorie, die Evolution der Kommunikation. »Der Universalitätsanspruch der Hermeneutik«, so schließt HUFNAGEL an HABERMAS an, »wäre dann in seine Schranken verwiesen, wenn es gelänge, den Kontext umgangssprachlicher Kommunikation zu durchbrechen.« Eben dies ist der evolutionären Erkenntnislehre gelungen. Das Werden von Kommunikation erweist sich, wie der Kenntnisgewinn, als ein Prozeß der Evolution, welchen wir, bescheidene Beobachter eines kosmischen Prozesses, wie VOLLMER es ausdrückt, objektiv vergleichend beschreiben und aus den Ursachen der Theorie der Stammesentwicklung erklären können. Und es sei daran erinnert, daß sich POLANYI bereits unabhängig auf demselben Weg befand, wenn er sagt: »Alles Erkennen ... ist entweder unausdrücklich, oder es wurzelt in einer unausdrücklichen Erkenntnis.«[73]

Allein mit diesen beiden Perspektiven ist unsere evolutionäre Lösung auch schon eingeleitet. Wir können sie ebenso nach der Kontinuität der Gegenstände unserer Beobachtung wie nach der Kontinuität der Evolution von Kommunikation beschreiben. Und zwar deshalb, weil die Evolution der Kommunikation wieder als Selektionsprodukt an den Gegenständen zu verstehen ist, von welchen die Kommu-

---

[73] Bei den angegebenen Quellen handelt es sich um die Studien von K. POPPER (1974, das Zitat von Seite 206), H. ALBERT (1976, Formulierungen von Seite 153), E. HUFNAGEL (1976, Zitat von Seite 112) und M. POLANYI 1978 (Seite 128). Im übrigen vergleiche man J. PIAGET (1973) und G. VOLLMER (1975).

nikation handelt. Wir begegnen hier noch einmal jener Isomorphie höherer Ordnung, um welche sich meine ganze Studie drehte. Und damit verlieren die gedachten Grenzen ganz den prinzipiellen Charakter.

Den Akt menschlichen Verstehens menschlicher Handlungen erklären wir uns, ganz im Sinne der Hermeneutik, als einen Akt des sich in den Mitmenschen Hineinversetzens; wir sagen: als einen Akt der Projektion. So vermag ich meinen Nachbarn über die Codices von Mimik, Gebärde, Sprache, über die Schrift auch den Autor, die historische Gestalt und den Geist einer Zeit zu verstehen. Aber wir verstehen auch die Deutzeichen des Fremden, das plappernde Kleinkind, selbst das zurückgebliebene, wie uns ANDREAS RETT und HORST SEIDLER zeigen; und unseren debilen Nachbarn auch. Weniger vielleicht, aber daß uns auch seine Handlungen nur über den Sinn oder die Zwecke zugänglich werden, die wir introspektiv erleben und in diesen hineinlegen, ist evident.

Und auf welche Weise verstehen wir die Handlung eines Schimpansen? Selbstredend auf dieselbe projektive Weise. Es ist geradezu trivial, zu sagen, daß uns alles Verhalten von Organismen zunächst auf diese Weise beachtenswert und verstehbar zugänglich wird. Die ganze Verhaltenslehre geht von diesem Mitvollzuge aus. Und als zweckvoll wird eine Handlung immer dann angesehen, wenn sie einem weiteren, komplexeren Zweck oder System erfolgreich dienen mag; letzten Endes dem Zweck des Überlebens, der Vermeidung von Schmerz, Unheil und Verlust, dem ›guten Leben‹, wie die Philosophen sagen; die Mühseligkeit der Existenz zu lindern. Wie dies letztere BERTOLT BRECHT dem alternden GALILEI in den Mund legt, wenn es um die Zwecke aller Wissenschaft für die menschliche Existenz geht.

Und auf welche Weise erkennen wir den Zweck eines Vogelflügels, einer Flosse, des Horns des Nashorns? Wieder aus ihren Zwecken, dem Sinn ihren Funktionen. Wir müssen nicht einmal gesehen haben, daß ein Nashorn mit seinem Horne spießt. Wir ›sehen‹ den Vorgang geradezu am Präparat. Die Frage ›wozu‹ steht hinter allen Gestaltungen tief hinein bis in die Methoden der vergleichenden Biochemie. Die Zweck-Erwartung, daß alles irgendeinen Sinn hätte, ist eine angeborene Form unserer Anschauung. Sie hat Anlaß gegeben, auch die Stürme auf einen Zweck Poseidons, selbst die Trennung von Himmel und Erde auf eine höchst absichtsvolle Handlung streitender Weltschöpfer, wie man sich erinnert: der ›Uranos-Entmannung‹, zurückzuführen.

Und wieder besteht kein Zweifel, dies schildert HANS SCHWABL, daß diese kosmogonischen Erwartungen von uns Menschen an der Wurzel der Philosophie liegen und letztlich aller Wissenschaft. Das Kontinuum der Methode ist ohne Grenze.[74]

Den Akt der Kommunikation zwischen unseren Nachbarn verstehen wir auf dieselbe Weise. Wir brauchen gar nicht zu verstehen, was sie tuscheln, um zu wissen, daß sie tuscheln. Auch daß wir Kommunikation zwischen Tieren verstehen, heißt, ihren Inhalt und Zweck angeben können. KONRAD LORENZ hat die Evolution dieser Kommunikation wunderbar beschrieben und KARL V. FRISCH hat

---

[74] Hier beziehe ich mich auf den Band von A. RETT und H. SEIDLER (1981) und die Studie von H. SCHWABL (1958). Die Begriffe ›Projektion‹ und ›Introspektion‹ (Innenbeobachtung) sind nicht mehr modern; bezeichnen aber gut das vergleichsweise Hineinversetzen in andere nach dem eigenen Erleben. Zum folgenden Absatz vergleiche man die Bände von K. LORENZ (1973) und von K. v. FRISCH (1965).

mit der Entschlüsselung der ›Sprache der Bienen‹ dieser Erkenntnismethode ein klassisches Beispiel gesetzt. Kommunikation ist so alt wie soziale Organismen auf diesem Planeten. Und die Kontinuität ihrer Entwicklung steht außer Frage.

Rückblick auf die Hermeneutik

Ob dieser Buchteil treffend mit ›Hermeneutik‹ zu betiteln war, sei dahingestellt. Zu sehr ist der Begriff mit idealistischer, existentialistischer und phänomenologischer Spekulation und deren Pathos belastet worden, als daß ihn der strenge Fachgelehrte, selbst in den sogenannten Geisteswissenschaften, noch gerne gebraucht hätte. Fast schon redet dieser lieber von Kybernetik, von Selbstorganisationsprozessen, oder doch von Evolutions- und Systembedingungen, um den Staub um den Positivismus-Streit nicht nochmals unnötigerweise herumzuwirbeln.

Und doch ist, soll die ganze literarisch-geisteswissenschaftliche Hälfte unserer Kultur in Rede sein, vom Methodenproblem auszugehen; und die Methode, in welcher Kostümierung oder Verwechslung sie auch immer sich auf den ehrwürdigen Begriff berief, gilt als die hermeneutische. Und wenn wir sie im alten Sinne als eine ›Methode wechselseitiger Erhellung‹ verstehen, dann läßt sich dieselbe eben auch als ein zwei- oder wechselseitiges Subsumptions-Schema der Erklärung begreifen, wenn wir diesem zudem seine induktiven Sektoren wiedergeben.

Die Vielfalt der Verständnisse und Mißverständnisse, welche die Methode in dieser Hälfte unserer Kultur auf sich gezogen hat, ist ihr von außen vorbereitet worden. Nämlich durch die Spekulation, daß wir nur Selbstgemachtes, nur die Handlungen und Produkte unserer eigenen Species, verstehen könnten, alle übrigen aber nur funktionell erklären. Wir haben diese schon beim Vater des Methodenbegriffs der ›vereinigten Geisteswissenschaften‹, WILHELM DILTHEY, vorgefunden; und fanden dies von da an immer wieder.

Und wir erinnern uns, daß dieses Mißverständnis auf die Deutung der Finalität zurückgeht, mit der Meinung, nur unsere Species vermöchte Programme zu entwickeln, die Zukünftiges antizipieren. Dies aber löste sich mit der Einsicht auf, daß sich unsere Programme und Absichten nur dadurch von der großen Fülle teleonomer, ziel- und zweckgerichteter Prozesse in der Natur unterscheiden, daß sie auch von unserem Bewußtsein reflektiert werden können. Und daß dies nicht wahrgenommen wurde, geht, wie wir gesehen haben, auf eine Mißinterpretation der Teleonomie zurück, die bereits bei der Auslegung des ARISTOTELES begann.

Dementgegen fanden wir synthetische Bemühungen und Erfolge in der ganzen Praxis der Humanwissenschaften, wie sie in allen Fächern der Lösung, einer Wechselkausalität, in die Nähe kommt. Und es erweist sich, daß es keineswegs die spekulative Vernunft ist, die hier Lösungen vorbereitet. Vielmehr ist es überall das Verdienst des fachwissenschaftlichen Praktikers, letztlich die Bereitschaft, mit ungeeigneten Hypothesen am konkreten Gegenstand stets zu scheitern; es ist nicht nur Spekulation, es ist ein Erkenntnisprozeß.

Und wie eben in den Naturwissenschaften durch das Weitergreifen der Wahrnehmung historischer Prozesse bis in die elementare Physik eine Annäherung des Paradigmas an die Biowissenschaften erfolgt, finden wir auch in den Geisteswissenschaften eine Annäherung an dieses Paradigma der Evolutions- und Systemprozesse.

Und wir verstehen diese Entwicklung des wissenschaftlichen Denkens aus der ›Evolutionären Theorie vom Kenntnisgewinn‹ als die Wiederaufdeckung jener angeborenen Isomorphie höherer Ordnung zwischen den universellen Grundlagen unserer naiven Vernunft und den Grundstrukturen dieser Welt. Und zwar in dem Sinne, als im menschlichen Dilemma zwischen rationaler und empirischer ›Wahrheit‹, letztlich zwischen unserer erblichen Anschauung von den Erscheinungsformen der Ursachen und deren Rationalisierung zu alternativen, widerstreitenden ›Lösungen‹, zur materialistischen versus idealistischen Welterklärung, das Scheitern an der Erfahrung zur Aufgabe der Alternativen und zu einer Synthese zwingt. Wir betrachten dies selbst als einen kenntnisgewinnenden Prozeß.

Schluß

In der ›Einführung‹ habe ich erklärt, daß es zum Gewinnen meines Standpunktes eines naiven Ansatzes bedurfte. Das war nicht als Eingeständnis gedacht, vielmehr als Bekenntnis im Sinne der inzwischen gewonnenen Einsicht, daß Abstand von den kollektiven Selbstverständlichkeiten eines zeitgenössischen Paradigmas, wenn auch nicht dem Leben des Forschers, so doch dem der Forschung nützlich sein wird.

Dem ist nun noch ein Bekenntnis anzufügen. Man muß einer Grundansicht vertrauen. Und so vertraute ich dem Kausalitätskonzept meines ARISTOTELES so unerschütterlich wie SCHLIEMANN der Ilias seines HOMERS. Und freilich vertraute ich der Evolutionstheorie und dem Objektivitätspostulat der Wissenschaft, wie der Verhaltenslehre LORENZ' und der Systemtheorie VON BERTALANFFYS.

Zusammen also vertraute ich meiner Theorie, daß die Welt ein vernetztes System darstellt, unsere erblichen Anschauungsformen, obzwar an der Welt herausgebildet, diese nur vereinfacht darstellen; und daß die beste Form, die Qualitäten unserer Ursachen-Erlebnisse zu gliedern, jene ist, die auf ARISTOTELES zurückgeht. Das ist im Grunde alles sehr einfach. Und es bleibt zu solchem Schluß die Frage: ›so what?‹; die Frage, was nun das Ergebnis wäre. Drei Gegenstände könnten in ihm interessieren:

Über den Methoden-Monismus

So, wie sich die Dinge aus dieser Ansicht entwickelten, erweist sich die Spaltung unserer Kultur in eine natur- und eine geisteswissenschaftlich-literarische als ein Artefakt; als ein Kunstprodukt doppelten Sinns: als von uns gemacht, was selbstverständlich ist, aber ebenso als künstlich. Diese Spaltung entspricht nicht der Struktur der Welt, vielmehr dem Dilemma der menschlichen Seele. Oder, weniger literarisch ausgedrückt: der Schwierigkeit, unsere Verstandesqualitäten, jene erblichen Anschauungsformen von den Ursachen, zusammenzufügen.

Hinter diese uns so selbstverständlich erscheinenden Formen der Anschauung kann man nun freilich mit Hilfe dieser Anschauungsformen allein nicht sehen. Dies gelingt erst, wenn wir eines nicht übersehen. Nämlich alles Scheitern unserer auf ihnen ruhenden Prognosen.

Und tut man das, dann stellt sich heraus, daß ohnedies keine Wissenschaft zu einer widerspruchsfreien Erklärung ihrer Gegenstände gelangt, wenn sie diese getrennt erscheinenden Qualitäten der Ursachen-Erlebnisse nicht zusammensieht. Sei es, daß man im Szientismus die Auswahlbedingungen in den geschichtlichen Prozessen übersah, oder die historische Komponente überhaupt leugnete. Sei es, daß man dem Wechselbezug in der Hermeneutik mißtraute, oder ihn überhaupt in eine unmethodische Philosophenkonstruktion verwirrte.

In Wahrheit haben sich aber bereits alle Wissenschaften an die Wahrnehmung jener Wechselkausalität herangearbeitet. Und es waren eher die eingesessenen, widersprüchlichen Paradigmen, welche Unsicherheit in die Sicht auf die Methoden brachten; jeweils in Abhängigkeit von den kulturhistorischen Schicksalen, welche den Einzelwissenschaften beschert waren.

Die natur- und geisteswissenschaftliche Methodentrennung war also viel weniger eine Sache der Praxis als der Konvention, einer Unterwerfung unter das Pathos, die sozialen Vorschriften jener einander ausschließenden, wissenschaftstheoretischen Heilserwartungen. Im Prinzip aber besitzen wir nur eine uns gemeinsame Möglichkeit, diese Welt zu verstehen.

Dies ist aber nicht als Renaissance eines zu Recht verfemten "Methoden-Monismus‹ zu verstehen, es entspricht der Einsicht in einen ›Verstandes-Monismus‹. Denn selbstredend folgte die Entschlüsselung der Hieroglyphen und des genetischen Codes, die Analyse in Chemie und Kunstgeschichte, nach unterschiedlichen Methoden. Was in ihnen gleich ist, das ist unsere Ausstattung mit gleichen Geisteskräften. Und um deren Aufschluß ist es mir gegangen.

Zunächst aber ging es mir Biologen um die Biologie; und um die Rechtfertigung des in ihr erforderlichen mehrseitigen Ursachenkonzeptes. Denn sie steht im Schnittpunkt der Dinge unserer Welt wie unserer Anliegen. Sie darf darum nicht gespalten werden, weil ihre Gegenstände heute von den Codices der Moleküle bis zu den Grundlagen unserer Vernunft reichen, unserer bewußt gemachten Ansicht von uns selbst.

Hier ist also der neuralgische Punkt, an dem unsere Konstruktionen Leib und Seele zu trennen drohen; die Antriebe von den Zwecken in unserer Welt. Und dies ist nicht nur die schmerzlichste Trennstelle für uns Menschen, wie KONRAD LORENZ sagt, es ist gleichzeitig die gefährlichste für uns alle. Denn die eine unserer Subkulturen, wie sie Sir CHARLES SNOW beschreibt, stülpt unsere Welt um, ohne sie ganz zu verstehen, die andere lähmt ihr eigenes Mitwirken, weil sie ahnt, daß sie sie nicht versteht. Und die Folgen dieser gespaltenen Weltsicht haben wir deutlich vor uns.

Über die Einheit der Welt und der Geisteskräfte

Ein ›Erkenntnis-Monismus‹, wie ich ihn hier vertrete, zieht die zweite Frage nach sich, wie denn dieser zu begründen wäre. Hat die Vielfalt der Kulturen und Religionen, die Weltsichten der Menschen überhaupt, nicht gezeigt, in wie verschiedener Weise sich diese Welt denken läßt? Gewiß! Aber sie hat auch gezeigt, wie regelmäßig wir mit unseren Prognosen aus diesen Weltsichten scheitern.

Ist man dagegen bereit, die Theorie der Evolution ernst zu nehmen, sowie die Systemtheorie einer Welt als vernetztes System, dann ergeben sich so viele Symmetrien zwischen dem Werden der Natur und dem unseres Denkens, daß der Zufall als Erklärung außer Betracht kommt. Wir sind vielmehr zur Annahme gezwungen, daß unsere Denkordnung als Produkt der Anpassung an jene Weltordnung verstanden werden muß. Und da eine solche Selektion der Vorbedingungen unserer Vernunft nur an der Grundgesetzlichkeit dieser einen Welt erfolgte, besitzen wir alle dieselben Vorbedingungen der Möglichkeit des Erkenntnisgewinns. Soweit zum Erkenntnis-Monismus.

Dies ist natürlich wieder Theorie; aber eben auch nicht theoretischer als eben alles, was wir von dieser Welt zu erkennen meinen. Denn wir verlassen als Wissenschaftler den Grund jener Prognostik nicht, der an der Erfahrung geprüft werden und an welcher Prüfung man scheitern kann. Und diese Prognostik enthält eine Fülle von Details.

So wird erwartet, daß jene viererlei Qualitäten, nach welchen wir Ursachen erleben, in einer zweifachen Symmetrie den Bedingungen der Entstehung aller komplexen Gegenstände dieser Welt entsprechen. Wir erwarten zudem eine Isomorphie, eine Gleichstrukturierung höherer Ordnung; nämlich einer Übereinstimmung von Entstehungs- und Erkenntnis-Möglichkeit. Und von dieser wird erwartet, daß alle Differenzierungen dieser Welt, ob in kosmischer, chemischer, biologischer oder kultureller Evolution, als Einschübe zwischen disponierten Teilen und der Selektion durch das jeweils übergeordnete Ganze entstehen.

Damit lassen sich zweierlei Entstehungsbedingungen, eben aus den Unter- wie den Obersystemen erwarten und ihnen müßten zweierlei Formen der uns möglichen Erklärung entsprechen. Erklärungen im Sinne der Entdeckung von Korrelationen, die sich subsumptiv auf schrittweise übergeordnetere Vorbedingungen zurückführen lassen. Dies sind die beiden (reduktionistischen) Hierarchien von Erklärungen, in materialistischer und idealisitscher Richtung. Und wir erwarten weiter, daß diesen beiden symmetrischen Erklärungs-Wegen die Wege der Erkenntnisgewinnung entgegenlaufen. Und daß wir schließlich beide Erklärungs-Wege zum Verständnis aller komplexen, historischen Systeme dieser Welt benötigen.

Die Symmetrie unserer Erwartung zweier Hierarchien von Erklärungen deuten wir wieder als eine Anpassung an die beiden Hierarchien, welche den Vorbedingungen der Vorbedingungen (usf.) der Entstehung der Dinge entsprechen. Eben als eine Isomorphie höherer Ordnung, die von der Selektion durchgesetzt wurde, weil unser Wahrnehmungs- und Erkenntnisapparat, wie alle Kreatur, in einem Bereich mittlerer Größen und Gesetzlichkeit entstanden ist. Dieser Teilbereich, an welchen wir adaptiert wurden, ist, wie HANS MOHR sagt, ein mesokosmischer. Seine Bedingungen und Gegenstände sind es vor allem, von deren Wahrnehmung unserer

Erkenntnisvermögen seinen Ausgang nimmt. Und von hier aus erschließen wir uns die Kenntnis, die Prognostizierbarkeit in die Serien der über- und der untergeordneten Bedingungen des hierarchischen Baues dieser Welt.

So läßt uns unsere natürliche, naive Ausstattung stets gleichermaßen mit Kräften und Antrieben aus der einen Richtung, mit Sinn und Zwecken aus der anderen rechnen. Es ist hingegen unsere reflektierende Vernunft, die uns vor die scheinbare Alternative stellt, eine der beiden Erklärungsweisen wählen zu müssen. Und zwar, seitdem wir Menschen über uns und die Welt reflektieren.

Hier nun halten die Biowissenschaften die Mitte der für uns relevanten Fragestellung; denn sie sind es, die zum Verständnis des Lebendigen auf keine der beiden Sichten unseres Janusgesichtes verzichten konnten. Von ihnen mußte die Theorie einer Synthese ihren Ausgang nehmen. Wir werden diese Welt nicht verstehen, wenn unsere Theorien den Bedingungen ihres Entstehens zuwiderwirken. Und wenn wir auch zu klein sind, um die Welt zu ruinieren, unsere kleine Menschenwelt zu ruinieren, das würden wir vermögen.

Über Selbst-Transzendenz und Verantwortung

Wenn man nun ›so vernünftig‹ über unsere Vernunft redet, folgt die dritte Frage: Wie kann das möglich sein? Sind wir dabei, uns am eigenen Schopf aus dem Sumpf zu ziehen? Fast sieht es so aus. Wie, so hat mich CARL FRIEDRICH VON WEIZSÄKKER gefragt, sieht die Rückseite des Spiegels aus, mit welchem wir KONRAD LORENZ' »Rückseite des Spiegels« betrachten? Harrt hier ein unendlicher und damit unauflösbarer Regreß? Das mag schon sein. Aber er schreckt uns nicht mehr. Leben selbst ist für unsere Begriffe von seinem Werden ein fast unendlicher Regreß. Und da wir die Erfahrung machten, daß die Hoffnung auf die Entdeckung eines Ortes absoluter Gewißheit, erster Ursachen und letzter Zwecke, eitel ist, die Gewißheitsgrade vielmehr in der Mitte des Netzes uns möglicher Prognostik wachsen, kommt es ohnedies nur auf den Umfang der uns möglichen und sich bestätigenden Voraussichten an.

Unsere Evolutionäre Erkenntnislehre ist nun jene Verlängerung der Evolutions-Theorie, in welcher sich die kenntnisgewinnenden Mechanismen der Kreaturen, wie vordem deren anatomische Strukturen, zu einem Stammbaum ihrer Entwicklung ordnen lassen. Damit werden die Entstehungsbedingungen, aber auch die Grenzen und Mängel dieser Mechanismen (Algorithmen) sichtbar. Es sind damit auch unserer eigenen Vernunft keine anderen Grundlagen und Entscheidungshilfen appliziert, als es für unsere weit zurückliegenden Vorfahren Lebensprobleme zu lösen gab. Wir würden daher weiterhin in die Irre gehen, wenn wir, wie uns das unsere bewußte Reflexion suggeriert, diese Deutungshilfen für bare Münze, für volle Entsprechung mit der Realität, nähmen.

Es muß dagegen viel richtiger sein, sogleich zu reagieren, wann immer wir mit den Prognosen an diesen Deutungshilfen scheitern. Achtet man auf diese Passungsmängel systematisch, wie wir es taten, dann ergibt sich auch ein Zusammenhang der Abweichungen. Es läßt sich dann aus ihnen prognostizieren und an der

Erfahrung prüfen, welchen Mängeln die Vorbedingungen unserer Vernunft, im einzelnen unsere angeborenen Anschauungsformen, unterliegen.

Mit einer solchen Feststellung haben wir die Vorbedingungen unserer Vernunft aber auch schon von außen betrachtet. Wir haben die ihnen gegebenen Anlagen überstiegen. Freilich noch mit den Mitteln unserer Vernunft. Aber eben nicht mehr mit Hilfe ihrer Vorgegebenheiten, sondern im Vergleich mit der uns möglichen, kontrollierenden Erfahrung. Wir transzendieren uns freilich nicht selbst, aber doch Teile unserer Ausstattung.

Und damit ergibt sich auch eine Verpflichtung. Genügt in unserem kompliziert gewordenen Milieu die Theorie unserer erblichen Ausstattung nicht mehr, dann müssen wir uns, gilt das als erkannt, um eine neue Theorie bemühen. Weil wir, wie HANS ULRICH schon feststellte, ansonsten in wenigen Jahren vor kaum mehr lösbaren gesellschaftlichen Problemen stehen werden. Tatsächlich stehen wir schon vor diesen.

Diese Selbst-Transzendenz ist aber von ganz anderer Art als jene, wie sie uns einmal mit der berüchtigten Gen-Manipulation ins Haus stehen könnte. Und zwar aus drei fundamentalen Gründen. Erstens ist die Veränderung der Theorie sofort am Erfolg zu prüfen. Zweitens ist es nicht der Wandel einer Theorie vom Menschen, sondern einer Theorie von der Struktur seiner Sicht dieser Welt. Und drittens kann sie jeder Denkende für sich selbst mitvollziehen oder verwerfen; weder wird sie einem schon als Keimzelle eingepfropft, noch werden die folgenden Generationen davon unbefragt umdeterminiert.

Diese Selbst-Transzendenz ist vielmehr in jenem Abschnitt kultureller oder geistiger Entwicklung gelegen, der uns längst von der Evolution in die eigene Hand gelegt wurde. Zweifellos sind wir ihre Zauberlehrlinge geworden: Aber eben nur in diesem Teil, in welchem unser Schicksal uns selbst überantwortet wurde. Freilich, und ohne daß wir dazu gefragt worden wären, müssen wir es nun eben selbst verantworten.

So vermessen es also wäre, angeben zu wollen, wie die genetische Ausstattung des künftigen Menschen auszusehen hätte, so vermessen wäre es, die Fehler unseres Verständnisses dieser Welt, trotz der Katastrophen um uns, weiterhin zu ignorieren. So unmöglich es ferner sein muß, zu wissen, ob sich der genetische Übermensch, den man planen könnte, nicht als der Über-Untermensch dieser Welt erweisen würde, so unmöglich muß unser Fortbestand werden, wenn wir aus dem fortgesetzten Scheitern unserer geteilten Weltbilder nicht lernen.

Kurz: Die überalterten Vorbedingungen unserer Vernunft zu übersteigen ist eine Aufgabe, die uns am Wege liegt. Sie ist uns in die Hand gegeben; und sie ist wie alle unvermeidlichen Schritte der Entwicklung eine Sache des Überlebens der Species. Da Überleben von richtiger Prognostik abhängt, ist Leben ein kenntnisgewinnender Prozeß. Was ich also in diesem Bande vorgeschlagen habe, ist ein Schritt am Weg der Evolution des Menschen.

Glossar

Algorithmus. Eine Rechenregel, ein durch Regeln festgelegter Vorgang zur Lösung einer bestimmten Aufgabe oder eines Entscheidungsverfahrens in der Logik. Ein A. kann abbrechen (wie bei der Addition) oder beliebig fortsetzbar sein (bei mancher Division; → Iteration).

Allele. Die unterschiedlichen Zustände, in welchen eine Einheit der Erbsubstanz (ein Gen) repräsentiert sein kann. Von vielen Genen sind nur zwei A. bekannt, von welchen zudem eines dominiert. Es können aber aufgrund nicht ausgemerzter Mutationen desselben Gens mehrere vorliegen (multiple Allelie).

Analogie. In der Biologie ein Gegenbegriff zur → Homologie. So erfolgt auch die A.-Feststellung im Gegensatz zur Homologisierung. Ergeben sich im homologen (kontinuierlich-divergenten) Feld von Ähnlichkeiten disperse, zufalls-verteilte Ähnlichkeiten von Merkmalen, so deutet man sie als A. in zwei Formen. Von Zufalls-A. spricht man, wenn keine funktionelle Erklärung denkbar erscheint (Glockenform von Medusen und Blüten), von Funktions-A., wenn diese evident erscheint und die A. sich konvergent entwickelt (Stromlinienform der Haie und Delphine).

Analytische Philosophie. Auf B. RUSSELL, G. MOORE und L. WITTGENSTEIN (→ Positivismus) zurückgehende Position, die ihre wesentliche (einzige?) Aufgabe in der Klärung des Sinns von Aussagen sieht. Erwartet wird damit eine Beantwortung oder das Verschwinden derjenigen philosophischen Fragen, zu welchen jene Aussagen der Anlaß waren (im deutschen Sprachraum namentlich durch STEGMÜLLER vertreten): Differenziert in sprachphilosophische, sprachlogische und logistische Schulen.

Animismus. Von *anima*, ›Seele‹. Die in den Naturreligionen weit verbreitete Vorstellung einer, wenn auch versteckten, Belebtheit (Beseeltheit) aller Gegenstände; mit unterschiedlichen Fortsetzungen in Medizin, philosophischer Anthropologie und im Okkultismus (Parapsychologie).

Anthropomorphismus. Von *ánthropos* und *morphé*, ›Mensch‹ und ›Gestalt‹; die Übertragung menschlicher Eigenschaften auf nichtmenschliche Dinge; sei es auf Götter und Demiurgen, sei es auf Verhaltensweisen von Tieren, die Anlage ihrer ›Staaten‹ oder ökologischen Funktionen.

A posteriori. Wörtlich: ›vom Späteren her‹; in der Erkenntnistheorie jede Form von Erfahrung, Wissen oder Einsicht im Nachhinein. Damit wird die für jeden Kenntniserwerb nötige Kenntnis → a priori abgegrenzt.

Appetenz und Appetenz-Verhalten. Von *appeto*, ›trachten‹, ›streben‹, ›begehren‹; in der Verhaltenslehre ein Begehrverhalten. Eine Instinkt- oder arteigene Triebhandlung mit → endogenem Antrieb und in der Regel durch einen angeborenen Auslösemechanismus (AAM) in Gang gesetzt. Der auslösende Reiz (Futter-, Partner-, Nest-Situationen) wird meist aktiv gesucht. Wird er dennoch zu lange entbehrt, so kann es durch Schwellenerniedrigung zu Leerlaufhandlungen kommen.

A priori. Wörtlich: ›vom Früheren her‹; in der Erkenntnistheorie jede Form dem (menschlichen) Individuum gegebene Vorauserfahrung oder Vorauswissen, wie sie sich für jeglichen weiteren Kenntniserwerb (→ a posteriori) als Voraussetzung erweist. Z. B. die Erwartung von Raum, Zeit, Kausalität usf. Als Vorbedingungen jeder reflektiven Vernunft erweisen sie sich von der Vernunft allein (I. KANT) als nicht hinterfragbar.

Archigenotypus. Begriff aus der Genetik und Entwicklungsphysiologie, unter welchem man seit C. WADDINGTON den Umstand versteht, daß die Ähnlichkeitsverhältnisse vor allem der → epigenetischen Ausstattung der Organismen, eine dem morphologischen → Typus vergleichbare Anordnung zeigten (→ Epigenotypus) und das bedeutet weiter, daß, je grundlegender die Merkmale eines Typus sind, um so geringer auch die Anzahl der Typen sein werde.

Aristotelisch. Nach ARISTOTELES (384–322) im Gegensatz zur → cartesianischen und → euklidischen Auffassung ein dynamisches, wechselabhängiges Weltsystem, in dem auch die Zeit etwas an der Bewegung ist und nicht ohne sie. Nicht zu verwechseln mit den ›Aristotelismen‹, den jüdischen und christlich-mittelalterlichen Auslegeformen der Schriften ARISTOTELES'.

Assoziation. Verbindung oder Zusammenlegung (mit Spezialbedeutung in einzelnen Wissenschaften). Hier im psychologischen und neurobiologischen Sinn, sei es einer reflektorischen Verknüpfung wiederholt koinzidierend auftretender Reize zur → bedingten Reaktion, sei es die unbewußte oder bewußte Verknüpfung von Wahrnehmungs-, Erlebnis- oder Gedächtnisinhalten. Der assoziative Kenntnisgewinn steht dem genetischen gegenüber.

Autokatalyse. Die Erscheinung, daß ein bei einer chemischen Reaktion entstehendes Produkt die Reaktion selbst beschleunigt. Reaktionen solcher Art spielen in den Organismen in vielfältiger Weise eine bedeutende Rolle.

Autopoiese. Selbsterschaffung oder Selbstorganisations-Prozeß. Ein Begriff, der den der Evolution ersetzen soll, weil dieser noch von der Präformations-Vorstellung das Entfalten des bereits Vorgegebenen im Wortsinn enthält.

Axiome. Grundsätze oder Grundannahmen von Lehren oder Theorien, sofern diese eine scharfe (formalisierbare) Formulierung finden können (Axiomatisierbarkeit); folglich in der Mathematik, Logik und Physik anzutreffen. Kennzeichnend für A. ist der Umstand, daß sie als Voraussetzung nicht aus den Sätzen oder Konsequenzen der Theorie begründet werden können (so kann das Parallelen-Axiom der euklidischen Geometrie: ›Gerade, die sich im Unendlichen schneiden‹, nicht aus ihr selbst bewiesen werden). Unter Axiomatik versteht man die mit A. durchführbaren logischen Operationen. Hinsichtlich der Begründung der A. wurde Einhelligkeit nicht erreicht.

Baryonen. In der Quantenphysik eine Klasse von Hadronen (schwere Teilchen, die an der starken Wechselwirkung teilnehmen; Kernkräfte), deren Spin halbzahlig ist. Zu ihr gehören die Protonen und Neutronen, welche die Kerne der Atome bilden.

Basis-Sätze. Begriff aus der Sprachlogik und analytischen Wissenschaftstheorie. Gemeint sind Sätze, die für einen bestimmten Objektbereich sprachlich nicht weiter aufgegliedert werden können. Verwandt mit → Protokoll-Sätzen. Doch interessiert hier die Struktur und Prüfbarkeit.

Bedingte Reaktionen. Reflektorisch-unbewußte oder nur mitbewußte Reaktionen, die → assoziativ, durch die Verknüpfung eines bedingten mit einem unbedingten Reiz entstehen, falls diese mit zureichender Regelmäßigkeit koinzidieren. Die einfachste Form ist der → bedingte Reflex. Höhere Formen sind die bedingte Appetenz oder die bedingte Aktion, welche entstehen, wenn ein programmiertes Begehren (→ Appetenz) oder eine eigene Handlung mit einer bedingten Reiz-Situation verknüpft wird.

Behaviorismus. Psychologische Lehre vom tierischen und menschlichen Verhalten, welche das ganze Nervensystem als unvorbereitet und den Organismus als Reiz-Reaktions-Mechanismus betrachtet. Nach SKINNER, mit Erfolgen am Forschungsgebiet der Konditionierung, führt sie zu einer Überschätzung der Wirkung des Milieus und unterschätzt die Verschiedenheit und Differenzierung erblicher Ausstattung und Anlage.

Biologismus. Abwertende Bezeichnung für die Unmöglichkeit der Versuche, die den Sozial- und Kulturwissenschaften eigentümlichen Gesetzlichkeiten aus solchen der Biologie verstehen zu wollen (vgl. → Physikalismus). Die Vorwürfe gegenüber biologischer Grenzüberschreitung können aber den Umstand verkennen, daß alle tieferen Schichtgesetze in die Oberschichten hineinreichen, folglich zu deren Verständnis, wenn auch nicht zureichend, doch notwendig beitragen.

Cartesianisch. Von DESCARTES, latinisiert *Cartesius* (1596–1650), die Absonderung der Materie als *res extensa* (von der ausdehnungslosen, immateriellen, denkenden Substanz als *res cogitans*) und deren ziellosen, bis in ihre letzten körperlichen Atome mechanistisch determiniert gedachten Gesetzlichkeit (vgl. → aristotelisch u. → euklidisch).

Cluster. Heute allgemein für den nicht zufälligen Zusammenhang von Teilen oder das Entstehen von Mustern, besonders wenn eine Strukturierung aus einer zunächst zufälligen Verteilung hervortritt (zunehmende Clusterung).

Deduktion. Von *deducere*, ›ableiten‹. Die Ableitung eines Satzes aus einem anderen. Im Gegensatz zur → Induktion handelt es sich um logisches Schließen (→ Syllogismus). In den induktiven oder Erfahrungswissenschaften bildet die D. die Instanz der Kontrolle der Theorie an den Fällen; in den deduktiven (Mathematik und → Logistik) ist die D. eine charakteristische Form des Beweises.

Diagenese oder ›Durchentwicklung‹. Ein Begriff der Geologie und Sedimentologie. Er bezeichnet die Prozesse, welche mit der Verfestigung von Sedimenten zu Gesteinen (aber auch von Schnee zu Gletschereis) einhergehen.

Dialektischer Materialismus. Philosophisch-ideologische Position, welche in den Ideen von MARX und ENGELS (historischer M.) ihren Ausgang nimmt. Im Wesen enthält die Haltung eine Umkehrung der HEGELschen Methode zu einer → materialistischen Betrachtung der Wechselwirkung (Dialektik) der Gegensätze als Grundlage aller Entwicklungsprozesse. LENIN trachtete, in Auseinandersetzung mit AVENARIUS und MACH, die Dialektik mit Logik und Erkenntnistheorie zu verbinden (Empiriokritizismus). Neben der rein ideologischen Spaltung in den sowjetischen und chinesischen D. M. spielen heute Einflüsse der Naturphilosophie, namentlich der → Kybernetik und → Systemtheorie, eine Rolle.

Differentialdiagnose. In der biologischen Systematik zählt man jene Merkmale einer Organismengruppe (einer systematischen Einheit) zur D., welche in allen Repräsentanten der Gruppe repräsentiert sind, aber außerhalb derselben nirgends vorkommen (z. B. die Wirbelsäule im Stamme der Wirbeltiere, das Haar in der Klasse der Säugetiere). Gegensatz: selektive und akzessorische Merkmale.

Dissipation. ›Zerstreuung‹, namentlich der Energie; die Überführung von Energieformen in Wärme, die nicht restlos rückgängig gemacht werden kann. Dissipative Systeme sind solche, die fortgesetzt Energie in dieser Weise verlieren. Zu ihnen gehören alle lebenden Systeme.

Dualismus. Die erkenntnistheoretische Zweiheitslehre von den Erscheinungen der Welt. Bei PLATON Welt der Ideen und der Gegenstände, später in der Gegenüberstellung von Welt und Gott, Leib und Seele, von Geist und Materie. Auch im Zusammenhang mit der Unsterblichkeitslehre der großen Religionen. Gegensatz → Monismus.

Eichtheorien. In der Physik eine Klasse von Feldtheorien zur Beschreibung der beobachteten schwachen, elektromagnetischen und starken Wechselwirkungen, welche durch ein hohes Maß an Symmetrie gekennzeichnet sind. Seit den 30er Jahren bekannt, spielen sie heute eine Rolle zur Erforschung der Beziehungen zwischen Wechselwirkungen.

Empirismus. Erkenntnistheoretische Position, seit der Antike, die alle Erkenntnis auf die individuelle Erfahrung, letztlich auf die Sinne zurückführt. Sie muß darum die offensichtliche Notwendigkeit des Bedarfes an Vorauswissen (→ *a priori*) für jeden möglichen Wissenserwerb (→ Rationalismus) unbegründet lassen oder leugnen. Folgen sind der ›tabula-rasa-Standpunkt‹, der Organismus als Reiz-Reflex-Maschine, der Mensch als geschichtsloses Wesen.

Endogen. Durch innere Ursachen bedingt; Gegensatz zu exogen. In den Biowissenschaften sind meist die Anlagen eines Organismus gemeint, die Bedingungen innerhalb einer Sozietät oder eines Lebensraumes.

Epidemologie. Die Seuchenlehre, die Wissenschaft von den Gesetzmäßigkeiten der Entstehung, des Ablaufes und der Verbreitung der Seuchen sowie von den biologischen und medizinischen Grundlagen und den Möglichkeiten der Bekämpfung.

Epigenetisches System. Seit C. WADDINGTON bezeichnet dieser Ausdruck das System der Gen-Wechselwirkungen. Denn es stellte sich heraus, daß viele Elemente der Erbsubstanz (Gene), bei höheren Organismen in immer größerer Anzahl, nicht für die Herstellung von Einzelstrukturen codieren (Strukturgene), sondern für die Abstimmung zwischen den Gen-Aktivitäten verantwortlich sind (Regulationsgene; vgl. → Epigenotypen, → Archigenotypus).

Epigenotypus. Begriff aus Genetik, Entwicklungsphysiologie und → Morphologie, der den Umstand bezeichnet, daß die Formen des → epigenetischen Systems in einer den morphologischen → Typen entsprechenden Weise im Organismenbereich angeordnet sein werden. Nämlich nach dem hierarchischen Stammbaummuster der Verwandtschaftsverhältnisse (vgl. → Archigenotypus).

Etymologie. Teil der Sprachwissenschaft, die Ursprungs- oder Grundbedeutung der Wörter aufzuklären, namentlich diese aus der Geschichte der Sprache zu erklären und die Bedeutungswandel (etymologisch) darzustellen und zu begründen.

Euklidisch. Nach EUKLID (EUKLEIDES, 4. bis 3. Jahrh.) die ›gewöhnliche‹ Geometrie der Elementar-Mathematik und damit die Auffassung vom starren, dreidimensionalen Raum und seiner, im Unterschied zur aristotelischen Auffassung, voneinander unabhängigen Teilchen (vgl. → aristotelisch u. → cartesianisch).

Evolutionäre Erkenntnislehre. Eine von der Biologie, der Verhaltens- und Evolutions-Lehre ausgehende Wissenschaft, die sich mit der Stammesgeschichte kenntnisgewinnender Strukturen und Prozesse befaßt, letztlich mit den Vorbedingungen, Grenzen und Mängeln der menschlichen Vernunft. Mittels der Methode der Vergleichenden Anatomie (→ Morphologie) betrachtet sie Leben und Evolution als kenntnisgewinnende Prozesse (K. LORENZ). Sie steht damit den herkömmlichen spekulativen Erkenntnistheorien (→ Rationalismus, → Empirismus, → Materialismus, → Idealismus) gegenüber.

Exakte Naturwissenschaft. Ehrentitel, welchen sich die anorganischen Naturwissenschaften zugelegt haben, da sie sich auf → formalisierbare Sprachen und → Axiome reduzieren können (→ Reduktionismus). Hier schließt sich der Physik die Chemie an und Gebiete der Physiologie in den Biowissenschaften und der Medizin. Die Grenze hängt mit dem Komplexitätsgrad des betrachteten Systems zusammen und mit dem Ausschluß der Wirkungen aus den Obersystemen.

Existentialismus. Mit der Existenzphilosophie verwandte Bewegung, die von J. P. SARTRE und der Jugend Paris' der 50er Jahre ihren Ausgang nahm. Sie versucht, antibürgerlich und nihilistisch, die Absurdität des Daseins mit der Freiheit des Individuums zu verbinden. Durch die → Phänomenologie angeregt, hat der E. wieder auf die deutsche Phänomenologie zurückgewirkt.

Falsifikationismus. Kritische Bezeichnung jener wissenschaftstheoretischen Position, welche den Hauptantrieb der Entwicklung von Theorien in ihrer Widerlegung (→ Falsifikation) oder doch in ihrer Widerlegbarkeit (POPPER) sieht. Diese Haltung wirkt der Erstarrung der → Paradigmen entgegen, schätzt aber das schöpferische Element der Theorienbildung (→ Heuristik und → Induktion) gering und ebenso gering das psychologische Motiv seine Theorie zu bestätigen.

Fernsinne. Beim Menschen (zum Unterschied von Tast-, Temperatur- und Geschmacks-Sinn) Auge und Gehör. Bei Tieren oft auch der Geruchs-Sinn (Hunde, Schmetterlinge). Beim Blinden wird die Raumwahrnehmung durch das Gehör teilweise kompensiert.

Finalität. Nach ›finis‹, Ende, auf ein Ziel, eine Zweckmäßigkeit ausgerichtet sein. Bei ARISTOTELES eine der vier Formen der Ursachen, später fehlinterpretiert in Gegensatz zur → Kausalität gebracht. Heute hat die Biologie ihren Zweckbegriff (›telos‹, Ziel) als → Teleonomie, im Sinne zielgerichteter Programme (seien es die der Keimesentwicklung, der Instinkte oder bewußter Intentionen), ganz im Sinne ARISTOTELES', vom Philosophenbegriff der → Teleologie abgegrenzt.

Formalisierung. Verfahren der Präzisierung einer wissenschaftlichen Sprache, diese nach vereinbarten Bestimmungen durch ein Zeichensystem, Terme (formal; durch einen Formalismus), darzustellen; bekannt aus Mathematik, Logistik (formaler Logik), Computerwesen und anorganischen Wissenschaften. Einem Wandel z. B. der Qualitäten (Terme), die dieser in der Natur schon eine Folge quantitativer Änderungen ist, entsprechen formalisierte Systeme nicht.

Fulguration. Von *fulgur*, ›Blitzstrahl‹; der zündende Funke. Ein Begriff, mit welchem LORENZ das plötzliche Entstehen neuer Qualitäten aus dem Zusammentritt von Systemen bezeichnet, in welchen jene auch in Spuren nicht vorhanden sein konnten.

Generativ. Allgemein, der Zeugung oder Erzeugung dienend. Speziell die generative Grammatik; ein sprachwissenschaftliches Verfahren, das alle in einer Sprache möglichen Äußerungen mit einem Netz von Regeln erfassen will, um die Abweichungen objektiv beurteilen zu können.

Grenznutzenschule der Nationalökonomie. Sie sieht im Grenznutzen, das ist die subjektive Wertschätzung, die ein Verbraucher einer Gütereinheit zumißt, den Güterwert. Diese subjektive Angebot-Nachfrage-Kalkulation stellte sich in Gegensatz zur klassischen Schule, welche die Preisbildung objektiv aus dem Herstellungsaufwand des Gutes zu bestimmen trachtete.

Hermeneutik. Von *hermeneuo*, ›aussagen‹, ›auslegen‹, zunächst die Auslegekunst heiliger *(hermeneutica sacra)*, später auch antiker wie juridischer Texte *(h. profana)*. Mit SCHLEIERMACHER wird sie als ›Kunstlehre des Verstehens‹, mit DILTHEY als ›Verstehende Methode (→ hermeneutischer Zirkel) der Geisteswissenschaften‹ gegen die vermeintlich nur erklärende der Naturwissenschaften abgegrenzt. In kulturwissenschaftlichen Disziplinen fördert sie die Einsicht, in Methode der ›wechselseitigen Erhellung‹, in der Philosophie dagegen beansprucht sie ab HEIDEGGER eine Über-Instanz für alle einsichtgebenden Prozesse.

Hermeneutischer Zirkel. Zentrale Methode der → Hermeneutik, der ›wechselseitigen Erhellung‹, welcher die Unsicherheit, doch eine logische Zirkularität zu enthalten, nie ganz genommen wurde, weil unsere angeborenen Anschauungsformen einen linearen Ursachen- und Erklärungs-Zusammenhang suggerieren. Von → Positivismus und kritischer Philosophie heute für zirkulär gehalten, von den Kulturwissenschaften nur mehr wenig verwendet, von → idealistischer Philosophie heute als Oberinstanz beansprucht.

Heuristik. Von *heurisko*, ›finde‹, die Erfindungskunst, etwa von Ideen und Modellen, als Anleitung zur Entwicklung von Hypothesen. Sie enthält Suchregeln und solche der Bewertung bei alternativen Lösungen und ist der Methode nach → induktiv, großteils der bewußten Reflexion entzogen.

Historismus. Geisteswissenschaftliche Position, in der die Ansicht vertreten wird, daß der geschichtliche Zusammenhang mit seinem gesetzlosen Fließen und einmaligen, unwiederholbaren Individualitäten das umfassendste Prinzip der Betrachtung darstellen müßte. → Positivismus, → Existentialismus und → typologische Methode zählen zu den sehr unterschiedlichen Gegenpositionen.

Holismus. Von *holes*, ›ganz‹. Wissenschaftstheoretische Position, nach der, im Gegensatz zum → Reduktionismus, die Erscheinungsformen der Welt dazu tendierten, Ganzheiten zu bilden. Er unterschätzt den Gesetzesbeitrag der Teile und kann in das Extrem eines idealistisch-ontologischen Reduktionismus verfallen; die Dinge nun nur aus den ihnen übergeordneten Systemen verstehen zu wollen.

Homodynamie. Begriff aus der Entwicklungsphysiologie und → Morphologie. Er bezeichnet jene Form → homologer Ähnlichkeit, die in der Dynamik der Embryonalentwicklung auftritt. Dort zeigt es sich, daß die Nachrichten (→

Induktion i. d. Biologie), welche von Gewebe zu Gewebe die Differenzierung anleiten, über große systematische Einheiten hinweg in derselben Weise übermittelt und verstanden werden.

Homologie. Grundbegriff der → Morphologie, der im Gegensatz zur → Analogie die Wesens-Ähnlichkeiten der Bauteile von Organismen bezeichnet. Die Feststellung der H. (Homologisierung) erfolgt durch einen wechselseitigen, nicht zirkulären Prozeß des Vergleichens, indem das Ähnlichkeitsfeld der Merkmalsträger (z. B. Säuger od. Käfer) aus den Merkmalen, die Gewichtung (Bedeutung) der Merkmale aus ihrer Anordnung im Felde bestimmt werden. Die Erklärung der H. entspricht unserem Urteil über die Verwandtschaft ihrer Träger.

Homöose. Auch Homöostase. Der durch physiologische Kreisprozesse geregelte Gleichgewichtszustand in den Lebensprozessen der Organismen. Als Homöostat in technischen Regelsystemen (→ Kybernetik) und in informations-verbreitenden Maschinen angewendet.

Hypothetischer Realismus. Eine der möglichen Positionen gegenüber dem Problem der Realität der Außenwelt. In ihr wird angenommen, daß es eine reale Welt auch ohne Beobachter geben muß, und daß deren Gegenstände wahrschein-lich ähnlich, wenn auch keineswegs identisch mit dem sind, wie sie uns erscheinen. Dies ist vor allem die Position, welche den Mechanismus der Evolution bestimmt und den Erfolg der bislang überlebenden Arten.

Idealismus. Philosophische Position, die entweder (metaphysischer I.) die reale Welt als Produkt des Geistes, der Ideen betrachtet (besser wäre ›Ideeismus‹), also abhängig vom erkennenden Subjekt, wie bei Platon od. Hegel, oder (als transzendentaler I.) als im Grunde nicht erkennbare Realität, das ›Ding an sich‹ wie bei Kant. In seiner extremen Form, dem Solipsismus, wird die Welt zum Traum des einzelnen. Als Ursache der Erscheinungen bevorzugt der I. die Erklärung durch die Zwecke (*causa finalis*), deren letzte Zwecke der Welt durch ihren Schöpfer (*causae exemplares*) vorgegeben sein müßten (vgl. → Materialismus).

Ideation. Eine Form der Abstraktion, des Absehens von zufälligen, aber auch von realen Wesenszügen, das einer Theorie oder Idee zuliebe ›ideatorische‹ Weglassen von Wahrnehmungen, welche sich in die beigebrachte Erwartung nicht fügen (Thema der → Phänomenologie).

Induktion. In der (1) Erkenntnistheorie die Erwartung, aus den Fällen eines Bereiches eine Voraussicht auf die weiteren Fälle desselben gewinnen zu können. Alle Sätze und Gesetze der (induktiven) Wissenschaften sind mit I. gewonnen. Methodisch (→ Heuristik) enthält sie Abstraktion, Verallgemeinerung und die Mitwirkung des Zufalls, da keine Erfindung oder Entdeckung ganz in ihren Prämissen enthalten ist. Im Unterschied zur → Deduktion ist sie dem Bewußtsein weitgehend entzogen und keine rein logische Operation, weil der ›Wahrheitserweiternde Schluß‹ nicht möglich ist.
In der (2) Biologie die Weitergabe von Aufträgen zur Zelldifferenzierung während der → Ontogenie von Gewebe zu Gewebe; wahrscheinlich in chemisch codierter Weise (vgl. → Homodynamie).

Institutionalismus. Kritische Bezeichnung, im allgemeinen für eine Überbewertung der Institutionen; im speziellen einer Richtung der Volkswirtschaftslehre, nach welcher zum Verständnis des Wirtschaftslebens die Deutung der gesellschaftlichen Einrichtungen vorrangig wäre.

Intentional. Eine Handlung, die mit Intention, mit Absichten, Zwecken, einem Gerichtetsein des Denkens oder Wollens verbunden ist. Die menschlichen bewußten Handlungen sind alle intentional. — Intentionalismus, die Lehre von den Intentionen, namentlich in der Ethik, Psychologie und Völkerkunde.

Interdependenz. Wechselabhängigkeit der Teile eines → Systems. Zunächst von Pareto in den Sozialwissenschaften für Gesellschaftsgruppen verwendet, später in der Politologie und vor allem in der Biologie für die Funktionsbezüge zwischen Zellen, Organen, Individuen und Arten.

Isomorphie. Gleichgestaltigkeit oder Gleichgeformtheit, in der Chemie von Molekülen und Kristallen, allgemein von weit auseinanderliegenden Formengruppen; im vorliegenden Band meist auf den Vergleich der Natur- mit den Denk-Mustern bezogen.

Iteration. Von ›iteratio‹, Wiederholung. In der Psychologie Stereotypien, in der Mathematik ein → Algorithmus, bei welchem einige wenige Operationen in zyklischer Wiederkehr (wie bei einer Division) zur Optimierung der Lösung beitragen.

Kausalität. Der Zusammenhang von Ursache und Wirkung; im Kausalprinzip die Erwartung, daß jeder Zustand und jedes Ereignis seine Ursache haben werde. Nach Kant ein → Apriori, eine Vorbedingung jeder Vernunft. Aristoteles unterschied bereits vier Formen, von welchen wir zwei als erbliche Anschauungsformen betrachten. Geschichtlich sucht der → Szientismus mit *causa efficiens*, der → Idealismus mit der *causa finalis* auszukommen. Offen bleibt, ob

K. nur ein ›Bedürfnis der Seele‹ wäre, wie bei D. HUME, oder nach den prognostizierbaren Koinzidenzen, die wir als Gesetze beschreiben, ein Ding der Realität.

Kognition. Von *cognitio,* ›Bekanntschaft‹. In der Psychologie und Erkenntnistheorie: Kenntnis oder Erkenntnis; kognitiv, die Erkenntnis betreffend, erkenntnismäßig. Man spricht von kognitiven Steuerungen, Stilen, Strukturen, Systemen und Prozessen.

Konstruktivismus. Hier im Sinne der modernen Psychologie die Lehre, daß ein Großteil dessen, was wir als wahre Wirklichkeit kollektiver, menschlicher Ansicht betrachten, in Wahrheit die individuelle und höchst verschiedene Konstruktion jedes einzelnen darstellt. Führender Vertreter dieser Richtung ist P. WATZLAWICK.

Kreationismus. Schöpfungslehre, namentlich nach der Darstellung des Alten Testaments. Im Unterschied zum Evolutionismus vertritt der K. einmalige Akte des Schöpfers, teilweise noch eine Konstanz der Arten, die Sonderstellung der Entstehung des Menschen aus einem ersten Paar. Der K. hat noch bis CUVIER auch das biologische Denken bestimmt. Heute noch von den Fundamentalisten vertreten.

Kybernetik. Von *kybernetes,* ›Steuermann‹, die Wissenschaft von den Regel- und Steuerungs-Prozessen, wie sich diese, zum Teil fachübergreifend, in Disziplinen, namentlich der Technik (Elektronik), der Biologie, der Sozialwissenschaften stark entwickelt hat (verwandt mit der → Systemtheorie).

Leptonen. In der Quantenphysik Teilchen, die nicht an der starken Wechselwirkung teilnehmen (leichte Teilchen) mit Spin 1/2. Zu ihnen gehören die Neutrinos und vor allem die Elektronen, welche die Hüllen um die Kerne der Atome bilden.

Lingualismus. Kritische Bezeichnung für die Überschätzung sprachlogischer Möglichkeiten, wie diese in der heutigen Wissenschaftsphilosophie vorherrscht: Vor allem für die Unmöglichkeit, Probleme jenseits der Sprache sprachlogisch lösen zu wollen.

Logistik. Gleichbedeutend mit ›mathematischer‹ oder ›formaler Logik‹; eine Spezialisierung der Logik, die als ›Kunst des (richtigen) Denkens‹ begonnen hat, und die sich zu einer Kunst des (richtigen) Ableitens entwickelte. Um sie zu → formalisieren, mußte auf die Betrachtung des → heuristischen oder → induktiven Teils des Denkens verzichtet werden, weil sich dieser nicht formalisieren ließ.

Materialismus. Philosophische Position, welche den Grund aller Erscheinungen allein (→ Monismus) als auf die Eigenschaften der Materie, namentlich ihre Kräfte (*causa efficiens*), zurückführbar betrachtet (→ Reduktionismus), also auch Leben und Bewußtsein; allerdings mit so vielen Spielformen, wie Vorstellungen von der Materie existieren. Eine Existenz von Zwecken (*causa finalis* → Idealismus) als weiterer Grund der Erscheinungen wird geleugnet, bezweifelt oder doch den Absichten des Menschen vorbehalten.

Matrix oder Matrize. In der Biologie der Mutterboden, in der Psychologie die Daten-Anordnung beim Erheben mehrerer Arten von Werten. In der Mathematik die (rechteckige) Anordnung von Zahlen, Funktionen oder Elementen eines Systems. Quadratische Matrizes spielen eine wichtige Rolle in der Quantenmechanik.

Mentalismus. In der Psychologie Bezeichnung für eine auf die Innenvorgänge gerichtete Persönlichkeitspsychologie. In angelsächsischen Ländern mit kritischer Bedeutung, da die Richtung im Gegensatz zum → Behaviorismus steht.

Metaphysik. Zunächst eine Werkbezeichnung des posthum zusammengestellten Opus des ARISTOTELES; mit dem Neuplatonismus nicht mehr, was ›nach‹ der Physik gereiht wurde, sondern was ›jenseits‹ der Physik, der physisch wahrnehmbaren Welt zu erwarten wäre; das Erfahrungs-Jenseitige (→ transzendente), Übersinnliche. Ein Hauptgebiet der spekulativen Philosophie; vom Positivismus als Scheinproblem betrachtet.

Monetarismus. Schule der Wirtschaftspolitik oder der Geldtheorie mit der Ansicht, daß es der Geldmarkt wäre, über welchen der Wirtschaftskreislauf am nachhaltigsten zu steuern wäre. Steht gegen die klassische Auffassung, daß das Geld nur wie ein neutraler Schleier über den naturalwirtschaftlichen Produktions- und Tauschprozessen läge.

Monismus. Die erkenntnistheoretische Position, welche die Welt der Erscheinungen, im Gegensatz zum Leib-Seele- oder Materie-Geist- → Dualismus, auf ein einziges Prinzip zurückführt. Dem isolierten idealistischen Monismus SPINOZAS steht ein in den Naturwissenschaften verbreiteter materialistischer Monismus gegenüber. Die moderne Biologie anerkennt dagegen eine kognitive Dualität unseres Erkenntnisvermögens, welches uns eine einheitliche Welt nach den Erscheinungen von Kräften und Information geteilt erscheinen läßt.

Morphologie. Von *morphé* und *lógos,* ›Gestalt und Wissen‹. Die Lehre von der Gestalt (der Organismen); vom Anatomen KARL FRIEDRICH BURDACH (1776–1847) um 1800 entworfen, von GOETHE begründet, bildet sie die erkenntnistheoretische Grundlage für die der Vergleichenden Anatomie, der Systematik, der Verhaltenslehre und Evolutionsforschung gemeinsame Methode des Vergleichens. Ihre Grundbegriffe sind die der → Homologie, → Analogie, des Typus (→ Typologie) und des Bauplans.

Natürliches System. Begriff der biologischen Systematik, welche im Gegensatz zum künstlichen System des LINNÉ die Erwartung enthält, daß das heutige System der Organismen die Verhältnisse der natürlichen Verwandtschaft, d. h. die natürliche Reihenfolge der Auftrennung der Bahnen der Erbmaterialien, wiedergibt. Methodisch auf die Erforschung der → Homologien gegründet.

Nominalismus. Extreme philosophische Position, welche im Zusammenhang mit dem Realitätsproblem die Ansicht enthält, daß nur den speziellen Dingen Realität zukäme (in der Biologie den Individuen), dem Allgemeinen aber (z. B. der Species *Homo sapiens*, den Gruppen der Primaten, Säuger, Wirbeltiere) nur ein gemeinsamer Name.

Nomothetisch. Von *nomos* ›Gesetz‹ und *thesis* ›Setzung‹. Die Bestimmung oder Feststellung von Gesetzlichkeit. Bei KANT die Funktion des Verstandes überhaupt. Seit WINDELBAND die Kennzeichnung des naturwissenschaftlichen Vorgehens. Im Gegensatz zum ideographischen Verfahren die Feststellung sich gleichartig wiederholenden Geschehens oder Erscheinens.

Numerische Taxonomie. Eine auf SOKAL und SNEATH zurückgehende Methode biologischer Systematik mit Bevorzugung metrischer Datengewinnung. Im Gegensatz zur klassischen, → morphologischen Methode, wurde versucht, beim Bestimmen der vergleichbaren Merkmale auf die → Homologisierung zu verzichten, was nicht gelingt. Ihrer schematischen Einfachheit wegen jedoch verbreitet.

Ontogenie. Keimesentwicklung. Im Unterschied zur Stammesentwicklung (→ Phylogenie) behandelt sie das Werden der Kreaturen von der Befruchtung der Eizelle zum reifen Organismus. Nach dem HAECKELschen Gesetz enthält die O. Merkmale einer vereinfachten Wiederholung der Phylogenie.

Ontologie. Von *ontos*, Sein; die philosophische Lehre vom ›Seienden‹, ›Wirklichen‹, von ›der Wahrheit‹. Was im praktischen Sinn mit den Mitteln des Alltags und weiter mit jenen der Wissenschaften beantwortbar erscheint, wird in der Philosophie zur → metaphysischen Frage ›was wirklich sein kann‹, was freilich verbindlich unbeantwortbar oder gar nicht sinnvoll gefragt ist.

Operator. In der molekularen Genetik ein Gen (Operatorgen), welches Funktionen in der Kette der regulativen Genprozesse besitzt (→ epigenetisches System). — In der Mathematik und Physik ein → formaler Ausdruck für eine Beziehung oder Funktion, mit welchem sich symbolisch (stellvertretend) vereinfacht rechnen läßt. — Seine Bedeutung in Logik und Linguistik ist hier nicht angewendet.

Pangenesis-Theorie. Theorie der ›Gesamt-Entwicklung‹, mit welcher CHARLES DARWIN versuchte, der Lehre von LAMARCK, in welcher eine Wirkung der Körperstrukturen (→ Phäne) auf die Erbsubstanz (Gene) angenommen wird, eine Modell-Grundlage zu geben. Deutsch erschienen 1873 im Band »Das Variieren der Thiere und Pflanzen im Zustande der Domestikation«. Sie ist fast vergessen, weil die nachfolgenden Darwinisten DARWINS Bezug zu LAMARCK für einen Mißgriff erachteten.

Paradigma. Von *paradeigma*, ›Vorbild‹, in der Wissenschaftstheorie das Grundkonzept mit den Voraussetzungen und Vorausannahmen der wissenschaftlichen Weltanschauung einer Zeit oder einer Schule. Als Verständigungsmittel unentbehrlich, leiden Paradigmen an Konservativität und einer Selbstimmunisierung gegen Widerlegung. Selbst angesichts aufgedeckter Widersprüche neigt die etablierte Schule dazu den P.-Wechsel zu verhindern.

Phän. Von *phan* od. *phän*, ›sichtbar‹, ›deutlich‹. Die unter Anleitung des Erbmaterials (der Gene) sichtbar ausgeformten Körperstrukturen der Organismen. Die Abgrenzung der Merkmale eines Phäns trachtet man nach der Veränderung zu bestimmen, welche die mutative Änderung eines Gens nach sich zieht.

Phänomenologie. Im speziellen die Lehre von der Beschreibung und Klassifikation der Erscheinungen, allgemeiner die philosophische Lehre vom Werden und Auftreten der Erscheinungen im Bewußtsein. Entstand im 18. Jahrhundert. Heute von unterschiedlichsten Schulen vertreten. Hier interessierte die Marburger P. mit der von M. HEIDEGGER und H. GADAMER entwickelten philosophischen → Hermeneutik. — Phänomenalismus; die philosophisch-idealistische Auffassung, daß dem Erkennen nicht die Dinge, sondern nur deren Erscheinungen zugänglich sind.

Phobie. Vermeide-Bewegung von einfachen Organismen bei Berührung mit ungünstigen Reiz-Situationen im Milieu. Sie enthält zum Unterschied von der → Taxie noch keine Information darüber, in welche Richtung die günstigeren Bedingungen anzutreffen wären.

Phylogenie. Stammesentwicklung. Im Unterschied zu der Keimesentwicklung (→ Ontogenie) behandelt sie das Werden des Stammbaumes der Organismen (Phylogenese) und damit auch die der Gattung und Species des Menschen (Anthropogenie). Sie begründet gegenüber dem Schöpfungs-Mythos oder → Kreationismus den Evolutionismus.

Physikalismus. Abwertende Bezeichnung für die Unmöglichkeit der Versuche, wesentliche Gesetzlichkeit der biologischen und sozialen Systeme aus physikalischer (oder chemischer) Gesetzlichkeit verstehen zu wollen oder auf diese zurückführen zu können. Ähnlich dem Mechanizismus. Vergleichbare Irrtümer auf den nächsten Stufen kennzeichnen den → Biologismus und den Psychologismus.

Physiokraten. Von *physis* und *krates,* ›Naturherrschaft‹. Frühe Vertreter der Nationalökonomie der zweiten Hälfte des 18. Jahrhunderts in Frankreich. Auf naturrechtlichem Standpunkt unterschied man eine unveränderlich vollkommene, von einer zeitbedingt vorübergehenden Ordnung von Gesellschaft und Wirtschaft. Durch die klassische Nationalökonomie A. SMITH' abgelöst.

Positivismus. Philosophische Position, die nur das positive, erfahrungsmäßig Gegebene für betrachtenswert hält, alle → Metaphysik ablehnt. Entstanden mit D. HUME und der Aufklärung (französische Encyklopädisten u. Ecole Polytechnique). Wird mit der Konzentration auf Sprache und Logik zum Neopositivismus (Wiener Kreis mit SCHLICK, CARNAP, GÖDEL, WITTGENSTEIN) mit weltweitem Einfluß auf alle Naturwissenschaft. Gegen diese → empiristisch → materialistische Haltung bleibt der Einwand, woher die Erfahrung → a priori stammte, welche die Voraussetzung jedes Erfahrungsgewinns darstellt.

Protokoll-Sätze. Begriff aus den anorganischen (→ exakten) Naturwissenschaften. Gemeint sind Sätze, welche die einfachsten und unmittelbarsten Beobachtungen (etwa am Zeiger-Instrument) protokollieren. Verwandt mit → Basis-Sätzen. Doch interessiert hier die Frage der Zuverlässigkeit und des Zusammenhangs mit hypothetischen Elementen (wovon der → Positivismus die P.-S. befreit meint).

Ratiomorpher Apparat. Auf E. BRUNSWIK zurückgehender Begriff für die ›vernunfts-ähnlichen‹ Leistungen unserer angeborenen Entscheidungshilfen, wie diese nichtbewußt vorgegeben sind; die Leistungen des nichtreflektierten, gesunden Hausverstands. Sein Zustandekommen verstehen wir als Selektionsprodukt der Erbkoordination, als ein Produkt der Anpassung. LORENZ spricht von ›angeborenen Lehrmeistern‹ unserer Vernunft.

Rationalismus. Erkenntnistheoretische Position, die seit der Antike die wahre Quelle aller Erkenntnis auf die Vernunft, die Ratio (den Verstand), zurückführt. Sie muß daran die offensichtliche Notwendigkeit der Erfahrung (→ Empirismus) gering schätzen und die Herkunft der Vernunft ins Übernatürliche verlegen. Eine der Folgen ist eine gefährliche Überschätzung des Verstandes und der Wegfall seiner Kontrolle, die Schaffung unprüfbarer philosophischer Systeme.

Reafferenz. Rückmeldung. Hier vor allem das von H. MITTELSTAEDT und E. v. HOLST für die sinnesphysiologische Verrechnung entdeckte Prinzip der Erfolgsmeldung über die Ausführung einer Bewegung (Afferenz), als Regelvorgang zwischen Sinnes- und Bewegungsvorgängen (z. B. die Unterscheidung, ob wir mit der Bank wackeln oder mit der Bank gewackelt werden).

Reduktionismus. Wissenschaftstheoretische Position, nach welcher zum Verständnis eines Zustandes oder Systems die Rückführung (Reduktion) auf seine Komponenten, die Erklärung aus den Gesetzlichkeiten seiner Teile genügen soll. Der pragmatische R. hat die Praxis der Naturwissenschaften und Medizin zu großen Erfolgen geführt. Der ontologische R. birgt die Gefahr, die Qualitäten des jeweiligen Ganzen (→ Holismus) zu zerstören und dessen Gesetze zu leugnen. Meist als materialistisch-ontolog. R. vertreten, wird versucht, Psyche als ›nichts anderes als‹ neurologische Phänomene aufzufassen und diese, weiter auf Cytologie, Biochemie, Chemie, letztlich auf die Gesetze der Physik zurückgeführt, als zureichend verstanden zu betrachten.

Scholastik. Von *scholasticus,* ›zur Schule gehörig‹. Theologisch-philosophische Schulen des Mittelalters, gekennzeichnet durch das Anliegen, die christliche Offenbarungslehre mit dem philosophischen Denken, namentlich der Antike (ARISTOTELES), zu verbinden. Mit differenzierter dialektischer Methode lief und läuft sie noch Gefahr einer Erstarrung (Scholastizismus) in erfahrungsfremde Spitzfindigkeiten.

Semantik. Die Lehre von der Bedeutung der Zeichen; in der Psychologie der Ausdrucks- und Körpersprache, in der Sprachwissenschaft namentlich der Wortbedeutungen. Unter einem ›semantischen Problem‹ meint man eines der Verständigung, dessen Ursache in Verschiedenheiten gewählter Wortbedeutungen liegt.

Sozialdarwinismus. Die Anwendung DARWINs Selektionsprinzip, namentlich ›das Überleben des Tüchtigeren‹, auf die menschliche Gesellschaft, woraus man eine Rechtfertigung ›des Rechtes des Stärkeren‹, letztlich eine des Imperialismus oder Kapitalismus zu etablieren versucht.

Soziobiologie. Biologische Lehre, als Reaktion auf den → Behaviorismus, die annimmt, daß das Verhalten, namentlich das Sozialverhalten der Tiere, aus der Selektion konkurrierender, ›egoistischer‹ Erbanlagen (Gene) zu verstehen sei. Das → epigenetische System wird nicht betrachtet, die Wirkung inner- und zwischenartlicher Abstimmung (Altruismus und ökologische Strategien) gering geschätzt, mit der Gefahr, den → Sozialdarwinismus neu zu beleben.

Stereospezifische Reaktionen. Von *stereo,* ›fest‹, ›körperlich‹, oder ›räumlich‹. Chemische R., die nur mit Verbindungen ablaufen, die sich durch die Raumanordnung derselben Atome unterscheiden (Stereoisomere), oder nur ein bestimmtes Stereoisomer liefern. Die st. Katalyse liefert z. B. organische Verbindungen mit regelmäßiger Wiederholung der Strukturen, und fast alle Enzyme sind st. Katalysatoren (vgl. → Autokatalyse).

Subsumptions-Modell. Auf HEMPEL und OPPENHEIM zurückgehende wissenschaftstheoretische Klärung des hierarchischen Zusammenhangs von Sätzen, Gesetzen oder Theorien. Dabei zeigt es sich, daß eine Theorie dann als erklärt empfunden wird (RIEDL), wenn sie, mit anderen zum Fall einer übergeordneten Theorie geworden (subsumiert), aus dieser prognostiziert werden kann.

Syllogismus. In der traditionellen Logik der Schluß. Die Lehre (Syllogistik) geht auf ARISTOTELES zurück, ist über die → Scholastik weiterentwickelt worden und das Kernstück der trad. Logik geblieben. In der modernen Logik stellen die Syllogismen nur mehr einen kleinen Teil der prädikaten-logischen Schlüsse.

Syndrom. Von *syndromos,* ›zusammenlaufend‹, ein Symptomen-Komplex, eine Kombination von Merkmalen, wie sie besonders für die Diagnostik in der ärztlichen Praxis von Bedeutung ist; fast gleichbedeutend mit ›Krankheitsbild‹.

Synergetik. Die Lehre vom Zusammenwirken. In den 30er Jahren von RICHARD BUCKMINSTER FULLER für technisch-energetische Systeme entworfen. Heute (unabhängig davon) von HERMANN HAKEN zu einer Theorie der Physik entwickelt, mit Ausblicken auf deren Konsequenz für biologische und soziale Systeme (vgl. Systemtheorie).

Synthetische Theorie (der Evolution). Die moderne Form des Neodarwinismus, welche neben der Theorie der Mutation und Selektion auch noch Theorien der genetischen Dynamik in Populationen und der Speziation (der Spaltung des Genflusses bei der Artenentstehung) einbeschließt. Mit ihr konkurriert die → System-Theorie der Evolution (von R. RIEDL); die Synth.-T. repräsentiert aber noch ganz das → Paradigma der Lehrbücher.

Systemtheorie. Von der Biologie BERTALANFFYS ausgehende, fachübergreifende Disziplin, welche die ganzheitlichen Zusammenhänge geordneter Phänomene und Erscheinungen (Systeme) im Auge hat. Sie umgreift die Wissenschaften von den Steuerungsvorgängen und vom ›Zusammenwirken‹ (→ Kybernetik und → Synergetik) und bemüht sich um eine Aufklärung der Wechselwirkungen der Erscheinungsformen der → Kausalität, des Werdens neuer Qualitäten, der Prozesse der Organisation und Evolution.

Systemtheorie der Evolution. Im Anschluß an die → synthetische Theorie eine Erweiterung des Evolutionskonzeptes (R. RIEDL 1975), in welchem der Nachweis geführt wird, daß mit einer Rückwirkung der → Phäne auf die Gene zu rechnen ist. Mit dem Ziele, auch die Phänomene der Großabläufe in der Stammesgeschichte sowie der → Morphologie (→ Homologie) und des → Natürlichen Systems (→ Typus) zu erklären. Sie baut auf den Funktionen des → epigenetischen Systems, welches in den Gen-Wechselwirkungen die Funktions-Abhängigkeiten der Phäne durch Versuch und Irrtum nachbilden kann.

Szientismus. Von engl. *science,* ›Naturwissenschaft‹ (auch Szientistik); die dem materialistischen → Reduktionismus verwandte wissenschaftstheoretische Position der anorganischen (exakten) Naturwissenschaften; abwertend für unkritisches Ausufern des quantifizierenden → Materialismus in die Bio-, Sozial- und Kulturwissenschaften.

Taxie oder Taxis. Ziel-Bewegung von Organismen, welche sich ohne Versuch und Irrtum auf die günstigste Richtung (z. B. in Richtung auf das Licht: Phototaxis) einstellt. Auch in Instinktbewegungen können Taxien noch eine Rolle spielen (vgl. dagegen → Phobie).

Teleologie. Von *telos,* ›Ziel‹. Bei ARISTOTELES die *causa finalis,* die auf ein Ziel zuführende Ursache, etwas ›was sein Ziel in sich hat‹ (Entelechie). Im Mittelalter zur Lehre von den Zielen der Schöpfung ausgebaut. Vom Mechanizismus der Naturwissenschaften als Scheinphänomen betrachtet. Neuerdings stellt ihr die Biologie den Begriff der → Teleonomie, der kausal zu verstehenden Programme gegenüber (→ auch Finalität). Auch sie anerkennt keine zielgerichtete Weltordnung, jedoch das Entstehen von zweckvollen, zielgerichteten Systemen im Lebendigen, keine prä-, jedoch eine poststabilisierte Harmonie der Welt.

Teleonomie. Aus der Biologie entwickelter Begriff für ziel- oder zweckgerichtete Programme, seien diese Produkte genetisch gespeicherter Erfolge, wie in der → Ontogneie, assoziativer Reaktionen oder bewußten, zielintendierten Handelns (→ Intention). Er soll sich vom Begriff der → Teleologie so abgrenzen wie die Astronomie von der Astrologie.

Thermodynamik. Grundtheorem für alle Erscheinungen in der Physik und Chemie, bei welchen Arbeits- oder Wärmewirkungen eine Rolle spielen; gegliedert in drei Hauptsätze. Ein System im Äquilibrium (Gleichverteilung der Stoffe und Temperatur) kann keine Arbeit leisten. Organismen sind dagegen physikalisch Systeme fern vom thermodynamischen Äquilibrium (Gebiet der Nichtäquilibrium-T.).

Transzendenz. Von *transzendens*, ›überschreitend‹, ›hinüberreichend‹, im Gegensatz zu ›immanent‹ jenseits eines Bereiches liegend. In der Transzendental-Philosophie des Neu-Platonismus die ›Lehre vom Jenseitigen‹ (z. B. Gottes). Allgemein alles jenseits des Natürlichen, des Sinnlichen oder doch des Bewußtseins KANT) Gelegene.

Trophisch. In der Ökologie eine der drei Hauptgruppen der Milieufaktoren. Neben den klimatischen und edaphischen Bedingungen, welche die des Klimas und der Raumstrukturierung enthalten, umfassen die trophischen alle jene, welche mit dem Nahrungs- und Energie-Erwerb zu tun haben.

Typologie. Die Lehre vom Typus, der Grund- oder Wesensform einer Menge ähnlicher oder verwandter Erscheinungen. In der Biologie spielt der → morphologische Typus der Verwandtschaftsgruppen (ausgehend von GOETHE) eine Rolle, sein Werden, Beharren und Vergehen (Typogenese, Typostasie, Typolyse); in der Psychologie Typus und Gegentypus; in den Sozial- und Kulturwissenschaften auch der Begriff der Typenserien. Das Thema gilt als → idealistisch-geisteswissenschaftlich, was auf die mangelnde Aufklärung der bei der Typus-Bestimmung (vorbewußt) ablaufenden Methode zurückgeht.

Universalismus. Eine Auffassung, die, im Gegensatz zum Individualismus, Einsichten vom Ganzen, von einem möglichst übergeordneten Zusammenhang her, gewinnen will. In der Gesellschaftstheorie von einer organismischen Staatsauffassung her. In der Geschichtstheorie ausgehend von den beständigen metaphyischen (religiösen) Weltbildern. In der Philosophie der Versuch, die Mannigfaltigkeit aus universalen Prinzipien der jeweiligen Ganzheiten zu verstehen (→ auch Holismus).

Utilitarismus. Von *utilis*, ›nützlich‹. Extreme Position in der Ethik, der Nützlichkeitsstandpunkt. Zum Prinzip der Lebensführung sollte erhoben werden, was dem einzelnen, oder doch der größten Zahl der Menschen das größte Glück beschert (sozialer U.).

Vitalismus. Naturphilosophische Position, mit der Ansicht, daß sich im Lebendigen ein immaterielles Lebensprinzip äußerte (historischer V.). Der V. der Neuzeit von DRIESCH ist als Reaktion auf den mechanizistischen → Materialismus des 19. Jahrhunderts zu verstehen, geriet aber mit der Annahme einer eigenen Lebenskraft (›élan vital‹ von BERGSON) in eine ebenso unhaltbare Position.

Vorsokratiker. Die griechischen Philosophen vor SOKRATES (470–399); im besonderen ANAXIMANDER, HERAKLIT, PYTHAGORAS, THALES, welche nicht nur die griechische Philosophie, sondern das gesamte abendländische Denken geprägt haben.

Weismann-Doktrin. Nach dem Freiburger Darwinisten AUGUST W. (1834–1914) benannte Lehre, daß es keine Wirkung von den Körperstrukturen (den → Phänen) auf die Erbsubstanz (die Gene) geben könne; gedacht als Abwehr der Lehre LAMARCKS, die allerdings noch DARWIN vertrat.

Wildform. Begriff der Genetik, mit dem, im Unterschied zu den Mutanten, also den durch Mutationen veränderten Populationen, die Ausgangsform bezeichnet wird. Und zwar W. deshalb, weil anfangs die bekannten Mutanten nur als Labor-Produkte jenen der ›freien Wildbahn‹ gegenüberstanden.

Literaturverzeichnis

ACKERMANN, R. und A. STENNES (1966): A corrected model of explanation. Philosophy of Sciences (33): 168–171.
ADORNO, TH., H. ALBERT, R. DAHRENDORF, I. HABERMAS, H. PILOT und K. POPPER (^{3}1972): Der Positivismusstreit in der deutschen Soziologie. Neuwied–Berlin: Luchterhand.
AICHELBURG, P. und R. SEXL, (Eds.), (1979): Albert Einstein; His influence on physics, philosophy and politics. Braunschweig–Wiesbaden: Viehweg.
ALBERT, H. (1968): Traktat über kritische Vernunft. Tübingen: Mohr.
ALBERT, H. (^{3}1973): Hermeneutik und Realwissenschaft. In: Plädoyer für kritischen Rationalismus. München: Piper.
ALLPORT, G. (1935): Attitudes. In: C. Murchison, (Ed.): A handbook of social psychology: 198–844. Worcester: Clarc University Press.
ANSCOMBE, G. (1957): Intention. Oxford: Basil Blackwell.
APEL, K. (1968): Szientistik, Hermeneutik, Ideologiekritik. Entwurf einer Wissenschaftslehre in erkenntnisanthropologischer Sicht. In: Wiener Jahrb. f. Philos. 1: 15–45.
APEL, K.-O. (1973): Transformation der Philosophie; Einleitung. (1). Frankfurt/M.: Suhrkamp.
APEL, K.-O. (1970): Wissenschaft als Emanzipation? In: Zeitschr. f. allgem. Wissenschaftstheorie 1 (2): 173–195.
ARDREY, R. (1966): The territorial imperative. New York: Atheneum.
ARDREY, R. (^{3}1968): African genesis. New York: Dell u. Co.
ARISTOTELES: Hauptwerke. Ausgewählt, übersetzt und eingeleitet von W. Nestle (^{8}1977), Stuttgart: Kröner.
ASHBY, W. (1956): An introduction to cybernetics. London: Methuen.
AYALA, F. (1970): Teleological explanation in evolutionary biology. Philosophy of Science 37: 241–254.
AYER, A. (1936): Language, truth and logic. London: Gollancz.

BAER, K. v. und R. WAGNER (1861): Bericht über die Zusammenkunft einiger Anthropologen im September 1861 in Göttingen zum Zwecke gemeinsamer Besprechungen. Leipzig: Leopold Voss.
BAVINK, B. (^{4}1930): Ergebnisse und Probleme der Naturwissenschaften. Leipzig: Hirzel.
BECKER, O. (1975): Grundlagen der Mathematik in geschichtlicher Entwicklung. Freiburg–München: Suhrkamp TB Wissenschaft.
BERGER, P. und TH. LUCKMANN (1970): Die gesellschaftliche Konstruktion der Wirklichkeit. Eine Theorie der Wissenssoziologie. Frankfurt/M.: S. Fischer.
BERTALANFFY, L. v. (1928): Kritische Theorie der Formbildung. Berlin: Bornträger.
BERTALANFFY, L. v. (1932–1942): Theoretische Biologie, I und II. Berlin: Bornträger. Neuauflage: Bern (^{2}1951): Francke.
BERTALANFFY, L. v. (1937): Das Gefüge des Lebens. Leipzig: Teubner.
BERTALANFFY, L. v. (1945): Zu einer allgemeinen Systemlehre. In: Blätter für deutsche Philosophie 18 (3/4): 112–132.
BERTALANFFY, L. v. (1947): Das Weltbild der Biologie. In: S. Moser, (Ed.): Weltbild und Menschenbild. Salzburg: Tyrolia.
BERTALANFFY, L. v. (1968): General Systems theory; foundations, development, application. New York: Braziller.
BERTALANFFY, L. v. (1970): Gesetz oder Zufall: Systemtheorie und Selektion. In: A. Koestler u. I. Smythies, (Eds.): Das neue Menschenbild. Die Revolution der Wissenschaft vom Leben; Ein Symposion. Wien–München–Zürich: Molden.
BETTI, E. (^{2}1972): Die Hermeneutik als allgemeine Methodik der Geisteswissenschaft. Tübingen: Mohr.
BIEGANSKI, L. (1906): Über die Zweckmäßigkeit in den pathologischen Erscheinungen. In: Annalen der Naturphilosophie 5: 137–201. Leipzig: Von Veit & Comp.
BIANCHI-BANDINELLI, R. (1978): Klassische Archäologie. München: Beck.
BINFORD, L. (1972): An archaeological perspective (Studies in archaeology). New York–London: MacMillan.
BIERENS DE HAAN, J. (1940): Die tierischen Instinkte und ihr Umbau durch Erfahrung. Leiden: Brill.
BOCHEŃSKÎ, J. (^{7}1957): Die zeitgenössischen Denkmethoden. München: Francke UTB.
BOECKH, A. (^{2}1966): Enzyklopädie und Methodenlehre der philologischen Wissenschaften. I. Formale Theorie der philologischen Wissenschaften. Neuausgabe (von 1877). Darmstadt: Wiss. Buchgesellschaft.
BOEHM, G. (1978): Einleitung. In: H.-G. Gadamer u. G. Boehm, (Eds.): Die Hermeneutik und die Wissenschaften: Seminar. Frankfurt/M.: Suhrkamp.
BOLLNOW, O. (^{3}1967): Dilthey. Stuttgart: Teubner.
BOLTZMANN, L. (1979): Populäre Schriften. Ausgewählt und eingeleitet von Engelbert Broda. Braunschweig–Wiesbaden: Vieweg u. Sohn.
BONNER, J. (1983): Kultur-Evolution bei Tieren. Hamburg–Berlin: Parey.
BÖSEL, R. (1981): Physiologische Psychologie. Einführung in die biologischen und physiologischen Grundlagen der Psychologie. Berlin–New York: De Gruyter.

BRACKMANN, A. (1980): A delicate arrangement. The strange case of Charles Darwin and Alfred Russel Wallace. New York: Times Books.

BRAITHWAITE, R. ([6]1968): Scientific explanation. A study of the function of theory, probability and law in science. Cambridge: Cambridge Univ. Press.

BRAUN, E. u. H. RADERMACHER (1978): Wissenschaftstheoretisches Lexikon. Graz–Wien–Köln: Styria.

BRESCH, C. (1979): Das sadistische Kohlenstoffatom. (Rezension von Dawkins 1978). Biologie in unserer Zeit 1: 30–32.

BRESCH, C. u. R. HAUSMANN (1972): Klassische und molekulare Genetik. Heidelberg–New York: Springer.

BRILLOUIN, L. (1956): Science and information theory. New York: Academic Press.

BRUNSWIK, E. (1934): Wahrnehmung und Gegenstandswelt. Psychologie vom Gegenstand her. Wien–Leipzig: Deuticke.

BRUNSWIK, E. (1955): ›Ratiomorphic‹ models of perception and thinking. In: Acta physhol. 11: 108–109.

BULLE, H. (1913): Wesen und Methode der Archäologie. In: H. Bulle (Ed.): Handbuch der Archäologie 1. Neuauflage: Handbuch klassischer Altertumswissenschaft VII. München: Beck.

BÜHLER, K. ([3]1930): Die geistige Entwicklung des Kindes. Jena: Fischer.

BUNGE, M. (1969): Causality, chance and law. American Scientist 49: 432–448.

BUNGE, M. (1982): Is chemistry a branch of physics? Zeitschrift f. allg. Wissenschaftstheorie 13 (2): 209–223.

BURCKHARD, J. (1969): Weltgeschichtliche Betrachtungen. (Neuauflage von 1905) Berlin: Ullstein.

BUSCHOR, E. (1969): Begriff und Methode der Archäologie. In: U. Hansmann, (Ed.): Allgemeine Grundlagen der Archäologie: 3–10. München: Beck.

CABANIS, P. (1802): Rapports du physique et du moral de l'homme. 2 Bände; deutsch: Über die Verbindung des Physischen und Moralischen in den Menschen (1804). Paris: Crapat, Caille & Ravier.

CALVIN, M. (1969): Chemical evolution; molecular evolution towards the origin of living systems on the earth and • elsewhere. Oxford: Calderon Press.

CAMPBELL, D. (1974): ›Downward causation‹ in hierarchically organised biological systems. In: F. Ayala u. Th. Dobzhansky, (Eds.): Studies in the philosophy of biology. Reduction and related problems. New York: Macmillan.

CAMPBELL, D. (1974 a): Evolutionary epistemology. In: P. Schilpp, (Ed.): The library of living philosophers, Vol. 14 I und II. The philosophy of Karl Popper: 413–463. Lasalle: Open Court.

CANFIELD, J. (1966): Purpose in nature. Englewood-Cliff (N. J.): Prentice-Hall.

CAPRA, F. (1983): Wendezeit; Bausteine für ein neues Weltbild. Berlin–München–Wien: Scherz.

CAPRA, F. (1983 a): Die Wende wird kommen (Gespräch mit Hans-Peter Dürr und Rüdiger Runge). Psychologie heute (Juli 83): 28–33 und 38–40.

CARNAP, R. ([2]1972): Induktive Logik und Wahrscheinlichkeit. Wien: Springer.

CARNAP, R. ([3]1974): Einführung in die Philosophie der Naturwissenschaft. München: Nymphenburger Verl.

CHARGAFF, E. (1980): Das Feuer des Heraklit. Skizzen aus einem Leben vor der Natur. Stuttgart: Klett-Cotta.

CHARGAFF, E. (1981): Schwere Alternativen. In: O. Schatz, (Ed.): Brauchen wir eine andere Wissenschaft? Salzburger Humanismusgespräche. Graz–Wien–Köln: Styria.

CHOMSKY, N. (1970): Sprache und Geist. Frankfurt/M.: Suhrkamp.

CHURCHMAN, C. (1981): Der Systemansatz und seine ›Feinde‹. Bern–Stuttgart: Haupt.

CODY, M. und J. DIAMOND, (Ed.), (1975): Ecology and evolution of communities. Cambridge: Harvard Univ. Press.

COLLINGWOOD, R. (1946): The idea of history. Oxford Clarendon.

COLPE, C. ([2]1977): Islamische Philosophie. In: A. Diemer u. I. Frenzel, Philosophie. Das Fischer Lexikon. Frankfurt: Fischer TB.

COMMONER, B. (1966): Science and survival. New York: Ballantine.

COMTE, A. (1923): Soziologie. Herausgegeben von H. Waentig. 3 Vol. Stuttgart: Kröner.

CONSTABLE, G. (1973): Die Neandertaler. In: Die Frühzeit des Menschen. Nederland: Time-Life Internat.

COREN, S., C. PORAC und L. WARD (1979): Sensation and perception. New York–San Francisco–London: Academic Press.

DANTO, A. (1974): Analytische Philosophie der Geschichte. Frankfurt/M.: Suhrkamp.

DARWIN, C. (1859): The origin of species by means of natural selection; or the preservation of favoured races in the struggle of live. London: John Murray.

DARWIN, C. (1868): The variation of animals and plants under domestication, 2 Bände. London: Methuen.

DAVIS, M. (1972): Spieltheorie für Nichtmathematiker. München–Wien: Oldenbourg.

DAWKINS, R. (1976): The selfish gene. Oxford: Oxford Univ. Press. Deutsch: Das egoistische Gen. Berlin (1978). Heidelberg: Springer.

DEWAR, M. (1975): Quantum organic chemistry. Science 187: 1037–1051.

DIEMER, A. u. I. FRENZEL (1977): Philosophie. Das Fischer Lexikon. Frankfurt/M.: Fischer.

DIETRICH, G. und K. KALLE (1957): Allgemeine Meereskunde. Eine Einführung in die Ozeanographie. Berlin–Nikolassee: Bornträger.

DILTHEY, W. (1883): Einleitung in die Geisteswissenschaften. Neuauflage: Vandenhoeck u. Ruprecht, Bd. I–VII, ([7]1973): Göttingen.

DITFURTH, H. V. (1976): Der Geist fiel nicht vom Himmel. Die Evolution unseres Bewußtseins. Hamburg: Hoffmann & Campe.

DITFURTH, H. V. (1981): Wir sind nicht nur von dieser Welt. Naturwissenschaft, Religion und die Zukunft des Menschen. Hamburg: Hoffmann & Campe.

DITFURTH, H. V. (1983): Evolutionäres Weltbild und theologische Verkündigung. In: R. Riedl u. F. Kreuzer, (Eds.): Evolution und Menschenbild. Hamburg: Hoffmann u. Campe: 244–263.

DOBBEN, W. VAN und R. LOWE-McCONNEL, (Eds.): Unifying concepts in ecology. Den Haag: Junk.

DOBLHOFER, E. (1957): Zeichen und Wunder. Die Entzifferung verschollener Schriften und Sprachen. Wien–Berlin–Stuttgart: Neff.

DONAGEN, A. (1976): Neue Überlegungen zur Popper-Hempel-Theorie. Seminar: Geschichte und Theorie. In: H. M. Baumgartner u. J. Rüsen (Eds.): Umrisse einer Historik. Frankfurt: Suhrkamp.

DÖRNER, D. (1975): Wie Menschen eine Welt verbessern wollten und sie dabei zerstörten. Bild der Wissenschaft (1975): 298–253.

DRAY, W. (1967): Philosophy of History. New York: Englewood.

DRAY, W. (1957): Laws and explanation in history. Oxford: Oxford Univ. Press.

DRIESCH, H. (1891): Entwicklungsmechanische Studien I. Z. Zool. 53: 18–42.

DRIESCH, H. (1894): Analytische Theorie der organischen Entwicklung. Leipzig: Wilh. Engelmann.

DRIESCH, H. (1908): Philosophie des Organischen. Leipzig: Wilh. Engelmann.

DRIESCH, H. (1951): Lebenserinnerungen. München–Basel: Reinhardt.

DROYSEN, J. (1929): Briefwechsel. Herausgegeben von R. Hübner. Berlin–Leipzig: Deutsche Verlags-Anstalt Stuttgart.

DUBOS, R. (^{2}1973): Der entfesselte Fortschritt. Programm für eine menschliche Welt. München: König.

DUNCKER, H.-R. (1978): Das Denken in komplexen Zusammenhängen und die Fähigkeit zum kreativen Handeln. Jahresbericht d. Studienstiftung d. deutschen Volkes. Bonn (1977): Studienstiftung: 26–46.

DURANT, W. (1953): The pleasures of philosophy. An attempt at a consistant philosophy of life. New York: Simon u. Schuster.

DURANT, W. (1960): Kulturgeschichte der Menschheit. 32 Bände. Lausanne: Rencontre.

DYLLICK, TH. (1982): Gesellschaftliche Instabilität und Unternehmensführung. Bern–Stuttgart: Haupt.

DYLLICK, TH. u. G. PROBST (1983): Lebensgrundlagen und Werthaltungen im Wandel. In: H. Siegwart u. G. Probst (Eds.): Mitarbeiterführung und gesellschaftlicher Wandel. Bern–Stuttgart: Haupt: 17–48.

EBERLE, R., D. KAPLAN und R. MONTAGUE (1901): Hempel and Oppenheim on explanation. Philosophy of Science 28 (4): 418–428.

ECCLES, J. (1975): Das Gehirn des Menschen. München–Zürich: Piper.

ECCLES, J. u. H. ZEIER (1980): Gehirn und Geist. Biologische Erkenntnisse über Vorgeschichte, Wesen und Zukunft des Menschen. München: Kindler.

EGGERS, H.-J. (1974): Methodik der Prähistorie. In: M. Thiel (Ed.): Methoden der Geschichtswissenschaft und der Archäologie: 145–215.

EGGERT, M. (1978): Prähistorische Archäologie und Ethnologie. Studien zur amerikanischen New Archaeology. Prähistorische Zeitschr. 53, (1): 6–164.

EHALT, H. (Ed.) (1984): Geschichte von unten. Wien–Köln: Böhlan.

EHRENFELS, CH. V. (1980): Über Gestaltqualitäten. Vierteljahresschr. für wiss. Philosophie 14: 249–292.

EIBL-EIBESFELDT, I. (1976): Menschenforschung auf neuen Wegen. Die naturwissenschaftliche Betrachtung kultureller Verhaltensweisen. Wien–München–Zürich: Molden.

EICHHORN, W. (1972): Die Begriffe Modell und Theorie in der Wirtschaftswissenschaft (Teil 1). Zeitschr. für Ausbildung und Hochschulkontakt (Wirtschaftswiss. Studium). (7) Juli 72: 281–344.

EIGEN, M. (1971): Selforganization of matter and the evolution of biological macromolecules. Naturwissenschaften 58: 465–522.

EIGEN, M. und P. SCHUSTER (1979): The Hypercycle. A Principle of natural self-organization. Berlin–Heidelberg–New York: Springer.

EIGEN, M. und R. WINKLER (1975): Das Spiel. Naturgesetze steuern den Zufall. München–Zürich: Piper.

EINSTEIN, A. (1972): Mein Weltbild. Frankfurt–Berlin–Wien: Ullstein.

EISLER, R. (1930): Kant-Lexikon (Neuaufl. 1972). Heidelberg–New York: Olms.

ENGELHARDT, D. V. (1981): Teleologie in der Medizin des 20. Jahrhunderts. Neue Hefte für Philosophie 20 (Teleologie): 72–93.

ENGELS, E.-M. (1982): Die Teleologie des Lebendigen. Eine historisch-systematische Untersuchung. Erfahrung und Denken 63. Berlin: Duncker und Humblot.

ENGISCH, K. (1977): Einführung in das juristische Denken. Stuttgart: Kohlhammer (TB).

ESCHER, M. (1975): Graphik und Zeichnungen. München: Moos.

EYSENCK, H. (1980): Intelligenz. Struktur und Messung. Berlin–Heidelberg–New York: Springer.

FAIN, H. (1963): Some problems of causal explanation. Mind 72: 73–79.

FELGENHAUER, F. (^{2}1979): Einführung in die Urgeschichtsforschung. Freiburg: Rombach.

FISHBEIN, M. (1967): Readings in attitude theory and measurement. New York–London–Sidney: John Wiley.

FOERSTER, H. v. (1971): Computing in the semantic domain. Annuals of the New York Academy of Sciences **184**: ab Seite 239.

FORRESTER, J. (1971): Behavior of social systems. In: P. Weiss (Ed.): Hierarchically organized systems in theory and practice. New York: Hafner: 81–122.

FRANCÉ, R. (1909): Pflanzenpsychologie als Arbeitshypothese der Pflanzenphysiologie. Stuttgart: Franckh'sche Verlagshandlung.

FREGE, G. (1879): Begriffsschrift. Neuausgabe 1971. Darmstadt: Wiss. Buchgesellschaft.

FRERICH, K. (1981): Begriffsbildung und Begriffsanwendung in der Vor- und Frühgeschichte. Zur logischen Analyse archäologischer Aussagen. Frankfurt/M.–Bern: Lang.

FREUD, S. (1923): Das Ich und das Es. Stuttgart: S. Fischer.

FRIEDRICH, J. (1954): Entzifferung verschollener Schriften und Sprachen. Berlin–Göttingen–Heidelberg: Springer.

FRISCH, K. v. (1965): Tanzsprache und Orientierung der Bienen. Berlin: Springer.

FRITSCH, H. (^{2}1981): Quarks, Urstoff unserer Welt. München–Zürich: Piper.

FRITZ, J. und F. PLOG (1970): The nature of archaeological explanation. American Antiquity. **35** (4): 405–412.

FRITZ, K. v. (1968): Die griechische Geschichtsschreibung 1. Berlin: De Gruyter.

GADAMER, H.-G. (1960): Wahrheit und Methode. Grundzüge einer philosophischen Hermeneutik. Tübingen: Mohr (Siebeck).

GADAMER, H.-G. und G. BOEHM (Eds.), (1979): Philosophische Hermeneutik. Seminar. Frankfurt/M.: Suhrkamp.

GALBRAITH, J. (^{6}1974): Die moderne Industriegesellschaft. München–Zürich: Droemer-Knauer.

GALLUP, G. (1977): Self-recognition in primates. A comperative approach to the bidirectional properties of consciousness. Amer. Psychologist **32** (5): 329–338.

GALLUP, G. (1982): Self-awareness and the emergence of mind in primates. Review Article. Amer. Journ. of Primatology **2**: 237–248.

GARDINER, P. (1952): The nature of historical explanation. London: Oxford Univ. Press.

GARDINER, P. (Ed.), (1959): Theories of history. New York: Macmillan (The Free Press).

GAZZANIGA, M. (1970): The bisected brain. New York: Appleton Century Crofts.

GEHLEN, A. (1940): Der Mensch; seine Natur und seine Stellung in der Welt. Berlin: Junker u. Dünnhaupt.

GELDSETZER, L. (1977): Hermeneutik. In: A. Diener u. I. Frenzel (Eds.). Philosophie. Frankfurt/M.: Fischer.

GLANSDORFF, P. und I. PRIGOGINE (1971): Thermodynamic theory of structure, stabiality and fluctuations. New York/Wiley-Interscience.

GILMOOR, J. (1940): Taxonomy and philosophy. In: J. Huxley (Ed.): The new systematics. Oxford: Clarendon: 461–474.

GÖDEL, K. (1931): Über formal unentscheidbare Sätze der Principia Mathematica und verwandter Systeme. Monatshefte für Math. u. Physik **38**: 173–198.

GÖDEL, K. (^{4}1958): The consistency of the axiom of choice and of the generalized continuum hypothesis. Princeton (N. Y.): Univ. Press.

GOETHE, J.-W. VON (1795): Morphologische Schriften. Weimar: Böhlau.

GOLDSCHEIDER, A. (1907): Über den Begriff der Zweckmäßigkeit in der Krankheitslehre. Berliner Klinische Wochenschrift **44**: 461–466.

GOMPERZ, H. (1929): Über Sinn und Sinngebilde. Verstehen und Erklären. Tübingen: Mohr.

GÖTTNER, H. (1973): Logik der Interpretation. Münchener Universitätsschriften 11. München: Fink

GRENE, M. (1974): The understanding of nature. Essays in the philosophy of biology. Dordrecht–Boston: Reidel.

GROEBEN, N. (1972): Literaturpsychologie. Literaturwissenschaft zwischen Hermeneutik und Empirie. Stuttgart: Kröner.

GUTMANN, W. und K. BONIK (1981): Kritische Evolutionstheorie. Hildesheim: Gerstenberg.

GUTTMANN, G. (1972): Einführung in die Neuropsychologie. Bern–Stuttgart–Wien: Huber.

HABERMAS, J. (1970): Der Universalitätsanspruch der Hermeneutik. In: R. Bubner et al. (Eds.): Hermeneutik und Dialektik. I: 13–103. Tübingen: Mohr.

HABERMAS, J. (1973): Kultur und Kritik. Frankfurt/M.: Suhrkamp.

HABERMAS, J. (^{3}1975): Erkenntnis und Interesse. Frankfurt/M.: Suhrkamp.

HABERMAS, J. und N. LUHMANN (^{2}1976): Theorie der Gesellschaft oder Sozialtechnologie — Was leistet die Systemforschung. Frankfurt/M.: Suhrkamp.

HAGSTROM, W. (1965): The scientific community. New York: Basic Books.

HAKEN, H. (^{2}1978): Synergetics. An Introduction. Nonequilibrium phase transition in physics, chemistry and biology. Berlin: Springer.

HAKEN, H. (1981): Erfolgsgeheimnisse der Natur. Synergetik: Die Lehre vom Zusammenwirken. Stuttgart: Deutsche Verlags-Anstalt.

HARTMANN, M. (1965): Einführung in die allgemeine Biologie. Berlin: De Gruyter.

HARTMANN, N. (1950): Philosophie der Natur. Berlin: De Gruyter.

HARTMANN, N. (1951): Teleologisches Denken. Berlin: De Gruyter.

HARTMANN, N. (^{3}1964): Der Aufbau der realen Welt. Berlin: De Gruyter.

HASSEMER, W. (1968): Tatbestand und Typus. Untersuchungen zur strafrechtlichen Hermeneutik. Köln–Berlin–Bonn–München: C. Heymanns.

HASSENSTEIN, B. (1949): Der Funktionsbegriff der Biologen. Studium Generale 1: 21–28.

HASSENSTEIN, B. (1954): Abbildende Begriffe. Verhandlungen d. deutschen Zool. Ges. Bd. (1954): 197–202.

HASSENSTEIN, B. (1967): Erklären und Verstehen in den Naturwissenschaften. Freiburger Dies Universitatis 14: 100–122.

HASSENSTEIN, B. (1969): Biologie des Lernens. In: Der Lernprozeß. Willmann-Institut: 101–136. Freiburg: Herder.

HASSENSTEIN, B. (1972): Bedingungen für Lernprozesse — teleonomisch gesehen. In: J. Scharf (Ed.): Informatik. Leipzig: J. Barth.

HASSENSTEIN, B. (1973): Verhaltensbiologie des Kindes. Zürich–München: Piper.

HASSENSTEIN, B. (1976): Injunktion. In: J. Ritter und K. Gründer (Ed.): Historisches Wörterbuch der Philosophie 4: 367. Basel–Stuttgart: Schwabe.

HASSENSTEIN, B. (^{5}1977): Biologische Kybernetik. Eine elementare Einführung. Heidelberg: Quell u. Meyer.

HASSENSTEIN, B. (1979): Wie viele Körner ergeben einen Haufen? Bemerkungen zu einem uralten und zugleich aktuellen Verständigungsproblem. In: A. Peisl u. A. Mohler (Eds.): Der Mensch und seine Sprache: 219–242. Frankfurt/M.–Berlin–Wien: Propyläen-Ullstein.

HASSENSTEIN, B. (1980): Biologische Teleonomie. Neue Hefte für Philosophie 20: 60–71.

HASSENSTEIN, B. (1981): Begabung und Intelligenz. Bemerkungen zu zwei anthropologischen Schlüsselbegriffen. In: A. Peisl und A. Mohler (Eds.): Reproduktion des Menschen. Berlin–Frankfurt/M.–Wien: Ullstein.

HAYEK, F. v. (1969): Studies in philosophy, politics and economics. London–Chicago–Toronto: Routletge u. Paul.

HAYEK, F. v. (^{2}1979): Mißbrauch und Verfall der Vernunft. Salzburg: Neugebauer.

HAYEK, F. v. (1979 a): Die drei Quellen der menschlichen Werte. W. Eucken Institut, Vorträge und Aufsätze Nr. 70: 1–55.

HEMPEL, C. (1942): The function of general laws in History. Journal of Philosophy 39: 112–120.

HEMPEL, C. (1945): Studies in the logic of confirmation (I). Mind 54: 1–12 und 97–121.

HEMPEL, C. (1952): Fundamentals of concept formation in empirical science. In: International Encyclopedia of Unified Science II. Chicago.

HEMPEL, C. (1962/66): Explanation in science and history. In: W. Dray (Ed.): Philosophical analysis and history. New York: Harper and Row.

HEMPEL, C. (1977): Aspekte wissenschaftlicher Erklärung. New York–Berlin: Walter de Gruyter.

HEMPEL, C. und P. OPPENHEIM (1948): Studies in the logic of explanation. Philosophy of Science 15: 135–175.

HENTIG, H. VON (1971): Erbliche Umwelt — oder Begabung zwischen Wissenschaft und Politik. Neue Sammlung 11: 51–71.

HERODOT: Die Geschichte des Herodotos. Übers. von F. Lange, herausgeg. von O. Güthing (1911–12), 2 Bände. Leipzig: Reclam.

HERRMANN, TH., P. HOFSTÄTTER, H. HUBER und F. WEINERT (Eds.) (1977): Handbuch psychologischer Grundbegriffe. München: Kösel.

HILBERT, D. (1965): Gesammelte Abbildungen, 3 Bände (Nachdruck von 1932/35). New York: Springer.

HOFSTÄTTER, P. (^{2}1959): Einführung in die Sozialpsychologie. Stuttgart: Kröner.

HOFSTÄTTER, P. (1972): Psychologie. In: Das Fischer Lexikon. Frankfurt/M.: Fischer.

HUBEL, D. und T. WIESEL (1962): Receptive fields, binocular interaction and functional architecture in the cat's visual cortex. J. Physiol. 160: 106–154. London.

HÜBNER, K. (1978): Der systematische Zusammenhang von Natur- und Geisteswissenschaften. Tijdschr. voor filosofie 40e (2): 183–201.

HUFNAGEL, E. (1976): Einführung in die Hermeneutik. Stuttgart–Berlin–Köln–Mainz: Kohlhammer.

HULL, D. (1974): Philosophy of biological sciences. Pentice Hall: Englewood Cliffs.

HUME, D. (1739/40): Ein Traktat über die menschliche Natur; Buch I–III. Neuausgabe, 2 Bände. Hamburg (1978): Meiner.

HUME, D. (1748): Eine Untersuchung über den menschlichen Verstand. Neuausgabe: Stuttgart (1967): Reclam.

HUXLEY, A. (1931): Schöne neue Welt. Neuausgabe Frankfurt/M. (1973): Fischer.

HUXLEY, A. (1966): Brave new world revisited. London: Chatto and Windus.

IMMELMANN, K. (Ed.), 1982): Verhaltensentwicklung bei Mensch und Tier. Berlin–Hamburg: Parey.

INSKO, C. (1967): Theories of attitude changes. New York: Appleton-Centuries-Croft.

JAGUTTIS-EMDEN, M. (1977): Zur Präzision archäologischer Datierung. Tübingen: Archaeologica Venatoria.

JAMES, W. (1911): Some problems of philosophy. New York: Longmans, Green & Co.

JANTSCH, E. (1979): Die Selbstorganisation des Universums. Vom Urknall zum menschlichen Geist. München–Wien: Hauser.

JANTSCH, E. und C. WADDINGTON (Ed.), (1976): Evolution and consciousness. Human systems in transition. London–Amsterdam–Ontario–Sydney–Tokyo: Addison-Wesley.

JUNG, C. (1968): Der Mensch und seine Symbole. Olden u. Freiburg/Br.: Walter.

JÜRGENS, H. und CH. VOGEL (1965): Beiträge zur Menschlichen Typenkunde. Stuttgart: Enke.

KANT, I. (1770): *De mundi sensibilis atque intelligibilis forma et principiis*. Neuaufgelegt in: Kants Werke, Akademie Textausgabe Band II. Vorkritische Schriften II (1757–1777): 385–419.

KANT, I. (1781): Kritik der reinen Vernunft. Abgedruckt in: I. Kant, Werkausgabe Bd. III u. IV. Frankfurt/M. (1977): Suhrkamp.

KANT, I. (1790): Kritik der Urteilskraft. Abgedruckt in: I. Kant Werkausgabe Bd. X. Frankfurt/M. (1977): Suhrkamp.

KASPAR, R. (1977): Der Typus — Idee und Realität. Acta Biotheoretica 26: 181–195.

KASPAR, R. (1978): Die Geschichtlichkeit lebendiger Ordnung. Biol. in unserer Zeit 8: 42–47.

KASPAR, R. (1980): Naturgesetz, Kausalität und Induktion. Ein Beitrag zur Theoretischen Biologie. Acta Biotheoretica 29: 129–149.

KAUFMANN, A. (1965): Analogie und ›Natur der Sache‹. Inv. Stud. Ges. Karlsruhe ›Schriftenreihe‹ (65/66). Karlsruhe: C. F. Müller.

KAYSER, (^{7}1961): Das Sprachliche Kunstwerk. Eine Einführung in die Literaturwissenschaft. Bern–München: Francke.

KEYNES, J. (^{4}1906): Studies and exercises in formal logic. London: Mc. Millen.

KIM, J. (1963): On the logical conditions of inductive explanation. Philosophy of Science 30: 119–131.

KLEMENT, H.-W. (Ed.), (1975): Bewußtsein; Ein Zentralproblem der Wissenschaft. Baden-Baden: Agio.

KLIX, F. (^{3}1976): Information und Verhalten. Kybernetische Aspekte der organismischen Informationsverarbeitung. Bern–Stuttgart–Wien: Huber.

KLIX, F. (1983): Erwachendes Denken. Eine Entwicklungsgeschichte der menschlichen Intelligenz. Berlin: VEB Deutscher Verlag d. Wiss.

KOCH, H. (1973): Der Sozialdarwinismus. Seine Genese und sein Einfluß auf das imperialistische Denken. München: Beck.

KOENIG, O. (1970): Kultur und Verhaltensforschung. Einführung in die Kulturethologie. München: Deutscher Taschenbuch Verlag.

KÖNIG, R. (Ed.), (^{3}1973): Geschichte und Grundprobleme der empirischen Sozialforschung. Stuttgart: Enke.

KÖNIG, R. (Ed.), (^{2}1976): Soziologie. Frankfurt/M.: Fischer.

KOESTLER, A. (1968): Das Gespenst in der Maschine. Wien–München–Zürich: Molden.

KOESTLER, A. (1970): Jenseits von Atomismus und Holismus – der Begriff des Holons. In: A. Koestler u. J. Smythies (Eds.): Das neue Menschenbild. Die Revolution der Wissenschaft vom Leben. Ein Symposion. Wien–München–Zürich: Molden.

KOESTLER, A. (1972): Der Krötenküsser. Der Fall des Biologen Paul Kammerer. Wien–München–Zürich: Molden.

KOESTLER, A. und J. SMYTHIES (Eds.), (1970): Das Neue Menschenbild. Revolutionierung der Wissenschaft vom Leben. Ein internationales Symposion. Wien–München–Zürich: Molden.

KOFFKA, K. (1935): Principles of Gestalt-Psychology. New York: Harcourt, Brace and World.

KRAFFT, F. (1981): Das Verdrängen teleologischer Denkweise in den exakten Naturwissenschaften. In: H. Poser (Ed.): Formen teleologischen Denkens. Berlin: DUB-Dokumentation: 31–59.

KRAFT, V. (1950): Einführung in die Philosophie; Philosophie, Weltanschauung, Wissenschaft. Wien: Springer.

KREUZER, F. (Ed.), (1981): Ich bin — also denke ich. Die evolutionäre Erkenntnistheorie. Franz Kreuzer im Gespräch mit Engelbert Broda und Rupert Riedl. Wien: Deuticke.

KREUZER, F. (Ed.), (1981 a): Leben ist Lernen. Von Immanuel Kant zu Konrad Lorenz. Ein Gespräch über das Lebenswerk des Nobelpreisträgers. München: Piper.

KREUZER, F. (Ed.), (1981 b): Die kranken Riesen. Krise des Zentralismus. Wien: Deuticke.

KREUZER, F. (1982): Offene Gesellschaft offenes Universum. Franz Kreuzer im Gespräch mit Karl R. Popper. Wien: Deuticke.

KREUZER, H. (Ed.), (1969): Literarische und naturwissenschaftliche Intelligenz. Dialog über die »zwei Kulturen«. Stuttgart: Klett.

KRÜGER, F. (1953): Deutung und Kritik. Wien: Meisenheim.

KUHN, TH. (1967): Die Struktur wissenschaftlicher Revolutionen. Frankfurt: Suhrkamp.

KULLMANN, W. (1979): Die Teleologie in der aristotelischen Biologie. Aristoteles als Zoologe, Embryologe und Genetiker. Sitzungsber. Heidelberger Akad. d. Wiss. Philos.-histor. Klasse, 2. Abhandlung: 1–72.

KULLMANN, W. (1982): Wesen und Bedeutung der ›Zweckursache‹ bei Aristoteles. Berichte zur Wissenschaftsgeschichte 5: 25–39.

KUTSCHERA, F. v. (1972): Wissenschafts-Theorie, I und II. Grundzüge einer allgemeinen Methodologie der empirischen Wissenschaften. München: Fink.

LAMARCK, J. DE (^{2}1909): Zoologische Philosophie. Deutsch von H. Schmidt. (Französische Erstauflage 1809). Leipzig: Kröner.

LAPLACE, P. (1814): Essai philosophique sur les probabilités. Edition ›Les Maîtres de la Pensée Scientifique‹. Paris (1921).

LARENZ, K. (^{2}1969): Methodenlehre der Rechtswissenschaft. Berlin–Heidelberg–New York: Springer.

LAVICK-GOODALL, J. VAN (1971): Wilde Schimpansen. Reinbek: Rowohlt.

LEIBNIZ, G. v. (1710): Essais de théodicée sur la bonté de dieu, la liberté de l'homme et l'origine du mal. Deutsch: Die Theodizee (1879). Leipzig: Deutsche Buchhandlung.

Leinfellner, W. (1981): Kausalität in den Sozialwissenschaften. In: G. Posch (Ed.): Kausalität. Neue Texte: 221–259. Stuttgart: Reclam.

Lenneberg, E. (1972): Die biologischen Grundlagen der Sprache. Frankfurt/M.: Suhrkamp.

Levy-Agresti, J. und R. Sperry (1968): Differencial perceptual capacities in major and minor hemispheres. Proc. Nat. Acad. Sci. U. S. **61**: 1151.

Levin, M. (1973): On explanation in archaeology. A rebuttal to Fritz and Plog. American Antiquity. Vol. **38** (4): 387–395.

Lévi-Strauss, C. (1968): Das wilde Denken. Frankfurt: Suhrkamp.

Lévy-Bruhl, L. (1902): Die Philosophie Auguste Comtes. Leipzig: Teubner.

Lewin, K. (1930/31): Der Übergang von der aristotelischen zur galileiischen Denkweise in Biologie und Psychologie. Erkenntnis **1**: 27–51.

Lewontin, R. (1970): The unites of selection. Ann. Rev. Ecol. Syst. **1**: 1–18.

Lewontin, R. (1977): Sociobiology — A caricature of darwinism. Philos. of Sci. Assoc., **2**: 113–156.

Lichtenthaeler, Ch. (1948): La médicine hippocratique. I, Méthode expèrimentale et méthode hippocratique. Lausanne: Les Frères.

Lichtenthaeler, Ch. (1980): Humanismus und Aufklärung aus der Sicht der allgemeinen Medizingeschichte. In: R. Toellner (Ed.): Aufklärung und Humanismus; Wolfenbütteler Studien zur Aufklärung, Band VI: 235–249. Heidelberg: Springer.

Lichtenthaeler, Ch. (1982): Diskussion. In: C. Bernhard, E. Crawford u. P. Sörbom (Eds.): Science, technology and society in the time of Alfred Nobel. Nobel Symposium 52 (1981). Oxford–New York–Toronto–Sidney–Paris–Frankfurt: Pergamon.

Lorenz, K. (1937): Über die Bildung des Instinktbegriffs. Die Naturwissenschaften **25**: 289–300, 307–318.

Lorenz, K. (1939): Vergleichende Verhaltensforschung. Zoolog. Anzeiger (Suppl. **12**): 69–102.

Lorenz, K. (1941): Kants Lehre vom Apriorischen im Lichte gegenwärtiger Biologie. Blätter für Deutsche Philosophie **15**: 94–125.

Lorenz, K. (1950): Ganzheit und Teil in der tierischen und menschlichen Gemeinschaft. Studium Generale **3**: 455–499.

Lorenz, K. (1965): Evolution and modification of behavior. Chicago: Univ. Chicago Press.

Lorenz, K. (1965 a): Über tierisches und menschliches Verhalten, 2 Bände. München: Piper.

Lorenz, K. (1973): Die Rückseite des Spiegels. Versuch einer Naturgeschichte menschlichen Erkennens. München–Zürich: Piper.

Lorenz, K. (1974): Die acht Todsünden der zivilisierten Menschheit. München–Zürich: Piper.

Lorenz, K. (1974 a): Analogy as a source of knowledge. In: Les Prix Nobel en 1973. The Nobel Foundation 1974: 176–195.

Lorenz, K. (1978): Vergleichende Verhaltensforschung. Grundlagen der Ethologie. Wien–New York: Springer.

Lorenz, K. (1983): Nichts ist schon dagewesen; der Irrglaube an eine zweckgerichtete Weltordnung. In: R. Riedl u. F. Kreuzer (Ed.): Evolution und Menschenbild: 138–144. Hamburg: Hoffmann u. Campe.

Lorenz, K. und F. Wuketits (Eds.), (1983): Die Evolution des Denkens. München: Piper.

Löther, R. (1972): Biologie und Weltanschauung. Eine Einführung in philosophische Probleme der Biologie vom Standpunkt des dialektischen und historischen Materialismus. Leipzig–Jena–Berlin: Urania Verl.

Luhmann, N. (1964): Funktionale Methode und Systemtheorie. In: Soziale Welt **15**: 1–25.

Luhmann, N. (1968): Zweckbegriff und Systemrationalität. Über die Funktion von Zwecken in sozialen Systemen. Tübingen: Mohr.

Luhmann, N. (1972): Rechtssoziologie (1 u. 2). Hamburg: Rowohlt.

Lukowsky, A. (1958): Kausale und finale Betrachtungsweise in Naturwissenschaft und Medizin. Wiener Medizinische Wochenzeitschrift **108**: 295–302.

Lwoff, A. (^{2}1968): Biological order. Cambridge (Massachusetts): Massachusetts Inst. of Technology Press.

Mach, E. (1905): Erkenntnis und Irrtum. Leipzig: Barth.

Malik, F. (1979): Die Managementlehre im Lichte der modernen Evolutionstheorie. In: Die Unternehmung **4**: 303 ff. Bern.

March, A. (1948): Natur und Erkenntnis. Die Welt in der Konstruktion der heutigen Physiker. Wien: Springer.

Margalef, R. (1968): Perspectives in ecological theory. Chicago: Univ. Chicago Press.

Margalef, R. (1974): Ecologia. Barcelona: Ediciones Omega.

Marr, D. und T. Poggio (1980): A theory of human stereo vision. Proc. R. Soc., Ser. B **204**: 301–328.

Marx, K. (1846): Der Baumeister und die Biene. In: K. Marx u. F. Engels: Die deutsche Ideologie. Abgedruckt in: Ausgewählte Werke in 6 Bänden. Berlin (Ost) (1977): Dietz.

Marx, M. u. W. Hillix (1963): Systems and theories in psychology. New York: McGraw-Hill.

Matthias, W. (^{2}1977): Religionsphilosophie. In: A. Diemer u. I. Frenzel: Philosophie. Das Fischer Lexikon. Frankfurt: Fischer TB.

Maturana, H. (1982): Erkennen: Die Organisation und Verkörperung von Wirklichkeit. Braunschweig–Wiesbaden: Vieweg.

Maturana, H. u. F. Varela (1980): Autopoiesis and cognition. Boston: Dodrecht.

MAYNARD-SMITH, J. (1976): Group selection. Quart. Rev. Biol. **51**: 127–283.
MAYR, E. (1969): Principles of systematic zoology. New York: McGraw-Hill.
MAYR, E. (1974): Teleological and teleonomic: A new analysis. Boston Studies in the philosophy of Science **14**: 91–117.
MAYR, E. (1919): Evolution und die Vielfalt des Lebens. Berlin–Heidelberg–New York: Springer.
MEAD, M. (1939): From the south seas. New York: Doubleday.
MEADOWS, D. H., D. L. MEADOWS, J. RANDERS und W. BEHRENS (1972): The limits to growth. New York: Signet.
MILL, J. ST. (1843): System der deductiven und inductiven Logik. (deutsche Ausgaben 1849, 1884 usf.) Leipzig: Fues's Verlag.
MÖBIUS, K. (1877): Die Auster und die Austernwirtschaft. Berlin: Wiegandt-Hempel-Parey.
MOHR, H. (1977): Lectures on structure and significance of science. New York–Heidelberg–Berlin: Springer.
MOHR, H. (1981): Biologische Erkenntnis, ihre Entstehung und Bedeutung. Stuttgart: Teubner.
MONOD, J. (1971): Zufall und Notwendigkeit. Philosophische Fragen der modernen Biologie. München–Zürich: Piper.

NAGEL, E. (1961): The structure of science. New York: Harcourt, Brace and World.
NAGL-DOCEKAL, H. (1982): Die Objektivität in der Geschichtswissenschaft. Wien–München: Oldenbourg.
NELSON, R. und S. WINTER (1982): An evolutionary theory of economic change. Cambridge (Mass.)–London: Belknap, Harvard Univ. Press.
NEUMANN, J. v. und O. MORGENSTERN (1963): Theory of games and economic behavior. Princeton: University Press.

ODUM, H. (1971): Environment, power and society. New York–London–Toronto: Wiley and Sons.
OESER, E. (1969): Begriff und Systematik der Abstraktion. Wien–München: Oldenbourg.
OESER, E. (1976): Wissenschaft und Information. 3 Bände. Wien–München: Oldenbourg.
OESER, E. (1983): Evolution und Involution der Wissenschaft. In: R. Riedl u. F. Kreuzer (Eds.): Evolution und Menschenbild: 145–163. Hamburg: Hoffmann u. Campe.
OESER, E. (1983a): Die Evolution der wissenschaftlichen Methode. In: K. Lorenz u. M. Wuketits (Eds.): Die Evolution des Denkens: 263–299. München–Zürich: Piper
OESER, E. und R. SCHUBERT-SOLDERN (1977): Die Evolutions-Theorie; Geschichte — Argumente — Erklärungen. Wien–Stuttgart: Braumüller.
OTT, J. (1981): Adaptive strategies at the ecosystem level: Examples from two benthic marine systems. PSZN, I; Marine Ecology **2** (2): 113–158.
OSCHE, G. (1975): Vorwort: Allgemeine Biologie und spezielle zoologische Forschung. In: W. Rahtmayer (Ed.): Zoologie heute. Stuttgart: F. Fischer; 1–5.
OWEN, R. (1848): On the archetype and homologies of the vertebrate skeleton. London: Richard and Taylor.

PÄCHT, O. (1977): Methodisches zur kunsthistorischen Praxis. München: Prestel.
PIAGET, J. (1973): Einführung in die genetische Erkenntnistheorie. Frankfurt/M.: Suhrkamp.
PIAGET, J. (1983): Biologie und Erkenntnis. Über die Beziehungen zwischen organischen Regulationen und kognitiven Prozessen. Frankfurt/M.: Fischer.
PIANKA, E. (1974): Evolutionary ecology. New York: Harper & Row.
PIETSCHMANN, H. (1980): Das Ende des naturwissenschaftlichen Zeitalters. Wien–Hamburg: Zsolnay.
PITTENDRIGH, C. (1958): Adaptation, natural selection and behavior. In: A. Roe und G. Simpson (Eds.): Behavior and evolution. New Haven: Yale Univ. Press.: 390–416.
POLANYI, M. (1968): Life's irreducible structure. Science **160**: 1308–1312.
POLANYI, M. (1978): Sinngebung und Sinndeutung. Neuauflage (von 1967). In: H.-G. Gadamer u. G. Boehm (Eds.): Die Hermeneutik und die Wissenschaften. 118–133. Frankfurt/M.: Suhrkamp.
POLLMANN, L. (²1971): Literaturwissenschaft und Methode. Frankfurt/M.: Athenäum.
PONNAMPERUMA, C. (1972): The origins of life. London: Thames und Hudson.
POPPER, K. (1957): Die offene Gesellschaft und ihre Feinde. Bern: Franke.
POPPER, K. (1966): Of clouds and clocks. An approach to the problem of rationality and the freedom of man. St. Louis Missouri: Washington Univ. Press.
POPPER, K. (⁵1973): Logik der Forschung. Tübingen: Mohr.
POPPER, K. (²1974): Objektive Erkenntnis. Ein evolutionärer Entwurf. Hamburg: Hoffman und Campe.
POPPER, K. (1979): Das Elend des Historizismus. Tübingen: Mohr.
POPPER, K. und J. ECCLES (1979): Das Ich und sein Gehirn. München: Piper.
POSCH, G. (Ed.), (1981): Kausalität. Stuttgart: Reclam (Neue Texte).
PREMACK, D. (1971): Language in Chimpanzee? Science **172**: 808–822.
PRIDEAUX, T. (1973): Der Cro-Magnon-Mensch. Nederland: Time-Life Internat.
PRIGOGINE, I. (1979): Vom Sein zum Werden. Zeit und Komplexität in den Naturwissenschaften. München–Zürich: Piper.
PRIGOGINE, I. und I. STENGERS (1980): Dialog mit der Natur. Neue Wege naturwissenschaftlichen Denkens. München–Zürich: Piper.

PROBST, G. (1981): Kybernetische Gesetzeshypothesen als Basis für Gestaltungs- und Lenkungsregeln im Management. Bern–Stuttgart: Haupt.

QUASTLER, H. (1964): The emergence of biological order. New Haven–London: Yale Univ. Press.

RECHENBERG, I. (1973): Evolutionsstrategie, Optimierung technischer Systeme nach Prinzipien der biologischen Evolution. Stuttgart–Bad Cannstatt: Frommann.

REMANE, A. (²1971): Grundlagen des natürlichen Systems, der vergleichenden Anatomie und Phylogenetik. Königstein/Taunus: Koeltz.

RENSCH, B. (1968): Biophilosophie. Stuttgart: G. Fischer.

RENSCH, B. (1973): Gedächtnis, Begriffsbildung und Planhandeln bei Tieren. Hamburg–Berlin: Parey.

RETT, A. und H. SEIDLER (1981): Das hirngeschädigte Kind. Wien–München: Jugend und Volk.

RIEDEL, M. (1978): Verstehen oder Erklären? Zur Theorie und Geschichte der hermeneutischen Wissenschaften. Stuttgart: Klett-Cotta.

RIEDL, R. (1963): Fauna und Flora der Adria. Ein systematischer Meeresführer für Biologen und Naturfreunde. Hamburg–Berlin: Parey.

RIEDL, R. (1966): Biologie der Meereshöhlen. Topographie, Faunistik und Ökologie eines unterseeischen Lebensraumes. Eine Monographie. Hamburg–Berlin: Parey.

RIEDL, R. (1973): Energie, Information und Negentropie in der Biosphäre. Naturwiss. Rundschau 26 (10): 413–420.

RIEDL, R. (1975): Die Ordnung des Lebendigen. Systembedingungen der Evolution. Hamburg–Berlin: Parey.

RIEDL, R. (1976): Die Strategie der Genesis. Naturgeschichte der realen Welt. München–Zürich: Piper.

RIEDL, R. (1977): A systems-analytical approach to macroevolutionary phenomena. The Quarterly Review of Biology 52: 351–370.

RIEDL, R. (1978/79): Über die Biologie des Ursachendenkens; ein evolutionistischer, systemtheoretischer Versuch. In: Mannheimer Forum, Boehringer: Mannheim: 9–70.

RIEDL, R. (1980): Biologie der Erkenntnis. Die stammesgeschichtlichen Grundlagen der Vernunft. Berlin–Hamburg: Parey.

RIEDL, R. (1980 a): Evolution als Naturgeschichte von Sinn und Freiheit. In: W. Böhme (Ed.): Wie entsteht der Geist. Herrnalber Texte 23: 48–60.

RIEDL, R. (1980 b): Marine ecology; a century of changes. Marine Ecology, P.S.Z.M.I. 1: 3–46.

RIEDL, R. (1980 c): Die Entwicklung des Begriffs vom taxonomischen Merkmal oder das Problem der Morphologie. Zoolog. Jahrbücher, Systematik. 103: 155–168.

RIEDL, R. (1980 d): Homologien; ihre Gründe und Erkenntnisgründe. Verh. Deutsch. Zool. Ges. (Berlin 1980). Stuttgart–New York: G. Fischer: 164–176.

RIEDL, R. (1981): Die biologischen Grundlagen der Vernunft. In: A. Peisl u. A. Mohler (Eds.): Reproduktion des Menschen; Beiträge zu einer interdisziplinären Anthropologie. Berlin–Frankfurt–Wien: Ullstein. 7–28.

RIEDL, R. (1981 a): Die Folgen des Ursachendenkens. In: P. Watzlawick (Ed.): Die erfundene Wirklichkeit. Wie wissen wir, was wir zu wissen glauben? Beiträge zum Konstruktivismus. München: Piper: 67–90.

RIEDL, R. (1981 b): Die kopernikanischen Wenden. Auseinandersetzungen im abendländischen Weltbild. In: H. Huber und O. Schatz (Eds.): Glaube und Wissen: 153–158. Wien–Freiburg–Basel: Herder.

RIEDL, R. (1982): Evolution und Erkenntnis. Antworten auf Fragen aus unserer Zeit. München–Zürich: Piper.

RIEDL, R. (1982 a): Evolution und Erkenntnis. In: H. Schauer u. J. Tauber (Eds.): Information und Psychologie: 107–132. Wien–München: Oldenbourg.

RIEDL, R. (1982 b): Darwin, ein schlechter Darwinist? Naturwissenschaftliche Rundschau 35: 365–368.

RIEDL, R. (1983): Denkordnung als Abbild der Naturordnung. In: R. Riedl u. F. Kreuzer (Eds.): Evolution und Menschenbild: 40–58. Hamburg: Hoffmann und Campe.

RIEDL, R. (1983 a): Mind and body. In: E. Braun und H. Radermacher (Eds.): Wissenschaftstheoretisches Lexikon. Graz–Köln–Wien: Styria.

RIEDL, R. (1983 b): Fauna und Flora des Mittelmeeres. Ein systematischer Meeresführer für Biologen und Naturfreunde. Hamburg–Berlin: Parey.

RIEDL, R. (1983 c): Evolution und evolutionäre Erkenntnis — zur Übereinstimmung der Ordnung des Denkens und der Natur. In: K. Lorenz u. M. Wuketits (Eds.): Die Evolution des Denkens: 146–166. München: Piper.

RIEDL, R. (1986): Biologie des Erkennens und Begreifens. Hamburg–Berlin: Parey (in Vorbereitung).

RIEGL, A. (1929): Naturwerk und Kunstwerk, I. In: A. Riegl, Gesammelte Aufsätze. Augsburg–Wien: Meyer.

RIOPELLE, A. (1972): Learning how animals learn. In: The marvels of animal behavior. Washington: Nat. Geographic Soc.

ROBINSON, A. (1976): Chemical dynamics: Accurate quantum calculations at last. Science 191: 275–279.

ROHRACHER, H. (²1948): Die Vorgänge im Gehirn und das geistige Leben. Leipzig: Barth.

ROHRACHER, H. (1965): Steuerung des Verhaltens durch Einstellung. In: H. Hekhausen (Ed.): Bericht über den 24. Kongreß der Deutschen Gesellschaft für Psychologie: 1–9.

ROHRACHER, H. (1972): (Selbstbiographie) In: L. Pongratz, W. Traxel und E. Wehner (Eds.): Psychologie in Selbstdarstellungen. Bern–Stuttgart–Wien: Huber.

RÖPKE, W. (⁴1979): Civitas Humana. Grundfragen der Gesellschafts- und Wirtschaftsreform. Bern: Rentsch.

ROSENBLUETH, A. und N. WIENER (1950): Purposeful and non-purposeful behaviour. Philosophy of Science. Vol. 17: 43–61.

ROSENBLUETH, A., N. WIENER und J. BIGELOW (1943): Behaviour, purpose und teleology. Philosophy of Science 10; erneut in J. Canfield (Ed.), (1966); zuletzt in W. Buckley (Ed.), (1968): Modern system research for the behavioral scientist. Chicago: Aldine.

ROSZAK, TH. (²1973): The making of a counter culture. London: Faber. Deutsche Ausgabe: Gegenkultur. München (1973): List.

ROTHACKER, E. (1930): Einleitung in die Geisteswissenschaften. Tübingen: J. Mohr (Siebeck).

ROTHACKER, E. (⁵1952): Die Schichten der Persönlichkeit. Leipzig: Barth.

ROTHSCHUH, K. (1953): Geschichte der Physiologie. Berlin–Göttingen–Heidelberg: Springer.

ROTHSCHUH, K. (1960): Sinnvolles Zusammenpassen im Leistungsgefüge des Organismus. Die Umschau 12: 615–618.

ROTHSCHUH, K. (²1963): Theorie des Organismus. Bios, Psyche, Pathos. München–Berlin: Urban u. Schwarzenberg.

ROTHSCHUH, K. (1970): Technomorphes Lebensmodell contra Virtus-Modell. Sudhoffs Archiv 54: 337–354.

ROTHSCHUH, K. (1973): Zur Einheitstheorie der Verursachung und Ausbildung von somatischen, psychosomatischen und psychischen Krankheiten. Hippokrates 44: 3–17.

ROUX, W. (1884): Beiträge zur Entwicklungsmechanik des Embryo. Breslau. ärztl. Z., Ges. Abh. II: 256–276.

ROUX, W. (1912): Terminologie der Entwicklungsmechanik. Leipzig: Engelmann.

RUSE, M. (1973): The philosophy of biology. London: Hutchinson.

RYCHLAK, J. (1968): A philosophy of science for personality theory. Boston: Houghton Mifflin.

SCHATZ, O. (Ed.), (1981): Brauchen wir eine andere Wissenschaft? Salzburger Humanismusgespräche. Graz–Wien–Köln: Styria.

SCHEUCH, E. (1976): Methoden der Soziologie. In: R. König (Ed.), Soziologie. Frankfurt/M.: Fischer.

SCHMIDT, S. (1975): Zum Dogma der prinzipiellen Differenz zwischen Natur- und Geisteswissenschaft. Veröffentl. d. J. Jungins-Ges. d. Wiss. Göttingen: Vandenhoeck & Ruprecht.

SCHNEIDER, H. (1967): Methoden und Methodenfragen der Volkswirtschaftstheorie. In: Kompendium der Volkswirtschaftslehre 1: 1–14.

SCHRÖDINGER, E. (1957): Was ist Leben? München: Leo Lehnen. 6. Auflage 1977. Original-Ausgabe: What is life? Mind and Matter. London (1944): Cambridge Univ. Press.

SCHRÖDINGER, E. (1961): Meine Weltansicht. Hamburg–Wien: Zsolnay.

SCHROTH, U. (1977): Probleme und Resultate der Hermeneutik. Diskussion. In: A. Kaufmann u. W. Hassemer (Eds.), Einführung in die Rechtsphilosophie und Rechtstheorie der Gegenwart. Heidelberg–Karlsruhe: C. F. Müller.

SCHUMACHER, E. (1973): Small is beautiful. A study of economics as if people mattert. London: Cox und Wyman.

SCHUMPETER, J. (1954): History of economic analysis (deutsch 1965; Geschichte der ökonomischen Analyse). Oxford University Press. London: Allen & Unwin.

SCHUMPETER, J. (1934): The theory of economic development. Cambridge (Mass.): Harvard Univ. Press.

SCHWABL, H. (1958): Weltschöpfung. In: Paulys Realencyklopädie der klassischen Altertumswissenschaften. Supl. Band IX: 1–142. Stuttgart: Druckenmüller.

SCHWIDETZKY, I. (²1971): Das Menschenbild der Biologie. Stuttgart: Gustav Fischer.

SCHWIDETZKY, I. (1974): Grundlagen der Rassensystematik. Mannheim–Wien–Zürich: Bibliogr. Inst.

SEDLMAYR, H. (1958): Kunst und Wahrheit. Zur Theorie und Methode der Kunstgeschichte. Hamburg: Rowohlt.

SEXL, R. (1979): Irreversible Prozesse. In: Physik und Didaktik. Bamberg: Bayrischer Schulbuch-Verlag.

SEXL, R. (1982): Was die Welt zusammenhält. Physik auf der Suche nach dem Bauplan der Natur. Stuttgart: Deutsche Verlags-Anstalt.

SHANNON, C. und W. WEAVER (1949): The mathematical theory of communication. Urbana: Univ. of Illinois Press.

SIMON, H. (1965): The architecture of complexity. General Systems 10: 63–76.

SIMON, M. (1971): The matter of life. New Haven: Yale Univ. Press.

SIMPSON, G. (1961): Principles of animal taxonomy. New York: Columbia Univ. Press.

SIMPSON, G. (1963): This view of life. The world of an evolutionist. New York: Harcourt-Brace and World.

SIMPSON, G. (1963a): Biology and the nature of science. Science 139: 81–88.

SKINNER, B. (1973): Jenseits von Freiheit und Würde. Reinbeck: Rowohlt.

SNEATH, P. und R. SOKAL (1973): Numerical taxonomy; The principle and practice of numerical classification. San Francisco: Freeman.

SNOW, C. (1967): Die zwei Kulturen. Stuttgart: Klett.

SOLLA PRICE, D. DE (1963): Little science, big science. Frankfurt: Suhrkamp.

SPAEMANN, R. und R. Löw (1981): Die Frage, Wozu? Geschichte und Wiederentdeckung des teleologischen Denkens. München–Zürich: Piper.

SPANN, O. (²1962): Naturphilosophie. Neuauflage von 1937, in Band 15 der Gesamtausgabe, eingerichtet von Oskar Müllern. Graz: Akademische Verlagsanstalt.

SPERRY, R. (1970): Perception in the absence of the neocortical commissures. In: Perception and its disorder. Rs. Publ. A.R.N.M. 48.

SPITZER, L. (1969): Texterklärungen. Aufsätze zur europäischen Literatur. München: Hanser.

STARK, D. (1978): Vergleichende Anatomie der Wirbeltiere; auf evolutionsbiologischer Grundlage. Vol. I. Heidelberg–New York: Springer.

STEGMÜLLER, W. (1971): Das Problem der Induktion: Humes Herausforderung und moderne Antworten. In: H. Lenk (Ed.): Neue Aspekte der Wissenschaftstheorie. Vieweg-Braunschweig: 13–74.

STEGMÜLLER, W. (1973): Probleme und Resultate der Wissenschaftstheorie und Analytischen Philosophie. IV Personelle und statistische Wahrscheinlichkeit. Erster und zweiter Halbband. Berlin–Heidelberg–New York: Springer.

STEGMÜLLER, W. (1974): Der sogenannte Zirkel des Verstehens. In: K. Hübner u. A. Henne (Eds.): Natur und Geschichte: 21–46. Hamburg: Rowohlt.

STEGMÜLLER, W. (1975): Hauptströmungen der Gegenwartsphilosophie, Band I und II. Stuttgart: Kröner.

STEGMÜLLER, W. (1979): Rationale Rekonstruktion von Wissenschaft und ihrem Wandel. Stuttgart: Reclam.

STEGMÜLLER, W. (^{2}1953): Erklärung, Begründung, Kausalität. Band I Teile A–G. Zweite, verbesserte und erweiterte Auflage. Berlin–Heidelberg–New York: Springer.

STENT, G. (1974): Molecular biology and metaphysics. Nature **248**: 779–783. London.

STENT, G. (1981): Cerebral hermeneutics. Journ. Social Biol. Struct. **4**: 107–124.

STENT, G. (1982/83): Ethische Dilemmas der Humanbiologie. Mannheimer Forum 82/83: 9–59. Mannheim: Boehringer Mannheim.

STÖRIG, H. (1972): Knaurs Buch der modernen Astronomie. München–Zürich: Droemer Knaur.

STRELKA, J. (1978): Methodologie der Literaturwissenschaft. Tübingen: Mohr.

SWARTZ, B. (1967): A logical sequence of archaeological objectives. American Antiquity. Vol. **32** (4): 487–497.

TANNENBAUM, A., B. KAVČIČ, M. ROSNER, M. VIANELLO und G. WIESER (1974): Hierarchy in organizations. San Francisco–Washington–London: Jossey-Bass.

TAYLOR, G. (1983): Das Geheimnis der Evolution. Frankfurt/M.: Sebastian Fischer.

TAYLOR, R. (1950 a): Comments on a mechanistic conception of purposefulness. Philosophy of Science **17**: 83–90.

TAYLOR, R. (1950 b): Purposeful and non-purposeful behavior: a rejoinder. Philosophy of science **17**: 61–74.

TEILHARD DE CHARDIN, P. (1959): Der Mensch im Kosmos. München: Beck.

TOLMAN, E. (1932): Purposive behavior in animals and men. New York: The Century Psychology Series.

TOPITSCH, E. (1950): Vom Ursprung und Ende der Metaphysik. München: Deutscher Taschenbuch-Verlag.

TOULMIN, B. (1981): Teleology in contemporary science and philosophy. Neue Hefte für Philosophie **20**: 140–152.

TRAPP, R. (1978): Axiomatik. In: E. Braun u. H. Rademacher (Eds.): Wissenschaftstheoretisches Lexikon: 74–78. Graz–Wien–Köln: Styria.

TRIVERS, R. (1971): The evolution of reciprocal altruism. Quart. Rev. Biol. **46**: 35–57.

ÜBERWEG, F. (^{5}1882): System der Logik. Bonn: Adolf Marcus.

ULRICH, H. (1981): Die Betriebswirtschaftslehre als anwendungsorientierte Sozialwissenschaft. In: M. Geist u. R. Köhler (Eds.): Die Führung des Betriebs. Stuttgart: Poeschel: 1–25.

UREY, H. (1952): The planets. Chicago: Univ. of Chicago Press.

VOGEL, CH. (1983): Biologische Perspektiven der Anthropologie: Gedanken zum sogenannten Theorie-Defizit der biologischen Anthropologie in Deutschland. Zeitschr. f. Morph. Anthrop. **73** (3): 225–236.

VOLLMER, G. (1975): Evolutionäre Erkenntnistheorie. Stuttgart: Hirzel.

VOLLMER, G. (1981): Ein neuer dogmatischer Schlummer? Kausalität seit Hume und Kant. Akten des 5. Internat. Kant-Kongresses: 1125–1138. Mainz.

WADDINGTON, C. (1957): The strategy of the genes. London: Allen and Unwin.

WAGNER, G. (1983): Über die logischen Grundlagen der evolutionären Erkenntnistheorie. In: K. Lorenz u. F. Wuketits (Eds.): Die Evolution des Denkens: 199–214. München: Piper.

WAGNER, G. (1983 a): On the necessity of a system theory of evolution and its population biologic foundation. Acta Biotheoretica **32**: 223–226.

WAGNER, M. (1976): Ökonomische Modelltheorie. Forschungsbericht Nr. 100. Wien: Institut für Höhere Studien.

WALLACE, A. (1891): Der Darwinismus. Eine Darlegung der Lehre von der natürlichen Zuchtwahl und einiger ihrer Anwendungen. Braunschweig: Vieweg.

WALSH, K. (1978): Neuropsychology. Edinburgh-New York: Livingstone.

WATSON, J. (^{3}1977): Molecular biology of the gene. London–Amsterdam–Ontario–Sidney: Benjamin.

WATZLAWICK, P. (1976): Wie wirklich ist die Wirklichkeit? Wahn, Täuschung, Verstehen. München–Zürich: Piper.

WATZLAWICK, P. (Ed.), (1981): Die erfundene Wirklichkeit. Wie wissen wir, was wir zu wissen glauben? Beiträge zum Konstruktivismus. München: Piper.

WEBER, M. (^{3}1968): Über einige Kategorien der verstehenden Soziologie. In: Gesammelte Aufsätze zur Wissenschaftslehre. Neuauflage von 1913: 427–474. Tübingen: Mohr.

WEBER, M. (^{5}1976): Wirtschaft und Gesellschaft, Grundriß der verstehenden Soziologie. Vol. I: Tübingen: Mohr.

WEINBERG, J. (1977): Die ersten drei Minuten. Der Ursprung des Universums. München–Zürich: Piper.

WEISMANN, A. (1902): Vorlesungen über Deszentenztheorie. 2 Bände. Jena: Fischer.

WEISS, P. (1925): Tierisches Verhalten als »Systemreaktion«. Die Orientierung der Ruhestellungen von Schmetterlingen *(Vanessa)* gegen Licht und Schwerkraft. Biologia Generalis 1: 168–248.

WEISS, P. (1970): Das lebende System: Ein Beispiel für den Schichtendeterminismus. In: A. Koestler u. J. Smythies (Eds.): Das neue Menschenbild. Die Revolutionierung der Wissenschaften vom Menschen. Ein internationales Symposion: 13–70. Wien–Zürich–München: Molden.

WEISS, P. (1970 a): Life, order and understanding. A theme in three variations. The Graduate Journal. Austin: Univ. of Texas.

WEISS, P. (1971): Within the gates of science and beyond. Science in its cultural commitments. New York: Hafner.

WEISS, P. (Ed.), (1971 a): Hierarchically organized systems in theory and practice. New York: Hafner.

WEIZSÄCKER, C. F. v. (1971): Die Einheit der Natur. München: Hanser.

WEIZSÄCKER, C. F. v. (^{3}1977): Der Garten des Menschlichen. Beiträge zur geschichtlichen Anthropologie. München––Wien: Hanser.

WEIZSÄCKER, V. v. (1935): Studien zur Pathogenese. Leipzig: Thieme.

WELLEK, A. (1953): Problem des Seelischen Seins. Meisenheim–Wien: Westkulturverlag.

WELLEK, A. (1955): Ganzheitspsychologie und Strukturtheorie. Berlin: Francke.

WERTHEIMER, M. (1923): Principles of perceptual organization. Neuauflage in: W. Ellis (Ed.), Source book of Gestalt-Psychology. London–New York: Harcourt, Brace & Co.

WHEWELL, W. (1858): *Novum organon renovatum.* London: Parker.

WIENER, N. (1948): Cybernetics (2. Auflage 1961). New York: Wiley. (deutsche Ausgabe: Kybernetik. Düsseldorf (1963): Econ.

WILIAMOWITZ-MOELLANDORFF, U. VON (^{2}1959): Geschichte der Philologie. Leipzig: Teubner.

WILLIAMS, G. (1971): Group selection. Chicago: Aldine-Atherton.

WILSON, E. (1978): On human nature. Harvard: Harvard Univ. Press. Deutsch: Biologie als Schicksal. Berlin (1980): Ullstein.

WINKLER, E.-M. (1982): Schauen und Messen: Zur Krise der Morphologie innerhalb der modernen Bevölkerungsbiologie. Mitt. Anthrop. Ges. Wien, CXII: 16–30.

WINKLER, E.-M. (1984): »We are just modelling«. Über die Bedeutung der Soziologie für die Anthropologie: In: Ch. Ehalt (Ed.), Geschichte und Gegenwart, Wien: Böhlau.

WINKLER, E.-M. und J. SCHWEIKHART (1982): Expedition Mensch. Streifzüge durch die Anthropologie. Wien–Heidelberg: Ueberreuter.

WÖLFFLIN, H. (1921): Das Erklären von Kunstwerken. In: H. Tietze (Ed.): Bibliothek der Kunstgeschichte. 5. Auflage 1946. Leipzig: Thieme.

WOODWELL, G. und H. SMITH (Eds.), (1969): Diversity and stability in ecological systems. New York: Upton.

WRIGHT, G. v. (1974): Erklären und Verstehen. Frankfurt: Fischer Athenäum TB.

WUKETITS, F. (1980): Kausalitätsbegriff und Evolutionstheorie. Die Entwicklung des Kausalitätsbegriffes im Rahmen des Evolutionsgedankens. Berlin: Duncker u. Humblot.

WUKETITS, F. (1980 a): On the notion of teleology in contemporary life sciences. Dialectica 34: 277–290.

WUKETITS, F. (1981): Biologie und Kausalität. Biologische Ansätze zu Kausalität, Determination und Freiheit. Hamburg–Berlin: Parey.

WYGOTSKI, L. (1976): Psychologie der Kunst. (Aus dem Russischen übertragen von H. Barth.) Dresden: VEB Verlag d. Kunst.

ZETTERBERG, H. (1973): Theorie, Forschung und Praxis in der Soziologie. In: R. König (Ed.), Band 1, Geschichte und Grundprobleme der empirischen Sozialforschung: 103–160. Stuttgart: Enke.

ZEMANEK, H. (1959): Elementare Informationstheorie. Wien–München: Oldenbourg.

Personenregister

Ackermann, R. 164
Adler, A. 233
Adorno, W. 222, 238
Aichelburg, P. 230
Albert, H. 29, 162, 212, 213, 216, 222, 224, 228, 238, 239, 284
Algazel (Al Ghasali) 80
Allport, G. 60
Anaxagoras 36, 155, 200, 253
Anaximander 32, 36, 301
Andronikos (von Rhodos) 83
Anscombe, E. 158, 159, 255
Apel, K.-O. 220, 224, 282, 283, 284
Ardrey, R. 194, 220, 221
Aristoteles 7, 22, 26, 27, 28, 32, 33, 34, 36, 39, 55, 82, 83, 84, 85, 89, 92, 93, 94, 103, 152, 153, 155, 156, 159, 219, 223, 234, 237, 239, 256, 286, 287, 292, 295, 296, 297, 299, 300
Arnold, M. 33
Ashby 238
Augustinus 27, 34, 36
Avenarius 293
Ayala, F. 94, 152, 158
Ayer, A. 140

Bach, J. S. 147
Bacon, F. 55, 223, 224
Baker, K.-E. v. 176, 196, 197
Bavink, B. 14, 160, 161
Beard, Ch. 257
Beebe, W. 11
Bekker, J. 83
Berger, P. 60, 100
Bergson, H. 93, 301
Berkeley, G. 27, 39
Bernard, C. 180, 200
Bertalanffy, L. v. 15, 16, 20, 43, 93, 98, 150, 193, 238, 239, 287, 300
Betti, E. 220, 221
Bianchi-Bandinelli, R. 242, 243
Bichat 180
Bieganski, L. 201
Bierens de Haan, J. 192
Bierling 276
Bingelow, J. 124, 127
Bischof, N. 234
Boeckh, A. 125, 215, 224, 226, 228, 229, 237, 238, 247, 248, 249, 250, 251, 279
Boehm, G. 212, 213
Bollnow, O. 220, 221
Boltzmann, L. 16, 39, 44, 177

Bonik, K. 189
Bonner, J. 50, 207
Bösel, R. 232
Brackmann, A. 33, 176
Braithwait, R. 124, 127
Brandel, F. 257
Bratuschek, E. 215, 247
Braun, F. 48
Brecht, B. 213, 285
Bresch, C. 45, 59, 199
Brillouin, L. 119, 144
Broda, E. 16, 44
Brouwer, L. 54
Brunswik, E. 60, 134, 202, 234, 299
Buckle, H. T. 254
Bühler, K. 54, 136, 233
Bulle, H. 242
Bunge, M. 114, 142, 152, 170, 266
Burckhardt, J. 243, 244, 260, 263
Burdach, K. F. 297
Buschor, E. 242

Cabanis, P. 234, 235
Calvin, M. 119, 171, 237
Campbell, D. 65, 150, 151, 224
Canfield, J. 124
Capra, F. 166, 235
Carnap, R. 28, 48, 66, 105, 141, 163, 299
Carnot 146
Champollion, J. F. 11, 130
Chargaff, E. 29, 151, 161, 162
Chomsky, N. 87, 218
Clausius 146
Cody, M. 194
Coffa 107
Collingwood, R. G. 106, 223, 224
Colpe, C. 156
Comte, A. 106, 140, 237, 238, 254
Conrads-Martins, H. 93
Constable, G. 24
Coren, S. 62, 100
Croce 106
Cuvier 297

Dannhauer, J. 212, 273
Danto, A. 255
Darlington, C. 199
Darwin, Ch. 15, 33, 37, 38, 88, 119, 176, 177, 214, 219, 242, 298, 299, 301
Darwin, E. 176
Davis, M. 174
Dawins, R. 192
Dawkins, R. 57, 142, 199

De Broglie 145
Demokrit (Demokritos) 32, 33, 36, 37, 145
Descartes, R. (Cartesius) 26, 27, 37, 39, 52, 134, 200, 203, 293
Dewar, M. 151
Dewey 232
Diamond, J. 194
Diderot, D. 37
Diemer, A. 36, 48, 52
Dietrich, G. 175
Dilthey, W. 13, 105, 106, 125, 212, 215, 216, 220, 221, 222, 223, 228, 229, 233, 237, 238, 247, 281, 282, 286, 295
Ditfurth, H. v. 23, 35, 97, 134
Dobben, W. van 194
Doblhofer, E. 130
Dobzhansky, Th. 176
Donagan, A. 255
Dörner, D. 97
Dray, W. 158, 159, 255
Driesch, H. 93, 147, 301
Droysen, J. G. 105, 106, 254
Dubois, E. 11
Dubois, R. 151
Duncker, H.-R. 150
Durant, W. 24, 25, 26
Durkheim, E. 237
Dyllick, Th. 265, 266

Eberle, R. 164
Eccles, J. 37, 53
Eggers, H.-J. 242
Eggert, M. 243, 244
Ehalt, H. 256
Ehrenfels, Ch. v. 217, 232, 233
Eibl-Eibesfeldt, I. 198, 269
Eichhorn, W. 270, 272
Eigen, M. 46, 68, 69, 119, 137, 151, 173, 174
Einstein, A. 40, 43, 48, 62, 108, 109, 137, 145, 166, 230
Eisler, R. 126
Engelhardt, D. v. 201, 202
Engels, E.-M. 157
Engels, F. 293
Engisch, K. 273, 274, 276, 282
Epikur (Epikuros) 26, 27, 32
Ericson, E. 257
Escher, M. 62
Euklid (Euklides) 54, 89, 294
Eysenck, H. 235

Fain, H. 164

Febvre 257
Fechner 232
Feigl 232
Felgenhauer, F. 242
Fichte, J. G. 254, 264
Fishbein, M. 60
Foerster, H. v. 153, 265
Forrester, J. 265
Francé, R. 147
Frankl 233
Frege, F. 54
Frege, G. 39, 55
Frenzel, I. 36, 48, 52
Frerich, K. 243, 244
Freud, S. 233, 235
Friedrich, J. 130
Friedrich II. 37
Frisch, K. v. 221, 285
Fritsch, H. 121
Fritz, J. 244
Fritz, K. v. 25
Fuller, R. B. 300

Gadamer, H.-G. 125, 212, 219,
    220, 247, 256, 281, 282, 298
Galbraith, J. 266, 267
Galen (Galenus) 200
Galilei, G. 15, 28, 32, 86, 108, 109,
    145, 179, 223, 229, 285
Gallup, G. 208
Gardiner, P. 254, 255
Gassendi, P. 37
Gazzaninga, M. 53
Gehlen, A. 270
Geldsetzer, L. 213, 216, 222, 272
Gerhard, E. 242
Gibbon 254
Gilmour, J. 189
Glashow 166
Gödel, K. 54, 135, 299
Goethe, J. W. v. 14, 34, 103, 104,
    135, 148, 151, 181, 183, 187,
    189, 214, 215, 219, 228, 237,
    238, 242, 247, 251, 260, 261,
    265, 276, 297, 300
Goldscheider, A. 201, 202
Gomperz, H. 224, 226
Göttner, H. 222, 282, 283
Groeben, N. 247, 253
Guttmann, G. 232
Guttmann, W. 189

Habermas, J. 212, 220, 221, 222,
    224, 229, 238, 247, 281, 282,
    283, 284
Haeckel, E. 15, 37, 160, 176, 199
Hagstrom, W. 162
Haken, H. 46, 69, 74, 75, 79, 87,
    89, 121, 137, 147, 151, 166, 169,
    265, 300
Hamilton, W. 199
Hansson 107
Hartmann, E. v. 93

Hartmann, M. 93
Hartmann, N. 69, 94, 148, 152,
    156, 158, 202
Hassemer, W. 272, 273, 274, 275,
    276, 279
Hassenstein, B. 38, 50, 67, 87, 94,
    105, 119, 122, 151, 152, 153,
    154, 156, 173, 235
Hausmann, R. 45, 59
Hayek, F. v. 65, 115, 123, 139, 140,
    150, 151, 181, 238, 264, 265,
    266, 281, 282
Hegel, G. W. F. 27, 28, 32, 33, 37,
    237, 254, 256, 296
Hegselmann, R. 48
Heidegger, M. 212, 216, 247, 282,
    295, 298
Heinroth 190
Heisenberg, W. 74, 120, 166
Hekataios (von Milet) 25
Hemleben, J. 176
Hempel, C. 47, 106, 108, 110, 133,
    158, 159, 164, 239, 243, 244,
    255, 299
Hentig, H. v. 235
Heraklit 36, 301
Herder 254
Herodot 253
Herrmann, Th. 217, 232
Hesiod 212
Hilbert, D. 54, 134
Hillix, W. 234
Hippokrates 200
Hobbes, T. 37, 39, 237
Hochstetter, F. 190
Hofstätter, P. 60, 126, 233, 237,
    238
Holbach, P. v. 28, 37
Holst, E. v. 234, 299
Homer 25, 212, 287
Hörnes, M. 242
Hubel, D. 234
Hübner, K. 214
Hufnagel, E. 213, 215, 216, 221,
    229, 284
Huizinga, J. 257
Hull, D. 150
Humboldt, A. v. 193, 228
Humboldt, W. v. 212, 215, 228
Hume, D. 28, 48, 80, 81, 135, 151,
    237, 264, 296, 299
Husserl, E. 216, 247, 283
Huxley, A. 151
Huxley, J. 176
Huxley, T. 33

Iktinos 72, 73, 74
Immelmann, K. 50
Insko, C. 60

Jackson 234
Jaguttis-Emden, M. 243, 244
James, W. 39, 232

Jantsch, E. 46, 69, 79, 87, 121, 124,
    137, 146, 147, 169
Jaspers, K. 233
Jevon 110
Jung, C. G. 21, 233
Jürgens, H. 197
Justinian 273

Kalle, K. 175
Kallikrates 72
Kammerer, P. 177
Kant, I. 22, 28, 32, 39, 44, 52, 60,
    64, 65, 80, 81, 126, 134, 135,
    151, 155, 156, 179, 254, 255,
    256, 274, 292, 296, 298, 300
Kaplan, D. 164
Kaufmann, A. 274, 275, 276
Kayser, W. 247
Kelsen, H. 29, 274
Kepler, J. 15, 28, 108, 109
Keynes, J. 39, 264
Kim, I. 164
Klages, L. 235
Kleanthes 31
Klement, H.-W. 202, 207
Klix, F. 24, 87, 136, 153
Klussmann, R. 215, 247
Koch, H. 179
Koenig, O. 198
Koestler, A. 150, 177
Koffka, E. 232, 233
Koffka, K. 217
Köhler 232
Kohr, L. 266
Konfuzius (K'ung-fu-tse) 33, 34
König, R. 238, 239
Kopernikus 15
Krafft, F. 157
Kraft, V. 14, 28
Kreuzer, F. 16, 52, 266
Kreuzer, H. 140, 214
Krüger, F. 232, 234
Kuhn, Th. 149, 161, 162, 222, 224,
    225, 226
Kuiper 119
Kullmann, W. 27, 84, 92, 93, 94,
    152, 153, 155, 239, 256
Kutschera, F. v. 48

Lamarck 176, 181, 298, 301
Lamettrie, J. 28, 37, 179, 199
Laplace, P. S. 140, 145
Larenz, K. 273, 274, 275, 276
Lavick-Goodall, J. van 51
Leavis, F. 214
Lederberg, J. 29
Leibniz, G. W. v. 27, 80, 120
Leinfeller, W. 152
Lenin, W. I. 293
Lenneberg, E. 87, 136, 218
Le Roy Ladurie, E. 257
Leukippos (von Milet) 32
Levi-Agresti, J. 53

Lévi-Strauss, C. 21
Levin, M. 244
Lewin, K. 140, 234
Lewontin, R. 194, 199
Lichtenthaler, Ch. 200, 201
Liebig, J. 180, 193
Linné 297
List, F. 264
Locke, J. 26, 28, 237, 264
Lorenz, K. 7, 14, 15, 16, 20, 22, 34, 36, 40, 43, 44, 45, 50, 51, 52, 56, 57, 60, 69, 82, 84, 87, 91, 92, 94, 115, 122, 123, 125, 132, 134, 135, 141, 150, 151, 158, 190, 192, 202, 208, 214, 220, 221, 224, 234, 244, 258, 270, 276, 285, 287, 288, 290, 294, 295, 299
Löther, R. 156
Lowe-McConnel 194
Löw, R. 84, 94, 116, 142, 157
Luckmann, Th. 60, 100
Luhmann, N. 238, 239, 277, 278, 280
Lukowsky, A. 201
Lukrez (Lukretius) 32, 33
Luther, M. 36
Luxemburg, R. 272
Lwoff, A. 119, 144

Mach, E. 111, 145, 293
Machiavelli, N. 237, 253
Magendie, F. 180
Malik, F. 265, 266
Mann, G. 257
March, A. 28
Margale, R. 193, 194
Mark Aurel (Marcus Aurelius) 34
Markl, P. 170
Marr, D. 217, 218, 234
Marx, K. 94, 156, 177, 237, 254, 257, 264, 271, 272, 293
Marx, M. 234
Matthias, W. 156
Maturana, H. 46, 62, 69, 100
Maynard-Smith, J. 194
Mayr, E. 92, 93, 94, 156, 176, 186, 190
McDougall, W. 192
Mead, M. 199
Meadows, D. 265
Meier, G. 212, 273
Menger, C. v. 264
Merton, R. 238
Mill, J. S. 28, 39, 106, 110, 254
Miller 119
Mittelstaedt, H. 299
Möbius, K. A. 193, 194
Mohr, H. 94, 115, 140, 149, 150, 152, 153, 214, 289
Monod, J. 92, 93, 94, 156, 176, 186, 190
Montague, R. 164

Montelius, O. 242
Moore, G. 292
Morgenstern, O. 174
'Müller, J. 180

Nagel, E. 124
Napoleon 117
Nagl-Docekal, H. 255
Neumann, J. v. 174
Newton, I. 28, 108, 109, 160
Nietzsche, F. 214
Nitschke, A. 257
Noüy, L. du 93

Occam, W. v. 254
Odum, H. T. 193
Oeser, E. 26, 52, 53, 55, 64, 111, 132, 147, 153, 224, 230, 276
Oppenheim, P. 106, 110, 133, 164, 243, 244, 255, 299
Osborn, H. 93
Osche, G. 150
Ostwald, W. 37
Ott, J. 194, 196
Owen, R. 104

Pächt, O. 260, 261, 262, 279
Pareto 237, 296
Parkinson 240
Parler, W. 71, 77
Parmenides (von Elea) 26, 27, 31, 36
Parson, T. 239
Paulus (Apostel) 31, 234
Pawlov 232
Patzig, G. 48
Perikles 26
Peter 240
Piaget, J. 220, 221, 284
Pianka, E. 194
Pietschmann, H. 29, 151, 166
Pittendrigh, C. 92, 94, 153, 156, 201, 201, 239
Planck, M. 14, 145
Platon 26, 27, 31, 33, 34, 36, 52, 93, 152, 155, 237, 281, 294, 296
Plog, F. 244
Plotin (Plotinus) 31, 156
Poggio, T. 218
Polanyi, M. 151, 220, 221, 284
Pollmann, L. 247
Ponnamperuma, C. 171
Popper, K. 16, 20, 37, 48, 50, 61, 64, 65, 75, 81, 95, 106, 139, 158, 159, 162, 223, 224, 228, 238, 243, 244, 270, 283, 284, 294
Porac, C. 100
Posch, G. 152
Prachatitz, H. v. 72
Prachatitz, P. v. 72
Premack, D. 82
Prideaux, T. 22, 24
Priestey, J. 37

Prigogine, I. 46, 69, 75, 79, 87, 89, 121, 137, 146, 147, 151, 166
Probst, G. 264, 265, 266, 267
Protagoras 155
Ptolemäus 130
Pyrrhon 26, 80
Pythagoras 31, 301

Quastler, H. 119, 144
Quine 107

Radermacher, H. 48
Ranke, L. v. 253, 257
Rechenberg 88
Reichenbach, H. 28
Reinke, J. 93
Remane, A. 35, 45, 104, 129, 187
Rensch, B. 38, 51, 82, 147
Rett, A. 285
Ricardo, D. 264
Rickert 106, 233
Riedel, M. 254, 255, 256, 280
Riedl, R. 14, 16, 24, 37, 39, 44, 45, 46, 47, 49, 50, 52, 57, 58, 59, 60, 61, 62, 63, 66, 67, 68, 69, 82, 90, 91, 92, 94, 97, 100, 102, 104, 111, 113, 115, 118, 119, 124, 125, 129, 132, 134, 135, 137, 144, 149, 150, 153, 161, 164, 169, 173, 176, 177, 180, 183, 185, 187, 193, 194, 197, 199, 219, 220, 221, 224, 230, 244, 258, 270, 276, 299, 300
Riegl, A. 260, 261
Riopelle, A. 51, 82
Robinson, A. 151
Rohracher, H. 57, 202, 221, 233
Röpke, W. 266
Rosenblueth, A. 124, 127
Roszak, Th. 151, 266
Roth, E. 233
Rothacker, E. 212, 235
Rothermund, D. 256, 257
Rothschuh, K. 181, 201, 202, 206, 207
Roux, W. 93
Rumohr, C. F. 260
Ruse, M. 150
Russel, E. 93
Russell, B. 44, 54, 292
Rychlak, J. 151

Saint-Simon, H. de 140
Salam 166
Sartre, J.-P. 233, 282, 294
Savigny, C. F. v. 273
Schatz, O. 29, 151
Scheuch, E. 238
Schleiermacher, F. 125, 212, 247, 273, 295
Schlick, M. 28, 299
Schliemann, H. 11, 287

Schmidt, S. 220, 222, 224, 226, 281, 282, 283
Schmollner, G. v. 264
Schönberg, A. 147
Schneider, H. 270
Schrödinger, E. 36, 46, 69, 119, 145, 166, 170, 172, 177
Schroth, U. 274, 276, 277, 279
Schubert-Soldern, R. 147
Schumacher, E. 266
Schumpeter, J. 264, 265
Schuster 119
Schwabl, H. 285
Schweikhart, J. 21
Schwidetzky, I. 197, 198
Sedlmayr, H. 260, 261, 262
Seidler, H. 285
Sexl, R. 75, 121, 161, 166, 167, 169, 230
Sextus (Empiricus) 80
Shannon, C. 119, 144, 154
Sherrington 234
Simmel 106
Simon, H. 69, 137
Simpson, G. S. 62, 94, 176, 190
Skinner, B. 29, 57, 192, 232, 293
Smith, A. 264, 299
Smith, H. 194
Smythies, I. 150
Sneath, P. 57, 142, 186, 298
Snow, Ch. 151, 213, 214, 288
Sokal, R. 57, 142, 186, 298
Sokrates 33, 34, 54, 253, 301
Solla Price, D. de 162
Spaemann, R. 84, 94, 116, 142, 157
Spann, O. 150, 264
Spencer, H. 119, 237, 254
Sperry, R. 53
Spinoza, B. 27, 37, 80, 297
Spitzer, L. 247
Spranger, E. 216, 233
Stammler 274
Starck, D. 190
Stegmüller, W. 29, 38, 39, 48, 81, 84, 94, 105, 106, 107, 125, 145, 160, 162, 163, 164, 165, 215, 216, 221, 222, 224, 225, 226,

228, 229, 230, 231, 243, 244, 251, 277, 282, 283, 292
Steinbuch, K. 214
Stengers, I. 46, 69, 75, 87, 89, 147
Stennes, A. 164
Stent, G. 57, 150, 199, 217, 218, 234, 280
Störig, H. 143
Strelka, J. 247
Suppes 107
Swarz, B. 244

Tannenbaum, A. 266
Taylor, G. 183
Teilhard de Chardin, P. 155
Thales (von Milet) 32, 301
Theophrast (Theophrastos) 85
Thomas von Aquin 27, 34, 36
Thorstein-Veblen 264
Tixier, J. 22
Tolman, E. 192, 233
Topitsch, E. 29
Toulmin, S. 84
Toynbee, A. 257
Trapp 135
Trivers, R. 194
Tylor, R. 124
Tyrtamos 85

Überweg, F. 39
Uexküll, J. v. 93
Ulrich, H. 265, 267, 272, 280, 291
Ungerer, E. 93
Urey, H. 68, 119, 171

Varela, F. 46, 265
Vico, G. 254
Virchow, R. 202
Vogel, Ch. 196, 197
Vollmer, G. 65, 117, 151, 152, 284
Voltaire 28, 120, 254

Waddington, C. 59, 147, 292, 294
Wagner, G. 45, 107, 183
Wagner, M. 266, 267
Wagner, R. 196, 197
Wallace, A. R. 119, 176
Walsh, R. 53

Walter von der Vogelweide 226
Ward, L. 100
Watson, J. 45, 57, 232
Watzlawick, P. 60, 100, 223, 224, 297
Weaver, W. 119, 144, 154
Weber, M. 106, 216, 224, 226, 237, 238, 239, 264
Weinberg, S. 68, 78, 121, 146, 166
Weisman, A. 177, 301
Weiss, P. 16, 98, 115, 150
Weizsäcker, C. F. v. 46, 119, 120, 141, 251, 290
Weizsäcker, E. U. v. 122
Weizsäcker, V. v. 202, 217
Wellek, A. 217, 234
Weller, A. 232, 233
Wertheimer, M. 217, 232, 233
Weyl, H. 54
Whewell, W. 55, 111
Wiener, N. 124, 127, 154, 238, 239
Wiesel, T. 234
Wilberforce, S. (Bischof) 33
Wiliamowitz-Moellendorff, U. v. 247
Williams, G. 194
Wilson, E. 199
Winch, P. 266
Winckelmann, J. 241, 242
Windelband 106, 233, 298
Winkler, E. 21, 197, 199
Winkler, R. 46, 68, 69, 119, 174
Wittgenstein, L. 292, 299
Wolff, C. 153
Wölfflin, H. 260, 261, 263
Woodwell, G. 194
Wright, G. v. 95, 106, 107, 110, 125, 127, 140, 152, 229, 255
Wuketits, F. 52, 85, 93, 94, 124, 132, 156
Wundt, W. 232
Wygotski, L. 262

Xenophon 155

Zeier, H. 37
Zemanek, H. 119, 153
Zetterberg, H. 239, 240

Sachregister

(**Halbfette** Seitenzahlen verweisen auf das Glossar)

Abgrenzungskriterium 282
Abgrenzungsproblem 280
Absichten 61, 125, 255, 296
Absorptions-Emissionszyklus 169
Abstammungslehre 181
Abstraktion 48, 63, 100, 103, 179, 209, 296
Adaptierung 50, 194
Adaptierungsmängel 141
Adaptierungsstrategien 194, 196
Adenosin 86
Affekte 206
Affen 184
Afferenz 299
Aggression 206
Agora 22
Ägyptologie 12
Aha-Erlebnis 54
ahistorische Prozesse 75
ahistorische Wissenschaft 147
Ähnlichkeitsfeld 296
Akkumulation von Elend 271
Akropolis 71
Aldehyd 180, 181
Algorithmus **292**, 296
—, kenntnisgewinnender 57
Allele 184, 185, **292**
—, Freiheitsgrade von -n 185
Allgemeinbegriffe 66
all-trans-Potential-Theorie 182
all-trans-Retinal 181
Altenberger Kreis 22, 52, 84, 134
Alter der Schichten 68, 78
Alternativen 144, 209
Altruismus 299
Altsteinzeit 22
Aminosäuren 58, 114, 119
Analogien 125, 177, **292**, 297
—, Überflutung mit 35
—, versteckte 187
Analogieverbot 277
Analyse 209
Analytische Philosophie 48, 228, 229, 242, 244, 254, 256, 270, 279, **292**
Anatomie 86, 183, 192
Anfangsgeschwindigkeit 108
angeborene Auslöser 59
angeborene Erwartungen 111
angeborene Lehrmeister 55, 59, 60, 95, 299
Angebot-Nachfrage-Kalkulation **295**
Angst 20
anima **292**

Animismus **292**
Anpassungsmängel 22, 43
Anschauung 52
Anschauungsfenster 35
Anschauungsformen 27, 37, 38, 40, 44, 54, 80, 95, 96, 98, 126, 132, 133, 137, 142, 152, 158, 159, 160, 204, 209, 221, 224, 258, 276, 287, 288, 291, 295
—, angeborene 23, 65, 135, 151, 272
—, von den Ursachen 228
—, vorbewußte 220
Anschauungsqualitäten 126
Ansichten 236
Antezedenzbedingungen 120, 142
Antezedenzdaten 72
Anthropogenie 298
Anthropologie 11, 21, 24, 90, 197, 198, 199, 204, 281
—, physische 196
Anthropomorphismus **292**
Antiquare 241
Antizipation des Zieles 232
Antizipationslehre 215
Antrieb 84, 100, 236, 288, 290
Antriebsbedingungen 111, 208
Antriebsgesetze 112, 114, 130, 194
Antriebshypothesen 112, 130
Antriebs- und Materialentsprechung 112
Antriebsursachen 82, 84, 86, 96, 98, 116, 117, 127, 128, 150, 194, 209, 259, 270
Aposteriori (aposteriori, a posteriori) 22, 64, 81, 123, 135, **292**
— -Lernprodukte 220
Appetenz 60, 61, 219, **292**, 293
Approximation 110, 251
Apriori (apriori, a priori) 22, 23, 27, 28, 30, 44, 60, 64, 66, 80, 81, 134, 135, 151, 160, 274, **292**, 294, 296, 299
— der Kausalität 29
Arbeit 82, 83, 85
Arbeitskraft 85, 116, 117, 193
Arbeitslosigkeit 265
Archäologie 12, 241, 242, 243, 244, 245, 253, 279, 280
—, analytische 242
—, des Geistes 21
Archigenotypus 180, **292**, 294
— -Theorie 180
archimedischer Punkt 134, 135

architektonischer Verstand der Natur 156
Argus-Fasan 120
aristotelisch **292**, 293
aristotelisch-galenische Morphologie 200
aristotelisch inhomogener Raum 166
aristotelischer Raum 89
aristotelisches Raumkonzept 265
Aristotelismen **292**
Artefakt 245, 246, 247, 262, 278, 279
Arten 118, 132
Arterhaltung 173
Assoziation 49, **292**
—, ratiomorphe 57
assoziativ Erlerntes 50
assoziative Deutung 235
assoziativer Kenntniserwerb 100
Ästhetik von oben 256, 262
— von unten 256, 262
Astrochemie 171
Astrologie 92
Astronomie 92, 123, 175
Athena 155
Atmosphäre 113, 119
Atombombe 143
Atome 32, 33, 113
Attische Schule 200
Aufbau der Natur 68
Aufklärung 28, 32, 139, 254, 263, 279, 280
Aufklärungspflicht 200
Augen 81, 128, 129, 181
—, Ursache unserer 182
Ausfrieren von Energie 166
— der Teilchen 167
Auslegekunst 139, 212, 273, 295
Auslegungsregeln 273
Auslegungstheorien 27
Auslösemechanismus 239
—, angeborener 59, 235, **292**
Aussagenlogik 55
Ausstattungsproblem 217
Australopithecinen 22
Auswahl 70
Auswahlbedingungen 158, 171, 175
Auswählen 88
Auswahlgesetze 76
Auto 269, 270
Automobile 268, 269
Automobilwerke 268
Autokatalyse 171, 173, **292**, 299
Autökologie 195

Autonomie der Vorstellungen 21
— des Nervensystems 219
Autopoiese 87, 114, 115, 142, 147, 293
— -Gespenst 142
Axiomatik 293
‡Axiome 54, 134, 161, 205, 293, 294
— der Geometrie 134
— der Quantenmechanik 170
Axiomenmodelle 54
Axis 188
— -Körper 188

Bakteriologie 281
Baryonen 167, 293
Basis-Sätze 244, 246, 293, 299
Baumeister 94
Bauplan 59, 83, 183, 184, 297
Bedeutung 99, 100, 101, 102, 103, 104, 110, 136, 218
—, Wahrscheinlichkeiten 102
Bedeutungseinheiten, ideale 48
bedingte Aktion 293
bedingte Appetenz 293
bedingte Reaktion 49, 60, 99, 100, 293
bedingter Reiz 46
bedingter Reflex 46
Bedingungen, hinreichende 72, 73
—, Kette der 71
—, mittelbare 71
— und Folgen 73
Bedürfnisse 61, 270, 271
— der Seele 81
Begabung 207, 236
Begehrlichkeit 30
Begehrverhalten 219, 292
Begräbnisriten 24
Begreifen 105
—, ursächliches 105
Begriffe 100, 101, 102, 103, 104, 110
—, beschreibende 104
—, Klassifikation 66
—, klassifikatorische 66
—, systematische 104
—, topographische 104
Begriffsbildung 35, 63, 104, 173
Begriffsexplikation 105
Begriffsschrift 39, 55
Begründungsproblem 217, 219, 260
Behaviorismus 56, 57, 192, 199, 204, 232, 233, 293, 299
Bekräftigung 49, 51, 116
Belousov-Zhabotinsky-Reaktion 75
Bénard-Zellen 75, 87, 146
Beschreiben 102
Beschreibung 101, 104, 105, 108, 109, 205
—, wissenschaftliche 104
Beschwichtigungszeremonien 51
Bestandsbedingungen 118
Bestärkung 57

Bestätigung 51
— der Prognosen 47
—, Dilemma der 225
Bethe-Weizsäcker-Zyklen 169
Betriebssteuern 269
Betriebswirtschaftslehre 263, 267
Bevölkerungsbiologie 197
Bewegungskoordination 154
Beweis 293
— -Theorie 53
Bewertungshypothesen 240
Bewertungsverhalten 241
bewußte Reflexion 219
Bewußtsein 20, 21, 23, 24, 32, 50, 51, 53, 54, 66, 82, 207
—, Frühformen 20
—, Vorstufen 50
Bezeichnungsträger 100
Bienen 94, 221
—, Sprache der 286
Bifurkation 75, 76, 88
big science 162
Bildungspolitik 236
Bildungssystem 214
Billard, mathematisch ideales 75
Bindungsgesetze 66
Binnenbedingungen 76
Biochemie 86, 96, 171, 195
Biologie 68, 288
Biologismus 293, 298
Biomoleküle 79, 115, 119
biomorphes Denken 265
Biosphäre 78, 79
Biotop-Bedingungen 198
Biowissenschaften 204, 281, 286, 290
Biozönose 193
—, Superorganismus als 193
Bizeps 23, 85, 86, 143
Blasenkammer 168
Blätter für deutsche Philosophie 15
Blumenbeigaben 24
Bodentiere 194
Brandung 72, 175
Brockhaus 105
Brownsche Molekularbewegung 160
Brückenbau 117
Buchstaben 69, 128, 132
— -kunde 248
Buddhismus 124

Candide 102
cartesianisch 293
cartesianisch-bernardianische Physiologie 200
cartesianische Räume 221
causae exemplares 32, 134, 296
causa efficiens 83, 85, 133, 136, 139, 153, 154, 159, 185, 188, 201, 269, 296, 297
— *finalis* 83, 131, 133, 152, 154, 157, 173, 185, 187, 190, 201,

causa finalis
261, 268, 269, 296, 297, 299
— *formalis* 83, 124, 127, 129, 133, 136, 141, 145, 154, 157, 158, 173, 185, 187, 190, 205, 261, 267, 268, 269
— *materialis* 83, 129, 131, 133, 141, 145, 153, 154, 185, 188, 205, 262, 267, 269
causes prochaines 200
Chemie 68, 86, 87, 171, 172, 173, 175, 204, 288
—, reine 173, 174, 204
— und Evolution 176
chemische Bindung 33, 86, 114
chemo-autotrophe Bakterien 193
Chorda 161, 183
— dorsalis 160
Chordata 183, 189
Christenverfolgung 30
CIBA-Foundation 29
circulus vitiosus 215, 222
Cirkel, zu vermeidender 215
Cluster 293
cogito ergo sum 52, 134
Cornea 46
Corpus callosum 53
Corpus iuris Iustinian I. 273
Corvidae 164
Corvus 164
Cro-Magnon-Mensch 22
Cubozoa 102

Darwinismus 176
—, Karikatur des 199
Darwinisten 298, 301
De bello gallico 12
Deduktion 53, 54, 205, 223, 227, 276, 293, 296
deduktiv-axiomatische Systeme 54
deduktiv-nomologisches Schema 164
Dekodierungsprozeß 218
Demagogie 278
Demiurgen 25, 85
Denken, das spekulative 52
—, das milde 21
Denkgesetze 38, 213
Denkhierarchie 67
Denkökonomie 111
Denkordnung 16, 110, 289
Denkpsychologie 126
Denkstruktur 36
Deskriptionsbegriffe 262
Desoxyribonukleinsäure 45, 91
deutscher Idealismus 193, 279
Deutung heiliger Texte 211
Deutungshilfen 290
Diagenese 72, 293
Dialektik 126, 256, 293
dialektische Methode 299
dialektischer Denkprozeß 275
dialektisches Denken 276

dialektischer Materialismus 94, 156, 293
Differentialdiagnose **293**
differentialdiagnostische Bedeutung 185
Dilemma der Vernunft 32
Dilemma des Szientismus 141
Ding an sich 296
Disponibilität 70, 76, 112, 113, 117, 171, 172, 178, 179, 185, 192, 227, 231, 235, 239, 245, 248, 258, 259, 267, 268, 278, 279
— der Materialien 174, 218
— des Verhaltens 191
disponible Systeme 90
Dispositionen 236, 270, 271
Dissipation **294**
dissipative Strukturen 89, 146
dissipative Systeme 294
Distanzregel 240
Dogmen 177
Doktrinen 177
Downward Causation 150
Drahtkantenwürfel 62, 97
Drehimpuls 167
Dualismus 17, 35, 36, 37, 206, **294**, 297
— der ärztlichen Methode 200
—, kognitiver 39, 206
—, ontologischer 206
Du-Verstehen 216
Dynamik der Wissenschaften 55

Ecole Polytechnique 140, 180, 181, 237, 299
egoistisches Gen 142, 299
Eichtheorien 121, 139, 146, **294**
eida 31
Eidopsyche 206
Eigengesetzlichkeit 69
Eigentumsrecht 140
Einstellungen 57, 59, 60, 206, 235, 237, 240, 257, 267
Eiszeit 20, 24, 25, 31
élan vitale 93
Eleatische Schule 26
Elektromagnetismus 167
Elektronen 113, 171, 297
Elektronenhüllen 169, 170, 174
Elektronenschalen 116, 171
elektroschwache Kräfte 167
Elemente 118
Elementen-Semiotik 248, 250
Elimination 160
Emergenz 142
Emotion 206
Empiriokritizismus 293
Empirismus 17, 26, 28, 29, 30, 64, 294, 299
—, logischer 48
Enchereisin naturae 151
Enchereisis 151

Encyklopädisten 264, 299
Endhandlungen 192
endogen **294**
Endursachen 163
Energieerwerb 300
Energiefluß 194
— -Ökologie 193
— -Symbolik 193
Energieformen 116
Energiegewinn 269
Energieniveau 170
Energiestoffwechsel 202
Energieübertrag 117
Enneaden 156
Ensemble 246
Entdeckungskunst 54
Entelechie 92, 93, 300
Enten 190
Entropie 119
Entscheidung 117
Entscheidungsfindung 58, 98
Entscheidungsprozeß 120
Entscheidungshilfen 22, 23, 27, 48, 57, 60, 61, 99, 100
—, ratiomorphe 62
—, Schichtenbau der 59
Entstehungsbedingungen 136, 289
Entstehungswege 163, 165, 179, 205
Entstehungsgründe 181
Enttäuschung 49, 51, 57
Entwicklungsbiologie 96
Entwicklungsmechanik 93
Entwicklungsphysiologie 96, 179, 180, 292
Entwicklungspsychologie 96
Entzifferung alter Schriften 225
environmental engineering 29, 140
Epidemiologie **294**
epigenetisches System 59, 178, 189, 194, 197, **294**, 298, 299, 300
Epigenotypus 184, 292, **294**
Epimetheus 155
Epiphänomenalismus 39
Erbdeterminismus 199
Erbkoordinationen 191
Erbmechanismen 236
Erdbeschleunigung 108, 109
Erdwissenschaften 175, 176
Erfahrung 22, 49, 55, 56, 57
—, empirische 53
—, Gegenstände der 53
—, Gewinn an 56
—, genetische 27
—, individuelle 27, 53
—, Inhalte der 53, 59
—, Reaktion auf die 59, 61
—, Schichten der 57
— unseres Stammes 27
Erfahrungsgewinn, assoziativer 22
Erfahrungsweise 59
Erfindungskunst 295
Erfolgsgesellschaften 143, 196

Erfolgszivilisationen 272
Erhaltungsbedingungen 124, 259
Erhaltungschancen 68, 117
Erhebungswinkel 108
Erkenntnis 46
— -Apparat 289
—, -Gewinn 52
— —, wissenschaftlicher 53
— -Gründe 163, 231
— -Interessen 283
— -Lehre 14
— -Monismus 289
— -Theorie, genetische 220
— —, spekulative 294
— -Weg 163, 165, 167, 179, 181, 205, 244
Erkenntnislehre 14
Erklären 104, 105, 106, 125, 126
Erklärung(en) 101, 105, 110, 127, 226, 227
— in der Archäologie 245
— in der Philologie 250
—, induktiv-probabilistische 159
— im Nebenfach 204
—, Psychologie der 109
—, System der 109
— systematischer Einheiten 186
— von oben 107
— von unten 107
Erklärungsbegriff 105
Erklärungsrichtung 127, 131, 226, 231, 280
Erklärungsweg 163, 165, 167, 179, 205, 244, 289
Erklärungswert 116
Erklärungszusammenhang 279
— in den Geschichtswissenschaften 259
— in den Wirtschaftswissenschaften 271
— in der Kunstgeschichte 263
— in der Philologie 252
— in der Psychologie 236
— in der Soziologie 241
Erlebnisverstehen 216
Erosion 174
Erosionsbedingungen 176
erste Gründe 163
erste Tatsache 134, 135
erste Ursachen 290
Erwarten von Erwartungen 278
Erwartung 49, 51, 55, 56, 57
—, Antriebe der 61
—, hypothetische 56
—, induktive 54
—, Inhalte 53, 59
—, Schichten der 57
Erweiterungsschlüsse 48
Es 235
esoterisches Prinzip 189
Ethik 274
Ethnologie 21
Ethologie 148, 190, 191

Etymologie **294**
Eugenik 197
euklidisch 293, **294**
— homogener Raum 166
euklidische Geometrie 107, 165
euklidisches Ideal 134
euklidisches Raumkonzept 139
Europide 184, 197
Evolution, chemische 171, 172
—, Sackgasse der 50
evolutionäre Erkenntnislehre 98,
 294
evolutionäre Theorie vom Kenntnis-
 gewinn 15, 16, 43
Evolutionismus 297, 298
Evolutionisten 264, 265
Evolutionsforschung 96
Evolutionsmechanismen 194
Evolutionstheorie 181, 290
exakte Naturwissenschaft **294**
Exegese der Antike 155
Existentialismus 212, 233, **294**, 295
existentielles Verstehen 216
Existentialisten, indische 31
Existenzphilosophie 294
Explanandum 110, 127
Explanans 110, 127
Explikation 105, 106
explorative Einstellung 216
exploratives Verhalten 207
Extrapolation 54, 104, 149
Extrapolationslust 163
Extrapolierbarkeit 143

Facies articularis dentis epistrophei
 189
Facieskunde 242
Fälle, Klasse von -n 106
Fallgesetze 108
Fallrecht 276
Falsifikation 53, 103, 116, 164,
 216, 223
Falsifikationismus 44, 139, 230,
 294
Familie 132, 240
Farbe 30
Faschismus 237
faule Vernunft 126
Faust 135, 151, 214
Faustkeil 22, 50
Federkleid 87
Feldbegriffe 139
Felder von Verhaltensweisen 190
Feld ohne Merkmale 187
Feldtheorien 294
Feld von Ähnlichkeiten 185, 292
Fernsinne 181, **295**
Fernwirkungen 167
Festkörperchemie 114
Fett 117
Finalbild 84
finale Gesetzlichkeit 92
Finalismus 23, 28, 32, 39, 93, 200

Finalisten 93
Finalität 17, 34, 43, 80, 84, 92, 93,
 95, 152, 155, 157, 192, 201,
 232, 256, 286, **295**
Finalitätsproblem 124, 152
Finalursache 34, 93, 270
Finanzwissenschaft 263
Fischottern 207
Fitness, Bedingungen der 195
—, individuelle 195
Fließgleichgewicht 15
Flugmuskel 72, 76, 89
Fluktuation 69
Flußgeschiebe 76
Förderungsprinzipien 268
formale Functionen 229
formale Theorie der philologischen
 Wissenschaft 247
Formalisierbarkeit 161
Formalisierung 205, **295**
Formalismus 295
Formbedingungen 69, 71, 72, 76,
 91, 112, 118, 121, 122, 141,
 179, 180, 182, 184, 202, 204,
 209, 231
—, Wirkung der 118
Form einer Form 141
Formgesetze 32, 112, 117, 120,
 128, 129, 130, 133, 226, 227,
 229
—, Hierarchie der 227
Formhypothesen 112, 128, 129,
 130, 133
Form- und Zweckentsprechung 112
Formursachen 71, 83, 84, 88, 89,
 90, 91, 96, 122, 124, 127, 128,
 150, 178, 179, 189, 194, 201,
 202, 218, 235, 236, 248, 270
—, Entwicklung der 78
Formvorbedingungen 72
freie Energie 117, 150
freier Fall 109
Freiheitsgrade 194, 197
— der Adaptierbarkeit 183
freundlicher Zuruf 189
Friedenstänze 269
Fruchtbarkeitsgöttinnen 24
Frühgeschichte 246
Frühmenschen 23, 24
Füchse 194
Fulguration 69, 87, 113, 114, 115,
 142, **295**
Fundamentalisten 297
Fundamentalität 116
Funktion 70, 124, 157, 173, 187,
 298
Funktionalismus 152, 232
Funktionsanalogie 292
Funktionsbegriff 239
Funktionseigenschaften 122
Funktionsentsprechung 152
Funktionskreis 93
Fusionsprinzip 169

Fußgängertunnels 269
Futterglocke 100

Galaxien 78, 89, 114, 167, 170
—, Entwicklung von 75
galileische Monokausalität 234
galileische Revolution 212
galileische Tradition 219
galileisches Wissenschaftsideal 234
Ganzheiten 295
Ganzheitlichkeit 152
Ganzheitskonzept 264
Ganzheitsphänomene 158
Ganzheitspsychologie 217, 232
Ganzheitstheorie 234
Gattung 132
Gebärde 285
Gebirgsbildung 73
Geburt 50
Gedächtnis 110, 232
Gedächtnisinhalte 20, 21, 158
Gefahr-Nutzen-Relation 60
Gefangenschaft der Psychologie 48
— in der Metaphysik 48
Gefängnis der Seele 37
Gegenstände objektiven Geistes 215
Gehörknöchel 35
Geißel 181
Geißeltierchen 181
Geist 206
— als Widersacher der Seele 235
— und Materie 294
Geistesmensch 234
Geisteswissenschaften 87, 98, 133,
 147, 212, 231
—, Begriffe der 212
—, Grundlagenstreit der 254
geisteswissenschaftliche Kultur 212
Geldtheorie 297
Gemütsbewegung 206
Gen 176, 177, 178, 189, 292, 294,
 298, 299, 300, 301
Generalisieren 63
Generalisierung 48
generativ **295**
generische Interpretation 251
Genesungsindustrie 200
Genetik 292
—, dogmatische 56
genetisch gespeichertes Wissen 150
genetische Anthropologie 198
genetischer Erkenntnisgewinn 46
genetisches Dogma 177
genetisches Gedächtnis 171
Gen-Manipulation 291
Genom 178, 208
Gen-Phän-Komplexe 178
Gen-Phän-Wechselwirkungen 177,
 179
Genverflechtung 197
Gen-Wechselwirkungen 107, 164,
 177, 197, 199, 300
Geochemie 171

Geologie 175
Geomorphologie 174, 175
Geophysik 123, 175
Geo-Sciences 174
Geowissenschaften 204
Gerechtigkeit 274
Geschichte 254, 256, 257, 260, 280
— chemischer Zustände 173
— der Fächer 231
— der kleinen Leute 257
—, Gesetze der 255
—, politische 253
— von unten 256
Geschichtlichkeit 74, 75, 76, 121,
    174, 209
Geschichtserklärung 255
geschichtslose Objekte 281
Geschichtslosigkeit 282
Geschichtsphilosophie 254
Geschichtsschreibung 25, 253, 254,
    256
Geschichtstheorie 256
Geschichtswissenschaft 253, 254,
    255
Geschmacksstoffe 194
Geselligkeitsantrieb 206
Gesellschaft 212, 239, 279
—, klassenlose 140
— von Arbeitern 140
Gesellschaftstheorie 282
Gesetzbuch 275
Gesetze 53, 108, 110, 131, 296
— der Logik 165
— der Physiologie 86
— des Atombaus 86
—, Hierarchie von -n 108
Gesetzeszusammenhänge, Hierar-
    chie von -n 110
Gesetzgeber 274, 277
Gesetzlichkeit, Extraktion der 56
Gestalten 218
Gestaltkreislehre 217
Gestaltpsychologie 217, 218, 232,
    233, 234, 260
Gestaltqualitäten 217
Gestalttheorie 260
Gestaltwahrnehmung 63, 235
Gestaltzusammenhang 100
Gesteinsbildung 73
Gewebe 178
Gewerkschaften 269
Gewißheit 109, 159, 165
—, absolute 135
— apriori 165
Gewißheitsgrade 110, 135, 160,
    186, 205, 226
Gleichgewichtsgesetz 271
Gleichgewichtstheorie 264
Gleichgewichtszustand 79
Gleichheit 274
Gnathostomulida 102
Gnosis 234
Gödels Unableitbarkeitssatz 135

Goethezeit 279
Gott 31, 140
Götter 25, 33, 34, 85
—, unsterbliche 38
Grammatik 89, 248
—, generative 248, 295
—, intraverbale 248
—, stilistische 248, 250
—, strukturelle 248
Grand-Unification 146
— theory 166
Graugänse 15, 221
Gravitation 146, 165, 167, 168
Gravitationsdruck 167, 169
Gravitationsfeld 70, 75, 78, 89,
    119, 170, 172
Gravitationsgesetz 107, 108, 160,
    161, 165, 205
Gravitationsradius 146
Gravitationsraum 54
Gravitationstheorie 109
Gravitationswellen 107
Grenznutzenschule 264
Großhirn 234
Großmächte 281
Grüne Bewegung 151
Gruppendynamik 120
Gruppenverhalten 240, 241
Gruppenziele 61
Güterwert 295

Haarkleid 87
Hadronen 293
— -Zeitalter 121
Haeckelsches Gesetz 161, 298
Halswirbelsäule 188
Handelsdruck 269
Handelsstaat 264
Handlungsmaximen 256
Handlungsprogramme 158
Handlungsziele 158
Handschuhdehner 91
Handwerkstradition 243
Hase 91
Hausverstand, unreflektierter 44
Heilsgeschichte 254
Heilspläne 212
Heliumkern 169
Hemisphäre, leere 54
—, Spezialisierung der 53
—, stumme 54
Hempel-Oppenheim-Schema 111,
    125, 164, 266
Hephaistos 155
hermeneuo 211
hermeneutica profana 212, 272,
    295
hermeneutica sacra 211, 272, 295
Hermeneutik 14, 106, 125, 133,
    141, 206, 211, 212, 213, **295**,
    298
—, analytische 224
— -Diskussion 228

Hermeneutik
—, dogmatische 272, 278, 279
—, Doppelbödigkeit der 222
—, philologische 215
—, philosophische 212, 233, 247,
    279, 282, 283
—, pragmatische 279
— -Problem 227
— —, rechtsphilosophische 274
—, Regentschaft der 283
—, spekulative 228
—, strafrechtliche 272
—, universale 273
—, Universalitätsanspruch der 284
—, zerebrale 239, 280
hermeneutische Kunst 215
hermeneutische Methode 127, 215,
    224
hermeneutische Methodenlehre 126
hermeneutische Psychoanalyse 253
hermeneutische Schraube 222
hermeneutische Theorie 215
hermeneutischer Zirkel 13, 98, 106,
    126, 131, 208, 255, **295**
— —, Entflechtung des -s 227
Herrscher 257
Herrscherhäuser 257
Heuristik 53, 54, 179, 256, 270,
    294, **295**, 296
—, teleonome 234
— der Erwartung 223
Hierarchie 167
— der Bauteile 183
— der Dinge 67
— von Erklärungen 289
— der Formgesetze 227
— der Komplexitäten 208
— der Materialgesetze 227
— des Schichtenbaus 132
— von Theorien 103, 230
hierarchische Wechselbezüge 137
Hieroglyphen 11, 12, 129, 226
Himmelsmechanik 108, 109
Hintergrundwissen 216
hippokratische Methode 200
Hirnvolumen 184, 185
Histologie 86, 148
historiai 25
Historie 229
historische Ökonomen 264
historische Phänomene 166
historische Verhaltensforschung
    257
Historismus 254, 256, 264, **295**
—, romantischer 253
höhere Richtkräfte 93
Höhlenbär 24
Holismus 149, **295**, 299, 301
Hominidae 184, 185
homme machine 37
homo 184, 185
Homodynamie 180, **295**, 296
— -Theorie 180

homo erectus 22, 24, 116
Homologa 187
Homologie 104, 111, 125, 177,
    186, 292, **295**, 297, 300
—, Kriterien der 104, 129, 187
— -Theorem 186, 187
Homöose **296**
Homöostase 296
homo sapiens 116, 183, 184, 185
Hornvieh 194
Hospitalisierung 40, 47, 64
Huhn 92
Humanethologie 96
Humangenetik, empirische 198
Humanismus 247, 253
Humanökologie 198
Hybride der Kultur 233
Hydrographie 175
Hydrologie 174
Hypertonie 203
Hyperzyklus 173
— -Theorie 119, 173
hypokeimenon 83
Hypothese 53, 102, 103, 160
—, indoktrinäre 271
—, rationale 57
— vom allgemeinen Autobedürfnis
    271
— vom anscheinend Wahren 63
— vom kapitalistischen Sozialstaat
    271
— vom Vergleichbaren 63, 100
— von den Ursachen 63
— von den Zwecken 63
— von der geeigneten Umverteilung
    271
— von der humanen Zivilisation
    271
hypothetischer Realismus 65, 81,
    295

Ich 235
—, Form des 208
idea boni interpretis 212, 273
ideai 31
Idealismus 17, 26, 30, 31, 32, 294,
    296, 297
—, deutscher 28, 34, 37
Idealisten 93
idealistische Lösung 131
idealistische Welterklärung 133
idealistisch-geisteswissenschaftliche
    Tradition 106
Idealstaat 237
Idealtypus 182
Ideation **296**
Ideen 31, 38, 52
— -Lehre, platonische 48
—, Reich der 52
ideographische Untersuchung 106
Ideologie(n) 40, 57, 79, 124, 281,
    282, 283
— -belastung 199

Ideologie(n)
— des Machbaren 140
—, kapitalistische 266
—, sozialistische 266
—, Zeitalter der 28
Ilias 287
Immunisierungstendenz 222
Imperialismus 299
implizite Definitionen 123
Imponieren 192
Indeterminismus 74
— -Problem 75
Individualbegriff 66, 136
Individualpsychologie 87
Individualverhalten 240
Induktion 47, 48, 53, 54, 55, 60, 61,
    102, 104, 205, 216, 223, 227,
    245, 256, 293, 294, **296**
—, biologische 180, 295
Induktionsmuster, biologisches 183
Induktionsproblem 52, 55, 81, 111,
    224, 244, 270, 276, 277
Induktionsprozesse 211
Induktionstheorie, biologische 180
Induktionsverbot 256
Industrie 269, 270
—, nationale 269, 271
Industrienationen 269
Industriestützung 268
Inflation 265
Information 46, 70, 79, 111, 117,
    119, 144, 153, 193
—, relevante 150
— und Kraft 39
Informationsbegriff 119, 144
Informationsgehalt 154
Informationsspeicher 232
Informationssystem 111
Inhaltsbestimmung 273
Inquisition 124
Insektenauge 87
Instinkt 59, 82, 292, 295
Instinktbewegungen 154
Instinkthierarchie 82
Instinktpsychologie 192
Instinktverhalten 22
Institutionalismus **296**
Instruktion 144
Integrationsleistungen 202
Intelligenz 199, 272
Intelligenzquotient 97
Intention 125, 208
intentional **296**
Intentionalismus 296
Intentionalität 106, 158
Interaktionalismus 39
Interdependenz **296**
Interessen 282
—, politische 283
Interpretation 99
Interpretationsdilemma, eigen-
    sprachliches 224
—, fremdsprachliches 225

Interpretationshypothesen 224
Intersubjektivität der Verständigung
    220
Introspektion 285
Intuition 244
intuitionistische Lösung 54
Ionien 25, 31
irdische Mechanik 109
Irreversibilität 146
Isomorphie 81, 134, 136, 137, 217,
    289, **296**
— hoher Ordnung 205
— höherer Ordnung 110, 111, 112,
    126, 136, 218, 280, 285, 287,
    289
— -Prinzip 44
— -Problem 67, 217
isotroper Raum 89
Ist-Größen 154
Ist-Soll-Debatte 237
Iteration 49, 292, **296**

Jagdzauber 24
Janusgesicht 290
Jenseits 24
— -Vorstellungen 24
Jungsteinzeit 25

Kaninchen 194
Kannibalismus 24
Kantsches Apriori 220
Kapital 82, 83, 85, 116, 117, 143,
    193, 269
—, Das (Marx) 177
Kapitalismus 299
Katalyse 299
Kategorien 37, 64
— der Anschauung 32
— der Vernunft 44
— der Verstandes 31, 33
Kausalbild 84
Kausaldenken 63
—, lineares 97
Kausalerklärung 107
Kausalismus 28, 32, 33, 39, 200
Kausalität 17, 34, 43, 84, 93, 95,
    117, 152, 201, 295, **296**, 300
—, Formen der 80
—, lineare 201
—, Wirklichkeitsgehalt der 80
—, vernetzte 97
Kausalitätsdenken, lineares 7
Kausalitätsproblem 152
Kausalkategorie 239
Kausalzusammenhang 163
Keilschrift 251
Keimblätter 180
Kenntniserwerb 46
Kenntnisgewinn 55
—, individueller 49
Kepler-Gesetze 108
Kernkräfte 147, 167, 169
Kernsäuren 171

Kernumwandlung 79
Kinnbildung 185
Kirchenväter 237
Kleingruppengeschichte 257, 258
Kleinkinder 136
Knochenbälkchen 189
Koevolution, zweiseitige 169
Koexistenzgesetze 107
Kognition **296**
Koinzidenz 100, 103, 164
Kolibri 89
Kollektivbegriffe 66
Kollektivbewußtsein 258
Kollektivgeschmack 269
kollektiver Irrtum 137
Kometenbahnen 109
Kommunikation 285, 286
—, Werden von 284
Kompaß 167
Komplexitätsschichten 149
Komposition 260
Kompositionselemente 262
Kompositionslehre 120
Konditionierung 293
Konformitätsbeförderungs-
    hypothese 240, 241
Konformitätshypothese 240
Konformitätstendenz 240
Konjunkturgeschichte 257, 258
Konkurrenz 78, 122, 171, 196
Konnektivitätsmatrix 122, 144
Konstanz der Auswahlbedingungen
    63
— der Natur 49, 63, 219
Konstruktionsaufwand 119, 144,
    154
Konstruktivismus 60, 189, **297**
Konsumation 266
Konsumationsstufen 196
Konsumenten 195
Kontext 69, 132, 218, 239, 248,
    249, 251
— der Bestätigung 244
— der Entdeckung 244
Korpuskel und Welle 39
Korrelation 108, 110, 164, 226
—, Hierarchie der 110
Korrelationsgesetze 108
kosmische Nebel 167
kosmische Physik 123
Kosmogonien 25, 155
Kosmologie 90, 96
Kosmos 166, 167, 169
Kraftbegriff 85, 142
Kräfte 23, 24, 30, 34, 40, 43, 82,
    85, 290, 297
— versus Zwecke 137
Kraftentfaltung 85
Kraftübertragung 117, 118, 151
Kraftverständnis 91
Krankheit 200
Kreationismus **297**
Kreativität 244

Kriegsberichte 253
Kriterien der Homologie 187
Kritik der reinen Vernunft 64
Kritik der Urteilskraft 64, 256
Krustenbildung 72
Kultur 118, 243, 245, 256, 258,
    279, 289
—, die beiden -en 214
Kulturationsprozesse 243
Kulturdeterminismus 199
kulturelle Mutante 58
Kulturgeschichte 96, 211, 250, 279
Kulturkreis 243, 245, 246, 279
Kulturschöpfer 257
Kulturwissenschaften 68, 114, 123,
    267
Kunde 267
—, König 267
Kundenbearbeitung 267
Kunst 212, 256
— der Hermeneutik 127
— des Auslegens 211
Kunstepochen 261
Kunstgeschichte 253, 260, 264,
    279, 288
—, vergleichende 242
Kunstlehre des Verstehens 212, 273
Kunstphilosophie 260
Kunstwissenschaft 256, 260
Kunstwollen 260
kybernetes 153
Kybernetik 139, 148, 153, 154,
    238, 265, 280, 286, 293, **296**,
    300

Labyrinth 233
Lagekriterium 190
Lamarckismus 178
laminare Störung 146
Langzeiterfahrung 99
Laplacescher Geist 120
Laser 74, 75, 117, 166
laterale Arabeske 240
Lebensgemeinschaft 193
Lebenskraft 301
Lebensleistung 235
Lebenspraxis 225
Lebenszwecke 220
Leerlaufhandlungen 292
Lehre vom Jenseitigen 300
Lehre vom richtigen Ableiten 48
Lehre vom richtigen Denken 48
Lehrmeister, unbelehrbare 40
— unserer Vernunft 28
Leib und Seele 39, 288, 294
Leib-Seele-Problem 36, 38
Leistung 85
Leitbilder 207
Leptonen **297**
Leptonen-Physik 167
Lernen 46
—, assoziatives 47
— der Gene 46, 58

Lernen
—, individuelles 47
lerntheoretische Schichten 236
Leserichtung 276
Letalmutante 161
letzte Gründe 132, 134, 135, 225
letzte Zwecke 163, 290
Leuchtorgan 91, 113
Lexikographie 249
Lichtabweichung 109
Lichtgeschwindigkeit 108
Lido von Venedig 71, 72, 123, 174,
    175, 176
Liebe 206
Lied von der Traumliebe 226
lineare Lösungswege 253
lineare Zusammenhänge 235
Lingualismus 38, **297**
Linguistik 55
Lipid-Membranen 113, 173
literarische Kultur 211
Literaturgattung 229, 248
Literaturgeschichte 240
Literaturstil 226
Literaturwissenschaft 247
little science 162
Logik 38, 39, 48, 51, 53, 54, 134,
    209, 223, 231, 243, 251, 300
—, deduktiv-induktive 39
—, formale 48, **297**
— im Prozeß der Rechtsfindung
    277
—, induktive 48
logische Gesetze 48
logische Gewißheiten 159
logische Wahrheiten 54
Logistik 38, 39, 48, 55, **297**
logizistische Lösungen 54
Logos 33, 36

Macht 85, 116, 117
Mächte, übernatürliche 277
Machtausstattung, wissenschaftli-
    che 162
Machtblöcke 161
Machtgesellschaft 140
Machtunterschiede 277
main stream economics 264
Main-Stream-Ökonomie 270
Makroevolution 59
Makrokosmos 114
Mammalia 183, 189
Managementlehre 263
man power 86
Mängel 65, 66
— unserer Vernunft 291
Marginalismus 264, 265
Marketing 269
Markt 267
Marktgeschehen 267
Marktgeschmack 269
Marktverhalten 267
Marmor, pentelischer 73

Massenhomologa 187
Mast 164, 165
mater und *materia* 36
Material 223
Materialbedingungen 71, 72, 76,
    86, 111, 117, 121, 141, 202,
    208, 227, 258
—, Wechsel der 113
materiale Ergebnisse 229
Materialentsprechung 112
Materialgesetz 112, 114, 116, 120,
    128, 129, 130, 133, 194, 227,
    229, 249
Materialhypothese 112, 128, 130,
    133
Materialismus 17, 26, 30, 32, 33,
    37, 294, 296, **297**, 300
Materialisten 93
materialistische Lösung 131
materialistische Realutopien 140
materialistische Welterklärung 133
materialistischer Empirismus 189
Materialursachen 71, 84, 86, 88,
    89, 96, 116, 127, 128, 171, 174,
    179, 189, 202, 218, 235, 248,
    269, 270
Materie, entartete 170
Mathematik 54, 55, 231
Matrix **297**
Matrizensystem 171
Mauersegler 89
Mechanismus 93
Mechanizismus 37, 298, 300
Mechanizisten 93
Mechanizistik 147
Medizin 200, 201, 202, 203, 204,
    206
Meeresökologie 13
Meinungsforschung 120
Meister, unbekannte 103
Membranen 116
Mendel-Gesetze 177
Menschenaffen 20, 22
menschliche Universalien 60,
    257
Menschwerdung 50
Mentalismus **297**
Mentalitätsforschung 257
Mentalitätsgeschichte 257
Mephisto 151
Merkantilisten 264
Merkmal 185, 186
— des Typus 185
— ohne Feld 187
Merkmalskoppelungen 185
Mesokosmos 289
Mesowelt 63, 66
Metallarbeiter-Gewerkschaften 269
Metamorphose der Pflanze 189
metaphysische Langzeitbedingun-
    gen 258
metaphysischer Empirismus 140
metaphysischer Idealismus 296

Metaphysik 24, 28, 44, 48, 83, **297**,
    299
—, axiomatische 54
Metarhodopsin 181
Meteorologie 123, 174
Methode wechselseitiger Erhellung
    286
Methodendilemma 204
Methodendiskussion der Archäolo-
    gie 244
Methodenmonismus 288
Methodenproblem 286
Metrik 120
metrische Begriffe 139
Mikroökonomie 270
Milet 25
Milieubedingungen 90, 117
Milieugesetze, Nachbildung der 205
Milieuselektion 177
Mimik 285
mind and matter 36
Mineralbindungen 174, 176
Mineralogie 174
Missionierungsdruck 269
Mittelalter 27, 28, 31
Molekularbiologie 96, 147, 180,
    204
molekulare Genetik 176, 177, 204
Molekularidealismus 178
Molekularidealist 14
Moleküle 113
—, Geometrie der 170, 171
Monetarismus 264, 265, **297**
Mongoloide 197
Monismus 17, 35, 294, **297**
—, idealistischer 37
—, materialistischer 37
—, naturwissenschaftlicher 37
—, neutraler 39
Monisten 199
Monistenbund 37
Moral 30, 208, 256, 265
moralanaloges Verhalten 208
Morphogenese-Problem 197
Morphologie 14, 45, 59, 181, 183,
    187, 190, 199, 204, 219, 237,
    239, 242, 279, 295, **297**
—, idealistische 189
morphologischer Typus 187, 215,
    226, 247, 261, 276, 300
Motivation 239
Motive 207, 255, 257
Multi 143
multiple Allele 292
musculus biceps brachii 85
Muster 141
Mutante 45, 46, 301
—, kulturelle 47
Mutationen 160, 185, 301
Mutationstheorie 177
Myosinmoleküle 70, 72, 89, 149
Mythen 91
Mythologie 73, 84, 281

Mythos 212

Nachahmung 207
Nachrichtenübertragung 153
Nachvollziehen 223
Nahrungskonkurrenz 196
Nahwirkungen 167
Nashorn 91, 285
Nationalökonomie 263, 264
Nationalprodukt 85, 86, 193, 239
Natur des Übernatürlichen 37
natürliches System 183, 186, 187,
    189, **297**, 300
Naturordnung 16, 67
Naturrecht 272, 273
Naturreligionen 292
Naturvölker 21, 51
Neandertaler 11, 22, 24, 281
Nebulartheorie 168
negative entropy 177
negative Regelkreise 196
negative Rückkoppelung 105, 127
Neg-Entropie 119
Neodarwinismus 177, 300
Neolamarckismus, marxistischer
    177
neolithische Revolution 25, 214
Neopositivismus 29, 140, 150, 242,
    299
Neospyche 207
Neosozialdarwinismus 199
Neue Systematik 186
New Systematics 186
Neugierde 60, 61, 206, 219
Neugierverhalten 60
Neuhumanismus 247
Neukantianer 93, 156
Neukantianismus 274
Neuplatoniker 93
Neuplatonismus 300
Neuplatonist 156
Neurobiologie 217
Neurologie 233, 234
Neuronen 115
— höherer Ordnung 218
Neurophysiologie 114, 217
Neuropsychologie 87, 96, 232
Neutronen 113, 293
Neutrinos **297**
New Archaeology 243, 244, 280
Newton-Rat 140
Newtonsche Dynamik 146
Newtonscher Raum-Zeit-Begriff
    139
nexus organicus 94, 156, 202
Nichtäquilibrium-Physik 161
Nichtäquilibrium-Thermodynamik
    79, 139, 166, 300
Nichtbewußtes 233
Nichtwiederholbarkeit eines Ab-
    laufs 74
niedere Tiere 116
Nikomachische Ethik 256

Nominalismus 298
nominalistische Position 189
nomothetisch 298
nomothetische Prozesse 106
Norm 276
— -Zumutungen 277
Normierungswirkung 240
Novum organon 55
— — *Renovatum* 55
Nukleotid 171
— -Ketten 171
— -Proteinzyklen 173
numenon 31
numerical taxonomy 186
numerische Taxonomie 56, 57, 111,
    142, 185, 298
nus 155
— *poeticos* 33

Oberbedingungen 123, 170
Oberbegriff 66, 136
Oberfeld 186
Obergruppen 183
Oberhypothesen 227
Obersatz 158, 165
Oberschicht 71, 120, 150, 227, 243,
    258, 276
Obersysteme 70, 77, 106, 111, 112,
    117, 119, 123, 125, 127, 129,
    130, 159, 171, 174, 178, 187,
    188, 196, 203, 204, 209, 218,
    223, 224, 226, 227, 231, 235,
    237, 239, 248, 258, 259, 262,
    267, 269, 270, 273, 276, 278,
    289
Obertheorie 225, 230
Objektivitätspostulat 154, 287
Obskurantismus, naturwissen-
    schaftlicher 40
Offenbarung 25
Ohmsches Gesetz 107
Ökologie 87, 196
Ökonomie 196, 266, 280
— -Prinzip 111, 136, 145
Ökonomismus 267
Ökosysteme 193, 194, 195
Ontogenie 296, 298, 300
Operation 141, 147, 298
—, nicht kommutierende 147
Operatorgen 298
Opsin 180
Optik, Gesetze der 45, 46
Optimierung 49, 163, 251
Optimierungsmodell 255
Optimierungsprozeß 277
Opus 224
Order on order-Prinzip 46
Ordner, innere 88
Ordnung 119, 141, 144, 146, 154,
    202
— göttlicher Stiftung 272
— in Ordnung 144
Ordnungsparameter 145

Ordnungsregel 131
Ordnungsvollzüge 202
Organe 87
— als Hypothesen 244
Organellen 173
Organisation 59, 70, 78, 79, 119,
    122, 141, 144, 150, 154
— der Phäne 178
Organisationsgewinn 194
Organon 55
origin of species 176
Ort als absolute Gewißheit 44
Ort der Gewißheit 134
Osteologie 183
Ozeanographie 123
—, physische 175

Pangenesistheorie 176, 298
Paarungsverhalten 190
Pädagogik 153
Paläoanthropologie 197
panpsychistischer Identitismus 38
Panpsychismus 33
Papyrus 87
Paradeschwimmen 192
Paradigma 60, 79, 126, 162, 163,
    177, 212, 213, 225, 226, 233,
    237, 265, 267, 272, 286, 287,
    288, 294, 298
— der Naturwissenschaften 86
Parallelen-Axiom 293
Parapsychologie 292
Parkinson-Prinzip 240
Parlament der Moleküle 74, 87, 117
— der Teile 76, 88, 166
Parteien 240
Parthenon 72, 73
Patentschrift 103
pathokinetisch-vegetative Krank-
    heitsursachen 202
Paviane 220
Peleponnesischer Krieg 237
Pendel 164
Pendelgesetz 164, 165
Peripatetische Schule 27
Personalstil 260
personelle Werthaltung 216
Persönlichkeitsfaktoren 240, 241
Persönlichkeitspsychologie 297
Perzeption 218
Peter-Prinzip 240
Petrobiona 102
Pfeil und Bogen 50
Pflichten, vaterländische 30
Phalanx 85
Phäne 176, 177, 189, 197, 298
Phänomenalismus 212, 298
Phänomenologie 233, 294, 298
phänomenon 31
pharetronida 102
Phasenübergang 113, 114, 115
Philologie 237, 239, 247, 248, 249,
    251, 253, 264, 279

Philologie
—, alexandrinische 212
philologische Disziplinen 231
Philosophen, ionische 36
Philosophie, analytische 29, 48, 107
—, existentialistische 222
—, idealistische 152, 156, 157
—, kritische 139
—, spekulative 280
Phobien 59, 60, 81, 82, 158, 298,
    300
photo-autotrophe Pflanzen 193
Photonen 181
Photorezeptoren 128
Photosphäre 169
Phototaxis 300
Phylogenie 298
Physik 68, 86, 165, 166, 167, 168,
    169, 170, 204, 206, 209, 225,
    286
physikalische Gesetze 161, 167
Physikalische Chemie 170
Physikalismus 16, 141, 206, 293,
    298
Physikalisten 140
Physikokratie 140
Physiokraten 140, 264, 280, 298
Physiologie 180, 181, 182, 204
Physiologismus 200
Physiologische Psychologie 232
Pithecanthropus 11
Placozoa 102
Planeten 114, 119, 169, 170
Planetengesetze 109
Planhandeln 51
Plasma 169, 170
Platonismus 94
Platons Staat 237
Politikgeschichte 257
politische Geschichte 257
politische Institutionen 256
Politologie 87, 237
Pop-Kultur 218
Popper-Hempel-Theorie 110
Populationen 79, 185
Populationsforschung 86
Populationsgenetik 114
Porphyrin-Ring-System 171
Poseidon 91
positive Metaphysik 274
positive Ökonomie 264
Positivismus 29, 32, 48, 105, 115,
    139, 140, 232, 237, 254, 256,
    264, 270, 279, 280, 292, 295,
    297, 299
—, empirischer 274
—, logischer 279
— -Streit 221, 222, 238, 280, 286
Positivisten 140
positivistische Mythologie 159, 160
Possessivität 30, 206
post hoc 81
power 83, 85, 86

practical inference 255
practical inquiry 255
practical reasoning 255
practical syllogism 255
Prädisposition 270
pragmatische Wende 107
Prägung 267
Prähistorie 90
Präskription 248
Präsumtionsmodell 255
Primärproduzenten 195
Primaten 50, 91, 116
Problem der Lesrichtung 262
Problemlösungen 54
Produktion 266
Produktionsstätte 269, 270
Prognose 53, 56, 96, 102, 103, 104, 107, 216, 226
Prognostik 116
Prognostizierbarkeit 111, 163, 194
Programme 125, 158, 208, 286, 295
—, zweckgerichtete 300
Programmherstellung 208
Projektion 285
Prolog im Himmel 209
Prometheus 155
Propaganda 225, 240
Prophezeiungen, sich selbst bestätigende 222
propter hoc 81
Prosopographie 256, 257
Protagorasmythos 155
Proteine 116
Protobiosphäre 79
Protokollsätze 161, 167, 170, 172, 179, 293, **299**
Protonen 113, 169
Protoplaneten 79, 169
Protosonne 113, 121, 167, 169, 171
Protozellen 173
Psyche 115, 147, 149, 232, 234
psychische Funktionen 232
Psycholamarckismus 147
Psychoanalyse 234
Psychohistorie 256, 257, 258
Psychologie 114, 150, 199, 206, 215, 221, 222, 223, 232, 233, 234, 237, 239, 256, 279, 280
—, akademische 233
— der Kunst 262
—, verstehende 233
—, zergliedernde 228
Psychologismus 298
Psychopathologie 203
Psychophysik 232
psychophysisches Phänomen 202
psychophysisches Syndrom 203
Ptolemäus 128
purpose 232
purpose psychology 192
Pyrrol-Formol-System 171

Qualitäten, neue 147

Qualitäten, neue
—, —, Werden -r 38
—, unvereinbare 23, 43
Quanten 170, 226
— -chemie 114, 170
— -gesetze 86, 174
— -kräfte 143, 176
— -mechanik 114
— -physik 74
—, stabile 118
— -theorie der Gravitation 168
Quantifizierungsideal 141
Quantifizierungsideologie 142, 179
Quarks 168
Quasar 3 C 273 226
Quellenkritik 254

Raben 164
—, Begriff der 164
— -Paradoxon 47
Radiumzerfall 167
Rahmenhomologa 187, 188
Randbedingungen 78, 89, 90, 174
Ränge 239, 240, 257
Räsonieren, praktisches 145
—, theoretisches 145
Rassen 185, 197
Rassenhunde 197
Rassenhygiene 197
Rassenverwandtschaft 197
rassenspezifische Mutationsbereitschaft 197
Rassismus 197
ratio 299
ratiomorph 60, 61, 98, 102, 129, 131, 135, 152, 158, 202, 206, 239, 252, 257, 258, 279
ratiomorphe Anleitung 63, 164
ratiomorphe Ausstattung 134, 189, 213, 216
ratiomorphe Deutung 235
ratiomorphe Erwartung 136
ratiomorphe Programme 125
ratiomorpher Apparat 64, 105, 134, **299**
Ratiomorphes 220
rationalisierende Vernunft 211
Rationalisierung 126
Rationalismus 17, 22, 26, 27, 28, 29, 30, 32, 272, 294, **299**
—, erkenntnistheoretischer 27
—, idealistischer 189
Rationalismus-Empirismus-Problem 217
Ratten 221
Raubaffen 23
Räuber-Beute-Verhältnis 196
Raum 23, 30
—, gedachter 51
—, Schaffung des -es 167
Raumstil 260
Raumtiefe 100
Raum-Zeit-Kontinuum 40, 43

Reafferenz 156, **299**
— -Prinzip 234
Reaktion, bedingte 51, 57, 60, 100
Reaktionsfelder 89
Reaktionskinetik 170, 173
Realgründe 107, 165, 231
Realismus, naiver 32
Realität 298
Realitätsargument 80
Realitätsproblem 65
Realitätsstandpunkt 181
Realwissenschaften 213
reasons of continuation 205
— *of development* 205
— *of discovery* 205
Recht 212, 272
— des Stärkeren 299
—, Legitimierung des -s 278
—, positives 29, 272
Rechtsbegriff 273
Rechtscodices 273
Rechtsempfinden 30, 273, 278
Rechtsentscheidung 120
Rechtsetzung 262, 273, 274, 276, 277, 278
Rechtsfindung 120, 262, 274, 275, 276, 277
Rechtsgedanke 273
Rechtsgrundsätze 273
Rechtsinteressen 254
Rechtskultur 277
Rechtslehre, reine 274
Rechtsnormen 274
Rechtsordnung 272, 273
Rechtsphilosophie 272, 274, 277
Rechtspositivismus 274
Rechtspostulate 279
Rechtssoziologie 277
Rechtssystem 273
Rechtstheorie 275
Rechtswissenschaften 123, 274, 279
Rede-Lecture 213
Reduktion 114, 116, 135
—, idealistische 223
—, materialistische 223
Reduktionismus 115, 124, 148, 201, 209, 258, 280, 294, 295, **299**
— -Debatte 176, 179
— der Physik 146
—, idealistischer 124, 192, 267, 279
—, materialistischer 123, 192, 193, 199, 204, 266, 267, 279, 299, 300
— nach oben 124
—, neuropsychologischer 217
—, ontologischer 29, 115, 117, 149, 151, 206, 209, 267, 299
—, ontologisch-materialistischer 124, 157, 299
—, physikalischer 204
—, positivistischer 238

Reduktionismus
—, pragmatischer 29, 114, 124, 149, 209
—, szientistischer 142, 280
Reduktionisten 29
Reduktionsideal 142
Reduktionsschnitte 116, 122
Redundanz und Qualität 144
Reetablierung des Etablierten 45
Reflexion, bewußte 51
—, extrapolierende 136
Reflexlehre 232
Reformation 254, 273
Regelkreis 153
— der Optimierung 137
Regelprozesse 154, 297
Regionalgeschichte 257, 258
Regeln 160, 205
Regler 154
Regreß, unendlicher 217
Regulationsgene 189, 294
Reichweite physikalischer Kräfte 143
Reizbarkeit 181
Reizbeantwortung 193
Reizbefriedigung 60
Reizleitung 149
Reiz-Reaktionsmaschinen 57
Reiz-Reaktionstheorie 179
Reiz-Reaktionsverhalten 232
Reiz und Bedeutung 99
Rekapitulationsgesetz 160
Rekonstruktionsmuster 219
Relation 22
Relativitätstheorie 108, 109, 167
Re-Ligio 24
—, Universalität der 29
Religion 212, 256
Renaissance 28, 33, 115, 139, 212, 242, 247, 254, 273
Replikation, identische 45
Repräsentanten Gottes 140
Reproduktion 46
res cogitans 37, 293
— extensa 37, 293
Reserve 116
Ressourcen 196
— -Verknappung 265
Restaurierung 149
Retina 180
— -Zellen 234
Revierverhalten 192
Ribonukleinsäure 79
Ribonukleinsäurebasen 114
Riesenchromosomen 58
Ritualisierung 191
Ritualkämpfe 192
Ritualverhalten 191
Romantik 264, 279
Roß- und Reitersymbolik 235
Rubidium 74
Rückenmark 116
Rückensaite 183, 205

Rückkoppelkreis 153, 234
Rückkoppelung 105, 158
Rückkoppelung, kybernetische 152
—, negative 153, 156
—, positive 153
Rücklagen 193
Rückmeldung des Erfolges 156
Russelsches Huhn 47
Rüstung 85, 86
Rüstungswettlauf 265, 269

Sachtypen 245, 246
Saint-Simonismus 140
Saint-Simonisten 237
Samos 31
Sanktionshypothese 240
Sarcomere 70, 72, 86, 90
Satz 69, 87, 101, 132, 239, 248
Satzbedeutung 251
Säuger 20, 116
Savignysches Schichtenkonzept 273
Schamanen 25
Schichtdifferenzierung 266
Schichten des Anorganischen 145
Schichtenbau 32, 90, 91, 95, 126, 207
—, der Komplexität 231
—, der Welt 83, 120
—, der Wirtschaftssysteme 266
Schichtengliederung der Wissen-schaften 116
Schichtenkonzept 234, 258
Schichtenlehre in der Psychologie 234
Schichtenmodell 94, 156, 202, 206, 278
— der Persönlichkeit 206
Schichtenproblematik 273
Schichtgesetz 86, 116
Schichtgrenzen 148, 243
Schichtqualitäten 148
Schichtstrukturen 86
Schichtübergänge 148
Schicksalsgemeinschaften 257
Schiffsmühle 91
Schimpansen 82, 91, 207, 285
Schluß, deduktiver 48
—, logischer 48
—, wahrheitserweiternder 48, 81
Schmerz 20
Schnellstraßen 269
scholasticus 299
Scholastik 31, 32, 34, 93, 237, 299, 300
Scholastizismus 299
Schöpfung 87
Schöpfungslehre 297
Schraube des Erkenntnisprozesses 111
Schraube, Steigung der 55
Schraubenprozeß 52, 55, 56, 222
Schrift 50
Schrödinger-Gleichungen 170, 171

Schuld und Sühne 91, 274
Schule-Meister-Zusammenhang 262
Schulen der Zeit 261
Schulpolitik 236
Schwäne 47, 48, 49
Schwänerätsel 49
Schwarzes Loch 143
Schwarzhalsschwan 49
Schwefelwasserstoffatmosphäre 113
Schwerkraft 108
Schwimmblase 113
Schwingkreis 121
Science 139, 300
Sedimentologie 123, 242
Sedimentproduktion 174
Sedimentsortierung 72, 76
Seegang 72
Seegangsmuster 174
Seele 206
—, animalische 234
—, vegetative 234
—, die unsterbliche 38
Seelisches Sein 233
Sehpurpur 180
Sehzellen 180
Sekundäratmosphäre 119
Selbstorganisation 88, 92
Selbstorganisationsprozesse 286
Selbstdarstellung 207
selbsterfüllende Prophezeiung 39
Selbsterhaltung 206
Selbstimmunisierung gegen Widerle-gung 97, 162
Selbstorganisation 293
Selbstregulation 152, 158
selbstregulative Prozesse 201
Selbstreplikation 171
Selbstreproduktion 171
Selbst-Transzendenz 7, 97, 291
Selbstverständlichkeiten 59, 162
—, kollektive 287
—, kulturbedingte 43
—, soziale 60
Selbst-Verstehen 216
Selbstwertgefühl 206
Selektion 19, 46, 70, 78, 117, 171, 179, 209, 270
—, innerartliche 65
—, negative 235
selektionistische Milieutheorie 176
Selektionsbedingungen 90, 122, 141, 176, 179, 197, 258
— der Organisation 90
—, transspezifische 196
Selektionserfolg 49
Selektionsprinzip 119
Selektionstheorie 33
Selektivität 192, 259, 267, 278
Semantik 89, 120, 226, 229, 248, 249, 251, 299
—, deskriptive 249
—, normative 249

semantisch-ideatorische Krankheits-
ursachen 202
Semiotik 248
—, deskriptive 251
sensualistische Wirklichkeit 216
Serologie 197
Setzkasten 119
Seuchenlehre 294
Sexualität 206
Siedlung 243
Silbe 69, 132
Silikatschalen 113
Simiae 185
Simplicio 223
Sinn 124, 131, 136, 183, 209, 218,
220, 290
—, Würde eines -s 157
Sinnbestimmung 273
Sinnesfenster 66, 85
Sippe 257
Sitte 212
Sittenkreis 243, 245, 246
Situationsanalyse 223
Skeptiker 26, 80
Skinner-Box 221
Sklaverei der Metaphysik 140
— der Psychologie 140
Sollgrößen 154
Somatologie 198
Sonne 167, 170
Sonnenabstand 108
Sonnengas 167
Sonnenspektrum 167
Sonnensysteme 70, 78, 79, 90
Sophisten 26, 27, 155, 272
Sorge 20
So-Sein 81
Souverän 277
Sozialanthropologie 199
Sozialdarwinismus 178, 179, 197,
199, **299**
soziale Schichtstrukturen 239
Sozialforschung, empirische 238
Sozialgeschichte 258
Sozialgesetze 86
Sozialismus 254
Sozialistenschule 140
Sozialordnung 256
Sozialphysik 140, 237
Sozialpsychologie 21, 87, 96, 148,
153, 237
Sozialsysteme 123
Sozialwissenschaften 68, 87, 98,
238
Soziobiologie 56, 57, 178, 179, 193,
199, 204, **299**
Soziologie 87, 148, 221, 233, 237,
238, 239, 240, 254, 256, 262,
280
—, emanzipatorische 282, 283
—, wissenschaftliche 238
Spektrallinien 170
Spektrum, elektromagnetisches 96

spekulative Vernunft 126
Spezialisation 194
Spezialisierung 161
Speziation 300
Spiegelkabinett 141
Spieltheorie 173
spiralenförmiger Prozeß 276
Spiralnebel 119
Sprache 50, 87, 118, 212
Sprachentwicklung 20
Sprachgesetz 86
Sprachlogik 38, 293
Sprachstruktur 36
Sprachzentrum 53, 54
Staat 240, 256, 257
— gegen Individuum 237
Staatsrechtslehre 274
Stahlindustrie 269
Stahlkonkurrenz 269
Stammesgeschichte 183
Stammhirn 116, 234
Standortgebundenheit, Dilemma der
225
Stärke 116, 117
statistische Mechanik 114
Staude 257
Steinschnitt-Technik 77
Steinwurf 167
Stein von Rosette 11, 12
Steinzeit 24
Stellglied 153, 154
Stellgrößen 158
Stephansdom 71, 76, 77
Stereoisomere 299
stereospezifische Reaktionen **299**
Stereospezifität 171
Stern, Brenndauer des -s 167
Steuermechanismen 158
Steuerungsvorgänge 153
St. Gallener Schule 265
St. Helena 74
Stil der Zeit 261
Stilempfinden 72
Stilepoche 248
Stilformen 251, 262
Stilfragen 260
Stilgattungen 229
Stilgefühl 70, 261
Stilgeschichte 260
Stilgesetze 86, 89
Stilrichtung 261
Stimmung 206
Stoa 34, 85
stochastische Störungen 137
Stoiker, englische 33
Strahlung 169
—, kosmische 175
Strahlungsdruck 169
Strahlungsempfang der Erde 175
Strahlungsmuster 175
Strahlungszeit 78
Strandrippeln 146
Strategien 194

Strategien
— der Genesis 58
Struktur 141
Strukturbedingungen 69
Strukturgene 189, 294
Strukturgeschichte 257
Strukturkriterium 187
Strukturmutanten 57
Strukturpsychologie 234
Strukturtheorie 234
Subfälle 104
Subhandlungen 159
Subkulturen 288
Substantiva 35
Subsumption 132, 164, 205
— von Fällen 127
Subsumptionshierarchie 167, 226
Subsumptionsmodell 94, 106, 136,
299
Subsumptionsmuster 192, 194
Subsumptionsproblem 148, 153
Subsumptionsreihen 170, 171, 216
Subsumptionsschema 106, 110, 125,
133, 139, 141, 154, 158, 159,
163, 170, 173, 183, 185, 186,
207, 216, 225, 226, 229, 230,
239, 240, 242, 243, 244, 246,
254, 255, 261, 266, 277, 278,
280, 286
Subsumptionsserie 225
Subsumptionssymmetrie 262
Subsumptionstheorie 107
Subsumptionszusammenhänge 161,
251
—, symmetrische 227
Subsysteme, Funktionen der 91
Subtheorie 129, 230
Sukzessionsgesetze 107, 108
sum ergo cogito 52
Superdetermination 161
Supermärkte 269
Superorganismus, Biozönose als 193
Super-Symmetry-Theorie 146, 166
survival of the survivor 119
Syllogismen, praktische 158, 159,
293, **300**
Symbole 101
Symmetriebrüche 88, 121, 146,
166, 209
Symmetrie von Gründen 71
Synapsen 149
Syndrom 100, **300**
Synergetik 139, 169, 300
Syntax 120, 229, 248
Synthetische Theorie der Evolution
177, 178, 189, **300**
Systematik 13, 86, 148, 183, 187,
192, 197, 204
Systembedingungen 142, 146, 286
Systeme im Ungleichgewicht 146
— mit Geschichte 113, 114, 118,
127
—, mögliche 118

Systeme im Ungleichgewicht
—, realisierte 118
Systemeigenschaften 76
Systemerhaltung 195
Systemgemeinschaft 115, 118, 121
—, neue 119
Systemgruppe 183, 185, 187, 188
Systemhierarchie 240
Systemimmanenz 189
Systemkonzept 243
Systemreaktionen 16
Systemtheorie 7, 15, 44, 98, 115,
146, 150, 153, 154, 178, 193,
238, 242, 265, 287, 289, 293,
297, 300
— der Evolution 16, 177, 180, 189
Systemzwecke 239
Szientismus 123, 140, 141, 209,
221, 279, 296, 300
Szientismus-Problem, Kern des -s
157
Szientistik 133, 139, 212
szientistische Gesellschaft 149
szientistische Methode 208, 211

tabula-rasa-Standpunkt 56
Tasaday 269
Tatsachenwissen 225
Taxien 59, 60, 81, 82, 158, 298,
300
Technokratie 266
technomorphe Interpretation 203
Teilchenmechanik 114
Tektonik 72, 73, 174, 176
Telefinalismus 93
Teleologie 27, 32, 79, 92, 152, 158,
201, 229, 232, 300
—, akausale 116
teleologische Auslegung 273
teleologische Erklärungen 107, 127,
229
teleologische Prozesse 152
teleologische Urteilskraft 255
teleologischer Erklärungstyp 255
teleologischer Gottesbeweis 155
teleologisches Denken 63
teleologisches Erklärungsverfahren
256
teleonome Kausalität 255
teleonome Lösung 124
teleonome Programme 82, 171,
194, 235
Teleonomie 79, 92, 95, 116, 139,
148, 152, 153, 156, 157, 171,
194, 201, 229, 232, 239, 286,
295, 300
Teleonomie-Phänomen 255
Teleonomie-Teleologie-Diskrepanz
157
teleonomische Erklärungen 92
Telos 94, 300
Termiten 91
Termitenangel 91

Tetrapoda 183
Textinterpretation 223
Textsemantik 249
—, normative 249
Textsyntax 248
Theater des wissenschaftlichen Zeitalters 213
Theodizee 120
theoretische Begriffe 225
theoretische Chemie 96
theoretische Ökonomie 266
theoretischer Funktionsbegriff 225
Theorie 53, 56, 96, 102, 103, 106,
110, 230
— der adaptiven Strategien 195
— — angeborenen Auslösemecha-
nismen 191, 236
— — assoziativen Interpretation
236
— — Atmosphären 172
— — Autonomie des Nervensy-
stems 191
— — Brandungsformen 175
— — Diagenese 175
— — Durchmischung 175
— — elektromagnetischen Kräfte
— — Evolution 289
— — Fernsinne 182
— — Galaxienbildung 168
— — Genaktivität 180
— — Genregulation 180
— — Gestaltwahrnehmung 236
— — Gesteinsbildung 175
— — Gravitationsfelder 168, 172
— — Hermeneutik 213
— — Hirnnerven 182
— — Infrarot-Spektren 172
— — Instrumente 168
— — interspezifischen Konkur-
renz 195
— — intraspezifischen Konkur-
renz 195
— — Kernfusion 168
— — Kernkräfte 168
— — Kernreaktionen 168
— — Kernstrukturen 168
— — Kontextbedeutung 250, 251,
252
— — kosmischen Strahlung 175
— — Kristallformen 175
— — Krustenbildung 172
— — Kultur 226, 245
— — Luftdrucke 175
— — Mineralbindungen 175
— — Mineralisation 174
— — Mineralstoffregeneration
195
— — Moral 275
— — Mutationsbereitschaft 198
— — negativen Regelkreise 195
— — Nervenleitung 182
— — neuronalen Verschaltung
236

Theorie der
— — Oberflächenformen 175
— — Oberflächenwellen 175
— — Planetenentstehung 172
— — (Quanten-)Kräfte 168
— — Quantenmechanik 172
— — Quarks 168, 226
— — Radioaktivität 168
— — ratiomorphen Deutung 236
— — Satzbedeutung 249, 250,
251, 252
— — Schaltgene 180
— — Sedimentbewegung 175
— — Sedimententstehung 175
— — Sedimentformen 175
— — Sonnenentstehung 172
— — Sonnensysteme 172
— — Spektren 172
— — speziellen Reizbeantwortung
191
— — stabilen Energieniveaus 172
— — Stammesgeschichte 198
— — stationären Zustände 168
— — Strukturgene 180
— — Tektonik 174, 175
— — Ultraviolett-Spektren 172
— — unbedingten Reaktionen
195
— — Wassertransporte 175
— — weltanschaulichen Postulate
275
— — Windmuster 175
— — Wortbedeutung 250, 252
— — Zeichenbedeutung 249, 250,
252
— — Zeichenelemente 250
— — zerebralen Hermeneutik 236
— des Energiestoffwechsels 195
— — ges. Rechtssystems 275
— — sterischen Baues 172
— — Sternentstehens 168
— — Stils 249, 250
— — —, normative 249
— — Strahlungsempfangs 175
— — Strahlungswandels 175
— — Wasserhaushaltes 195
— — Zeitgeistes 250
— eines Rechtsbegriffes 275
— — Rechtsgrundsatzes 275
— — Rechtssatzes 275
— — Sittenkreises 245
— vom photochemischen Prozeß
182
— — ritualisierten Paarungsverhalten 191
— — Ritualverhalten
— — Sehpurpur 182
— von der innerartlichen Aggression 191
— — — mittlerer Reichweite
238, 240
— — — Räuber-Beute-Beziehung
195

Theorie von der
— — — Ressourcenkonkurrenz 195
— — — Ressourcenweitergabe 195
— über das Werk des Meisters 263
— — den Zeitstil 263
— — die Schule des Meisters 263
— — Kompositionselemente 263
Theorie in Theorien 103
Theoriendefizit 197, 199
Theoriendynamik 53
Theorienwandel 270
Thermodynamik 79, 114, 116, 166, 300
thermodynamisches Gleichgewicht 119, 300
Thermostatik 166
Thymopsyche 206
Tiefenpsychologie 233
Tiefenschichten 20, 206, 207
Tiefgaragen 269
Tiefseefische 91
Tiersoziologie 86
Timaios 155
tò ti en einai 83
Tod 20
topologische Eigenschaften 239
Tradierung 56, 198
Tradition 257
—, kulturelle 26
Transfermoleküle 58
Transformation 147, 148
Transponierbarkeit 218
transzendentale Ästhetik 64
transzendentale Fakten 220
transzendentale Instanz 155
Transzendenz 24, 291, 297, 300
transzendentaler Idealismus 296
Trauerschwan 49
Tribunen 257
Triebe 61
Triebhandlung 292
Trilemma der Erkenntnis 44
Troja 11
tropisch 300
Tugendhandlungen 31
turbulente Bewegung 146
Türkenbelagerung 19
typenrationales Handeln 216
Typogenese 301
typologische Historie 280
typologische Methode 238, 242, 295, 297, 300
typologische Sicht 242
Typolyse 301
Typostasie 301
Typus 103, 183, 185, 197, 276, 292, 294, 297, 300
— einer Systemgruppe 183
— -begriff 187, 242
— —, anthropologischer 199
— -konzept 187, 261

Übelkeit 141
Überbau 207
Überbevölkerung 265
Über-Ich 235
Überkorrelationen 110
Überlebensstrategien 196
Überlieferung 253
Übermenschen 29, 291
Überzeugungen 59, 60, 97
Ultrastrukturforschung 96, 148
Umerziehungstheorien 57
Umweltproblem 193, 265, 281
unbedingte Reaktionen 46
unbewegter Beweger 85
unbewußte Kommunikation 220
unendlicher Regreß 290
Ungleichgewicht 146
Ungleichgewichtssystem 147
Universalgeschichte 256, 257, 258, 279
Universalismus 253, **301**
Unschärfe-Relation 74, 120
Unsinn, der reine 56
Unsterblichkeit, potentielle 19
Unsterblichkeitslehre 294
Unterbegriffe 66, 102, 136
Untergruppen 185
Unterhypothesen 227
Unterkategorien 184
Unterordnung 185
Unterricht 54
Untersatz 158
Unterschichten 71, 87, 114, 116, 120, 128, 150, 207, 227, 248, 258
Untersysteme 70, 77, 106, 111, 112, 117, 121, 123, 127, 130, 174, 178, 185, 187, 188, 203, 218, 223, 227, 231, 237, 239, 240, 248, 258, 259, 262, 270, 276, 289
Untertheorie 225
unvisible hand 265
Upanischaden 31, 32
Uran 74
Uranos-Entmannung 285
Uratmosphäre 119
Ureys „heiße Suppe" 173
Urgeschichte 13, 241, 242
Urknall 78, 85, 121
Urmensch 89, 119
Ursache, Definition einer 71
Ursachen, äußere 83
—, Formen der 34
—, innere 83
—, verschiedene 83
— von Licht 168
—, Qualitäten der 288
Ursachendebatte 153
Ursachendiskussion 163
Ursachenerwartung 136
Ursachenformen 194
Ursachenkalkül, lineares 280

Ursachenkonzepte 231
Ursachenvorstellung, exekutive 108
—, lineare 192
Ursache-Zweck-Handlungen 82
ursächlicher Zusammenhang 163
Urteil 78, 89, 90, 117, 122, 206, 209, 235
— a priori 59
Urteilen 88, 202
Urteilskraft 155
Ur-Ursache 93, 137, 272
. Utilitarismus 37, 44, **301**

vegetativ-ideatorisches Übergangsfeld 202
Verba 35
Verbindungen 118
Verfassung 256
Vergleichende Anatomie 45, 183, 187, 188, 197
Vergleichende Verhaltensforschung 190
Vergleichende Verhaltenslehre 45
Verhaltensforschung 96, 192
Verhaltensgesetze 86
Verhaltenslehre 16, 191, 202, 204, 207, 285
Verhaltensmutanten 57
Verhaltensstrukturen 192
Verhaltenssystematik 190
Verhaltensverwandtschaft 192
Verhaltensweise 190
—, explorative 60
Verhaltenswissenschaften 234
Verifikation 53
Vermehrungschance 45
Vermeidereaktionen 82, 158
Vermutungsmodell 255
vernetzte Systeme 272
Vernunft 117, 122, 209, 299
Vernunftgründe 107
Versklavung 88
Verstädterung 265
Verstand 299
Verstandesmonismus 288
Verständigungswissenschaften 282
Verständniszuwachs 105
Verstehen 101, 104, 105, 106, 125, 126
— als zweiseitige Erklärung 128
—, Lehre als -s 212
—, Operationen des -s 132, 133
verstehende Methode 211, 295
Verstehensbegriff 105
Versuch, schöpferischer 49, 51
Vertebrata 183, 189
Vertuschungsprogramm 97
Verwandtschaft 296
Vielzeller 115
Vielzelligkeit 19, 20
Vitalismus 93, 115, 147, **301**
—, dynamischer 93
Vitalisten 93

vitalistisches Lebensmodell 202
Vitalitätsgrad 45
Vitamin A$_1$ 180
Vögel 20
Volkswirtschaftslehre 264
Voraussagetheorie 53
Voraussetzung 124
Vorausurteil 98, 220
Vorbedingungen 71, 73, 79
— unserer Vernunft 291
Vorerfahrung 217
Vorgeschichte 241
Vorhersagbarkeit 163
Vorsokratiker 17, 31, 32, 36, 301
Vorstellungen 21, 51, 52, 56
—, Fenster der 30
Vorstellungskraft 77
Vorstellungsvermögen 163
Vorurteil 48, 57, 105, 220
—, Rehabilitierung des -s 219
Vorurteilsstruktur 216
Vorverständnis 225
Vorverständnisbegriff 274
Vorwissen 27

Wachstumsgrenzen 265
Waffen 20, 24
Wahl 70, 78, 90, 117, 122, 209
Wahlbedingungen 89
Wahlentscheidungen 89
Wahlvorgänge 88
Wahlvorschriften 89
Wahrheit 47, 49, 98, 298
— der Mathematik 140
—, empirische 163, 165
—, kollektive 21
—, logische 39, 54, 134, 165
—, Ort der 134
—, — versus empirische 159
—, selbstevidente 134
—, soziale 25, 26
Wahrheitsansprüche 40
wahrheitserweiternder Schluß 296
Wahrheitslehrer 26
Wahrheitswert 165
— von Gesetzen 163
Wahrnehmen 23, 105
— von Koinzidenzen 46
Wahrnehmung 98, 99, 101, 102,
   104, 149, 236, 244
Wahrnehmungsapparat 126
Wahrnehmungstäuschungen 62
Wahrscheinlichkeit 64
Wandlungsbedingungen in den Wis-
   senschaften 149
Wärme 30
Wasser, Ursachen von 172
Wasserstoff 78, 169, 173
Wasserstoffatom 170
Wasserstoffkerne 169
Wehranlage 246
Weika-Indianer 268, 269
Weismann-Doktrin 177

Wechselabhängigkeit 69, 164, 234
Wechselbedingung 136
Wechselbestätigung 103, 104
Wechselbeziehung 229
Wechselbezug der Erklärung 16,
   127
— der Ursachen 235
— des Kenntnisgewinns 228
Wechselbezüge 44, 98, 103, 225,
   242, 248, 261, 262, 273, 276,
   279
— des Verstehens 237
Wechselkausalität 265, 266, 286,
   288
wechselseitige Erhellung 272
Wechselwirkung(en) 110, 122, 145,
   146, 151, 169, 177, 267, 274,
   278, 293, 294
—, die vier 166
—, elektromagnetische 170, 173
—, kurzreichende 169
—, schwache 167, 169
—, Selbstorganisation von 166
—, starke 167, 169, 297
Wechselzusammenhang 251
Weismann-Doktrin 301
Wellenlänge 99
Weltanschauung 279
Weltkapital 143
Welt ohne Fakten 212
Weltordnung, zweckgerichtete 32,
   84
Weltschöpfer 91, 155
Weltseele 31
Weltwirtschaft 266
Wenn-dann-Beziehung 82
Werkstätten 243
Werkzeug 20, 22, 207
Werkzeuggebrauch 207
Werthaltungen 207, 282
Wertschöpfung 193
Wertungen 282
Wert der Merkmale 185
Wert erfolgreicher Information 144
Werte, letzte 282
Wesensähnlichkeit 177
Wesensschau 233
Wesens-Was 83
Wettbewerb, industrieller 270
Wetterprognosen 47
»What is life« 177
Widersprüche unserer Kultur 43
Wiedererkennen 100
Wiedererwartung des Bekannten 49
Wiederholbarkeit, Unwahrschein-
   lichkeit der 75
Wiener Kreis 28
Wiener Positivisten 264
Wiesengräser 194
Wildform 45, 46, 301
Winkel im Dreieck 165
Wirbeltiere 160
Wirklichkeiten 100

Wirkungsgeschichte 256
Wirkungsursache 82, 85
Wirtschaftsdynamik 264
Wirtschaftsgemeinschaft 266
Wirtschaftssysteme 123
—, Vergleich von -n 266
Wirtschaftswissenschaften 174,
   266, 272
Wissenschaft, außernormale 162
Wissenschaft vom Erkenntnisge-
   winn 17
Wissenschaft vom richtigen Denken
   39, 55
wissenschaftliche Revolutionen 162
Wissenschaftstheorie 14, 55, 106,
   107, 228
—, antipositivistische 105
Wissensspeicher 50
Wissenstheorie 17
Wollen 202
Wort 69, 87, 128, 239, 248
Wortbedeutungen 224, 251, 299
Wortbedeutungslehre 248
Wortbildungslehre 248
Wortschatz 111
Wortsinn 249
Wünsche 61
Wurfparabel 108, 109

Yanomami 269

Zahlentheorie 54, 135
Zauberlehrling 291
— der Evolution 22
Zellen 87
Zellenstaat 19
Zelltheorie 202
Zellularpathologie 203
zentrale Repräsentation des Raumes
   20, 92
zentrales Dogma der molekularen
   Genetik 177
Zentralismus 266
Zeus 155
Zeit 23, 30
Zeitgeist 26, 226, 249, 262, 279
Zeitstil 260, 263
Zielgerichtetheit 158
Zielsetzen, bewußtes 152
Zimmermann, der schlechte 162
Zirkel 223, 277
— des Verstehens 228
—, logischer 226, 253
—, Problem des -s 250, 276
—, theoretischer 216, 225
Zirkelschluß 13, 132, 222, 276
—, logischer 215
Zirkularitätsproblem 240, 262
Zitronensäurezyklus 115, 123
Zoologie 11, 13
Zuchtwahl 70, 78, 89, 117
—, natürliche 88, 120
Zufall, Ähnlichkeiten des -s 177

Zufall
—, Bedeutung des -s 69
—, Einschränkung des -s 58
—, Möglichkeiten des -s 58
—, Notwendigkeiten des -s 58
—, Suchfeld des -s 58
Zugzwänge 270
Zündtemperatur 107, 108
Zweck(e) 23, 24, 30, 32, 34, 40, 43,
    64, 70, 82, 84, 91, 92, 94, 95,
    100, 124, 125, 154, 155, 157,
    171, 173, 179, 183, 187, 188,
    192, 194, 202, 209, 220, 223,
    232, 235, 239, 240, 245, 246,
    255, 258, 269, 270, 274, 285,
    288, 290, 296, 297

Zweck(e)
— -bedingung 112
— -begriff 92, 124, 274
— des Überlebens 124, 285
— des Schöpfers 92
— -deutung, Suggestivität der 91
— einer Endhandlung 192
— -erlebnis 143, 157
— -erwartung 285
— -frage 90
— -gesetz 112, 122, 130
— Gottes 32, 143
— -hierarchie 246
— -hypothese 112
— -kategorie 239
— -mäßigkeit 201, 295

Zweck(e)
— -mäßigkeit der Natur 255
— -programme 239
—, Psychologie der 92, 192
—, selbstgemachte 126
— -setzung 273
— -ursache 31, 84, 90, 96, 122,
    124, 127, 128, 150, 194, 259
— -verständnis 91
Zweiheitslehre 294
zwei Kulturen 140
zwei Traditionen 140
Zwischenhirn 234
Zytologie 86, 114, 148

Biologie des Lichts

Grundlagen der ultraschwachen
Zellstrahlung

*Von Dr. rer. nat. habil. Fritz-Albert Popp,
Worms. 1984. 160 Seiten mit 46 Einzeldarstellungen in 34 Abbildungen und 2 Tabellen. Glanzkaschiert DM 46,-*

Evolutionstheorie und
dynamische Systeme

Mathematische Aspekte der Selektion

*Von Dr. Josef Hofbauer, Wien, und Prof.
Dr. Karl Sigmund, Wien. 1984. 213 Seiten
mit 74 Abbildungen und 1 Tabelle. Glanzkaschiert DM 58,-*

Physik und Evolution

*Physikalische Ansätze zu einer Einheit der
Naturwissenschaften auf evolutiver Grundlage*

*Von Dr. Franz R. Krueger, Darmstadt. 1984.
212 Seiten mit 9 Abbildungen und 10 Tabellen. Glanzkaschiert DM 46,-*

Die Art in Raum und Zeit

*Das Artkonzept in der Biologie und
Paläontologie*

*Von Dr. Rainer Willmann, Kiel. 1984.
192 Seiten mit 89 Einzeldarstellungen in
46 Abbildungen. Glanzkaschiert DM 42,-*

Evolution und Gewalt

*Ansätze zu einer bio-soziologischen
Synthese*

*Von Dr. Peter Meyer, Neusäß. 1981. 115 Sei-
ten. Glanzkaschiert DM 38,-*

Biologie der Erkenntnis

Die stammesgeschichtlichen Grundlagen
der Vernunft

*Von Prof. Dr. Rupert Riedl, Wien unter Mit-
arbeit von Robert Kaspar, Wien. 3., durch-
gesehene Auflage. 1981. 231 Seiten mit 60
Abbildungen. Glanzkaschiert DM 29,80*

Politik und Biologie

*Beiträge zur Life-Science-Orientierung der
Sozialwissenschaften*

*Herausgegeben von Prof. Dr. Heiner Flohr,
Düsseldorf, und Dr. Wolfgang Tönnes-
mann, Düsseldorf, mit Beiträgen zahlreicher Wissenschaftler. 1983. 222 Seiten mit
3 Abbildungen und 23 Tabellen. Glanzkaschiert DM 49,-*

Kultur-Evolution bei Tieren

*Von Prof. John Tyler Bonner, Princeton,
New Jersey, USA. Aus dem Amerikanischen übersetzt von Dr. Ingrid Horn. 1983.
212 Seiten mit 52 Abbildungen. Glanzkaschiert DM 48,-*

Biologie und Kausalität

*Biologische Ansätze zur Kausalität, Deter-
mination und Freiheit*

*Von Dr. Franz M. Wuketits, Parndorf, Öster-
reich. 1981. 166 Seiten mit 29 Abbildungen
und 14 Tabellen. Glanzkaschiert DM 42,-*

Preise Stand 1. 11. 1984

Berlin und Hamburg